高等学校非机械类专业教材

机　械　基　础

张晓桂　王晓华　主　编
程光耀　主　审

中国轻工业出版社

图书在版编目（CIP）数据

机械基础/张晓桂，王晓华主编．—北京：中国轻工业出版社，2023.6

高等学校非机械类专业教材

ISBN 978-7-5019-9766-4

Ⅰ.①机…　Ⅱ.①张…②王…　Ⅲ.①机械学—高等学校—教材　Ⅳ.①TH11

中国版本图书馆CIP数据核字（2014）第097625号

责任编辑：杜宇芳

策划编辑：杜宇芳　　责任终审：孟寿萱　　封面设计：锋尚设计

版式设计：宋振全　　责任校对：吴大朋　　责任监印：张　可

出版发行：中国轻工业出版社（北京东长安街6号，邮编：100740）

印　　刷：三河市万龙印装有限公司

经　　销：各地新华书店

版　　次：2023年6月第1版第7次印刷

开　　本：787×1092　1/16　　印张：22.25

字　　数：511千字

书　　号：ISBN 978-7-5019-9766-4　　定价：60.00元

邮购电话：010-65241695

发行电话：010-85119835　传真：85113293

网　　址：http://www.chlip.com.cn

Email：club@chlip.com.cn

如发现图书残缺请与我社邮购联系调换

230744J1C107ZBW

前　言

《机械基础》是普通工科高等院校非机械类专业本科生的一门学科基础课程，该课程将机械基础理论与应用融于一体，在学生的培养过程中具有不可替代的承上启下的作用。本教材是基于普通工科高等院校教育教学改革的需要，全面总结多年教学经验，以印刷、包装、自动化和工业设计等专业学生培养为基本侧重点，将工程制图、工程力学、机械设计基础等知识进行有机整合，针对非机械类专业学生实际需要、精选整合后编写完成的一部通用性基础教材，尤其适用于印刷、包装、自动化和工业设计等专业的学生。

《机械基础》共分五篇。第一篇为工程制图，主要介绍机械制图的相关知识；第二篇为力学和材料基础，主要介绍零件的受力分析、变形分析及常用的工程材料；第三篇为常用机构，介绍了常用机构的工作原理、运动特性等知识；第四篇为传动机构，介绍了各种传动机构的特点、工作原理和设计方法；第五篇为常用零部件，主要介绍各种常用零部件的结构、代号及选用原则等知识。具有内容系统完整，讲解深入浅出的特点。此外，在各章内容后有针对性地配置了适量例题与习题，能够帮助学生更好地系统掌握所学知识。

本书由北京印刷学院张晓桂、王晓华主编。全书共分五篇 20 章。其中：王晓华负责第一篇的撰写，张晓桂负责第二篇至第五篇的撰写，房瑞明、高振清参加了部分章节的编写，全书由张晓桂统稿审定。由北京印刷学院程光耀教授担任主审。

在本书编写过程中参考了同行的大量文献和成果，在此，我们对原作者表示由衷地感谢！标注不全不当之处，敬请见谅。

本书的写作与出版得到了中国轻工业出版社杜宇芳、李建华老师的热心支持，获得了程光耀教授负责的北京市教改项目“校级教学资源共享与特色专业建设”的资助，在此一并致谢。

由于作者的学识水平和资料收集范围有限，书中难免出现疏漏和谬误，不当之处，恳请各位专家和广大读者指正。

编者

2014 年 2 月

前言

目　录

第一篇　工程制图

第四篇 传动机构及其传动件

第一篇　工程制图

任何工业产品的形状、大小和加工制造，都不是用普通语言或文字能表达清楚的。必须按照一个统一的规定画出它们的图样，作为施工、交流的依据，作为表达设计师构思的手段。因此，工程图样被喻为工程界的语言，是工程技术部门的一项重要的技术文件。正确规范的绘制和阅读工程图是一名工程技术人员必备的基本素质。

工程制图主要由以下内容构成：

①制图基本知识，包括制图标准，平面图的绘制；

②基础理论，包括画法几何及有关的图学理论；

③图样表达基础，包括投影制图及物体的图样表达方法；

④零件图、装配图的读图与绘制等。

第 1 章　工程制图基础

1.1　《技术制图》的基本规定

为了便于指导生产和进行技术交流，必须对图样的表达方法、尺寸标准、所采用的符号等，制定出统一的规定。这个规定就是国家标准（简称国标）。

国标符号说明：

GB——强制性国家标准

GB/T——推荐性国家标准

GB/Z——指导性国家标准

具体如：

GB/T 14689—1993——1993 年制定的图纸幅面推荐性国家标准

GB/T 14690—1993——1993 年制定的比例推荐性国家标准

GB/T 14691—1993——1993 年制定的字体推荐性国家标准

1.1.1　图纸幅面及图框格式（GB/T 14689—2008）

绘图所采用的图纸幅面，是为了合理使用图纸，便于管理、装订而规定的。绘制图样时，应优先采用表 1－1 中规定的图号，各图号幅面按约 1/2 的关系递减。表中尺寸单位为毫米（mm）。

表 1－1　　图纸幅面及图框格式

幅面代号	A0	A1	A2	A3	A4
B×L	841×1189	594×841	420×594	297×420	210×297
e	20		10		
c	10			5	
a	25				

$$L（长边）=\sqrt{2}B（短边）$$

若有必要，可按国标的规定加长图纸长度（图 1－1）。

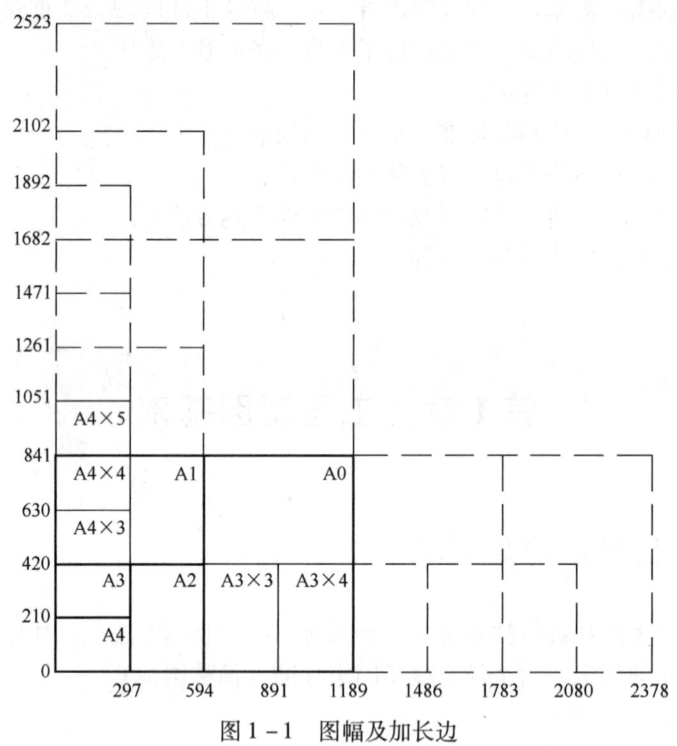

图 1－1　图幅及加长边

图框格式分为不留装订边和留装订边两种，但同一套图纸只能采用一种格式。无论哪种格式都可以采用横式布置或立式布置。图纸必须按图幅大小裁，且要画图框线。其格式如图 1－2 所示。

（1）留有装订边的图纸的图框格式如图 1－2（a）、（b）所示，图中尺寸 a、c 按表 1－1 的规定选用。

（2）不留装订边的图纸的图框格式如图 1－2（c）、（d）所示，图中尺寸 e 按表 1－1 的规定选用。

（3）加长幅面图纸的图框尺寸，按所选用的基本幅面大一号的图框尺寸确定。例如 A2×3 的图框尺寸，按 A1 的图框尺寸确定，即 e 为 20mm（或 c 为 10mm），而 A3×4 的图框尺寸，按 A2 的图框尺寸确定，即 e 为 10mm（或 c 为 10mm）。

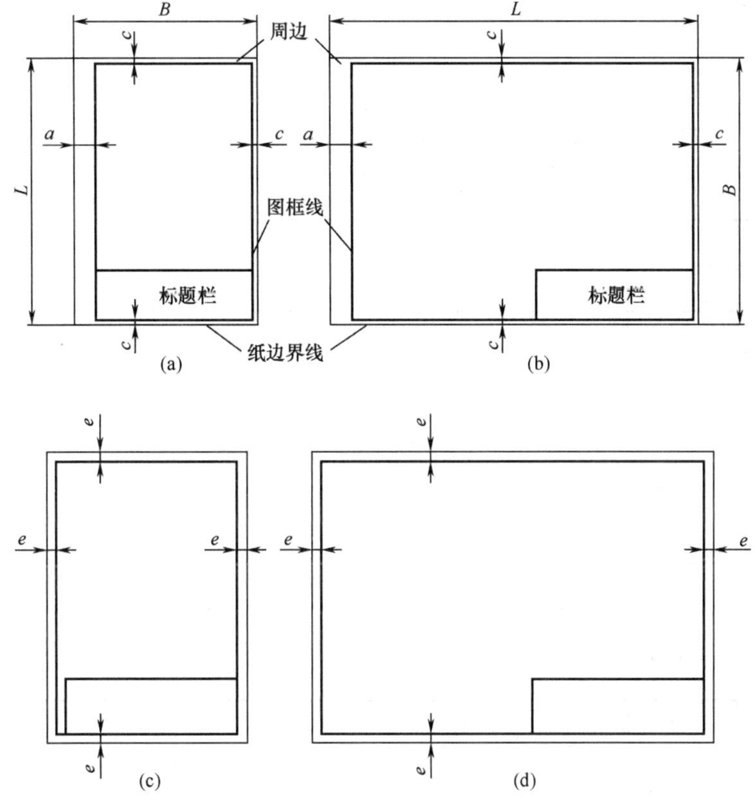

图 1－2　图框格式

1.1.2　标题栏（GB/T 10609.1—2008）

图纸的标题栏，用于对工程名称、设计单位、图名、图纸编号、比例、设计者及审核者等主要信息进行说明，如图 1－3 所示。标题栏的位置应位于图纸的右下角。

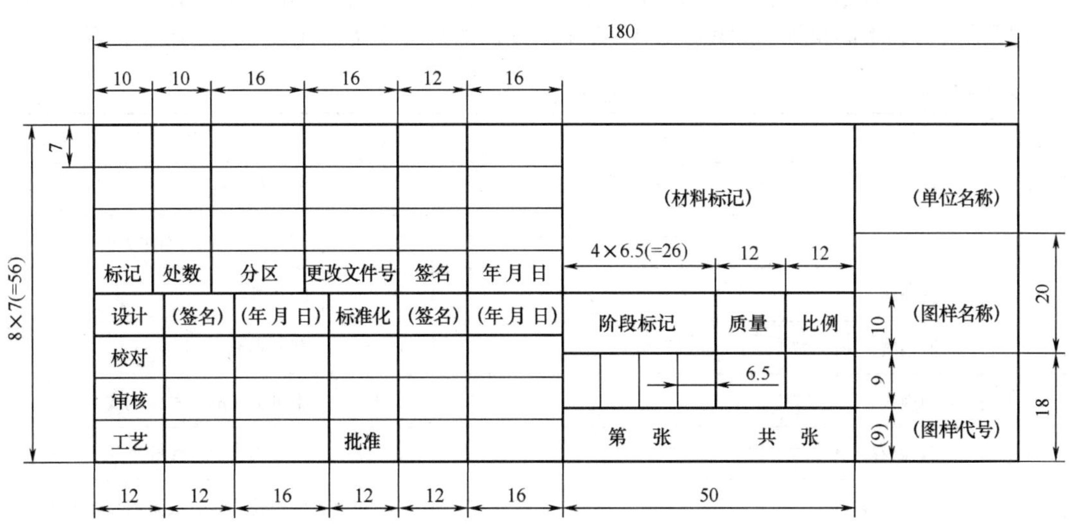

图 1－3　国标推荐使用的标题栏

在学习阶段，建议使用“学生用标题栏”，如图 1 -4 所示。

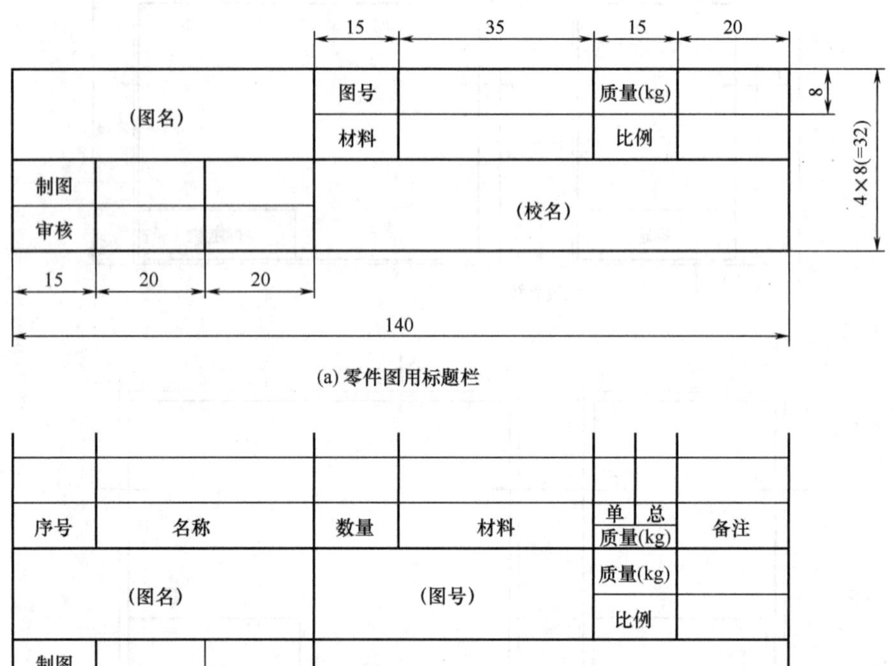

(a) 零件图用标题栏

(b) 部件图、装配图用标题栏

图 1 -4　学生用标题栏

1.1.3　图线（GB/T 17450—1998，GB/T 4457.4—2002）

图形是由图线组成的，为了表示图中不同的内容，便于识图，并且能分清主次，必须使用不同的线型和不同粗细的图线。表 1 -2 中所列出的每种线条则代表不同的用途和意义。

表 1 -2　图线画法和应用

代码	名称	线　型	线宽	用　途
01.2	粗实线	————	b	可见轮廓线
01.1	细实线	————	0.35b	可见轮廓线、图例线等
	折断线		0.35b	断开界线
	波浪线		0.35b	断开界线
02.1	细虚线	- - - - - -	0.35b	不可见轮廓线、图例线等
04.1	细点画线	—·—·—	0.35b	中心线、对称线等
05.1	细双点画线	—··—··—	0.35b	假想轮廓线、成型前原始轮廓线

线宽 b 是指图线的粗度。它应从 0.18、0.25、0.35、0.5、0.7、1.0、1.4、2.0mm 线宽系列中选用。下一级约是上一级的$\sqrt{2}$倍。

配套使用的线宽为线宽组。它应根据图形的复杂程度（线条的密集程度）、绘图比例的大小，按表 1－3 所列线宽组选用。

表 1－3　　线宽组的选用

线宽比	线 宽 组/mm				
b	2.0	1.4	1.0	0.7	0.5
0.35b	0.7	0.5	0.35	0.25	0.18

注意：

①b 选定后，则同一张图中，同类线型宽度应保持一致。

②虚线、点划线、双点划线的线段长度和间隔，同类线应保持一致，且起止两端应为线段，而不是点（一横）。

③点划线、双点划线在较小图形中绘制有困难时，可用细实线代替。当点划线作为轴线或中心线时，应超出图形轮廓 2～3mm。

④虚线、点划线自身相交或与其他图线交接时，均应为线段交接。当虚线为实线的延长线时，应留有间隔。

⑤两条平行线（包括剖面线）之间的距离应不小于粗实线的两倍宽度，其最小距离不得小于 0.7mm。

1.1.4　字体（GB/T 14691—1993）

图纸上的字体有汉字、数字及符号、字母三种，其高度尺寸系列为：1.8，2.5，3.5，5，7，10，14，20mm，而字高即为字体的字号，汉字的最小字号是 3.5 号，字高按$\sqrt{2}$的比率递增。

工程图样中的汉字要求使用长仿宋体，并应采用国务院正式公布推行的《汉字简化方案》中规定的简化字，其字高与字宽的比例为 $1:\sqrt{2}$。书写要领是横平竖直，注意起落，结构匀称，大小一致。汉字仿宋体笔画形式举例如图 1－5 所示。

数字及字母常用斜体（Italic.）。一般字体笔画宽度为字高的 1/10。数字及字母书写示例如图 1－6 所示。

注意：

①工程图样上书写的汉字，不应小于 3.5 号，数字及字母不应小于 2.5 号。

②当阿拉伯数字、字母或罗马数字同汉字并列书写时，其字高应比汉字小一号。

③当字母单独用作代号或符号时，不使用 I、Z、O 三个字母，以免同阿拉伯数字 1、2、0 相混淆。

1.1.5　比例（GB/T 14690—1993）

比例指图形与实物相对应的线性尺寸之比。比值为 1 的比例称为原值比例，即 1:1。

10号字

字体工整 笔画清楚 间隔均匀 排列整齐

7号字

横平竖直注意起落结构均匀填满方格

5号字

技术制图机械电子汽车航空船舶土木建筑矿山井坑港口纺织服装

3.5号字

螺纹齿轮端子接线飞行指导驾驶舱位挖填施工引水通风闸阀坝棉麻化纤

名称	横	竖	撇	捺	挑	点	钩	折
形状	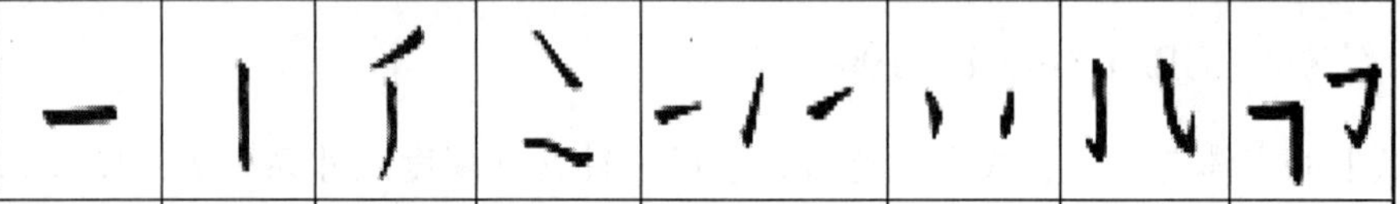 一	丨	丿	㇏	㇀	丶	亅	㇕
笔法	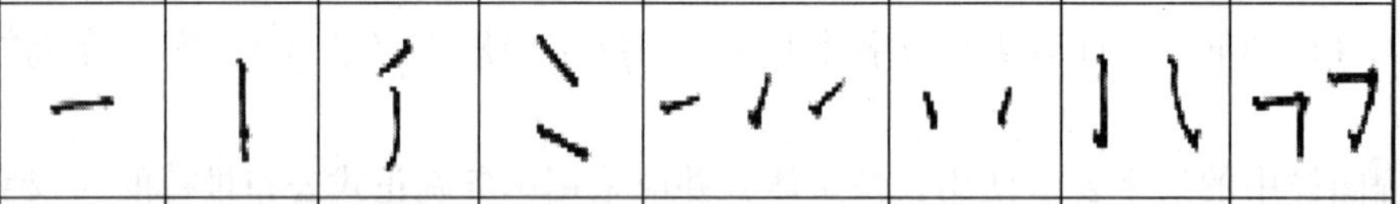 一	丨	丿	㇏	㇀	丶	亅	㇕
	三七	十土	千月	人达	地江扎	卞点	丁戈	图弯

图 1－5　汉字仿宋体笔画形式举例

比值大于 1 的比例称为放大比例，如 2∶1 等。比值小于 1 的比例称为缩小比例，如 1∶2 等。绘图时应采用表 1－4 中规定的比例，最好选用原值比例，但也可根据机件大小和复杂程度选用放大或缩小比例。

同一机件的各个视图应采用相同比例，并在标题栏“比例”一项中填写所用的比例。当机件上有较小或较复杂的结构需用不同比例时，可在视图名称的下方标注比例。

图纸上标注的数字均为物体的实际数字，与比例无关。

(a) B型斜体阿拉伯数字

0123456789

(b) B型直体阿拉伯数字

ABCDEFGHIJKLMNOP

QRSTUVWXYZ

(c) A型大写斜体拉丁字母

abcdefghijklmnop

qrstuvwxyz

(d) A型小写斜体拉丁字母

图 1－6　数字及字母书写示例

表 1－4　　比例的选用

种　类	比　例	
	优先选取	允许选取
原值比例	1∶1	
放大比例	5∶1　2∶1 5×10^n∶1　2×10^n∶1　1×10^n∶1	4∶1　2.5∶1 4×10^n∶1　2.5×10^n∶1
缩小比例	1∶2　1∶5　1∶10 1∶2×10^n　1∶5×10^n　1∶1×10^n	1∶1.5　1∶2.5　1∶3　1∶4　1∶6 1∶1.5×10^n　1∶2.5×10^n　1∶3×10^n　1∶4×10^n　1∶6×10^n

注：n 为正整数

1.1.6 常用绘图工具

（1）绘图铅笔

铅笔规格通常以 H 和 B 来表示，“H”代表硬度（Hard），它前面的数字越大，表示铅芯越硬，颜色越淡。“B”代表黑度（Black），它前面的数字越大，表明颜色越浓、越黑。机械制图常选择 2B、B、HB 的规格。也可以用活动铅笔画细线或打底图，一般活动铅笔的铅芯有 0.5、0.7、0.9mm 三种规格，硬度多为 HB。

为了尽量使所画图线均匀一致，削加粗用铅笔时，削成矩形。铅芯露出 6 ~ 8mm（图 1 - 7）。

图 1 - 7　铅笔的削法

（2）圆规

圆规为画圆及画圆周线的工具，其形状不一，通常有大、小两类。圆规中 一侧是固定针脚，另一侧是可以装铅笔及直线笔的活动脚。另外，有画较小半径圆的弹簧圆规及小圈圆规（或称点圆规）。弹簧圆规的规脚间有控制规脚宽度的调节螺丝，以便于量取半径，使其所能画圆的大小受到限制；小圈圆规是专门用来作半径很小的圆及圆弧的工具。圆规的使用方法见图 1 - 8。使用圆规时应注意：

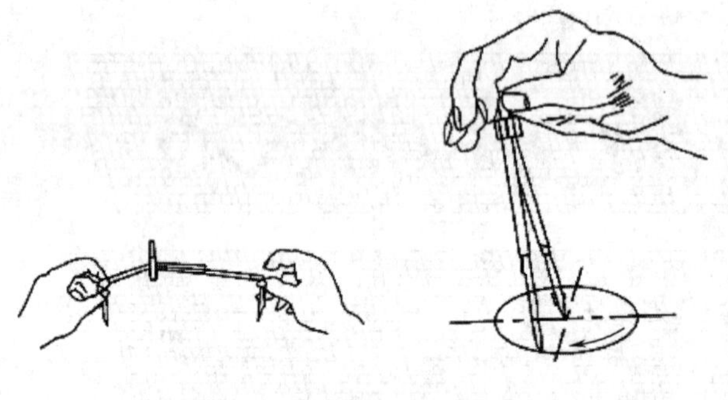
图 1 - 8　圆规的使用方法

①在画圆时，应使针尖固定在圆心上，尽量不使圆心扩大而影响到作图的准确度。

②在画圆时，应依顺时针方向旋转，规身可略前倾。

③画大圆时，针尖与铅笔尖要垂直于纸面。

④画过大的圆时，需另加圆规套杆进行作图，以保证作图的准确性。

⑤画同心圆时，应遵循先画小圆再画大圆的次序。

⑥如遇直线与圆弧相连时，应遵循先画圆弧后画直线的次序。

⑦圆及圆弧线应一次画完。

分规，是用来截取线段、量取尺寸和等分直线或圆弧线的工具。分规的两侧规脚均为针脚。

（3）丁字尺、图板

丁字尺又称 T 形尺，由互相垂直的尺头和尺身构成，是画水平线和配合三角板作图的工具。丁字尺一般有 600、900、1200mm 三种规格。其正确使用方法是：

①应将丁字尺尺头放在图板的左侧，并与边缘紧贴，可上下滑动使用（图 1 - 9）。

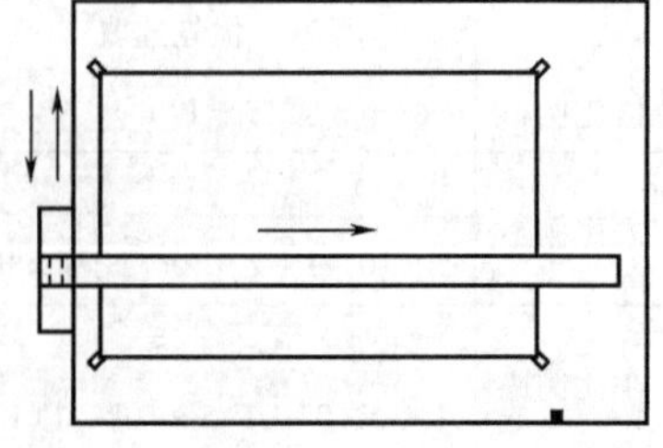
图 1 - 9　图板、丁字尺的使用方法

②只能在丁字尺尺身上侧画线，画水平线必须自左至右。

③画同一张图纸时，丁字尺尺头不得在图板的其他各边滑动。也不能用来画垂直线。

④过长的斜线可用丁字尺来画。

⑤较长的直平行线组也可用具有可调节尺头的丁字尺来作图。

⑥应保持工作边平直、刻度清晰准确、尺头与尺身连接牢固，不能用工作边来裁切图纸。

⑦丁字尺放置时宜悬挂，以保证丁字尺尺身的平直。

（4）三角板

三角板的使用方法如下：

①三角板与丁字尺配合使用，可画出垂直线。画垂直线时，画线须自下向上。三角尺必须紧靠丁字尺尺身（图 1－10）。

②利用两种角度的三角板组合，可画出 15°及其倍数的各种角度（图 1－11）。

③两个三角板配合使用，也可画出各种角度的平行线（图 1－11）。

④单块三角板不能独立来画平行线组。

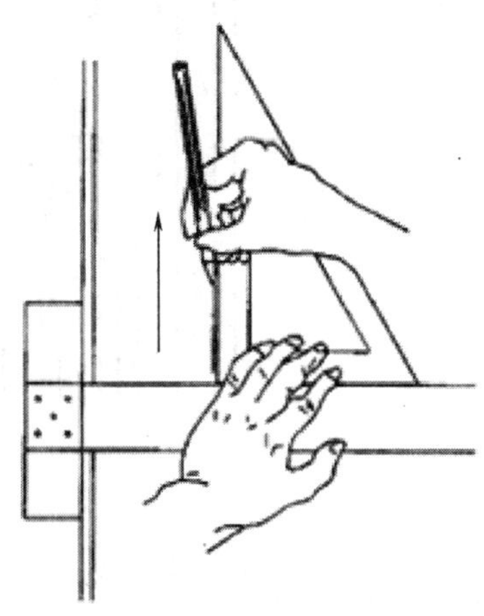

图 1－10　三角板的使用（一）

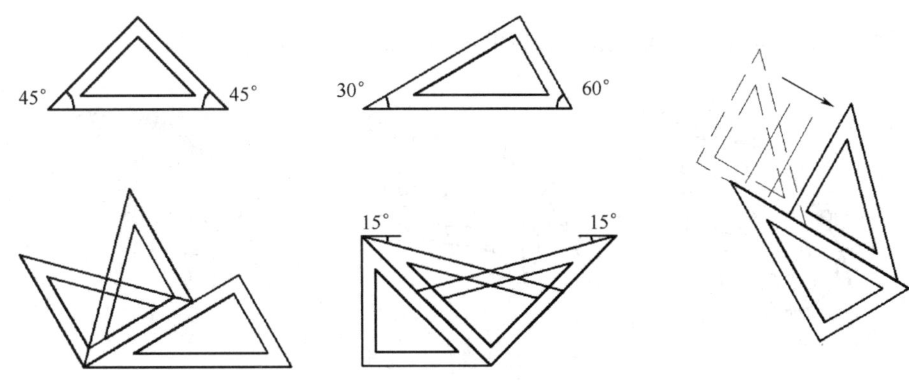

图 1－11　三角板的使用（二）

（5）擦线板

擦线板又称擦图片（图 1－12），是由塑料或不锈钢制成的薄片。擦线条时，应用擦线板上适宜的缺口对准需擦除的部分，并将不需擦除的部分盖住，用橡皮擦去位于缺口中的线条。

（6）曲线板

曲线板是用来绘制曲率半径不同的非圆曲线的工具。作图时，为保证线条流畅、准确，应先按相应的作图方法定出所需画的曲线上足够数量的点，然后用曲线板联结相关点而成。

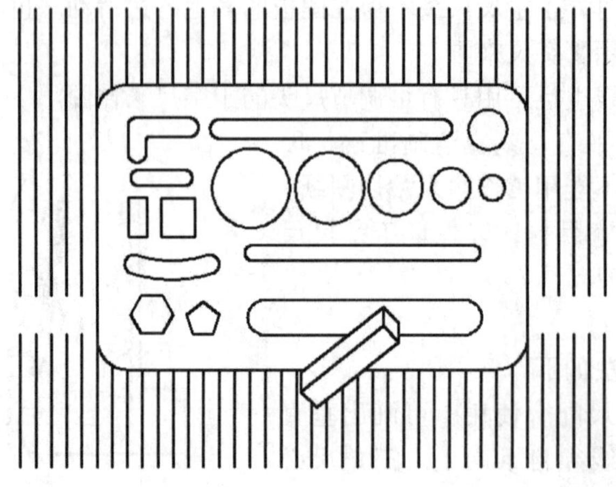

图 1－12　擦线板

具体的用法及步骤如下（图 1－13）：

①按相应的作图法作出曲线上一些点；

②用铅笔徒手把各点依次连成曲线；

③找出曲线板与曲线相吻合的线段，并画出该线段；

④按同样的方法找出下一段，相邻曲线段之间应留一小段共同段作为过渡，即应有一小段与已画曲线段重合，以保证最后画成的曲线圆润、流畅。

图 1－13　曲线板的使用

（7）其他绘图工具

在室内设计制图中，除上述绘图工具外，还会用到模板、橡皮、量角器、墨水、蘸水小钢笔、美工刀、透明胶带、绘图三眼钉，等等。

1.2　尺规几何作图

使用图板、丁字尺、三角板、圆规等工具可在图纸上画出各种相对精确的几何图形，如各种直线、正多边形、圆弧连接、椭圆等。首先图纸用胶带纸固定在图板上。丁字尺的尺头靠着图板左侧的导边，画出水平线。三角板与丁字尺配合使用画出竖直线。此外，用一块三角板能画与水平线成 30°、45°、60°的倾斜线。用两块三角板能画与水平线成 15°、

75°、105°和 165°的倾斜线，如图 1 – 14 所示。

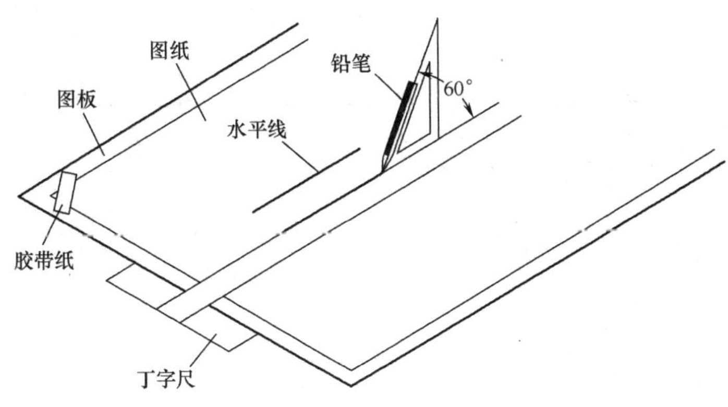

图 1 – 14　尺规几何作图

1.2.1　几种基本作图

（1）平行线、垂直线

通过两块三角板的配合使用，可以画出任意直线的平行线和垂线，如图 1 – 15 所示。

图 1 – 15　平行线、垂直线的画法

（2）等分直线段

等分直线段作图方法如图 1 – 16 所示。

①过已知线段的一个端点，画任意角度的直线，并用分规自线段的起点量取 n 个线段。

②将等分的最末点与已知线段的另一端点相连。

③过各等分点作该线的平行线与已知线段相交即得到等分点，即推画平行线法。

（3）等分圆周和做正多边形

等分圆周和做正多边形方法及步骤见表 1 – 5。

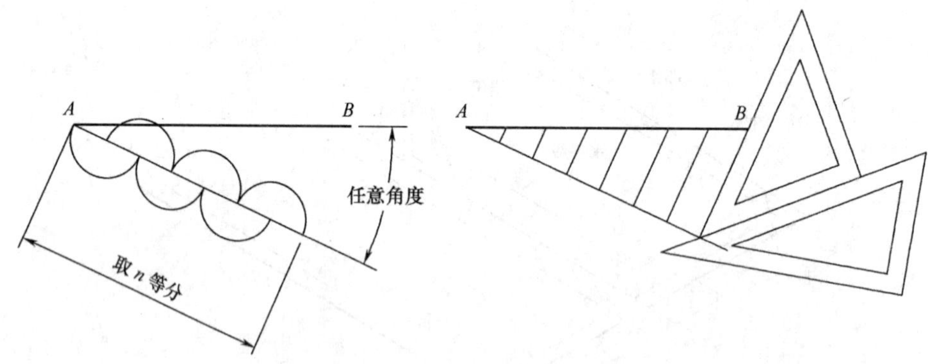

图 1－16　等分直线段

表 1－5　　等分圆周和正多边形作图方法及步骤

等　分	作图步骤	说　明
3 等分（内接正三角形）	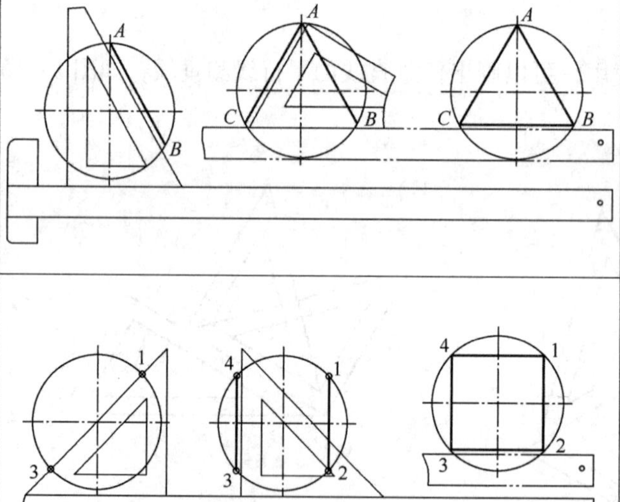	(1) 用 60°三角板过 A 点画 60°斜线交圆周于 B 点； (2) 旋转三角板，同法画 60°斜线交圆周于 C 点； (3) 连 CB 得正三角形
4 等分（内接正四边形）	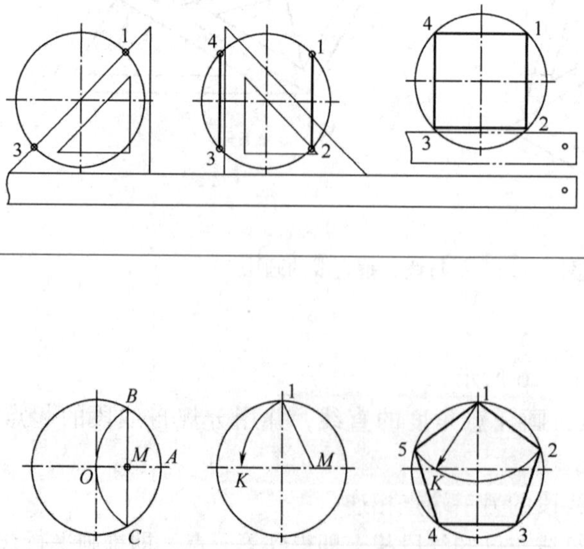	(1) 用 45°三角板斜边过圆心，交圆周于 1、3 两点； (2) 移动三角板，用直角边作垂线； (3) 用丁字尺画 41、32 水平线
5 等分（内接正五边形）	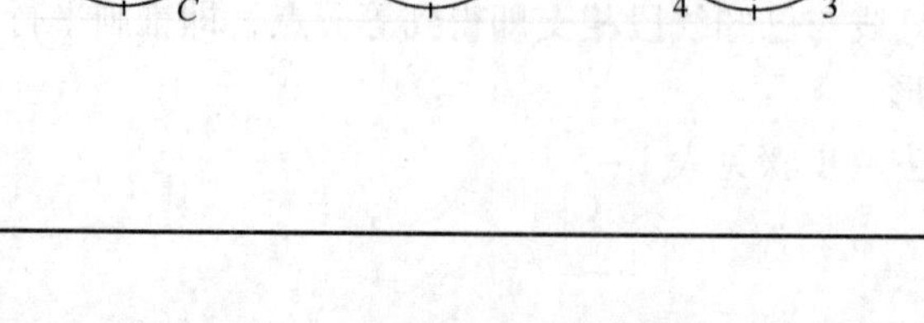	(1) 以 A 为圆心，OA 为半径，画弧交圆于 B、C，连 BC 得 OA 中点 M； (2) 以 M 为圆心，M1 为半径画弧，得交点 K，1K 线段长为所求五边形的边长； (3) 用 1K 长，从 1 点起，截圆周得点 1、2、3、4、5，依次连接，得正五边形

续表

等　分	作图步骤	说　　明
6 等分（内接正六边形）	方法一　方法二	方法 1 以 *A* 和 *B* 为圆心，原圆半径为半径，截圆于 1、2、3、4 点，得圆周 6 等分 方法 2 （1）用 60°三角板从 2 作弦 21，右移从 5 作弦 45； （2）旋转三角板，作 23、65 两弦； （3）用丁字尺连接 16、34，得正六边形
7 等分（内接正七边形）		（1）将 *AB* 直径 7 等分（若作 *n* 边形，可分为 *n* 等分）； （2）以 *B* 为圆心，*AB* 为半径画弧，交 *CD* 延长线于 *K* 和对称点 *K'*； （3）从 *K* 和 *K'* 与直径上奇数点（或偶数点）连线，延长至圆周，得各分点 1、2、3、4、5、6、7； （4）顺序连接各点，得正七边形

（4）斜度和锥度

斜度是指一直线（或平面）对另一直线（或平面）的倾斜程度。斜度 = $H/L = 1:n$，斜度的画法如图 1 - 17 所示。

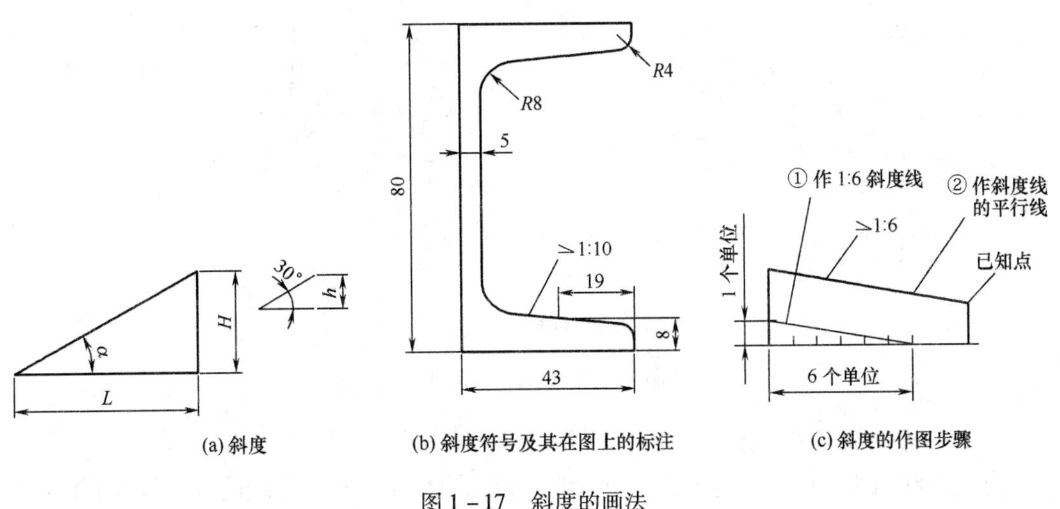

(a) 斜度　(b) 斜度符号及其在图上的标注　(c) 斜度的作图步骤

图 1 - 17　斜度的画法

锥度是指正圆锥底圆直径与其高度之比，或正圆台的两底圆直径差与其高度之比。锥度 = $D/L = (D-d)/l = 1:n$，锥度的画法如图 1 - 18 所示。

(5) 圆的切线

与圆相切的直线，垂直于该圆心与切点的连线。因此，利用三角板的两直角边，便可作圆的切线。如图 1－19 所示。

1.2.2 圆弧连接

工程实际中，直线与圆弧或圆弧与圆弧经常是光滑连接的，其实就是指两者相切，连接点就是切点。通常情况下是已知被连接的直线、圆弧和链接圆弧的半径，要求画出连接圆弧。因此只要求出连接圆弧的圆心和切点就能画出图形了。

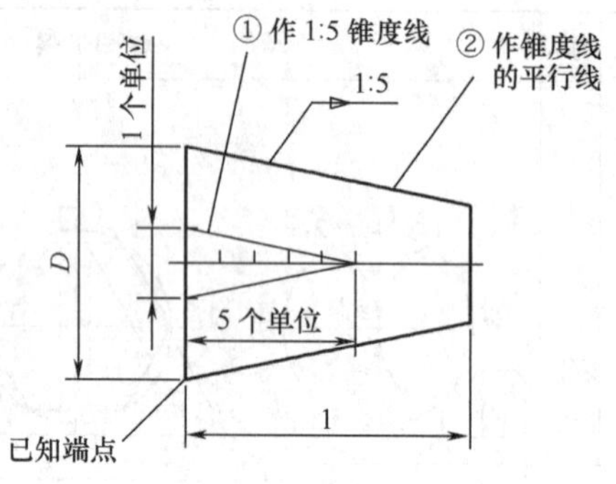

图 1－18 锥度的画法

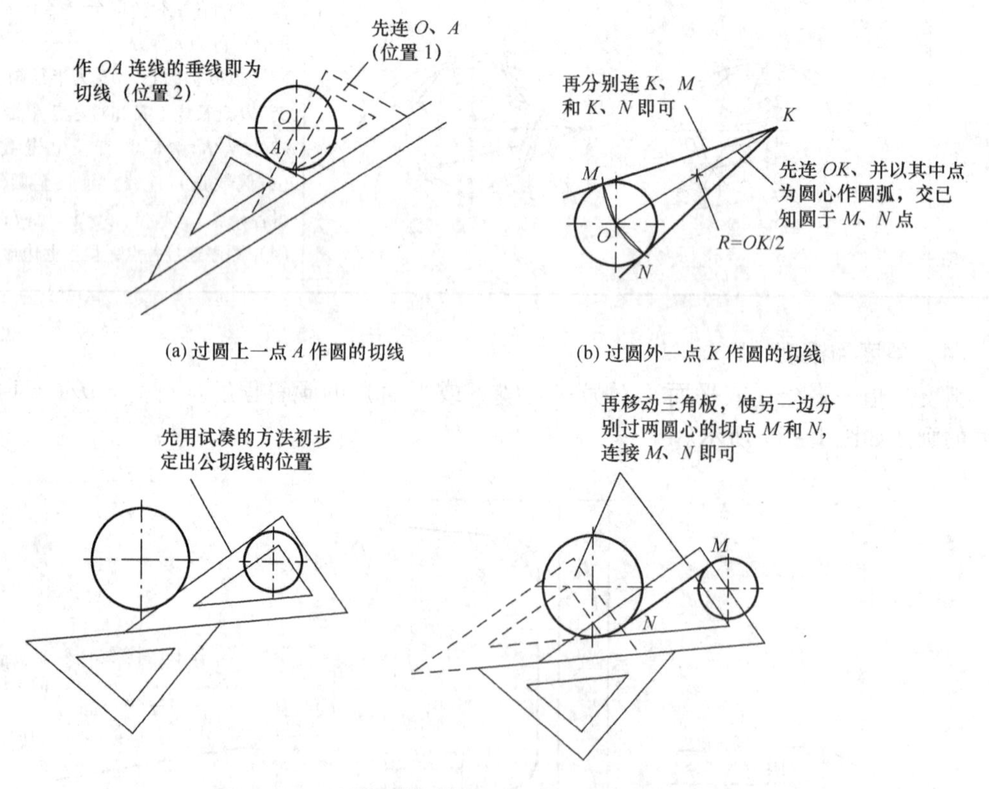

图 1－19 圆的切线的画法

(1) 直线间的圆弧连接

直线与圆相切，该圆心的轨迹是与直线相距为圆半径距离的直线的平行线。直线间的圆弧连接的画法如图 1－20 所示。具体步骤如下：

①定距 作与两已知直线分别相距为 R（连接圆弧的半径）的平行线。两平行线的交点 O 即为圆心。

②定连接点（切点）　从圆心 O 向两已知直线作垂线，垂足即为连接点（切点）。

③画弧　以 O 为圆心，以 R 为半径，在两连接点（切点）之间画弧。

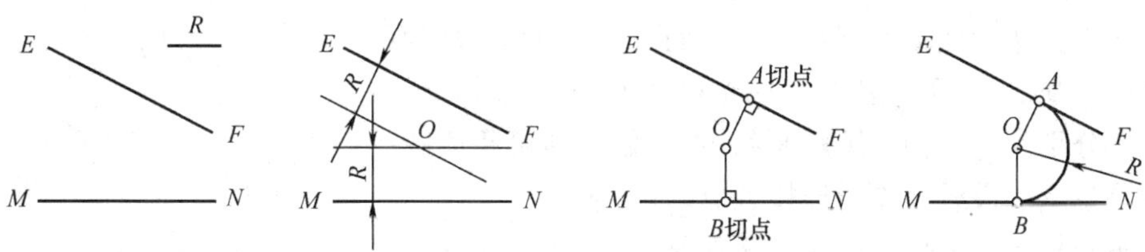

图 1－20　直线间的圆弧连接的画法

（2）圆弧间的圆弧连接

已知两圆及连接圆弧的半径，求作连接弧时，需要求出连接弧的圆心及切点。当两圆外切时，该圆心的轨迹是以已知圆的圆心为圆心，以两圆半径和为半径的圆；当两圆内切时，该圆心的轨迹是以已知圆的圆心为圆心，以两圆半径差为半径的圆。

作过与两圆相切的已知半径的圆。即已知两圆⊙A、⊙B，半径 r，求作半径为 r 的圆，与⊙A、⊙B 相切。作法如图 1－21 所示。

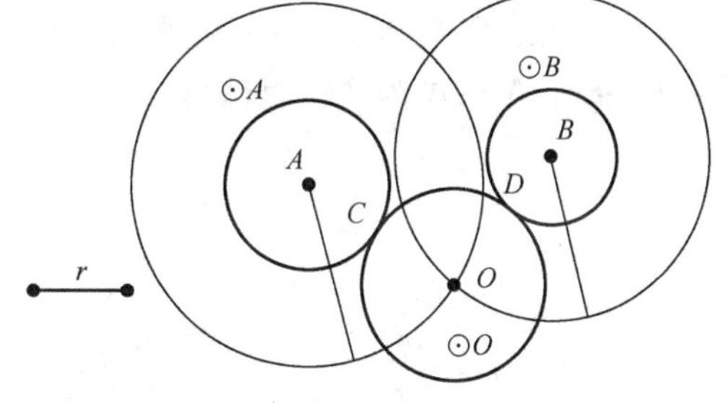

图 1－21　作过与两圆相切的已知半径的圆

①分别以 A 为圆心（⊙A 半径 $+r$）长为半径、以 B 为圆心（⊙B 半径 $+r$）长为半径作圆，两圆相交于 O 点。

②以 O 点为圆心，r 长为半径作圆即为所求。

③连接 OA、OB，两直线与⊙A、⊙B 的交点 C、D 即是切点。

④以 O 为圆心，r 为半径画 $\overset{\frown}{CD}$。

圆弧间的圆弧连接有三种形式：

外连接——连接圆弧和已知圆弧的弧向相反（外切），如图 1－22（a）所示。

内连接——连接圆弧和已知圆弧的弧向相同（内切），如图 1－22（b）所示。

错切连接——与一已知圆外切，与另一已知圆内切，如图 1－22（c）所示。

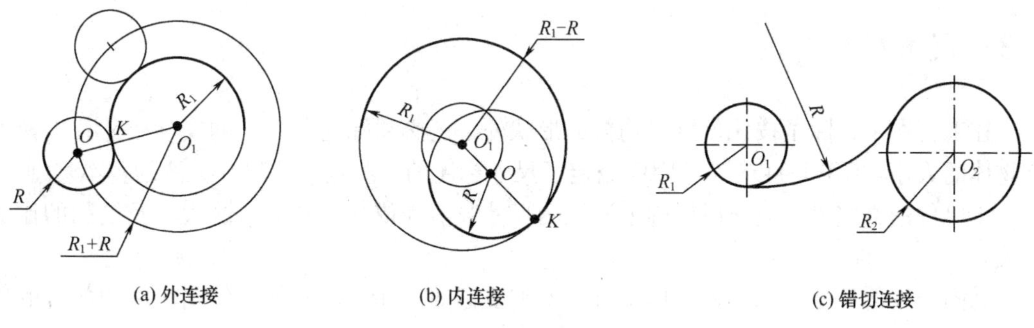

图 1－22　圆的光滑连接

圆弧的连接实例如图 1－23。

（3）椭圆的画法

椭圆常用画法有同心圆法和四心圆弧法两种：

①同心圆法　如图 1－24（a）所示，以 AB 和 CD 为直径画同心圆，然后过圆心作一系列直径与两圆相交。由各交点分别作与长轴、短轴平行的直线，即可相应找到椭圆上各点。最后，光滑连接各点即可。

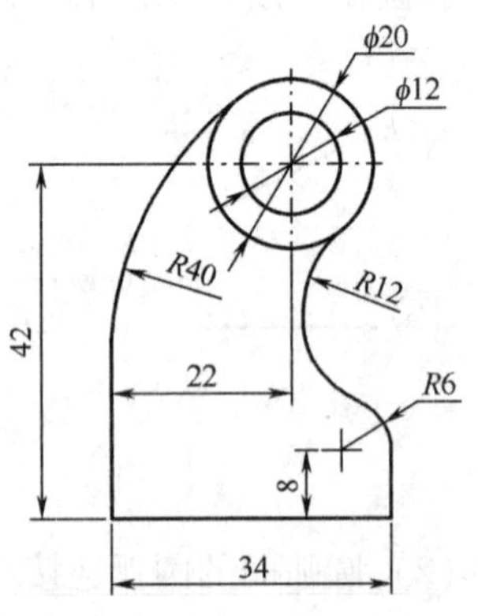

图 1－23　圆弧连接实例

②椭圆的近似画法（四心圆弧法）　如图 1－24（b）所示，已知椭圆的长轴 AB 与短轴 CD。

a. 连接 AC，以 O 为圆心，OA 为半径画圆弧，交 CD 延长线于 E。

b. 以 C 为圆心，CE 为半径画圆弧，截 AC 于 E_1。

c. 作 AE_1 的中垂线，交长轴于 O_1，交短轴于 O_2，并找出 O_1 和 O_2 的对称点 O_3 和 O_4。

d. 把 O_1 与 O_2、O_2 与 O_3、O_3 与 O_4、O_4 与 O_1 分别连直线。

e. 以 O_1、O_3 为圆心，O_1A 为半径；O_2、O_4 为圆心，O_2C 为半径，分别画圆弧到连心线，K、K_1、N_1、N 为连接点即可。

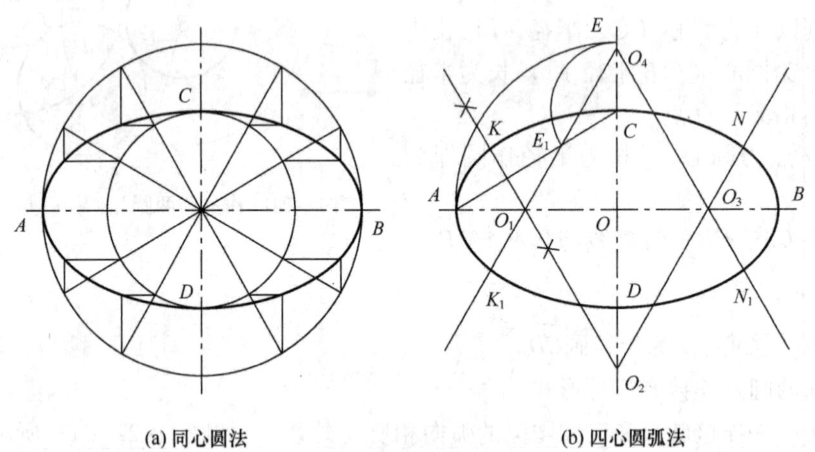

(a) 同心圆法　　(b) 四心圆弧法

图 1－24　椭圆的画法

1.3　尺寸标注

在工程图中，除了按比例画出物体的形状外，还必须标注各部分的实际尺寸，以便确定物体的大小。GB/T 4458.4—2003 制定了尺寸标注的一些规定。尺寸标注的基本规则：

①机件的真实大小应该以图样上所注的尺寸数值为依据，与图形的大小及绘图的比例无关。

②图样中的尺寸，以毫米为单位时，不需要标注。如采用其他单位则应注明相应的单

位符号。

③机件的每一尺寸，一般只标注一次，并应标注在反映该结构最清晰的视图上。

④图样中所标注的尺寸，为该图样所示机件的最后完工尺寸，否则应另加说明。

1.3.1　尺寸要素

一个完整的尺寸由尺寸线、尺寸界线、尺寸起止符、尺寸数字四部分组成，如图1－25 所示。

（1）尺寸线

用细实线画出，不能由其他图线代替。尺寸线画在两尺寸界线之间，长度不宜超出尺寸界线。应与被标注的长度方向平行。互相平行的尺寸线，应从被注图样的轮廓线由近向远整齐排列，小尺寸在里，大尺寸在外。距图形轮廓线最近的一排尺寸线，它们之间的距离不宜小于 10mm。平行排列的尺寸线间距，宜为 7 ~ 10mm。同一张图纸上，间距大小应保持一致。

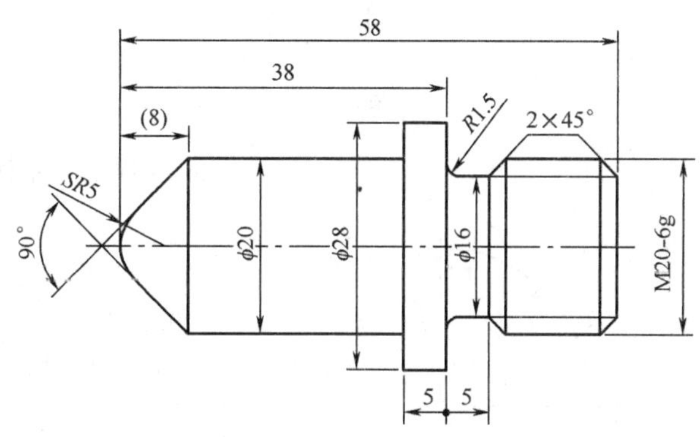

图 1－25　尺寸的组成

（2）尺寸界线

用细实线绘制。由图形轮廓线，轴线或中心线处引出，但引出端应留有 2mm 以上间隔，另一端超出尺寸线 2 ~ 3mm。一般与被注长度垂直。

标准规定的几种特殊情况：

①必要时，图样轮廓线、中心线可作尺寸界线。

②标注直径、半径的尺寸界线，由圆弧轮廓线代替。

③标注角度的尺寸界线沿径向引出。

（3）尺寸起止符号

尺寸线与尺寸界线的相交点是尺寸的起止点。在起止点上必须画出尺寸起止符号。国标规定有三种形式：45°中粗斜短线、尺寸箭头、小圆点。在机械图中，必须用箭头表示。当相邻尺寸界线间隔很小时，起止符采用小圆点。

（4）尺寸数字

线性尺寸数字的方向按图 1－26（a）注写，尽可能避免在图示 30°范围内标注尺寸，当无法避免时，可按图 1－26（b）所示的形式标出。注意尺寸数字不能被任何图线通过，当不可避免时，必须断开图线。

圆弧、球、弧度的尺寸注法如图 1－27。小于等于半圆时标注半径尺寸，并在尺寸数字前加注符号“R”，半径尺寸只能注在投影为圆弧的视图上。大于半圆时，标注直径尺寸，并在尺寸数字前加注符号“ϕ”，直径尺寸可以注在投影为圆的视图上，也可以注在非圆视图上。

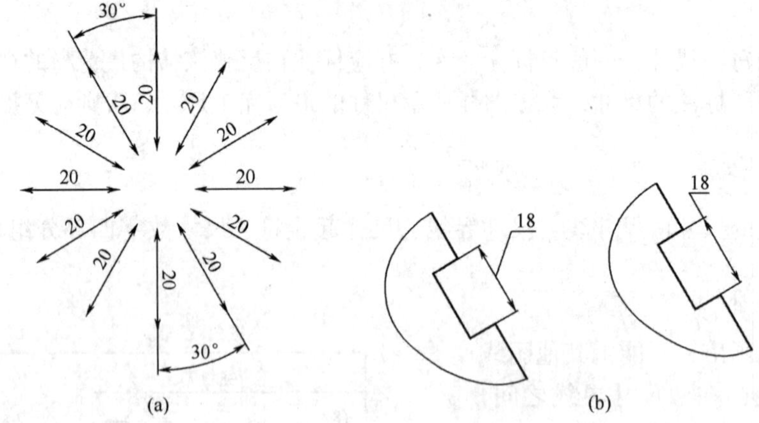

图 1－26　线性尺寸的注写方向

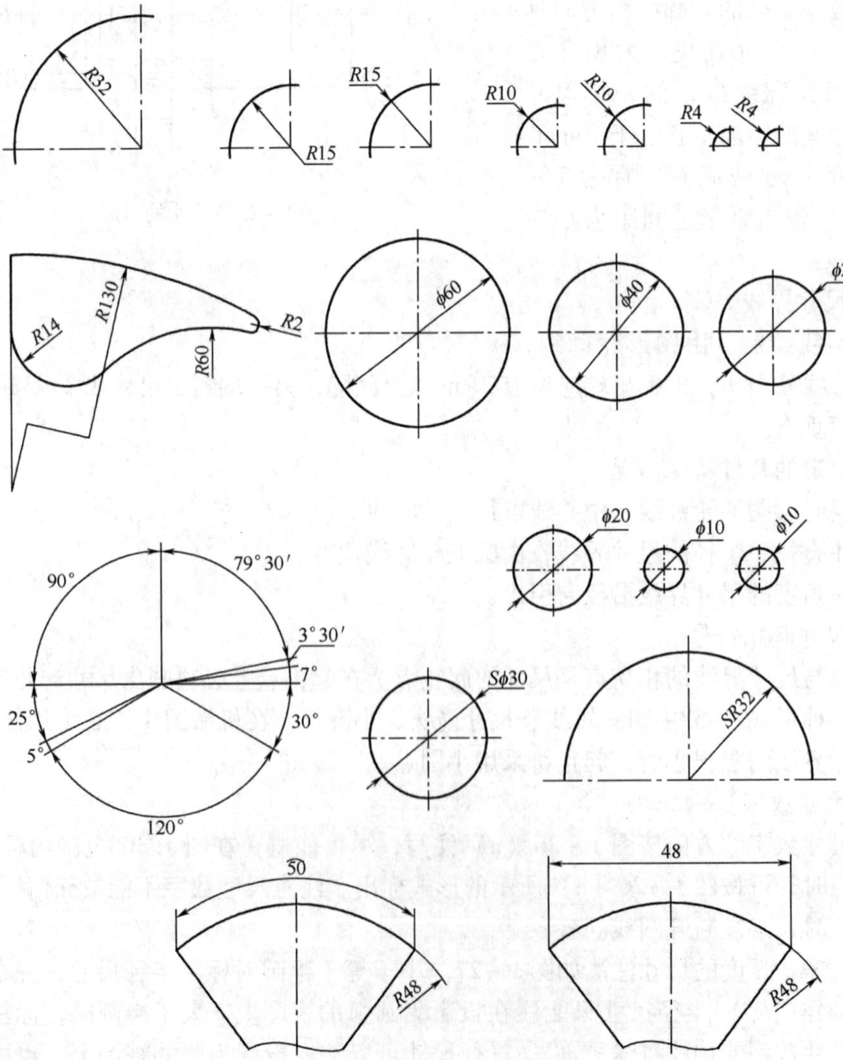

图 1－27　半径、直径、球、弧度的尺寸注法

1.3.2　平面尺寸标注

平面尺寸标注示例如图 1－28 所示。

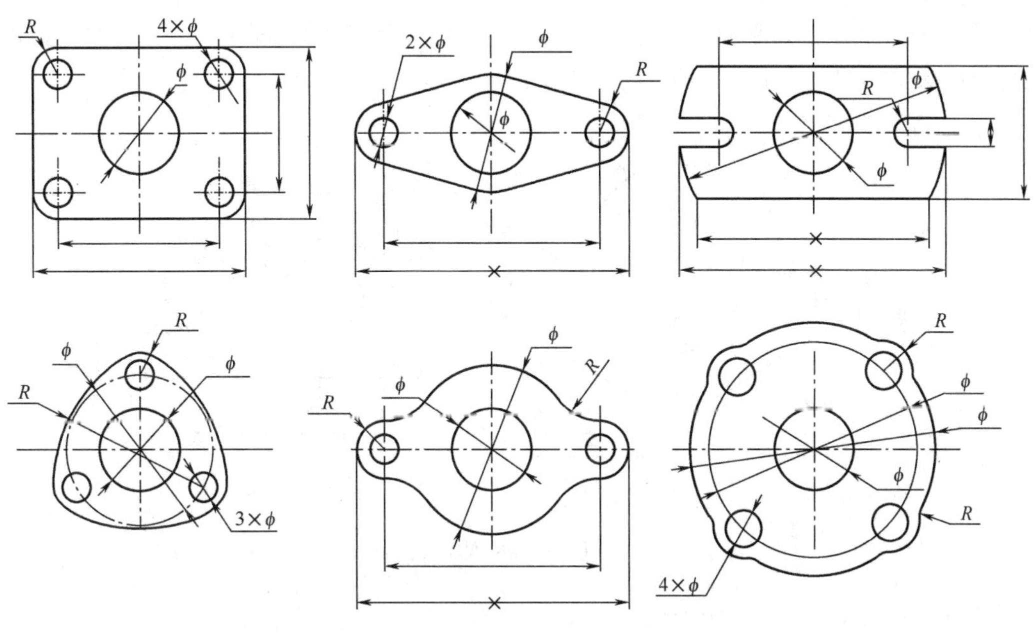

图 1－28　平面图形尺寸标注示例

1.4　平面图形分析

平面图形是由直线和曲线按照一定的几何关系绘制而成的，这些线段必须根据给定的尺寸关系画出，所以就必须对图形中标注的尺寸进行分析。

1.4.1　平面图形的尺寸分析

尺寸按其在平面图形中所起的作用，可分为定形尺寸和定位尺寸两类。要想确定平面图形中线段的上下、左右的相对位置，还必须确定尺寸的基准。

（1）基准

标注尺寸的起点称为尺寸基准。平面图形尺寸有水平和垂直两个方向。平面图形中尺寸基准是点或线。常用的点基准有圆心、球心、多边形中心点、角点等，线基准往往是图形的对称中心线或图形中的边线，如图 1－28 中，所有的图形的基准都是中心圆的圆心。图 1－28 中的基准分别是水平和垂直方向的两条中心线。

（2）定形尺寸

定形尺寸是指确定平面图形上几何元素形状大小的尺寸，如图 1－29（a）中的 ϕ12、*R*8、*R*20、*R*12、*R*15，（b）图中的 ϕ12、*R*13、*R*26、*R*7、*R*8、48 和 10。一般情况下确定几何图形所需定形尺寸的个数是一定的，如直线的定形尺寸是长度，圆的定形尺寸是直径，圆弧的定形尺寸是半径，正多边形的定形尺寸是边长，矩形的定形尺寸是长和宽两个尺寸等。

（3）定位尺寸

定位尺寸是指确定各几何元素相对位置的尺寸，如图 1－29（a）中的 65、5、10，图（b）中的 18、40。确定平面图形位置需要两个方向的定位尺寸，即水平方向和垂直方向，也可以以极坐标的形式定位，即半径加角度。

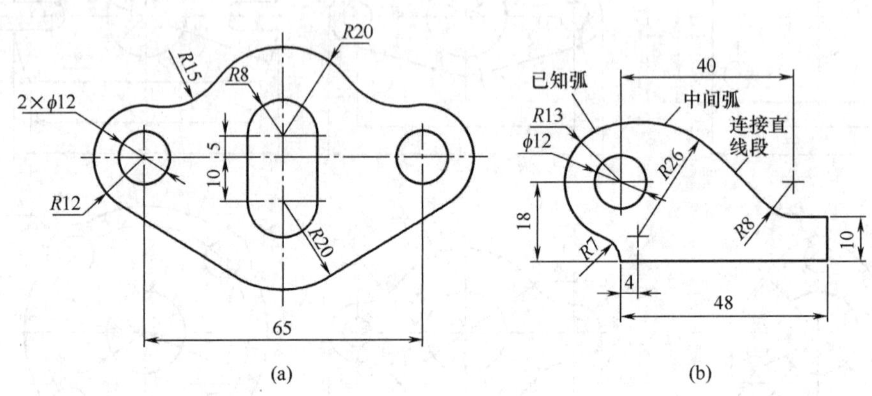

图 1－29　平面图形

注意：有的尺寸，既是定形尺寸，又是定位尺寸。

1.4.2　线段分析

根据定形、定位尺寸是否齐全，可以将平面图形中的图线分为以下三大类：

（1）已知线段　定形、定位尺寸齐全的线段

作图时该类线段可以直接根据尺寸作图，如图 1－29（a）中的 ϕ12 圆、*R*12 圆弧、*R*20 圆弧，（b）图中的 ϕ12 的圆、*R*13 的圆弧、48 和 10 的直线均属已知线段。

（2）中间线段　只有定形尺寸和一个定位尺寸的线段

作图时必须根据该线段与相邻已知线段的几何关系，通过几何作图的方法求出，如图 1－29（b）中的 *R*26 和 *R*8 两段圆弧。

（3）连接线段　只有定形尺寸没有定位尺寸的线段

其定位尺寸需根据与线段相邻的两线段的几何关系，通过几何作图的方法求出，如图 1－29（a）中的 *R*15、*R*12 和 *R*20 间的连接直线段，（b）图中的 *R*7 圆弧段、*R*26 和 *R*8 间的连接直线段。

在两条已知线段之间，可以有多条中间线段，但必须而且只能有一条连接线段。否则，尺寸将出现缺少或多余。

1.4.3　平面图形的画图步骤

以图 1－30 所示的平面图形为例，介绍平面图形的画图步骤。

①根据图形大小选择比例及图纸幅面。本例选用 1∶1 比例，A4 图纸。

②分析平面图形中哪些是已知线段，哪些是连接线段，以及所给定的连接条件。首先

确定基准：以 $\phi10$、$\phi20$ 的圆心为基准。已知线段有：$\phi10$、$\phi20$ 的圆、$\phi7$、$\phi14$ 的圆、21 的线段，中间弧有 $R18$、线段 29；连接弧有 $R8$、$R7$、$R4$

③根据各组成部分的尺寸关系确定作图基准、定位线［图 1－31（a）］。

④依次画已知线段［图 1－31（b）］，中间线段［图 1－31（c）、（d）］和连接线段［图 1－31（e）］。

⑤将图线加粗加深并标注尺寸，如图 1－31（f）所示。

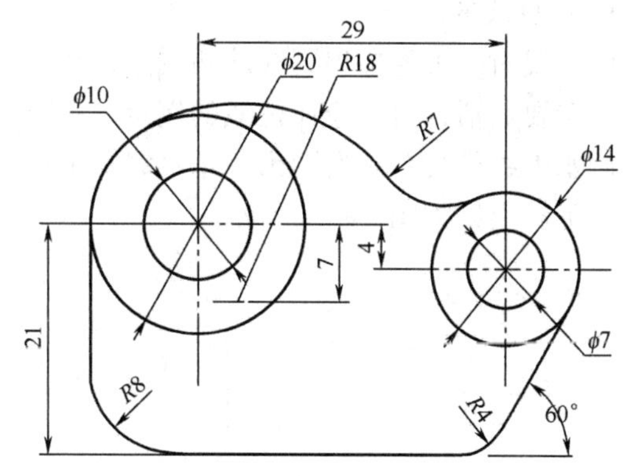

图 1－30　平面图形

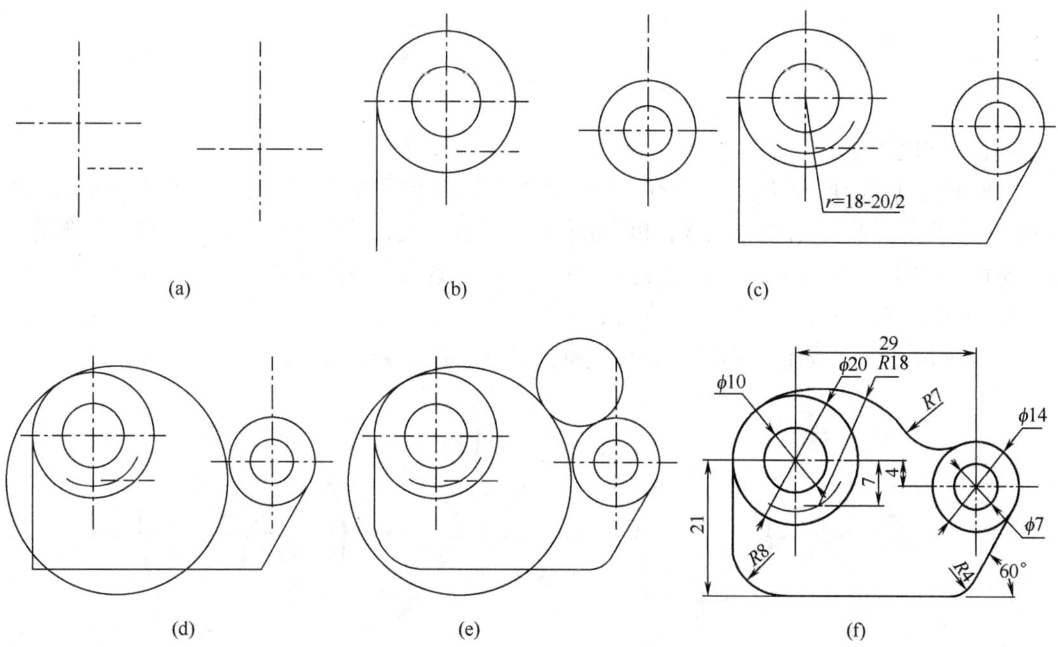

图 1－31　平面图形的绘图步骤

1.5　徒手绘图

依靠目测来估计物体各部分的尺寸比例、徒手绘制的图样称为草图。在设计、测绘、修配机器时，都要绘制草图。所以，徒手绘图是和使用仪器绘图同样重要的绘图技能。

绘制草图时使用软一些的铅笔（如 HB、B 或者 2B），铅笔削得长一些，铅芯呈圆形，粗细各一支，分别用于绘制粗、细线。

画草图时，可以用有方格的专用草图纸，或者在白纸下面垫一张有格子的纸，以便控制图线的平直和图形的大小。

（1）直线的画法

画直线时，可先标出直线的两端点，在两点之间先画一些短线，再连成一条直线。运笔时手腕要灵活，目光应注视线的端点，不可只盯着笔尖。

画水平线应自左至右画出；垂直线自上而下画出；斜线斜度较大时可自左向右下或自右向左下画出，如图 1－32 所示。

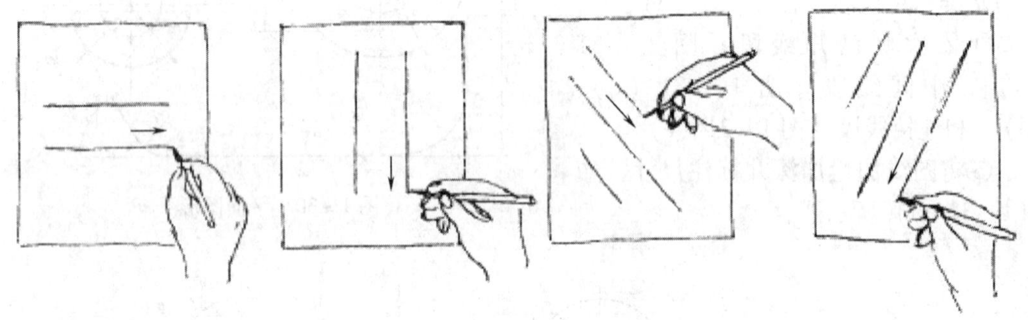

图 1－32　徒手画直线的方法

（2）圆的画法

画圆时，应先画中心线。较小的圆在中心线上定出半径的四个端点，过这四个端点画圆。稍大的圆可以过圆心再作两条斜线，再在各线上定半径长度，然后过这八个点画圆。圆的直径很大时，可以用手作圆规，以小指支撑于圆心，使铅笔与小指的距离等于圆的半径，笔尖接触纸面不动，转动图纸，即可得到所需的大圆。也可在一纸条上作出半径长度的记号，使其一端置于圆心，另一端置于铅笔，旋转纸条，便可以画出所需圆。如图 1－33 所示。

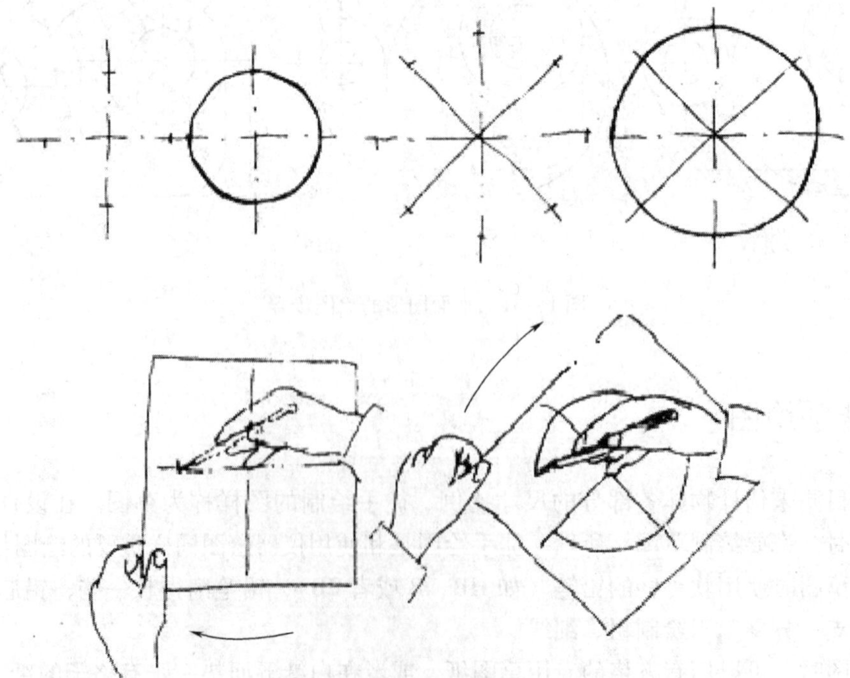

图 1－33　徒手画圆的方法

（3）徒手绘制平面图形

徒手绘制平面图形时，也和使用尺、规作图时一样，要进行图形的尺寸分析和线段分析，先画已知线段，再画中间线段，最后画连接线段。在方格纸上画平面图形时，主要轮廓线和定位中心线应尽可能利用方格纸上的线条，图形各部分之间的比例可按方格纸上的格数来确定。图 1 – 34 所示为徒手在方格纸上画平面图形的示例。

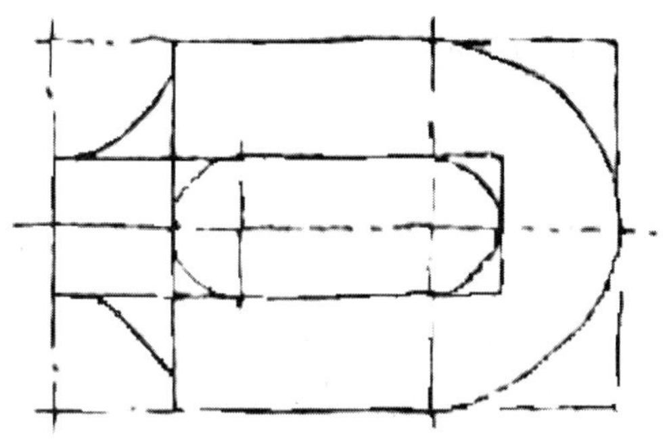

图 1 – 34　徒手画平面图形

思考题与习题

1. 某图样在标题栏中注明比例为 2∶1，则此图样是采用__________比例画出的。（放大、缩小）

2. 找出下图中错误的尺寸标注并改正，按 1∶1 抄画图形。

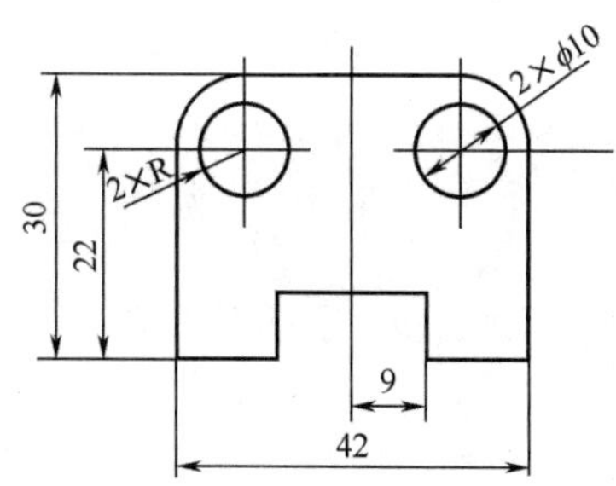

第 2 章　投影基础

为了能够准确地传递设计意图、制造要求等工业信息，人们将空间三维形体以一定的方式表达成二维平面图形，再辅以规定的符号、说明等形成工程图纸。可以说图纸是工程界的“语言”。

2.1　投影法

如何将三维形体表达成二维图形？投影是最简单直接的办法。在日常生活中常见到投影的现象：在电灯与桌面间放一块三角板，则在桌面上会出现三角板的影子。在阳光的照射下，地面上会出现人、树，以及各种建筑物的影子。光源称为投影中心，投下影子的光线即从投影中心发出的射线称为投射线或投影线，获得投影的平面称为投影面，通过投射线将物体投射到投影面上所得到的图形即为投影。由投影中心或投射线把物体投射到投影面上，从而得出其投影的方法称为投影法。

投影法有中心投影和平行投影两种。

2.1.1　中心投影法

投影线在有限远处相交于一点（投影中心）的投影法称为中心投影法。所得投影称为中心投影。如人的视觉、照相、放电影等，具有中心投影的性质。中心投影法主要应用于绘制建筑物，富有逼真感的立体图，也称透视图，如图 2－1 所示。

图 2－1　透视图

2.1.2　平行投影法

投影线在无限远处相交于一点（投影中心）的投影法称为平行投影法。所得投影称为平行投影。当投射线与投影面倾斜时称为斜投影，如图 2-2（a）所示；当投射线垂直于投影面时称为正投影，如图 2-2（b）所示。

因为具有以下特性，工程制图中多采用平行投影法，尤其是正投影法。

（1）同素性

一般情况下点的投影仍为点，线段的投影仍为线段。

（2）从属性

点在线段上，则点的投影一定在该线段的同面投影上。点 M 在线段 AB 上，那么点 M 的投影 m 也一定在线段 AB 的投影 ab 上，如图 2-3 所示。

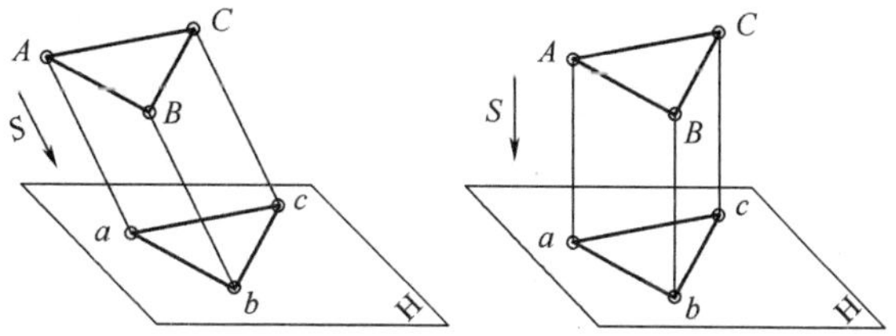

(a) 斜投影法　　(b) 垂直投影法

图 2-2　平行投影法

（3）平行性

空间两直线平行，其同面投影亦平行。空间直线 $AB /\!/ CD$，其投影 $ab /\!/ cd$，如图 2-4 所示。

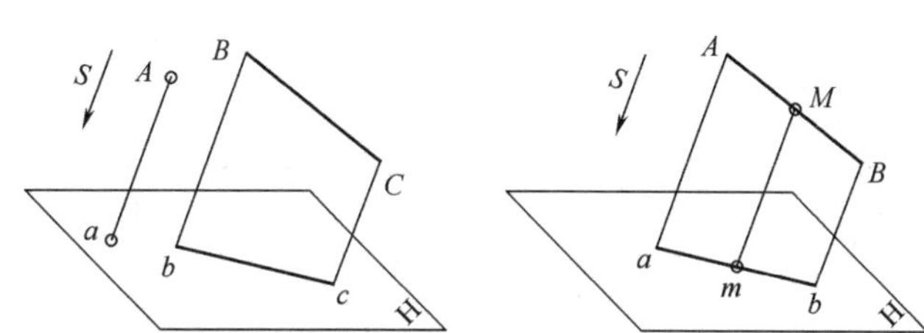

图 2-3　平行投影的从属性

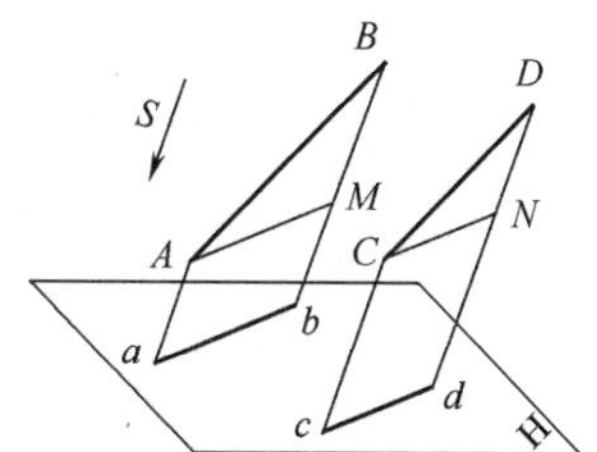

图 2-4　平行投影的平行性

（4）定比性

点分线段之比，投影后保持不变。即 $AM:MB = am:mb$，空间两平行线之比，等于其投影之比。

（5）积聚性

当直线或平面平行于投影方向时，则直线的投影积聚为点，平面的投影积聚为直线，称积聚性，如图 2-5 所示。

（6）实形性（度量性或可量性）

当直线或平面平行于投影面时，则直线的投影反映实长，平面的投影反映实形，如图 2-6 所示。

（7）类似性

直线或平面图形倾斜于投影面时，直线的投影变短了；而平面图形变成小于原图形的类似形，称类似性，如图 2-7 所示。

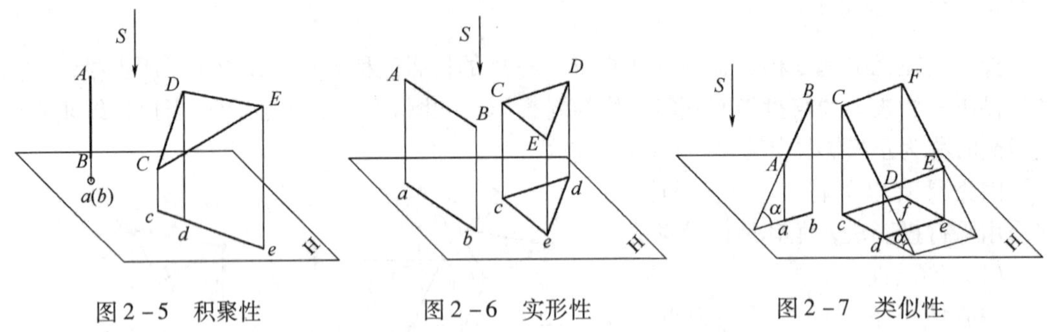

图2－5　积聚性　　图2－6　实形性　　图2－7　类似性

2.1.3　正投影法体系

（1）三投影面体系的建立

正投影能够精确反映物体的形状结构，但仅靠单一投影面不能唯一确定物体的空间形状，如图2－8所示。因此在工程实际中，是将物体同时投影在三个相互垂直的投影面中，即三投影面体系，如图2－9所示。

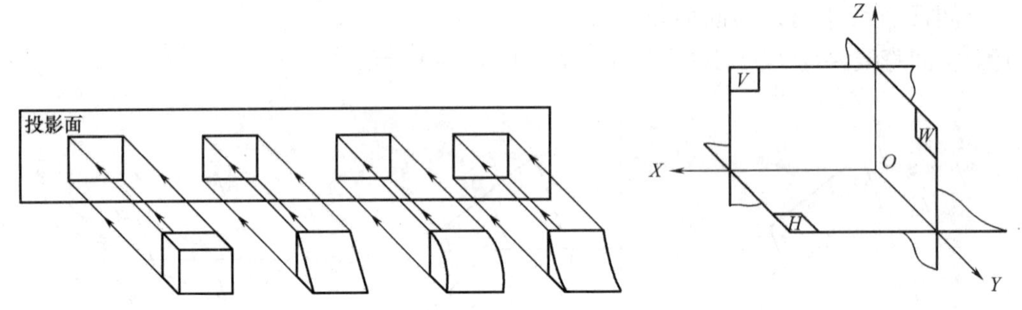

图2－8　单一正投影不能唯一确定物体形状　　图2－9　三面正投影体系

正对观察者的投影面称为正立投影面（简称正面），代号用字母“*V*”表示；右边侧立的投影面称为侧立投影面（简称侧面），代号用字母“*W*”表示；水平位置的投影面称为水平投影面（简称水平面），代号用字母“*H*”表示。

三个投影面的相互交线，称为投影轴。它们分别是：*OX* 轴：是 *V* 面和 *H* 面的交线，代表长度方向；*OY* 轴：是 *H* 面和 *W* 面的交线，代表宽度方向；*OZ* 轴：是 *V* 面和 *W* 面的交线，代表高度方向。

三个投影轴垂直相交的交点 *O*，称为原点。

将物体置于三面投影体系中，按正投影法分别向三个投影面投射，由前向后投射在 *V* 面上得到的投影叫正面投影；由上向下投射在 *H* 面上得到的投影叫水平投影；由左向右投射在 *W* 面上得到的投影叫侧面投影。沿 *X* 方向分左右是物体的长度，沿 *Y* 方向分前后是物体的宽度，沿 *Z* 方向分上下是物体的高度，如图2－10所示。

（2）三投影面体系的展开

投影的目的是用平面图形表达空间三维物体，建立了空间投影体系后，只需将三个投

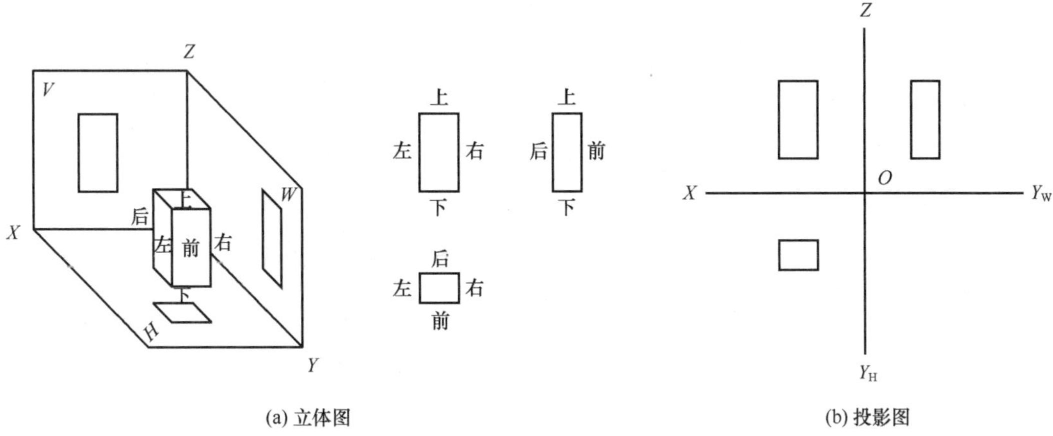

(a) 立体图　　(b) 投影图

图 2－10　物体在三面投影体系中投影及三视图的方位关系

影面展开，即成为平面：V 面保持不动，假想将 OY 轴剪开，H 面沿 X 轴向下打开 90°，W 面沿 Z 轴向右打开 90°，使三个投影面展开成同一个平面。

拿走空间物体及投影线，物体的三个投影随着投影面展开，物体在 V 面上的投影称为主视图，在 H 面上的投影称为俯视图，在 W 面上的投影称为左视图。可以看出：主视图表现物体长、高两个方向的尺寸，即左右、上下位置关系；俯视图表现物体长、宽两个方向的尺寸，即左右、前后位置关系；左视图表现物体宽、高两个方向的尺寸，即前后、上下位置关系。主视图和俯视图同时表达了物体的长度尺寸，俯视图和左视图同时表达了物体的宽度尺寸，主视图和左视图同时表达了物体的高度尺寸。工程上归纳为如下投影规律：主、俯视图“长对正”（即等长）；主、左视图“高平齐”（即等高）；俯、左视图“宽相等”（即等宽）；三视图的投影规律非常重要，它贯穿于工程制图的始终，是画图和读图的基本准则，如图 2－11 所示。

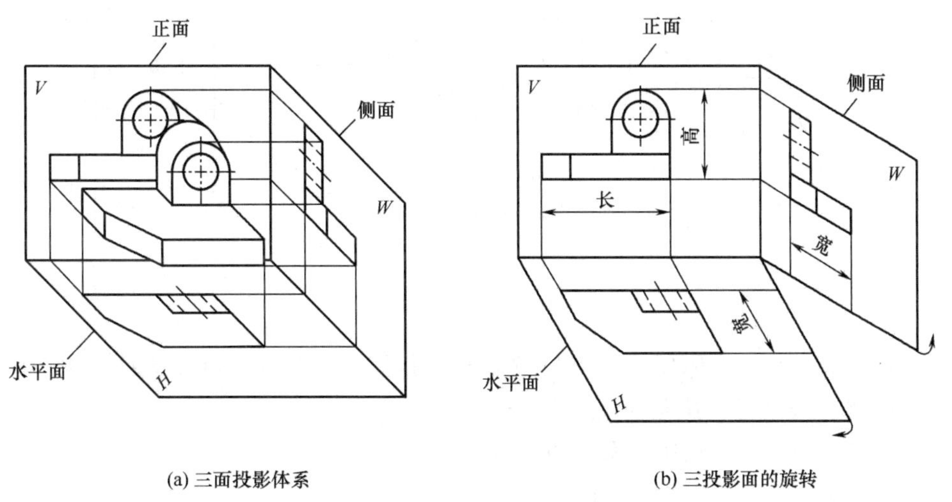

(a) 三面投影体系　　(b) 三投影面的旋转

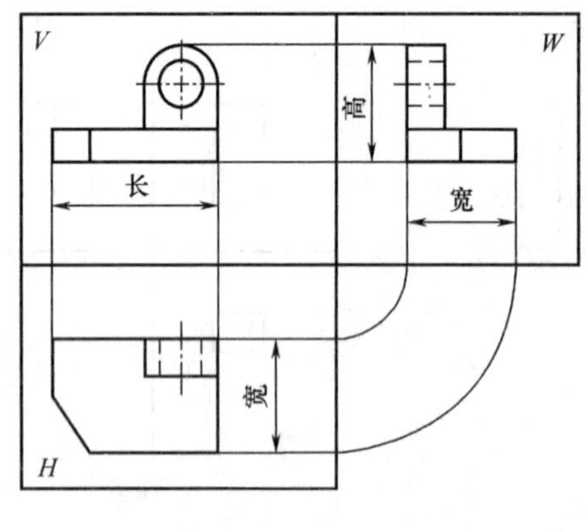

(c) 三面投影图

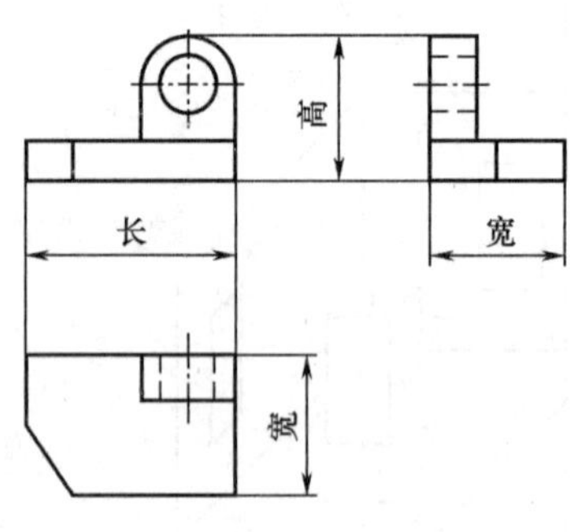

(d) 去掉投影面边框和轴线

图 2-11 视图间的“三等”关系

2.2 点的投影

2.2.1 点的三面投影

空间点用大写字母表示。在三投影面体系中，过点 A 分别向三个投影面做正投影，如图 2-12 所示：A 点在 V 面上的投影称为 A 点的正面投影或 A 点的正投影、A 点的 V 投影，用 a'表示；A 点在 H 面上的投影称为 A 点的水平投影或 A 点的 H 投影，用 a 表示；A 点在 W 面上的投影称为 A 点的侧面投影或 A 点的侧投影、A 点的 W 投影，用 a''表示。

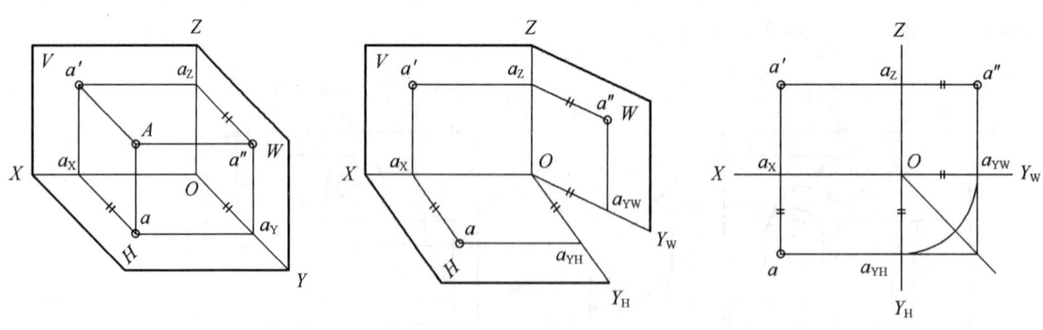

图 2-12 点的三面投影

投影面展开后，为了体现 H 投影与 W 投影宽相等，可在右下角过点 O 作 45°辅助线，aa_{YH}、$a''a_{YW}$的延长线必与这条辅助线交汇于一点。

可以总结出点在三面投影体系中的投影规律：

①点的正面投影与水平面投影的连线一定垂直于 OX 轴；

②点的正面投影与侧面投影的连线一定垂直于 OZ 轴；

③点的水平面投影到 OX 轴的距离等于点的侧面投影到 OZ 轴的距离。

$aa_Y = a'a_Z = a_XO = Aa''$，是空间点 A 到 W 面的距离。

$aa_X = a''a_Z = a_YO = Aa'$，是空间点 A 到 V 面的距离。

$a'a_X = a''a_Y = a_ZO = Aa$，是空间点 A 到 H 面的距离。

水平面投影 a 由 A 点的 X、Y 两坐标确定；正面投影 a' 由 A 点的 X、Z 两坐标确定；侧面投影 a'' 由 A 点的 Y、Z 两坐标确定。如图 2－13 所示。

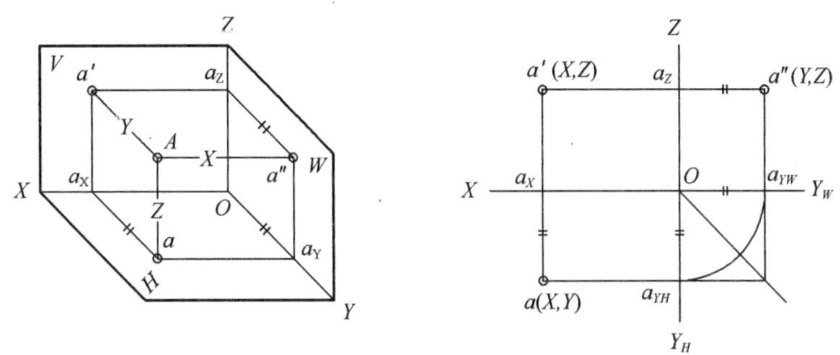

图 2－13　点的三面投影与坐标值的对应关系

例 2－1：已知点 B（15，20，25），如图 2－14 所示。求作它的三面投影。

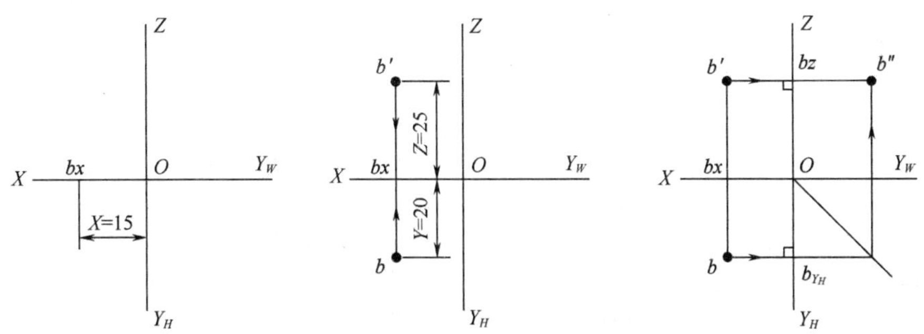

图 2－14　已知点 B 的坐标，作三面投影

2.2.2　特殊位置点的投影

特殊情况下，点有可能处于投影面上、投影轴上。

（1）在投影面上的点

如图 2－15 所示，点 A、B、C 分别处于 V 面、H 面、W 面上，根据它们的投影可得出处于投影面上的点的投影性质：

①点的一个投影与空间点本身重合。

②点的另外两个投影，分别处于不同的投影轴上。

（2）在投影轴上的点

如图 2－15 所示，当点 D 在 OY 轴上时，点 D 和它的水平投影、侧面投影重合于 OY 轴上，点 D 的正面投影位于原点。

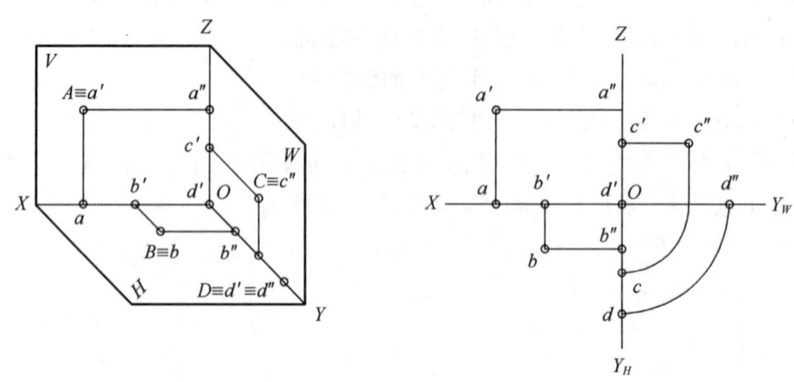

图 2-15 特殊位置点的投影

2.2.3 两点的相对位置及重影点

空间两点有左右、前后、上下的相对位置关系。在三面投影体系中，X 轴的正方向为左方，Y 轴的正方向为前方，Z 轴的正方向为上方。空间两点的相对位置可由两点的同名投影（在同一个投影面上的投影）的相对位置来判断。

例 2-2：如图 2-16 所示，已知点 A 的两投影 a 和 a'，点 B 在点 A 的右方 10mm、上方 8mm、前方 6mm，试确定点 B 的投影。

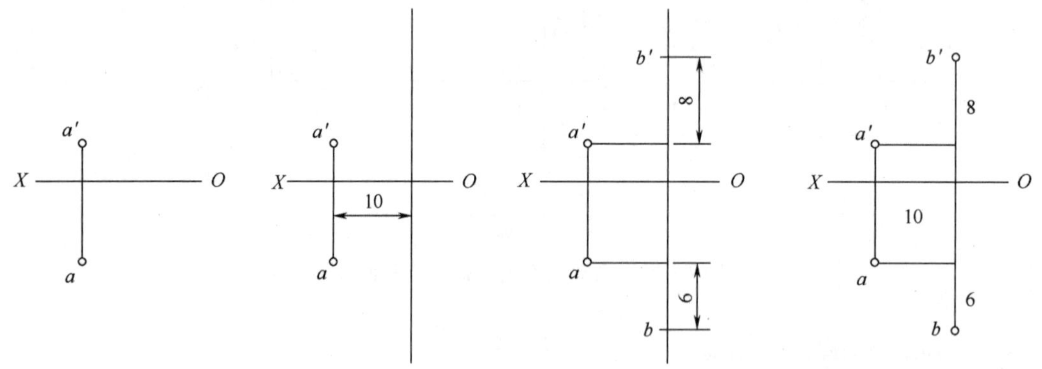

图 2-16 点的相对位置

当空间两点的某两个坐标值相等时，该两点处于某一投影面的同一投射线上，则这两点对该投影面的投影重合于一点。空间两点的同面投影重合于一点的性质，称为重影性，该两点称为重影点。

由于重影，有可见与不可见问题，对于 V 面投影，前面的点遮住后面的点；对于 H 面，上面的点遮住下面的点；对于 W 面，左面的点遮住右面的点。不可见点的投影用（）括起来，如图 2-17 所示。

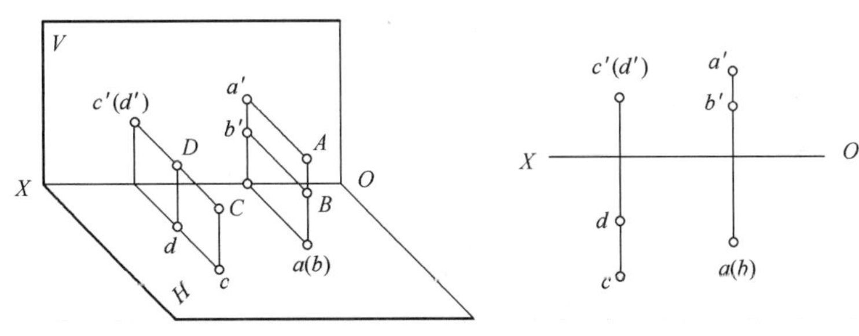

图2-17　重影点

2.3　直线的投影

在绘制直线的投影图时，只要作出直线上任意两点的投影，再将两点的同面投影连接起来，即得到直线的三面投影。一般情况下，直线的投影仍为直线，如图2-18所示。

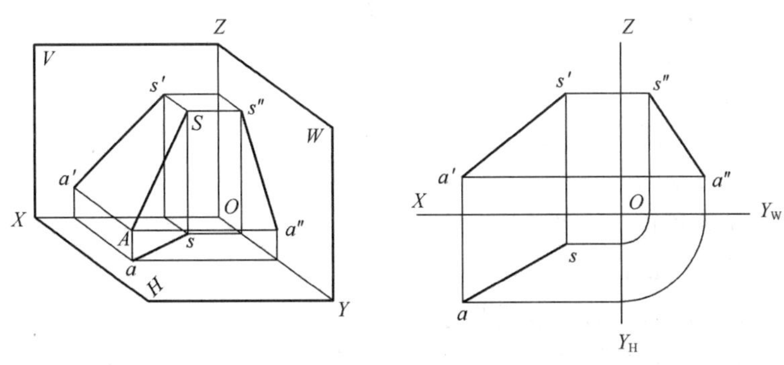

图2-18　直线的投影

依据平行投影特性，直线相对于投影面位置不同时具有以下性质：

①直线倾斜于投影面：投影具有收缩性，投影变短线。

②直线平行于投影面：投影具有真实性，投影实长线。

③直线垂直于投影面：投影具有积聚性，投影聚一点。

2.3.1　直线的投影特性

当直线平行或垂直于某个投影面时，称为特殊位置直线，分为投影面垂直线和投影面平行线。

（1）投影面垂直线

垂直于一个投影面，而平行于另外两投影面，见表2-1。

表 2－1　　　　投影面垂直线

铅垂线	正垂线	侧垂线
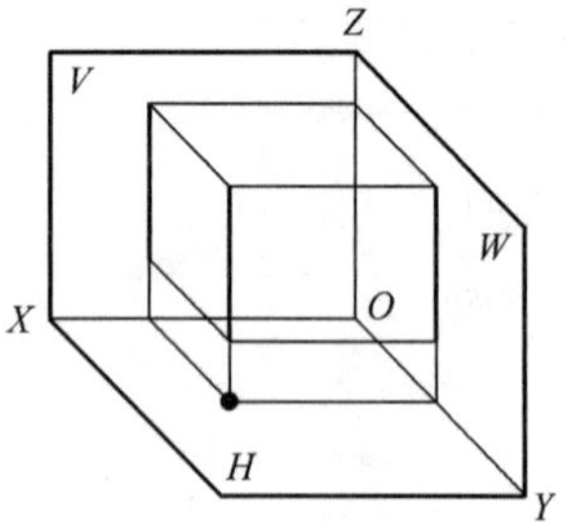	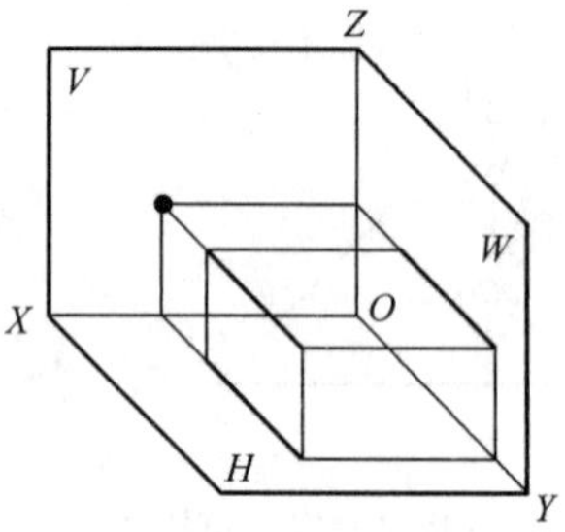	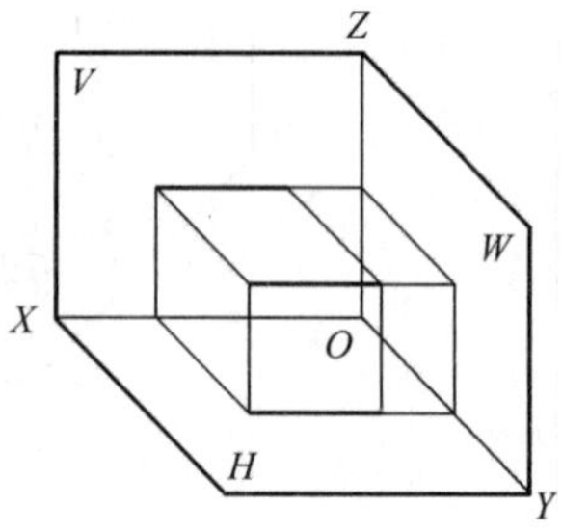
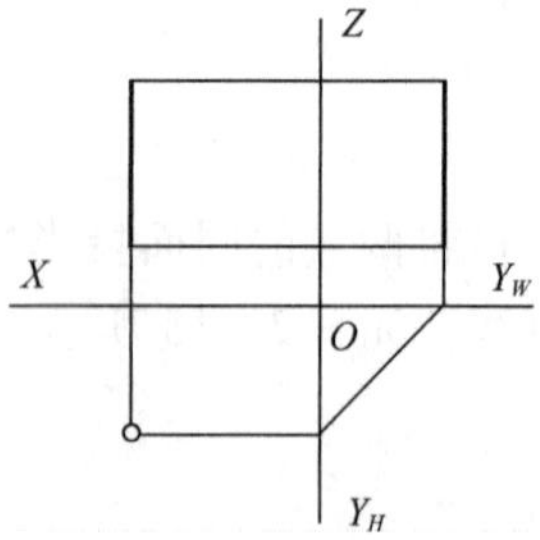	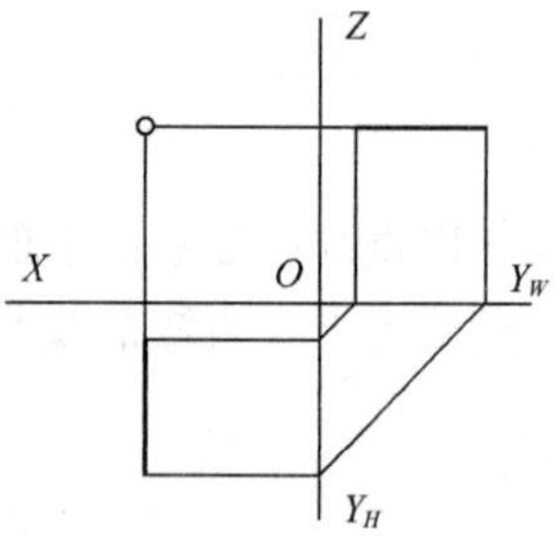	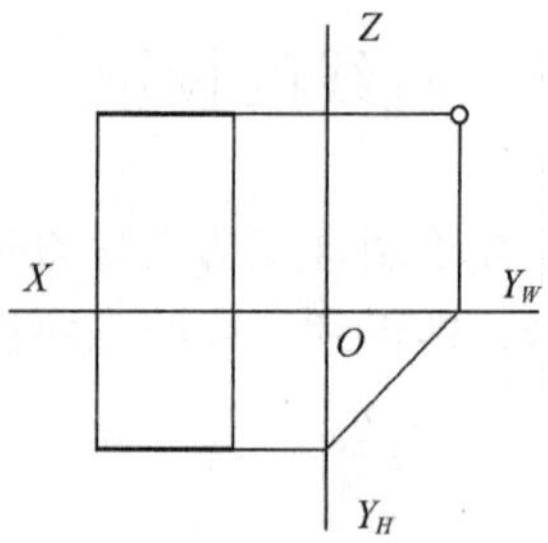

正垂线：垂直于 *V* 面的直线；

铅垂线：垂直于 *H* 面的直线；

侧垂线：垂直于 *W* 面的直线。

垂直线的投影特性如下：

①在所垂直的投影面上的投影积聚为一点。

②在其他两个投影面上的投影分别平行于相应的投影轴，且反映实长。

（2）投影面平行线

平行于一个投影面，而与另外两投影面倾斜，见表 2－2。

表 2－2　　　　投影面平行线

水平线	正平线	侧平线

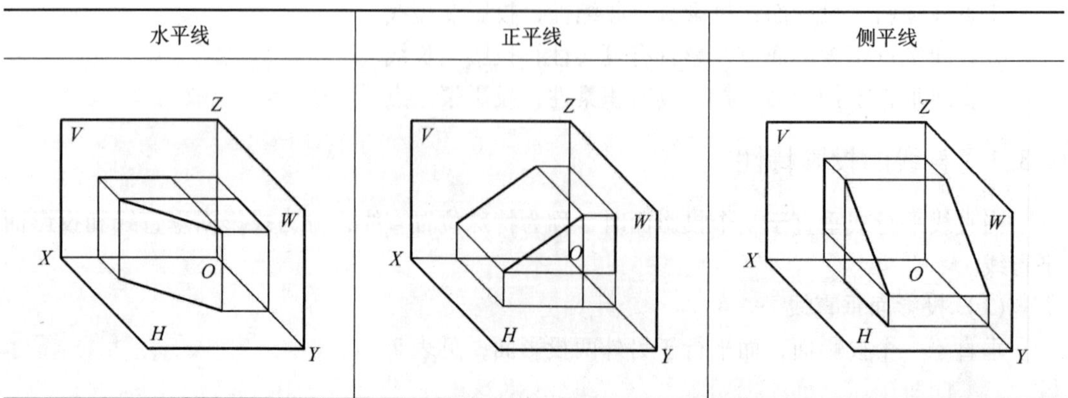

续表

水平线	正平线	侧平线

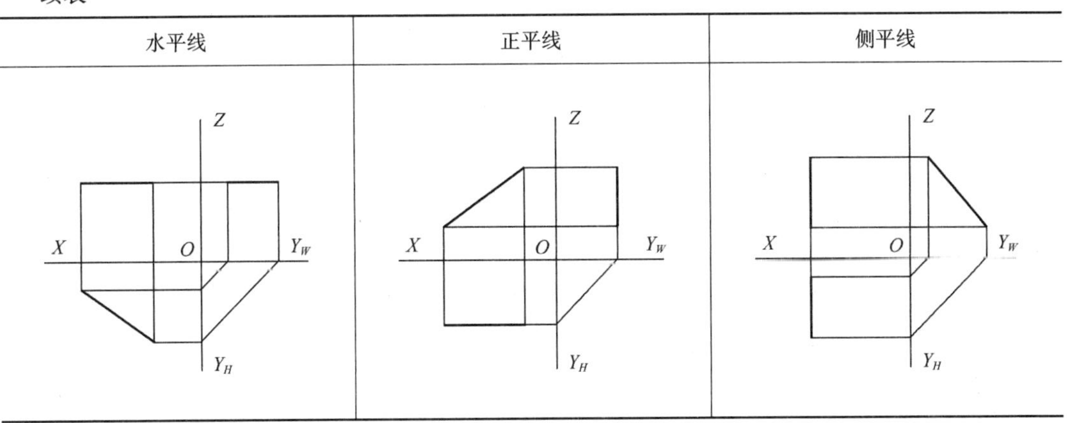

正平线：平行于 V 面的直线；

水平线：平行于 H 面的直线；

侧平线：平行于 W 面的直线。

平行线的投影特性如下：

①在所平行的投影面上的投影为一段反映实长的斜线。

②在其他两个投影面上的投影分别平行于相应的投影轴，长度缩短。

（3）一般位置直线的投影

投影特性如下：

①在三个投影面上的投影均是倾斜直线。

②投影长度均小于实长。

例 2－3：如图 2－19，已知直线 AB 的 V 面、H 面投影，求作 AB 的 W 面投影。

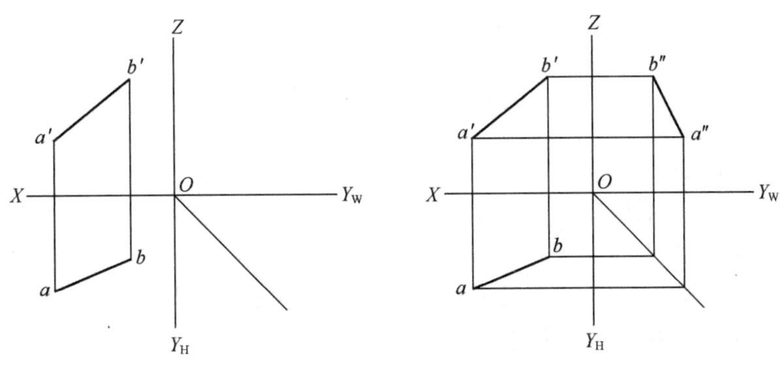

图 2－19　已知直线的两投影，求作第三投影

根据已知条件，分别作出 A、B 两点的 W 面投影 a''、b''，然后连接 $a''b''$，即为所得。

例 2－4：如图 2－20（a），已知 A 点的投影 a、a'，试过 A 点作水平线 AB，使点 B 在点 A 的右前方，AB 的实长为 20mm，与 V 面夹角 30°。

由 a 向右前方作与 OX 轴成 30°的斜线，并截取 ab 等于 20mm，得到点 B 的水平投影 b；由 a' 作 OX 轴的平行线，再由水平投影 b 作 OX 轴的垂直线，两线的交点即是 b'。最后

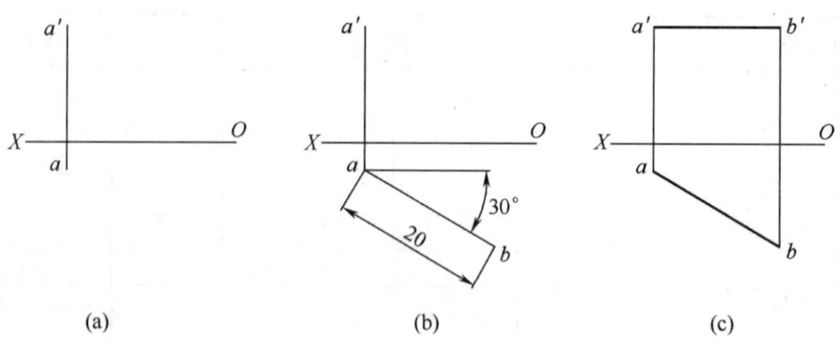

图 2-20 作水平线 AB

加粗 ab 和 $a'b'$。

2.3.2 直线上的点

（1）点在直线上的从属性

空间点 K 在直线 AB 上，则点 K 的投影一定在直线 AB 的同名投影上，即 k' 在 $a'b'$ 上；k 在 ab 上；k'' 在 $a''b''$ 上，如图 2-21 所示。

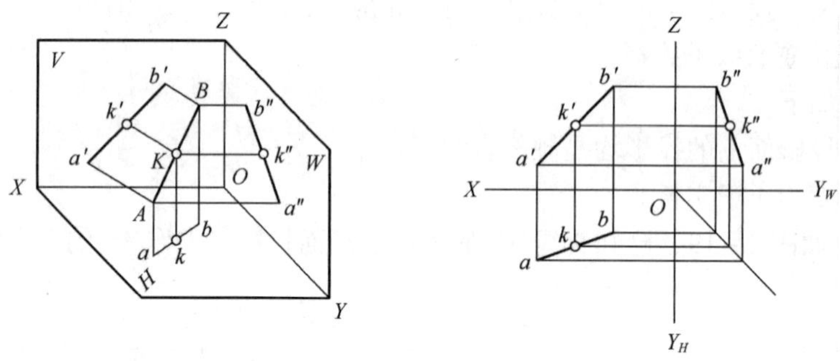

图 2-21 直线上的点

（2）点分线段成定比

属于线段的点，分线段之比等于其分投影之比。如图 2-21 所示，空间点 K 在直线 AB 上，则 $AK:KB=ak:kb=a'k':k'b'=a''k'':k''b''$。

例 2-5：已知侧平线 AB 的两投影和直线上 S 点的正面投影 s'，求其水平投影 s。

由于侧平线在 V、H 投影体系中的特殊性（直线的两投影在同一条竖直线上），在侧平线上找点不能直接作出。作图方法有两种：

①作出直线的 W 投影，根据点的从属性和投影规律，先作出点的 W 投影，再作出未知投影，如图 2-22（a）所示。

②利用平行投影的定比性，如图 2-22（b）所示，在 H 投影上以 a 为顶点作斜线 $ab_a=a'b'$，$as_a=a's'$，连接 b_ab，过 s_a 作 $s_as//b_ab$，在 ab 上得到 s。

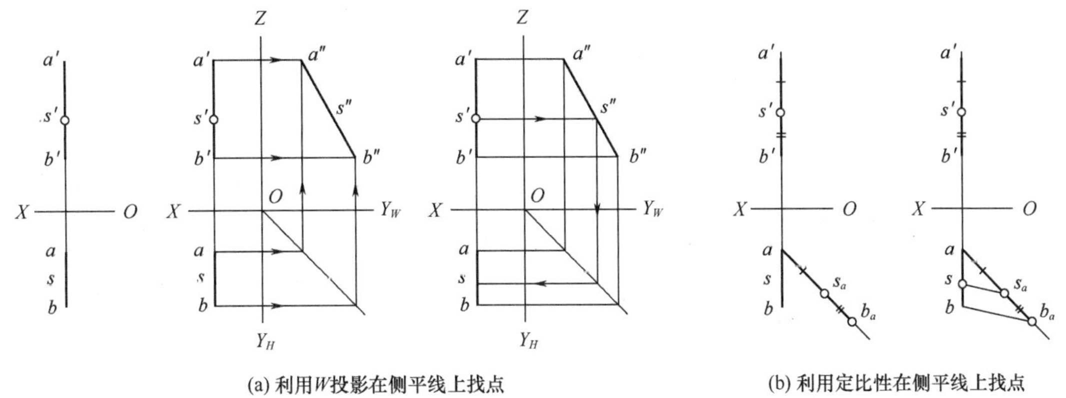

(a) 利用W投影在侧平线上找点　(b) 利用定比性在侧平线上找点

图2-22　侧平线上找点

2.3.3　两直线的相对位置

两直线在空间的相对位置有三种：平行、相交、交叉（异面）

（1）两直线平行

如果空间两直线平行，则其同名投影均平行，反之亦然。如图2-23所示，对于一般位置直线，仅靠两个投影就能确定两直线是否平行。但对特殊位置直线，则需要作出第三投影来判断。

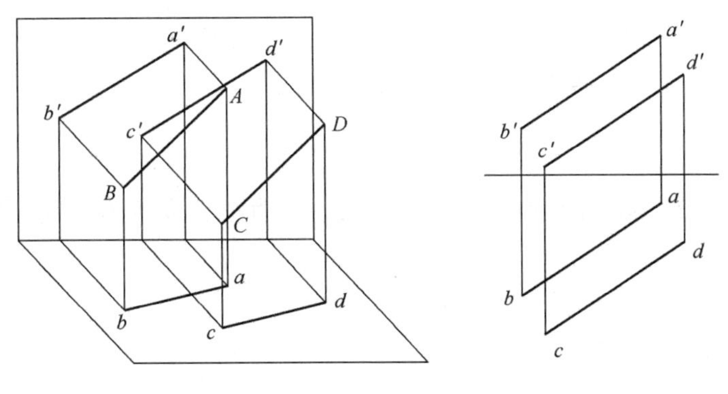

图2-23　平行直线

例2-6：给定两条侧平线的正面投影和水平投影，判断两者是否平行。

由于侧平线在V、H投影体系中的特殊性，需作出W投影，才能清晰判断两直线是否平行，图2-24（a）所示平行；而图2-24（b）所示两直线的W投影不平行，所以两直线不平行。

（2）两直线相交

两直线相交，其同名投影必相交，且投影的交点正是空间同一点的投影（即符合点的投影规律），如图2-25所示。判断时，若其中一条线为特殊位置线，视情况还需应用定比法或作第三投影。

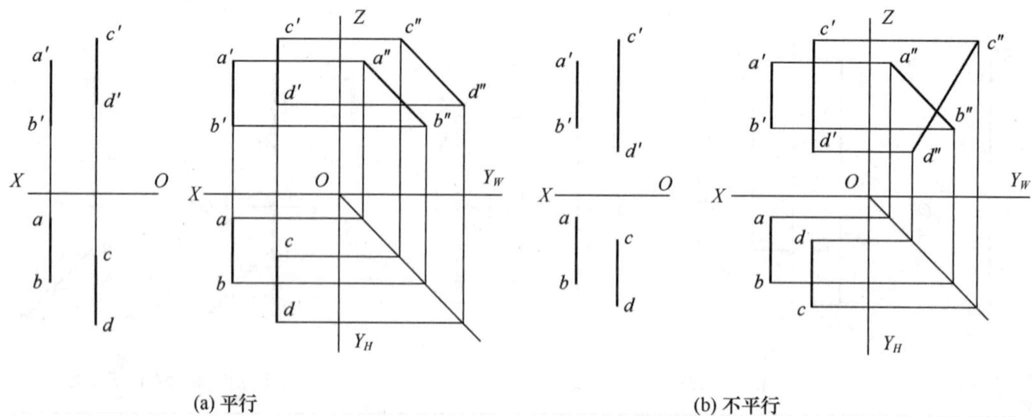

图 2－24　判断两直线是否平行

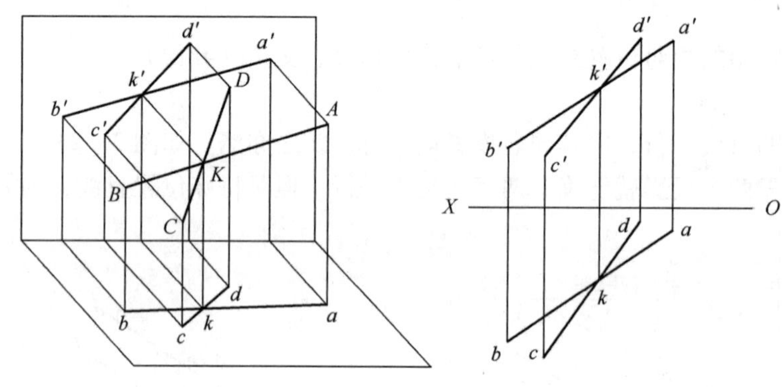

图 2－25　相交直线

例 2－7：如图 2－26（a）所示，ab 为一般位置直线、cd 为侧平线，试判别这两条直线是否相交。

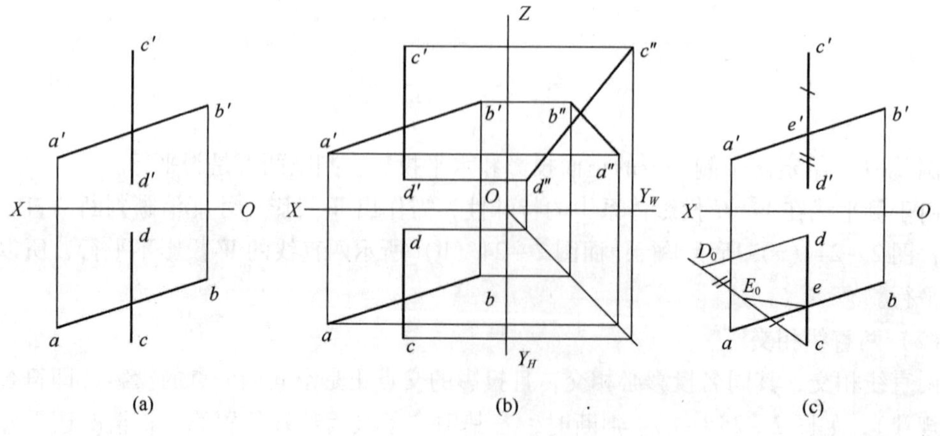

图 2－26　判断两直线是否相交

因为 CD 为侧平线，所以无法在 V、H 两面投影中直接判断，可以作出 W 投影，如图 2－26（b）所示，或者利用定比性，如图 2－26（c）判断，结果不相交。

（3）两直线交叉

空间两直线交叉，如图 2－27 所示，其同名投影可能相交，但投影交点不符合点的投影规律。此交点实际上是重影点。正面投影的交点，实际上是空间 1、2 两个点对 V 面的重影点，其中 1 点在 ab 上，2 点在 cd 上；水平投影的交点，实际上是空间 3、4 两个点对 H 面的重影点，其中 3 点在 ab 上，4 点在 cd 上。

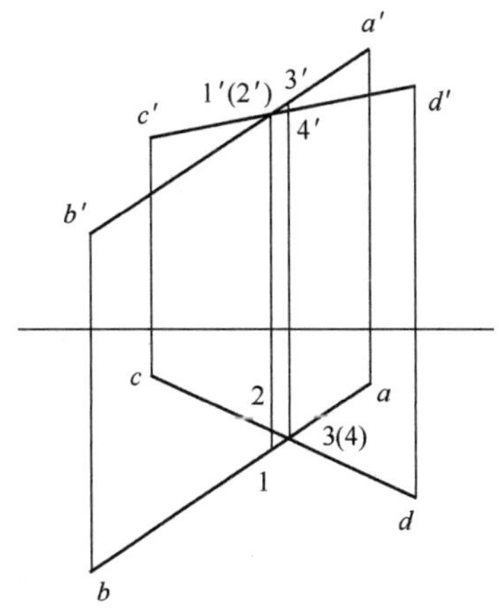

图 2－27　交叉直线

2.4　平面的投影

2.4.1　平面的表示方法

空间唯一确定平面的方法有许多：不在同一直线上的三点、一条直线及直线外一点、两条相交直线、两条平行直线、任意平面图形。因此，平面的投影表示方法如图 2－28 所示。

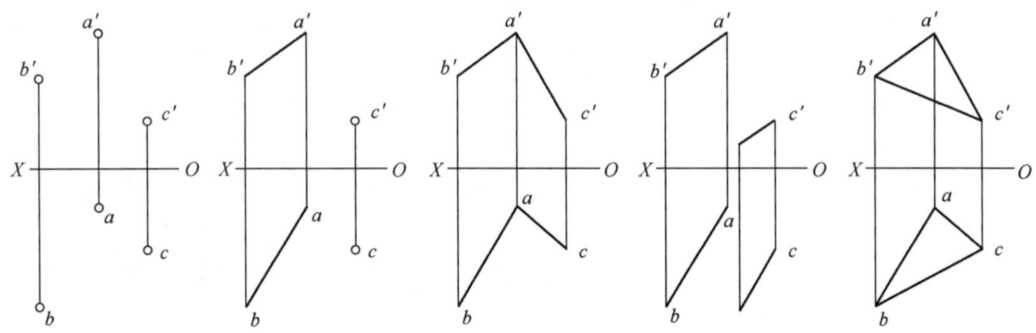

图 2－28　平面的表示方法

2.4.2　平面的投影特性

当平面平行于投影面时，投影仍为一平面，形状、大小与平面一致；当平面垂直于投影面时，投影积聚为一直线；当平面倾斜于投影面时，投影为类似平面形，但不反映实形，如图 2－29 所示 。

当平面平行或垂直于某个投影面时，称为特殊位置平面，分为投影面垂直面和投影面平行面。

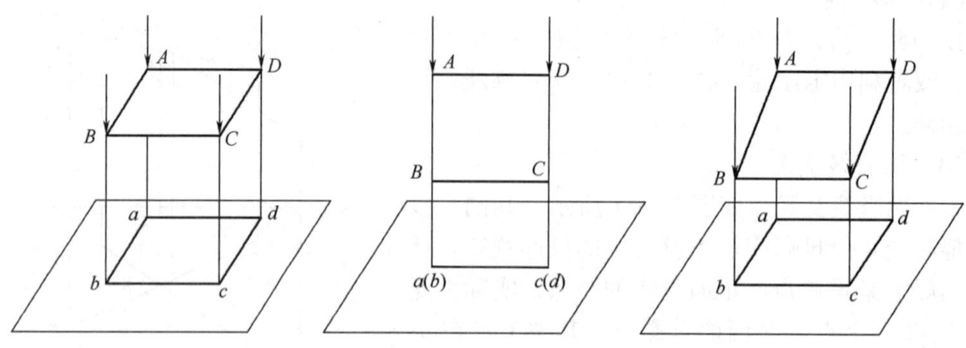

图 2－29　平面的投影特性

（1）投影面平行面

平面平行于一个投影面，垂直于其他两个投影面，称为投影面平行面。投影面平行面可分为三种（表 2－3）：

正平面：平面平行于 V 面，垂直于 H、W 面；

水平面：平面平行于 H 面，垂直于 V、W 面；

侧平面：平面平行于 W 面。垂直于 H、V 面。

平行面投影特性如下：

①在其所平行的投影面上的投影反映实形。

②在其他两个投影面上的投影积聚成直线，且平行于相应的投影轴。

表 2－3　　投影面平行面

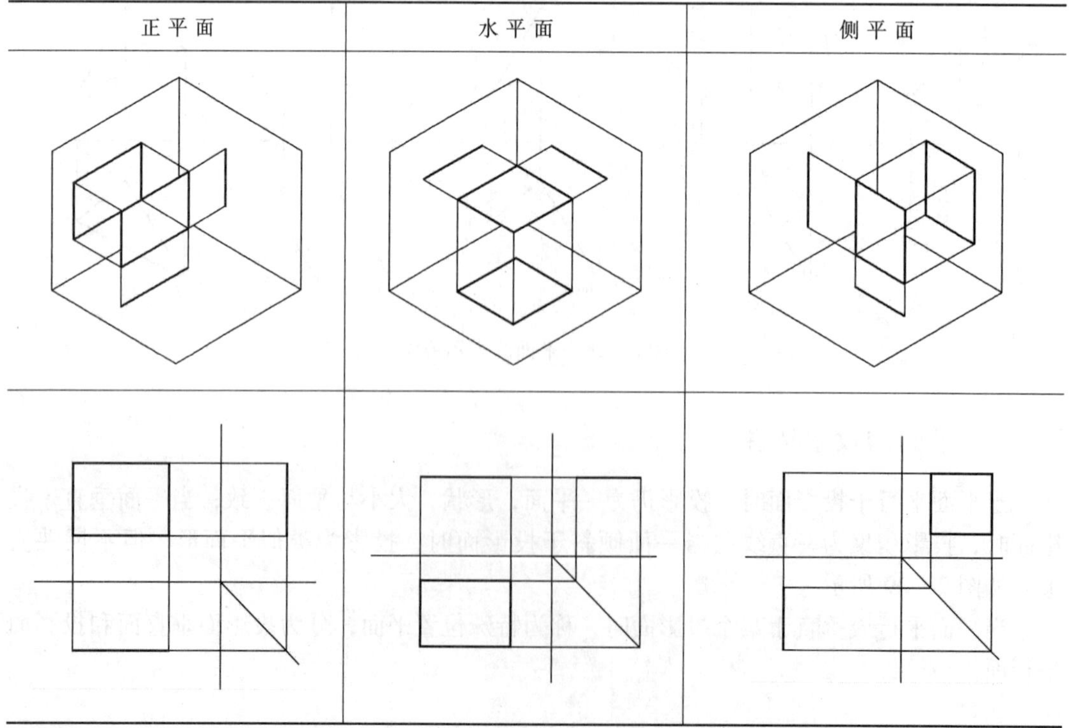

（2）投影面垂直面

平面垂直于一个投影面，倾斜于其他两个投影面，称为投影面垂直面。投影面垂直面分为三种（表2-4）：

铅垂面：平面垂直于H面，在H面积聚成一直线，在V、W面投影为类似平面形。

正垂面：平面垂直于V面，在V面积聚成一直线，在H、W面投影为类似平面形。

侧垂面：平面垂直于W面，在W面积聚成一直线，在V、H面投影为类似平面形。

垂直面的投影特性如下：

①在其所垂直的投影面上的投影积聚成一条与投影轴倾斜的斜线，它与投影轴的夹角分别反映该平面与另两个投影面的夹角。

②在其他两个投影面上的投影是空间平面的类似形。

（3）一般位置平面

空间平面对三个投影面都倾斜，在三个投影面的投影均为类似平面形，既不能反映实形，也不能反映平面对投影的真实夹角，如表2-5所示。

一般位置平面的投影特点如下：三个投影面上的投影都具有类似性，投影仍为平面，但不反映实形。

工程上平面通常还采用迹线表示法，即用平面与投影面的交线表示平面，一般用大写字母加投影面名称的字母下标表示，如图2-30所示，一般位置平面P、正垂面Q、水平面R。

表2-4　　**投影面垂直面**

正垂面	铅垂面	侧垂面
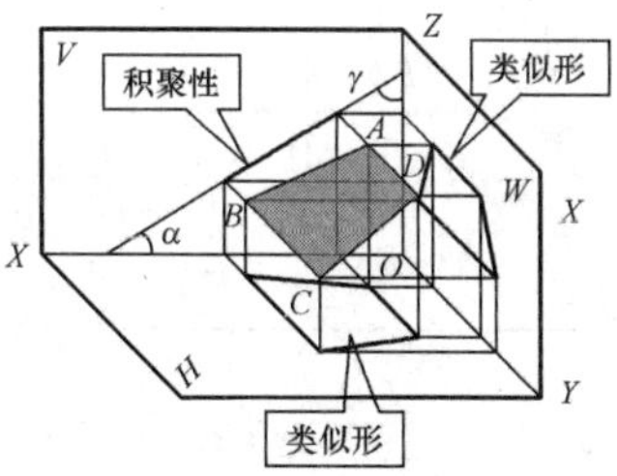	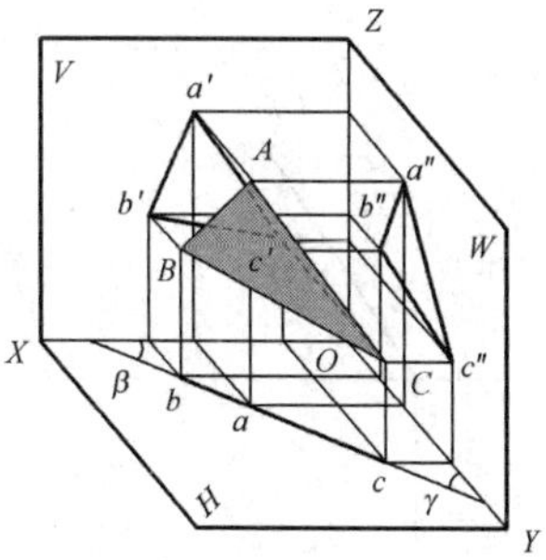	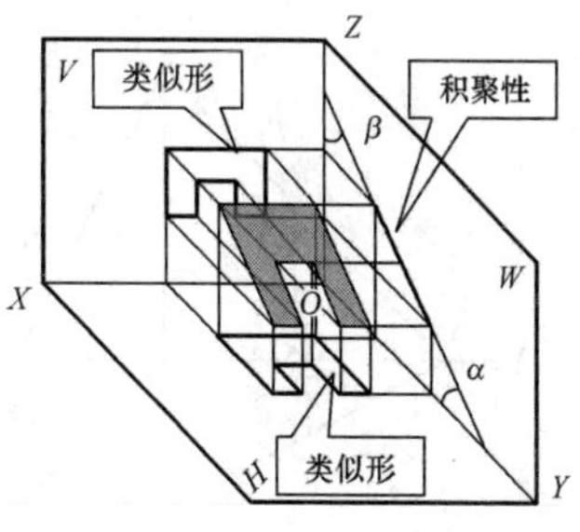
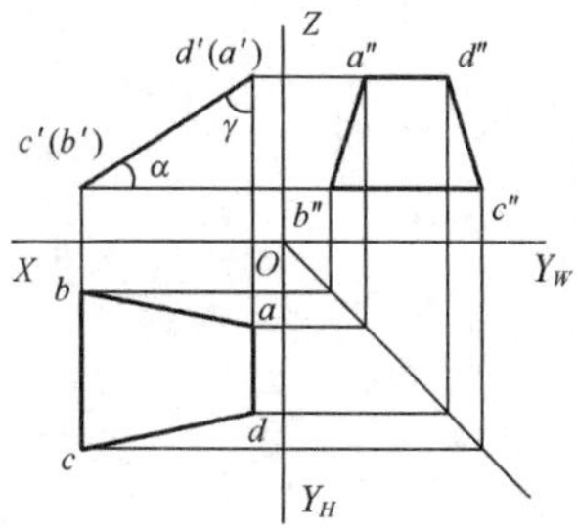	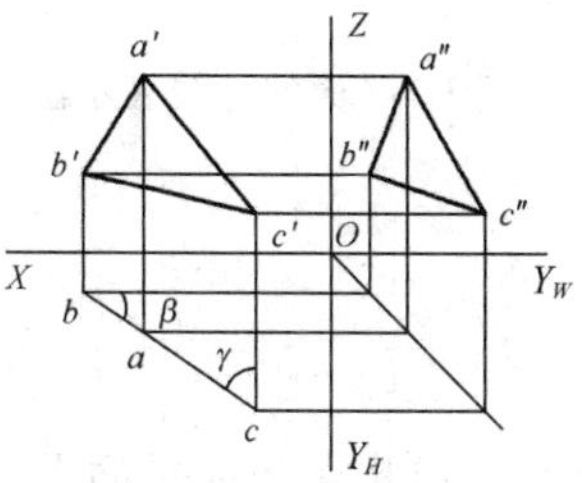	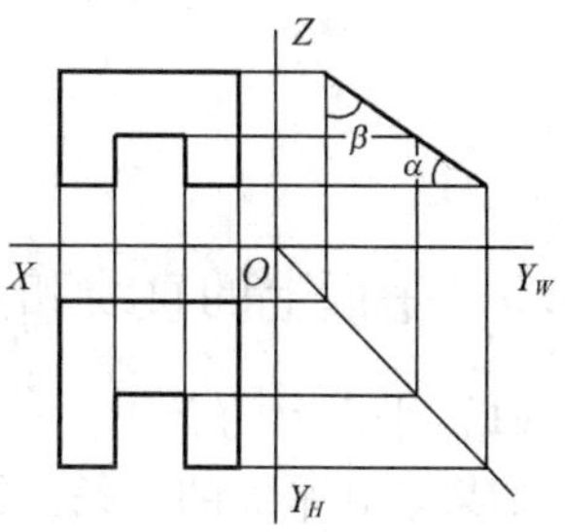

表 2-5　一般位置平面

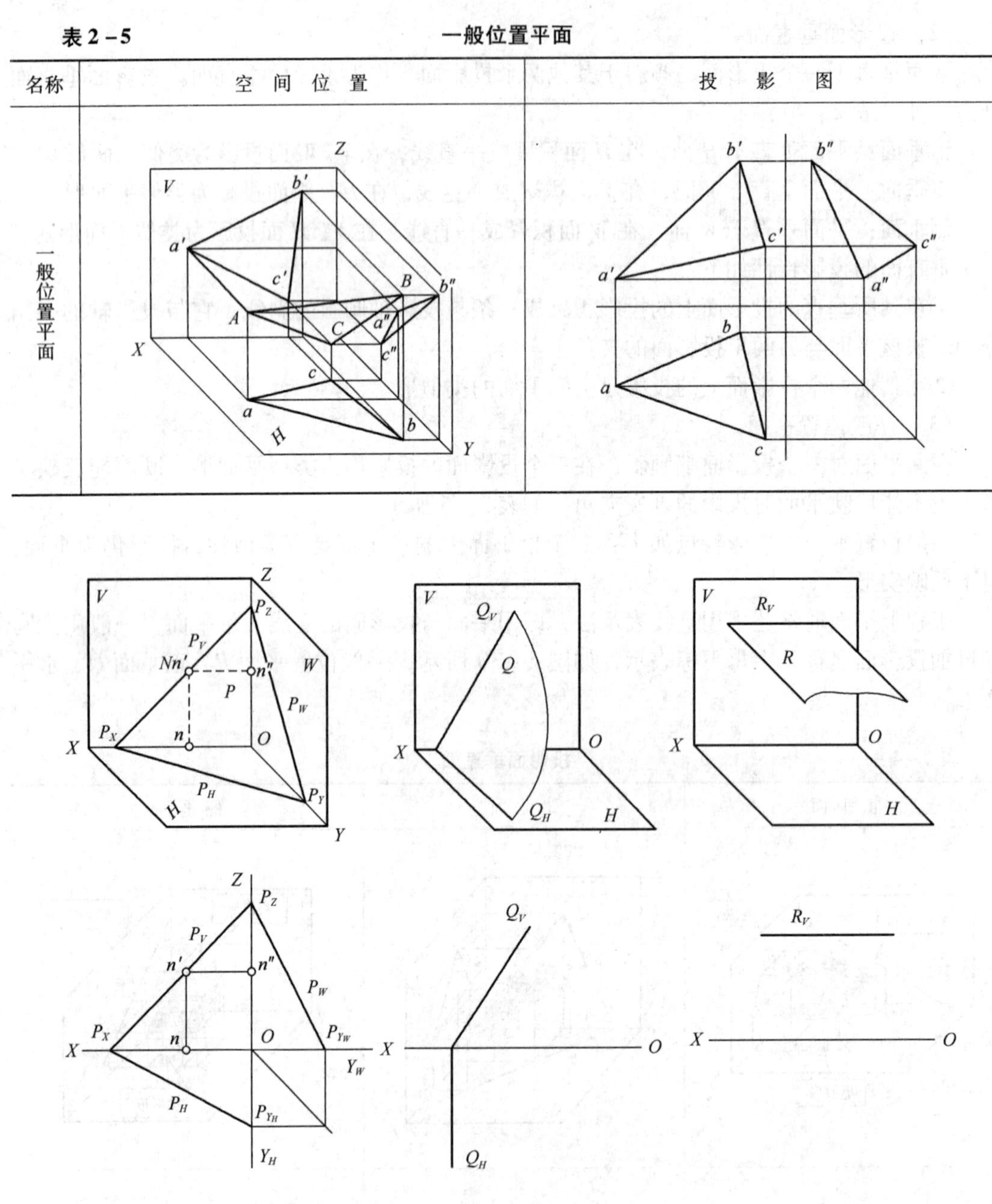

(a) 一般位置平面　(b) 正垂面　(c) 水平面

图 2-30　平面的迹线表示法

2.4.3　平面上的直线和点

（1）平面上的点

如果点在平面的一条已知直线上，则此点必在平面上。

例 2-8：如图 2-31（a），已知 k'点在平面 $a'b'c'$上，求作 k。

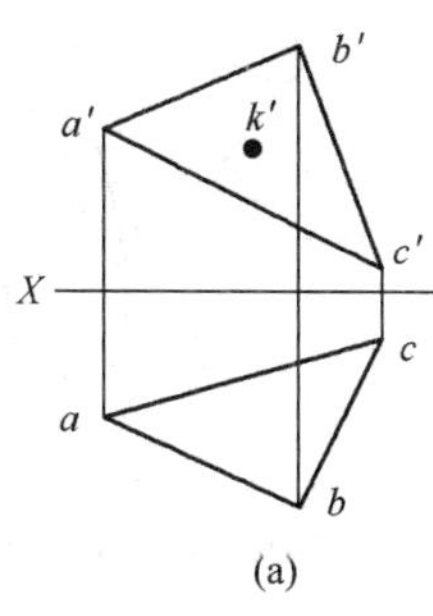

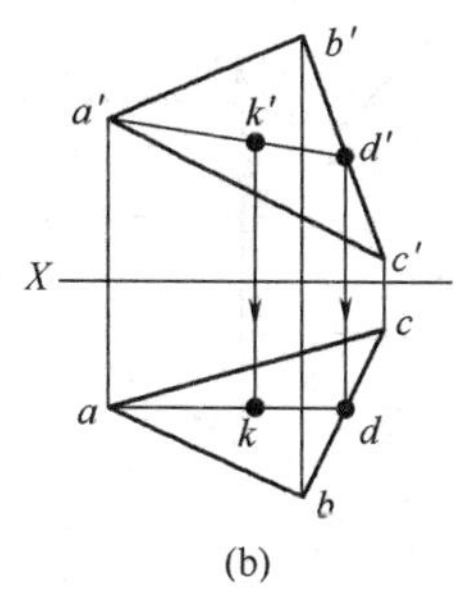

图2-31 平面上找点

作图步骤：连接 $a'k'$ 并延长交 $b'c'$ 于 d'，过 d' 作 OX 轴的垂线交 bc 于 d，连接 ad，ad 为平面 abc 上的直线，过 k' 作 OX 轴的垂线，垂线与 ad 的交点即是 k。

（2）平面上的直线

直线若经过平面上的两已知点，或经过平面上一已知点，且平行于平面上的另一条已知直线，则此直线必定在该平面上。

例2-9：如图2-32（a），补全平面图形 $abcde$ 的水平投影。作图方法如图2-32（b）、（c）。

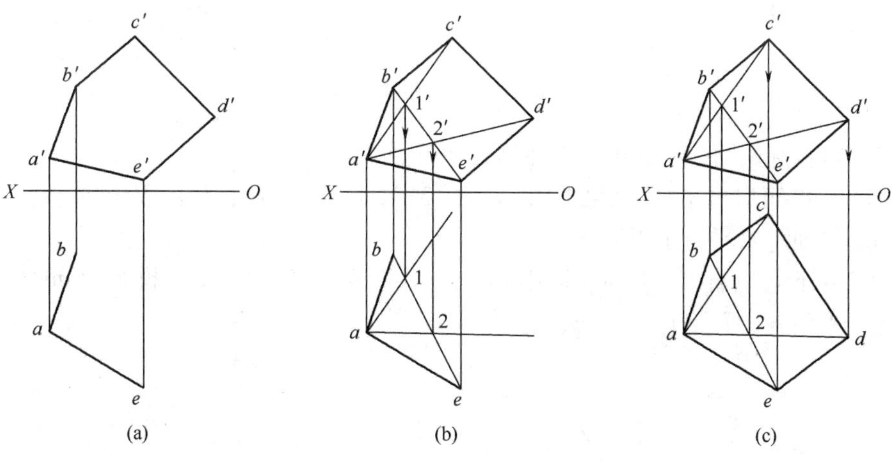

图2-32 补全平面图形的水平投影

2.4.4 直线、平面之间的相对位置

直线与平面、平面与平面之间有平行、相交两种情况。

（1）平行关系

平行关系分直线与平面平行、平面与平面平行。

①直线与平面平行：如果平面外的一直线和这个平面上的任一直线平行，则此直线平行于该平面，反之亦然。

例2-10：过点 K 作一水平线，使之平行于 $\triangle abc$（图2-33）。

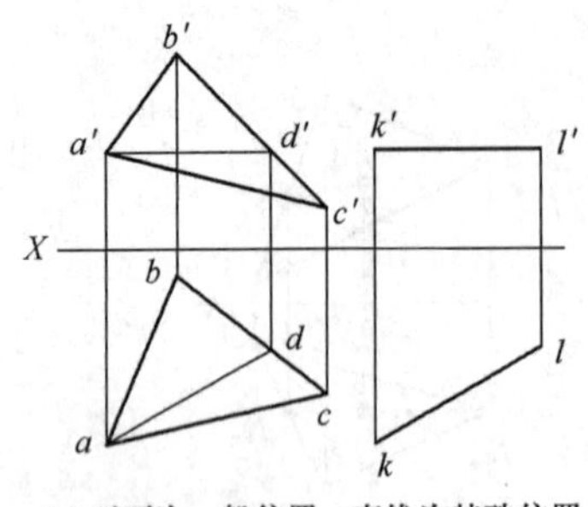

(a) 平面为一般位置，直线为特殊位置

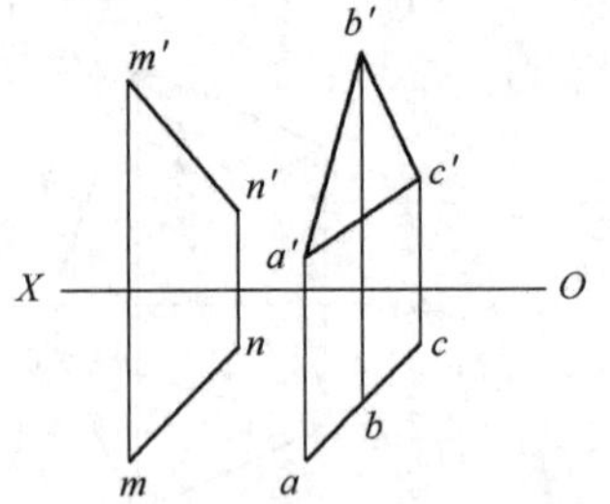

(b) 平面为特殊位置，直线为一般位置

图 2 - 33　直线与平面平行

②平面与平面平行：如果一平面上的两条相交直线分别平行于另一平面上的两条相交直线，则两平面平行，如图 2 - 34 所示。

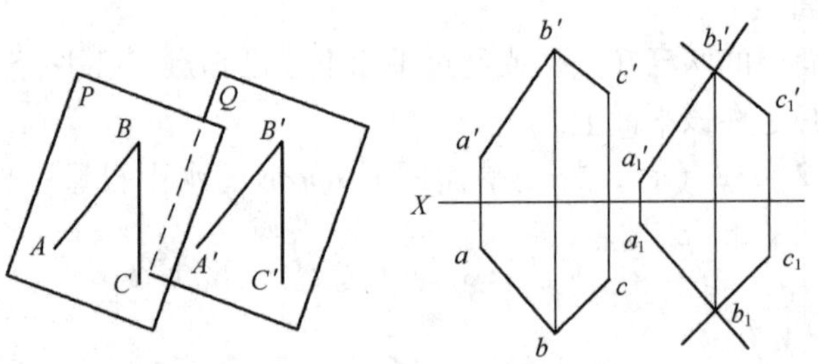

图 2 - 34　两平面平行

例 2 - 11：判定图 2 - 35 中两平面是否平行。

由图 2 - 35 可以看出：V 面投影中 $a'1' \mathbin{/\mkern-5mu/} 3'f'$，$c'2' \mathbin{/\mkern-5mu/} 4'd'$，$H$ 面投影中 $a1 \mathbin{/\mkern-5mu/} 3f$，$2c \mathbin{/\mkern-5mu/} 4d$，因此，平面 abc 平行于平面 def。

由图 2 - 36 可以看出：V 面投影中 $a'b' \mathbin{/\mkern-5mu/} d'e'$，$b'c' \mathbin{/\mkern-5mu/} d'f'$，$H$ 面投影中 $ab \mathbin{/\mkern-5mu/} de$，$bc \mathbin{/\mkern-5mu/} df$，因此，平面 abc 平行于平面 def。

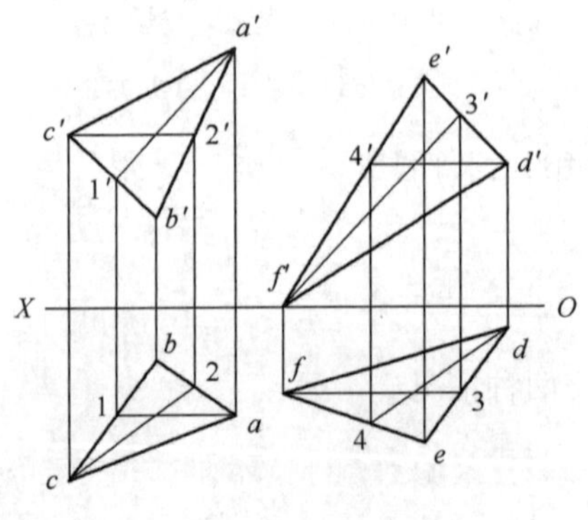

图 2 - 35　$\triangle abc \mathbin{/\mkern-5mu/} \triangle def$

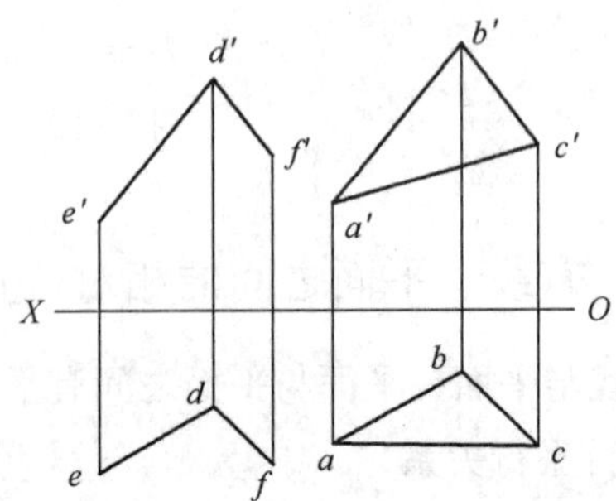

图 2 - 36　判断两平面是否平行

（2）相交关系

相交问题分为直线平面相交和平面与平面相交。线面相交有交点，面面相交有交线。

由于直线与平面的相对位置不同，从某个方向投射时，彼此之间会发生遮挡，如图2－37所示，而交点或交线就是可见与不可见部分的分界点（线）。

直线与平面相交：当直线与平面相交时，可以利用其特殊位置的特性求交点。

例2－12：试求直线 ab 与平面 P 的交点（图2－38）。

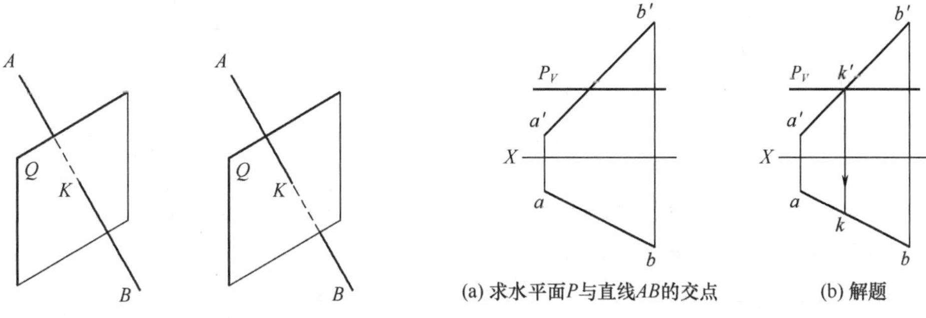

图2－37　平面与直线的相互遮挡关系　　图2－38　一般位置直线与特殊位置平面的交点

ab 为一般位置直线，平面 P 是水平面，两者的交点即在平面上又在直线上。根据 V 面投影确定交点 k 的 V 投影 k'，k 点的 H 投影无法在平面 P 上找到，但可以在直线上找到，根据点的投影规律，过 k'作垂线，与 ab 的交点即是 k。

例2－13：如图2－39（a）所示，试求直线 ef 与△abc 的交点。

ef 为铅垂线，平面 abc 为一般位置平面。根据铅垂线的特性，可以确定交点 k 的 H 投影 k，与 e、f 重合于一点。k 的 V 投影无法直接在直线 ef 上确定，但可以在平面 abc 上作出。过 k 在△abc 上作辅助线 ad。作 ad 的正面投影 $a'd'$。过 k 作垂线（其实就是 $e'f'$），与 $a'd'$的交点即是 k'。

判断可见性：直线与平面在 V 面存在遮挡关系，因此利用 V 面的重影点判断。取 bc 与 ef 相对于 V 面的重影点1、2判断，在 H 投影看到，ef 上的1点在 bc 上的2点之前，因此在交点 k 到重影点之间，直线可见。过交点后直线不可见，如图2－39（b）所示。

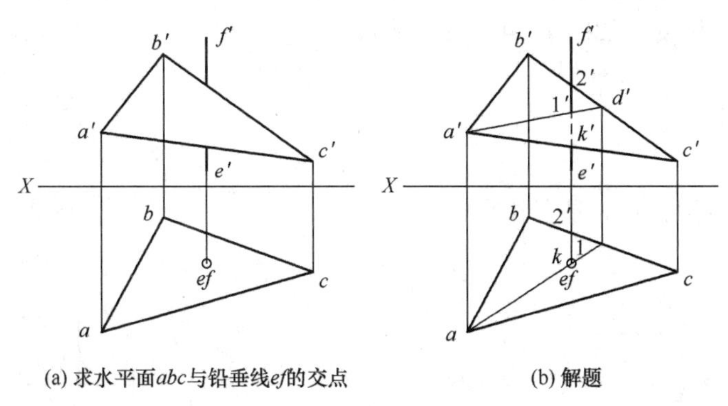

图2－39　特殊位置直线与一般位置平面的交点

例2－14：试求平面 abc 与平面 P 的交线（图2－40）。

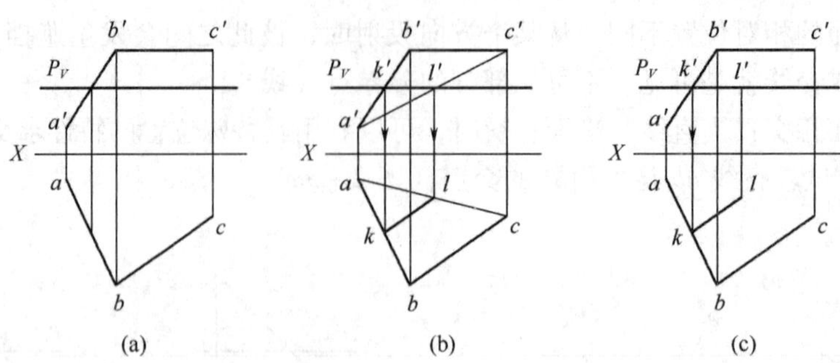

图 2－40　平面与平面相交

利用特殊位置平面先确定交线的 *V* 投影，再在一般位置平面上求交线的 *H* 投影。

例 2－15：试求平面 *abc* 与平面 *def* 的交线（图 2－41）。

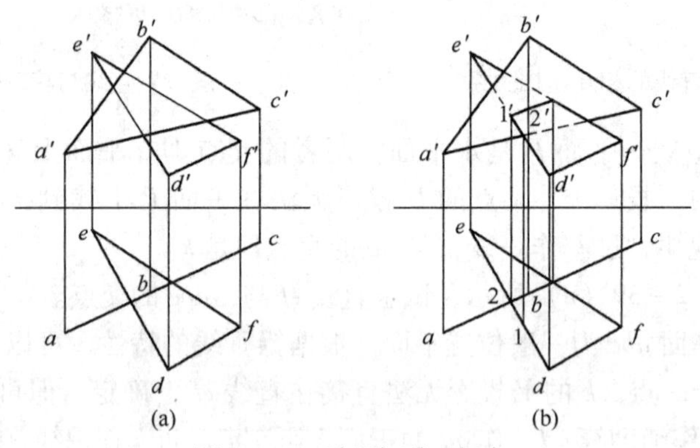

图 2－41　平面与平面相交

利用特殊位置平面 *abc* 先确定交线的 *H* 投影，再在一般位置平面 *edf* 上求交线的 *V* 投影。两平面在 *V* 面存在遮挡关系，因此利用 *V* 面的重影点判断。取 *ac* 与 *ed* 相对于 *V* 面的重影点 1、2 判断，在 *H* 投影看到，*ed* 上的 1 点在 *ac* 上的 2 点之前，因此在交线到重影点之间，*edf* 可见，其边线画成粗实线。*abc* 不可见，*a′c′* 在相交的部分不可见，画成虚线。交线的另一侧情况相反。如图 2－41（b）所示。

思考题与习题

1. 判断下列各图，点 *c* 是否在直线上。

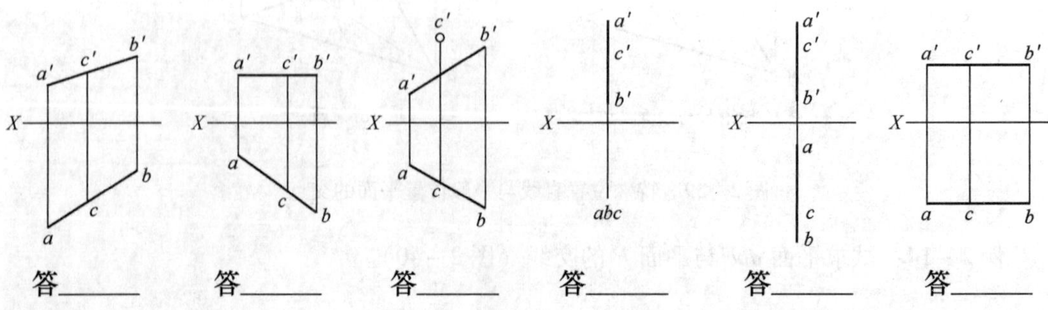

答______　答______　答______　答______　答______　答______

2. 已知 *ab*、*cd* 为两相交直线，完成其投影。

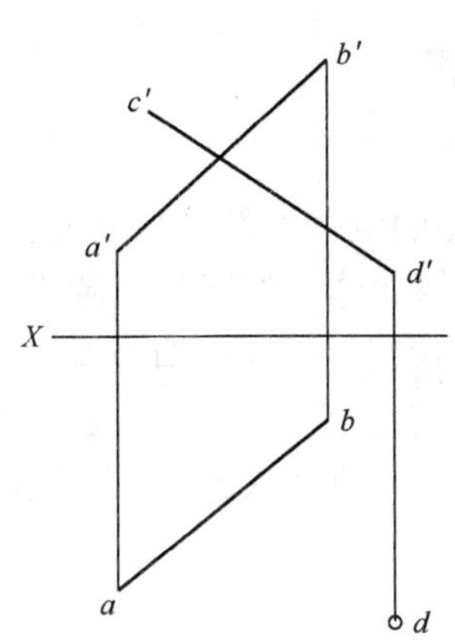

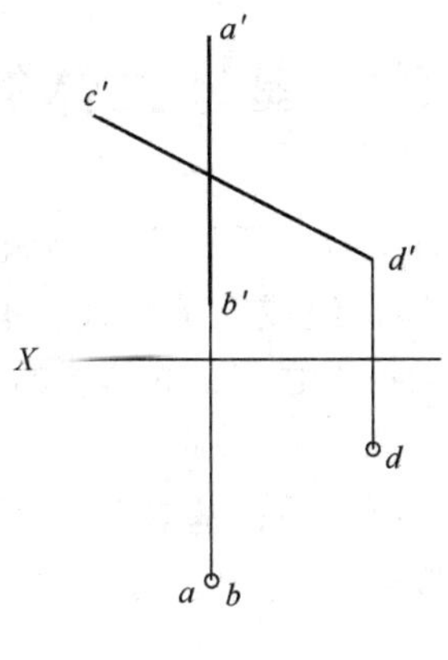

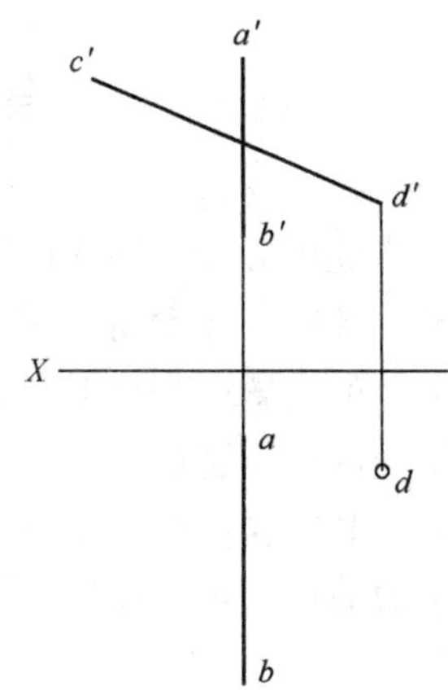

3. 写出下列各平面的名称。

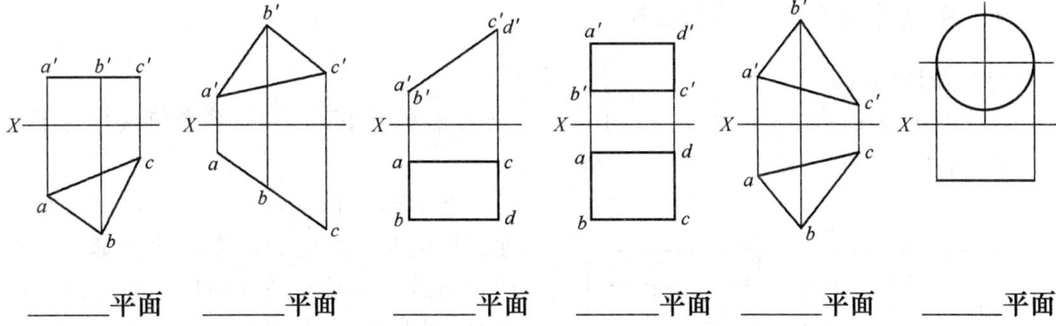

______平面　______平面　______平面　______平面　______平面　______平面

4. 一平面五边形 *abcde* 的 *cd* 边为正平线，完成其 *H* 投影。

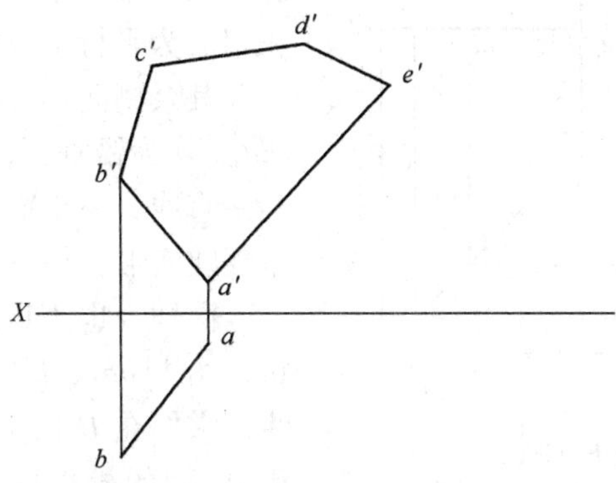

第 3 章　基本立体的投影

基本立体分为平面立体和曲面立体。平面立体指组成立体的所有面都是平面的立体，如棱柱、棱锥、棱台等；曲面立体指组成立体的面含有曲面的立体，如圆柱、圆锥、球等。立体的投影就是组成其各面的投影之和，立体上的顶点、边线、平面依旧遵循点、直线、平面的投影特性。

研究基本立体的投影主要内容有三项：基本立体的投影，基本立体表面上点、线的投影，平面截切基本立体后立体的投影。

3.1　平面立体的投影与截交线

3.1.1　棱柱体及其截交线的投影

（1）棱柱的投影

仅介绍正棱柱，如图 3－1 所示，上下两个五边形平面相互平行，各条侧棱垂直于上下底面，各侧平面均为矩形。

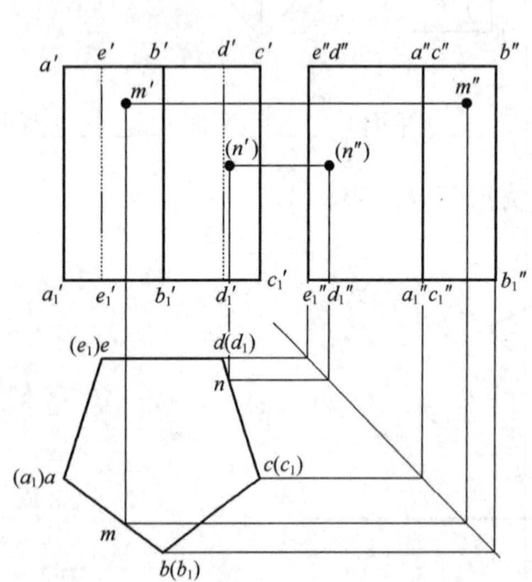

图 3－1　正五棱柱的投影

上下两底面 $abcde$、$a_1b_1c_1d_1e_1$ 为水平面，它在水平面上的投影反映实形，在正面和侧面上的投影都分别积聚为一条平行于 OX 轴和 OY 轴的直线。

平面 edd_1e_1 为正平面，它在 V 面上的投影反映实形，在 W 面和 H 面上的投影分别积聚成为平行于 OX 轴和 OZ 轴的直线。

其余侧面 eaa_1e_1、abb_1a_1、bcc_1b_1 和平面 cdd_1c_1 均为铅垂面，它们的水平投影都积聚为一直线，在正面和侧面的投影均是矩形，不反映实形，是空间矩形的类似形。

同样，也可以用直线的投影特点来分析，图中 aa_1、bb_1、cc_1、dd_1 和 ee_1 都是铅垂线，它们在 H 面上的投影积聚为一点，在 V、W 面的投影反映实长；图中 ab、a_1b_1、bc、b_1c_1、cd、c_1d_1、de、d_1e_1、ea、e_1a_1 都是水平线，它们在 H 面上的投影都反映了实长，在 V、W 面上的投影都比实际长度短，且平行于相应的投影轴。

通过以上分析可知：作棱柱体（或基本体）的投影，实质上是作点、线、面的投影，为了使图面清晰，投影轴可以省略，但必须注意，作出的投影图必须符合三面投影规律。

（2）棱柱表面上的点

求棱柱外表面上的点，主要分三步：首先根据已知投影判断点在哪个平面上，其次在平面上找点的其他投影，最后判断点的投影的可见性。

如图3－1所示，在五棱柱外表面上有 m 和 n 两点，已知两点的 V 投影 m'、(n')，求点的另外两个投影。

此五棱柱在俯视图上有积聚性，即棱柱表面上所有的点、线、面的 H 投影均积聚在 ab、bc、cd、de 线上。根据点的投影规律，过 m'、(n') 作竖直线，因 m'可见，必在前面的 abb_1a_1、bcc_1b_1面上，与 ab 相交，则 M 点在平面 abb_1a_1上，m 即为过 m'的竖直线与 ab 的交点。同理可以判断 n 点在后面的 cdd_1c_1上，n 为过 n'的竖直线与 dc 的交点。根据点的投影特性，求出 m''和 n''，平面 abb_1a_1在左侧，m''可见，而 cdd_1c_1在右侧，所以 n''不可见。

（3）平面截切棱柱

平面与立体相交，截去立体的一部分，截平面与立体表面的交线称为截交线。单一截平面在棱柱表面产生的截交线是一个封闭的平面多边形，多边形的顶点为平面与各棱线的交点，多边形的边是截平面与棱柱各表面的交线。所以，求截交线的投影实质是求截平面与棱柱表面一系列共有点的投影。本节仅讨论截切平面为投影面垂直面的情况。

例3－1：试完成五棱柱被侧平面 P 和正垂面 Q 截切后的投影（图3－2）。

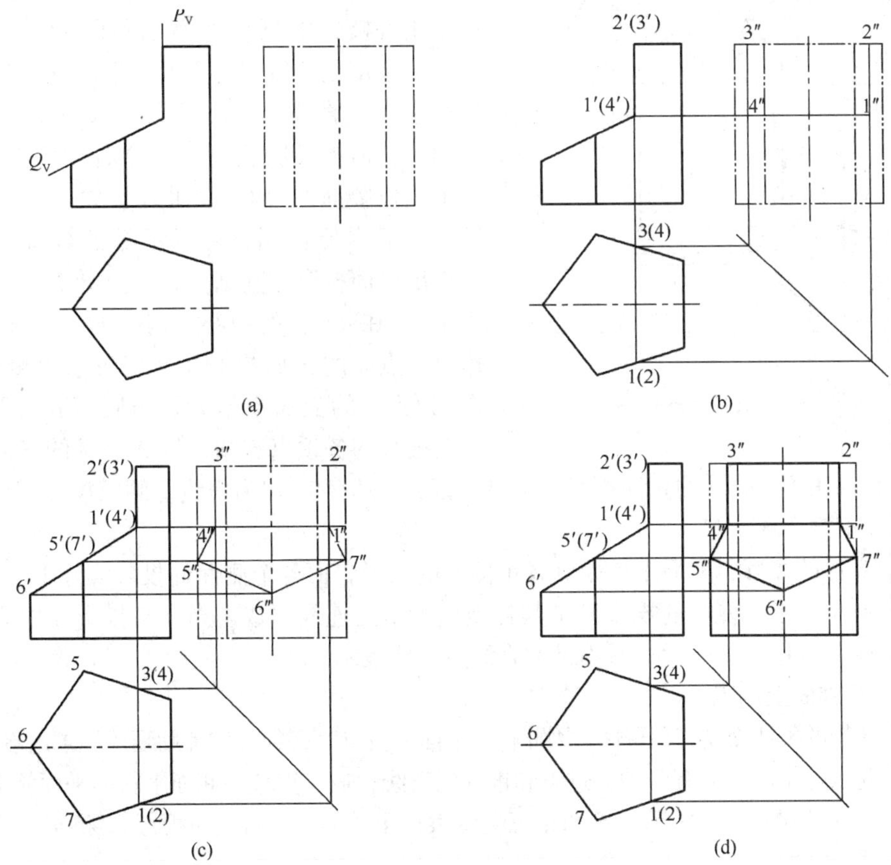

图3－2　平面截切正五棱柱

平面截切棱柱，一般分以下几步：首先，根据截平面和棱柱的空间位置，想象出截平面的形状，如图3－2（a）所示，平面P截棱柱得矩形，平面Q截棱柱，与三条棱相交，各有一个交点，又与P平面相交产生一条交线，因此截平面为五边形；其次，根据截平面的投影特性确定判断出所求投影的形状。平面P是侧平面，因此W投影反应实形，H投影积聚为一条竖直线。平面Q是正垂面，在H和W平面都应投影为五边形；然后根据截平面与棱线的交点或截平面与已知平面的交线精确确定截平面。如图3－2（b）、（c）所示；最后判断棱柱截切后棱线的可见性，加粗所有可见轮廓线，不可见线画成虚线，如图3－2（d）所示。

3.1.2 棱锥体及其截交线的投影

（1）棱锥的投影

棱锥由一个底面多边形和交汇于锥顶的各三角形侧面组成。因此棱锥的投影一般是画出底面和锥顶的投影，然后连接各条棱线。

现在以正五棱锥为例进行分析，如图3－3所示。

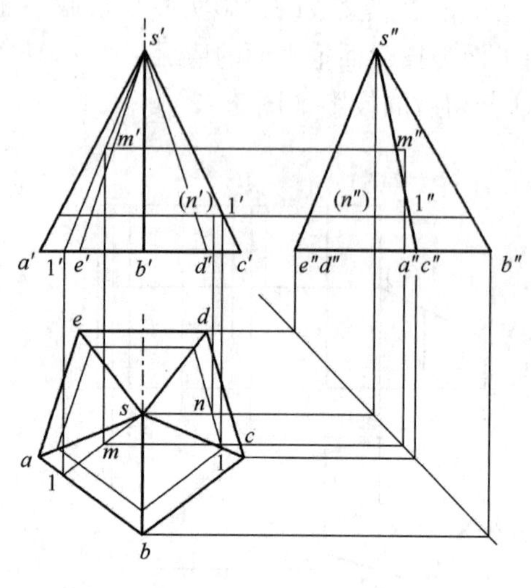

图3－3　五棱锥的投影

正五棱锥底面，即正五边形$abcde$平行于水平面，在水平面上的投影反映实形，为了作图方便，使底面五边形的de边平行于正投影面，正五边形的正面投影和侧面投影都积聚为一直线，正五棱锥的五个平面除平面sde是侧垂面外。其余都是一般位置平面，平面sde的侧面投影积聚为一直线，正面投影和水平投影分别为三角形，但不反映实形，其余各侧面在三个影面上的投影都为三角形，也不反映实形。

为了方便作图，可以根据五棱锥的特点，在作出底面投影的基础上，先作出顶点s的水平投影，s在$abcde$的中心，在根据五棱锥的高度作出顶点s的正面投影s'，即可求出侧面投影s''，顶点s的三面投影分别与底面五边形$abcde$三面投影的各顶点连线，即为棱锥的三面投影，由于平面sae和平面scd的正面投影不可见，因此，$s'e'$和$s'd'$为虚线，侧面投影$s''d''$和$s''c''$与$s''e''$和$s''a''$重合在一起。

平面立体的投影，实质上就是其各个侧面的投影，而各个侧面的投影实际上是用其各个侧棱投影来表示，侧棱的投影又是其各顶点投影的连线而成。当向某投影面作投影时，凡看得见的直线用实线表示，看不见的直线用虚线表示。

（2）棱锥面上的点

由于棱锥的某些面没有积聚性，因此在棱锥面上找点时必须先作辅助线才能求出点的其他投影，辅助线的作法一般有两种：过点和锥顶的直线；或过点且与底面平行的平面轮廓线。

例3－2：如图3－3所示，已知正五棱锥表面上点m、n的正面投影m'和n'，求作m、n两点的其余投影。

因为m'可见，因此点m必定在△sab上。△sab是一般位置平面，采用辅助线法，过

点 m 及锥顶点 s 作一条直线 $s1$，与底边 ab 交于点 1。即过 m' 作 $s'1'$，再作出其水平投影 $s1$。由于点 m 属于直线 SK，根据点在直线上的从属性质可知 m 必在 $s1$ 上，求出水平投影 m，再根据 m、m' 可求出 m''。

因为点 n 不可见，故点 n 必定在棱面 $\triangle sdc$ 上。过 n 点作平行于底面的辅助面，此辅助面也一定是水平面，且其 H 投影是与底面相似的五边形，通过求 sc 与辅助面的交点 2，在俯视图上过 2 作底面 $abcde$ 的相似形，在 sdc 内作出点 n，根据点的投影特性求 n''。

（3）棱锥截切

平面截切棱锥的方法与平面截切棱柱一样，首先想象出截平面的形状，其次根据截平面的投影特性确定判断出所求投影的形状，然后根据截平面与棱线的交点或截平面与已知平面的交线精确确定截平面。最后判断棱锥截切后棱线的可见性。

如图 3－4 所示，求正垂面截切三棱锥 $SABC$ 后的投影。平面 P 与三棱锥的三条棱 SA、SB、SC 的交点为Ⅰ、Ⅱ、Ⅲ，截平面为三角形。求截交线实际上是求平面与直线的交点。

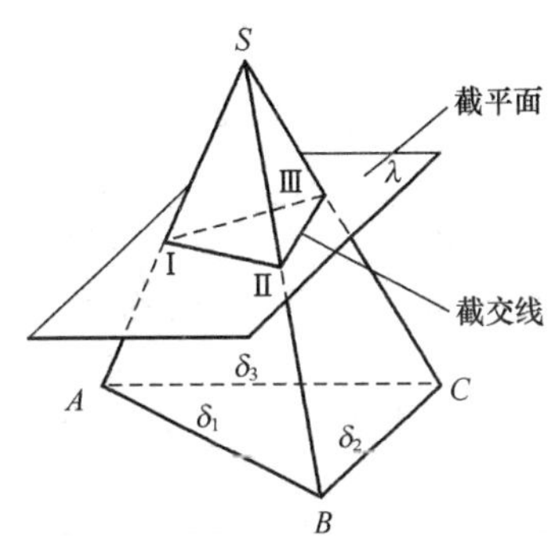

图 3－4　平面截切三棱锥

具体步骤如图 3－5 所示。

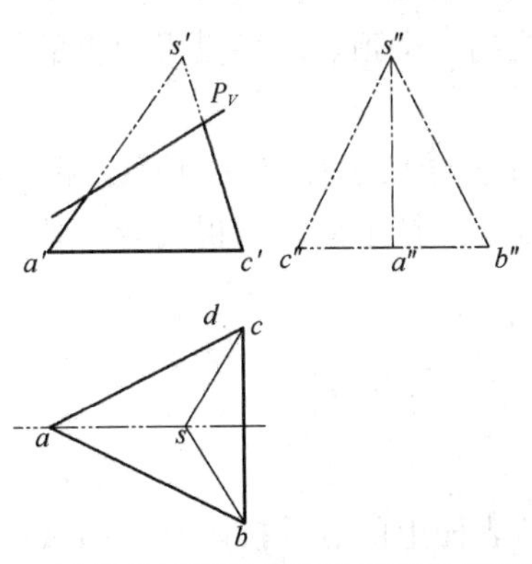

(a) 用双点划线补画完整三棱锥的左视图

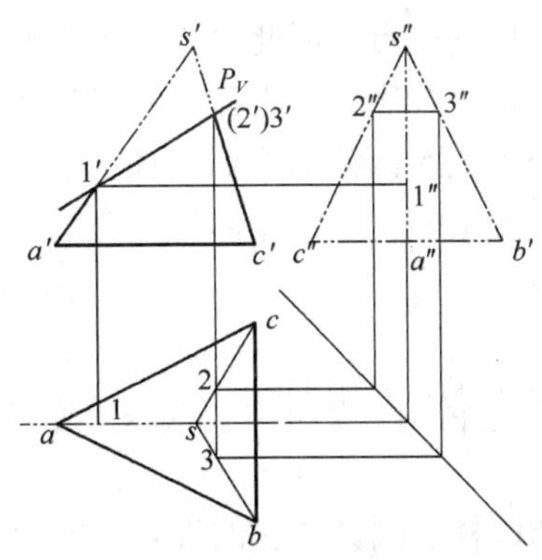

(b) 求截平面与各棱线的交点

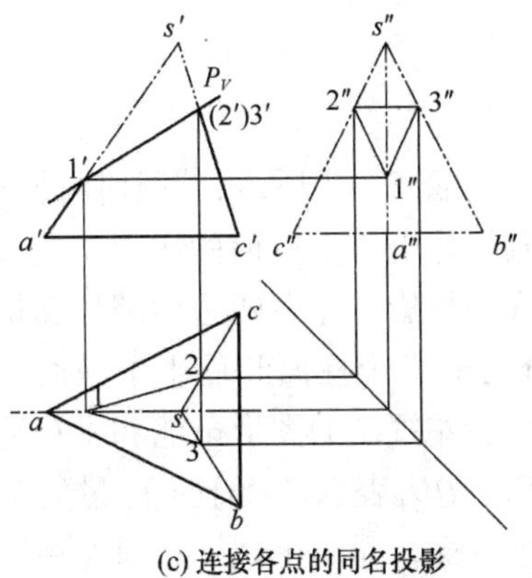

(c) 连接各点的同名投影

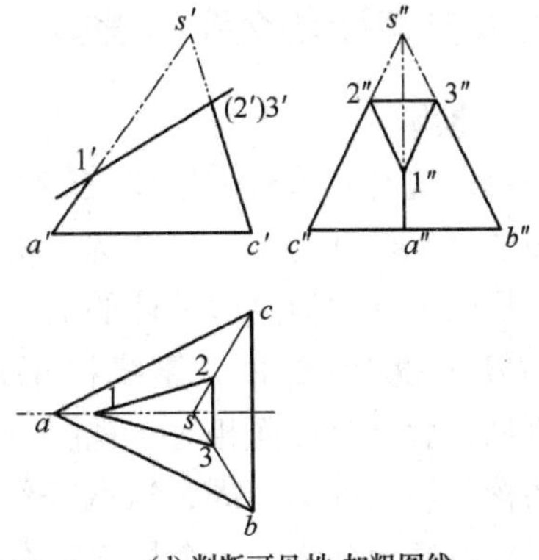

(d) 判断可见性，加粗图线

图 3－5　平面截切三棱锥步骤

例 3－3：试完成正四棱锥被两平面截切后的投影（图 3－6）。

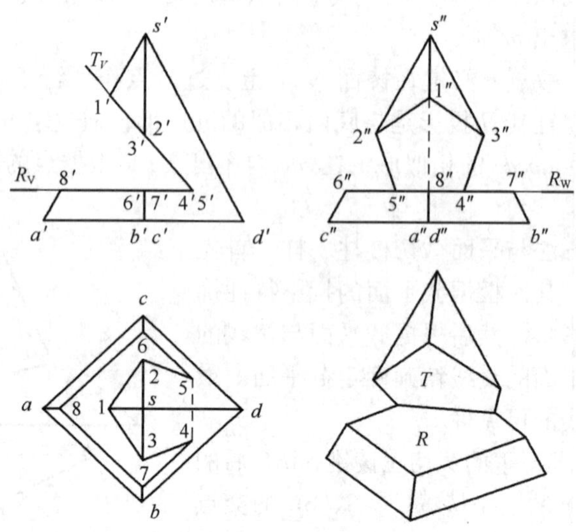

图 3－6　平面截切四棱锥

分析：截平面与棱锥的四条棱线相交，可判定截交线是四边形，其四个顶点分别是四条棱线与截平面的交点。因此，只要求出截交线的四个顶点在各投影面上的投影，然后依次连接顶点的同名投影，即得截交线得投影。

当用两个以上平面截切平面立体时，在立体上会出现切口、凹槽或穿孔等。作图时，只要作出各个截平面与平面立体的截交线，并画出各截平面之间得交线，就可作出这些平面立体的投影。

3.2　曲面立体的投影与截交线

本节介绍圆柱、圆锥、球的投影，曲面立体表面上的点的投影及平面截切曲面立体的投影。

3.2.1　圆柱及其表面截交线的投影

（1）圆柱的投影

圆柱由一母线绕与它平行的轴线旋转而成。如图 3－7 所示，圆柱体的轴线垂直于 H 面，则俯视图的可见轮廓为圆，这个圆反映了圆柱体上、下底面的实形；主视图的可见轮廓为矩形，矩形的上下两边为圆柱体的上下两底的投影，左右两边为圆柱面最左最右的两条素线 AA_1、BB_1 的投影，这两条素线将柱面分为前半个柱面和后半个柱面，前半个柱面相对主视图可见，后半个柱面相对主视图不可见。左视图的图形虽然和主视图相同，但其左右两条边的含义和主视图不同，这两条线 CC_1、DD_1 表示柱面上最前最后两条素线的投影，这两条素线将柱面分为左半个柱面和右半个柱面，左半个柱面相对左视图可见，右半个柱面相对左视图不可见。

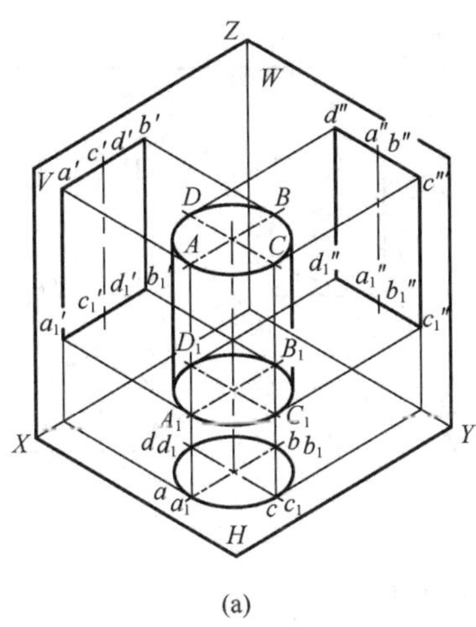

(a)

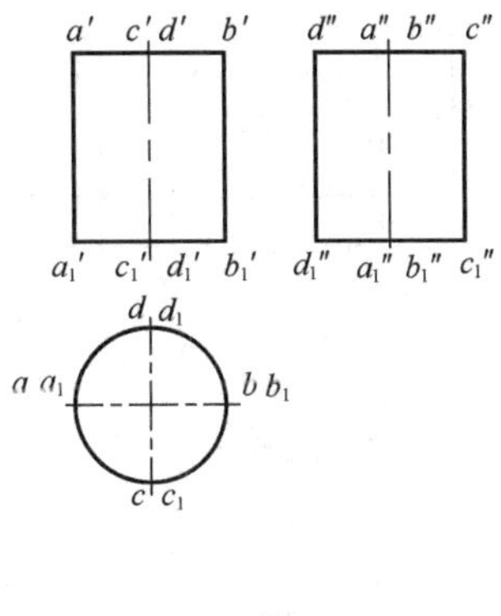

(b)

图3-7　圆柱的投影

(2) 圆柱表面上的点

根据已知投影的位置及可见性，判断点在圆柱表面上的位置，再求点的其余投影。如图3-8所示，圆柱表面有两点 m 和 n，已知 m、n 的正面投影 m'、n'，求作 m 和 n 的另外两个投影。

因为圆柱在俯视图上的投影具有积聚性，圆柱面上点的 H 投影一定重影在圆周上。又因为 m' 可见，所以点 m 必在前半圆柱面的上边，由 m' 求得 m''，再由 m' 和 m 求得 m''。同理可判断 n 在后半圆柱面上，并求出 n、n''。

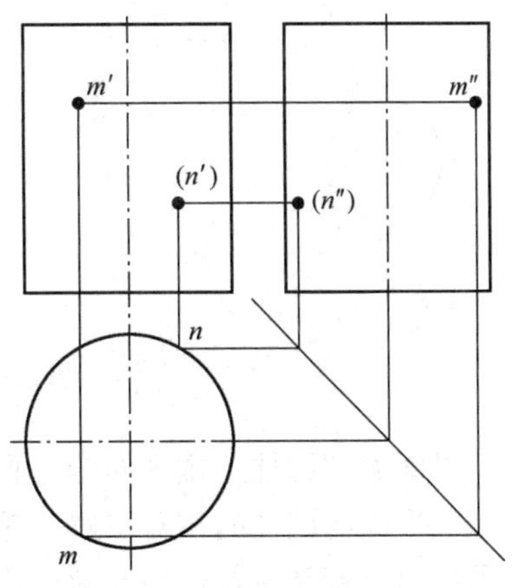

图3-8　圆柱面上找点

(3) 平面截切圆柱

平面与圆柱表面相交，有三种情况（表3-1）：

①当截平面与圆柱体的轴线垂直时，截交线为圆或圆弧。

②当截平面与圆柱体的轴线平行时，截交线为两条线段。

③当截平面与圆柱体的轴线倾斜时，截交线为椭圆或椭圆弧。

表3-1　**圆柱截交线**

立体图 	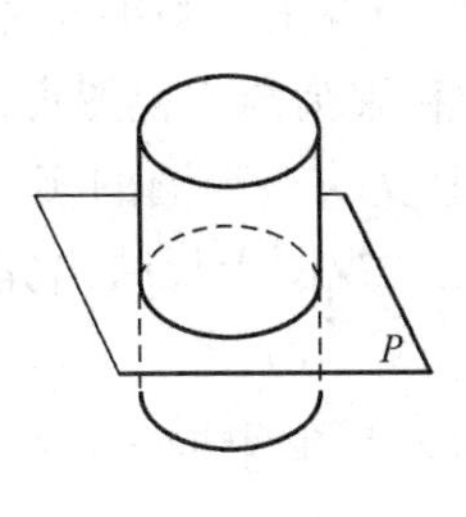	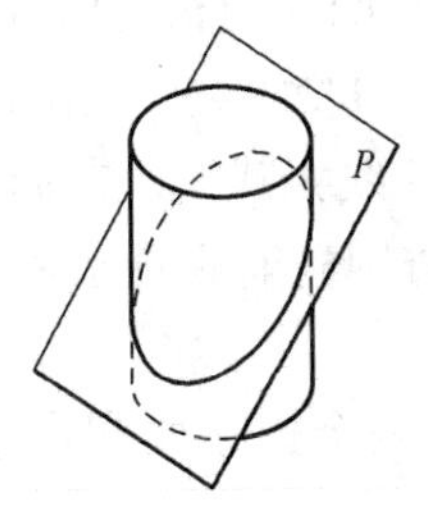	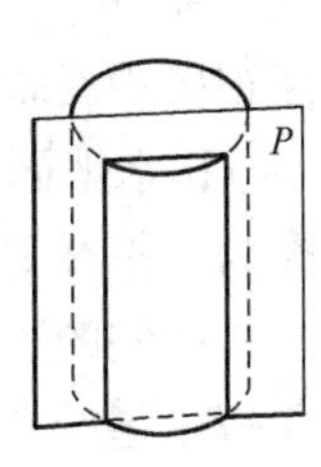

续表

投影图	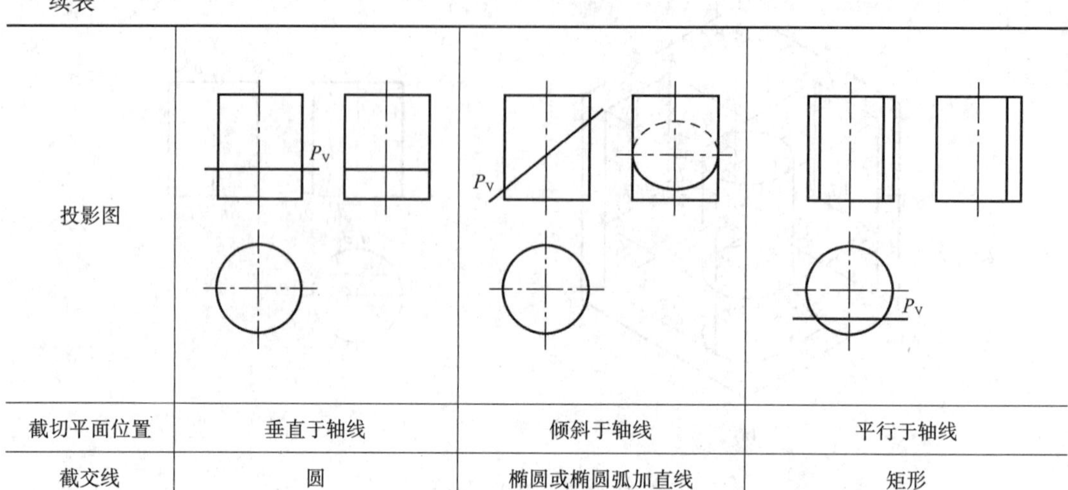		
截切平面位置	垂直于轴线	倾斜于轴线	平行于轴线
截交线	圆	椭圆或椭圆弧加直线	矩形

当倾斜于轴线的截平面角度发生变化时，截平面形状变化规律如图3－9所示：

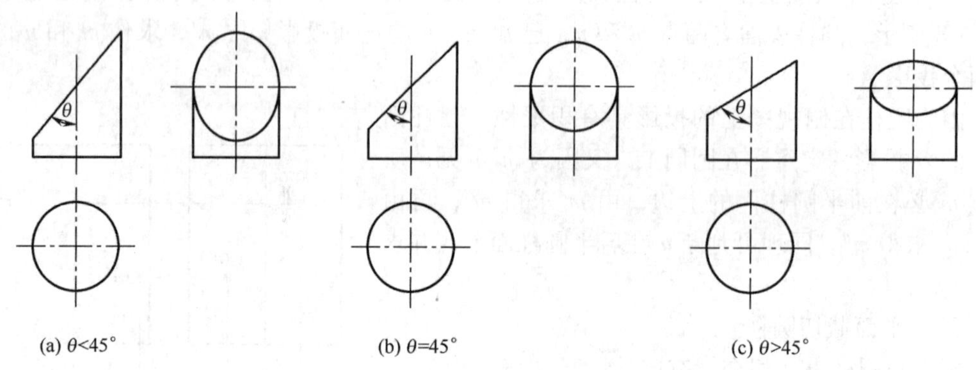

图3－9　圆柱截平面形状随角度变化

平面截切圆柱，截平面的轮廓是平面与圆柱表面交点的集合。作投影的主要步骤有：根据截平面与圆柱的相对位置，想象截平面空间形状；根据截平面位置分析其投影特性；求圆柱面上特殊位置点的投影；适当补充中间位置点；光滑连接曲线并判断圆柱素线的可见性，完成被截圆柱投影。

例3－4：直立的圆柱，被一个侧平面和水平面切去一角，求截切后圆柱的投影（图3－10）。

主视图完整，根据截平面与圆柱的相对位置关系可以得出：侧平面和柱面的交线为线段，在左视图中反映矩形的实形1″2″3″4″，在俯视图中积聚为与主视图直线对正的竖直线1（2）3（4）；水平面和柱面的交线为圆弧，在俯视图上反映小半圆的实形弧254，在左视图上积聚为水平线2″5″4″。检查圆柱前后两条素线，在主视图上反映出完好无损，因此左视图中左右两侧的边界线完好。

例3－5：直立的圆柱，用两个正平面和水平面切去一个矩形槽，求截切后圆柱的投影，如图3－11所示。

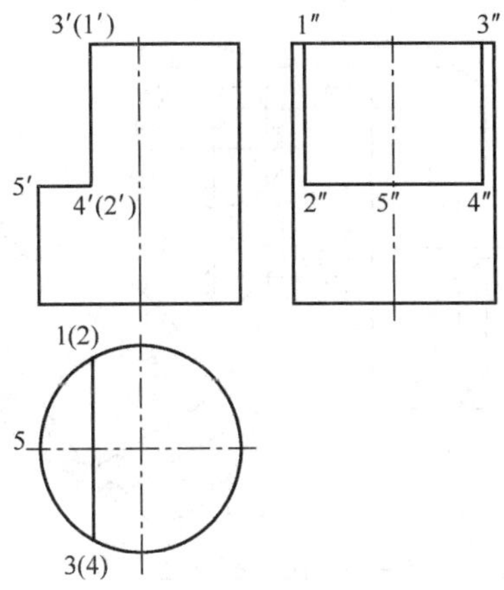

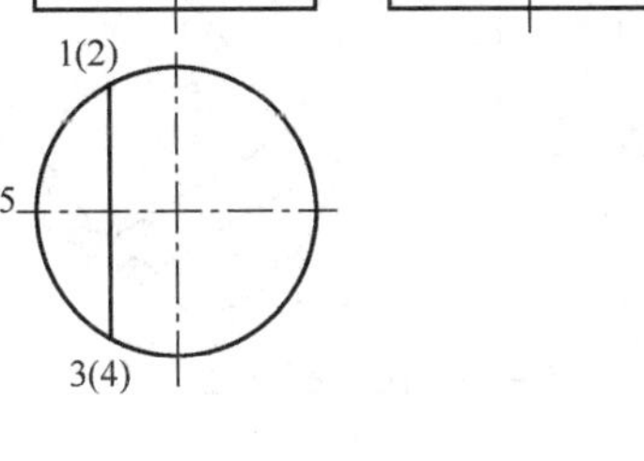

图3－10　切去一角的圆柱

图3－11　切去矩形槽的圆柱

矩形槽的侧面和柱面的交线为线段，槽的底面与柱面的交线为圆弧。先画出完整圆柱体的左视图投影，再画矩形切槽的投影，矩形切槽的投影要先画左视图，再画俯视图。检查圆柱前后两条素线，在主视图上反映出被矩形槽切去，因此左视图中左右两侧的边界线在矩形槽高度内切去，边界线被交线代替。

例3－6：圆筒（圆柱内有同心的圆柱孔）被对称地切去左右两角，如图3－12所示；圆筒上部切去矩形槽，如图3－13所示。

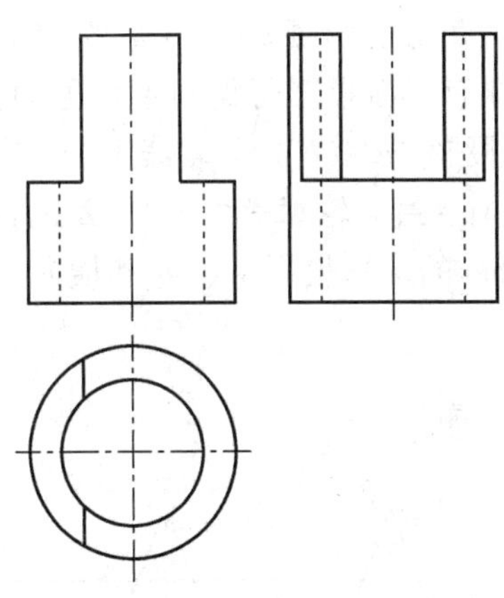

图3－12　切角圆筒

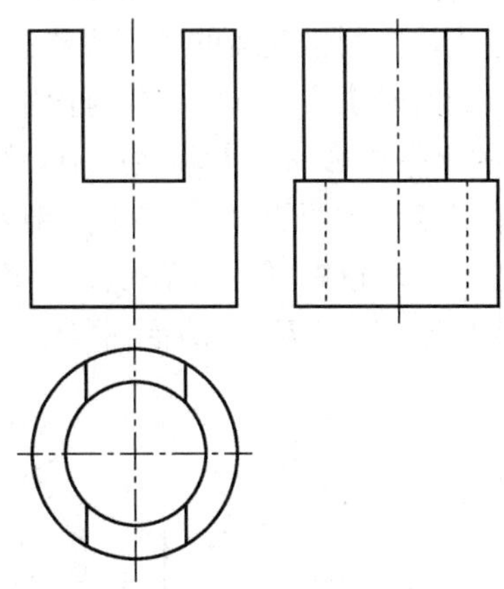

图3－13　切槽圆筒

例3－7：正垂面切直立圆柱，如图3－14所示。

主、俯视图已知，根据空间分析得出左视图截平面投影为椭圆。先求特殊位置点，即截平面与圆柱前后左右4条素线的交点，分别是1、2、3、4点；再补充中间位置点5、6；最后光滑连接成椭圆，左视图中前后素线上半部被截，加粗剩余轮廓线。

例3－8：水平放置的圆柱体，用一个水平面和正垂面切去一角，如图3－15所示，求被截切后的圆柱投影。

水平面和柱面的交线为线段，截断面形状为矩形，正垂面和柱面的交线为椭圆的一部分。

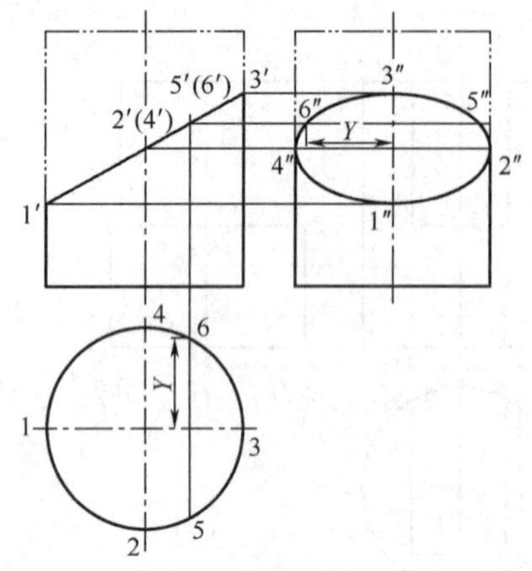

图 3－14　圆柱被斜截后的截交线

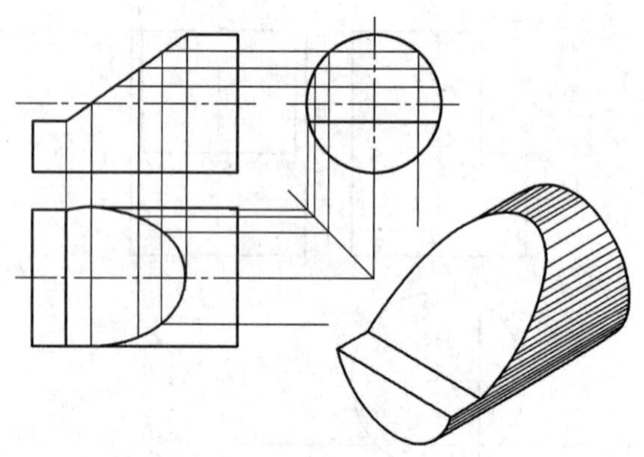

图 3－15　圆柱截交线综合

3.2.2　圆锥及其表面交线

（1）圆锥的投影

圆锥表面由圆锥面和底面所围成。圆锥面可看作是一条直母线 SA 围绕与它平行的轴线 SO 回转而成。在圆锥面上通过锥顶的任一直线称为圆锥面的素线。

画圆锥面的投影时，也常使它的轴线垂直于某一投影面。如图 3－16（a）所示圆锥的轴线是铅垂线，底面是水平面，图 3－16（b）是它的投影图。圆锥的水平投影为一个圆，反映底面的实形，同时也表示圆锥面的投影。圆锥的正面、侧面投影均为等腰三角形，其底边均为圆锥底面的积聚投影。正面投影中三角形的两腰 $s'a'$、$s'b'$ 分别表示圆锥面最左、最右轮廓素线 SA、SB 的投影，他们是圆锥面正面投影可见与不可见的分界线。SA、SB 的水平投影 sa、sb 和横向中心线重合，侧面投影 $s''a''$（b''）与轴线重合。同理，侧面投影中三角形的两腰 $s''c''$、$s''d''$ 分别表示圆锥面最前、最后轮廓素线 SC、SD 的投影，它们是圆锥面正面投影可见与不可见的分界线。SC、SD 的水平投影 sc、sd 和横向中心线重合，侧面投影 $s''c''$（d''）与轴线重合。

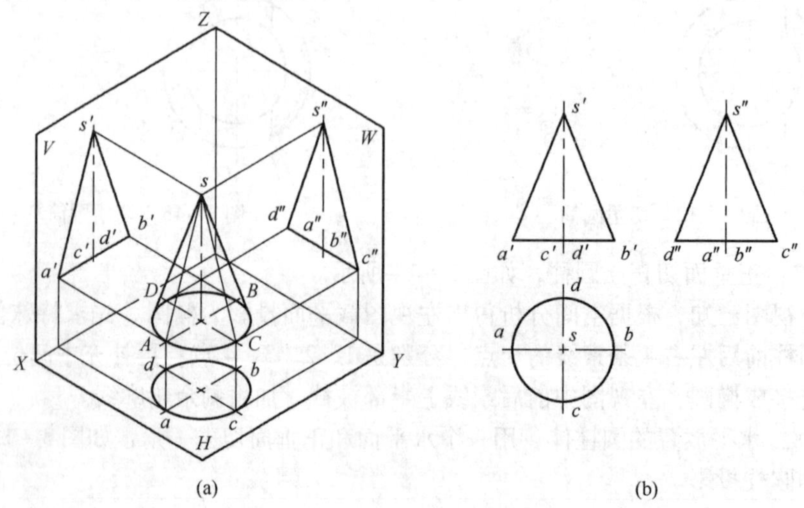

图 3－16　圆锥的投影

（2）圆锥表面上取点

圆锥的三个投影都没有积聚性，因而圆锥表面上点的投影，就不能直接求得，要采用辅助素线和辅助圆法。

①辅助素线法，如图 3－17（ b ）所示。

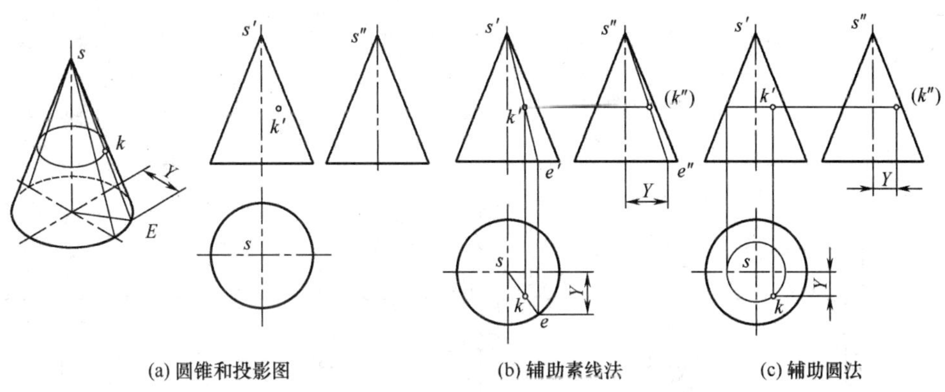

(a) 圆锥和投影图　　(b) 辅助素线法　　(c) 辅助圆法

图 3－17　圆锥面上取点

已知圆锥表面上 k 的正面投影 k'，求作点 k 的其余两个投影。因为 k'可见，所以 k 必在前半个圆锥面上，又在左侧圆锥，故可判定点 k 的另两面投影均为可见。过锥顶 s 和 k 作一直线 se，与底面交于点 e。点 k 的各个投影必在此 se 的相应投影上。过 k' 作 $s'e'$，然后求出其水平投影 se。由于点 k 属于直线 se，根据点在直线上的从属性质可知 k 必在 se 上，求出水平投影 k，再根据 k、k' 可求出 k''。

②辅助圆法：如图 3－17（ c ）所示。

过圆锥面上点 k 作一垂直于圆锥轴线的辅助圆，点 k 的各个投影必在此辅助圆的相应投影上。在图 3－17（c）中过 k' 作水平线与圆锥左右两条素线相交，此为辅助圆的正面投影积聚线，也是反映实形的辅助圆的水平投影圆的直径，圆心为 s，由 k' 向下引垂线与此圆相交，且根据点 k 的可见性，即可求出 k 。然后再由 k' 和 k 可求出 k''。注意在画圆时，半径是从中心线到轮廓素线，而不是从中心线到点。

（3）平面截切圆锥

平面截切圆锥有五种基本情况，见表 3－2。

表 3－2　　平面截切圆锥的五种基本情况

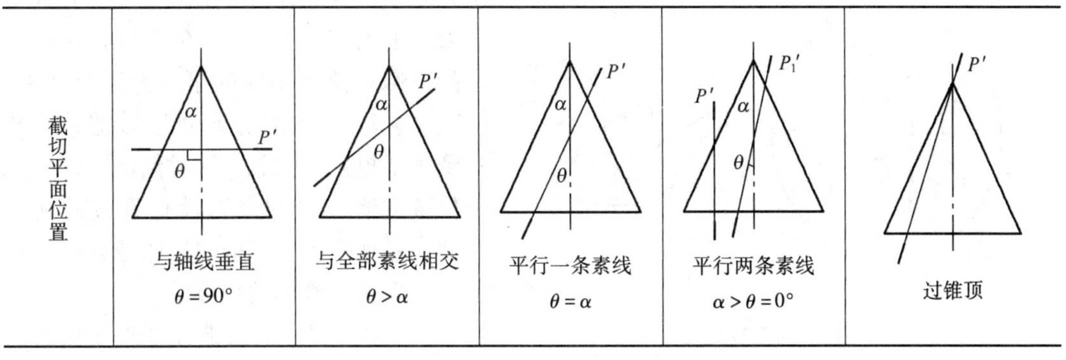

续表

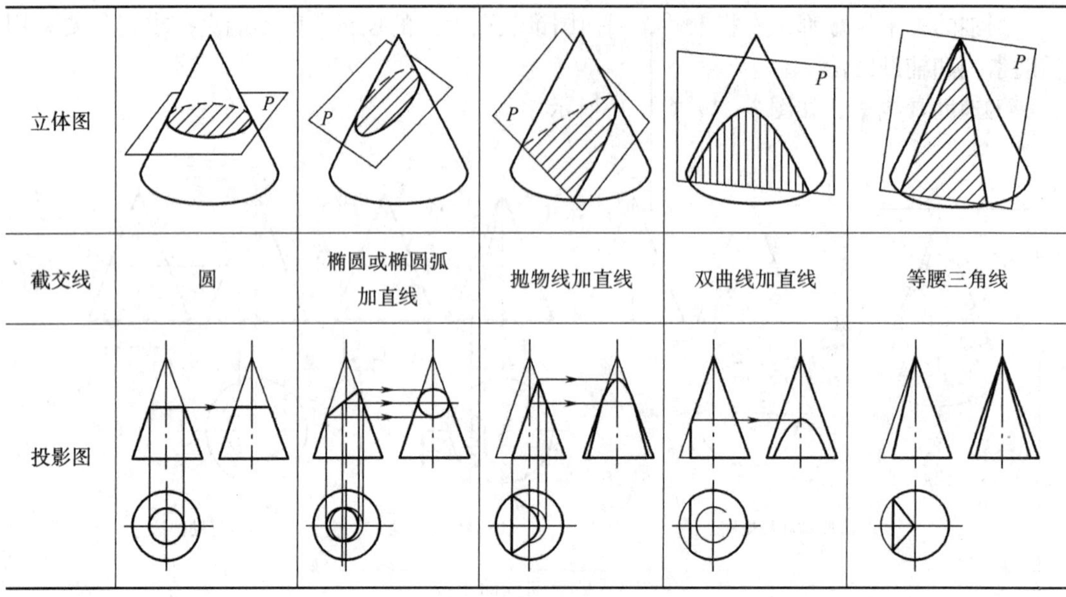

立体图					
截交线	圆	椭圆或椭圆弧加直线	抛物线加直线	双曲线加直线	等腰三角线
投影图					

平面截切圆锥，当截交线是直线或圆时，可利用投影关系直接准确画出；当产生的截交是椭圆、双曲线、抛物线时，应先求截交线上特殊位置点的投影，如椭圆长、短轴的端点；双曲线、抛物线的顶点、端点。这些点在求解时通常为截平面积聚为线的投影与圆锥素线和轴线的交点。之后适当补充截交线上一般位置点，一般都可利用圆锥面上取点的方法求得。最后光滑连接各点。

例 3-9：如图 3-18 所示，求圆锥被正平面所截的投影。

根据截平面与圆锥的相对位置关系，可以判断出截交线为椭圆。因此，在左视图和俯视图上均应出现椭圆的投影。椭圆的特殊位置点有 4 个：分别是椭圆长、短轴的端点，其中 1 点和 2 点是截平面与圆锥左右两素线的交点。而截平面与圆锥前后两素线的交点 5、6 并不是椭圆短轴的端点，其短轴的端点应该在长轴的 1/2 处，因此在主视图上，必须作线段 1′2′的中点，找到短轴端点的 V 投影 3′和 4′。再补充 7 点 8 点作为一般位置点。在圆锥素线上的点 1、2、5、6 可以直接按点的投影规律在相应的素线投影上找到，3、4、7、8 点则需要通过做辅助线找到其余投影。注意，这种情况下，特殊位置点有 6 个。最后检查素线的完整性：左视图中 3″4″是前后两条素线的顶点，也是与椭圆的切点。

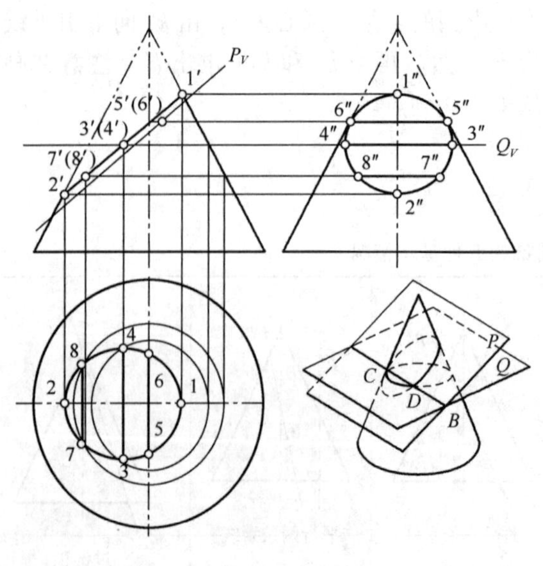

图 3-18　圆锥截交线（一）

例 3-10：求圆锥被垂直于底面的

平面截切的投影。

根据截平面与圆锥的相对位置关系可以得出，截交线是双曲线。由于截平面是正平面，因此，主视图应出现双曲线的实形，而在俯视图和左视图中，截平面分别积聚为平行于 X 轴和 Z 轴的直线。如图3－19所示，求出1、2、3三个顶点，再补充中间位置点4、5。

例3－11：综合举例。

多个平面组合截切圆锥，平面之间应有交线，如图3－20所示。

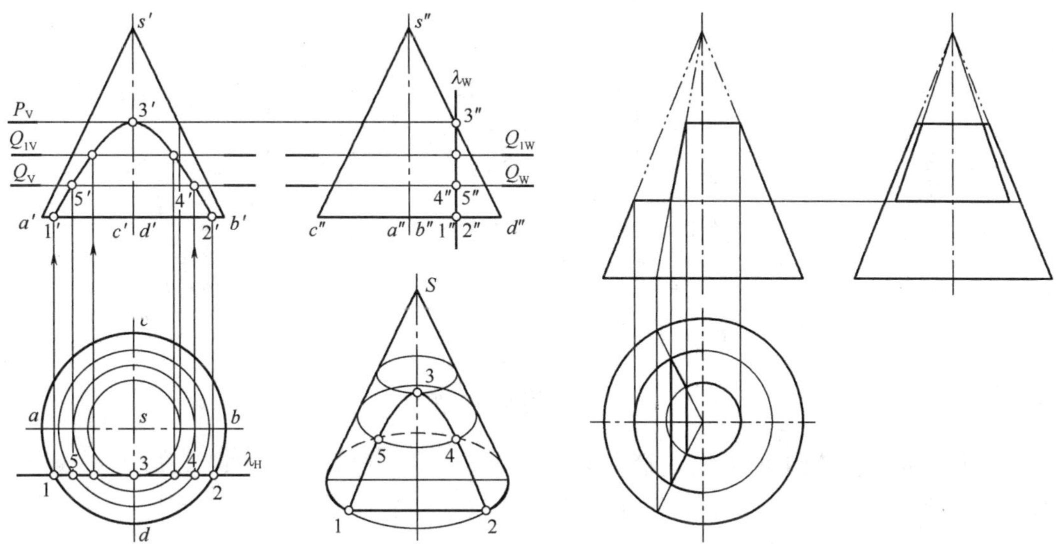

图3－19　圆锥截交线（二）　　图3－20　圆锥截交线综合举例

3.2.3　圆球

（1）圆球的投影

球体的三个视图均为圆，但这三个圆代表球体上三个不同方向的纬圆，这三个纬圆分别平行于三个投影面，如图3－21。A 为平行于 V 面的纬圆，B 为平行于 W 面的纬圆，C 为平行于 H 面的纬圆。A、B、C 的三面投影如图3－21所示。

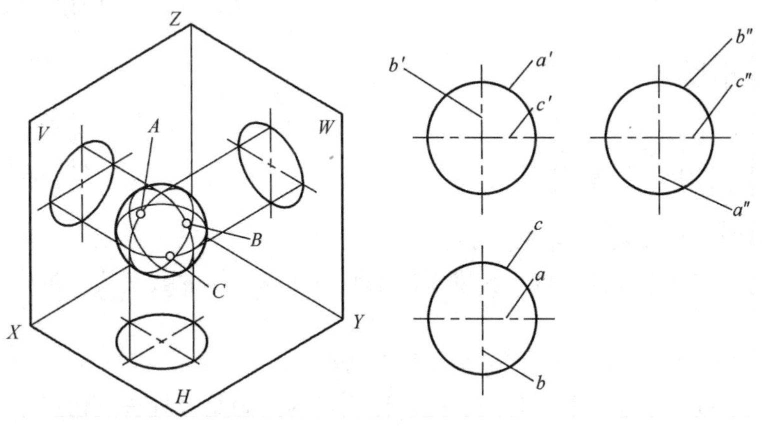

图3－21　圆球的投影

(2) 球面上取点

圆球的三个投影都没有积聚性，球面上取点必须作辅助线。任何平面截圆球截平面都是圆，为了作图方便，一般选投影面平行面为辅助面。

如图 3－22（a）所示，已知球面上点 K 的 H 投影 k，通过可见性可以判断 K 在上半圆球面上。过 k 作水平面的辅助面，如图 3－22（b）所示，其 H 投影为同心圆，将此同心圆按水平面的投影规律投影到 V 面上，与 V 面纬圆相交处即是辅助面积聚成的水平线的位置。k'在这条直线上，根据 k，k'可以求出 k''。

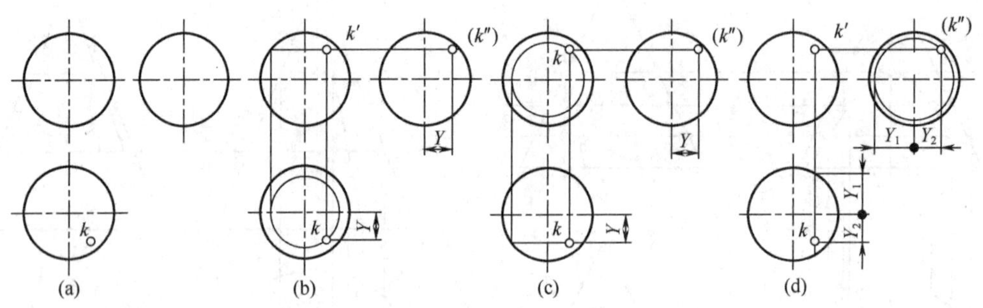

图 3－22　圆球面上取点

同理还可以过 K 作正平面的辅助面，如图 3－22（c）所示；或者侧平面辅助面，如图 3－22（d）所示。

(3) 平面截切圆球

平面与圆球相交，无论平面与圆球的相对位置如何，截交线均为圆。

例 3－12：求被截切半圆球的投影。如图 3－23 所示，先画截切主视图，确定截切平面的位置；再利用辅助圆求作截切的俯、左视图；检查截切后各视图轮廓线的变化，加粗完成投影图。

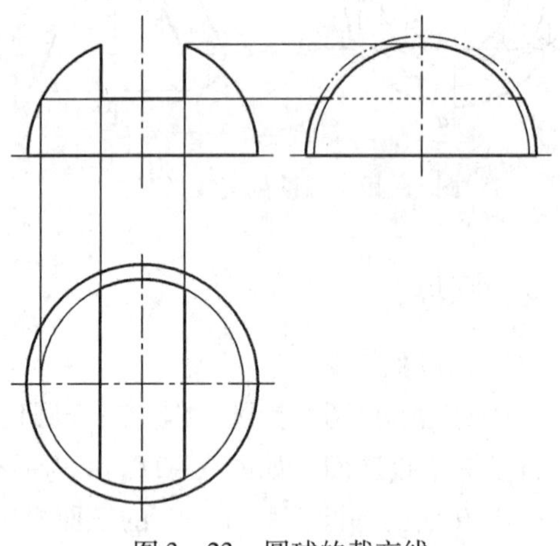

图 3－23　圆球的截交线

3.3　立体相交

3.3.1　平面与组合立体相交

平面与组合立体相交求交线，先分析出组合立体有哪些基本立体组成，分别求出平面与基本立体的截交线，再将这些线拼成所求截交线。

例 3－13：求平面截手柄后的投影（图 3－24）。

手柄被截切处由圆球、圆锥构成，先求出两者的准确结合处——切点，球被平面所截截平面为圆，圆锥被平面所截，截交线为双曲线。

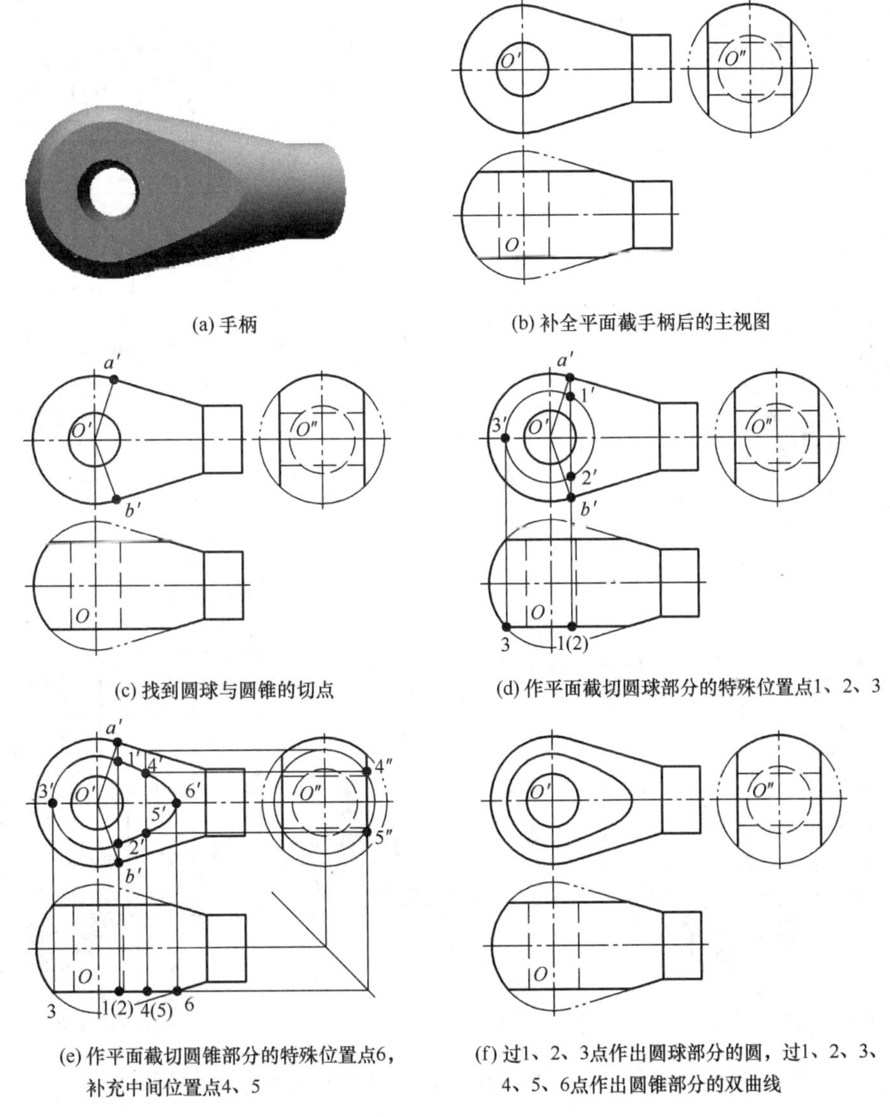

(a) 手柄　(b) 补全平面截手柄后的主视图

(c) 找到圆球与圆锥的切点　(d) 作平面截切圆球部分的特殊位置点1、2、3

(e) 作平面截切圆锥部分的特殊位置点6，补充中间位置点4、5　(f) 过1、2、3点作出圆球部分的圆，过1、2、3、4、5、6点作出圆锥部分的双曲线

图 3－24　平面与组合立体相交

3.3.2　圆柱与圆柱相交

圆柱与圆柱相交，交线称相贯线。相贯线是两立体表面的共有线、共有点；并且是一条封闭的空间曲线框（特殊情况是直线框），如图 3－25、图 3－26 所示。

例 3－14：两圆柱相贯 ，求投影。

圆柱相贯交线是两圆柱面上的共有点的集合。圆柱在投影为圆的视图上具有积聚性，因此，如图 3－27 所示的情况，相贯线的俯视图和左视图都集聚在了圆或圆弧上，只要求出其主视图的投影即可。a、b、c、d 是圆柱相贯线的最左、最前、最右及最后点，分别位于圆柱的素线上，再补充一般位置点 1 点和 2 点，光滑连接各点得到相贯线投影。

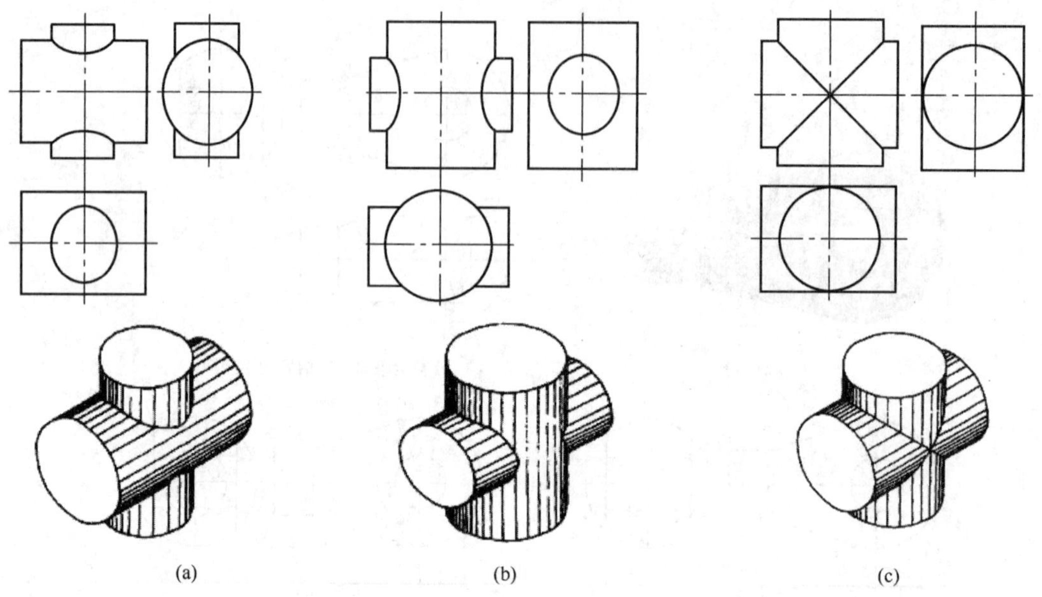

(a) (b) (c)

图 3－25　当圆柱直径变化时相贯线的变化

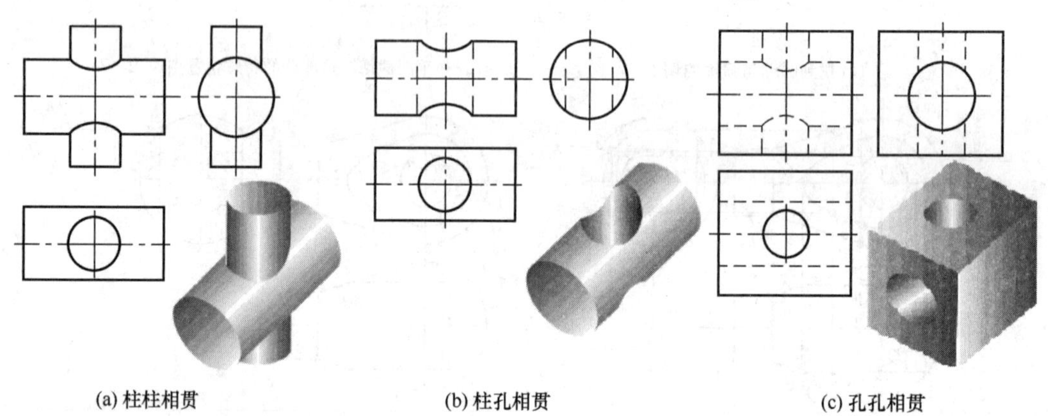

(a) 柱柱相贯　(b) 柱孔相贯　(c) 孔孔相贯

图 3－26　当圆柱虚实变化时相贯线的变化

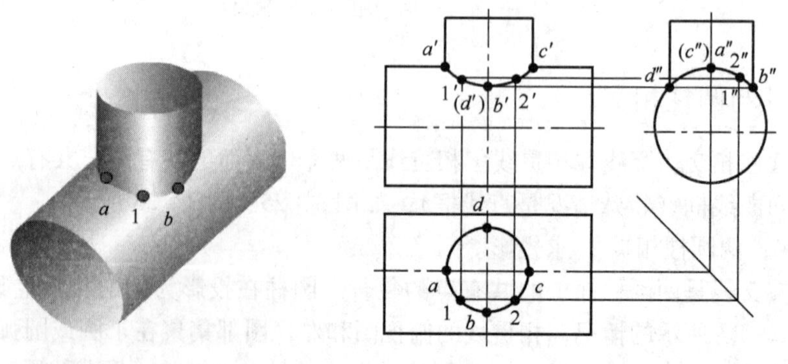

图 3－27　两圆柱相贯

3.4　组合体的投影

组合体是由若干个基本形体（单一的平面立体，曲面立体）组而成的形体。组合方式有叠加、截切、叠加带有截切，如图3－28所示。

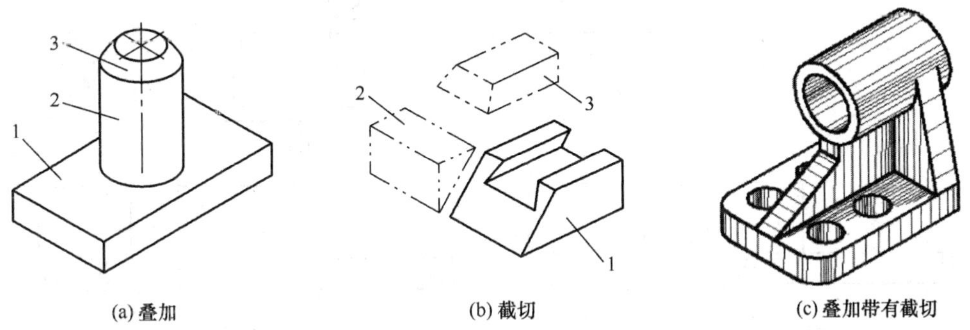

图3－28　组合体的组合形式

3.4.1　基本体组合时表面间的连接方式

基本体组合时表面间的连接方式有相交、齐平、相切三种形式：

①相交：基本体表面相交，产生交线，必须画出［图3－29（a）］。

②平齐：两基本体表面重合，不产生交线［图3－29（a）］。

③相切：平面和曲面、曲面与曲面相切，表面成为光滑过渡，不产生交线。平面和曲面相切，切线投影不画［图3－29（b）］；

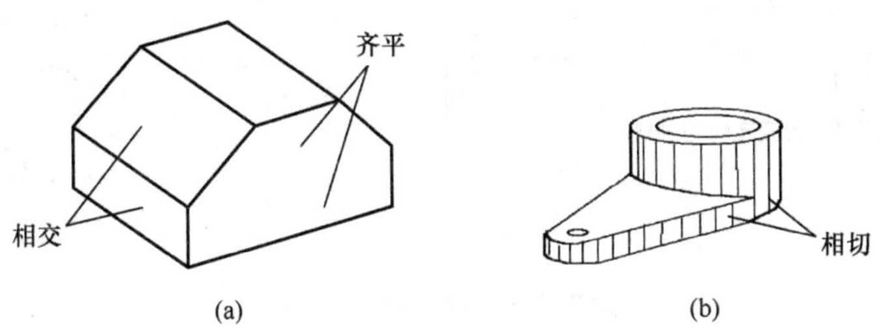

图3－29　形体间的表面连接方式

形体间的不同表面连接方式的投影如图3－30。

曲面与曲面相切，若公切面平行或倾斜于投影面，则在该投影面上不画切线投影，若公切面垂直投影面，则在该投影面上要画切线投影（图3－31）。

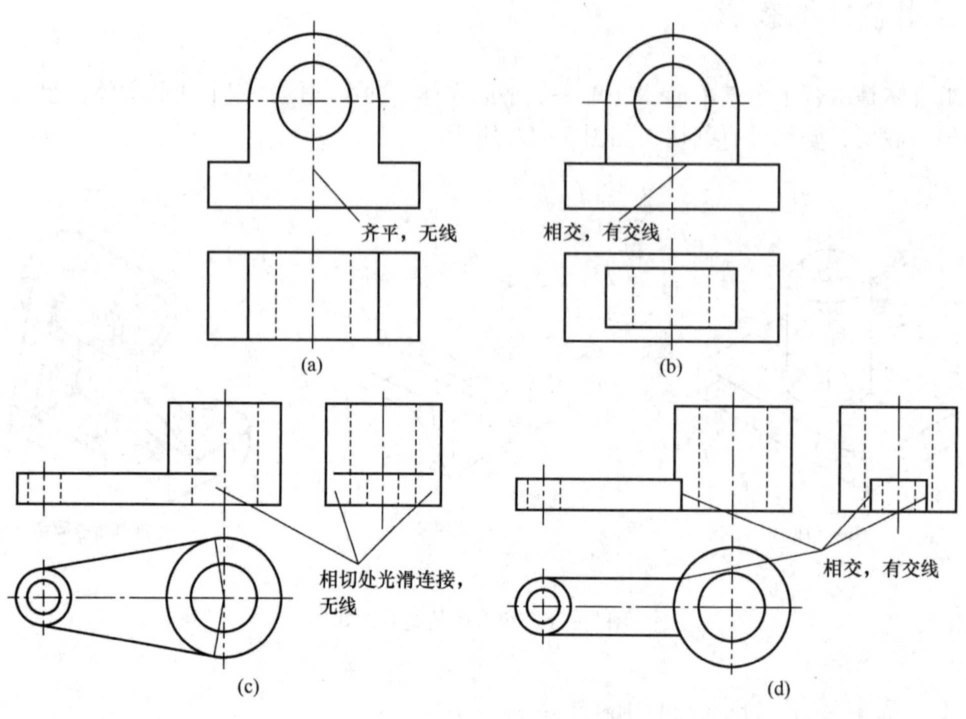

图 3－30　形体间的不同表面连接方式的投影

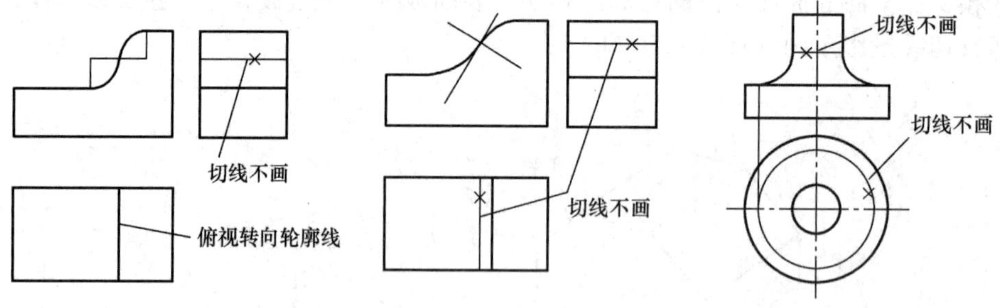

图 3－31　相切的特殊画法

3.4.2　组合体投影图的画法

组合体投影前，假想把组合体分解成若干个较简单的形体或基本形体，并弄清形体的相对位置、组合形式和相邻表面连接方式，这是组合体的基本分析方法，称为形体分析法。如图 3－32 所示轴承座，按结构特点分解成油嘴套筒、底板、支撑板和肋板五部分。其中支撑板与套筒之间是相切关系，底板、肋板、套筒对称相交连接。

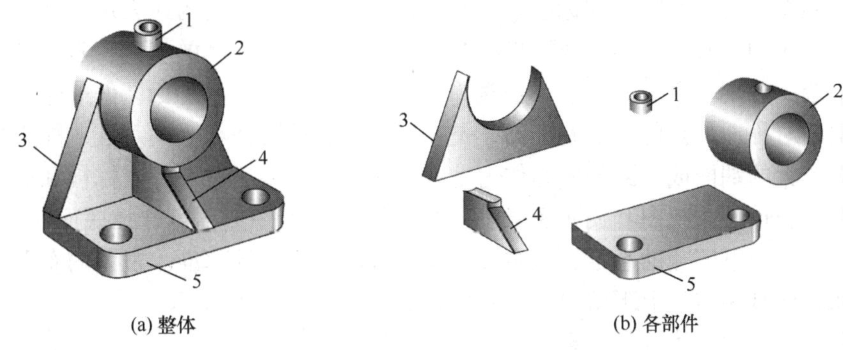

(a) 整体　　(b) 各部件

图 3-32　轴承座形体分析

1—油嘴　2—套筒　3—支撑板　4—肋板　5—底板

之后要确定组合体的安放位置，及确定哪个方向作为组合体主视图投影方向（图 3-33）。主视图的确定原则通常有三点：

①主视图应尽量多地表达物体的特征；

②应使组合体安放平稳或处于正常工作位置；

③主视图的选取，应尽量使所有视图虚线最少。

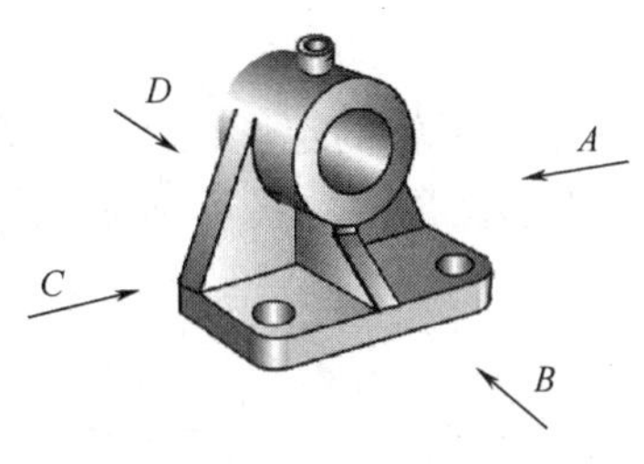

图 3-33　主视图的选择

如图 3-34 为 A、B、C、D 四个方向视图。综合比较，B 向作为主视图投影方向最为合理。

由于组合体的多样性，上述条件有时不能全部满足，这时就要根据具体情况，分析权衡决定取舍。

画投影图步骤如下：

①选择比例，确定图幅。按 GB 选择比例，尽量选择 1∶1，以便直接估量形体大小和方便画图。注意画细小结构时，两条粗实线的间距应不小于粗实线的两倍宽度，其最小距离不得小于 0.7mm。图幅的选

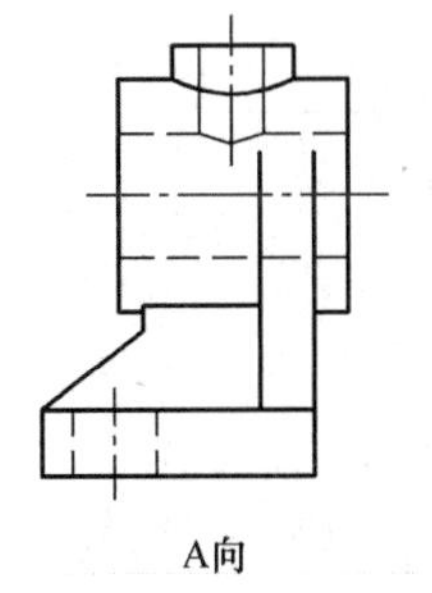

A向

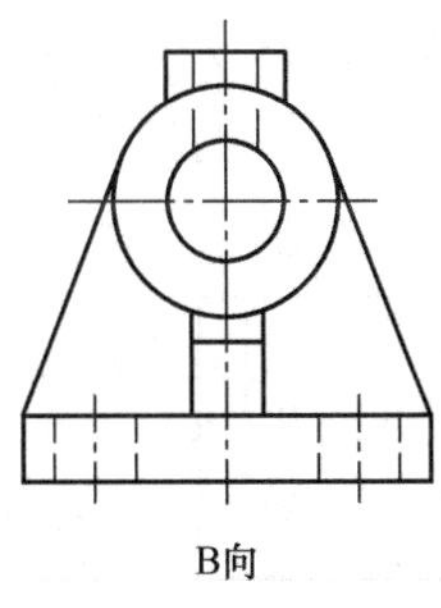

B向

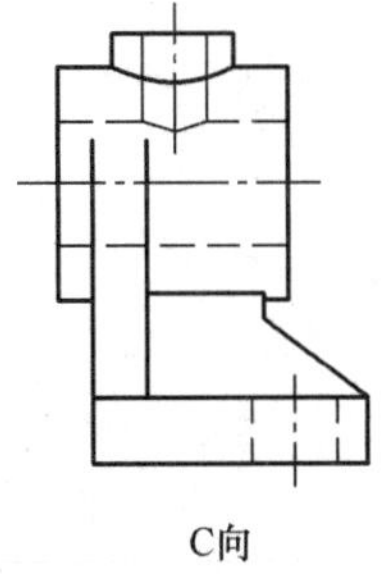

C向

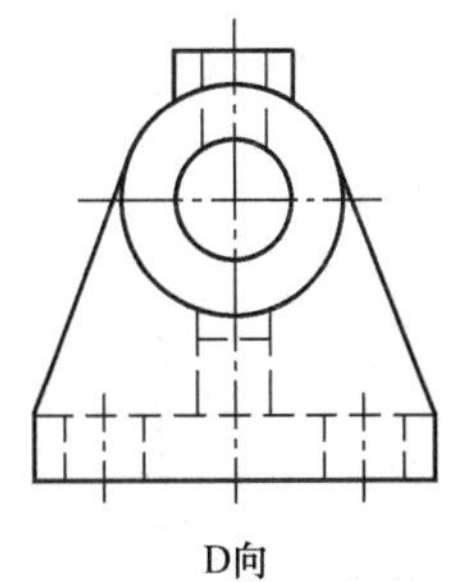

D向

图 3-34　主视图的选择比较

取按GB，要根据三视图的大小、投影图间的适当间隔及尺寸标注的空间选取。

②布置视图。在画好图框和标题栏框后，根据各视图各方向的最大尺寸和视图之间应该留的空当，用细中心线、细实线画出各视图的基准线。组合体的基准一般在长、宽、高三个方向上至少各定一个平面，如果是对称图形，对称面既是基准面，例如轴承座，前后对称，其中心对称面即是前后的基准面，是左视图和俯视图宽相等的基准；如果形体不对称，一般选择大的端面或大圆的中心作为基准。例如轴承座左右选择支撑板和底板的共有面作为基准面，也是主视图和俯视图长对正的基准；轴承座上下可选择底面作为基准面，套筒的中心作为上下的辅助基准，是主视图和左视图高平齐的基准。视图的布置应在整个图幅的中间，图纸左右、上下留白均匀一致，如图3－35（a）所示。

③画底图。根据形体分解结果，逐一画出各形体三视图。先画套筒三视图，如图3－35（b）所示，再画底板的三视图，当发现有实线相交的情况要考虑遮挡关系：俯视图中，套筒在上，底板在下，底板的后边线被遮挡，改成虚线，如图3－35（c）所示。画支撑板，注意形体间相切的画法。套筒下边母线被包容在支撑板中，实际并没有轮廓线，应擦除，如图3－35（d）所示。肋板与套筒相交，左视图中交线的位置应由主视图投影得出，如图3－35（e）所示。画油嘴，里面的小孔与垂直方向的大孔相通。先画俯视图，左视图中与套筒出现相贯线，如图3－35（f）所示。

④检查并加粗，标注尺寸。底图完成检查无误后，加粗所有可见轮廓线。注意整张图纸的同类型线型应保持浓淡、粗细一致，图3－35（g）。

3.4.3 组合体尺寸标注

组合体的尺寸标注与画图过程类似：先分解形体，标注基本形体的定形尺寸；再确定长、宽、高三个方向的尺寸基准，标注各基本形体到基准的定位尺寸；最后标注总体尺寸，去除多余尺寸。

（1）定形尺寸

确定基本立体形状的尺寸，如图3－36、图3－37所示。

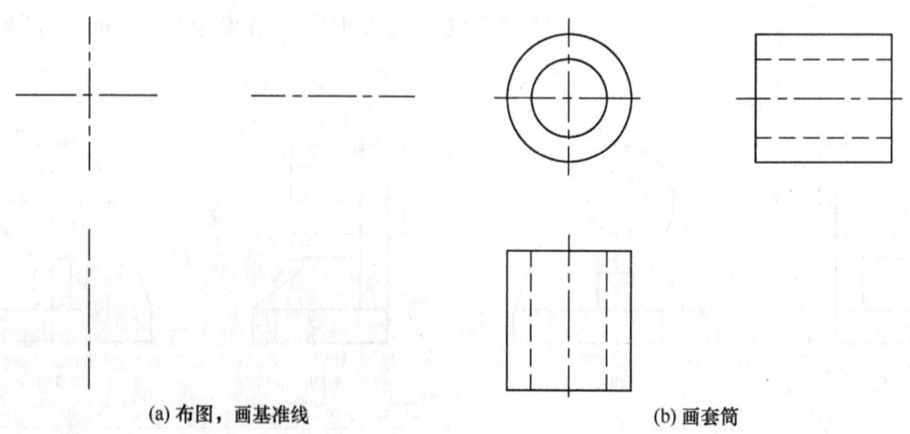

(a) 布图，画基准线　　(b) 画套筒

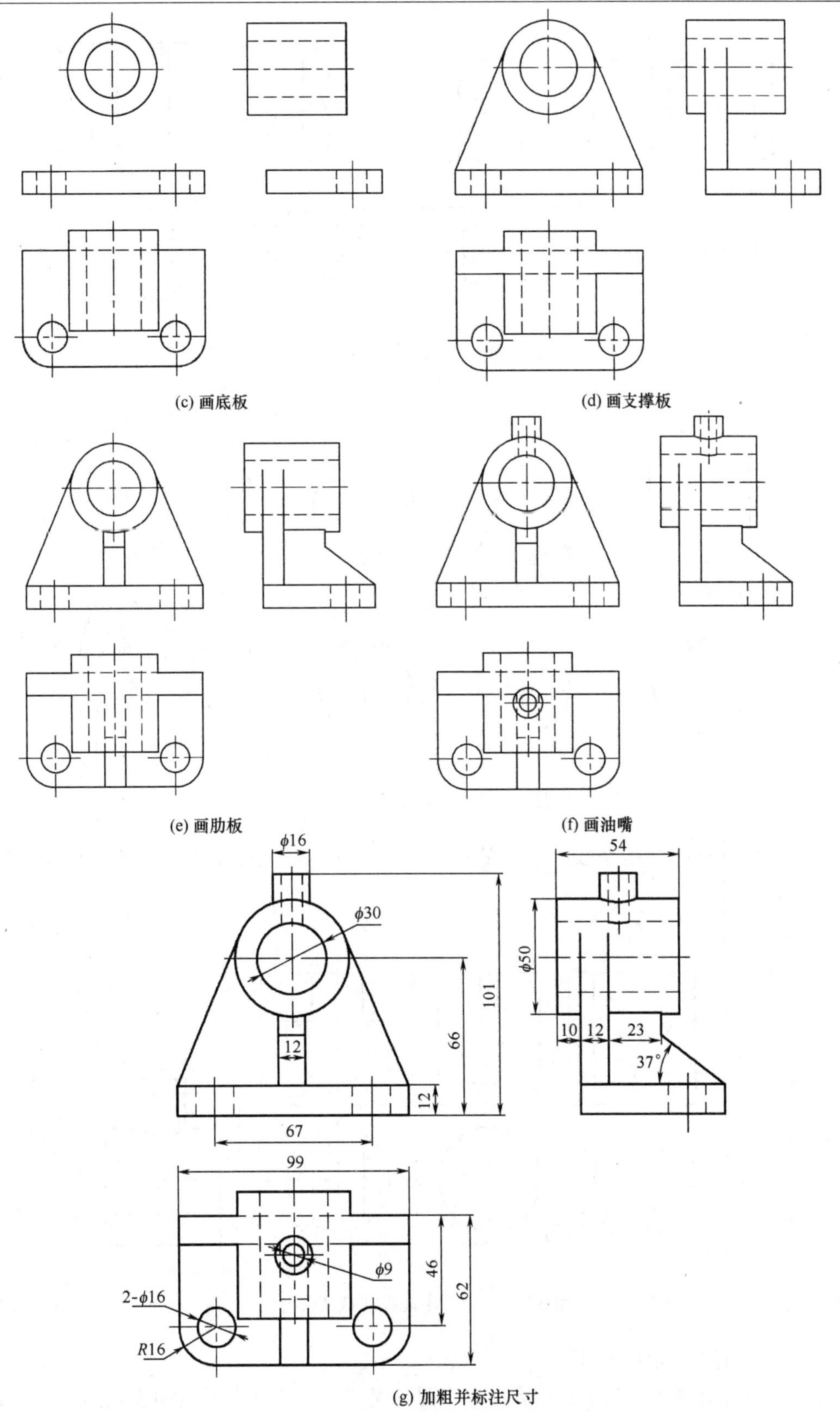

(g) 加粗并标注尺寸

图3－35　轴承座画图步骤

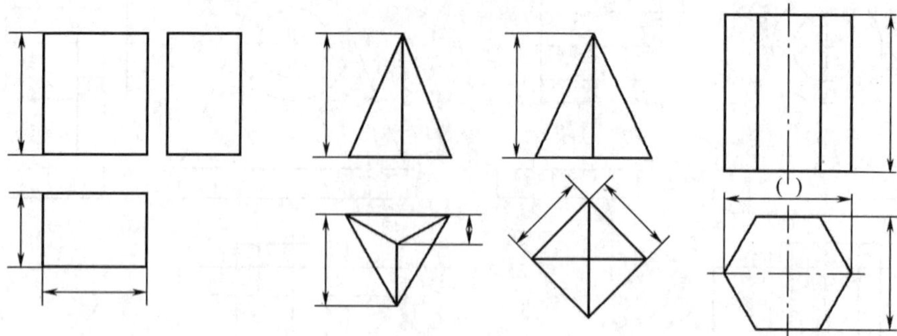

图 3－36　平面立体的定形尺寸

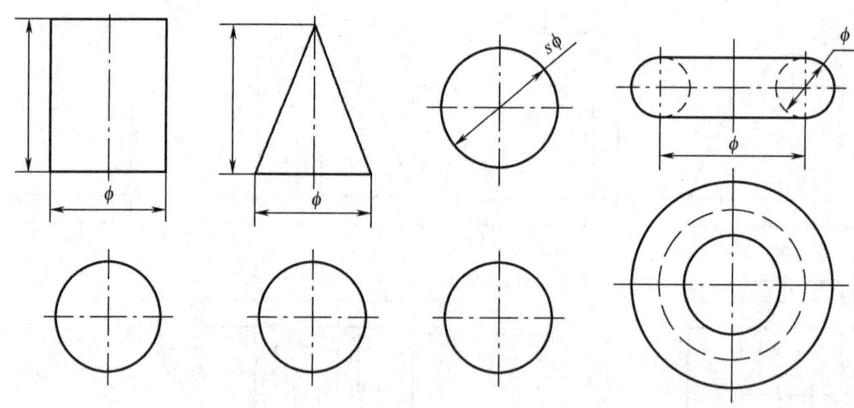

图 3－37　曲立体的定形尺寸

注意不能直接标注截交线、交线的尺寸，而应标注产生截交线和交线的尺寸，如图 3－38 所示。

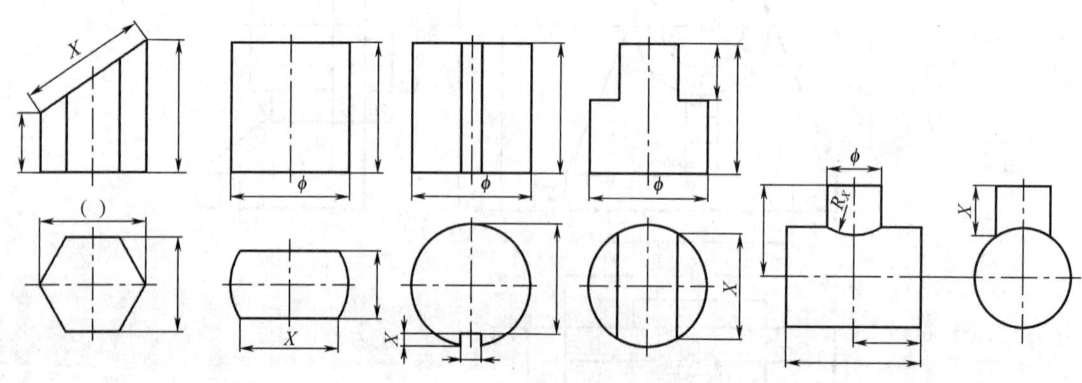

图 3－38　尺寸不能标在截交线上

（2）尺寸基准、定位尺寸

在长、宽、高每个方向上至少要有一个尺寸基准。通常选在较为重要的端面、底面、对称位置面和轴线处，例如轴承座，尺寸基准与画图基准一致。

图 3－39 中标注“ * ”的尺寸都是定位尺寸。

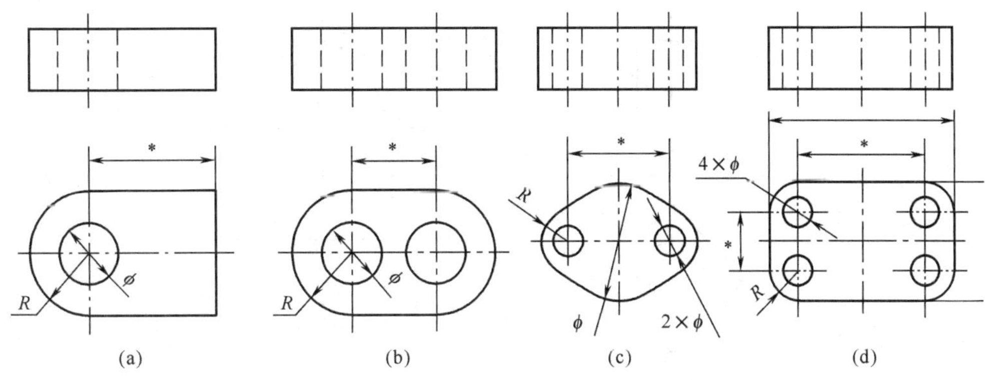

图 3－39　组合体的定位尺寸

(3) 总体尺寸

一般情况下要标注组合体的总长、总宽和总高尺寸，以便确定物体的总体大小。但是，当组合体的端部是圆或圆弧时，只能标注到其中心的尺寸和直径或半径。如图 3－39 (a)、(b)、(c) 都不能标注总长尺寸。如果组合体的定形和定位尺寸已标注完整，若再加注总体尺寸，就会出现多余或重复尺寸，这时就要对已标注的定形和定位尺寸作适当调整。减去一个同方向的不重要的尺寸。

标注尺寸时，除了要求完整外，为了便于读图，还要求标注得清晰。

①尺寸尽量标注在形状特征明显的视图上。如轴承座的尺寸标注图 3－35 (g) 中，底板的形状尺寸：99、62、*R*16、ϕ16 都注在俯视图上，肋板的上边宽 23 注写在左视图上。

②同轴叠加的圆柱体，直径尺寸宜标注在不反映圆的视图上。如轴承座的 ϕ50、ϕ18。

③半径尺寸都应标注在显示圆弧的视图上。

④缺口的尺寸应标注在反映其真形的视图上。

⑤尺寸尽量标注在图形之外，但必要时也可标注在图形内。

⑥标注尺寸要排列整齐。同一方向几个连续尺寸应尽量标注在同一条尺寸线上。

⑦要尽量避免尺寸线、尺寸界线与轮廓线相交。所以将小尺寸注在里面（靠近视图）、大尺寸注在外面。

⑧直径相等的小孔应统一标注，并写出圆孔的数量，如轴承座图中所注的 2－Φ16；

⑨半径相等的圆弧，也可统一只标注一处，但不可写出数量，如轴承座图中所注的 *R*16。

3.4.4　组合体的读图

读图是根据已知投影图，运用正投影原理，想象出空间形体结构。

(1) 读图时应掌握的要点

①要进一步理解图线、线框的含义。视图中的一条线有三种可能：a. 表面交线的投

影，如图 3－40（a）中的 $a'b'$、$c'd'$；b. 积聚性面的投影，如 $e'f'$；c. 曲面转向轮廓线的投影，如 $c'g'$。

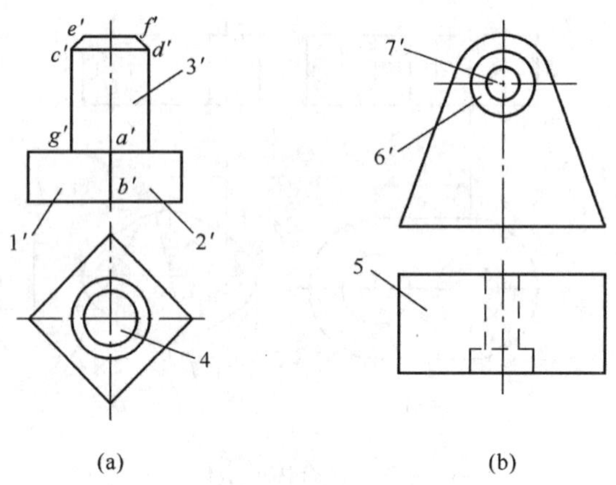

图 3－40　视图中图线和线框的含义

视图中的封闭线框的含义：a. 一个封闭线框表示一个平面的投影或一个曲面的投影，如图 3－40（a）中 1′、2′、3′、4′、5′所在的面；b. 相邻两封闭线框，表示两个相交或错开的面；c. 线框中的线框，表示物体上凹、凸或通孔，如图 3－40（b）中 6′、7′。

②要把几个视图联系起来看。只靠一个视图无法唯一确定物体的空间结构形状，如图 3－41 中的主视图，要抓住特征视图。反映物体形状特征的视图称为形状特征视图，如3－41 中的俯视图。反映形体位置特征上的称为位置特征的视图，如图 3－42 中的左视图。还要注意形体间的连接关系，将几个视图联系起来阅读，如图 3－43 所示。

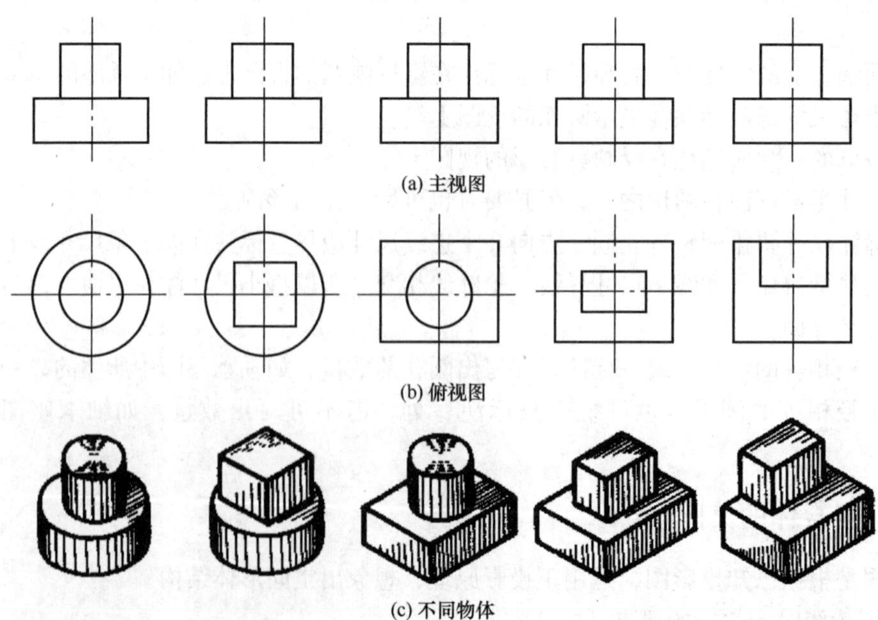

图 3－41　形状特征视图

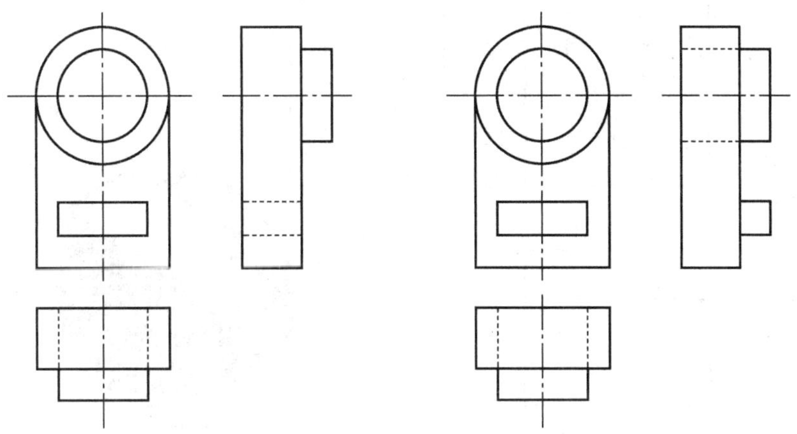

图 3－42　位置特征视图（左视图）

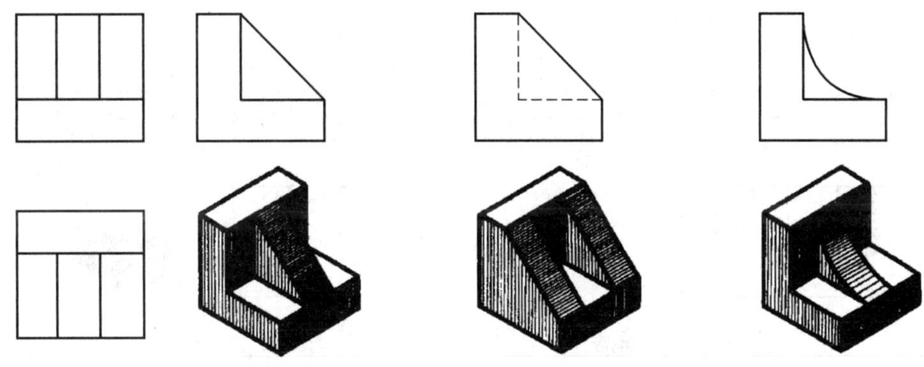

图 3－43　几个视图联系起来看

善于抓住反映形体形状和各部分相对位置特征明显的视图，才能准确、迅速地想象出物体的真实形状。

③要善于构思物体的形状，大胆想象。看图的过程，就是不断地把想象出来的不同形状的空间形体，与各个视图中的投影反复对照、反复修正的过程。

④要注意利用视图中的虚线来分析物体的形状和结构，如图 3－44 所示。

（2）读图的方法和步骤

①形体分析法

a. 抓住特征分线框；

b. 分析线框想形状　“三等”关系，各线框基本体的形状；

c. 综合起来想整体　相对位置和组合形式，综合整体形状。

例 3－15：读轴承座的三视图，如图 3－45、图 3－46 所示。

第一步：抓住特征分线框　通过分析可知，主视图较明显地反映了Ⅰ、Ⅱ形体的特征，而左视图则较明显地反映了形体Ⅲ的特征。据此，该轴承座大体可分为三部分。

第二步：分析线框想形状　Ⅰ、Ⅱ形体从主视图出发、形体Ⅲ从左视图出发，依据

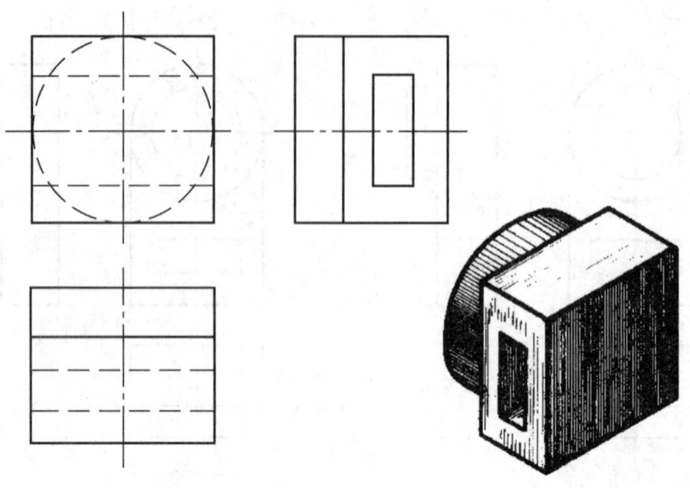

图 3－44　利用虚线分析物体

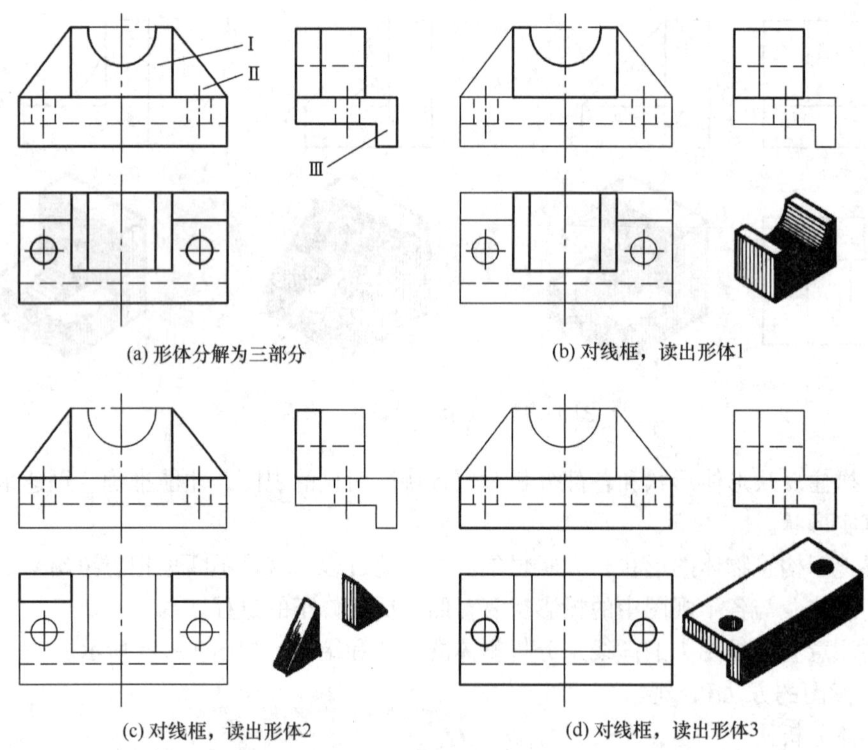

(a) 形体分解为三部分

(b) 对线框，读出形体1

(c) 对线框，读出形体2

(d) 对线框，读出形体3

图 3－45　轴承座的读图方法

“三等”规律分别在其他视图上找出对应的投影，然后经旋转归位，即可想出各组成部分的形状。

第三步：综合起来想整体　长方体Ⅰ在底板Ⅲ上面，两形体的对称面重合且后面靠齐；肋板Ⅱ在长方体Ⅰ的左、右两侧，且与其相接，后面靠齐，从而综合想象出物体的整体形状。

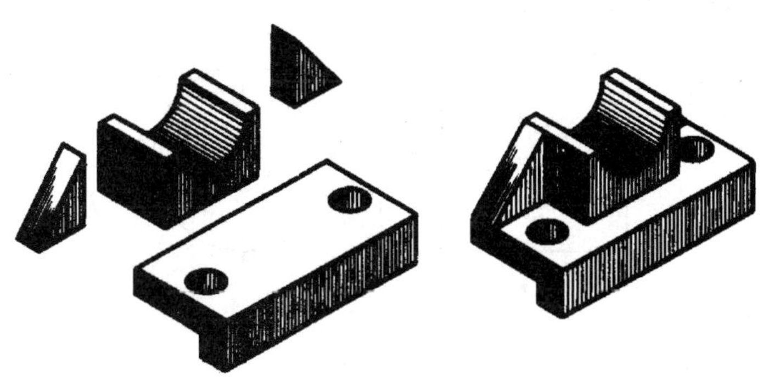

图3-46　轴承座

②线面分析法。在一般情况下，对于形体清晰的物体，用上述形体分析法看图即可解决问题。然而有些物体，完全用形体分析法看图还不够。因此，对于视图中一些局部投影复杂之处，有时就需要用线面分析法看图。线面分析法是根据每一封闭线框表示空间一个面的投影特征，运用线、面的投影他正分析投影图中线段、线框的含义及其位置关系。如图3-47所示，由切割方式形成的组合体。

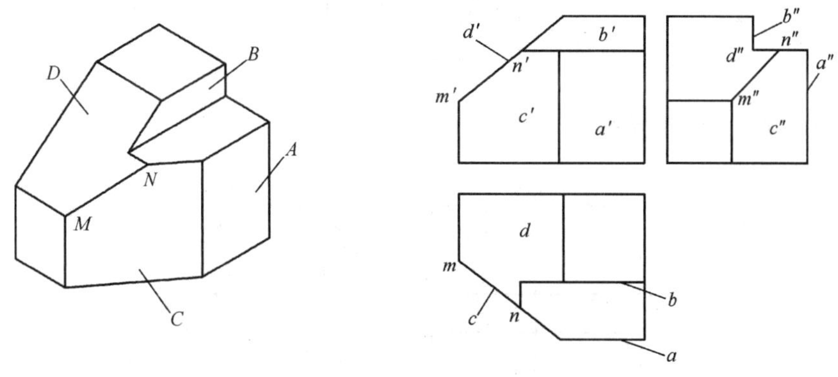

图3-47　切割形成的组合体

思考题与习题

1. 求俯视图及立体表面 A 点的其他两投影。

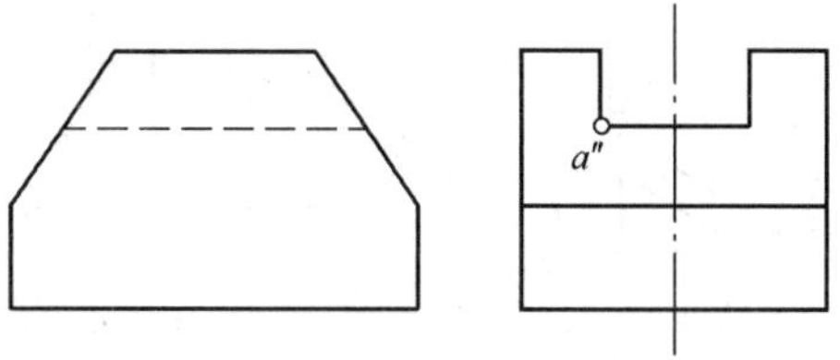

2. 求圆柱截切后的俯视图，并补全左视图。

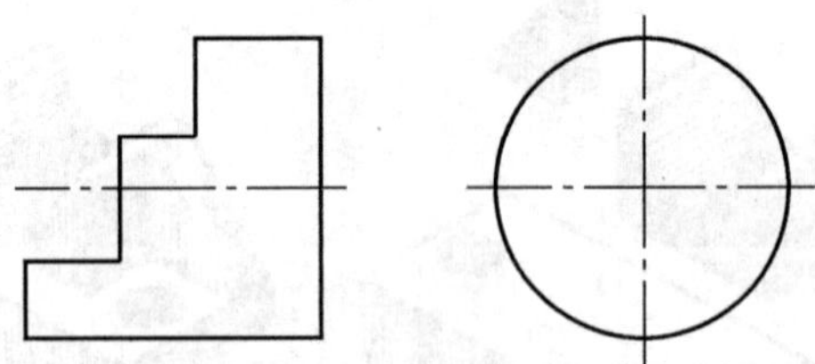

3. 求作左视图。

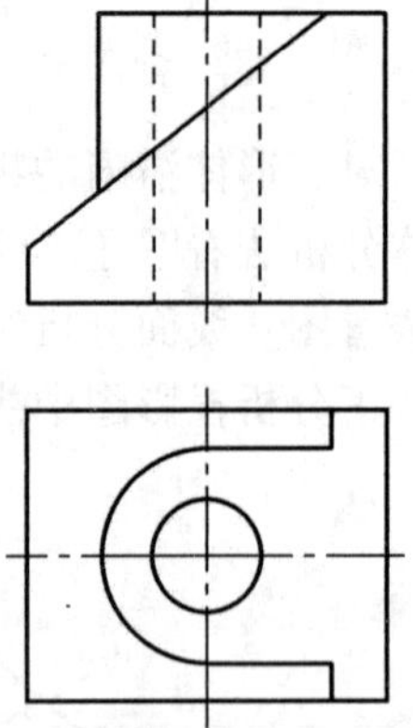

4. 补全主视图的相贯线投影。

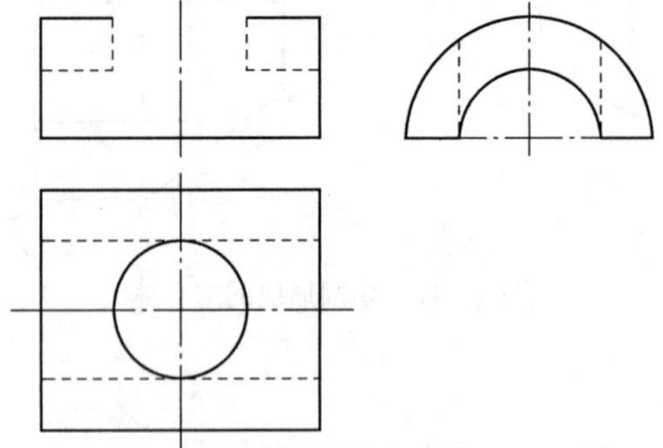

5. 根据立体图补全三视图。

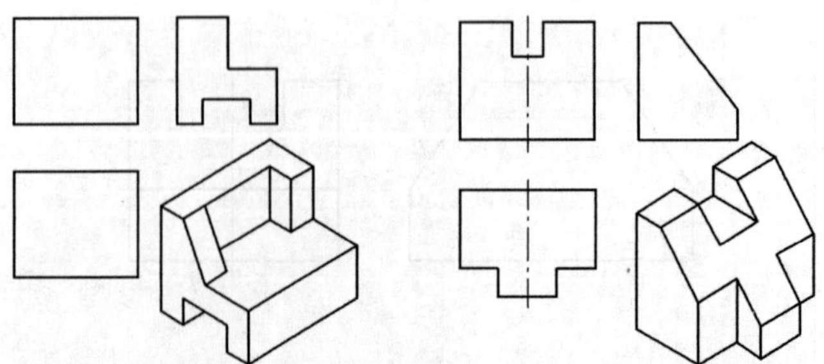

6. 补画第三视图。

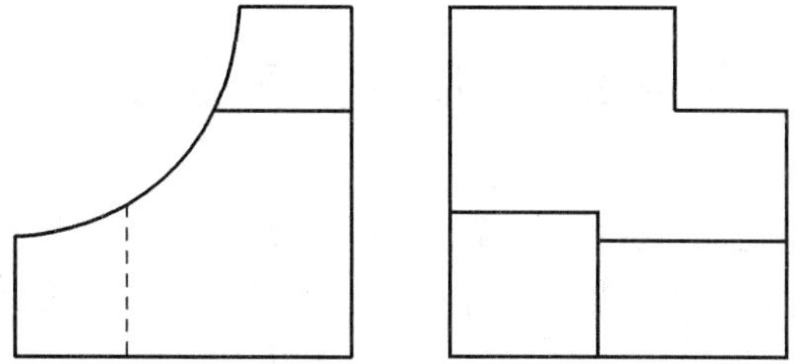

第 4 章　机件的表达方法

在工程实际中，机件的形状多种多样，单靠三视图不能完整、清晰的表达。为此，国家标准《机械制图》规定了机件表达的各种方法做补充，本章介绍视图、剖视图、剖面、局部放大、简化画法及其他规定画法。掌握这些表达方法是正确绘制工程图和阅读机械图样的基本条件，每个工程技术人员在绘图时必须遵守这些规定。

4.1　视图

视图是机件向投影面投影所得的图形，视图主要用来表达机件的外部结构形状，一般只画出可见部分，必要时才画出不可见部分。视图分为基本视图、向视图、局部视图、斜视图。

4.1.1　基本视图

在原有三个投影面的基础上，再增设三个投影面，构成一个正六面体，这六个面称为基本投影面。将机件放在正六面体内，分别向各基本投影面投射，所得到的六个视图称为基本视图。除了前面已经介绍过的主、俯、左视图外，还有从右向左投射所得的右视图，从下向上投射所得的仰视图，从后向前投射所得的后视图。

六个基本投影面的展开方法如图 4－1 所示。

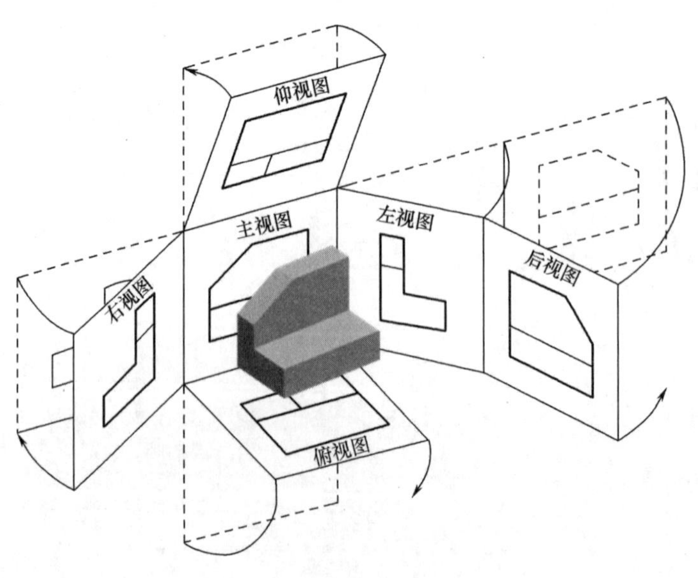

图 4－1　六个基本投影面的展开

六个基本投影面的配置关系如图4－2所示。

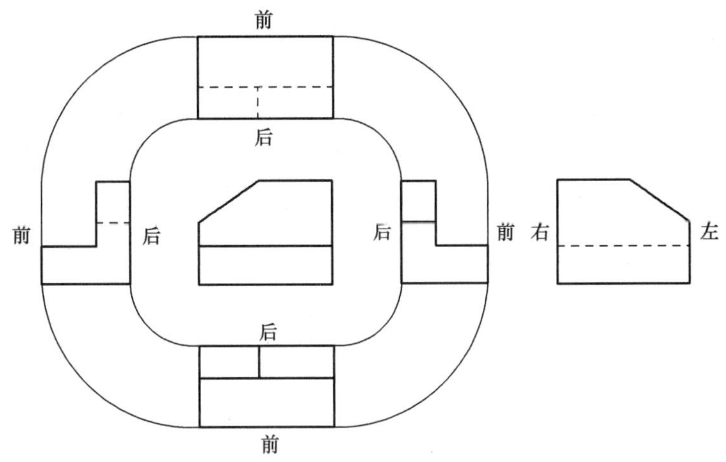

图4－2　六个基本视图的配置

六个基本视图若在同一张图纸上，按图4－2所示的规定位置配置视图时，一律不标注视图名称。六个基本视图之间仍保持“长对正、高平齐、宽相等”的投影关系。

在实际应用中，一般不会需要将机件的六个基本视图全部画出，而是根据机件形状机构的特点，选用必要的几个基本视图。

4.1.2　向视图

向视图是可以自由配置的视图。为了合理地利用图纸的幅面，基本视图可以不按投影关系配置。这时，可以用向视图来表示，如图4－3所示。

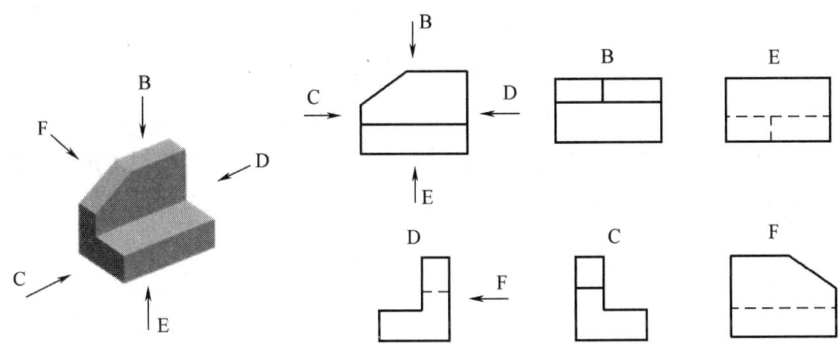

图4－3　向视图的配置与标注

为了便于读图，按向视图配置的视图必须进行标注。即在向视图的上方正中位置标注“×”（“×”为大写正体的英文字母），在相应的视图附近用箭头指明投影方向，并标注相同的字母，通常情况下，除表示后视图的，箭头和字母都应注在主视图上，如图4－3所示。

4.1.3 局部视图

当机件上的某一局部形状没有表达清楚，而又没有必要用一个完整的基本视图表达时，可将这一部分单独向基本投影面投射，所得的视图称为局部视图。

局部视图是一个不完整的基本视图，表达机件上局部结构的外形，避免因表达局部结构而重复画出别的视图上已经表达清楚的结构。利用局部视图可以减少基本视图的数量。如图 4 -4 所示，机件左侧凸台和右上角缺口的形状，在主、俯视图上无法表达清楚，又没有必要画出完整的左视图和右视图，此时可用局部视图表示两处的特征形状。

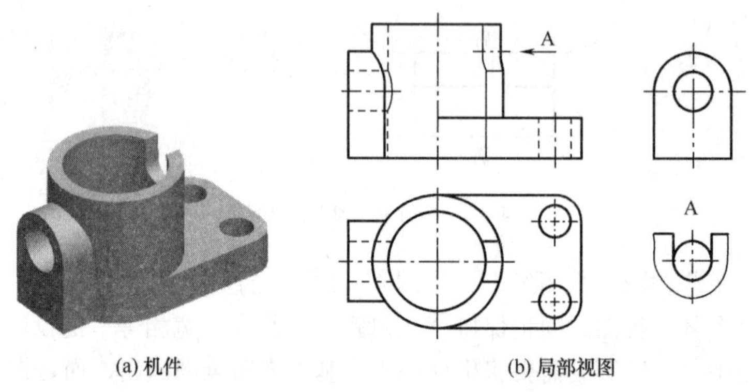

(a) 机件　　(b) 局部视图

图 4 -4　局部视图的配置与标注

局部视图的配置与标注规定如下：

①局部视图上方标出视图名称“×”（“×”为大写英文字母），在相应的视图（局部的）附近用箭头指明投影方向，并标注相同的字母，如图 4 -4 中的局部视图“A”所示。当局部视图按投影关系配置，中间又没有其他图形隔开时，可省略标注，如图 4 -4 中的局部左视图所示。

②局部视图的断裂边界线用细的波浪线表示。但当所表达的部分是与其他部分截然分开的完整结构，且外轮廓线自成封闭时，波浪线可以省略不画，如图 4 -4 中的局部左视图所示。画波浪线时应注意：a. 不应与轮廓线重合或画在其他轮廓线的延长线上；b. 不应超出机件的轮廓线；c. 不应穿空而过。

4.1.4 斜视图

机件向不平行于基本投影面的平面投射所得的视图，称为斜视图。

当机件上某部分的倾斜结构不平行于任何基本投影面时，在基本视图中不能反映该部分的实形。这时，可增设一个新的辅助投影面，使其与机件的倾斜部分平行，且垂直于某一个基本投影面，如图 4 -5 中的平面 P。然后将机件上的倾斜部分向新的辅助投影面投射，再将新投影面按箭头所指方向，旋转到与其垂直的基本投影面重合的位置，即可得到反映该部分实形的视图。

斜视图的配置与标注规定如下：

①斜视图必须用带字母的箭头指明表达部位的投影方向，并在斜视图上方用相同的字

母标注“×”（“×”为大写英文字母），如图 4－6 和图 4－7 所示“A”。

②斜视图一般配置在箭头所指方向的一侧，且按投影关系配置，如图 4－6 中的斜视图“A”。有时为了合理地用图纸幅面，也可将斜视图按向视图配置在其他适当的位置，或在不至于引起误解时，将倾斜的图形旋转到水平位置配置，以便于作图。此时，应标注旋转符号，如图 4－7 所示。若斜视图是按顺时针方向转正，则标注为“↷A”，如图 4－7 所示。若斜视图是按逆时针方向转正，则应标注为“A↶”。也允许将旋转角度标注在字母之后，如“↷A60°”或“A60°↶”。

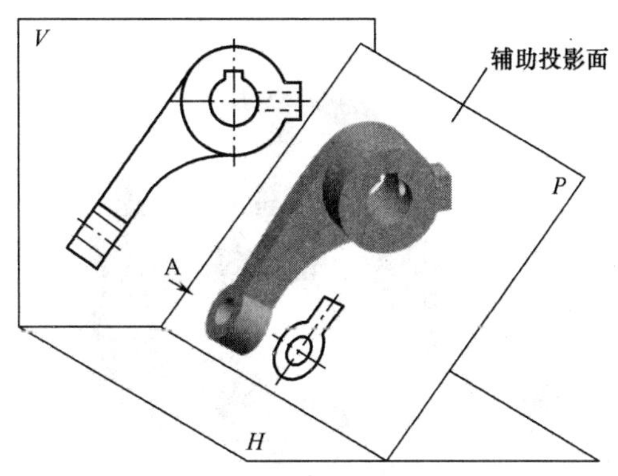

图 4－5　斜视图的直观图

③斜视图一般只表达倾斜部分的局部形状，其余部分不必全部画出，可用波浪线断开，如图 4－6 和图 4－7 所示。

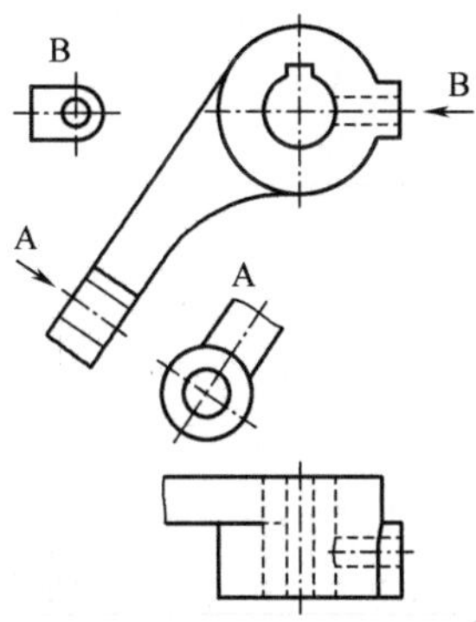

图 4－6　斜视图和局部视图（一）

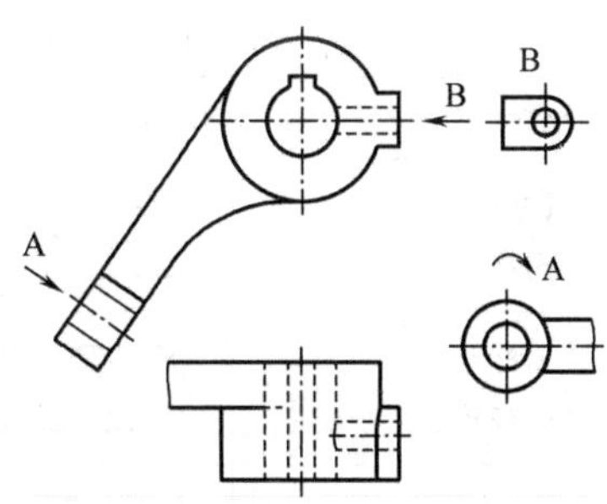

图 4－7　斜视图和局部视图（二）

4.2　剖视图

用视图表达机件的内部结构时，图中会出现许多虚线，影响了图形的清晰性。既不利于看图，又不利于标注尺寸。为此，国家标准规定用“剖视”的方法来解决机件内部结构的表达问题。

4.2.1　剖视图的概念

（1）剖视图的形成

假想用剖切面剖开机件，将处在观察者与剖切面之间的部分移去，而将其余部分向投影面投射所得的图形，称为剖视图（简称剖视），如图 4－8 所示。

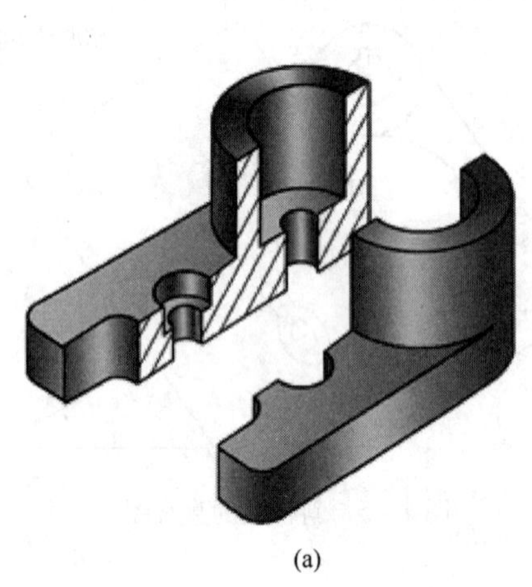

(a)

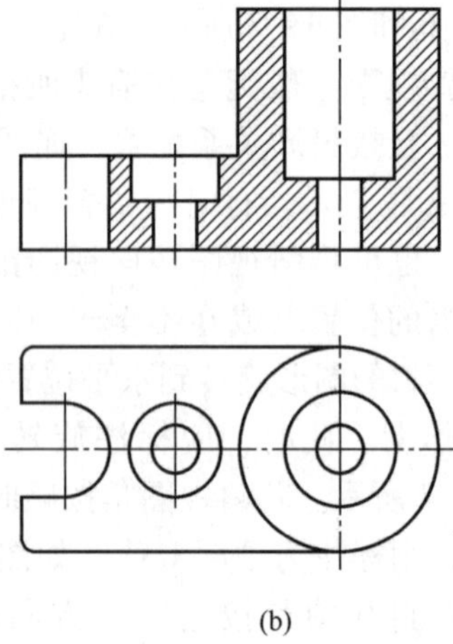

(b)

图 4－8　剖视图的形成

（2）剖面符号

在剖视图中，被剖切面剖切到的部分，称为剖面。为了在剖视图上区分剖面和其他表面，应在剖面上画出剖面符号（也称剖面线）。机件的材料不相同，采用的剖面符号也不相同。各种材料的剖面符号，见表 4－1。

表 4－1　　各种材料的剖面符号（GB/T 4457.4—2002）

材料	剖面符号	材料	剖面符号
金属材料（已有规定剖面符号者除外）		木质胶合板（不分层数）	
非金属材料（已有规定剖面符号者除外）		基础周围的泥土	
转子、电枢、变压器和电抗器等的叠钢片		混凝土	
线圈绕组元件		钢筋混凝土	
型砂、填砂、粉末冶金、砂轮、陶瓷刀片、硬质合金刀片等		砖	
玻璃及供观察用的其他透明材料		格网 筛网、过滤网等	
木材　纵剖面		液　　体	
木材　横剖面			

同一机件的零件图中，剖视图、剖面图的剖面符号，应画成间隔相等、方向相同且为与水平方向成45°（向左、向右倾斜均可）的细实线。

（3）画剖视图应注意的问题

①画剖视图时，剖切机件是假想的，并不是把机件真正切掉一部分。因此，当机件的某一视图画成剖视图后，其他视图仍应按完整的机件画出，不应出现图4－9（a）俯视图只画出一半的错误。

②剖切平面应通过机件上的对称平面或孔、槽的中心线并应平行于某一基本投影面。

③剖切平面后方的可见轮廓线应全部画出，不能遗漏。图4－9中主视图上漏画了后一半可见轮廓线。同样，剖切平面前方已被切去部分的可见轮廓线也不应画出，图4－9中主视图多画了已剖去部分的轮廓线。

④剖视图上一般不画不可见部分的轮廓线。当需要在剖视图上表达这些结构，又能减少视图数量时，允许画出必要的虚线，如图4－10所示。

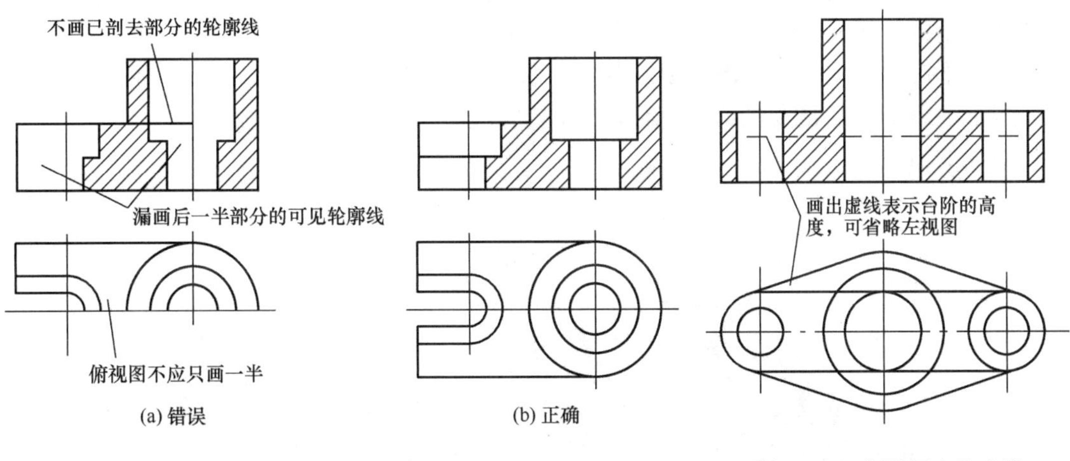

图4－9　剖视图画法　　　　图4－10　剖视图中的虚线

（4）剖视图的标注

为了便于看图，在画剖视图时，应将剖切位置、剖切后的投影方向和剖视图的名称标注在相应的视图上。

①剖切位置：用粗实线（粗短画）表示剖切面的起迄和转折位置。

②投影方向：在表示剖切平面起讫的粗短画外侧画出与其垂直的箭头，表示剖切后的投影方向。

③剖视图名称：在表示剖切平面起讫和转折位置的粗短画外侧写上相同的大写英文字母“×”，并在相应的剖视图上方正中位置用同样的字母标注出剖视图的名称“×－×”，字母一律按水平位置书写，字头朝上。在同一张图纸上，同时有几个剖视图时，其名称应顺序编写，不得重复。

4.2.2　剖视图的种类

根据机件内部结构表达的需要以及剖切范围大小，剖视图可分为全剖视图、半剖视图和局部剖视图。

（1）全剖视图

用剖切平面（一个或几个）完全地剖开机件所得的剖视图，称为全剖视图。当不对称的机件的外形比较简单，或外形已在其他视图上表达清楚，内部结构形状复杂时，常采用全剖视图表达机件的内部的结构形状。

①单一剖切平面：用一个剖切平面剖开机件的方法，称为单一剖切。用单一剖切平面（平行于基本投影面）的进行剖切，是画剖视图最常用的一种方法。

当采用单一剖切平面剖切机件画全剖视图时，视图之间投影关系明确，没有任何图形隔开时，可以省略标注，如图 4－11 所示。

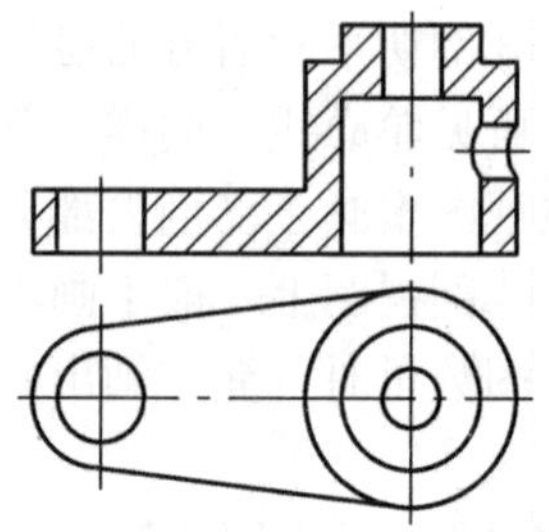

图 4－11　剖视图省略标注

②单一斜剖切平面：用一个不平行于任何基本投影面的剖切平面剖切机件的方法，称为斜剖。常用来表达机件上倾斜部分的内部形状结构，如图 4－12 所示。

画这种斜剖视图时，一般应按投影关系将剖视图配置在箭头所指的一侧的对应位置。在不致引起误解的情况下，允许将图形旋转。旋转后的图形要在其上方标注旋转符号（画法同斜视图）。斜剖视图必须标注剖切位置符号和表示投影方向的箭头。

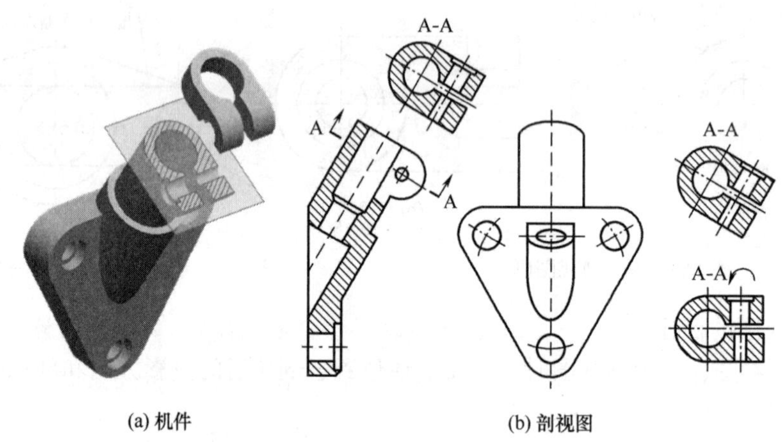

(a) 机件　　(b) 剖视图

图 4－12　斜剖视图的形成

③几个平行的剖切平面：用两个平行的剖切平面剖开机件的方法，称为阶梯剖，如图 4－13 所示。阶梯剖视用于表达用单一剖切平面不能表达的机件。

用阶梯剖的方法画剖视图时，由于剖切是假想的，应将几个相互平行的剖切面当作一个剖切平面，但在视图中标注转折的剖切位置符号时必须相互垂直。表示剖切位置起讫、转折处的剖切符号和字母必须标注。当视图之间投影关系明确，没有任何图形隔开时，可以省略标注箭头。阶梯剖视图中常见的错误画法及标注如图 4－14 所示。

④几个相交的剖切平面：用两个相交的剖切平面（交线垂直与某一投影面）剖开机件的方法，称为旋转剖。如图 4－15 所示。当用单一剖切平面不能完全表达机件内部结构时，可采用旋转剖。

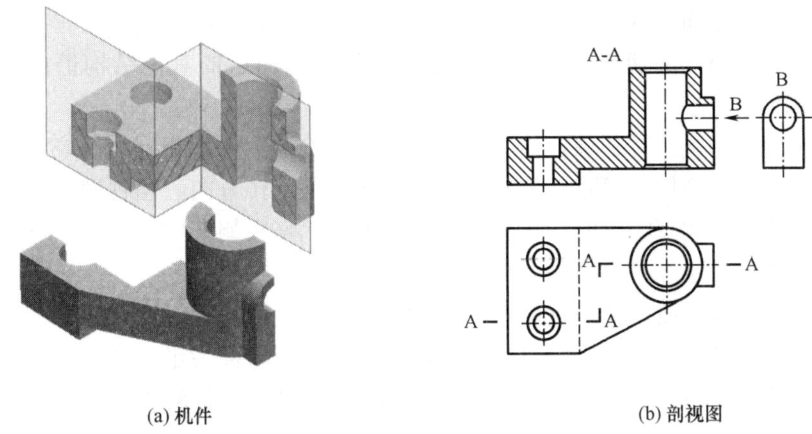

图 4－13　阶梯剖视图的形成及标注

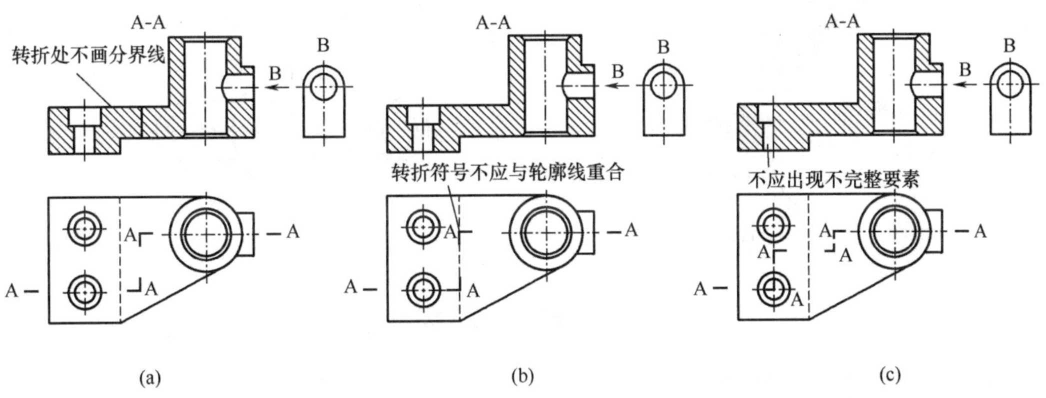

图 4－14　阶梯剖视图中常见的错误画法及标注

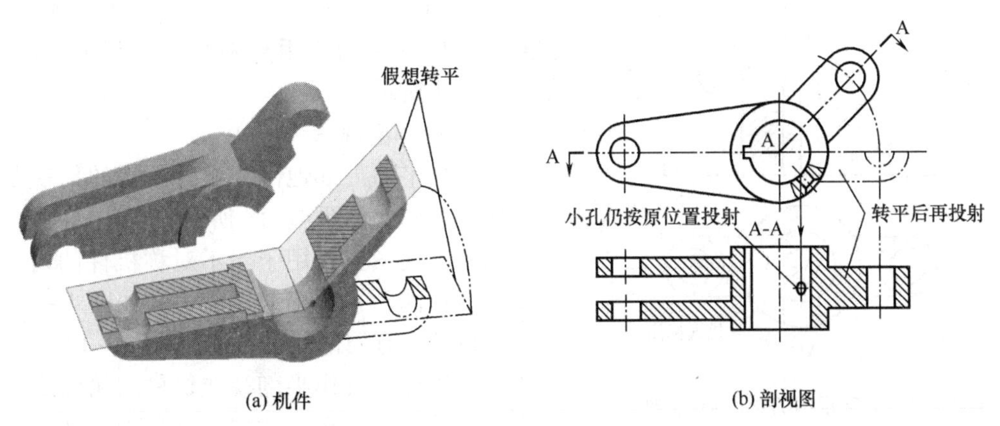

图 4－15　旋转剖视图的形成及标注

用旋转剖的方法画剖视图时，两相交的剖切平面的交线应与机件上的回转轴线重合并同时垂直与某一投影面。画图时应先剖切后旋转，将倾斜结构旋转到与某一投影面平行的位置再投射，以反映被剖切内部结构的实形，在剖切平面后的其他结构仍按原来位置投射，如图 4 – 15 中的小孔。

采用旋转剖画剖视图时必须标注，其标注方法与阶梯剖局部相同。但应注意标注中的箭头所指的方向是与剖切平面垂直的投射方向，而不是旋转方向。当视图之间没有图形隔开时可以省略箭头。注写字母时一律按水平位置书写，字头朝上。

（2）半剖视图

当机件具有对称平面，向垂直于机件的对称平面的投影面上投射所得的图形，以对称线为界，一半画成剖视图，一半画成视图，这种组合的图形称为半剖视图，如图 4 – 16 所示。半剖视图适应于内外形状都需要表达的对称机件或基本对称的机件。

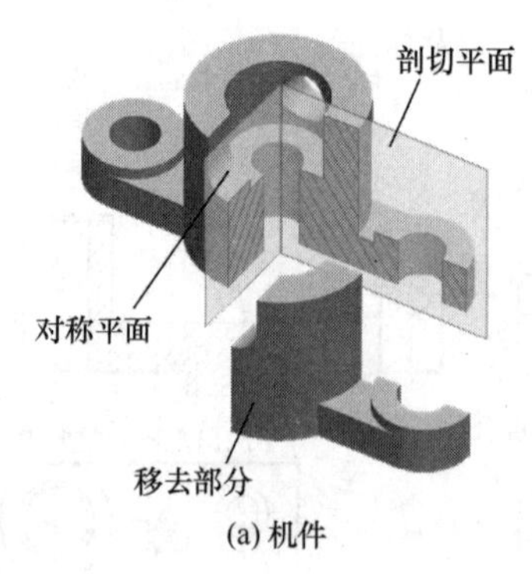

(a) 机件

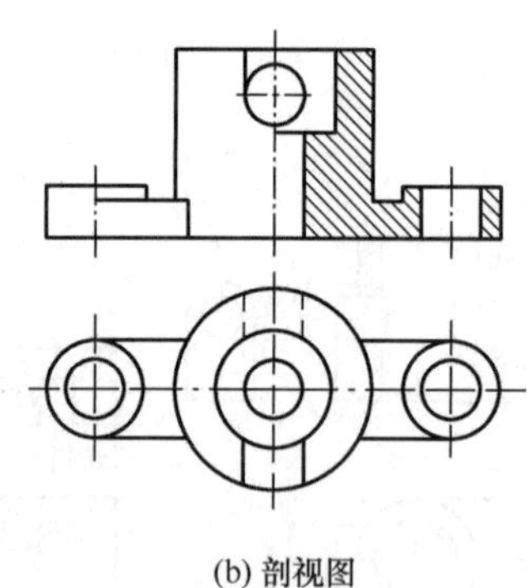
(b) 剖视图

图 4 – 16　半剖视图的形成及标注

画半剖视图时应注意的问题：

①半个视图与半个剖视图的分界线应以对称中心的细点画线为界，不能画成其他图线，更不能理解为机件被两个相互垂直的剖切面共同剖切将其画成粗实线。

②采用半剖视图后，不剖的一半不画虚线，但对孔、槽等结构要用点画线画出其中心位置，如图 4 – 17 所示。

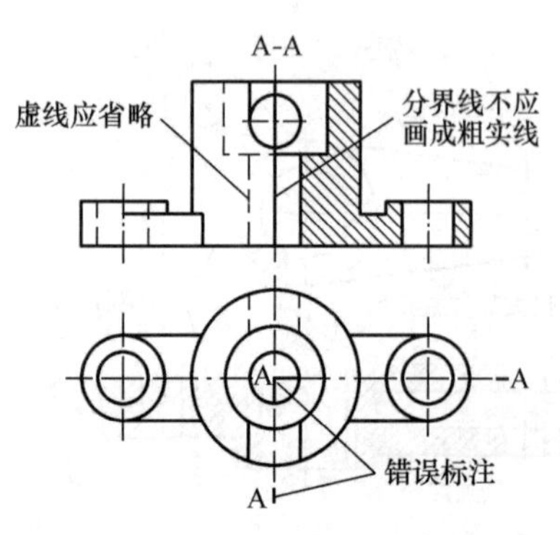

图 4 – 17　半剖视图的错误画法与标注

（3）局部剖视图

用剖切平面局部地剖开机件所得的剖视图称为局部剖视图，如图 4 – 18 所示。

局部剖视图主要用于当不对称机件的内、外形状均需在同一视图上兼顾表达，如图 4 – 19 所示。当机件只有局部需要剖切［图 4 – 19（a）］，或当对称机件不宜作半剖视或机件的轮廓线与对称中心线重合，无法以对称中心线为界画成半剖视图时［图 4 – 20（b）、（c）、（d）］可采用局部剖视图。当实心机件上有孔、凹坑和键槽等局部结构时，也常用局部剖视图表达，如图

4 －21所示。

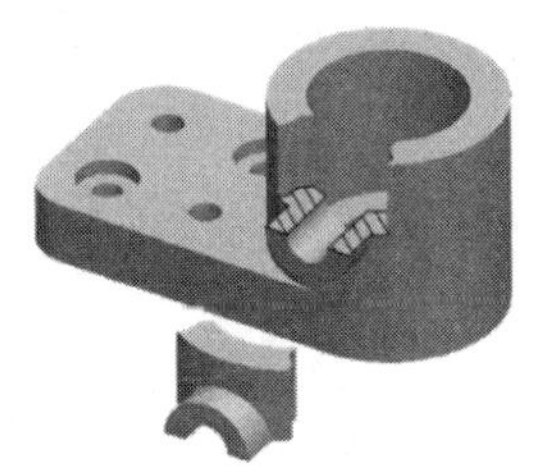

图 4 －18　局部剖视剖切过程

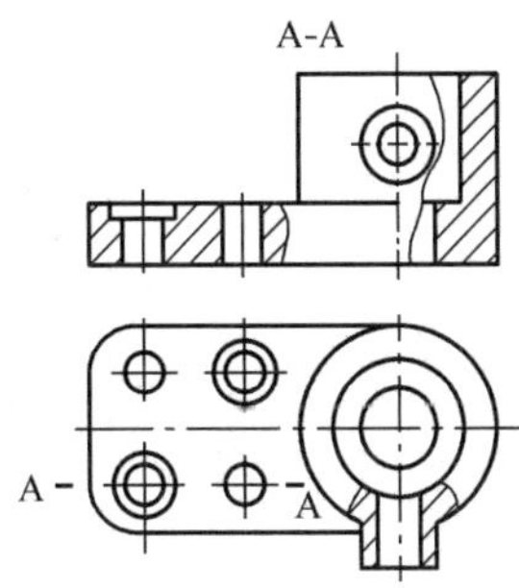

图 4 －19　局部剖视图（一）

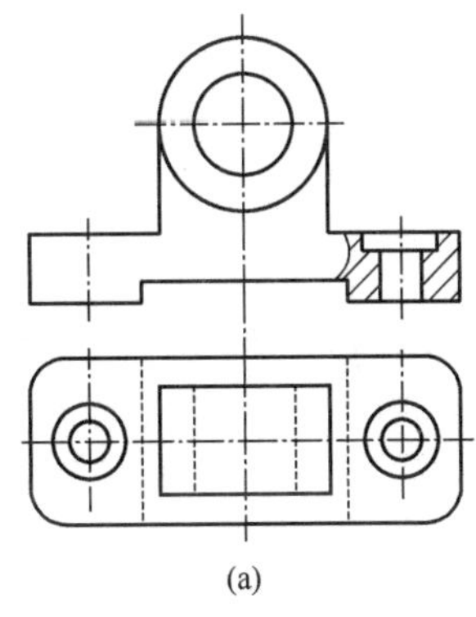

(a)

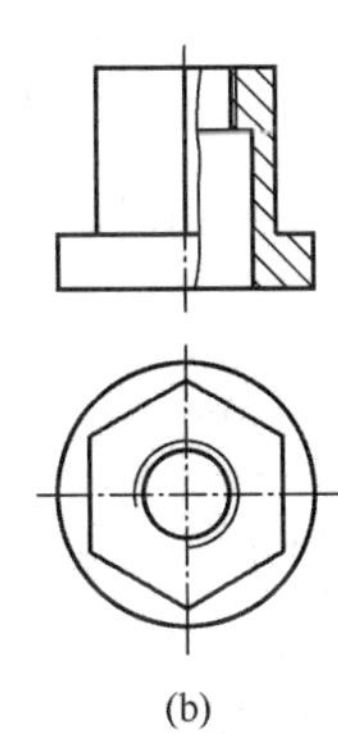

(b)

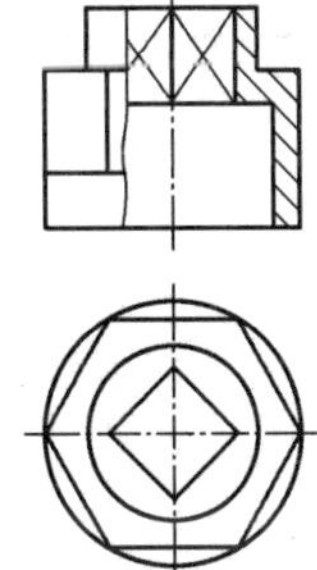

(c)

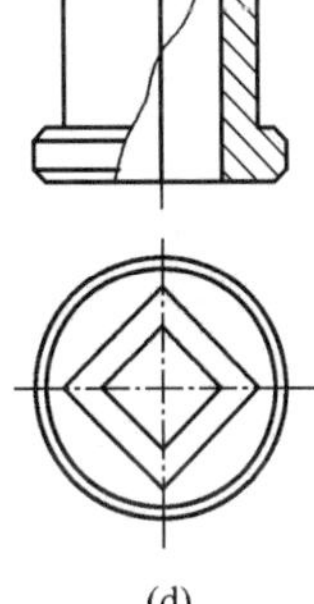

(d)

图 4 －20　局部剖视图（二）

在一个视图上，局部剖的次数不宜过多，否则会使机件显得支离破碎，影响图形的清晰性和形体的完整性。

画局部剖视图应注意的问题：

①局部剖视图中，视图与剖视图部分之间应以波浪线为分界线，画波浪线时：a. 不应超出视图的轮廓线；b. 不应与轮廓线重合或在其轮廓线的延长线上；c. 不应穿空而过。如图 4 －22 所示。

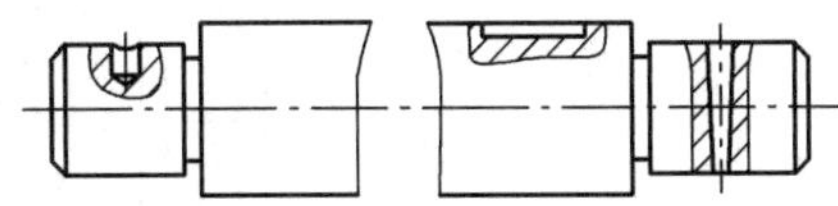
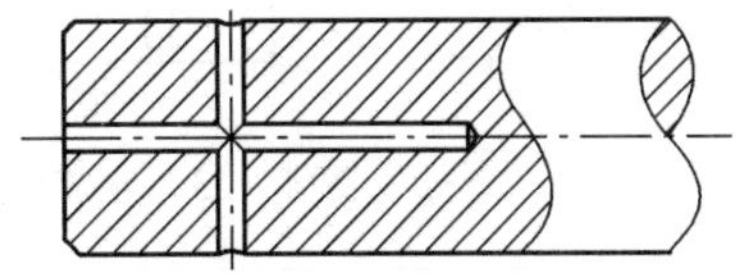

图 4 －21　局部剖视图（三）

②必要时，允许在剖视图中再作一次简单的局部剖视，但应注意用波浪线分开，剖面线同方向、同间隔错开画出，如图 4 －23 中的“B－B”所示。

当单一剖切平面的位置明显时，局部剖视图可省略标注。但当剖切位置不明显或局部剖视图未按投影关系配置时，则必须加以标注。

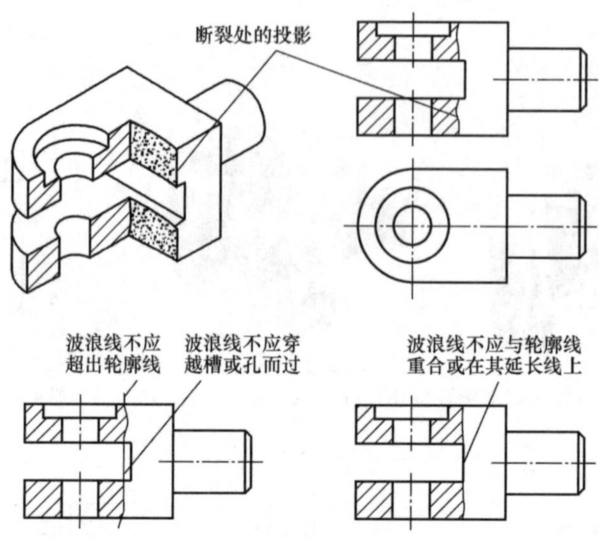

图 4－22　局部剖视图中波浪线的画法

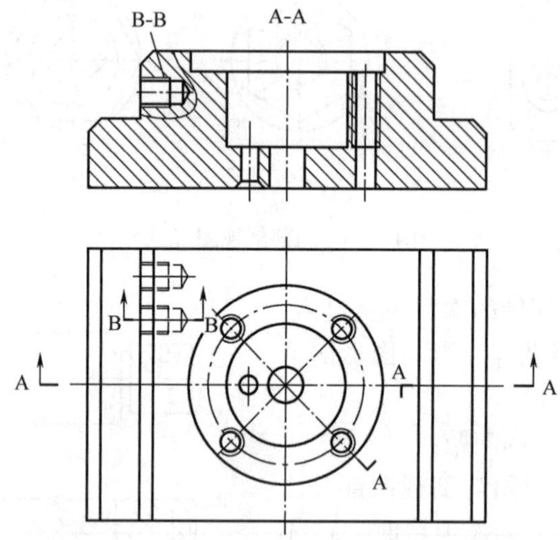

图 4－23　在旋转剖视图中再作一次局部剖视

4.3　断面图

4.3.1　断面图的概念

假想用剖切平面将机件的某处切断，仅画出该剖切面与机件接触部分的图形，这种图形称为断面图（简称断面），如图 4－24 所示。

断面与剖视的主要区别是：断面仅画出机件与剖切平面接触部分的图形；而剖视则除

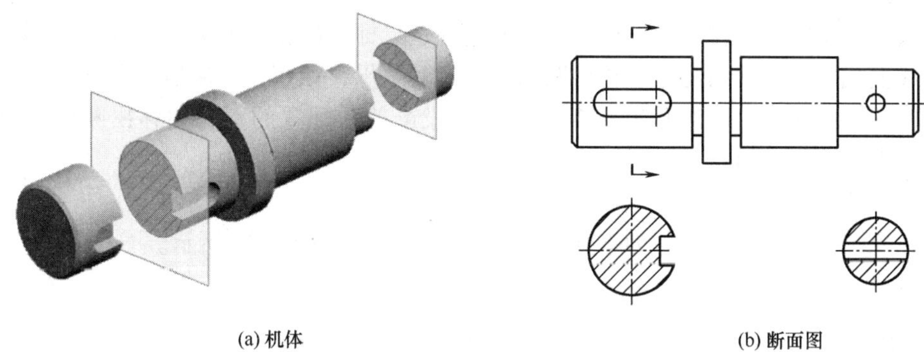

(a) 机体　　(b) 断面图

图 4-24　断面图的概念

需要画出剖切平面与机件接触部分的图形外，还要画出其后的所有可见部分的图形。

断面常用来表示机件上某一局部结构的断面形状，如机件上的肋板、轮辐、键槽、小孔、杆件和型材的断面等。

4.3.2　断面图的种类

断面图分为移出断面和重合断面两种。

（1）移出断面

画在视图之外的断面，称为移出断面，如图 4-25 所示。

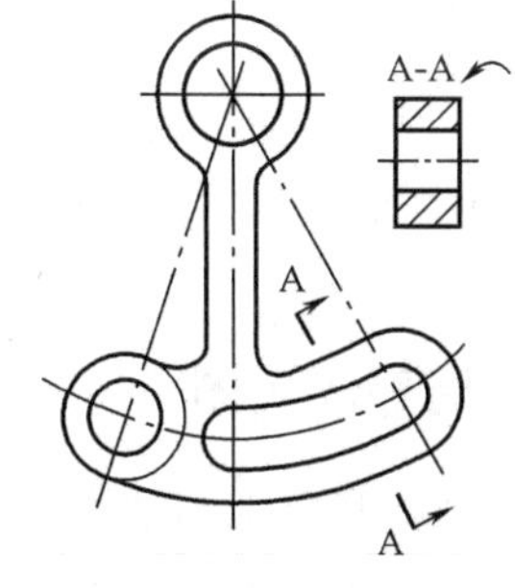

图 4-25　移出断面图的画法和标注

①移出断面的轮廓用粗实线绘制，并在断面画上剖面符号。当剖切平面通过由回转面形成的凹坑、孔等轴线或非回转面的孔、槽时，有可能导致出现完全分离的两个断面，则这些结构应按剖视绘制，如图 4-25 所示。

②移出断面应尽量配置在剖切符号的延长线上，如图 4-24 所示。必要时也可画在其他适当位置，如图 4-25 中的“A-A”。

③由两个（或多个）相交的剖切平面剖切得到的移出剖面图，可以画在一起，但中间必须用波浪线隔开，如图 4-26 所示。

④当移出断面对称时，可将断面图画在视图的中断处，如图 4-27 所示。

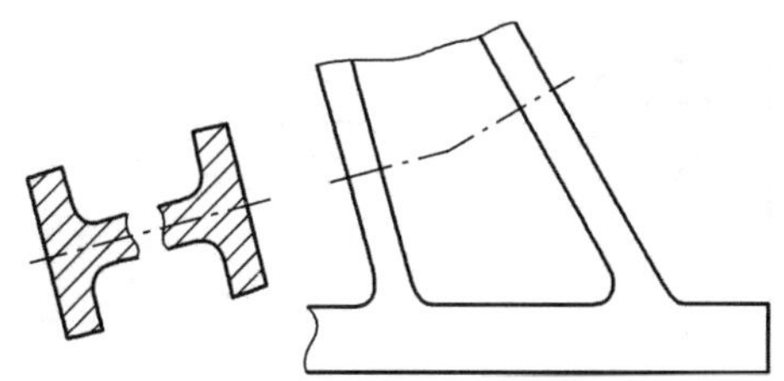

图 4-26　断开的移出断面图

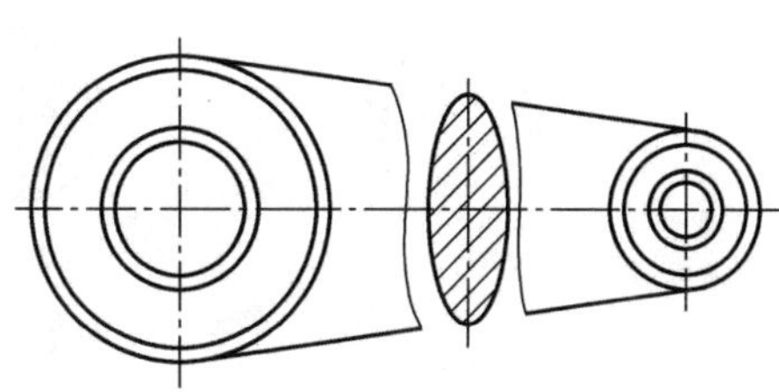

图 4-27　配置在视图中断处的移出断面图

⑤移出断面的标注：移出断面一般应用剖切符号表示剖切位置，用箭头表示投射方向并注上大写英文字母，在断面图上方，用相同的字母标注出相应的名称。配置在剖切符号的延长线上或按投影关系配置的移出断面，可省略字母，如图 4－24 所示断面。不配置在剖切符号的延长线上的不对称移出断面或不按投影关系配置的不对称移出断面，必须标注，如图 4－25 所示的“A－A”。

（2）重合断面

画在视图之内的断面，称为重合断面，如图 4－28、图 4－29 所示。

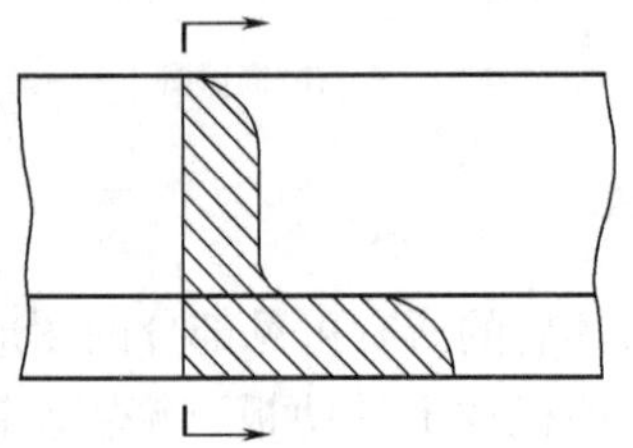

图 4－28　不对称的重合断面图

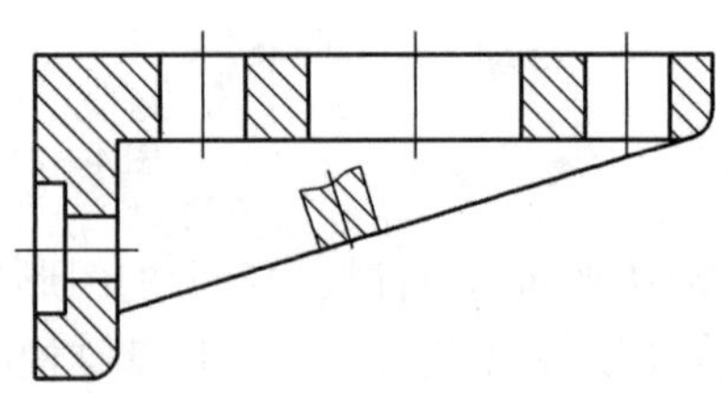

图 4－29　对称的重合断面图

①重合断面的画法：重合断面的轮廓线用细实线绘制。当重合断面轮廓线与视图中的轮廓线重合时，视图的轮廓线仍应连续画出，不可间断，如图 4－25 所示。

②重合断面的标注：不对称的移出断面，要标出剖切符号和表示投射方向的箭头，其余可不标注。

4.4　局部放大图和简化画法

4.4.1　局部放大图

当机件上某些细小结构，在视图中不易表达清楚和不便标注尺寸时，可将这些结构用大于原图形所采用的比例画出，这种图形称为局部放大图，如图 4－30 所示。

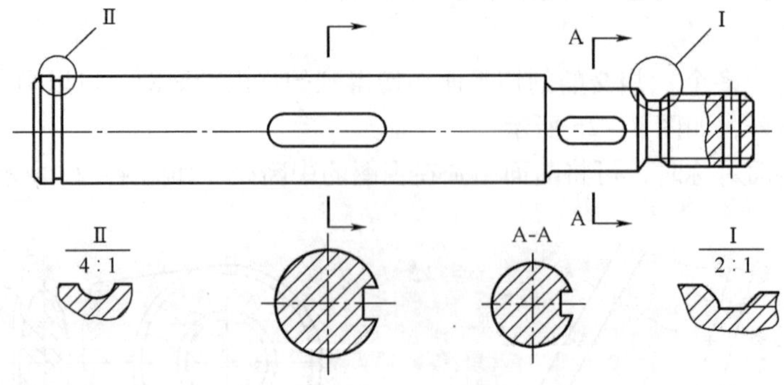

图 4－30　局部放大图

局部放大图可画成视图、剖视图或断面图，它与被放大部分所采用的表达形式无关。

局部放大图应尽量配置在被放大部位的附近。

局部放大图必须进行标注，一般应用细实线圈出被放大的部位。当同一机件上有几处被放大的部分时，必须用罗马数字依次标明被放大的部位，并在局部放大图的上方标注出相应的罗马数字和所采用的比例（系指放大图中机件要素的线性尺寸与实际机件相应要素的线性尺寸之比，与原图形所采用的比例无关）。

4.4.2　简化画法

①对于机件上的肋、轮辐及薄壁等，当剖切平面沿纵向剖切时，这些结构上不画剖面符号，而用粗实线将它与其邻接部分分开。当剖切平面按横向剖切时，这些结构仍需画上剖面符号，如图 4－31 所示。

②当需要表达形状为回转体的机件上有均匀分布的肋、轮辐、孔等结构不处于剖切平面上时，可将这些结构假想旋转到剖切平面上画出，且不需加任何标注，如图 4－32 所示。

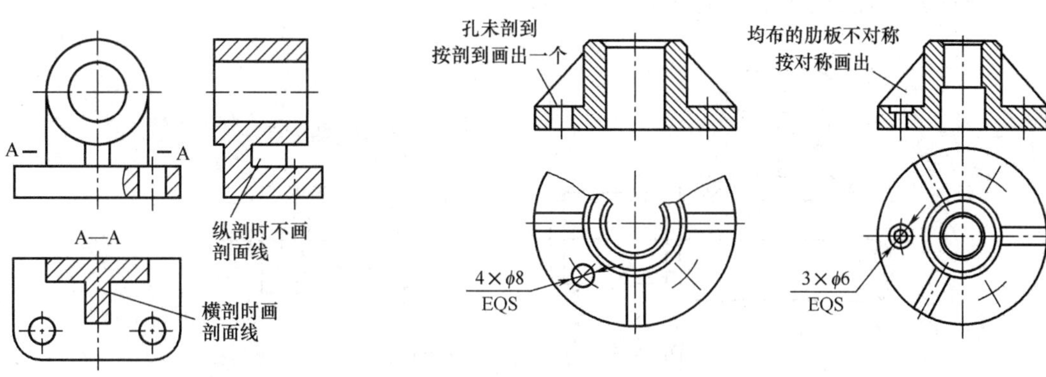

图 4－31　肋板的剖切画法　　　　图 4－32　回转体上均匀结构的简化画法

③当机件上具有若干相同结构（齿或槽等），只需要画出几个完整的结构，其余用细实线连接，但必须在图上注明该结构的总数，如图 4－33（a）所示。当机件上具有若干直径相同且成规律分布的孔，可以仅画出一个或几个，其余用细点画线或“＋”表示其中心位置，如图 4－33（b）所示。

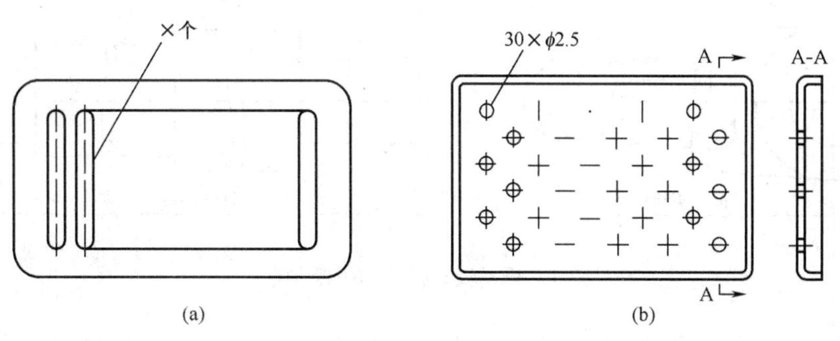

图 4－33　相同结构的简化画法

④在不致引起误解时，对称机件的视图可只画一半或1/4，并在图形对称中心线的两端分别画两条与其垂直的平行细实线（细短画），如图4-34（a）所示。也可画出略大于一半并波浪线为界线的圆，如图4-34（b）所示。

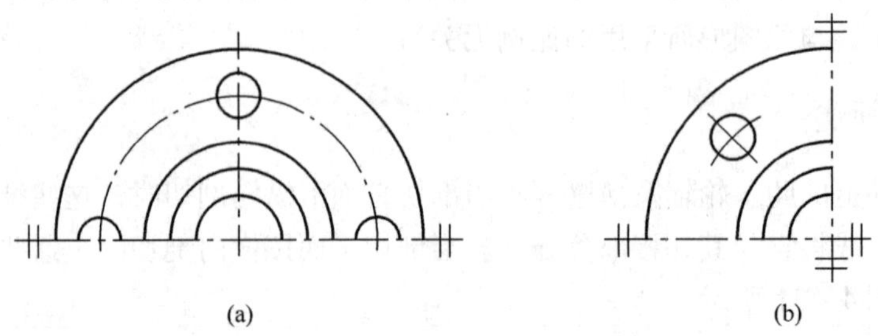

图4-34　对称结构的简化画法

⑤机件上较小结构所产生的交线（截交线、相贯线），如在一个视图中已表达清楚时，可在其他图形中简化或省略，如图4-35所示。

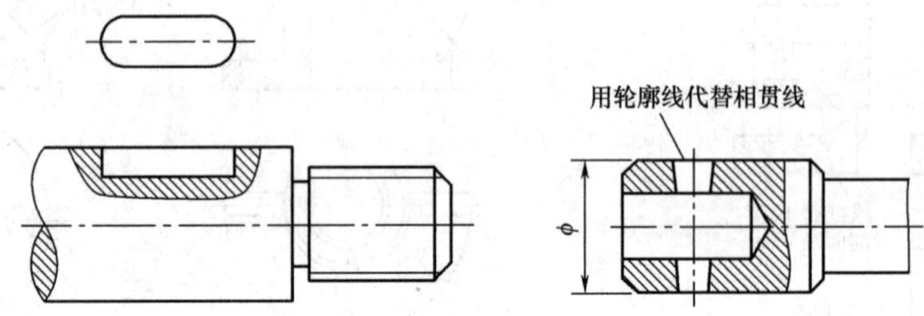

图4-35　相贯线的简化画法

⑥为了避免增加视图、剖视、断面图，可用细实线绘出对角线表示平面，如图4-36所示。

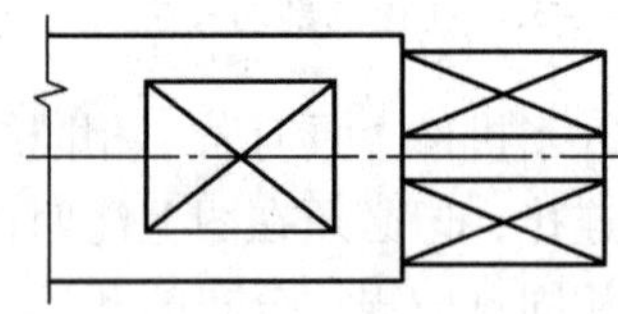
图4-36　用对角线表示平面

⑦较长的机件（轴、型材、连杆等）沿长度方向形状一致，或按一定规律变化时，可断开后绘制，如图4-37所示。

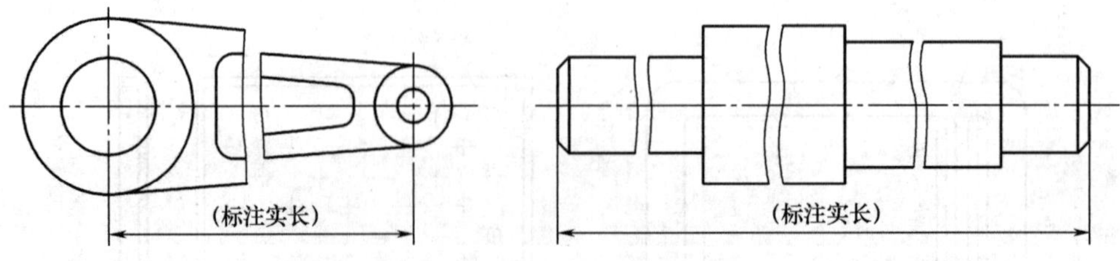

图4-37　较长机件的折断画法

⑧特别小的圆角、倒角在零件图均可不画，但必须注明尺寸，或在技术要求中加以说明，如图4-38所示。

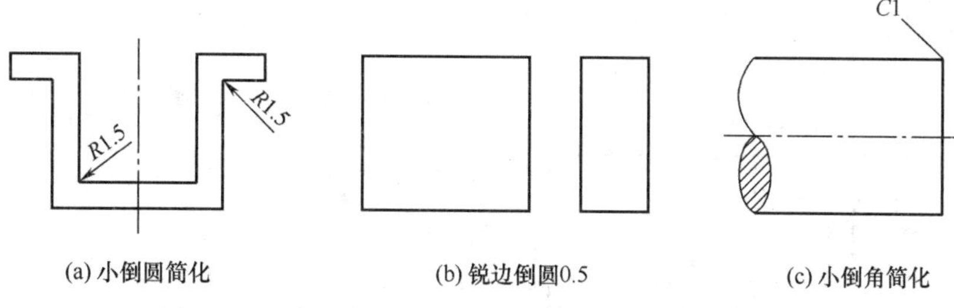

(a) 小倒圆简化　　(b) 锐边倒圆0.5　　(c) 小倒角简化

图 4－38　小圆角、小倒圆、小倒角的简化画法和标注

思考题与习题

1. 判断正误。

①斜视图一般不标注。(　　)

②剖切面和剖视图的名称用相同字母表示。(　　)

③物体取剖视后，若物体不可见部分的结构已清楚表达，则该部分在图形上的虚线可以不画。(　　)

④在半剖视图中，视图和剖视图的分界线是粗实线。(　　)

⑤在局部剖视图中，视图与剖视图的分界线是一般是波浪线。(　　)

⑥重合断面的轮廓线用粗实线绘制。(　　)

2. 填空。

①基本视图在同一张图纸内，如按规定位置配置，__________（要，不需）标注视图名称。

②采用旋转剖画剖视图时，当剖切后产生不完整要素时，应将此部分以__________（剖，不剖）绘制。

③绘制断面图时，当剖切平面通过回转面形成的孔或凹坑的轴线时，按__________绘制。

④当剖切平面通过物体的助或薄壁等结构的厚度对称平面（纵向剖切）时，这些结构__________（画，不画）剖面符号。

3. 将下列机件主视图取全剖视图，左视图取半剖视图。

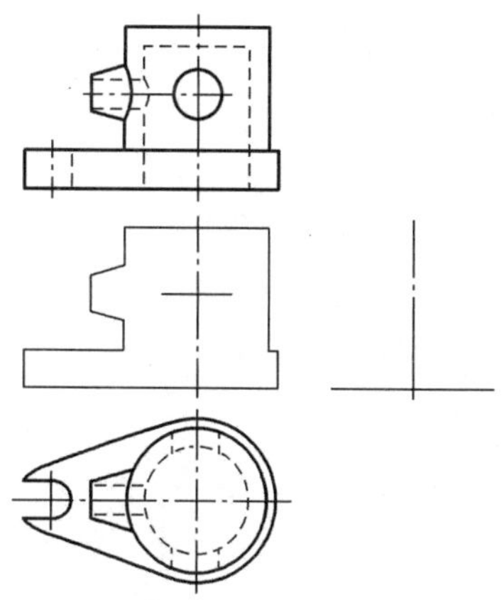

4. 在轴的小孔及键槽处，画移出断面图。

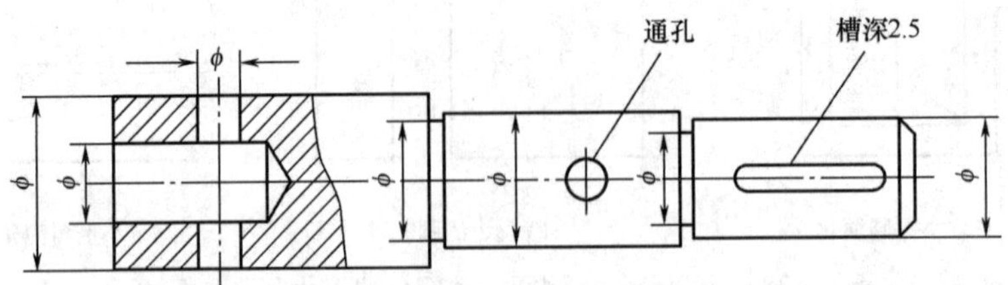

第 5 章　零件图

5.1　零件图的内容

5.1.1　零件图与机器或部件的关系

任何机器或部件都是由多个零件按一定的装配关系和技术要求装配而成的，零件是构成机器的最小单元。表达单个零件的图样叫零件图，除标准件外，其余零件一般均应绘制零件图。零件图是用来表示零件结构形状、大小及技术要求的图样，是直接指导制造和检验零件的重要技术文件。

图 5－1 所示为球阀。它是管道系统中控制流量和启闭的部件，共由 13 种零件组成。当球阀的阀芯轴线与阀体的水平轴线对齐时，阀门全部开启，管道畅通；转动扳手带动阀杆和阀芯转动 90°，则阀门全部关闭，管道断流。

制造这个球阀时，必须要有除了标准件以外的所有零件的零件图，如图 5－2 所示即为其中的阀盖零件的零件图。

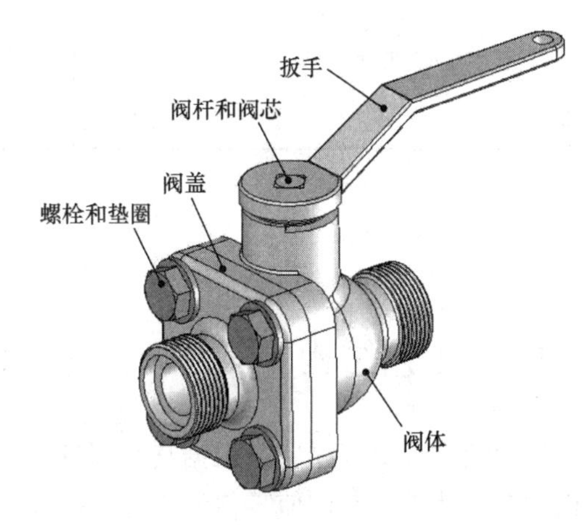

图 5－1　球阀

5.1.2　零件图的内容

零件图是制造和检验零件的重要技术文件，以阀盖零件图（图 5－2）为例，一张完整的零件图应包括下列基本内容：

①一组图形。用视图、剖视、断面及其他规定画法来正确、完整、清晰地表达零件的各部分形状和结构。

②标注尺寸。正确、完整、清晰、合理地标注零件的全部尺寸。

③技术要求。用符号或文字来说明零件在制造、检验等过程中应达到的一些技术要求，如表面粗糙度、尺寸公差、形状和位置公差、热处理要求等。技术要求的文字一般注写在标题栏上方图纸空白处。

④标题栏。标题栏位于图纸的右下角，应填写零件的名称、材料、数量、图的比例以及设计、描图、审核人的签字、日期等各项内容。

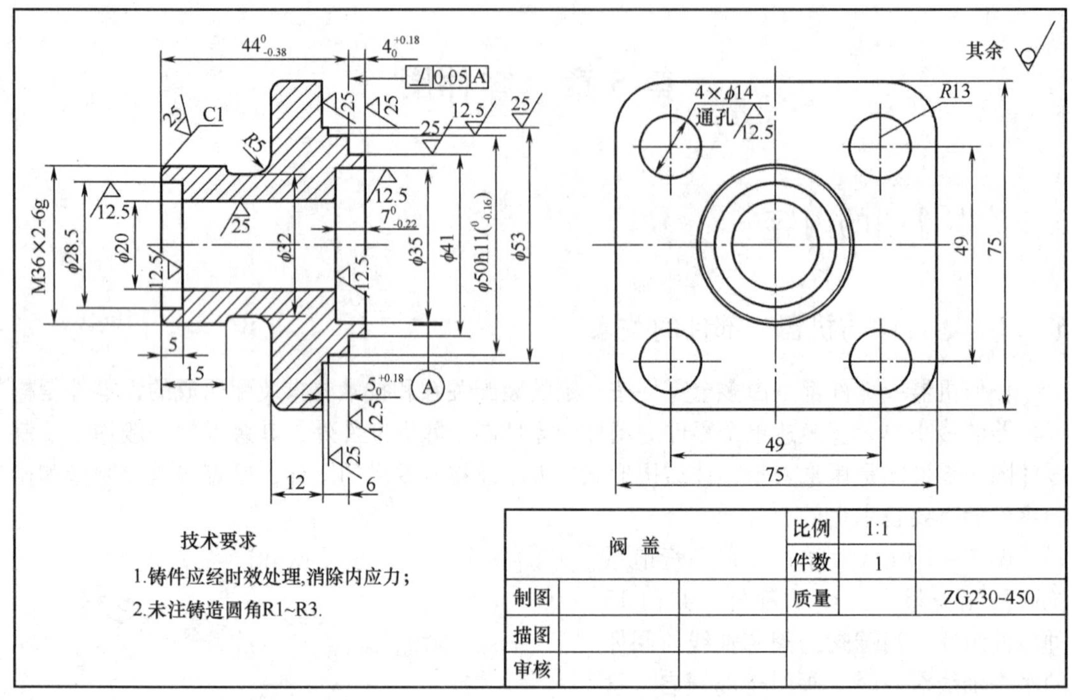

图 5-2　阀盖零件图

5.2　零件工艺结构

零件的结构形状，主要是根据它在部件或机器中的作用决定的。但是制造工艺对零件的结构也有某些要求，应使零件的结构既能满足使用要求，又要方便制造。因此，为了正确绘制图样，必须对一些常见的零件工艺结构有所了解，下面介绍它们的基本知识和表示方法。

5.2.1　铸造工艺对铸件结构的要求

（1）拔模斜度

用铸造方法制造零件的毛坯时，为了便于将模样（木模或金属模）从砂型中取出，一般沿模样拔起的方向做成约 1:20 的斜度，叫做拔模斜度。因而铸件上也有相应的斜度，如图 5-3（a）所示。这种斜度在图上可以不标注，也可不画出，如图 5-3（b）所示。必要时，可在技术要求中注明。通常，拔模方向尺寸在 25~500mm 的铸件，其拔模斜度为 1:(20~10)（3°~6°），拔模斜度的大小也可从相关机械设计手册中查得。

（2）铸造圆角

在铸件毛坯各表面的相交处，都有铸造圆角（图 5-4）。这样既便于起模，又能防止在浇铸时铁水将砂型转角处冲坏，还可避免铸件在冷却时产生裂纹或缩孔。铸造圆角半径

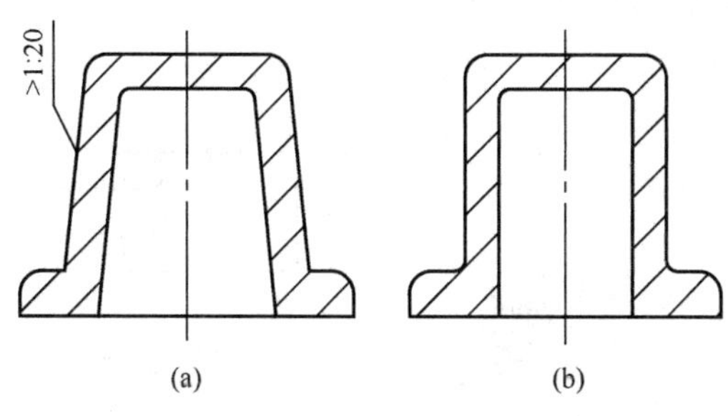

图5-3　拔模斜度

在图上一般不注出，而写在技术要求中。铸造圆角半径一般取3～5mm，或取壁厚的0.2～0.4倍，也可从相关机械手册中查得。

图5-4所示的铸件毛坯底面（作安装面）常需经切削加工，这时铸造圆角被削平。

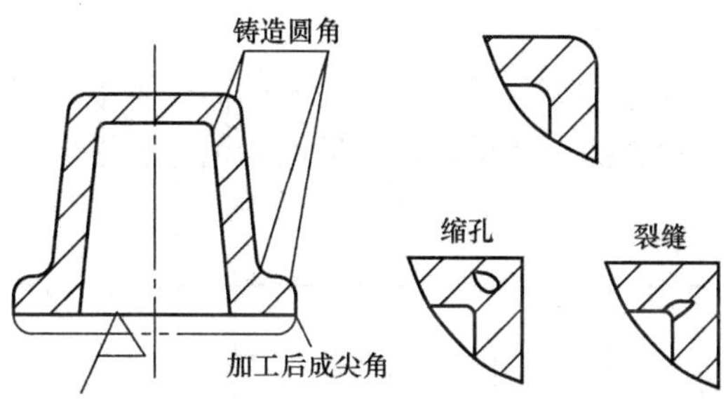

图5-4　铸造圆角

（3）过渡线

铸件表面由于圆角的存在，使铸件表面的交线变得不很明显，如图5-5所示，这种不明显的交线称为过渡线。过渡线要采用细实线，过渡线的画法与交线画法基本相同，只是过渡线的两端与圆角轮廓线之间应留有空隙。

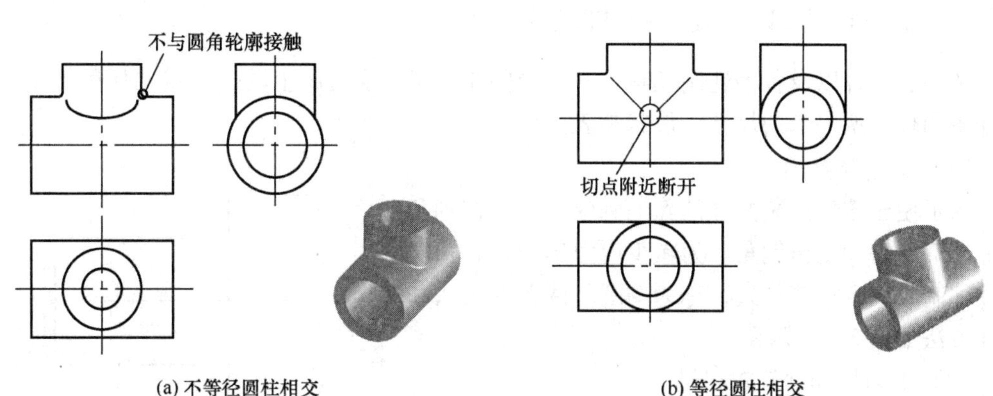

图5-5　过渡线及其画法

图 5－6 是常见的几种过渡线的画法。

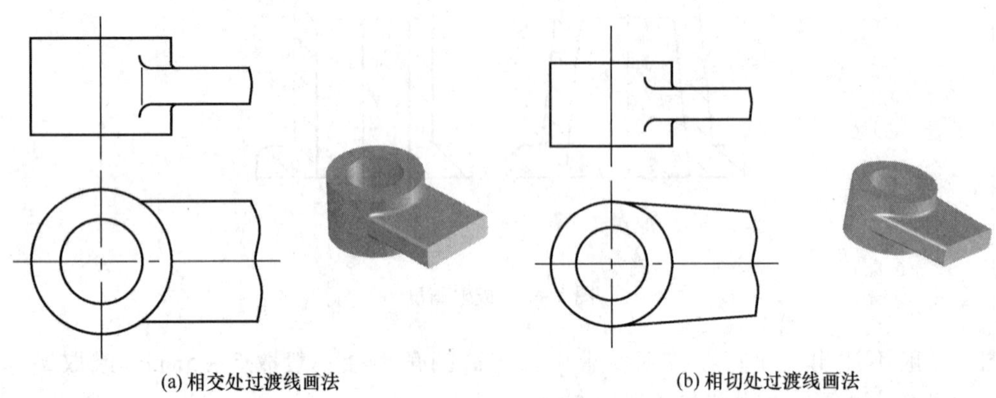

(a) 相交处过渡线画法　　(b) 相切处过渡线画法

图 5－6　常见的几种过渡线

（4）铸件壁厚

在浇铸零件时，为了避免各部分因冷却速度不同而产生缩孔或裂纹，铸件的壁厚应保持大致均匀，或采用渐变的方法，并尽量保持壁厚均匀，如图 5－7 所示。

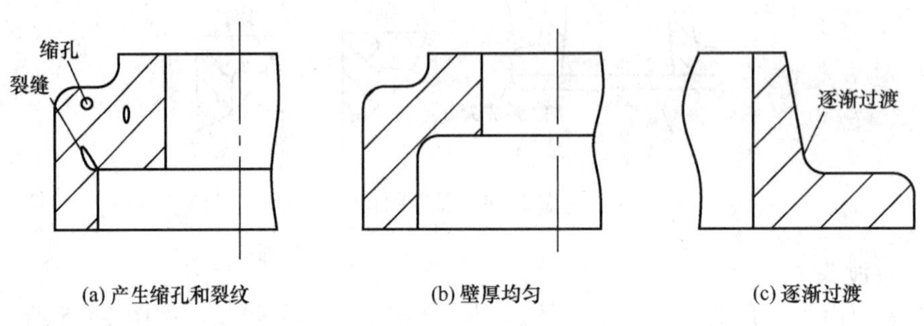

(a) 产生缩孔和裂纹　　(b) 壁厚均匀　　(c) 逐渐过渡

图 5－7　铸件壁厚的变化

5.2.2　金属切削加工工艺对零件结构的要求

铸件、锻件以及各种轧制坯料，一般均要在金属切削机床上通过一定的切削加工，才能获得图样上所要求的尺寸、形状和表面质量。

（1）倒角与倒圆

为了便于零件的装配并消除毛刺或锐边，在轴和孔的端部通常加工出倒角。为减少应力集中，有轴肩处往往制成圆角过渡形式，称为倒圆。两者的画法和标注方法如图 5－8 所示。

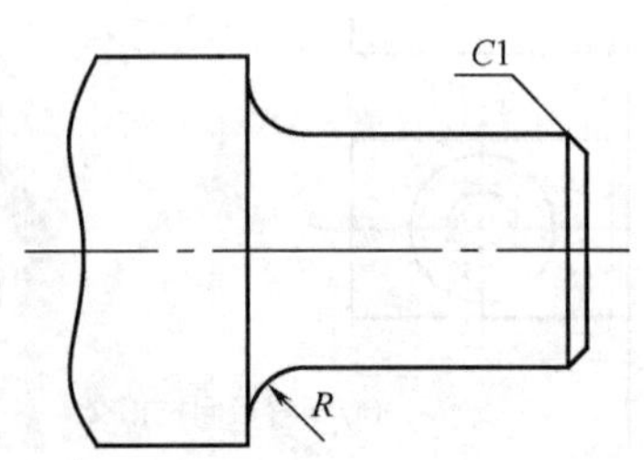

图 5－8　倒角与倒圆

（2）退刀槽和砂轮越程槽

在切削加工，特别是在车螺纹和磨削时，为便于退出刀具或使砂轮可稍微越过加工面，常在待加工面的末端先车出退刀槽或砂轮越程槽，如图 5 - 9 所示。

(a) 退刀槽　　(b) 砂轮越程槽

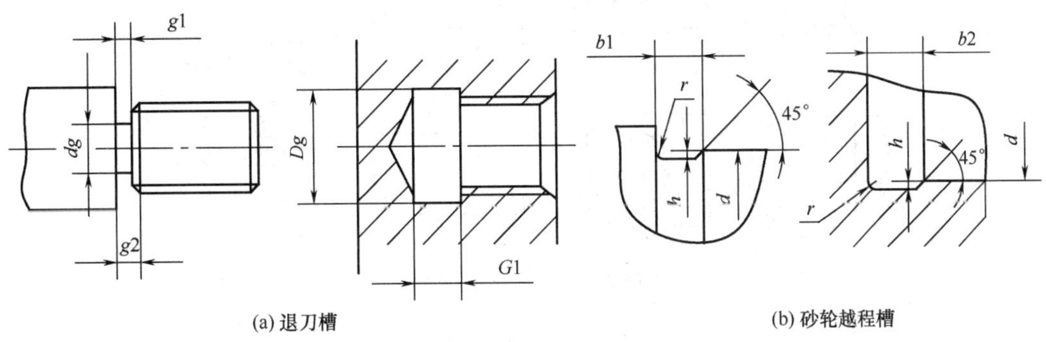

图 5 - 9　退刀槽与砂轮越程槽

（3）钻孔结构

用钻头钻出的盲孔，底部有一个 120°的锥顶角。圆柱部分的深度称为钻孔深度，如图 5 - 10（a）所示。在阶梯形钻孔中，有锥顶角为 120°的圆锥台，如图 5 - 10（b）所示。

用钻头钻孔时，要求钻头轴线尽量垂直于被钻孔的端面，并且不应有半悬空孔，否则不易钻入，使孔的位置不易钻准，甚至折断钻头。另外还应留足钻孔的空间位置，便于钻孔。图 5 - 11 表示三种钻孔端面的正确结构。

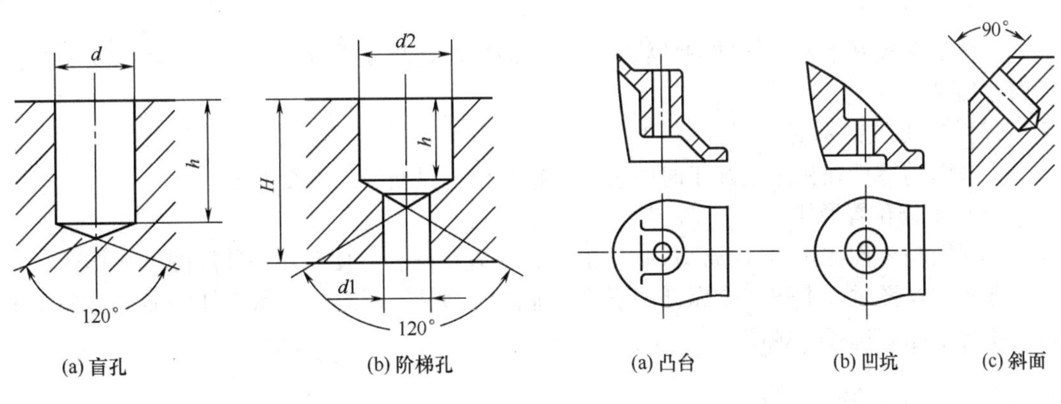

(a) 盲孔　　(b) 阶梯孔

图 5 - 10　钻孔结构（一）

(a) 凸台　　(b) 凹坑　　(c) 斜面

图 5 - 11　钻孔结构（二）

（4）凸台和凹坑

零件上与其他零件的接触面，一般都要进行加工。为了减少加工面积、降低材料成本并保证零件表面之间有良好的接触，常在铸件上设计出凸台和凹坑。图 5 - 12（a）、（b）表示螺栓连接的支承面做成凸台和凹坑形式，图 5 - 12（c）、（d）表示为减少加工面积而做成凹槽和凹腔结构。

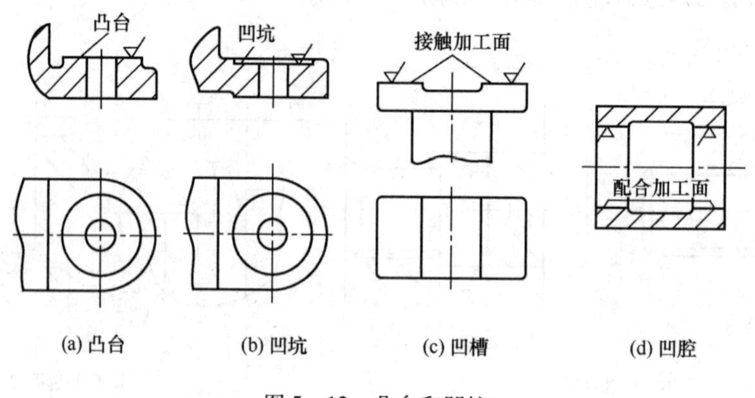

图 5－12　凸台和凹坑

5.3　零件图的视图选择

零件图的视图选择，是指选用适当的视图、剖视、断面等表达方法，将零件的结构形状完整、清晰地表达出来。选择视图的总原则是：在便于看图的前提下，力求画图简便。要达到这个要求首先必须选好主视图，然后选配其他视图。

5.3.1　主视图的选择

（1）形状特征原则

主视图应较好地反映零件的形状特征，即能较好地将零件各功能部分的形状及相对位置表达出来。

（2）加工位置原则

主视图与零件在机床上加工时的装夹位置一致，以便于工人看图加工。

（3）工作位置原则

主视图与零件在机器（或部件）中的工作位置一致，以便于对照装配图进行作业。

选择主视图时，上述三个原则并不是总能同时满足，还需要根据零件的类型等情况来确定按哪个原则选择主视图。

5.3.2　其他视图的选择

为了表达清楚该零件的每个组成部分的形状和它们的相对位置，除了主视图外，一般还需要其他视图。选择其他视图时，要考虑需要哪些视图（包括断面），还要考虑到用尺寸注法可以表达形状。

5.3.3　典型零件的视图选择

零件结构多种多样，按结构特征大体上可分为轴套类、盘盖类、叉架类、箱体类等四类，如图 5－13 所示。

（1）轴、套类零件

这类零件主要有轴、套筒等。其主要结构为回转体，长径比较大。这类零件的主要加

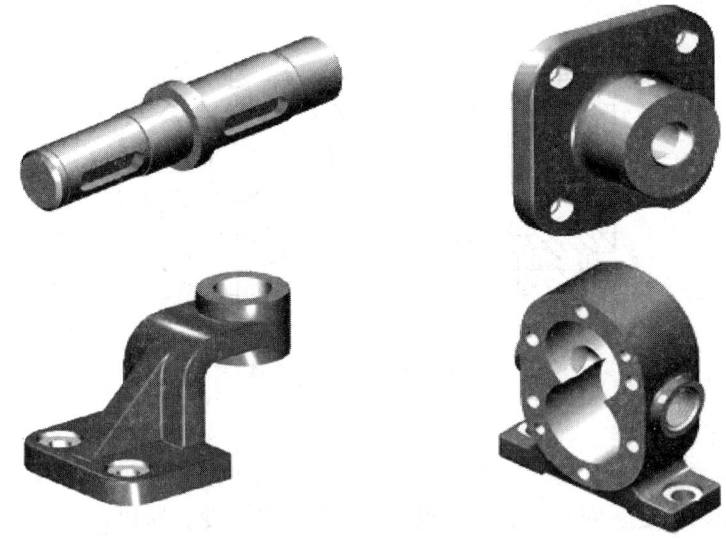

图 5－13　常见典型零件

工过程是在卧式车床上完成的。

轴套类零件主视图应按加工位置原则选择，即画图时将轴线水平放置，表达方法一般采用主视图附加适当的断面图、局部剖视或局部视图等，如图 5－14 所示。

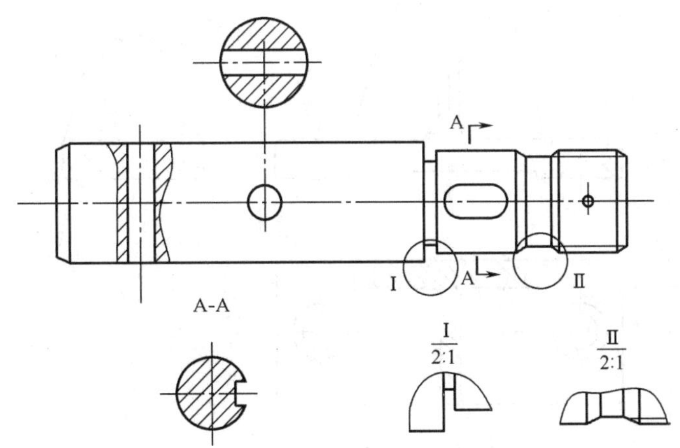

图 5－14　泵轴的视图选择

（2）盘、盖类零件

盘、盖类零件主要有齿轮、带轮、法兰盘及端盖等。其主要结构是回转体，长径比较小，形状特征是扁平的盘状。这类零件的主要加工过程是在卧式车床上完成，因此其主视图采用加工位置原则，轴线水平放置。通常需用两个基本视图进行表达，如图 5－15 所示。主视图常取剖视，以表达零件的内部结构，另一基本视图主要表达其外轮廓以及零件上各种孔的分布。

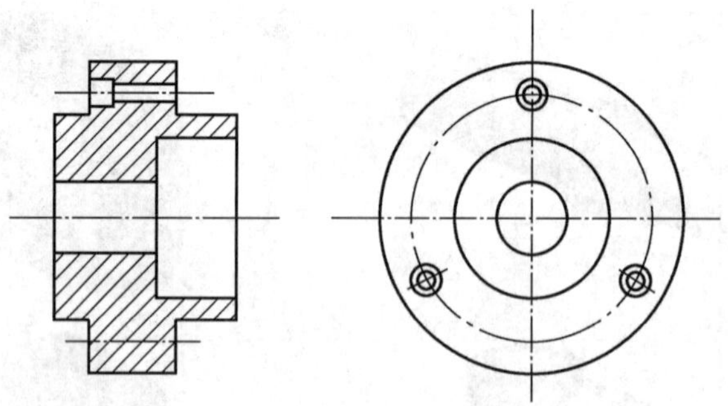

图 5 – 15　法兰盘的视图选择

(3) 叉架类零件

叉架类零件主要包括支架、连杆、拨叉等，在机器中主要用于支撑或夹持零件，其结构形状随工件需要而定，因此一般很不规则，加工位置多变，所以，主要依据其工作位置选择主视图，用局部视图或斜视图表达倾斜部分的形状，用局部剖、断面表达内部结构和肋板断面的形状和结构，如图 5 – 16 所示。

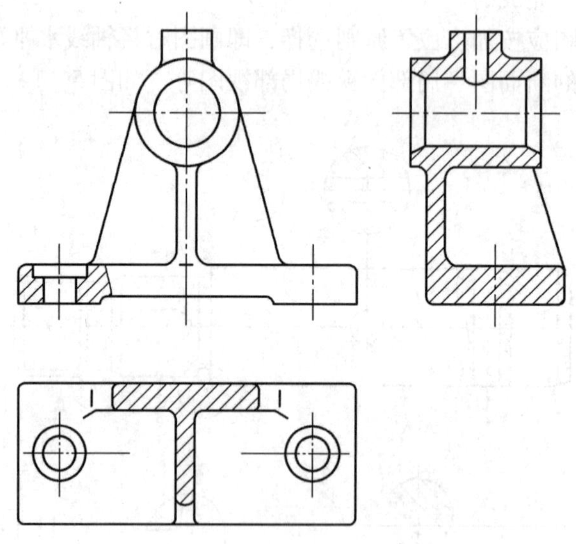

图 5 – 16　轴承座的视图选择

(4) 箱体类零件

箱体类零件主要包括箱体、泵体、阀体、机座等，通常起着支承、容纳机器运动部件的作用。因箱体内部具有空腔、孔等结构，形状一般较为复杂，选择其主视图时主要遵循工作位置原则，表达方法一般需要三个基本视图，并配以剖视，断面等方法才能完整、清晰地表达它们的结构。

5.4　零件图的尺寸标注

零件图尺寸标注的基本要求是正确、完整、清晰、合理。所谓合理标注尺寸，就要：

①满足设计要求，以保证机器的质量。

②满足工艺要求，以便于加工制造和检测。

合理标注尺寸，要考虑下面几个因素。

5.4.1　合理选择尺寸基准

尺寸基准是指零件的设计、制造和测量时，确定尺寸位置的几何元素，也可以理解为标注尺寸的起点。零件的长度、宽度、高度三个方向至少各要有一个尺寸基准，当同一方向有几个基准时，其中之一为主要基准，其余为辅助基准，要合理标注尺寸，必须正确选择尺寸基准。基准有设计基谁和工艺基准两种，从设计基准出发标注尺寸，能保证设计要求；从工艺基准出发标注尺寸，则便于加工和测量。

主要基准常采用零件上的对称面、较大的加工面、重要端面、轴肩、对称中心线、轴线等，如图5－17所示。

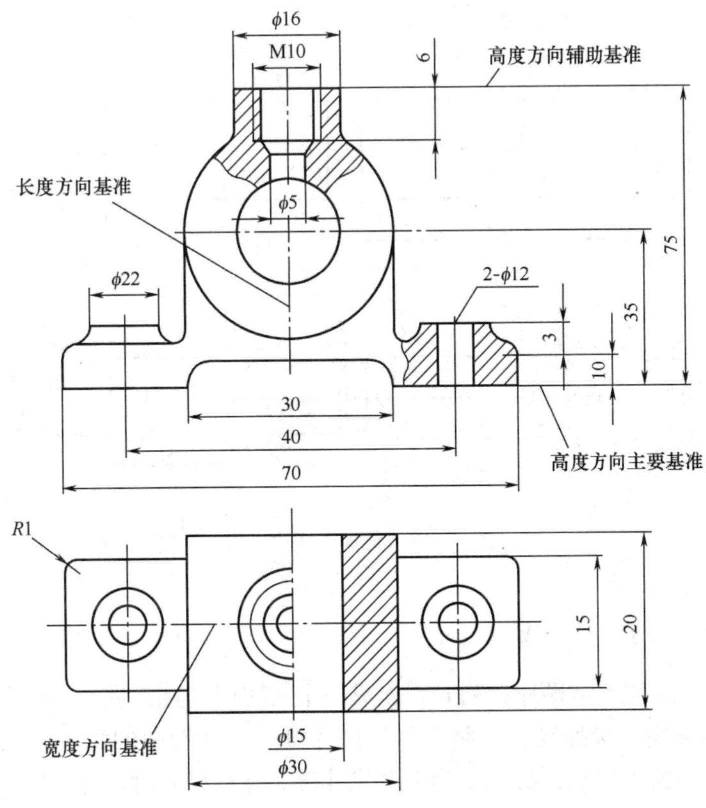

图5－17　尺寸基准选择

5.4.2 重要的尺寸应直接标注

重要尺寸是指零件上对机器（或部件）的使用性能和装配质量有直接影响的尺寸，如零件间的配合尺寸、重要的安装和定位尺寸等，这些尺寸必须在图样上直接注出，如图5－17所示的轴承座，轴承孔的中心高35，以及底板两安装孔的间距40必须直接标出，而不能间接地通过其他尺寸计算得到，以免造成尺寸误差的积累。

5.4.3 与加工顺序一致

标注零件尺寸时，应尽可能与加工顺序一致，以方便加工时看图和测量，如图5－18所示的轴，在车床上加工的第一步：下料，需要总长128及最粗段尺寸$\phi45$；第二步：车右端$\phi32$段圆柱面并车倒角$C2$，需要此段长度23；第三步：工件调头，车$\phi40$圆柱面，长度74；第四步：继续车$\phi30$圆柱面并车倒角$C2$，因$\phi40$圆柱面是重要配合面，其长度51要保证，直接注出。

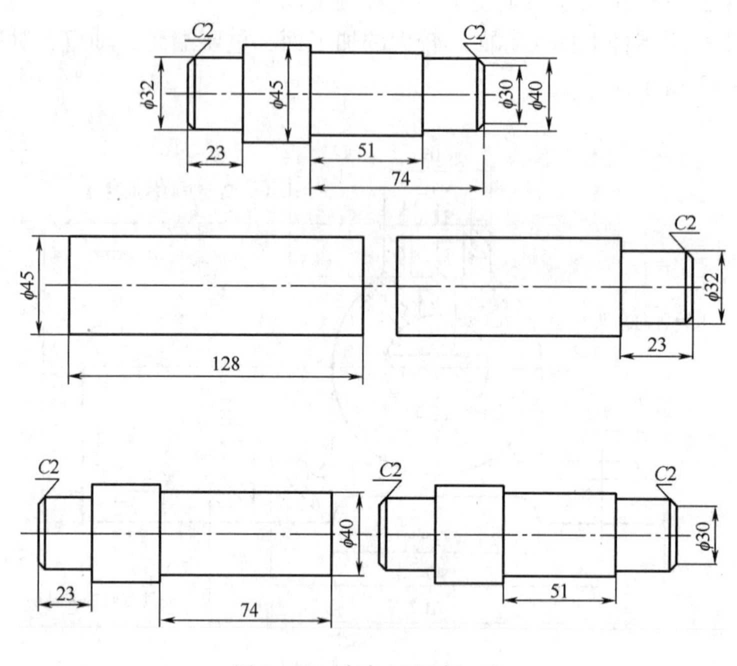

图5－18 与加工顺序一致

5.4.4 避免出现封闭尺寸链

同一方向上的一组尺寸顺序排列时，连成一个封闭回（环）路，其中每一个尺寸，均受到其余尺寸的影响，这种尺寸回路，称为尺寸链。尺寸链中的每一个尺寸均称为一个环。如图5－19中的L_1、L_2、L_3、L_4为一个尺寸链。标注尺寸时，每个尺寸链中均应有一环不注尺寸，此环称为终结环或尾环。因此，设计时通常将某一个最不重要的尺寸（如L_1）空出不注，形成开链。但有时为了设计、加工、检测或装配时提供参考，也可经计算后把尾环的尺寸加上括号标出（称为参考尺寸）。

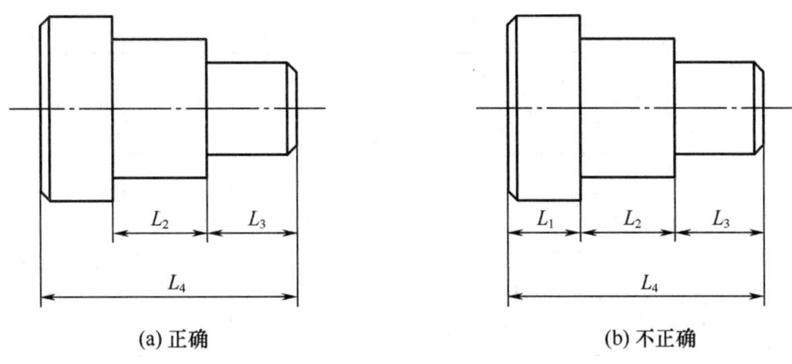

图 5－19　避免出现封闭尺寸链

5.4.5　尺寸标注要便于测量

标注零件尺寸时，在满足设计要求的前提下，要便于测量和检验，如图 5－20 所示。图（a）方便测量，而图（b）中的 23 很不好测量。

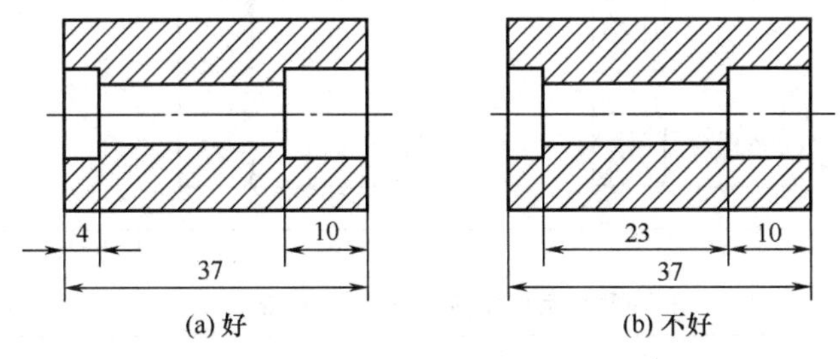

图 5－20　尺寸标注便于测量

5.4.6　零件常见结构的尺寸注法

工程中常见零件典型结构的尺寸标注法见表 5－1。

表 5－1　　**常见零件典型结构的尺寸标注法（一）**

结构名称	尺　寸　注　法	说明
倒角	C2　C2　30°　C2　C2　30°　3	一般 45°倒角按“c 宽度”注出。30°或 60°倒角，应分别注出宽度和角度

续表

结构名称	尺寸注法	说明
退刀槽	2×ϕ8　　2×1	一般按“槽宽×槽深”或“槽宽×直径”注出
正方形平面结构	□10　　10×10　　□8　　8×8	表示端面为正方形小平面尺寸时，可在正方形边长尺寸数字前加注符号“□”，或用8×8代替□8

表5－2　　常见零件典型结构的尺寸标注法（二）

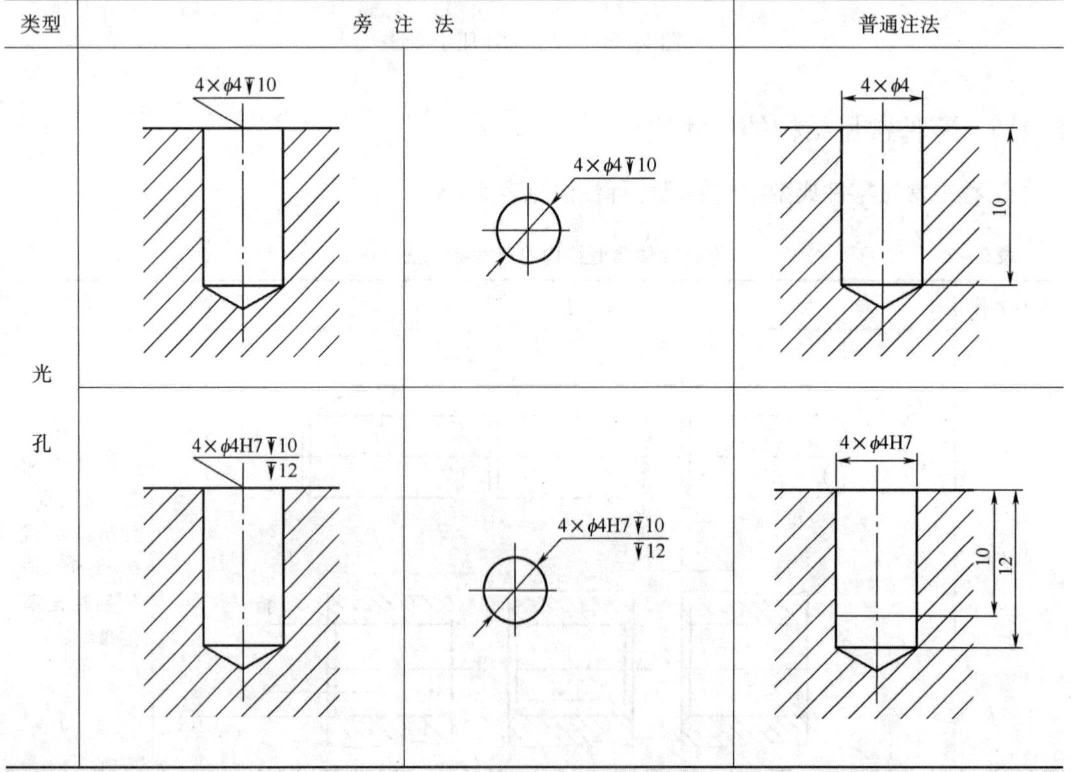

续表

类型
旁　注　法
普通注法
螺纹孔
3×M6-7H
3×M6-H7
3×M6-7H
3×M6-7H↧10
↧12
3×M6-H7↧10
3×M6-H7
10
12
沉孔
6×ϕ7
⌵ϕ13×90°
6×ϕ7
⌵ϕ13×90°
90°
ϕ13
6×ϕ7
6×ϕ6.4
⌴ϕ12↧4.5
6×ϕ6.4
⌴ϕ12↧4.5
ϕ12
4.5
6×ϕ6.4
3×ϕ10
⌴ϕ20
3×ϕ10
⌴ϕ20
ϕ20
3×ϕ10

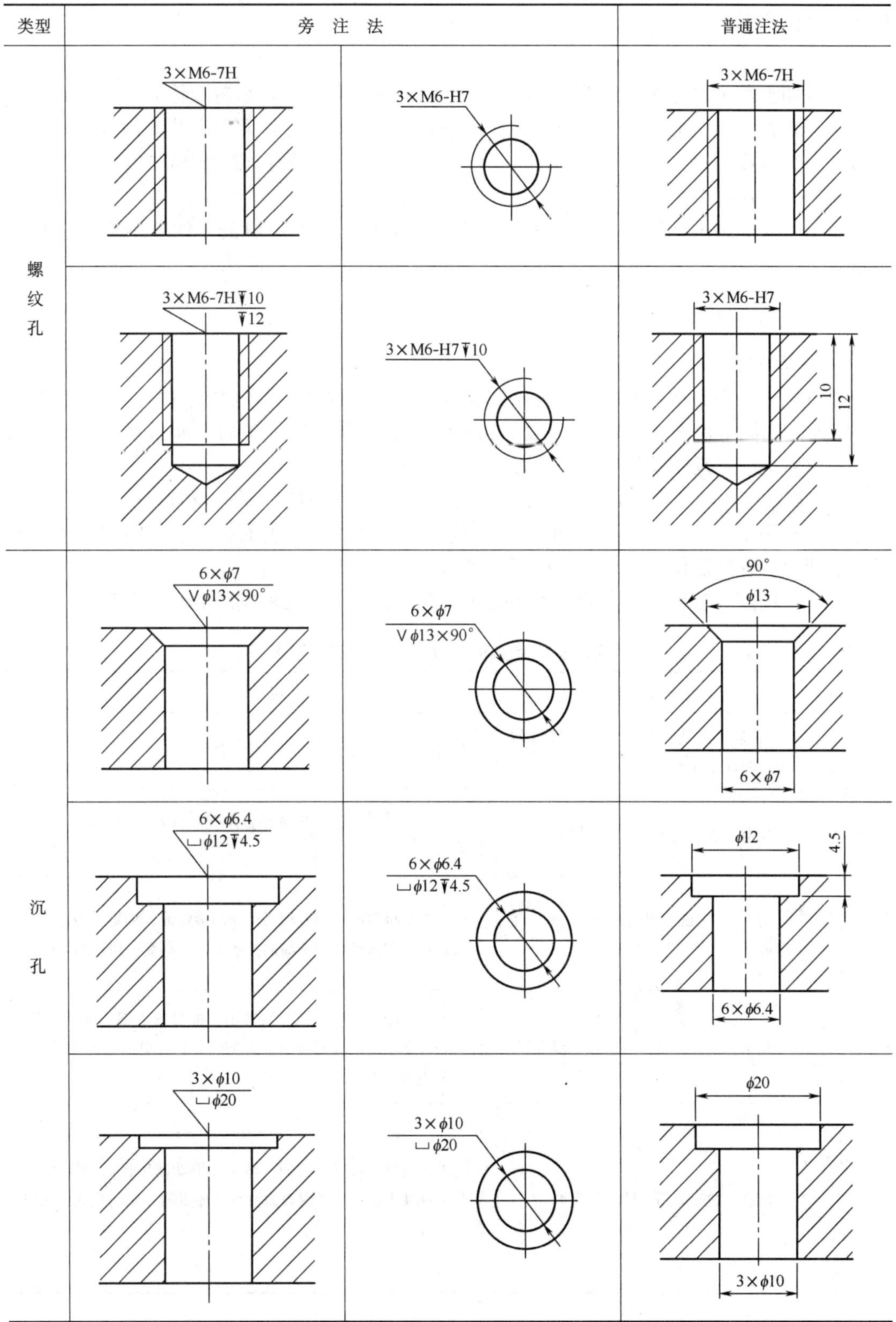

5.5 技术要求

零件图上除了要标注出零件的形状尺寸外，还应注明零件在制造和检验时应达到的技术要求，包括表面粗糙度、公差与配合、形位公差及热处理等。其中有些是国标规定的标注方法，如表面粗糙度、公差与配合、形位公差，有些则没有标准的标注方法，需要在“技术要求”中用文字说明。

本节主要介绍国标规定的关于表面结构、极限与配合及形位公差的基本概念和标注方法。

5.5.1 表面结构

（1）基本概念

零件加工后表面结构可以用三种轮廓参数描述：粗糙度轮廓（R 轮廓）、波纹度轮廓（W 轮廓）和原始轮廓（P 轮廓）。表面粗糙度轮廓反映零件加工后表面微观凹凸不平的几何形状特征，是反映零件表面质量好坏的标志之一。

GB/T 3505—2009 中规定了表面轮廓的定义、术语和参数，评定表面粗糙度的主要参数是轮廓算术平均偏差 R_a 及轮廓的最大高度 R_z。R 值越小，表面越光滑，但加工成本也越高。所以，在满足使用要求的前提下，尽量选用较大的 R 值。

表面粗糙度的各种高度参数，不同表面粗糙度的加工方法和应用举例见表 5－3。

表 5－3　　不同表面粗糙度 R_a 的加工方法和应用举例

R_a/μm	主要加工方法	应用举例
50	粗车、粗铣、粗刨、钻、粗纹锉刀、粗砂轮加工等	粗糙度最大的加工面，一般较少使用
25		
12.5	粗车、刨、立铣、平铣、钻等	不重要的接触面或不接触面。如螺钉孔、轴的端面、倒角、机座底面等
6.3	精车、精铣、精刨、铰、镗、粗磨等	较重要的接触面，没有相对运动的接触面，如键和键槽工作表面；转动和滑动速度不高的接触面，如轴套、齿轮的端面
3.2		
1.6		
0.8	精车、精铰、精拉、精镗、精磨等	要求较高的接触面，如与滚动轴承配合的表面、锥销孔等；转动和滑动速度较高的接触面，如齿轮的工作面、导轨表面、主轴轴颈表面等
0.40		
0.20		
0.10	研磨、抛光、超级精细研磨等	要求密封性能较好的表面，转动和滑动速度极高的接触面，如精密量具表面、汽缸内表面及活塞环表面、精密机床主轴轴颈表面等
0.05		
0.025		
0.012		
0.006		

（2）表面结构的图形符号

①表面结构的符号和意义见表 5 - 4。

表 5 - 4　　表面结构的符号和意义

符号	说　明
	基本图形符号 表示未指定加工工艺方法的表面，仅用于简化代号标注，没有补充说明时不能单独使用
	不去除材料的扩展图形符号 表示用不去除材料的方法获得的表面，如铸造、锻、冲压等；也可以表示保持上道工序形成的表面，不管这种状况是通过去除还是不去除材料形成的
	除材料的扩展图形符号 表示用去除材料的方法获得的表面，如车、铣、刨等；当仅表示“被加工表面”时，才能单独使用
	完整图形符号 用于标注表面结构的补充信息
	带有补充注释的图形符号 对投影视图上封闭的轮廓线所表示的各表面有相同的表面结构要求

②表面粗糙度符号的画法如图 5 - 21 所示。

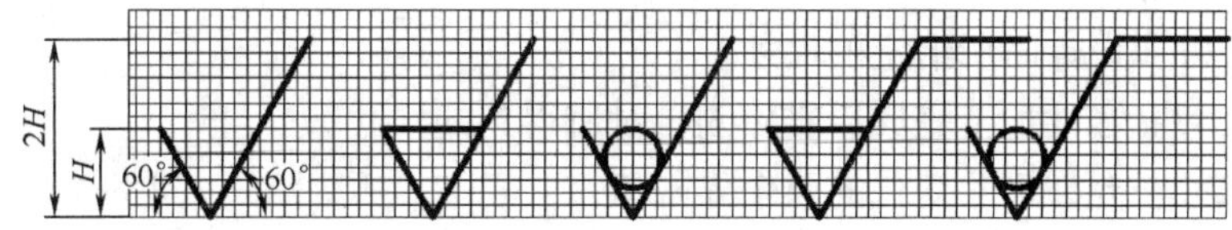

图 5 - 21　表面粗糙度的画法

注：$H=1.4h$，h 为图纸中数字与字母的高度

③表面结构代号：表面结构代号一般由完整图形符号、单一要求（参数代号及参数值）、必要的补充要求等组成。在图样上标注时，若采用默认定义且没有补充要求时，可采用简化的代号标注，即将表面结构轮廓的参数代号及参数值写在完整图形符号的长线下方，为避免误解，在参数代号及参数值之间应插入空格。表 5 - 5 给出了默认定义时表面粗糙度轮廓代号的写法示例和含义。

（3）表面结构要求代号在图样中的标注

根据 GB/T 131—2006 规定，表面结构符号应标在可见轮廓线、尺寸线、引出线或它们的延长线上。符号尖端由外部指向并接触被测表面；在同一张图上，每个表面标注一次代号。表面结构参数值的大小、方向与图中尺寸数字的大小、方向一致。

表5-5　　默认定义时表面粗糙度轮廓代号

代号示例（GB/T 131—2006）	代号意义
R_a3.2	表示不允许去除材料，单向上限值，R_a 的上限值是3.2μm
R_a3.2	表示去除材料，单向上限值，R_a 的上限值是3.2μm
R_a最大1.6	表示去除材料，单向上限值，R_a 的最大值是1.6μm
U R_a 3.2 L R_a 1.6	表示去除材料，双向上限值，R_a 的上限值是3.2μm，R_a 的下限值是1.6μm
R_z3.2	表示去除材料，单向上限值，R_z 的上限值是1.6μm

5.5.2　尺寸公差与配合

在零件的大批量生产中，要求同一规格的零件不经过任何挑选和修配，就可以顺利地装配到有关部件或机器上并能满足使用要求，零件的这种性质称为互换性。由于零件在制造时尺寸不可能做得绝对准确而是有一个变动范围，只要零件的实际尺寸在规定的范围内变动，这个零件在尺寸上就是合格的。规定的尺寸变动范围（变动量）称为尺寸公差。尺寸公差的大小以满足使用要求为准。为了保持互换性和制造零件的需要，GB/T 1800.1—2009、GB/T 1800.2—2009 规定了尺寸公差的标准。

（1）有关术语（图5-22）

①基本尺寸：设计时所给定的尺寸。

②实际尺寸：零件加工完成后实际测量时所得到的尺寸。

③极限尺寸：允许尺寸变化的两个界限值：

最大极限尺寸——界限值中最大的一个尺寸。

最小极限尺寸——界限值中最小的一个尺寸。

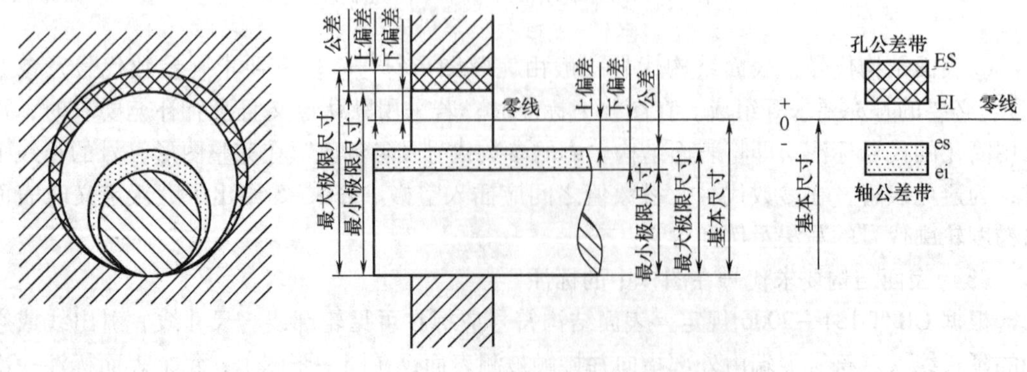

图5-22　尺寸公差术语

④极限偏差：极限尺寸减基本尺寸所得的代数差。

上偏差 = 最大极限尺寸 - 基本尺寸

下偏差 = 最小极限尺寸 - 基本尺寸

上、下偏差统称为极限偏差，可以为正、负或零。孔的上、下偏差分别用大写字母 ES 和 EI 表示，轴的上、下偏差分别用小写字母 es 和 ei 表示。

⑤尺寸公差：允许尺寸的变动量。

尺寸公差 = 最大极限尺寸 - 最小极限尺寸

公差永远为正值。公差以上、下偏差的形式注出。

⑥标准公差和公差等级：国家标准规定的用以确定公差带大小的标准化数值称为标准公差，用字母 IT 表示。标准公差分为 20 个等级，用以确定尺寸精确程度。即 IT01，IT0，IT1，…，IT18。同一公差等级，基本尺寸越大，公差带越大；同一基本尺寸，公差从 IT01 至 IT18 由小变大，精度依次降低。标准公差等级见表 5 -6。

表 5 -6　　标准公差等级

基本尺寸/mm		公差值														
		IT4	IT5	IT6	IT7	IT8	IT9	IT10	IT11	IT12	IT13	IT14	IT15	IT16	IT17	IT18
大于	至	μm							mm							
-	3	3	4	6	10	14	25	40	60	0.10	0.14	0.25	0.40	0.60	1.0	1.4
3	6	4	5	8	12	18	30	48	75	0.12	0.18	0.30	0.48	0.75	1.2	1.8
6	10	4	6	9	15	22	36	58	90	0.15	0.22	0.36	0.58	0.90	1.5	2.2
10	18	5	8	11	18	27	43	70	110	0.18	0.27	0.43	0.70	1.10	1.8	2.7
18	30	6	9	13	21	33	52	84	130	0.21	0.33	0.52	0.84	1.30	2.1	3.3
30	50	7	11	16	25	39	62	100	160	0.25	0.39	0.62	1.00	1.60	2.5	3.9
50	80	8	13	19	30	46	74	120	190	0.30	0.46	0.74	1.20	1.90	3.0	4.6
80	120	10	15	22	35	54	87	140	220	0.35	0.54	0.87	1.40	2.20	3.5	5.4
120	180	12	18	25	40	63	100	160	250	0.40	0.63	1.00	1.60	2.50	4.0	6.3
180	250	14	20	29	46	72	115	185	290	0.46	0.72	1.15	1.85	2.90	4.6	7.2
250	315	16	23	32	52	81	130	210	320	0.52	0.81	1.30	2.10	3.20	5.2	8.1
315	400	18	25	36	57	89	140	230	360	0.57	0.89	1.40	2.30	3.60	5.7	8.9
400	500	20	27	40	63	97	155	250	400	0.63	0.97	1.55	2.50	4.00	6.3	9.7

注：基本尺寸小于 1mm 时，无 IT14 至 IT18。

⑦公差带：由代表上、下偏差的两条直线所限定的区域称为公差带，如图 5 -22 所示，用公差带图表示。公差带的宽度反映公差值的大小。

⑧零线：在公差带图中，表示基本尺寸的一条直线，它的偏差为零，因此称其为“零线”，并用它作为确定偏差的基准线。零线上方为正偏差，下方为负偏差。

⑨基本偏差：用以确定公差带相对于零线位置的上偏差或下偏差。一般指靠近零线的那个偏差。若公差带位于零线之上，基本偏差为下偏差；若公差带位于零线之下，基本偏差为上偏差。

国家标准规定了轴和孔各有 28 个基本偏差，如图 5 -23 所示，大写字母代表孔，小写字母代表轴。孔和轴的基本偏差见表 5 -7、表 5 -8。

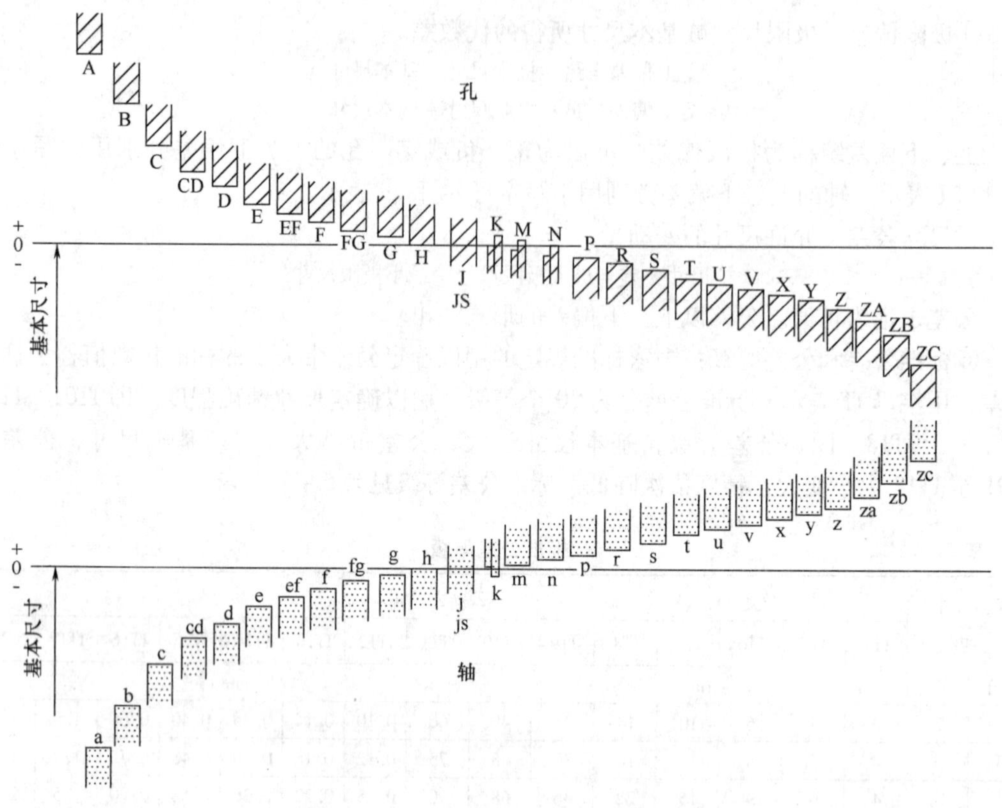

图 5－23　基本偏差系列

表 5－7　　**优先配合中轴的上、下极限偏差数值**　　单位：μm

基本尺寸 mm		公差带												
		c	d	f	g	h				k	n	p	s	u
大于	至	11	9	7	6	6	7	9	11	6	6	6	6	6
—	3	−60 −120	−20 −45	−6 −16	−2 −8	0 −6	0 −10	0 −25	0 −60	+6 0	+10 +4	+12 +6	+20 +14	+24 +18
3	6	−70 −145	−30 −60	−10 −22	−4 −12	0 −8	0 −12	0 −30	0 −75	+9 +1	+16 +8	+20 +12	+27 +19	+31 +23
6	10	−80 −170	−40 −76	−13 −28	−5 −14	0 −9	0 −15	0 −36	0 −90	+10 +1	+19 +10	+24 +15	+32 +23	+37 +28
10	14	−95	−50	−16	−6	0	0	0	0	+12	+23	+29	+39	+44
14	18	−205	−93	−34	−17	−11	−18	−43	−110	+1	+12	+18	+28	+33
18	24	−110 −240	−65 −117	−20 −41	−7 −20	0 −13	0 −21	0 −52	0 −130	+15 +2	+28 +15	+35 +22	+48 +35	+54 +41
24	30													+61 +48
30	40	−120 −280	−80 −142	−25 −50	−9 −25	0 −16	0 −25	0 −62	0 −160	+18 +2	+33 +17	+42 +26	+59 +43	+76 +60
40	50	−130 −290												+86 +70

续表

基本尺寸 mm		公差带												
		c	d	f	g	h				k	n	p	s	u
大于	至	11	9	7	6	6	7	9	11	6	6	6	6	6
50	65	-140 -330	-100 -174	-30 -60	-10 -29	0 -19	0 -30	0 -74	0 -190	+21 +2	+39 +20	+51 +32	+72 +53	+106 +87
65	80	-150 -340											+78 +59	+121 +102
80	100	-170 -390	-120 -207	-36 -71	-12 -34	0 -22	0 -35	0 -87	0 -220	+25 +3	+45 +23	+59 +37	+93 +71	+146 +124
100	120	-180 -400											+101 +79	+166 +144
120	140	-200 -450	-145 -245	-43 -83	-14 -39	0 -25	0 -40	0 -100	0 -250	+28 +3	+52 +27	+68 +43	+117 +92	+195 +170
140	160	-210 -460											+125 +100	+215 +190
160	180	-230 -480											+133 +108	+235 +210
180	200	-240 -530	-170 -285	-50 -96	-15 -44	0 -29	0 -46	0 -115	0 -290	+33 +4	+60 +31	+79 +50	+151 +122	+265 +236
200	225	-260 -550											+159 +130	+287 +258
225	250	-280 -570											+169 +140	+313 +284
250	280	-300 -620	-190 -320	-56 -108	-17 -49	0 -32	0 -52	0 -130	0 -320	+36 +4	+66 +34	+88 +56	+190 +158	+347 +315
280	315	-330 -650											+202 +170	+382 +350
315	355	-360 -720	-210 -350	-62 -119	-18 -54	0 -36	0 -57	0 -140	0 -360	+40 +4	+73 +37	+98 +62	+226 +190	+426 +390
355	400	-400 -760											+244 +208	+471 +435
400	450	-440 -840	-230 -385	-68 -131	-20 -60	0 -40	0 -63	0 -155	0 -400	+45 +5	+80 +40	+108 +68	+272 +232	+530 +490
450	500	-480 -880											+292 +252	+580 +540

表 5－8　　　　优先配合中孔的上、下极限偏差数值　　　　单位：μm

基本尺寸 mm		公差带												
		C	D	F	G	H				K	N	P	S	U
大于	至	11	9	8	7	7	8	9	11	7	7	7	7	7
—	3	+120 +60	+45 +20	+20 +6	+12 +2	+10 0	+14 0	+25 0	+60 0	0 −10	−4 −14	−6 −16	−14 −24	−18 −28
3	6	+145 +70	+60 +30	+28 +10	+16 +4	+12 0	+18 0	+30 0	+75 0	+3 −9	−4 −16	−8 −20	−15 −27	−19 −31
6	10	+170 +80	+76 +40	+35 +13	+20 +5	+15 0	+22 0	+36 0	+90 0	+5 −10	−4 −19	−9 −24	−17 −32	−22 −37
10	14	+205 +95	+93 +50	+43 +16	+24 +6	+18 0	+27 0	+43 0	+110 0	+6 −12	−5 −23	−11 −29	−21 −39	−26 −44
14	18													
18	24	+240 +110	+117 +65	+53 +20	+28 +7	+21 0	+33 0	+52 0	+130 0	+6 −15	−7 −28	−14 −35	−27 −48	−33 −54
24	30													−40 −61
30	40	+280 +120	+142 +80	+64 +25	+34 +9	+25 0	+39 0	+62 0	+160 0	+7 −18	−8 −33	−17 −42	−34 −59	−51 −76
40	50	+290 +130												−61 −86
50	65	+330 +140	+174 +100	+76 +30	+40 +10	+30 0	+46 0	+74 0	+190 0	+9 −21	−9 −39	−21 −51	−42 −72	−76 −106
65	80	+340 +150											−48 −78	−91 −121
80	100	+390 +170	+207 +120	+90 +36	+47 +12	+35 0	+54 0	+87 0	+220 0	+10 −25	−10 −45	−24 −59	−58 −93	−111 −146
100	120	+400 +180											−66 −101	−131 −166
120	140	+450 +200	+245 +145	+106 +43	+54 +14	+40 0	+63 0	+100 0	+250 0	+12 −28	−12 −52	−28 −68	−77 −117	−155 −195
140	160	+460 +210											−85 −125	−175 −215
160	180	+480 +230											−93 −133	−195 −235

续表

基本尺寸 mm		公差带												
		C	D	F	G	H				K	N	P	S	U
大于	至	11	9	8	7	7	8	9	11	7	7	7	7	7
180	200	+530 +240											-105 -151	-219 -265
200	225	+550 +260	+285 +170	+122 +50	+61 +15	+46 0	+72 0	+115 0	+290 0	+13 -33	-14 -60	-33 -79	-113 -159	-241 -287
225	250	+570 +280											-123 -169	-267 -313
250	280	+620 +300	+320 +190	+137 +56	+69 +17	+52 0	+81 0	+130 0	+320 0	+16 -36	-14 -66	-36 -88	-138 -190	-295 -347
280	315	+650 +330											-150 -202	-330 -382
315	355	+720 +360	+350 +210	+151 +62	+75 +18	+57 0	+89 0	+140 0	+360 0	+17 -40	-16 -73	-41 -98	-169 -226	-369 -426
355	400	+760 +400											-187 -244	-414 -471
400	450	+840 +440	+385 +230	+165 +68	+83 +20	+63 0	+97 0	+155 0	+400 0	+18 -45	-17 -80	-45 -108	-209 -272	-467 -530
450	500	+880 +480											-229 -292	-517 -580

（2）配合的种类

根据轴和孔结合时的松紧程度，国标规定有三种类型的配合：

①间隙配合：具有间隙的配合（包括最小间隙为零）。如图5-24所示。

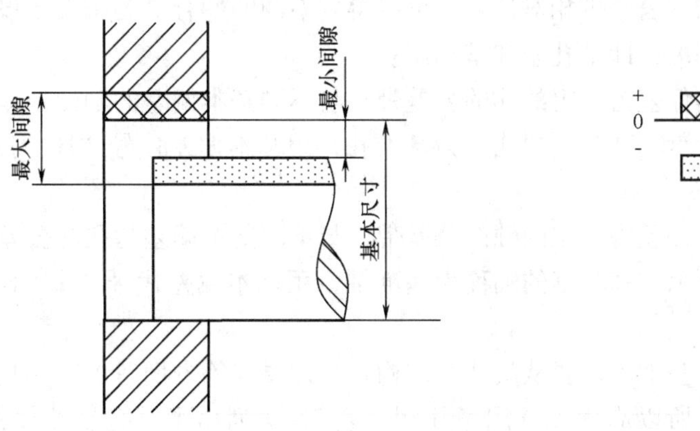

图5-24　间隙配合

②过盈配合：具有过盈的配合（包括最小过盈为零），如图 5－25 所示。

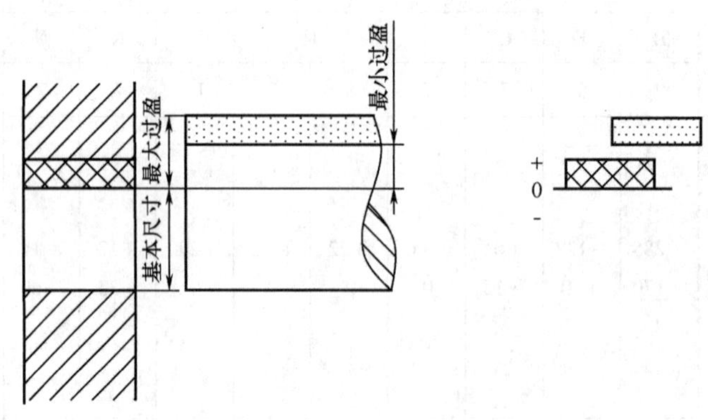

图 5－25　过盈配合

③过渡配合：可能具有间隙，也可能具有过盈的配合。此时，孔的公差带与轴的公差带相互交叠，如图 5－26 所示。

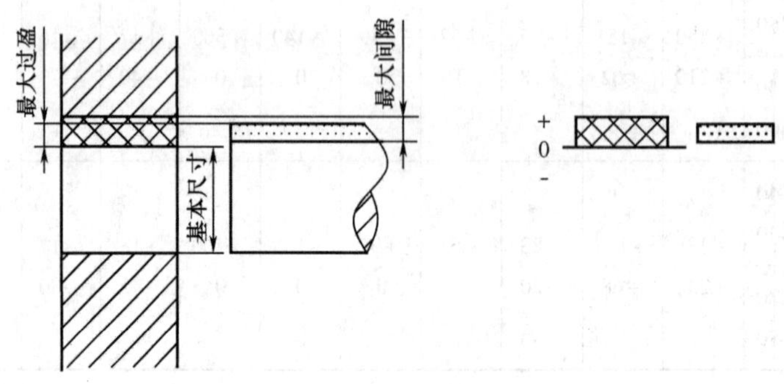

图 5－26　过渡配合

（3）配合的基准制

通过改变孔和轴的公差带相对位置，可以得到不同的配合。为了便于设计制造，国标规定了两种配合制基准，即基孔制和基轴制。

①基孔制：基本偏差为一定的孔的公差带，与不同基本偏差的轴的公差带组成的各种配合，如图 5－27 所示。基孔制的孔称为基准孔，用基本偏差代号“H”表示，其下偏差为零。

②基轴制：基本偏差为一定的轴的公差带，与不同基本偏差的孔的公差带组成的各种配合，如图 5－28 所示。基轴制的轴称为基准轴，用基本偏差代号“h”表示，其上偏差为零。

设计中选用哪种基准制，要从具体的结构、工艺要求等方面考虑。无具体要求时，由于轴比孔加工容易，所以应优先选用基孔制。表 5－9 列出了基孔制的优先、常用配合；表 5－10 列出了基轴制的优先、常用配合。

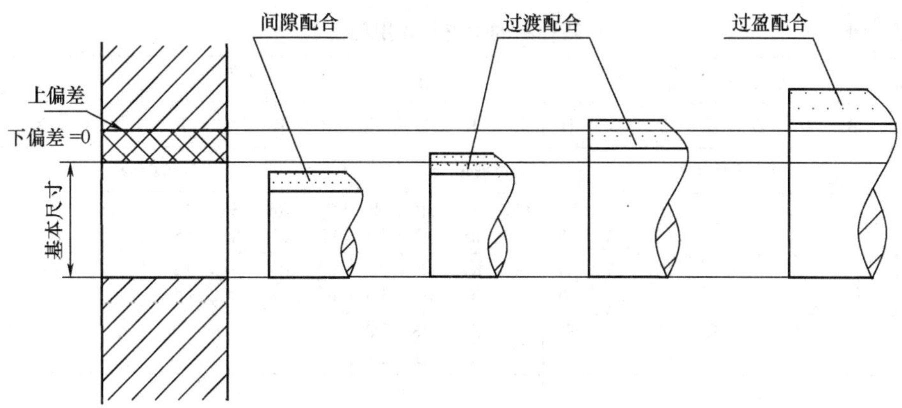

图 5－27　基孔制配合

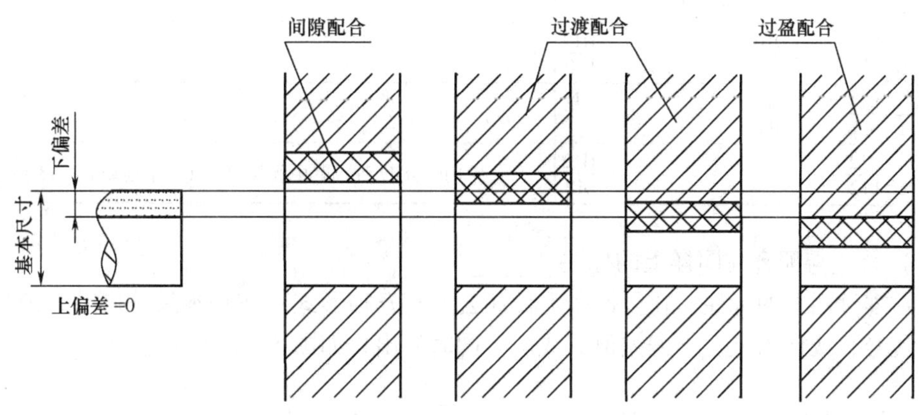

图 5－28　基轴制配合

表 5－9　　基孔制的优先、常用配合

基孔制	轴																				
	a	b	c	d	e	f	g	h	Js	k	m	n	p	r	s	t	u	v	x	y	z
	间隙配合								过渡配合			过盈配合									
H6						$\frac{H6}{f5}$	$\frac{H6}{g5}$	$\frac{H6}{h5}$	$\frac{H6}{js5}$	$\frac{H6}{k5}$	$\frac{H6}{m5}$	$\frac{H6}{n5}$	$\frac{H6}{p5}$	$\frac{H6}{r5}$	$\frac{H6}{s5}$	$\frac{H6}{t5}$					
H7						$\frac{H7}{f6}$	$\frac{H7}{\underline{g6}}$	$\frac{H7}{\underline{h6}}$	$\frac{H7}{js6}$	$\frac{H7}{\underline{k6}}$	$\frac{H7}{m6}$	$\frac{H7}{\underline{n6}}$	$\frac{H7}{\underline{p6}}$	$\frac{H7}{r6}$	$\frac{H7}{\underline{s6}}$	$\frac{H7}{t6}$	$\frac{H7}{\underline{u6}}$	$\frac{H7}{v6}$	$\frac{H7}{x6}$	$\frac{H7}{y6}$	$\frac{H7}{z6}$
H8					$\frac{H8}{e7}$	$\frac{H8}{\underline{f7}}$	$\frac{H8}{g7}$	$\frac{H8}{\underline{h7}}$	$\frac{H8}{js7}$	$\frac{H8}{k7}$	$\frac{H8}{m7}$	$\frac{H8}{n7}$	$\frac{H8}{p7}$	$\frac{H8}{r7}$	$\frac{H8}{s7}$	$\frac{H8}{t7}$	$\frac{H8}{u7}$				
				$\frac{H8}{d8}$	$\frac{H8}{e8}$	$\frac{H8}{f8}$		$\frac{H8}{h8}$													
H9			$\frac{H9}{c9}$	$\frac{H9}{\underline{d9}}$	$\frac{H9}{e9}$	$\frac{H9}{f9}$		$\frac{H9}{\underline{h9}}$													
H10			$\frac{H10}{c10}$	$\frac{H10}{d10}$				$\frac{H10}{h10}$													
H11	$\frac{H11}{a11}$	$\frac{H11}{b11}$	$\frac{H11}{\underline{c11}}$	$\frac{H11}{d11}$				$\frac{H11}{\underline{h11}}$													
H12		$\frac{H12}{b12}$						$\frac{H12}{h12}$	常用配合 59 种，其中优先配合（加下划线的）13 种。												

表 5-10　　基轴制的优先、常用配合

基轴制	A	B	C	D	E	F	G	H	JS	K	M	N	P	R	S	T	U	V	X	Y	Z
	孔																				
	间隙配合								过渡配合			过盈配合									
h5						F6/h5	G6/h5	H6/h5	JS6/h5	K6/h5	M6/h5	N6/h5	P6/h5	R6/h5	S6/h5	T6/h5					
h6						F7/h6	G7/h6	H7/h6	JS7/h6	K7/h6	M7/h6	N7/h6	P7/h6	R7/h6	S7/h6	T7/h6	U7/h6				
h7					E8/h7	F8/h7		H8/h7	JS8/h7	K8/h7	M8/h7	N8/h7									
h8				D8/h8	E8/h8	F8/h8		H8/h8													
h9				D9/h9	E9/h9	F9/h9		H9/h9													
h10				D10/h10				H10/h10													
h11	A11/h11	B11/h11	C11/h11	D11/h11				H11/h11													
h12		B12/h12						H12/h12	常用配合 47 种，其中优先配合（加下划线的）13 种。												

（4）公差与配合在图样上的标注

①在零件图上的标注：在零件图上标注公差有三种形式：在基本尺寸之后，或标注出公差带代号，或标出上、下偏差值，或两者同时标出，如图 5-29 所示。

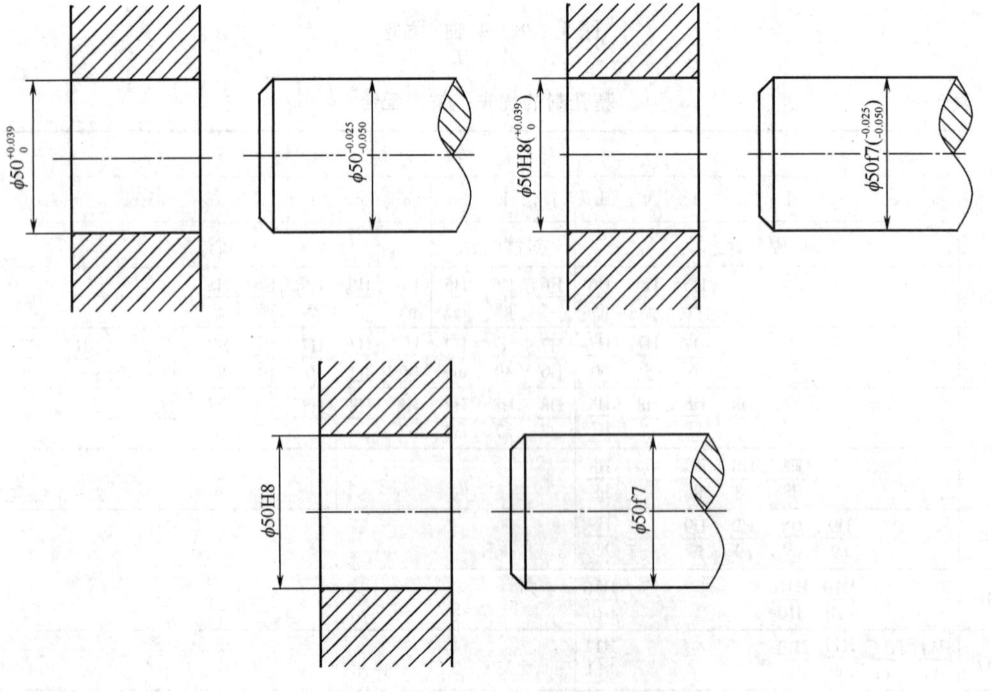

图 5-29　公差与配合在零件图上的标注

注写时应该注意：

- 偏差数值的数字应比基本尺寸数字的字号小一号；
- 下偏差应与基本尺寸注在同一底线上，上偏差应注在基本尺寸的右上方；
- 上、下偏差数值相同时，在数值前加“±”号，数字的大小与基本尺寸相同。如 $\phi20 \pm 0.15$；
- 如有一个偏差为零时，仍应标出；
- 同时标出公差代号和偏差数值时，偏差数值应写在代号之后的括号内；

②在装配图上的标注：在装配图上，公差与配合需在基本尺寸的后面用分数形式标出，分子为孔的公差带代号，分母为轴的公差带代号，如图 5－30（a）。

当零件与标准件、外购件（如轴承）配合时，只需要标注零件（非标准件）的公差带代号，如图 5－30（b）。

装配图上标注配合零件的极限偏差时，一般按图 5－30（c）的形式注出。

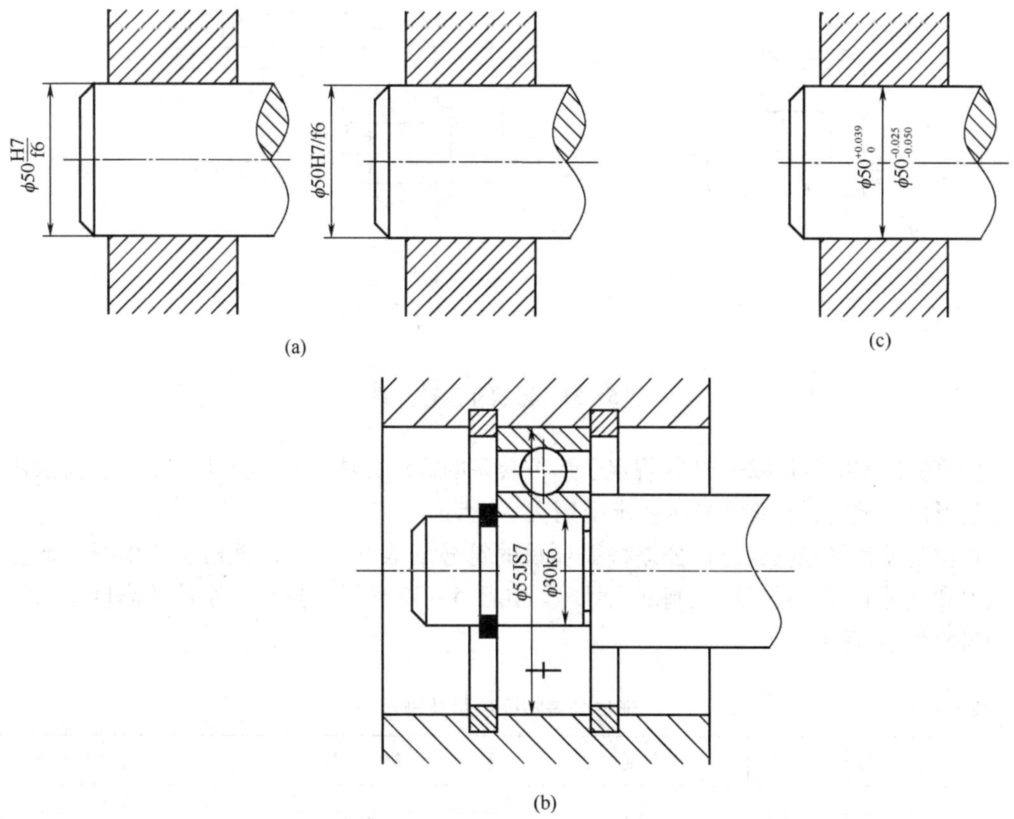

图 5－30　公差与配合在装配图上的标注

5.5.3　形状和位置公差

形状和位置公差，简称形位公差，是指零件的实际形状和实际位置对理想形状和理想位置的允许变动量。对于一般零件的形状和位置公差可由尺寸公差、加工机床的精度等加以保证。对要求较高的零件，则根据设计要求，在零件图上注出有关的形状和位置公差。如图5-31（a）所示，为了保证滚柱工作质量，除了注出直径的尺寸公差外，还需要注出滚柱轴线的形状公差，这个代号表示滚柱实际轴线与理想轴线之间的变动量——直线度，必须保持在 $\phi0.006$mm 的圆柱面内。又如图5-31（b）所示，箱体上两个孔是安装锥齿轮的轴的孔，如果两孔安装轴线歪斜太大，就会影响锥齿轮的啮合传动。为了保证正常的啮合，应该使两孔轴线保持一定的垂直位置，所以要标注位置公差——垂直度，这个代号说明水平孔的轴线，必须位于距离为0.05mm、且垂直于铅垂孔的轴线的两平行平面之间，A 为基准代号字母。

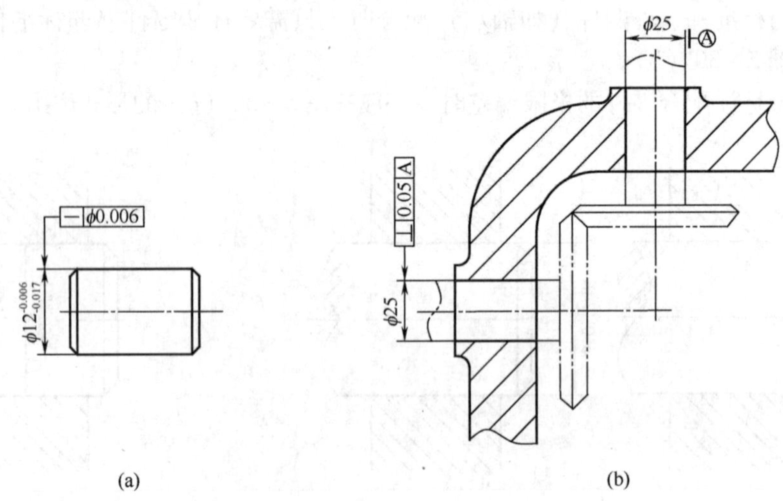

图5-31　形状和位置公差

国家标准 GB/T 1182—1996 规定了形位公差的标注方法。在实际生产中，当无法用代号标注形位公差时，允许在技术要求中用文字说明。

形位公差代号包括：形位公差特征项目的符号（表5-11），框格及指引线，形位公差数值和其他有关符号，以及基准代号等。如图5-32所示。框格中字体的高度 h 与图样中的尺寸数字等高。

表5-11　　形位公差特征项目及符号

公差		特征项目	符号	有或无基准要求
形状	形状	直线度	—	无
		平面度	▱	无
		圆度	○	无
		圆柱度	⌭	无

续表

公　　差		特征项目	符　　号	有或无基准要求
形状或位置	轮廓	线轮廓度	⌒	有或无
		面轮廓度	⌓	有或无
位置	定向	平行度	//	有
		垂直度	⊥	有
		倾斜度	∠	有
	定位	位置度	⊕	有或无
		同轴（同心）度	◎	有
		对称度	⌯	有
	跳动	圆跳动	↗	有
		全跳动	⌰	有

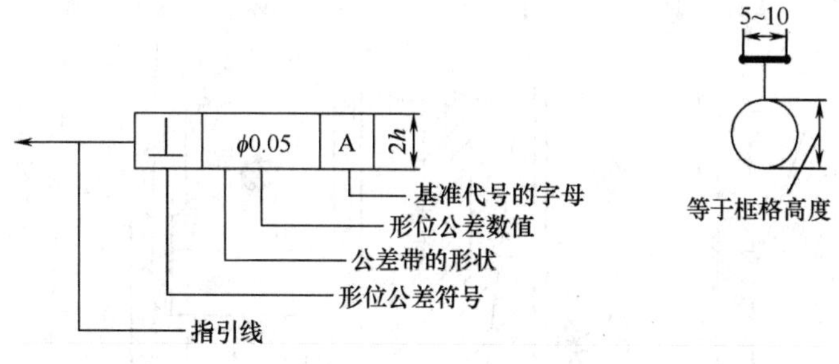

图 5 - 32　形位公差及基准代号

如图 5 - 31 所示，当被测要素为线或表面时，从框格引出的指引线箭头，应指在该要素的轮廓线或其延长线上。当被测要素为直线时，如 $\phi12_{-0.017}^{-0.006}$滚柱轴线，孔 φ25 的轴线，应将箭头与该被测尺寸要素的尺寸线对齐，如直线度箭头与 $\phi12_{-0.017}^{-0.006}$的尺寸线对齐，垂直度的箭头与 φ25 的尺寸线对齐。当基准要素为直线时，基准线与基准要素的尺寸线对齐，如 Ⓐ 。

5.6 典型零件的工程图分析

5.6.1 轴类零件图

轴是机器中重要的零件。轴的主要作用是传递运动和转矩，齿轮、带轮、链轮等转动零件一般都装在轴上，如图 5－33 所示。其基本形状为圆柱体，其他常见的结构有阶梯轴、键槽、退刀槽、倒角、倒圆、销孔、小平面等。轴类零件图的特点是：轴线水平放置的主视图配以断面图或局部放大图表示轴上各种结构。

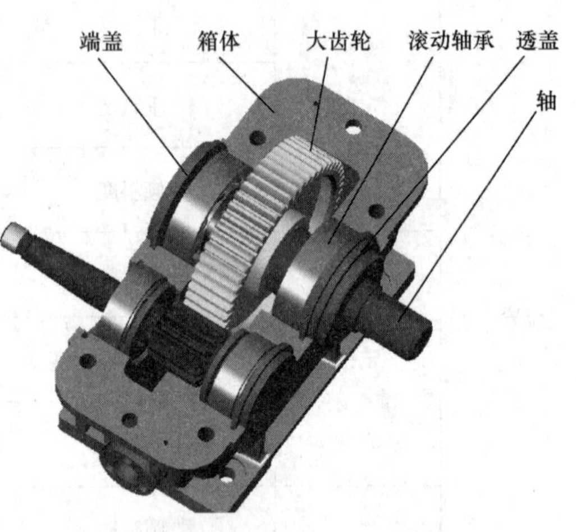

图 5－33　减速器

（1）概括了解

由标题栏可以了解到：零件名称为轴，材料为 45 钢，画图比例 1∶1，与实物大小一致。轴类零件一般都是经切削加工而形成的。

根据减速器轴系装配图（图 5－34）可以看出，轴由一对滚动轴承支撑在箱体孔内，右端伸出箱体部分有键槽，用于连接主动小齿轮，是轴的动力输入端，中间一段有键与被动大齿轮连接，将动力减速后输出。

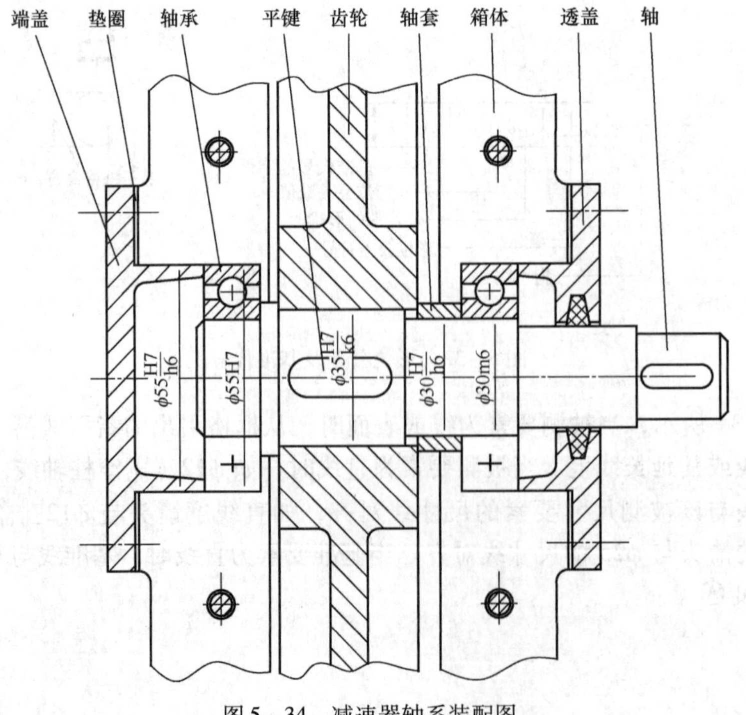

图 5－34　减速器轴系装配图

（2）分析视图和零件的结构形状

看视图：如图5－35所示。轴由一个基本视图和两个断面图表达，主视图按轴的加工位置轴线水平放置。由于轴上零件的固定及定位要求，其形状为阶梯形，用移出断面图表达键槽结构。

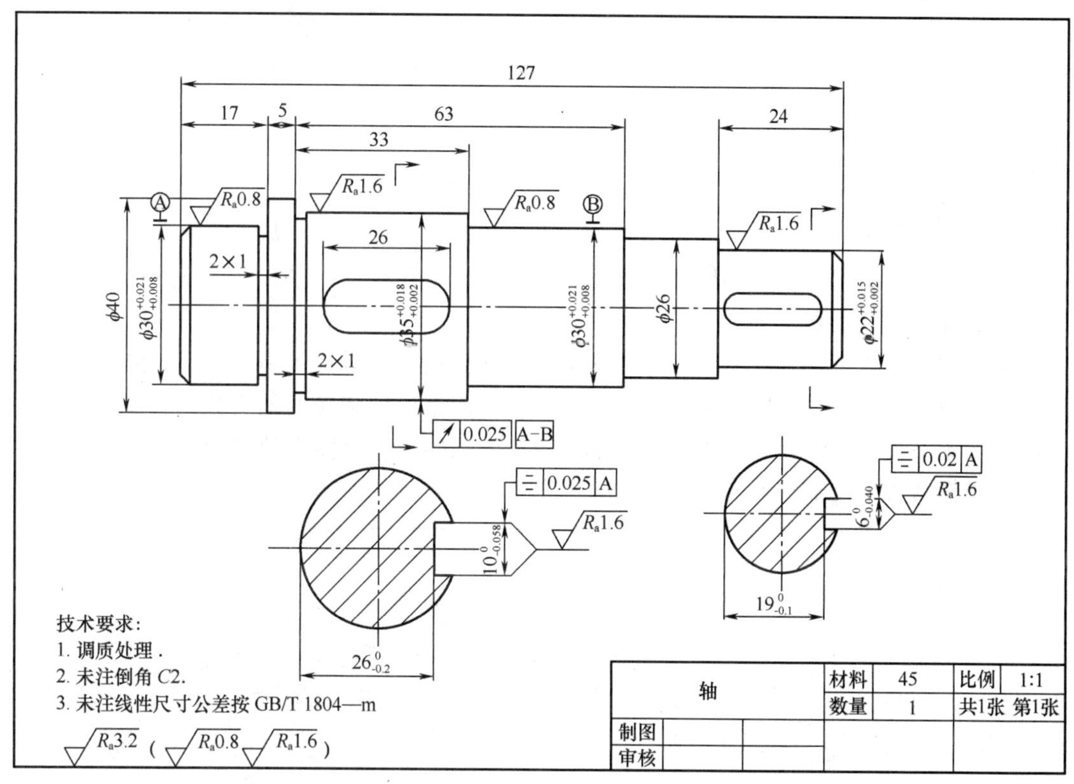

图5－35　轴的零件图

（3）分析尺寸和技术要求

轴的径向尺寸基准是轴的水平轴线，所有径向尺寸由此注出。凡是尺寸数字后面有公差的，说明该部分与其他零件有配合关系。如$\phi30n6(^{+0.028}_{+0.015})$是轴与轴承的配合，由于轴承是标准件，所以一般轴与轴承孔的配合都是基轴制的过渡配合，使得轴承内圈与轴抱紧一起旋转。轴的轴向基准是左端面，由此标出轴的总长127mm，为符合加工顺序，标出17、5、63等尺寸，退刀槽尺寸2×1直接注出。

安装轴承与齿轮的部分，因为有配合要求表面粗糙度要求较高。

轴经过调质处理，硬度达到217～255HB。轴前后两端的倒角为$C2$。

（4）综合归纳

得出轴的立体形状，如图5－36所示。

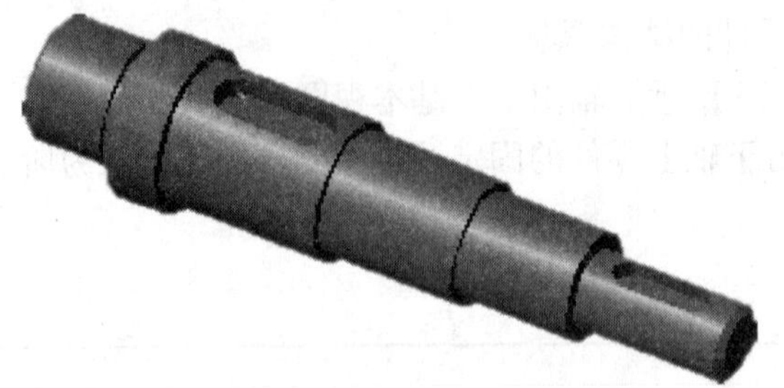

图 5 - 36　轴的立体图

5.6.2　盘盖类零件图

盘盖类零件包括法兰盘、端盖、齿轮、带轮、链轮、凸轮等。盘类零件主要由不同直径的同心圆柱面所组成，其厚度相对于直径小得多，呈盘状，周边常分布一些孔、槽等。

（1）由标题栏概括了解

由标题栏可以了解到：零件名称为端盖，材料为铸铁，画图比例 1∶1。主体部分为两段圆柱。根据图 5 - 37 可以知道：此零件的主要作用是保护旋转的轴头和防止漏油，由均匀分布的 4 个螺钉固定在箱体上。凸缘部分顶住滚动轴承的外圈，使其不能轴向移动。凹槽的作用是减少加工面。

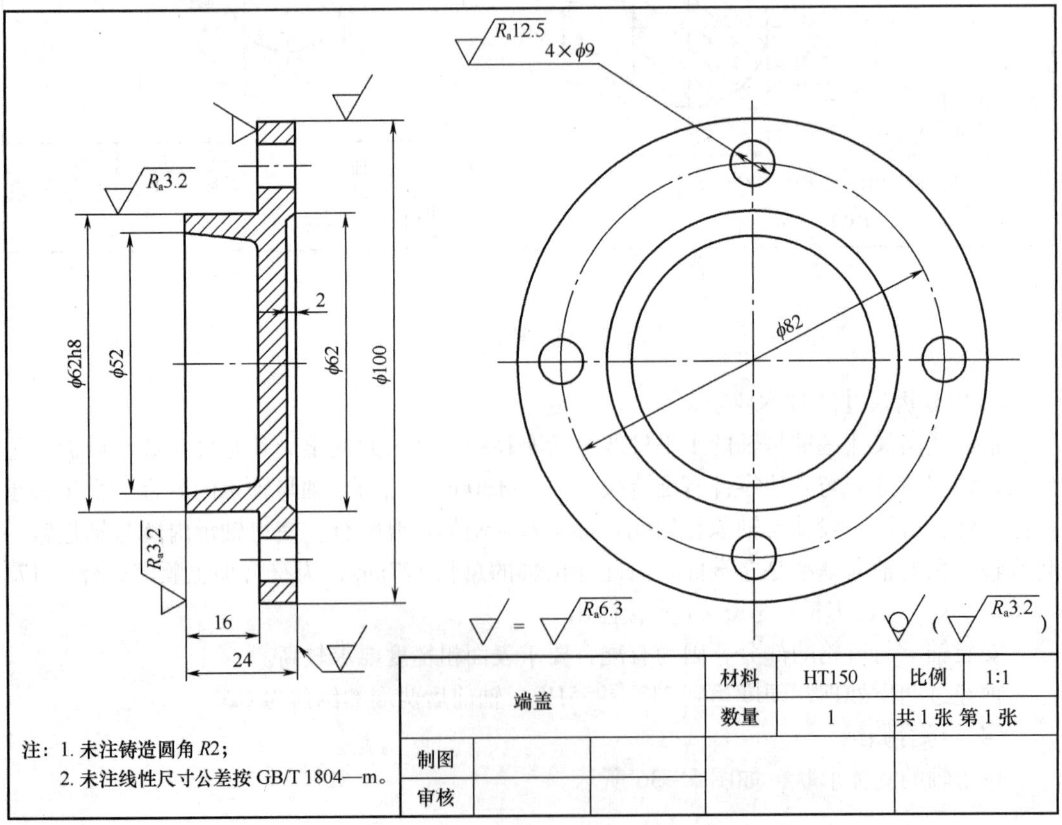

Ra12.5
4×φ9
Ra3.2
φ62h8
φ52
2
φ62
φ100
φ82
Ra3.2
16
24
= Ra6.3
(Ra3.2)
端盖
材料
HT150
比例
1:1
数量
1
共 1 张 第 1 张
制图
审核
注：1. 未注铸造圆角 R2；
2. 未注线性尺寸公差按 GB/T 1804—m。

图 5 - 37　端盖零件图

（2）分析视图和零件的结构形状

盘盖类零件通常采用两个视图表达：主视图轴线水平放置，采用全剖视图，表达中部带锥度的孔、凹槽、周边小圆孔及右端凸缘的结构。用左视图表达孔、槽的分布情况。

（3）分析尺寸和技术要求

盘盖类零件多是回转体，所以通常以轴孔的轴线作为径向尺寸基准，由此注出 ϕ100、ϕ52、ϕ62、ϕ62h8、ϕ82 各直径尺寸。其中 ϕ62h8 处与箱体有配合要求。端盖的左端面为轴向尺寸基准，由此注出 24、16 长度方向的尺寸，端盖右端面为辅助基准，由此注出 2 表示凹槽深度。

有配合要求的表面 ϕ62h8 处及有重要定位要求的右端面表面粗糙度较高，用于普通联结的光孔一般 R_a 值为 12.5μm。ϕ100 的外圆柱面、ϕ52 的锥孔面等是铸造面，不用加工。

（4）综合归纳

得出端盖的主体形状，如图 5－38 所示。

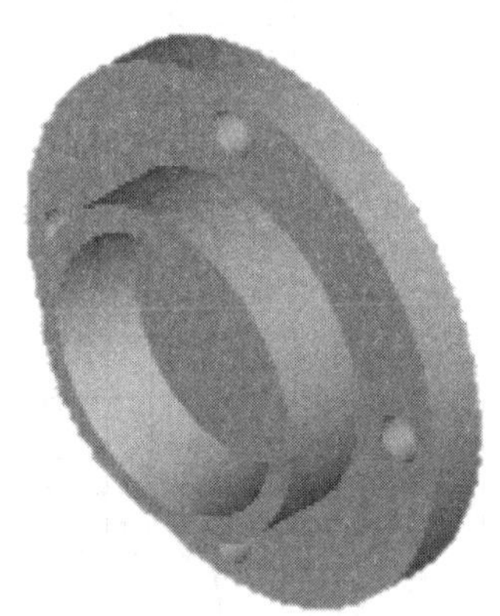

图 5－38　端盖立体图

5.6.3　箱体、支架类零件图

（1）概括了解

由标题栏可知：零件名称为泵体。泵是将机械能转化成压力能的设备，一般有气泵、油泵和水泵。泵体是承载零件，一般都由可容纳其他零件的腔体部分、流体的进出口部分和支撑部分组成。材料是铸铁。绘图比例 1∶2，如图 5－39 所示。

（2）分析视图和零件的结构形状

该零件由三个视图表达，主视图是全剖视图，表达了泵体内部结构。俯视图取了局部剖，表达进出油口的结构，左视图是外形图，表达了两个三角形支撑板的形状。

从三个视图看，泵体由三部分组成：

①半圆柱形的壳体，其圆柱形的内腔用于容纳其他零件。

②两块三角形的安装板。

③两个圆柱形的进出油口，分别位于泵体的右边和后边。

（3）分析尺寸和技术要求

长度方向的尺寸基准是安装板的端面，宽度方向的尺寸基准是泵体前后对称面，高度方向的尺寸基准是泵体的上端面。47 ±0.1、60 ±0.2 是主要尺寸，加工时必须保证。进出油口及顶面尺寸：M14 ×1.5 －7H，M33 ×1.5 －7H，都是细牙普通螺纹。

端面粗糙度 R_a 值分别为 3.2、6.3μm，要求较高，以便对外连接紧密，防止漏油。

（4）综合归纳

得出泵体的立体形状，如图 5－40 所示。

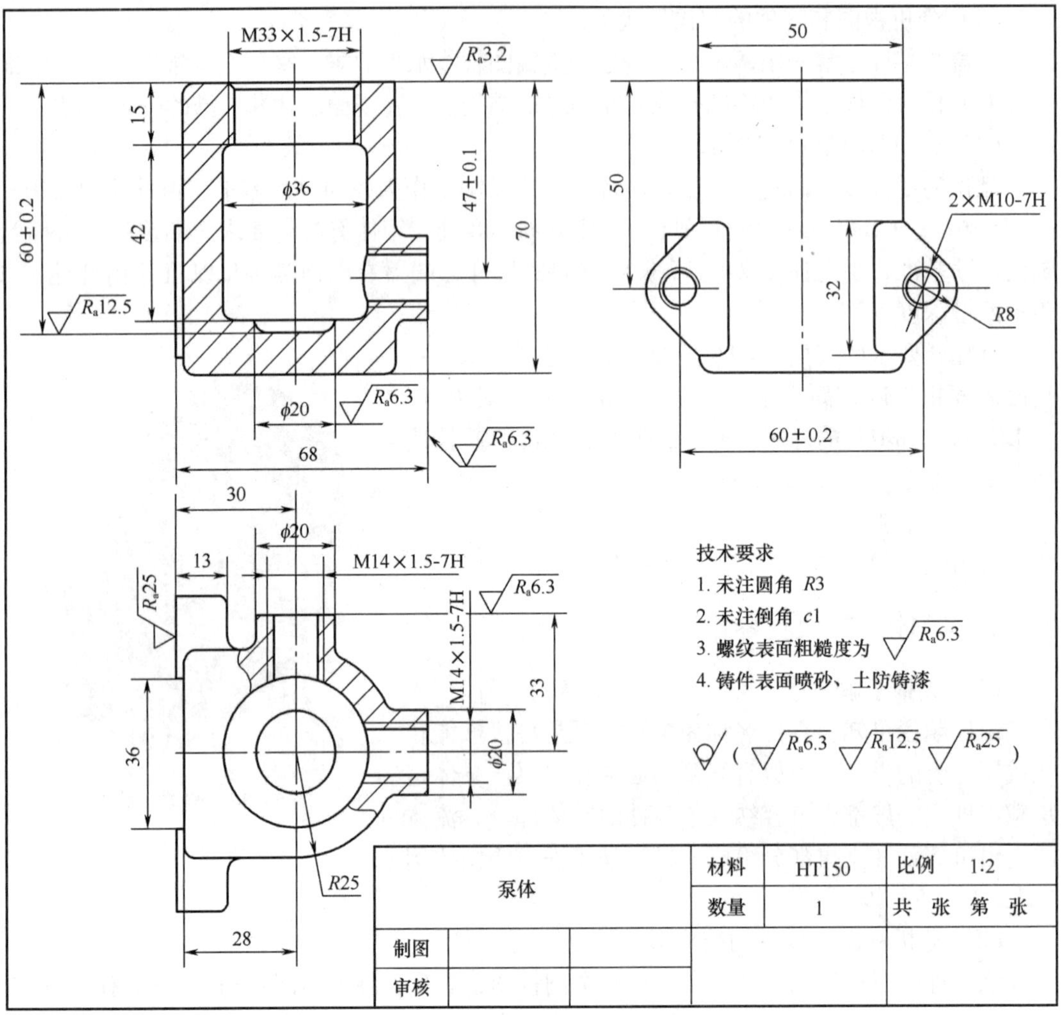

M33×1.5-7H
$R_a3.2$
15
42
60 ± 0.2
$\phi36$
47 ± 0.1
70
$R_a12.5$
$\phi20$
$R_a6.3$
$R_a6.3$
68
50
50
2×M10-7H
32
R8
60 ± 0.2
30
$\phi20$
13
M14×1.5-7H
R_a25
$R_a6.3$
M14×1.5-7H
33
36
$\phi20$
R25
28

技术要求

1. 未注圆角 R3
2. 未注倒角 c1
3. 螺纹表面粗糙度为 $R_a6.3$
4. 铸件表面喷砂、土防铸漆

($R_a6.3$ $R_a12.5$ R_a25)

泵体		材料	HT150	比例	1:2
		数量	1	共 张 第 张	
制图					
审核					

图 5－39　泵体零件图

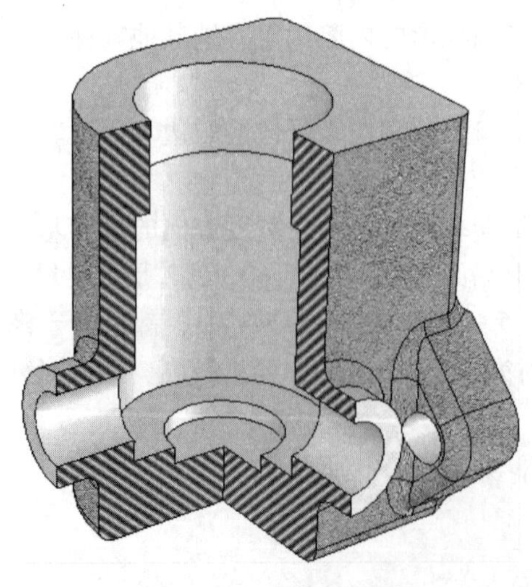

图 5－40　泵体立体图

思考题与习题

1. 填空。

①回转体类零件的主视图__________

a. 应选工作位置

b. 应选加工位置（轴线横放）

②选择投射方向时，应使主视图__________

a. 最能反映零件特征

b. 最容易绘制

③表达一个零件的视图的数目__________

a. 一般选三个视图，尽可能利用三个视图表达内外结构

b. 应在完整、清晰地表达零件内外结构的前提下，选最少的图形

④同一个零件的内形与外形，两个相邻零件的形状__________

a. 应当协调和呼应

b. 相互无关

⑤零件的结构形式__________

a. 与零件的功能和选用的材料密切相关

b. 不管是否满足功能要求，必须造型美观

2. 判断正误。

①零件图的主视图应选择稳定放置的位置（　　）。

②非回转体类零件的主视图一般应选择工作位置（　　）。

③在零件图的视图中，不可见部分一般用虚线表示（　　）。

④表达一个零件，必须画出主视图，其余视图和图形按需要选用（　　）。

⑤铸造零件应当壁厚均匀（　　）。

3. 分析装配图上的尺寸配合标注并填空，在对应的两个零件图上标出轴和孔的尺寸、公差及上下偏差。

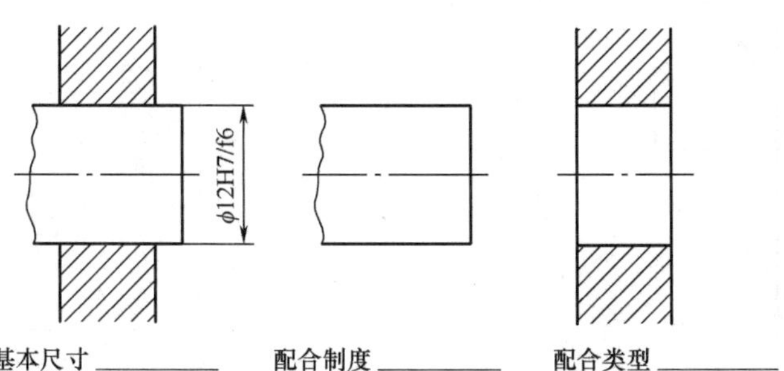

第 6 章　装配图

表达机器或部件的图样称为装配图。装配图可表达出机械或部件的工作原理、性能要求、零件之间的装配关系、零件的主要结构形状，以及在装配、检验时所需要的尺寸数据和技术要求。在设计新产品时，设计工程师通常都是首先绘制出整个机器的装配图，然后再拆画零件图。此外，在产品装配、调整、检验和维修时都需要用到装配图。

6.1　装配图的内容

装配图的主要作用是表达机器或部件的工作原理、性能要求、零件之间的相互位置关系和装配关系，是机器或部件设计、装配、调整、检验和维修的重要技术文件。如图 6－1 手动气阀装配图所示，装配图一般包括以下内容：

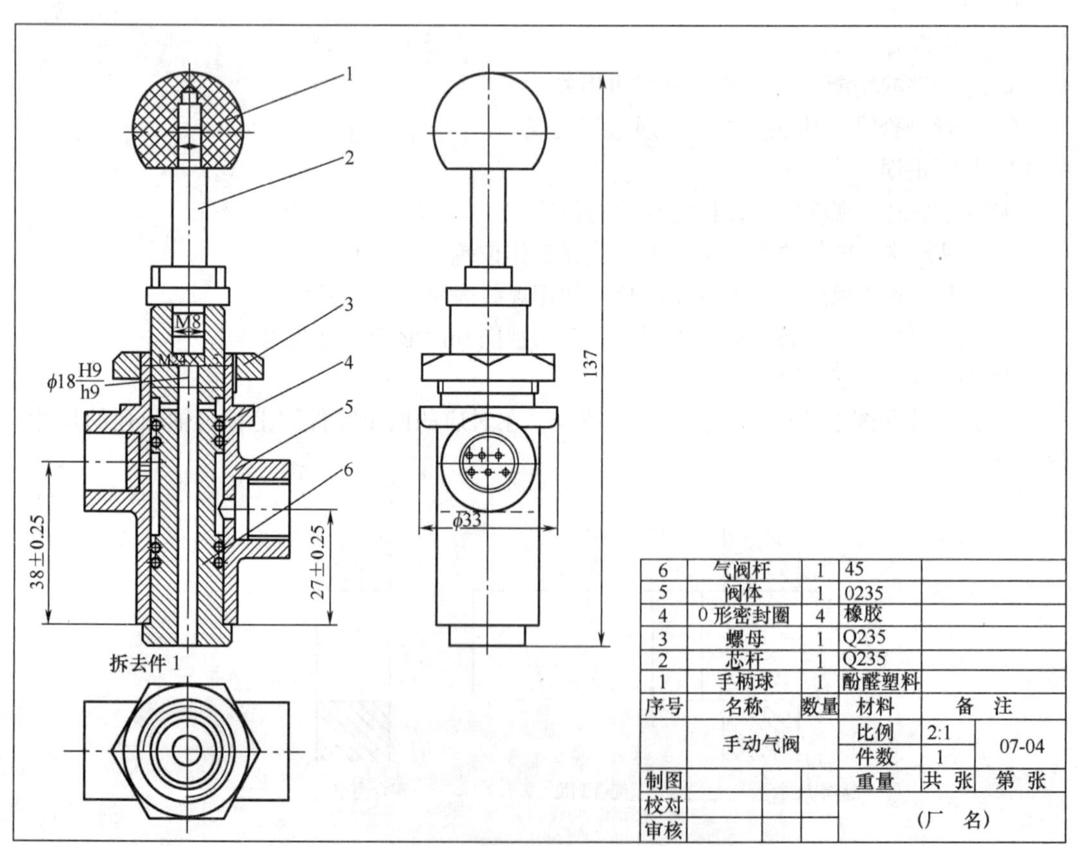

图 6－1　手动气阀装配图

①一组图形：用一组图形（包括剖视图、断面图等）表达机器或部件的工作原理、各

组成零件之间的相对位置、装配关系、连接方式和主要零件的结构形状等。

②必要的尺寸：标注出表示机器或部件的性能、规格、外形以及装配、检验、安装时必需的几类尺寸。

③技术要求：用文字或符号说明机器或部件的性能、装配、检验、运输、安装、验收及使用等方面的技术要求。

④零件序号和明细表：在装配图上对每种不同的零件编写序号，并在明细表中依次填写零件的序号、名称、数量、材料以及零件的国标代号等内容。

⑤标题栏：标题栏内填写机器或部件的名称、比例、图号以及设计、制图、校核人员名称等内容。

6.2　装配图的表达方法

在第4章提到的各种视图、剖视图、断面图等机件的表达方法都适用于装配图。但由于机器或部件是由若干个零件组成，装配图重点表达零件之间的装配关系、装配体的内外结构形状和工作原理等。国家标准《机械制图》对装配体的表达方法作了相应的规定，画装配图时应将机件的表达方法与装配体的表达方法结合起来，共同完成装配体的表达。

6.2.1　装配图的规定画法

装配图中为了明显区分每个零件，又要确切在表示出它们之间的装配关系，对装配图的画法作了如下的规定。

（1）接触面与配合面的画法

相邻两零件接触表面和配合面规定只画一条线，两个零件的基本尺寸不相同套装在一起时，即使它们之间的间隙很小，也必须画出有明显间隔的两条轮廓线（图6－2）。

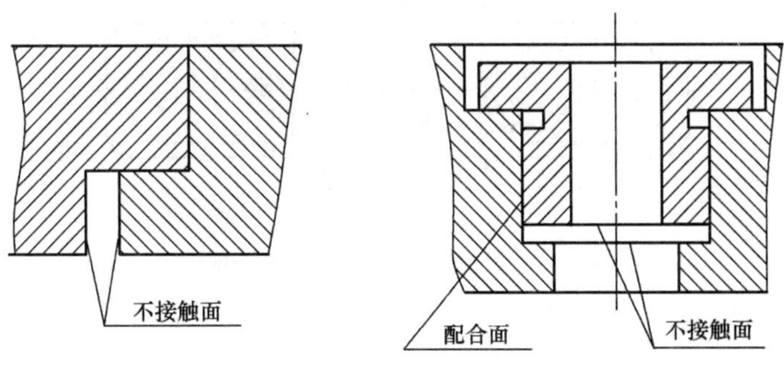

图6－2　装配图的规定画法（一）

（2）剖面线的画法

①同一零件的剖面线在各剖视图、断面图中应保持方向一致，间隔相等。

②两零件邻接时，不同零件的剖面线方向应相反，或者方向一致、间隔不等。

（3）紧固件和实心零件的画法

对于紧固件和实心零件（如螺钉、螺栓、螺母、垫圈、键、销、球及轴等），若剖切平面通过它们的轴线或对称平面时，则这些零件均按不剖绘制；需要时，可采用局部剖视图。当剖切平面垂直于这些紧固件或实心件的轴线剖切时，则这些零件应按剖视绘制（图6－3）。

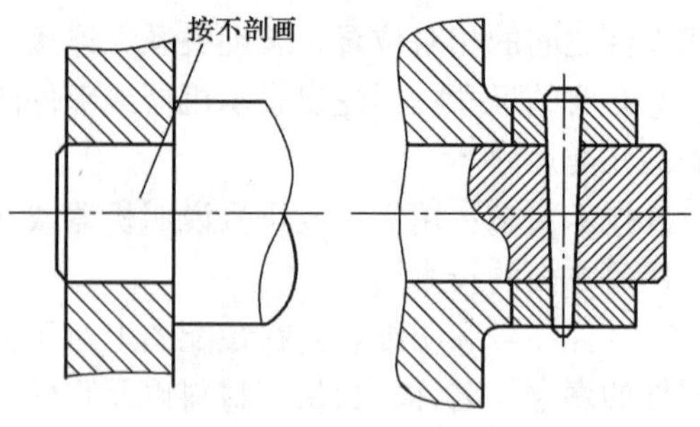

图6－3　装配图的规定画法（二）

6.2.2　装配图中的特殊表达方法

（1）沿结合面剖切和拆卸画法

假想沿某些零件的结合面剖切或假想将某些零件拆卸以后，绘出其图形，以表达装配体内部零件间的装配情况，需要说明时可加注“拆去××”，如图6－4中的俯视图，右半部分是采用沿轴承盖与底座的结合面剖开，拆去上面部分以后画出的。零件的结合面不画剖面线，被横向剖切的轴、螺栓或销等要画剖面线。图6－11球阀的左视图，采用的是拆卸画法。

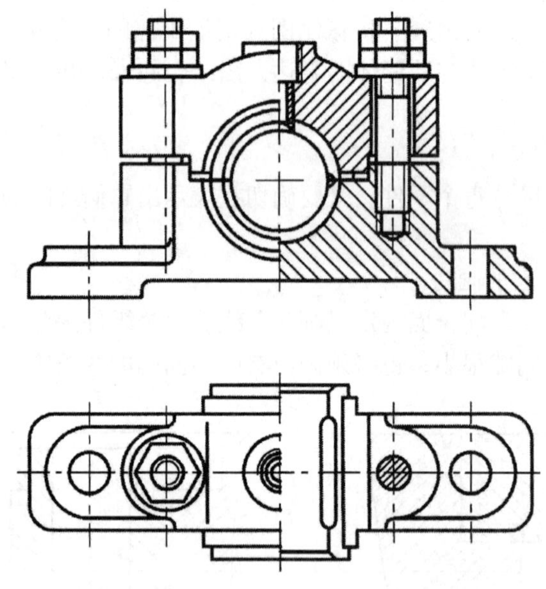
图6－4　滑动轴承－沿结合面剖切画法

（2）假想画法

为了表示运动零件的极限位置或部件相邻零件（或部件）的相互关系，可以用双点划线画出其轮廓，如图6－11球阀的俯视图中表示的扳手另一极限位置。

（3）夸大画法

对于直径或厚度小于2mm的较小零件或较小间隙，如薄片零件、细丝弹簧等，若按它们的实际尺寸在装配图中很难画出或难以明显表示时，可不按比例而采用夸大画法，如图6－11球阀的主视图中垫片5。

（4）简化画法

①装配图上若干个相同的零件组，如螺栓、螺钉的连接等，允许详细地画出一组，其

余只画出中心线位置。

②装配图上的零件工艺结构，如退刀槽、倒角、倒圆等，允许省略不画。

6.3　装配图中的尺寸标注

装配图不是制造零件的直接依据。因此，装配图中不需注出零件的全部尺寸，而只需标注出一些必要的尺寸，这些尺寸可分为以下几类：

（1）性能（规格）尺寸

表示机器或部件性能（规格）的尺寸。这类尺寸在设计时就已确定，是设计、了解和选用该机器或部件的依据，如图 6－11 球阀的管口直径 ϕ20。

（2）装配尺寸

由两部分组成，一部分是各零件间配合尺寸，如图 6－11 中的 ϕ50H11/h11 等尺寸。另一部分是装配有关零件间的相对位置尺寸，如图 6－11 左视图中的 49。

（3）外形尺寸

表示装配体外形轮廓大小的尺寸，即总长、总宽和总高。它为包装、运输和安装过程所占的空间提供了依据。如图 6－11 中球阀的总长、总宽和总高分别为 115 ±1.1、75 和 121.5mm。

（4）安装尺寸

机器或部件安装时所需的尺寸，如图 6－11 中主、左视图中的 84、54 和 M36 ×2－6g 等。

（5）其他重要尺寸

在设计中确定，又不属于上述几类尺寸的一些重要尺寸，如运动零件的极限尺寸、主体零件的重要尺寸等。

上述五类尺寸，并非在每一张装配图上都必须注全，有时同一尺寸可能有几种含义，如图 6－11 中的 115 ±1.1，它即是外形尺寸，又与安装有关。在装配图上到底应标注哪些尺寸，应根据装配体作具体分析后进行标注。

6.4　装配图中的序号和明细表

装为了便于读图、进行图样管理和做好生产准备工作，装配图中的所有零、部件必须编写序号，并填写明细表。

6.4.1　序号的编排方法

零、部件序号包括：指引线、序号数字和序号排列顺序。

（1）指引线

①指引线用细实线绘制，应从所指零件的轮廓线内引出，并在末端画一圆点，如图 6－5（a）所示。若所指零件很薄或为涂黑断面，可在指引线末端画出箭头，并指向该部分的轮廓，如图 6－5（b）所示。

②指引线的另一端可弯折成水平横线、细实线圆或为直线段终端。

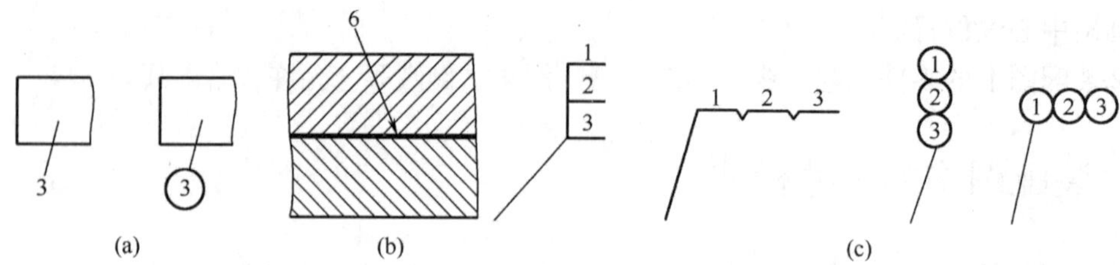

图6－5　指引线画法

③指引线相互不能相交，当通过有剖面线的区域时，不应与剖面线平行。必要时，指引线可以画成折线，但只允许曲折一次。

④一组紧固件或装配关系清楚的零件组，可采用公共指引线，如图6－5（c）所示。

（2）序号数字

①序号数字应比图中尺寸数字大一号或两号，但同一装配图中编注序号的形式应一致。

②相同的零、部件的序号应为一个序号，一般只标注一次。多次出现的相同零、部件，必要时也可以重复标注。

（3）序号的排列

在装配图中，序号可在一组图形的外围按水平或垂直方向顺次整齐排列，排列时可按顺时针或逆时针方向，但不得跳号，如图6－1所示。当在一组图形的外围无法连续排列时，可在其他图形的外围按顺序连续排列。

6.4.2　明细表

明细表是机器或部件中全部零件的详细目录，应画在标题栏上方，当位置不够用时，可续接在标题栏左方。明细栏外框竖线为粗实线，其余各线为细实线，其下边线与标题栏上边线重合，长度相等。

明细表中，零、部件序号应按自下而上的顺序填写，以便在增加零件时可继续向上画格。GB/T 10609.1—2008规定了标题栏和明细栏的统一格式。学校制图作业明细表可采用图6－6所示的格式。明细栏“名称”一栏中，除填写零、部件名称外，对于标准件还

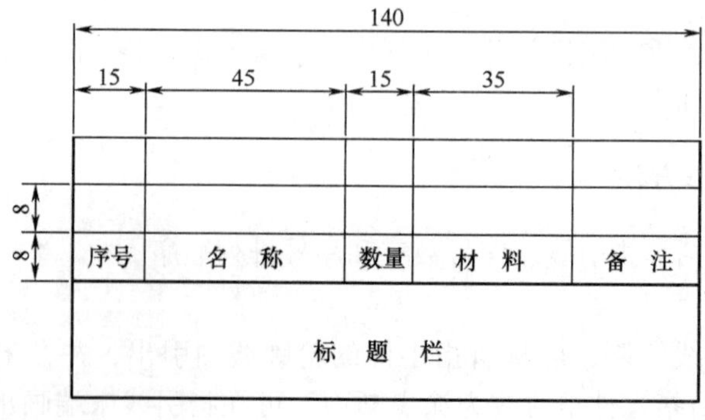

图6－6　推荐学校使用的明细表

应填写其规格，有些零件还要填写一些特殊项目，如齿轮应填写“$m=$”、“$z=$”。标准件的国标号应填写在“备注”中。

6.5　装配结构的合理性

在设计和绘制装配图时，应该考虑装配结构的合理性。

（1）轴和孔配合结构

要保证轴肩与孔的端面接触良好，应在孔的接触面制成倒角或在轴肩根部切槽（图6-7）。

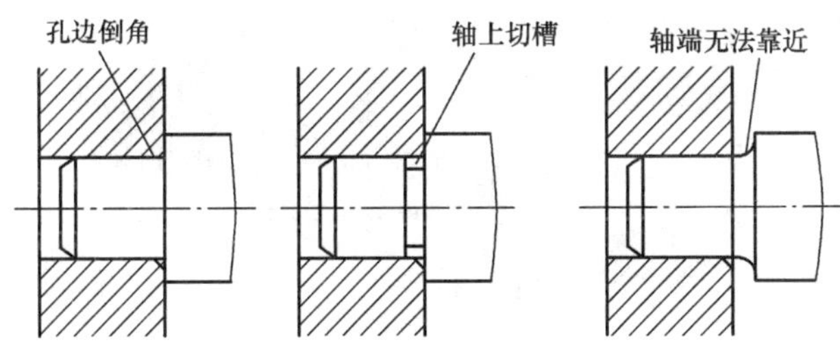

图6-7　轴孔配合的合理性

（2）接触面的数量

当两个零件接触时，在同一方向的接触面上，应当只有一个接触面，这样既可满足装配要求，制造也较方便（图6-8）。

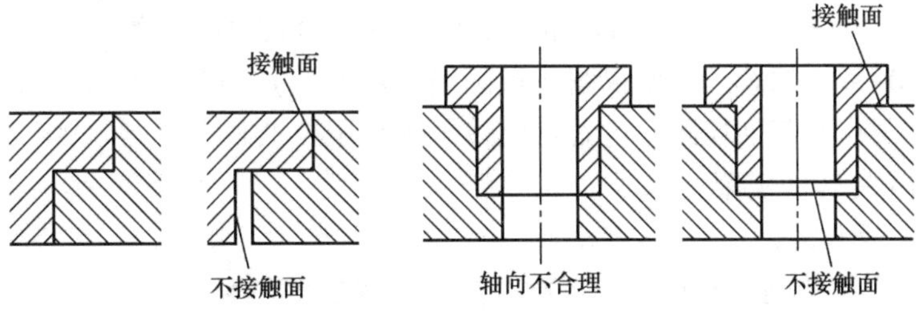

图6-8　接触面数量的合理性

6.6　画装配图

部件是由若干零件装配而成的，根据零件图及其相关资料，可以了解各零件的结构形状，分析装配体的用途、工作原理、连接和装配关系，然后按各零件图拼画成装配图。

本节以图6-9所示的球阀为例，介绍由零件图拼画装配图的方法和步骤。

（1）了解部件的装配关系和工作原理

球阀的装配关系是：阀体1与阀盖2上都带有方形凸缘结构，用四个螺柱6和螺母7

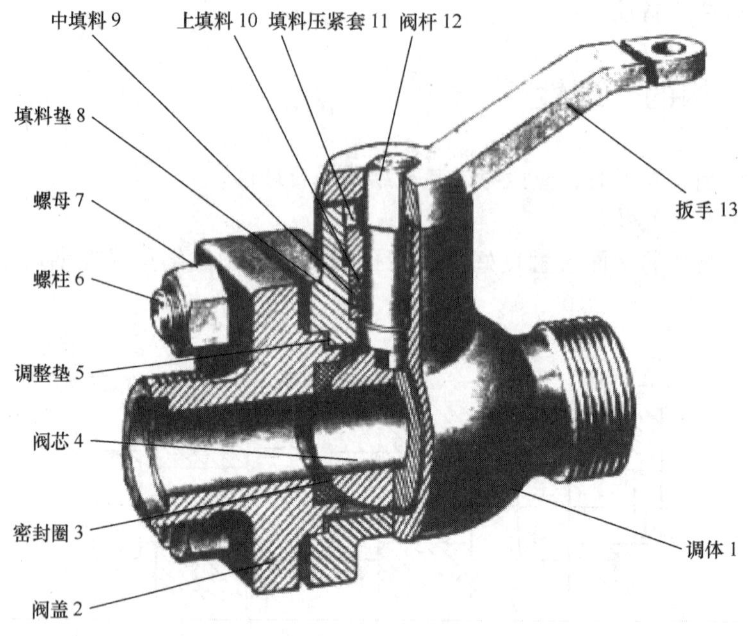

图 6 – 9　球阀

可将它们连接在一起，并用调整垫 5 调节阀芯 4 与密封圈 3 之间的松紧。阀体上部阀杆 12 上的凸块与阀芯上的凹槽榫接，为了密封，在阀体与阀杆之间装有填料垫 8、中填料 9 和上填料 10，并旋入填料压紧套 11。球阀的工作原理是：将扳手 13 的方孔套进阀杆 12 上部的四棱柱，当扳手处于如图 6 – 9 所示的位置时，阀门全部开启，管道畅通；当扳手按顺时针方向旋转 90°时（图 6 – 10 俯视图双点画线所示位置），则阀门全部关闭，管道断流。从俯视图上的 B – B 局部剖视图，可看到阀体 1 顶部限位凸块的形状（90°扇形），该凸块用来限制扳手 13 旋转的极限位置。

（2）确定表达方案

装配图表达方案的确定，包括选择主视图、其他视图和表达方法。

①选择主视图。一般将装配体的工作位置作为主视图的位置，以最能反映装配体装配关系、位置关系、传动路线、工作原理主要结构形状的方向作为主视图投射方向。由于球阀的工作位置变化较多，故将其置放为水平位置作为主视图的投射方向，以反映球阀各零件从左到右和从上向下的位置关系、装配关系和结构形状，并结合其他视图表达球阀的工作原理和传动路线。

②选择其他视图和表达方法。主视图不可能把装配体的所有结构形状全部表达清楚，应选择其他视图补充表达尚未表达清楚的内容，并选择合适的表达方法。如图 6 – 10 所示，用前后的对称的剖切平面剖开球阀，得到全剖的主视图，清楚地表达了各零件间的位置关系、装配关系和工作原理，但球阀的外形形状和其他的一些装配关系并未表达清楚。故选择左视图补充表达外形形状，并以半剖视进一步表达装配关系；选择俯视图并作 B – B 局部剖视，反映扳手与限位凸块的装配关系和工作位置。

（3）画装配图的方法和步骤

①确定了装配体的视图和表达方案后，根据视图表达方案和装配体的大小，选定图幅和比例，画出标题栏，明细栏框格。

②合理布图，画出各视图的主要轴线（装配干线）、对称中心线和作图基准线。

③画主要装配干线上的零件，采取由内向外（或由外向内）的顺序逐个画每一零件。

④画图时，从主视图开始，并将几个视图结合起来一起画，以保证投影准确和防止缺漏线。

⑤底稿画完后，检查描深图线、画剖面线、标注尺寸。

⑥编写零、部件序号，填写标题栏、明细栏、技术要求。

⑦完成全图后，再仔细校核，准确无误后，签名并填写时间。

图 6－10 为球阀装配图底稿的画图方法和步骤，图 6－11 为完成后的球阀装配图。

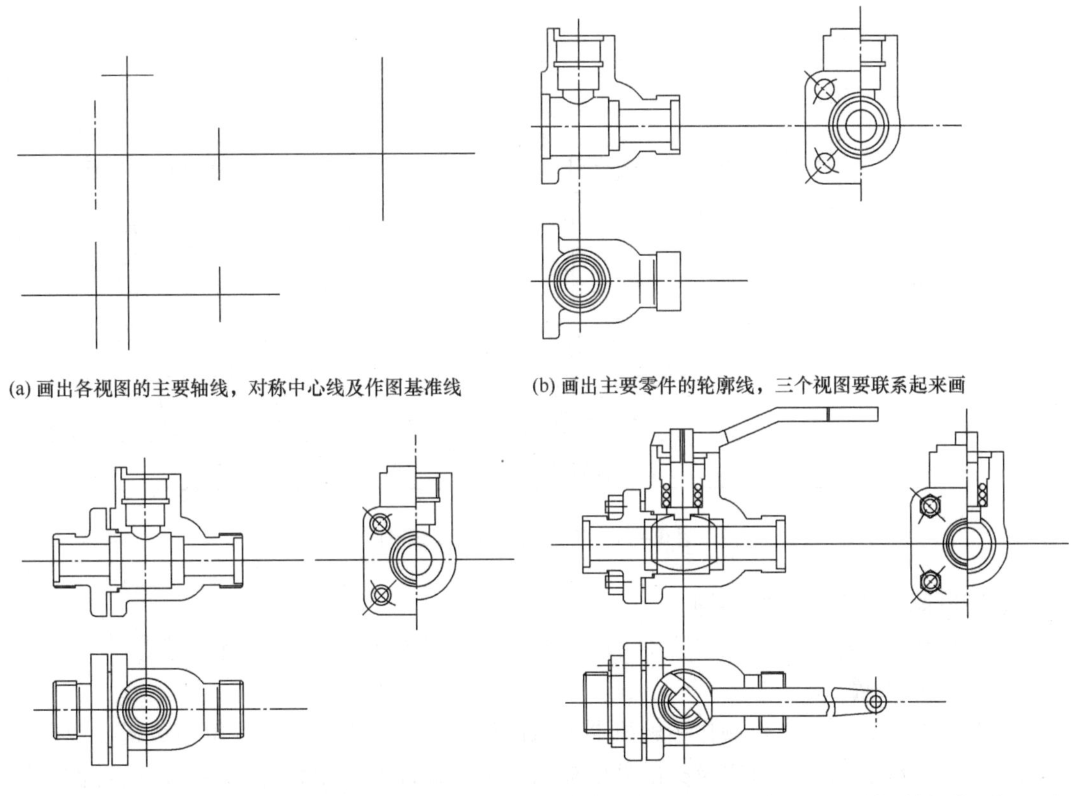

(a) 画出各视图的主要轴线，对称中心线及作图基准线

(b) 画出主要零件的轮廓线，三个视图要联系起来画

(c) 根据阀盖与阀体的相对位置画出三视图

(d) 画出其他零件在各视图中的投影：再将扳手极限位置情况画出

图 6－10　球阀装配图底稿的画图方法和步骤

6.7　读装配图

读装配图的目的是了解部件的作用和工作原理，了解各零件间的装配关系、拆装顺序及各零件的主要结构形状和作用，了解主要尺寸、技术要求和操作方法。在设计时，还要

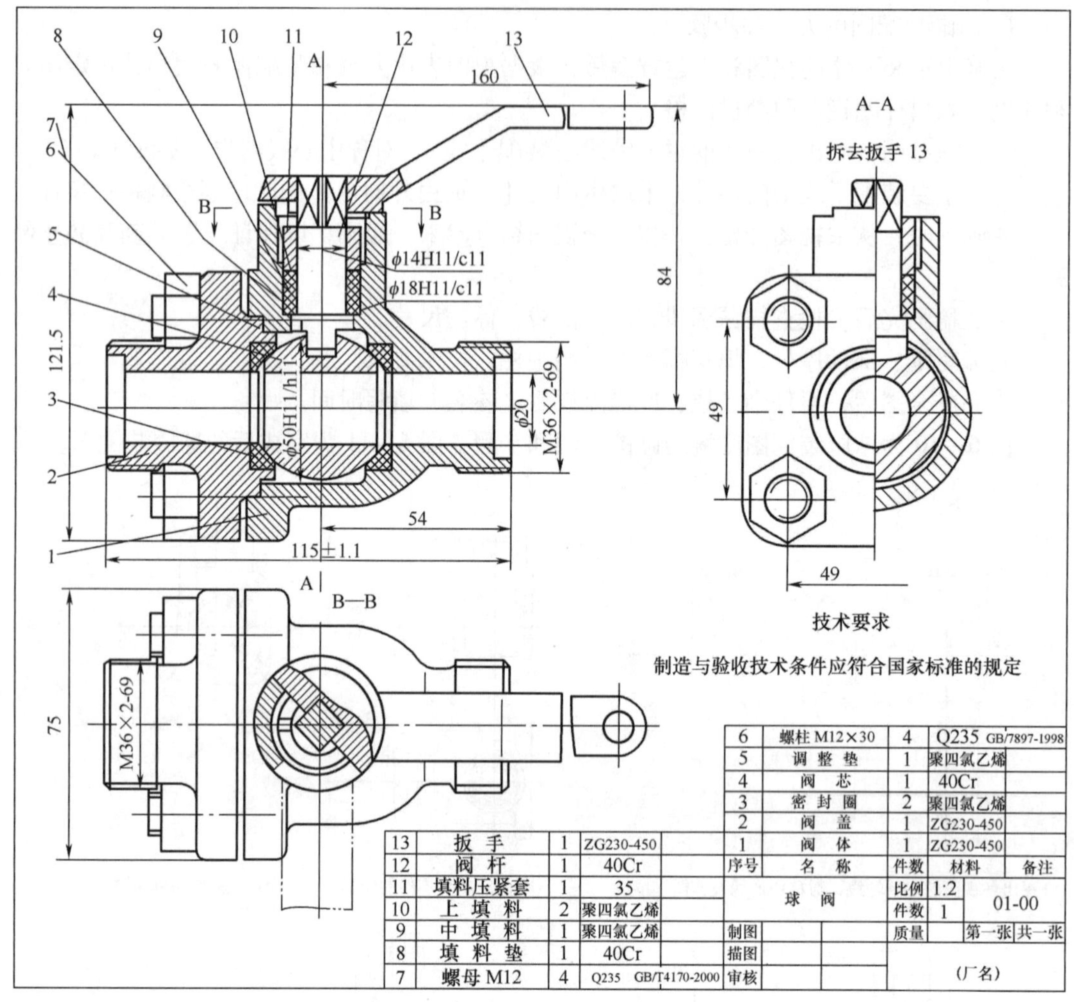

图 6－11　完成后的球阀装配图

根据装配图画出该部件的零件图。

以下以齿轮油泵的装配图（图 6－12）为例，介绍读装配图的方法和步骤。

（1）概括了解

读装配图时，首先由标题栏了解机器或该部件的名称；由明细栏了解组成机器或部件中各零件的名称、数量、材料及标准件的规格，估计部件的复杂程度；由画图的比例、视图大小和外形尺寸，了解机器或部件的大小；由产品说明书和有关资料，并联系生产实践知识，了解机器或部件的性能、功用等，从而对装配图的内容有一个概括的了解。

齿轮油泵是机器中用来输送润滑油的一个部件。对照零件序号和明细栏可知：齿轮油泵由泵体、左右端盖、运动零件（传动齿轮、齿轮轴等）、密封零件和标准件等 15 种零件装配而成，属于中等复杂程度的部件。三个方向的外形尺寸分别是 118、85、95mm，体积不大。

（2）分析视图

首先找到主视图，再根据投影关系识别其他视图的名称，找出剖视图、断面图所对应的剖切位置。根据向视图或局部视图的投射方向，识别出表达方法的名称，从而明确各视

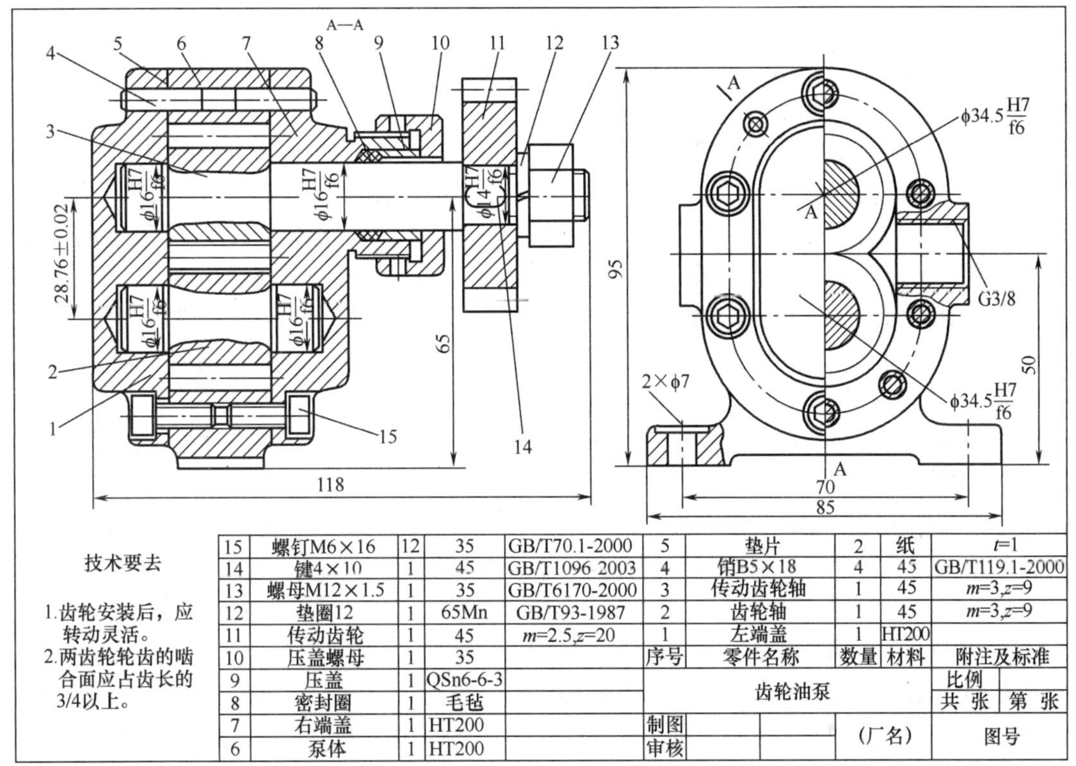

15	螺钉M6×16	12	35	GB/T70.1-2000	5	垫片	2	纸	t=1
14	键4×10	1	45	GB/T1096 2003	4	销B5×18	4	45	GB/T119.1-2000
13	螺母M12×1.5	1	35	GB/T6170-2000	3	传动齿轮轴	1	45	m=3,z=9
12	垫圈12	1	65Mn	GB/T93-1987	2	齿轮轴	1	45	m=3,z=9
11	传动齿轮	1	45	m=2.5,z=20	1	左端盖	1	HT200	
10	压盖螺母	1	35		序号	零件名称	数量	材料	附注及标准
9	压盖	1	QSn6-6-3		齿轮油泵				比例
8	密封圈	1	毛毡						共　张　第　张
7	右端盖	1	HT200		制图			（厂名）	图号
6	泵体	1	HT200		审核				

图 6－12　齿轮油泵装配图

图表达的意图和侧重点，为下一步深入看图作准备。

齿轮油泵采用两个基本视图表达。主视图采用全剖视图，反映了组成齿轮油泵的各个零件间的装配关系。左视图采用了沿垫片 5 与泵体 6 结合面处的剖切画法，产生了半剖视图，又在吸、压油口处画出了局部剖视图，清楚地表达了齿轮油泵的外形和齿轮的啮合情况。

（3）分析零件，读懂零件的结构形状

分析零件，就是弄清每个零件的结构形状及其作用。一般应先从主要零件入手，然后是其他零件。当零件在装配图中表达不完整时，可对有关的其他零件仔细观察和分析，然后再作结构分析，从而确定该零件的内外结构形状。

从装配图看出，泵体 6 的外形形状为长圆，中间加工成 8 字形通孔，用以安装齿轮轴 2 和传动齿轮轴 3；四周加工有两个定位销孔和六个螺孔，用以定位和旋入螺钉 15 并将左端盖 1 和右端盖 7 连接在一起；前后铸造出凸台并加工成螺孔，用以连接吸油和压油管道；下方有支承脚架与长圆连接成整体，并在支承脚架上加工有通孔，用以穿入螺栓将齿轮油泵与机器连接在一起。左端盖 1 的外形形状为长圆，四周加工有两个定位销孔和六个阶梯孔，用以定位和装入螺钉 15 将左端盖与泵体连接在一起；在长圆结构左侧铸造出长圆凸台，以保证加工支承齿轮轴 2、传动齿轮轴 3 的孔的几个深度；右端盖的右上方铸造出圆柱形结构，外表面加工螺纹，用以零件压紧螺母，内部加工成通孔以保证齿轮传动轴伸出，其他结构与左端盖相似。其他零件的结构形状请读者自行分析。

（4）分析装配关系和工作原理

对照视图仔细研究部件的装配关系和工作原理，是深入看图的重要环节。在概括了解装配图的基础上，从反映装配关系、工作原理明显的视图入手，找到主要装配干线，分析各零件的运动情况和装配关系；再找到其他装配干线，继续分析工作原理、装配关系、零件的连接、定位以及配合的松紧程度等。

泵体 6 是齿轮油泵中的主要零件之一，它的空腔中容纳了一对吸油和压油的齿轮。将齿轮轴 2、传动齿轮轴 3 装入泵体后，两侧有左端盖 1、右端盖 7 支承这一对齿轮轴的旋转运动。由销 4 将左、右端盖定位后，再用螺钉 15 将左、右端盖与泵体连接，为了防止泵体与端盖的结合面处和传动齿轮轴 3 伸出端漏油，分别用密封圈 8、压盖 9、压盖螺母 10 密封。齿轮轴 2、传动齿轮轴 3、传动齿轮 11 等是齿轮油泵中的运动零件。当传动齿轮 11 按逆时针方向（从左视图观察）转动时，通过键 14 将扭矩传递给传动齿轮轴 3，通过齿轮啮合带动齿轮轴 2，使齿轮轴 2 按顺时针方向转动。

齿轮油泵的主要功用是通过吸油、压油，为机器提供润滑油。当一对齿轮在泵体中作啮合传动时啮合区内右边空间的压力降低，产生局部真空，油池内的油在大气压力作用下进入油泵低压区的吸油口。随着齿轮的转动，齿槽中的油不断沿箭头方向被带到左边的压油口把油压出，送到机器需要润滑的部位。

根据零件在部件中的作用和要求，应注出相应的公差带代号。由于传动齿轮 11 要通过键 14 传递扭矩并带动传动齿轮轴 3 转动，因此需要定出相应的配合。在图中可以看到，它们之间的配合尺寸是 ϕ14H7/s6，是基孔制的过盈配合，轴孔之间决不能有相对运动；齿轮轴 2 和传动齿轮轴 3 与左、右端盖的配合尺寸是 ϕ16H7/f6，是基孔制的间隙配合，允许轴相对孔旋转；齿轮轴 2 和传动齿轮轴 3 的齿顶圆与泵体 7 内腔的配合尺寸是 ϕ34.5H7/f6，是基孔制的间隙配合，允许齿轮相对泵体孔旋转。

尺寸 28.76 ±0.02 是齿轮轴 2 和传动齿轮轴 3 的中心距，准确与否将直接影响齿轮的啮合传动。尺寸 65 是传动齿轮轴线离泵体安装面的高度尺寸。这两个尺寸分别是设计和安装所要求的尺寸。吸、压油口的尺寸 G3/8 表示尺寸代号为 3/8 的非螺纹密封的管螺纹。两个螺栓之间的尺寸 70 表示齿轮油泵与机器连接时的安装尺寸。

（5）由装配图拆画零件图

由装配图拆画零件图是设计过程中的重要环节，也是检验看装配图和画零件图能力的一种常用方法。拆画零件图前，应对所拆零件的作用进行分析，然后把该零件从与其组装的其他零件中分离出来。分离零件的基本方法是：首先在装配图上找到该零件的序号和指引线，顺着指引线找到该零件；再利用投影关系、剖面线的方向找到该零件在装配图中的轮廓范围。经过分析，补全所拆画零件的轮廓线。有时，还需要根据零件的表达要求，重新选择主视图和其他视图。选定或画出视图后，采用抄注、查取、计算的方法标注零件图上的尺寸，并根据零件的功用注写技术要求，最后填写标题栏。

现以拆画泵体 6 的零件图为例进行分析。拆画零件图时，先在装配图上找到泵体 6 的序号和指引线，再顺着指引线找到泵体 6，并利用“高平齐”的投影关系找到该零件在左视图上的投影关系，确定零件在装配图中的轮廓范围和基本形状。在装配图的主视图上，由于泵体的一部分轮廓线被其他零件遮挡，因此分离出来的是一幅不完整的图形，如图 6－13 所示。经过想象和分析，可得出泵体的立体形状，如图 6－14 所示。从装配图的主视图中拆画出的泵体 6 的图形，反映了泵体的工作位置，并表达了各部分的主要结构形状，仍可作为零件图的主视图。因为泵体属于壳体类零件，一般需要用三个视图表达内外结构形状。因此，当泵体的主视图和左视图确定后，还需要补充俯视图辅助完成尚未表达清楚的底板外形。

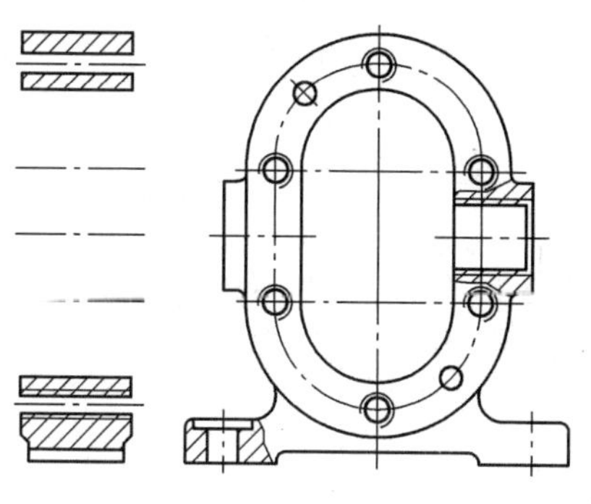

图 6－13　分离出的泵体图

图 6－14　泵体立体图

在图中按零件图的要求标注出尺寸和技术要求，有关的尺寸公差和螺纹的标记是根据装配图中已有的要求抄注的，内六角圆柱头螺钉孔的尺寸可在有关标准中查找，最后填写标题栏。图 6－15 是最终的泵体零件图。

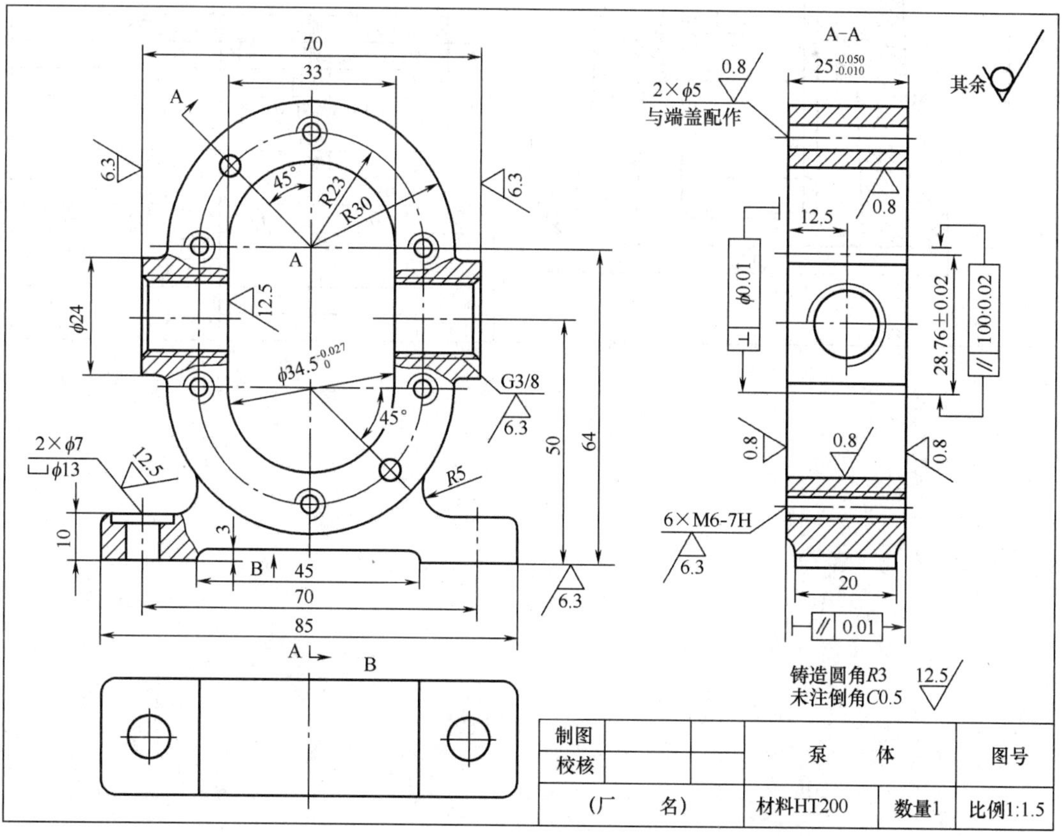

制图			泵　　体		图号
校核					
（厂　　名）			材料HT200	数量1	比例1:1.5

铸造圆角$R3$
未注倒角$C0.5$

图 6－15　泵体零件图

思考题与习题

读螺旋千斤顶装配图，拆画零件 3.

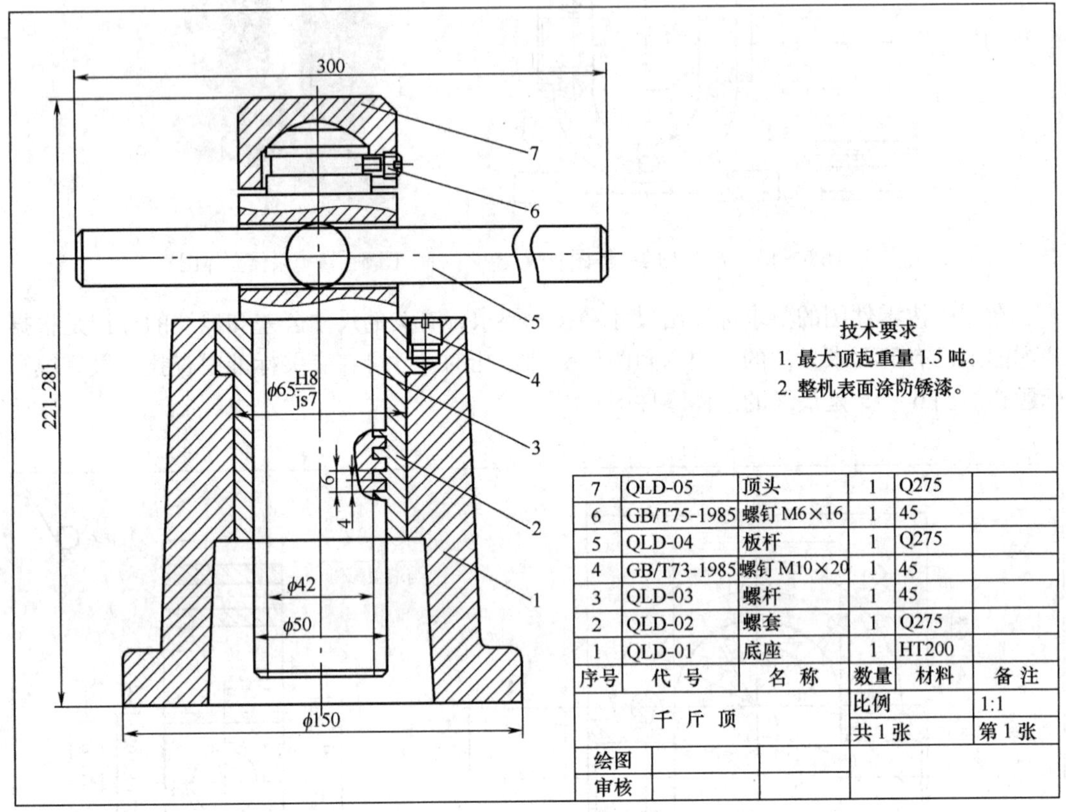

序号	代 号	名 称	数量	材料	备 注
7	QLD-05	顶头	1	Q275	
6	GB/T75-1985	螺钉 M6×16	1	45	
5	QLD-04	板杆	1	Q275	
4	GB/T73-1985	螺钉 M10×20	1	45	
3	QLD-03	螺杆	1	45	
2	QLD-02	螺套	1	Q275	
1	QLD-01	底座	1	HT200	

千 斤 顶			比例	1:1
			共 1 张	第 1 张
绘图				
审核				

第二篇　构件的受力分析、变形和常用材料

机械在工作的过程中，构件和零件将会受到力的作用，在力的作用下，零件会发生破坏，因此导致机器不能正常工作，丧失工作能力，通常称作失效。为使机器零件能在规定时间内和规定工作条件下正常工作，通常设计机械零件时必须满足强度（零件在载荷作用下抵抗破坏的能力）、刚度（零件在载荷作用下抵抗弹性变形的能力）和稳定性（零件在载荷作用下抵抗失稳的能力）的要求。在满足零件的强度、刚度等条件下，通过正确的受力分析，选择合适的材料，从而确定出合理的几何形状和尺寸，保证机器的正常运转。本篇主要涉及零件的受力分析、各种基本变形和常用的工程材料等基本内容，为后续的学习奠定必要的基础。

第 7 章　构件的受力分析和平衡条件

任何机械和构件在工作时都要受到力的作用，因此要保证机构和构件正常工作，必须分析作用在机构和构件上力的情况及平衡问题。本章的学习将为后续内容的学习和掌握奠定基础，并用于解决工程技术中的许多问题。

7.1　静力学基础知识

静力学的基本概念、公理及物体的受力分析是静力学的基础。本节主要介绍基本概念及静力学公理，阐述工程中常见的约束和约束反力，并介绍物体的受力分析及受力图。

7.1.1　静力学基本概念及公理

7.1.1.1　静力学基本概念

（1）力的概念

力是物体间的相互机械作用，这种作用能使物体的运动状态发生变化或使物体变形。使物体运动状态发生变化的效应称为力的外效应，使物体变形的效应称为力的内效应。

力对物体的作用有三个要素，即：①力的大小；②力的方向；③力的作用点。力的大小表示机械作用的强弱，可以根据力效应的大小加以测定，在国际单位制中，力的单位为牛顿（N）。力的方向是力作用的方位和指向；力的作用点是力作用的位置。

力是矢量。可以用有向线段表示力的三要素，有向线段的长度表示力的大小，箭头表

示力的方向，线段的起点或终点表示力的作用点，线段所在直线称为力的作用线。

代表矢量的字母用加粗的斜体字母表示（例如 $\boldsymbol{F}$）或用带箭头的字母表示（例如$\vec{F}$），如图 7－1 所示。

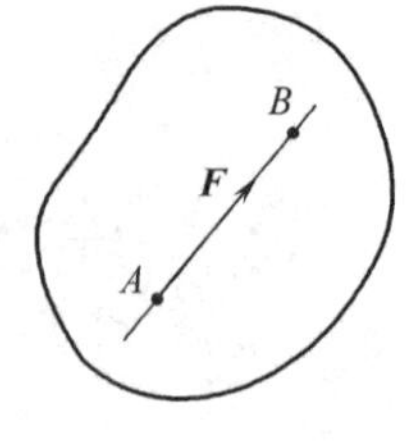

图 7－1　力的表示法

（2）刚体和平衡的概念

刚体指受力后不变形的物体，是物体的理想化力学模型。实际物体在力的作用下都产生或大或小的变形。当研究力的外效应时，可以忽略变形的影响，而将物体看成是刚体；当研究力的内效应时，物体变形不可忽略，必须将物体看成变形体。

平衡指物体相对于地球保持静止或匀速直线运动的状态。平衡是机械运动中的一种特殊状态。在静载荷作用下的工程结构（如桥梁、起重机、水坝等），常见的机械构件（如轴、齿轮、螺栓、机架等）以及手动工具和低速机械等，它们在工作时大多处于平衡状态或可以近似地看作平衡状态。

（3）相关的一些概念

①力系：作用在物体上的一组力。

②等效力系：若作用在物体上的力系可以用另一力系来代替而不改变它对物体的作用效果，则这两个力系称为等效力系。

③平衡力系：若物体在某力系作用下保持平衡，则称此力系为平衡力系。

④合力与分力：若一个力与某一个力系等效，则该力称为这个力系的合力，这个力系中的各个力称为该合力的分力。

⑤力系的合成：用简单的力系等效替代复杂的力系称为力系的合成（或简化）。

7.1.1.2　静力学基本公理

（1）公理 1——两力平衡公理

作用于同一个刚体上的两个力，使刚体处于平衡的必要充分条件是：这两个力大小相等、方向相反，作用线在同一直线上。

公理 1 阐明了由两个力组成的最简单力系的平衡条件，是力系作用下刚体平衡条件的基础。

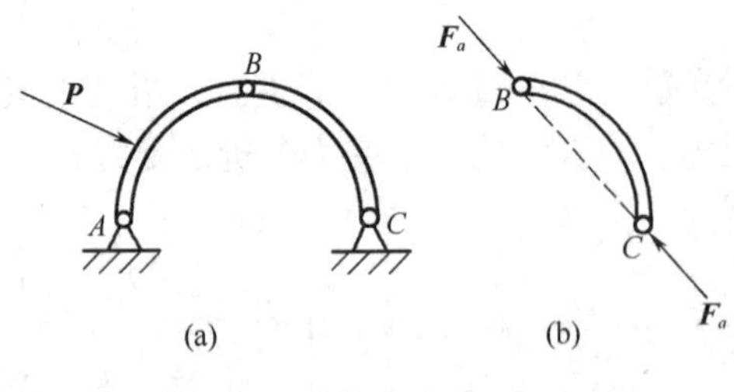

图 7－2　二力构件实例

只受两个力作用而平衡的刚体，称为二力杆（或二力体、二力构件）。根据公理 1，二力杆的两个力作用线必定沿着两个力作用点的连线，且大小相等、方向相反。如图 7－2（a）所示，矿井巷道支撑的三铰拱，当不计自重时，构件 BC 就是二力杆。其受力如图 7－2（b）所示。

（2）公理 2——加减平衡力系公理

在某一力系上加上或减去任意的平衡力系后与原力系等效。

这个公理一般被用来简化某一已知力系。

（3）推论 1——力的可传性

作用于刚体上的力，可以沿其作用线移至刚体上任意一点，而不改变它对刚体的作用效应。

应该注意，力的可传性原理只适用于刚体，而不适用于变形体。

（4）公理 3——力的平行四边形法则

作用于刚体上同一点 A（或作用线交于点 A）的两个力 $\boldsymbol{F}_1$、$\boldsymbol{F}_2$，可以合成为一个力 $\boldsymbol{F}_R$，这个力 $\boldsymbol{F}_R$ 称为 $\boldsymbol{F}_1$、$\boldsymbol{F}_2$ 的合力。合力的大小、方向和作用线用这两个力为邻边所组成的平行四边形的对角线来决定，即

$$\boldsymbol{F}_R = \boldsymbol{F}_1 + \boldsymbol{F}_2 \tag{7-1}$$

这个公理给出了最简单力系的合成规律，也是复杂力系合成的基础。同时，将也是一个力分解的法则。

（5）推论 2——三力平衡汇交定理

如果刚体在三个力的作用下处于平衡，若其中两个力的作用线交于一点，则第三个力的作用线必通过该点且三个力共面。

（6）公理 4——作用力与反作用力公理

两物体间相互作用的力，总是大小相等、方向相反、沿同一直线，分别作用在相互作用的两个物体上。

7.1.2　约束与约束反力

7.1.2.1　基本概念

在空间的位移不受限制的物体称为自由体，例如空中的气球和飞行中的火箭等。位移受到限制的物体称为非自由体。例如机车受铁轨的限制，只能沿轨道运动；置于桌上的书不可能向下运动；电机转子受轴承的限制，只能绕轴线转动等。对非自由体的某些位移起限制作用的周围物体（或条件）称为约束。例如上述例子中，铁轨对于机车，桌面对于书，轴承对于电机等，都是约束。从力学的角度来看，约束对物体位移的限制作用实际上就是力。约束作用于被约束物体的力称为约束力（或约束反力）。

不是约束反力的力（例如重力）都称为主动力。主动力能主动地改变物体的运动状态，它的大小和方向不直接依赖于作用在物体上的其他力。与主动力不同，约束反力由作用在物体上的其他力决定，故约束力又称约束反力或反力。

约束反力的大小要根据平衡条件确定，约束反力的方向总是与约束所能阻碍的位移方向相反，约束反力的作用点在约束与被约束物体的接触点。

7.1.2.2　工程中常见的约束及其约束力

下面介绍几种工程中常见的约束类型及其约束反力的方向。

（1）柔性体约束

由绳子、链条、皮带、钢丝等柔性体构成的约束称为柔性体约束，由于柔性体的性质，其约束只能阻止物体沿柔性体伸长的方向而不能阻止其他任何方向的位移。所以柔性体的约束反力是沿着柔性体的拉力，通常用符号 $\boldsymbol{F}$ 或 $\boldsymbol{F}_T$、$\boldsymbol{T}$ 表示。带传动系统，上下两段皮带对两轮的约束反力为 $\boldsymbol{F}_1$、$\boldsymbol{F}'_1$ 和 $\boldsymbol{F}_2$、$\boldsymbol{F}'_2$，它们的方向沿着皮带（与轮相切）而背离皮带轮，如图 7－3 所示。

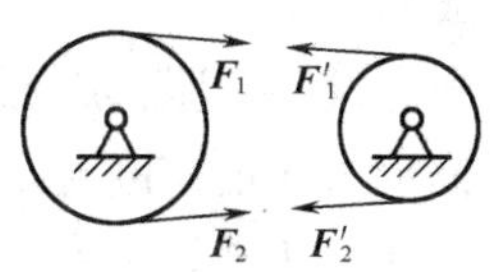

图 7－3　皮带的约束力

(2) 理想光滑接触面约束

若物体与约束接触面间的摩擦可以略去不计时，这样的约束称为理想光滑接触面约束。由于不计摩擦，这种约束不能阻碍物体沿接触面切线方向的位移，只能阻碍物体沿着接触点公法线且指向约束内部的位移。所以，理想光滑接触面的约束反力必定沿着接触面的公法线而指向被约束物体。通常用符号 $\boldsymbol{F}_N$ 或 $\boldsymbol{N}$ 表示。

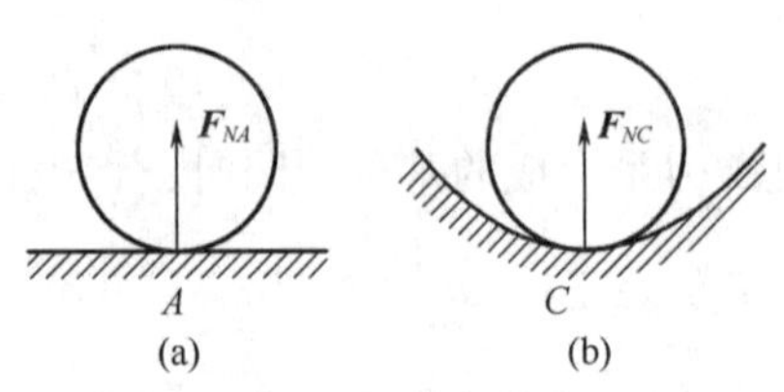

图 7-4　光滑接触面约束力

如图 7-4 (a) 所示，在车轮与钢轨接触时，若不计钢轨的摩擦，则钢轨可视为光滑接触面约束，其约束反力 $\boldsymbol{F}_{NA}$ 沿公法线且垂直向上。如图 7-4 (b) 所示，若接触面为曲面，约束反力 $\boldsymbol{F}_{NC}$ 沿公法线且垂直向上。

啮合齿轮的齿面约束（如图 7-5 所示），凸轮曲面对顶杆的约束（如图7-6 所示）等都属于这类约束。

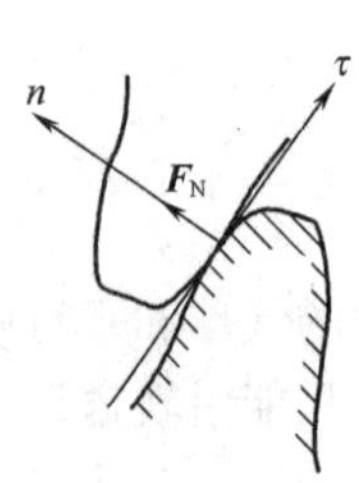

图 7-5　齿面约束力

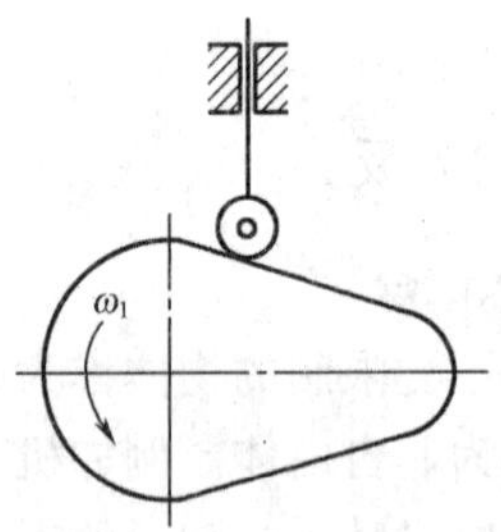

图 7-6　凸轮曲面约束

(3) 光滑圆柱铰链约束

如图 7-7 所示，两个构件 A 和 B 的连接是通过圆柱销子 C 来实现的，它使构件只能绕销轴转动，这样的约束称为圆柱铰链约束。这类约束只能限制构件沿垂直于销子轴线方向的相对位移。若将销子与销孔间的摩擦略去不计，则称为光滑圆柱铰链约束。

由于销子与销孔之间实际上是两个圆柱面接触，当接触面光滑时，约束反力必定沿接触点的公法线且通过铰链圆孔中心。因此，光滑圆柱铰链的约束反力在垂直于销子轴线的平面内并通过圆心。但因为接触点的位置不能预先确定，故约束反力的方向［如图 7-8 (a) 所示中以 α 角表示］未定。为计算方便，约束反力一般用通过构件被约束处圆孔中心 O 的两个垂直分力 $\boldsymbol{F}_x$ 和 $\boldsymbol{F}_y$ 表示，如图 7-8 (b) 所示。

生活实际中的门窗活页（又称合叶）就是铰链约束的实例。工程中常见的几种以铰链约束构成的支座：

①固定铰链支座：用圆柱铰链连接的两个构件，如果其中有一个固接于地面或机器上，则称它为固定铰链支座，如图 7-9 (a) 所示，其简图如图 7-9 (b) 所示。铰链支座的约束反力在垂直于圆柱销轴线的平面内并通过物体被约束处的圆孔中心，方向待定，通常用两正交分力 $\boldsymbol{F}_x$、$\boldsymbol{F}_y$ 表示，如图 7-9 (c) 所示。

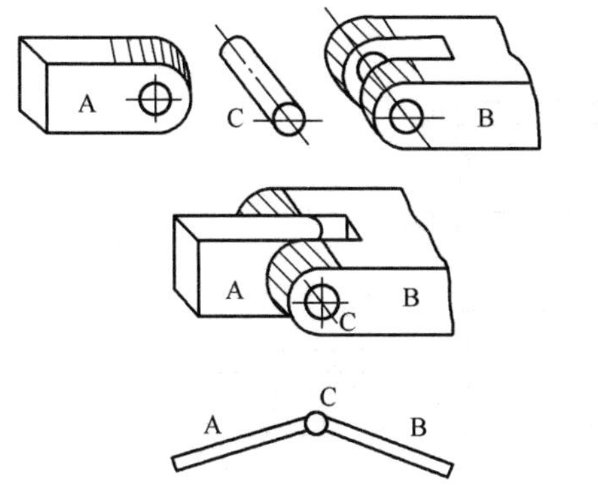

图7－7　光滑圆柱铰链约束结构及简图

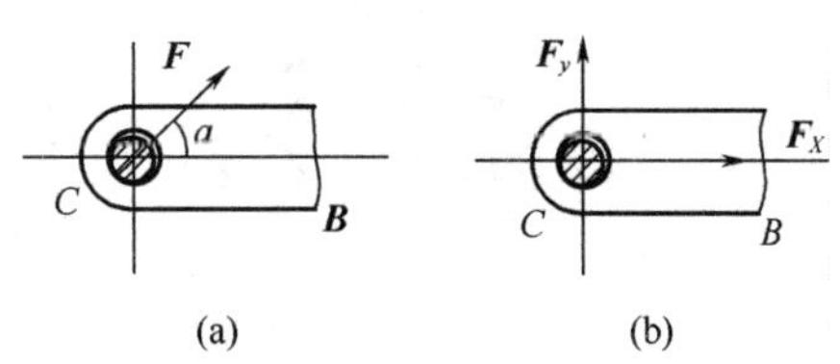

图7－8　光滑圆柱铰链约束力

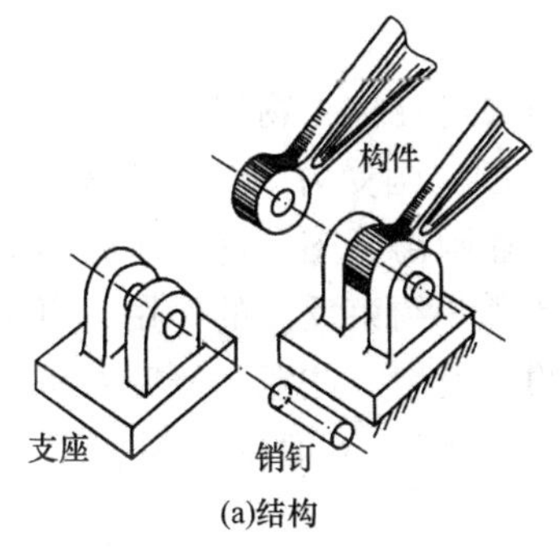

(a)结构

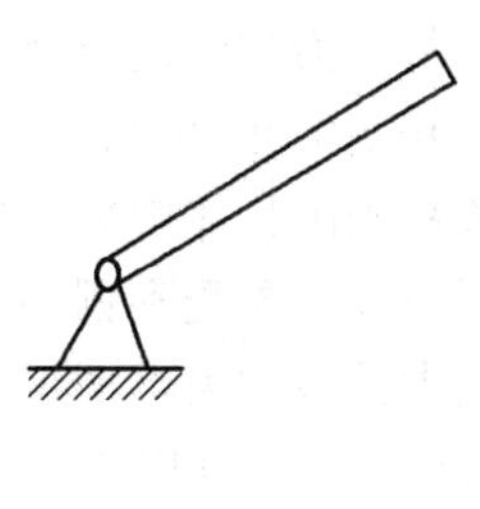

(b)简图

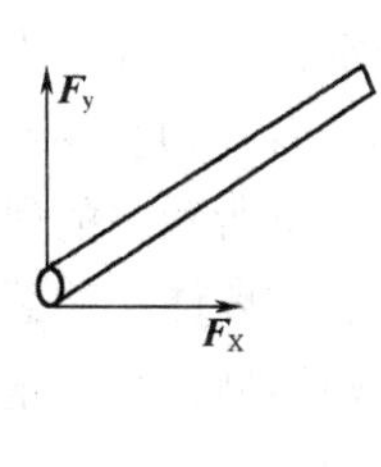

(c)约束力

图7－9　固定铰链支座

如图7－10（a）所示的向心轴承（径向轴承），其简图如图7－10（b）所示，它对轴的约束与固定铰链约束相似，其约束反力也可用两正交分力表示，如图7－10（c）所示。

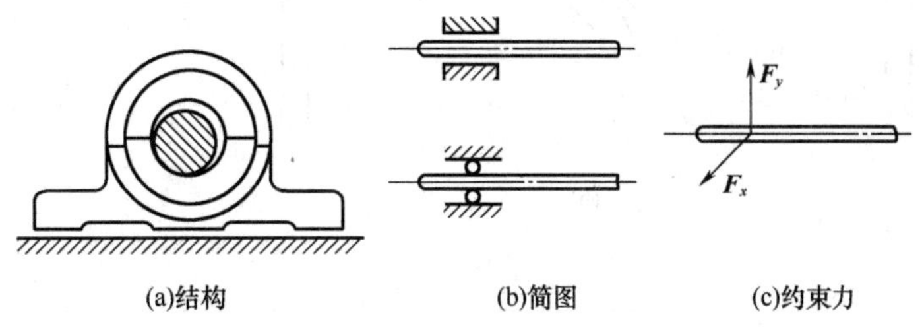

(a)结构　(b)简图　(c)约束力

图7－10　向心轴承

②滚动铰链支座（活动铰链支座）：如果在铰链支座和光滑支承面之间用几个辊轴或滚柱连接，就构成滚动铰链支座，如图7－11（a）所示，其简图如图7－11（b）所示。这类支座不能限制被约束物体沿光滑支承面切线方向的移动，只能限制构件沿垂直于支承面法向的移动，因而滚动铰链支座类似于理想光滑面，约束反力的方向垂直于支承面且过

物体被约束处圆孔中心，通常以符号 $\boldsymbol{F}_N$ 或 $\boldsymbol{N}$ 表示，如图 7-11（c）所示。

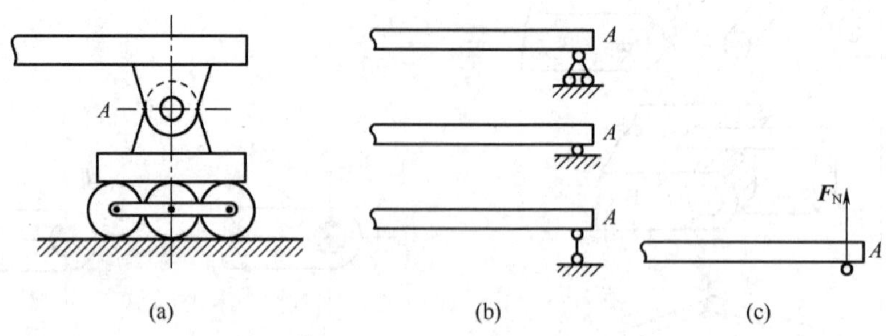

图 7-11 滚动铰链支座
（a）结构 （b）简图 （c）约束力

7.1.3 物体的受力分析和受力图

确定物体受几个力作用，每个力的作用点及作用方向的过程称为物体的受力分析。表示物体受力（包括主动力与约束力）的简明图形称为受力图。画受力图时首先必须明确研究对象，将所确定的研究对象从周围物体中分离出来，单独画出简图，这个步骤叫取研究对象或取分离体；然后，分析研究对象受到哪些主动力和哪些约束反力的作用，每个约束又属何种类型，画出全部主动力并按约束类型正确画出约束反力。注意，研究对象既可以是一个物体或者几个物体的组合，也可以是整个的物体系统。下面举例说明受力图的画法。

例 7-1：如图 7-12（a）所示，直杆 AB 与曲杆 CD 在 D 处用铰链连接，B 和 C 均为固定铰链支座。在 A 端受力 $\boldsymbol{F}$。如不计杆重，试画出杆 AB 和杆 CD 的受力图。

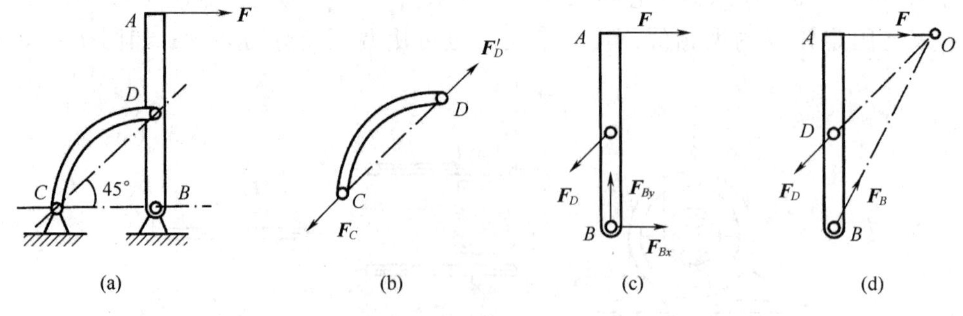

图 7-12 受力图

画受力图的步骤如下：

①确定研究对象，并画出分离体简图。研究对象可以是一个物体或者几个物体的组合，也可以是整个物体系统。

②进行受力分析，画出受力图。首先画出主动力，再根据约束类型，画出相应的约束反力。

解：（1）画 CD 杆的受力图

①先取构件CD为研究对象，将它分离出来，画其简图。

②受力分析：考虑到构件CD的受力特点（不考虑重力），可判断CD为二力杆，它所受的力$\boldsymbol{F}_C$、$\boldsymbol{F}'_D$的作用线应沿C、D两点的连线。

③画出CD的受力图，如图7-12（b）所示。

（2）画AB杆的受力图

①取AB杆为研究对象，将其单独画出。

②受力分析：AB杆在A点受主动力$\boldsymbol{F}$作用，B处受固定铰链支座的约束反力，可用正交分量$\boldsymbol{F}_{B_x}$和$\boldsymbol{F}_{B_y}$表示，D处受固定铰链的约束反力$\boldsymbol{F}'_D$，且$\boldsymbol{F}_D$与$\boldsymbol{F}'_D$是作用力与反作用力的关系。

③画出主动力：$\boldsymbol{F}$。

④画约束力：B、D处的约束反力$\boldsymbol{F}_{B_x}$、$\boldsymbol{F}_{B_y}$及$\boldsymbol{F}_D$，AB杆受力如图7-12（c）所示。

如果对AB杆受力作进一步分析思考，可知B点的约束力$\boldsymbol{F}_{B_x}$和$\boldsymbol{F}_{B_y}$可合成为一个力，因而AB杆是受三个不平行的力作用而平衡，根据三力平衡汇交定理可确定约束反力$\boldsymbol{F}_B$的作用线应过$\boldsymbol{F}$和$\boldsymbol{F}_C$交点O，故也可画出AB杆的受力图，如图7-12（d）所示。

7.2　平面力系

为了方便研究，常将力系按各力的作用线是否交于一点分为汇交力系和一般（任意）力系。按力系中各力的作用线是否在同一平面，将力系分为平面力系和空间力系。力系中各力的作用线在一个平面内的力系称为平面力系。否则称为空间力系。平面力系是工程中最主要和常见的力系，本节主要介绍两个基本问题：平面力系的合成和平面力系的平衡条件。

7.2.1　平面汇交力系

平面汇交力系是各力的作用线都在同一平面内且汇交于一点的力系。如图7-13所示，钢架的角支撑板，承受$\boldsymbol{F}_1$、$\boldsymbol{F}_2$、$\boldsymbol{F}_3$、$\boldsymbol{F}_4$四个力的作用，这些力的作用线位于同一平面内并汇交于点O，构成平面汇交力系。本节将用解析法研究平面汇交力系的合成与平衡问题。

7.2.1.1　平面汇交力系合成与平衡的解析法

解析法是通过力矢在坐标轴上的投影来分析力系的合成及平衡条件的方法，是平面力系分析常用的基本方法。

（1）力在正交坐标轴系的投影与力的解析表达式

力在某轴的投影，等于力的模乘以力与投影轴正向间夹角的余弦。如图7-14所示，已知力$\boldsymbol{F}$与平面内正交轴x、y的夹角为α、β，则力$\boldsymbol{F}$在x、y轴上的投影分别为

$$\left.\begin{aligned} X &= \boldsymbol{F}\cos\alpha \\ Y &= \boldsymbol{F}\cos\beta \end{aligned}\right\} \tag{7-2}$$

力在轴上的投影为代数量，当力与轴间夹角为锐角时，其值为正；当夹角为钝角时，其值为负。

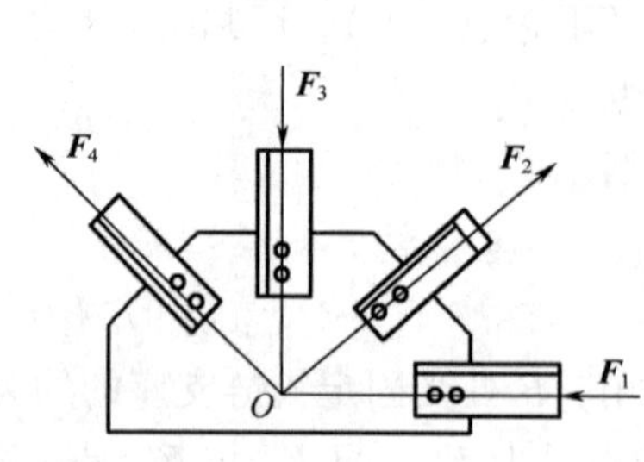

图7-13　平面汇交力系实例

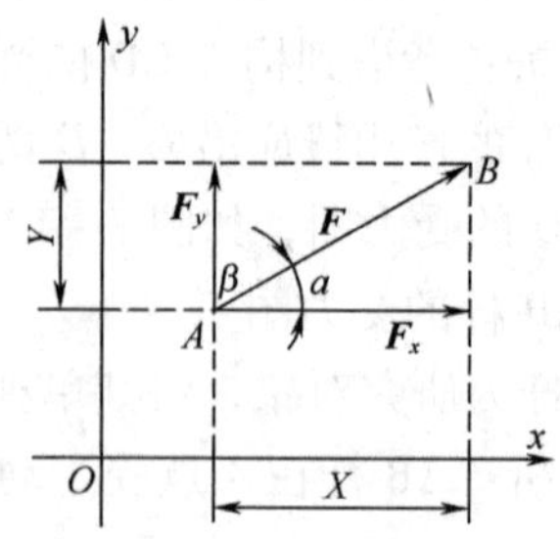

图7-14　力的投影与分力

利用式（7-1）将力 $\boldsymbol{F}$ 沿正交轴 ox、oy 分解为两个分力 $\boldsymbol{F}_x$ 和 $\boldsymbol{F}_y$，由图7-14可知，当 ox、oy 两轴垂直时，其分力与力的投影之间有下列关系 $\boldsymbol{F}_x = X\vec{i}$　$\boldsymbol{F}_y = Y\vec{j}$
故力沿两轴的分力 $\boldsymbol{F}_x$ 和 $\boldsymbol{F}_y$ 在数值上等于力在两轴上的投影 X、Y。

$$\boldsymbol{F}_x = X\vec{i},\ \boldsymbol{F}_y = Y\vec{j} \tag{7-3}$$

由此，力的解析表达式为

$$\boldsymbol{F} = X\vec{i} + Y\vec{j} \tag{7-4}$$

其中 $\vec{i}$、$\vec{j}$ 分别为 x、y 轴的单位矢量。

已知力 $\boldsymbol{F}$ 在平面内两个正交轴上的投影 X 和 Y 时，该力矢的大小和方向为

$$\left.\begin{aligned} \boldsymbol{F} &= \sqrt{X^2 + Y^2} \\ \cos(\boldsymbol{F}, i) &= \frac{X}{\boldsymbol{F}}, \cos(\boldsymbol{F}, j) = \frac{Y}{\boldsymbol{F}} \end{aligned}\right\} \tag{7-5}$$

必须注意，力在轴上的投影 X、Y 为代数量，而力沿轴的分量 $\boldsymbol{F}_x$ 和 $\boldsymbol{F}_y$ 为矢量，两者不可混淆。当 ox、oy 两轴不相垂直时，力沿两轴的分力 $\boldsymbol{F}_x$ 和 $\boldsymbol{F}_y$ 在数值上不等于力在两轴上的投影 X、Y。

（2）平面汇交力系合成的解析法

平面汇交力系可以合成为一个合力，合力的大小与方向等于各分力的矢量和，合力的作用线通过汇交点。即

$$\boldsymbol{F}_{\mathrm{R}} = \sum_{i=1}^{n} \boldsymbol{F}_i \tag{7-6}$$

根据合矢量投影定理：合矢量在某一轴上的投影等于各分矢量在同一轴上投影的代数和。将式（7-6）向 x、y 轴投影，可得

$$X_{\mathrm{R}} = \sum X_i, Y_{\mathrm{R}} = \sum Y_i \tag{7-7}$$

其中 X_{R}、Y_{R} 和 X_i、Y_i 分别为合力和各分力在 x 和 y 轴上的投影。

根据式（7-5）即可求得合力的大小和方向余弦。

7.2.1.2　平面汇交力系的平衡方程

由合成结果可知，平面汇交力系平衡的必要和充分条件是：该力系的合力 $\boldsymbol{F}_{\mathrm{R}}$ 等于零。

欲使合力 $\boldsymbol{F}_{\mathrm{R}}$ 等于零，则必须同时满足：

$$\left.\begin{aligned} \sum X_i &= 0 \\ \sum Y_i &= 0 \end{aligned}\right\} \tag{7-8}$$

平面汇交力系平衡的必要和充分的解析条件是：各力在两个坐标轴上投影的代数和分别等于零。式（7－8）称为平面汇交力系的平衡方程。

7.2.2 平面力偶系

主要介绍力偶的概念以及平面力偶系的合成与平衡条件。

7.2.2.1 平面力对点之矩的概念及计算

力对刚体的作用效应是使刚体的运动状态（包括移动和转动）发生改变，其中力对刚体的移动效应可用力矢来度量；而力对刚体的转动效应可用力对点的矩（简称力矩）来度量。

（1）力对点之矩（力矩）的概念及其计算

用扳手转动螺母时，作用于扳手上的力使扳手绕螺母中心轴转动，转动的效应不仅与力的大小有关，还与点到力的作用线的垂直距离有关。此外，力使扳手及螺母转动的方向也是作用的特征之一。

如图 7－15 所示，平面上作用一个力 $\boldsymbol{F}$，在同平面内任取一点 O，点 O 称为矩心，点 O 到力作用线的垂直距离 h 称为力臂，则力对点的矩的定义如下：

力对点之矩是一个代数量，它的绝对值等于力的大小与力臂的乘积，表示作用的强弱。它的正负表示转动的方向，规定：力使物体绕矩心逆时针转动时为正，反之为负。力 $\boldsymbol{F}$ 对于点 O 的矩用 $M_o(\boldsymbol{F})$ 表示。

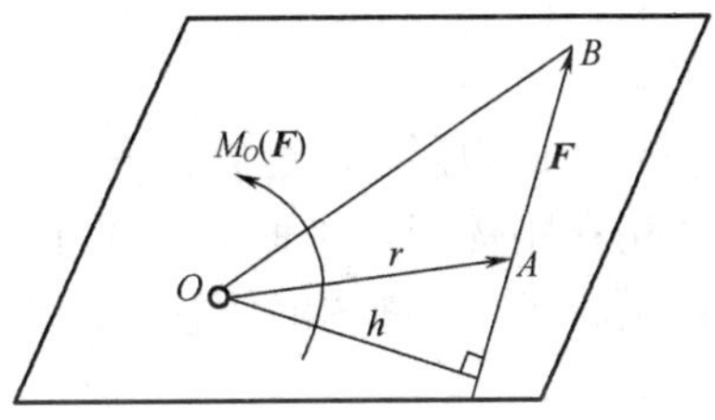

图 7－15 力对点的矩

$$M_o(\boldsymbol{F}) = \pm \boldsymbol{F}h \tag{7-9}$$

显然，当力的作用线通过矩心时（$h=0$），力矩等于零。力矩的国际单位是牛顿米（N·m）。

（2）合力矩定理

平面汇交力系的合力对于平面内任一点之矩等于所有各分力对同一点之矩的代数和。

$$M_o(\boldsymbol{F}_R) = \sum M_o(\boldsymbol{F}_i) \tag{7-10}$$

7.2.2.2 平面力偶系

（1）力偶的概念与力偶矩

大小相等、方向相反且不共线的两个平行力所组成的力系，称为力偶。例如钳工用丝锥攻螺纹，如图 7－16（a）所示，汽车司机用双手转动驾驶盘，如图 7－16（b）所示，电动机的定子磁场对转子作用电磁力使之旋转，如图 7－16（c）所示。在驾驶盘、电机转子、丝锥等物体上，都作用了力偶。

力偶记作（$\boldsymbol{F}$，$\boldsymbol{F}'$），力偶的两个力之间的垂直距离 d 称为力偶臂，力偶所在的平面称为力偶的作用面。力偶的计算：

$$M = \pm \boldsymbol{F}d \tag{7-11}$$

力偶矩是一个代数量，其绝对值等于力的大小与力偶臂的乘积，一般以逆时针转向为

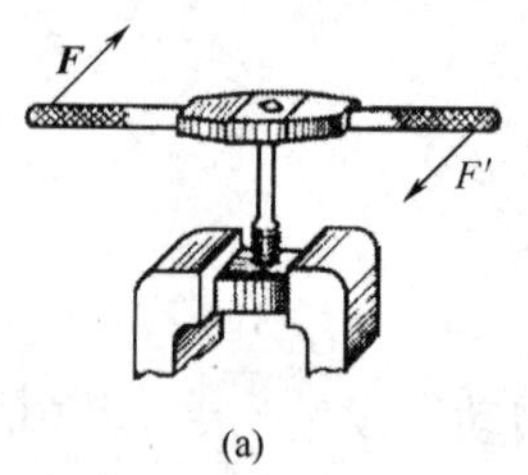

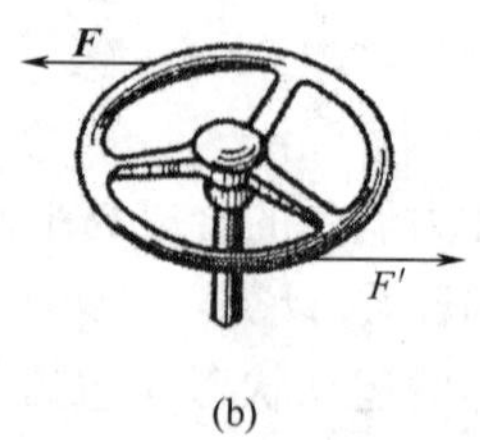

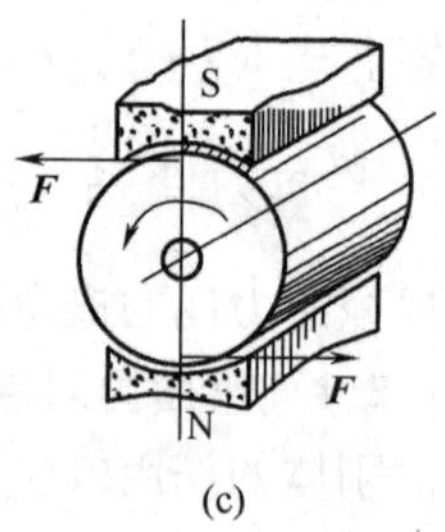

图 7－16　受力偶作用的实例

正，反之则为负。力偶矩的单位与力矩相同，力偶只改变物体的转动状态。

（2）同平面内力偶的等效定理

在同平面内的两个力偶，如果力偶矩相等，则两个力偶彼此等效。用图 7－17 所示的符号表示力偶，M 为力偶的矩。力偶矩是力偶作用的唯一度量。

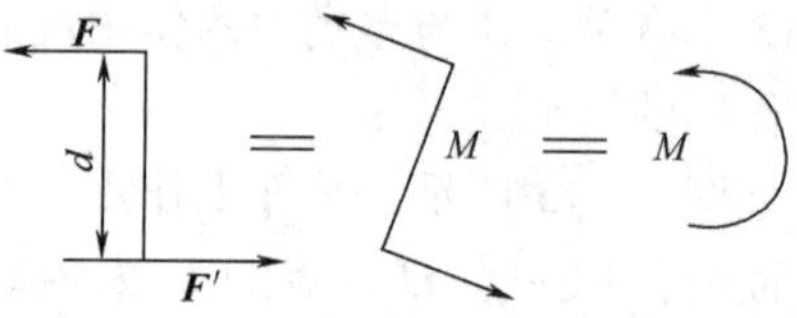

图 7－17　平面力偶的表示法

（3）平面力偶系的合成和平衡条件

作用在刚体同一平面的若干个力偶称为平面力偶系。在同平面内的任意个力偶可合成为一个合力偶，合力偶矩等于各个力偶矩的代数和。即

$$M = M_1 + M_2 + \cdots + M_n = \sum M_i \tag{7-12}$$

平面力偶系平衡的必要和充分条件是：合力偶矩为零，即所有力偶矩的代数和等于零。

$$\sum M_i = 0 \tag{7-13}$$

式（7－13）称为平面力偶系的平衡方程，是一个代数方程，可求解未知量。

例 7－2：如图 7－18 所示，电动机轴承通过联轴器与工作轴相连接，联轴器上四个螺栓的孔心均匀地分布在同一圆周上，此圆的直径 $AC = BD = 150\text{mm}$，电动机轴传给联轴器的力偶矩 $M = 2.5\text{kN}\cdot\text{m}$，试求每个螺栓所受的力。

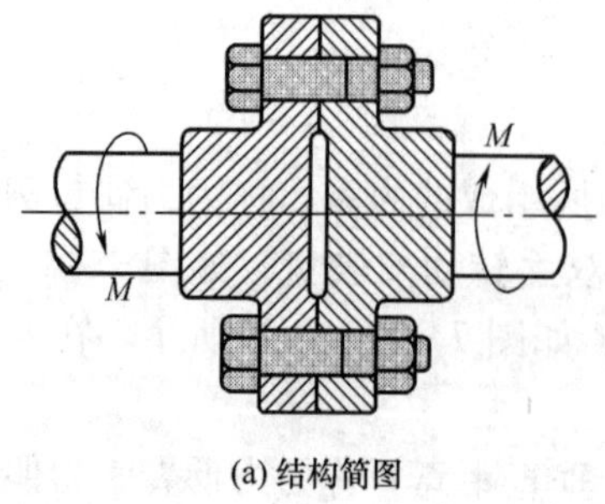

(a) 结构简图

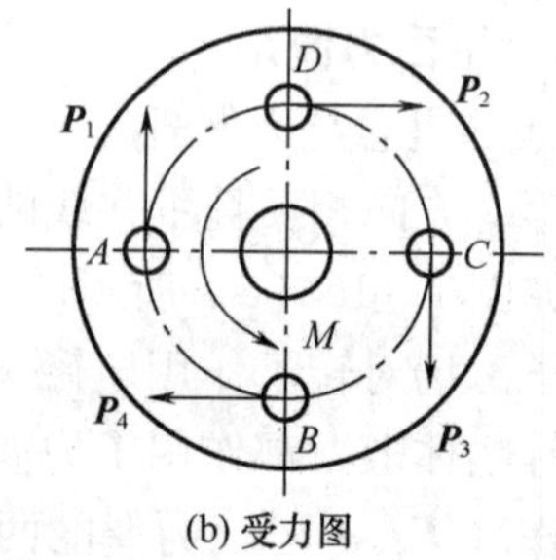

(b) 受力图

图 7－18　联轴器

解：（1）取研究对象：取联轴器为研究对象。

（2）画受力图：作用于联轴器上的主动力为电动机传给联轴器的力偶 M，约束力为每个螺栓的约束反力，其方向如图7－18（b）所示。四个螺栓沿圆周均匀分布，可认为四个螺栓的受力均匀，即 $\boldsymbol{P}_1 = \boldsymbol{P}_2 = \boldsymbol{P}_3 = \boldsymbol{P}_4 = \boldsymbol{P}$，四个约束反力组成两个力偶并与主动力偶 M 平衡。即联轴器受力偶系作用，处于平衡状态。

（3）列平衡方程：

$$\sum M_i = 0 \qquad M - \boldsymbol{P} \times AC - \boldsymbol{P} \times BD = 0$$

（4）解方程：

$$\boldsymbol{P} = \frac{M}{2AC} = \frac{2.5}{2 \times 0.15} = 8.33\,(\mathrm{kN})$$

即为每个螺栓所受的力。

7.2.3　平面一般力系

平面一般力系是实际中最常见的一种力系。各力作用线位于同一平面内且任意分布的力系，称为平面一般力系。工程实际中许多物体的受力情况可以看成是平面一般力系。如图7－19所示，作用在悬臂吊车横梁 AB 上的力有自重 $\boldsymbol{G}$、载荷 $\boldsymbol{P}$、拉力 $\boldsymbol{F}_T$ 和铰链 A 的约束反力 $\boldsymbol{X}_A$、$\boldsymbol{Y}_A$，这些力的作用线位于同一平面内，属于平面一般力系。很多结构或机构的受力可以简化为平面一般力系。本节主要研究平面一般力系的合成与平衡条件。

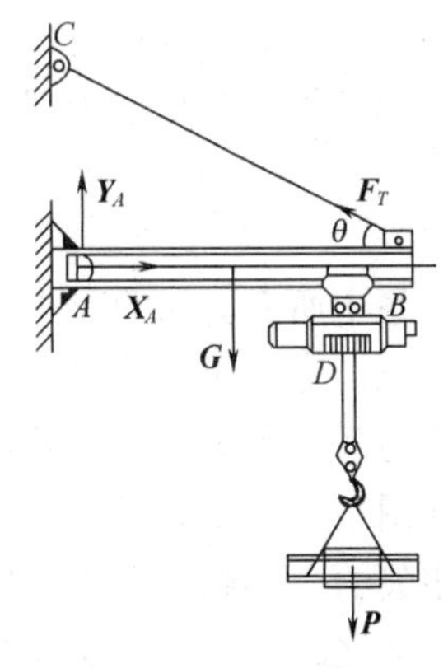

图7－19　平面一般力系实例

平面一般力系中力的数目较多时，通常采用力系向一点简化的方法。

7.2.3.1　平面一般力系向作用面内任一点简化的方法

力的平移定理：作用在刚体上的力，可以平移到刚体内任一点，但必须同时附加上一个力偶，附加力偶的力偶矩等于原力对平移点的矩。

设有一平面任意力系 $\boldsymbol{F}_1$、$\boldsymbol{F}_2$、…、$\boldsymbol{F}_n$ 作用在刚体上，各力的作用点分别为 A_1、A_2、…、A_n，为方便讨论，以3个力为例，如图7－20（a）所示。

在力系所在的平面内任取一点 O 作为简化中心，根据力的平移定理，将力系中每个力分别平移到简化中心 O 处，则得到汇交于简化中心 O 的由 $\boldsymbol{F}'_1$、$\boldsymbol{F}'_2$、$\boldsymbol{F}'_n$ 组成的平面汇交

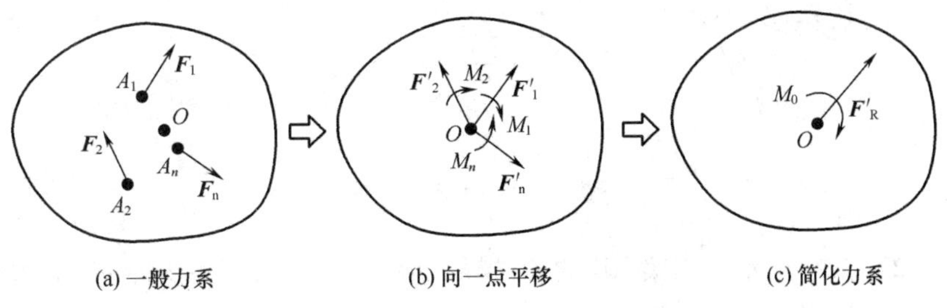

图7－20　平面一般力系向一点简化过程

力系与一个由附加力偶 M_1 、M_2 、M_n 组成的平面力偶系，如图 7－20（b）所示。这样，原力系与两个简单力系——平面汇交力系和平面力偶系等效。

由平面汇交力系理论可知，由 $\boldsymbol{F}'_1$ 、$\boldsymbol{F}'_2$ 、$\boldsymbol{F}'_n$ 组成平面汇交力系可进一步合成为一个力 $\boldsymbol{F}'_R$ ，其作用线通过点 O ，注意 $\boldsymbol{F}'_i = \boldsymbol{F}_i$ 。

$$\boldsymbol{F}'_R = \sum \boldsymbol{F}'_i = \sum \boldsymbol{F}_i \tag{7-14}$$

矢量 $\boldsymbol{F}'_R$ 称为原力系的主矢，显然，它只与各力的大小和方向有关，与简化中心的位置无关。

主矢的大小和方向也可以用解析法求得，主矢的大小：

$$F'_R = \sqrt{(\sum X_i)^2 + (\sum Y_i)^2} \tag{7-15}$$

主矢的方向：

$$\cos(\bar{\boldsymbol{F}}'_R, \bar{i}) = \frac{\sum X_i}{F'_R} \tag{7-16}$$

式中 X_i 、Y_i 为各力在 x 和 y 轴上的投影。

由平面力偶系理论可知，附加的平面力偶系 M_1 、M_2 、M_n 可以合成为一合力偶 M_o ，其合力偶矩等于各附加力偶矩的代数和。

$$M_o = \sum M_i = \sum M_O(\boldsymbol{F}_i) \tag{7-17}$$

力系中所有力对简化中心之矩的代数和称为力系对简化中心的主矩。

由此可知，平面力系向其作用面内任一点简化，可以得到一个力和一个力偶，这个力等于该力系的主矢，作用线通过简化中心；这个力偶的力偶矩为该力系对简化中心的主矩。如图 7－20（c）所示。

主矢的大小和方向与简化中心无关。主矩则不然，当简化中心改变时，各附加的力偶矩也将随之改变，故主矩与简化中心的选择有关。

工件夹在卡盘上、车刀夹在刀架上以及横梁插入墙内等都是固定端约束的实例（图 7－21）。固定端约束是工程上常见的一种约束形式，其特点是限制了被约束物体在约束端的任何移动及转动。

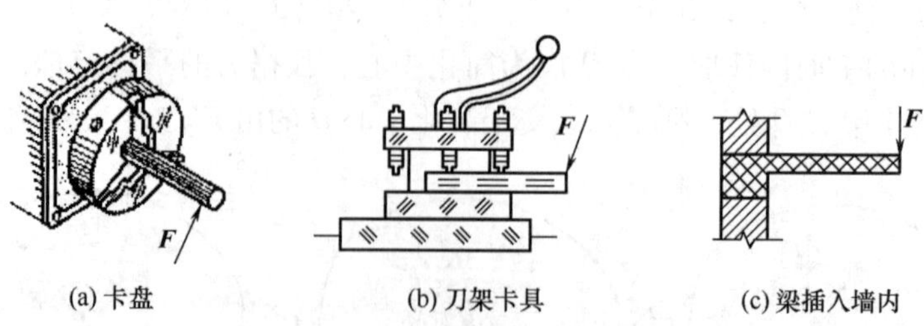

图 7－21　固定端实例

如图 7－22（a）所示，当梁 AB 的 A 端插入墙内时，梁插入墙内，墙对梁的作用力分布于梁插入部分表面，这些力的大小、方向均未确定。在平面问题中，可以将这些力看作平面任意力系，如图 7－22（b）所示。根据力系的简化理论，可将力系向某一点 A 简化，得到一个力与一个力偶。如图 7－22（c）所示。该力为限制物体在约束端的移动的约束力，可用两正交分力表示，该力偶为限制物体转动的约束反力偶，如图 7－22（d）所示。

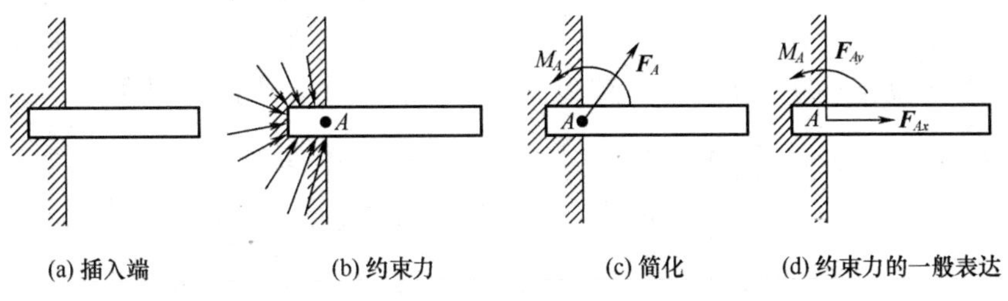

图 7－22　固定端约束力的简化

7.2.3.2　平面一般力系的平衡条件

由分析可知，平面一般力系简化结果是合力、合力偶或平衡三种情况。只要平面力系的主矢 F'_R 和主矩 M_o 有一个不等于零，则平面一般力系可简化为合力或合力偶，力系一定处于不平衡状态。所以平面一般力系平衡的必要与充分条件是：力系的主矢和对作用面内任一点的主矩都等于零。即在坐标系 Oxy，上式可将写成

$$\left.\begin{aligned}\sum X_i &= 0\\ \sum Y_i &= 0\\ \sum M_O(F_i) &= 0\end{aligned}\right\} \tag{7-18}$$

因此，平面一般力系平衡的必要与充分的解析条件是：力系中所有力在任选两个坐标轴上的投影的代数和以及对作用面内任一点的矩的代数和都等于零。

必须强调指出，平面一般力系平衡时，力系中各力对任意轴投影的代数和以及对任意点之矩的代数和都等于零，也就是说可以列出无限多个方程。但是，其中只有三个独立方程，因此只能求解三个未知数量。

例 7－3：如图 7－23（a）所示简单支撑架的结构，A、B、C 三处均为铰链约束，已知 F_p、l。求 A 处的约束力及撑杆 CD 受力。

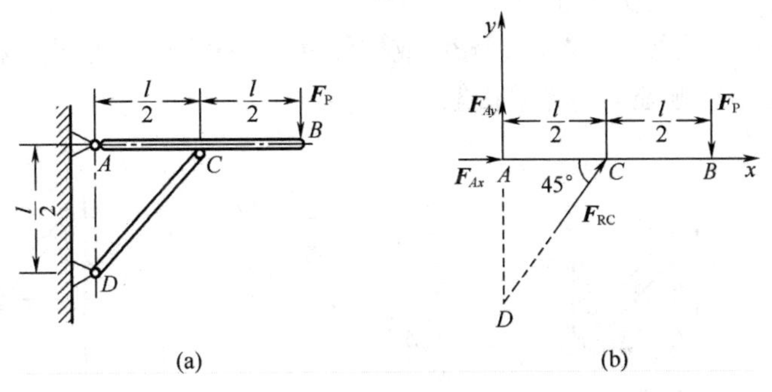

图 7－23　简单支撑架

解：（1）研究对象：以 AB 梁为研究对象

（2）画受力图：研究对象所受主动力为 $\boldsymbol{F}_P$。求支座 A 的约束反力时，CD 为二力杆，AB 在 C 处的约束力 $\boldsymbol{F}_{Rc}$ 与撑杆在 C 处的受力互为作用力与反作用力，其方向沿 CD 连线。A 处约束力为固定铰链的约束反力，可用水平方向与铅垂方向的分力 $\boldsymbol{F}_{Ax}$ 和 $\boldsymbol{F}_{Ay}$ 表示；如图 7－23（b）所示。

（3）列平衡方程：选定坐标系，如图 7－23（b）所示，平衡方程为

$$\sum X_i = 0 \qquad \boldsymbol{F}_{Ax} + \boldsymbol{F}_{RC} \times \cos 45° = 0$$

$$\sum Y_i = 0 \qquad \boldsymbol{F}_{Ay} - \boldsymbol{F}_{P} + \boldsymbol{F}_{RC} \times \sin 45° = 0$$

$$\sum M_A(\boldsymbol{F}) = 0 \qquad -\boldsymbol{F}_{P} \times l + \boldsymbol{F}_{RC} \times l/2 \times \sin 45° = 0$$

（4）解方程：解方程得

$$\boldsymbol{F}_{RC} = 2\sqrt{2}\boldsymbol{F}_{P}$$

$$\boldsymbol{F}_{Ax} = -2\boldsymbol{F}_{P}$$

$$\boldsymbol{F}_{Ay} = -\boldsymbol{F}_{P}$$

负值表明该力的真实指向与图示假设方向相反即垂直向下。

思考题与习题

1. 合力是否一定大于分力？为什么？

2. 只受两个力作用但平衡的物体，是不是二力构件？举例说明。

3. 约束的类型有哪些？约束力的方向如何？

4. 矩心到力作用点的距离等于力臂吗？力的作用点沿作用线移动时，其力矩是否改变？

5. 比较力矩与力偶矩的异同。

6. 任何力系都能简化为一个合力吗？

7. 试比较力在坐标轴上的投影和沿坐标轴的分力有何异同。

8. 力的作用点沿作用线移动后，对刚体的作用效果是否不变？为什么？

9. 对于刚体，力偶能否在作用面内任意搬移？为什么？

10. 能否说主矢就是合力，主矩就是合力偶？为什么？

11. 画出下图示中物体 A、AB 或 ABC 或构件 AB、ABC 的受力图。未画出重力的各物体的自重不计，所用接触处均为光滑接触。

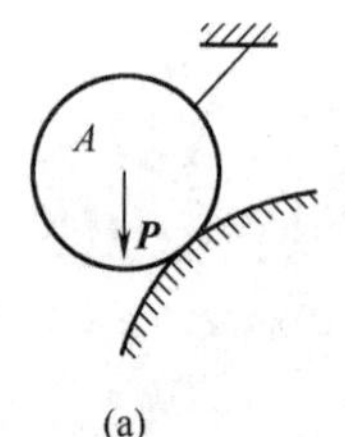

(a)

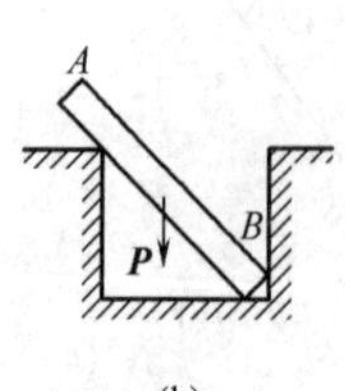

(b)

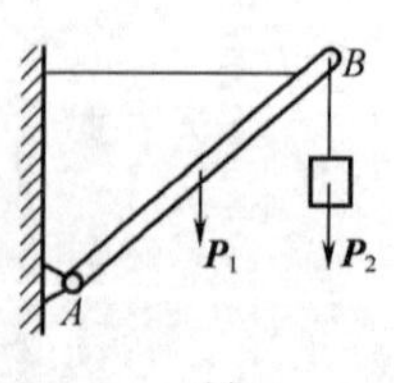

(c)

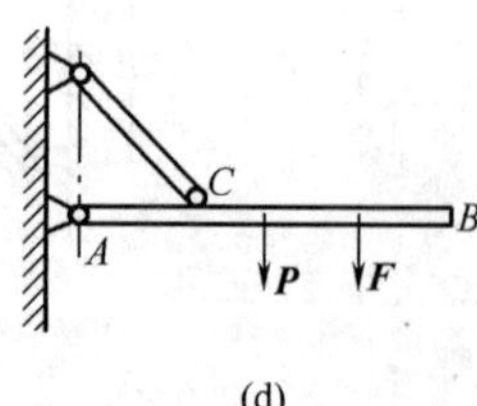

(d)

题 7－11 图

12. 如图所示，刚架的点 B 作用一水平力 $\boldsymbol{F}$ ，刚架重量略去不计。求支座 A , D 的约束力 $\boldsymbol{F}_A$ 和 $\boldsymbol{F}_D$ 。

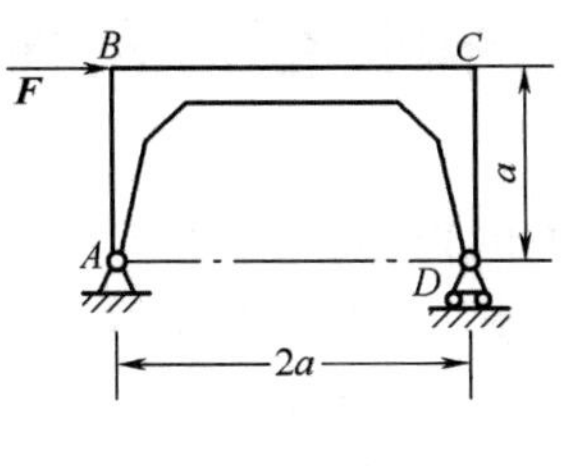

题 7－12 图

第8章　构件变形及强度条件

机械工作时，构件会受到外力的作用，在力作用下，构件的尺寸和形状都将发生变化，并在外力增加到一定程度时失效。因此，在机械设计时，要保证构件正常工作，需进一步研究构件的变形、破坏与作用力之间的关系。

如图8－1（a）所示为一车床主轴，作用于主轴上的载荷有齿轮啮合力 $\boldsymbol{P}$，切削力 $\boldsymbol{F}$，使主轴发生变形。作用力越大，构件变形也越大，若外力过大甚至会断裂，使整个机床停止运转。因此，要保证杆件的正常工作，要求构件受力时具有足够抵抗破坏的能力。构件在外力作用下抵抗破坏的能力称为强度。

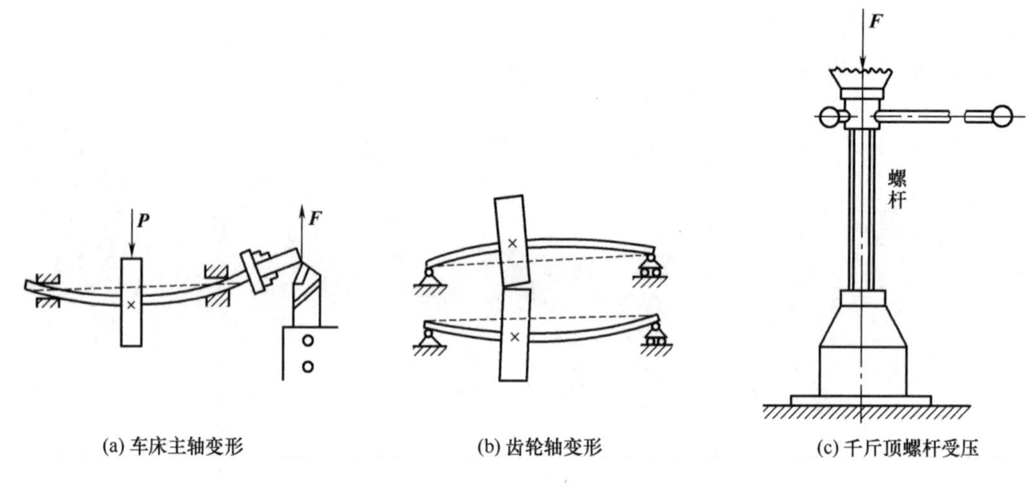

图8－1　工程构件受力变形的实例

另一方面，构件受力变形超过一定限度时，即使没有破坏，也会影响机器的正常工作。

如图8－1（b）所示的齿轮轴，如果变形过大时，将使轴上齿轮啮合不良，并且轴承磨损不均匀。因此，工程上还要求构件在外力作用下具有一定的抵抗变形的能力。构件在外力作用下抵抗变形的能力称为刚度。

此外，有些受压的细长直杆，如图8－1（c）所示，千斤顶中的螺杆，当压力增加到一定程度时，杆件会从原来的直线形式的平衡状态，突然被压弯。若压力过大，杆件甚至会因弯曲过大而折断。构件在外力作用下保持原有平衡状态的能力称为稳定性。故工程上细长杆受压时要求有一定的稳定性。

强度、刚度和稳定性（构件的承载能力）是保证工程构件正常工作的要求。具体构件往往有所侧重，常以强度为主。杆件受力有各种情况，相应变形就有各种形式。在工程结构中，杆件的基本变形有四种：轴向拉伸与压缩、剪切、扭转和弯曲。杆件同时发生几种基本变形，称为组合变形。

8.1 拉伸与压缩

8.1.1 拉伸与压缩的概念

作用于构件上的外力合力的作用线与杆件轴线重合，构件产生沿轴线方向的伸长或缩短的变形称为轴向拉伸或压缩。以拉压变形为主的构件在工程力学中称为杆。两个外力方向相背离的杆件为拉杆，如图 8-2（a）所示。两个外力方向相对的杆件为压杆，如图 8-2（b）所示。实线表示受力以前的外形，虚线表示变形以后的外形。

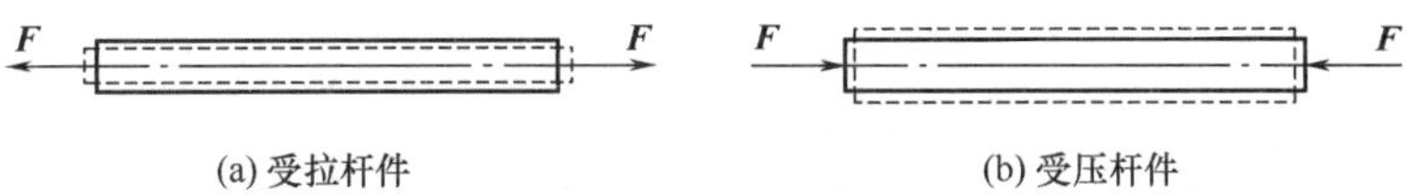

(a) 受拉杆件　　(b) 受压杆件

图 8-2　拉伸与压缩

工程中有很多承受拉伸或压缩作用的构件且大多是等截面直杆。吊车在载荷 F 作用下，AC 杆受到拉伸［图 8-3（b）］，而 BC 杆受到压缩［图 8-3（c）］。螺栓连接中，当拧紧螺母时，螺栓受到拉伸，如图 8-4 所示。

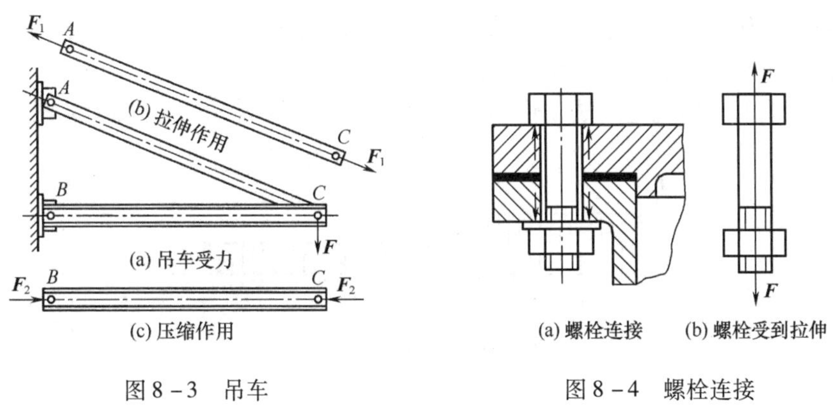

图 8-3　吊车　　图 8-4　螺栓连接

8.1.2 轴力与轴力图

（1）轴力

由内外力平衡关系可知，轴向拉压时横截面的内力为与轴线重合的内力称为轴力，用 $\boldsymbol{F}_N$ 表示。轴力可为拉力也可为压力，常用正负号表示。轴力的符号规则：轴力与截面的外法线方向一致时（杆件受拉），规定为正；反之为负。如图 8-5（a）所示，杆件承受三个轴向载荷，求杆件的轴力。求解轴力应用截面法。具体步骤如下：

①假想沿截面 1-1 切开，留下左段，将右端对左段的力用内力 $\boldsymbol{F}_{N_1}$ 代替，并设为正，如图 8-5（b）所示，在 x 轴方向，由于该段平衡，$\sum X = 0$ 得 $\boldsymbol{F}_{N_1} = 2\boldsymbol{F}$

②同理，对 BC 段，设置截面 2-2 如图 8-5（c）所示，由平衡方程 $\sum X = 0$ 得

$F_{N_2}=F$

由上面的计算结果及内力与外力的平衡关系可知，内力可直接用外力表示。某一截面的轴力等于该截面一侧所有轴向外力的代数和。即

$$F_{N_i}=\sum F_{X_{i一侧}} \tag{8-1}$$

式中　F_{N_i}——某横截面 i 的轴力；

$F_{x_{i一侧}}$——横截面 i 一侧的轴向外力，使杆产生拉伸时为正。

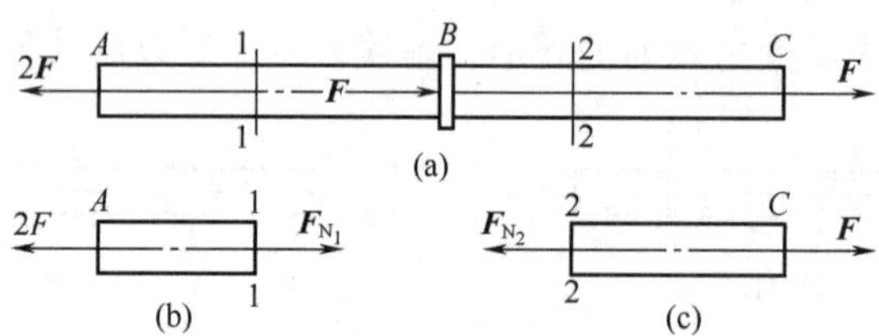

图 8－5　受拉杆轴力

（2）轴力图

表示轴力沿杆轴变化情况的图线，称为轴力图，通常杆件的轴力随截面位置变化。为了直观、形象地表示轴力沿杆轴的变化情况，并确定最大轴力的大小及所在截面的位置，常用图线表示。作图时，以平行于杆轴的坐标表示横截面的位置，垂直于杆轴的另一坐标表示轴力；求出轴力值后，按比例画出。

根据轴力图的具体规定画法，作出图 8－5（a）所示杆件的轴力图，如图 8－6 所示。

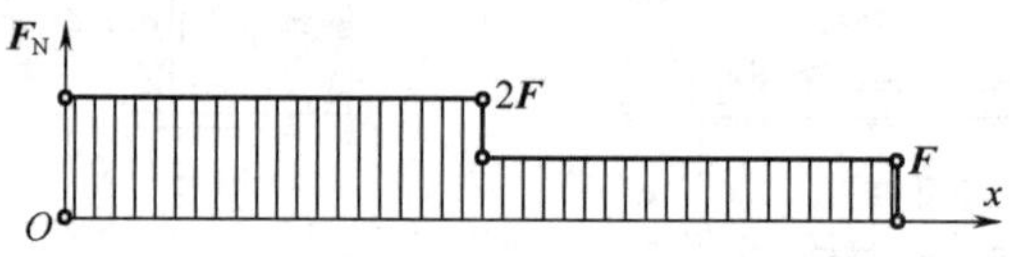

图 8－6　受拉杆件轴力图

8.1.3　拉压杆的应力

用同一材料制成粗细不同的两根杆，在相同的拉力作用下，两杆的轴力相同，但当拉力逐渐增大时，细杆必定先拉断。这说明拉杆的强度不仅与轴力的大小有关，而且还与横截面面积有关，只根据轴力并不能判断杆件是否有足够的强度。所以，必须用横截面上的应力来度量杆件的受力程度。

应力是内力的集度，表明内力在某一点的强弱程度，常用 p 表示。通常情况下一点的应力既不与截面垂直，也不与截面相切，可把应力 p 分解为垂直于截面的分量 σ 和与截面相切的分量 τ，σ 称为正应力，τ 称为切应力，如图 8－7 所示。

根据观察杆在轴向拉压作用下的变形现象可知，横截面上各点处仅存在正应力 σ，并沿截面均匀分布，如图 8－8 所示，右端为横截面，其应力 σ 均匀分布。

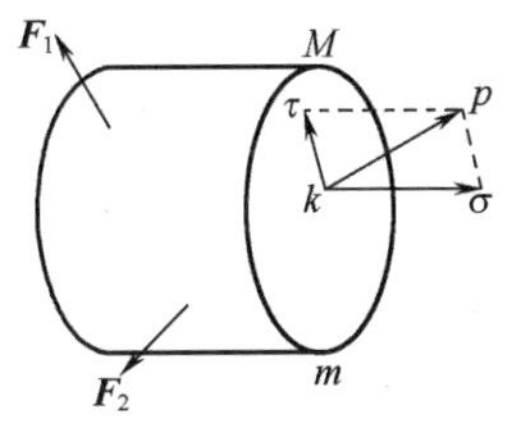

图 8－7　应力分解

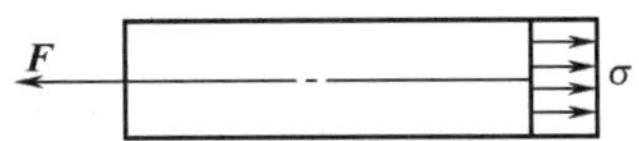

图 8－8　受拉杆正应力分布

设杆件横截面面积为 A，轴力为 $\boldsymbol{F}_{\mathrm{N}}$，则根据上述可知，横截面上各点处的正应力 σ 为

$$\sigma = \frac{\boldsymbol{F}_{\mathrm{N}}}{A} \tag{8-2}$$

正应力与轴力具有相同的正负号，即拉应力为正，压应力为负。外力作用方式的不同，只影响杆端小范围的应力分布，在距端截面略远处都可用上式计算轴向拉压杆的正应力。

例 8－1：变截面杆受力如图 8－9 所示，其中 $A_1 = 400\mathrm{mm}^2$，$A_2 = 300\mathrm{mm}^2$，$A_3 = 200\mathrm{mm}^2$。

试求：(1) 绘出杆的轴力图；(2) 计算杆内各段横截面上的正应力。

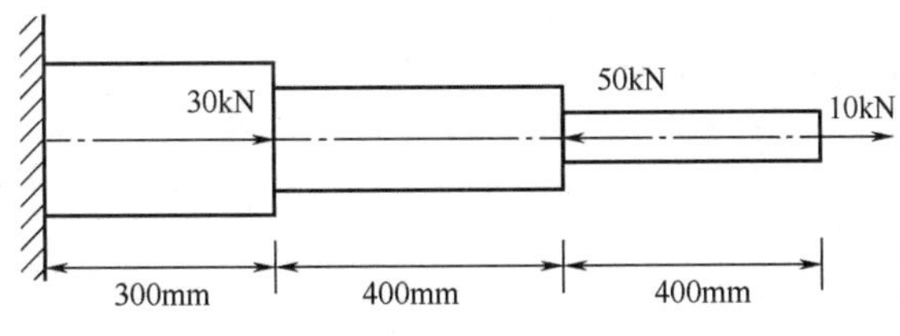

图 8－9　例 8－1 图

解：

(1) 杆的轴力图如图 8－10 所示，各段的轴力：

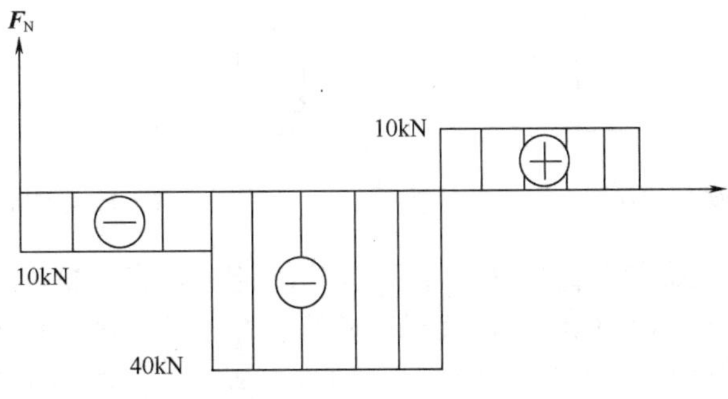

图 8－10　例 1 题解

$$\boldsymbol{F}_{\mathrm{N1}} = -10\mathrm{kN},\ \boldsymbol{F}_{\mathrm{N2}} = -40\mathrm{kN},\ \boldsymbol{F}_{\mathrm{N3}} = 10\mathrm{kN}$$

（2）各段横截面上的正应力为：

$$\sigma_1 = \frac{F_{N_1}}{A_1} = \frac{-10 \times 10^3}{400 \times 10^{-6}} = -2.5 \times 10^7\ (\text{Pa}) = -25\ (\text{MPa})$$

$$\sigma_2 = \frac{F_{N_2}}{A_2} = \frac{-40 \times 10^3}{300 \times 10^{-6}} = -13.3 \times 10^7 (\text{Pa}) = -133(\text{MPa})$$

$$\sigma_3 = \frac{F_{N_3}}{A_3} = \frac{10 \times 10^3}{200 \times 10^{-6}} = 5 \times 10^7 (\text{Pa}) = 50(\text{MPa})$$

8.1.4 材料在轴向拉伸和压缩时的力学性能

材料的力学性能是指材料受外力作用时在强度和变形方面表现的各种特性。材料的力学性能是通过实验得到的，实验环境和加载方式都影响着材料的力学性能。这里主要介绍工程中广泛使用的两种金属材料低碳钢和铸铁在常温、静载（缓慢加载）下受轴向拉伸和压缩时的力学性能。

8.1.4.1 材料拉伸时的力学性能

（1）低碳钢拉伸

将低碳钢 Q235 制成的标准试件（按国家相关标准制成）安装在试验机上，开动机器缓慢加载，直至试件拉断。自动绘图装置会将试验过程中的载荷 F 和对应的伸长量 Δl 绘成 $F-\Delta l$ 曲线图，称为拉伸图，如图 8－11 所示。

常用应力 $\sigma = F/A$ 作为纵坐标，应变 $\varepsilon = \Delta l/l$ 作为横坐标，得到材料拉伸时的应力－应变曲线（图）或称 $\sigma-\varepsilon$ 曲线，如图 8－12 所示，消除试件原始几何尺寸的影响，反映了材料性能。从 $\sigma-\varepsilon$ 曲线可以看出拉伸过程有四个阶段：

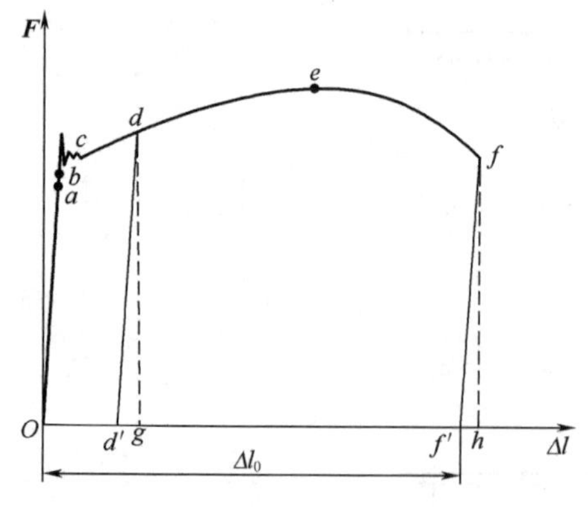

图 8－11 低碳钢拉伸图

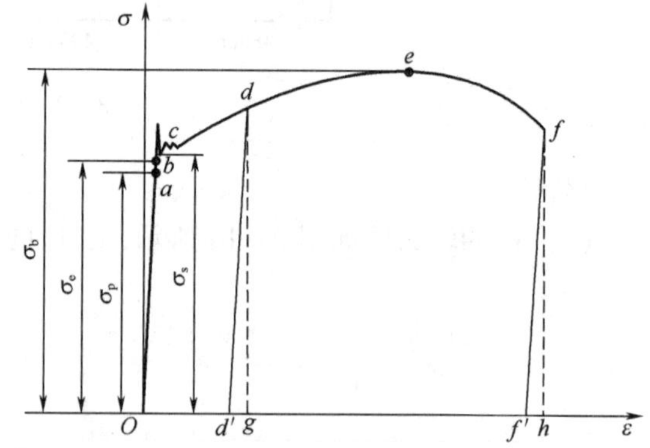

图 8－12 低碳钢应力－应变曲线

①弹性阶段：弹性阶段由直线段 oa 和微弯段 ab 组成。直线段 oa 部分表示应力与应变成正比关系，故 oa 段称为比例阶段或线弹性阶段，在此阶段内，材料服从胡克定律，即 $\sigma = E\varepsilon$，E 称为材料的弹性模量。a 点所对应的应力值称为材料的比例极限，用 σ_p 表示。应力超过比例极限后，应力与应变不再成比例关系，所以 b 点对应的应力称为弹性极限，以 σ_e 表示。由于大部分材料的 σ_p 和 σ_e 极为接近，工程上并不严格区分弹性极限和比例极限，通常认为在弹性范围内，胡克定律成立。

②屈服阶段：当应力超过弹性极限后，$\sigma-\varepsilon$ 曲线上的 bc 段将出现近似的水平段，这时应力几乎不增加，而变形却增加很快，表明材料暂时失去了抵抗变形的能力，这种现象称为屈服或流动。屈服阶段的最低点对应的应力称为屈服应力，以 σ_s 表示。当应力达到屈服点时，如试件表面光滑，就会在表面上出现与轴线成 45°夹角的倾斜条纹（称为滑移线）。工程中的大多数构件一旦出现塑性变形，将不能正常工作（失效）。所以屈服应力是衡量材料失效与否的强度指标。

③强化阶段：过了屈服阶段，材料恢复了抵抗变形的能力，要使试件继续变形必须再增加载荷，这种现象称为材料的强化，故 $\sigma-\varepsilon$ 曲线中的 ce 段称为强化阶段，最高点 e 点所对应的应力称为材料的强度极限，以 σ_b 表示，它是材料所能承受的最大应力，强度极限是衡量材料强度的另一个重要指标。

④缩颈阶段：载荷达到最高值后，可以看到在试件的某一局部范围内的横截面迅速收缩变细，形成缩颈现象，如图 8－13 所示。应力－应变曲线中的 ef 段称为缩颈阶段。由于缩颈部分的横截面急剧收缩，试件继续变形所需的拉力也随之下降，到达 f 点时试件就被拉断。

（2）铸铁拉伸

铸铁是典型的脆性材料，其拉伸 $\sigma-\varepsilon$ 曲线如图 8－14 所示，图中无明显的直线部分，但应力较小时接近于直线，可近似认为服从胡克定律。工程上有时以曲线的某一割线的斜率作为弹性模量。铸铁拉伸时无屈服现象和缩颈现象，断裂是突然发生的。强度极限 σ_b 是衡量铸铁强度的唯一指标。

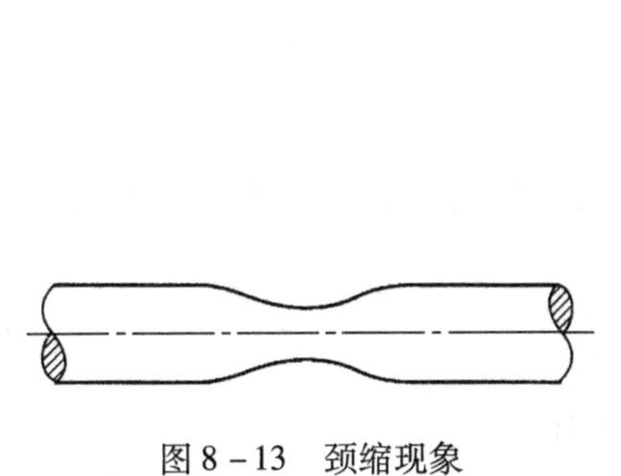

图 8－13　颈缩现象

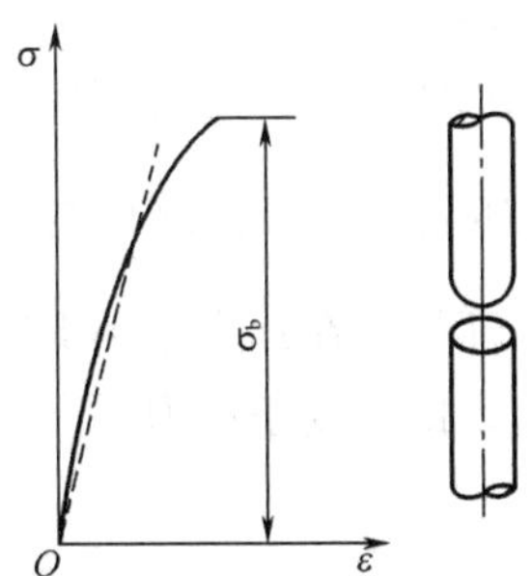

图 8－14　铸铁拉伸应力－应变曲线

8.1.4.2　材料在压缩时的力学性能

（1）低碳钢压缩

压缩试验所用的金属试件常做成圆柱形短试件，高度是直径的 1.5～3.0 倍。低碳钢压缩时的应力－应变曲线如图 8－15 所示。图中虚线是为了便于比较而绘出的拉伸的 $\sigma-\varepsilon$ 曲线。从图中可以看出，低碳钢压缩时的弹性模量与拉伸时相同，但由于是塑性材料，所以试件越压越扁，可以产生很大的塑性变形而不破坏，因而没有抗压强度极限。

（2）铸铁压缩

图 8－16 所示是铸铁压缩时的 $\sigma-\varepsilon$ 曲线。其线性阶段不明显，强度极限 σ_b 比拉伸时高 2～4 倍，破坏突然发生，断口与轴线大致成 45°～55°的倾角。由于脆性材料抗压强度高，宜用于制作承压构件。

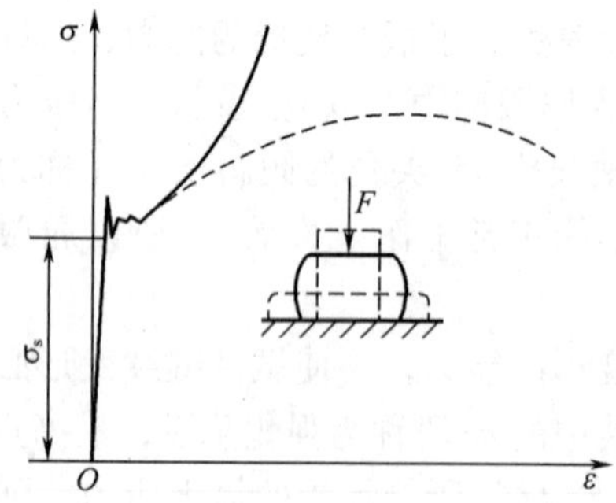

图 8－15　低碳钢压缩应力－应变曲线

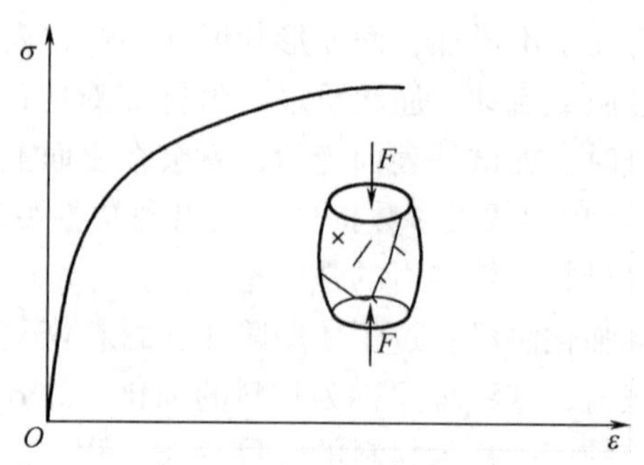

图 8－16　铸铁压缩应力－应变曲线

8.1.5　许用应力和安全系数

脆性材料达到强度极限 σ_b 时破坏，塑性材料达到屈服极限 σ_S 时失效，两者统称为极限应力。在强度计算中，把材料的极限应力除以一个大于 1 的系数 S（称为安全系数），作为构件工作时所允许的最大应力，称为材料的许用应力，以 $[\sigma]$ 表示。

塑性材料、脆性材料的许用应力分别为

$$[\sigma]=\frac{\sigma_S}{S} \text{ 或 } [\sigma]=\frac{\sigma_b}{S} \tag{8-3}$$

安全系数 S 的确定，除了要考虑载荷变化、构件加工精度不够、计算不准确、工作环境的变化等因素外，还要考虑材料的性能差异（塑性材料或脆性材料）及材质的均匀性等，必须体现既安全又经济的设计思想，通常由国家有关部门制定，供设计时参考。

8.1.6　轴向拉伸和压缩的强度计算

为了保证构件在外力作用下安全可靠地工作，必须使构件的最大工作应力不大于材料的许用应力，即强度条件为：

$$\sigma_{max}=\left(\frac{F_N}{A}\right)_{max}\leqslant[\sigma] \tag{8-4}$$

根据这一强度条件，可以对杆件做如下三方面的计算。

①强度校核：已知外载荷可以计算工作应力 σ_{max}，与许用应力 $[\sigma]$ 比较，满足式（8－4），杆件就能安全工作。否则，因强度不够而不安全。

②截面设计：将式（8－4）改写成

$$A\geqslant\frac{F_{Nmax}}{[\sigma]}$$

应用上式可由外载荷确定杆件所需的横截面面积。

③确定许用载荷：将式（8－4）改写成

$$F_{Nmax}\leqslant A[\sigma]$$

应用上式可求得许可轴力，由静力平衡方程求出杆件的内力与外力之间的关系可确定杆件或结构所能承受的最大许可载荷。

8.2　剪切和挤压

拉（压）杆和其他构件之间常用螺栓、铆钉和销轴等连接，在外力作用下，常发生剪切变形。本节简要介绍剪切和挤压的计算。

8.2.1　剪切

（1）剪切的概念

构件受到一对垂直于轴线、大小相等、方向相反、两力作用线平行且相距较近的力作用，使构件发生错动的现象称为剪切。两个力之间的横截面称为剪切面。

当剪床剪钢板时，两个刀刃以大小相等、方向相反、作用线相距很近的一对力 $\boldsymbol{F}$ 作用于钢板上，迫使钢板沿 $n-n$ 截面发生相对错动，如图 8－17（a）所示，当 $\boldsymbol{F}$ 增加到某一极限值时，钢板将沿 $n-n$ 截面被剪断，如图 8－17（b）所示。

机器中一些常用的连接件如连接螺栓、键以及销钉等，在外力的作用下都发生剪切变形。

（2）剪力与剪应力

由内外力平衡关系可知，剪切面上的内力只有沿截面切线的内力称为剪力（切力），用 $\boldsymbol{F}_s$ 表示，如图 8－18 所示。其大小、方向由截面法求解。

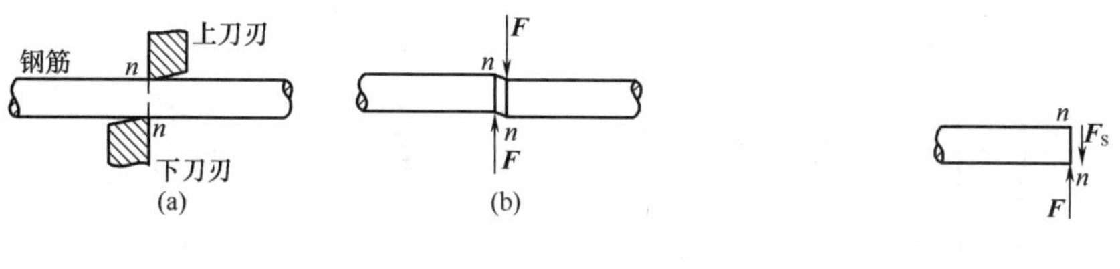

图 8－17　剪切　　图 8－18　剪力

剪应力（切应力）是剪切面上的应力，在实用计算中假设应力在剪切面内均匀分布。故剪应力大小等于剪力 $\boldsymbol{F}_s$ 除以剪切面积 A。

$$\tau=\frac{\boldsymbol{F}_s}{A} \tag{8-5}$$

（3）剪切强度条件

同样，可由实验得出极限剪力、极限剪应力及许用剪应力

$$\tau=\frac{\boldsymbol{F}_s}{A}\quad 或\quad [\tau]=\frac{\tau_{lim}}{S} \tag{8-6}$$

一般，塑性材料：$[\tau]=(0.6\sim0.8)[\sigma]$；脆性材料：$[\tau]=(0.8\sim1.0)[\sigma]$

$$\tau=\frac{\boldsymbol{F}_s}{A}\leqslant[\tau] \tag{8-7}$$

同拉压强度计算类似，应用剪切强度条件可进行三个方面的计算：校核强度、确定载荷、设计截面尺寸。

8.2.2　挤压计算

（1）挤压的概念

在剪切过程中，两个零件相接触、互相传递压力时，接触面上产生压力，这种现象称为挤压，如图 8-19 所示。上板和螺栓的左上半个圆柱面之间，下板和螺栓的右下半个圆柱面之间产生挤压。

（2）挤压力和挤压应力

挤压力是作用在挤压面上的压力，常用 $\boldsymbol{F}_j$ 表示。其大小、方向由截面法求解。

挤压应力是对应于挤压力的在挤压面上应力，常用 σ_j 表示。在实用计算中，假定挤压应力是均匀分布在挤压面上，故挤压应力表示为

$$\sigma_j = \frac{\boldsymbol{F}_j}{A_j} \tag{8-8}$$

式中　A_j——挤压面积，mm^2。

注意：若挤压面为圆柱面，其挤压面积则为 $d \cdot \delta$，计算出的挤压应力大小与真实挤压所发生的最大应力相仿。如图 8-20 所示。

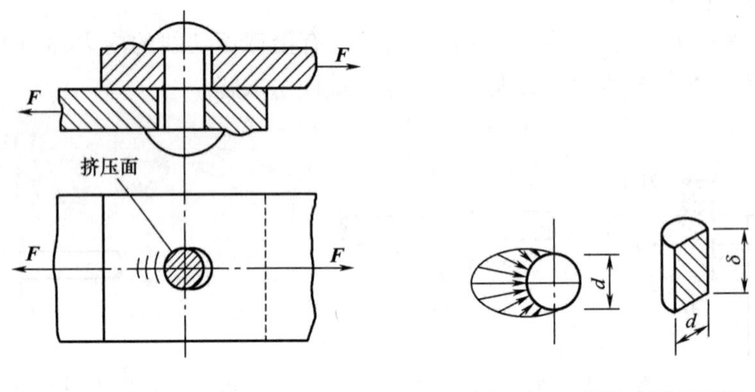

图 8-19　挤压　　　　图 8-20　圆柱面挤压面积

（3）挤压强度条件

由不同材料构成的两个零件互相挤压，一定是硬度较小材料制成的零件变形较大。但由于在远离接触面处挤压应力迅速减小，故常常允许有较大的挤压应力，而无损于零件的强度。但是，挤压应力过大，可以使零件产生较大的局部变形，影响零件的正常工作，这是不允许的。因此，挤压应力也必须限制在一定范围内。故而在考虑承受剪切的构件时，有时也要同时计算挤压强度。挤压强度条件是：工作的挤压应力应小于许用挤压应力，即

$$\sigma_j = \frac{\boldsymbol{F}_j}{A_j} \leqslant [\sigma]_j \tag{8-9}$$

应用挤压强度条件也可以进行校核强度、确定许可载荷、设计截面三个方面的计算。

8.3　圆轴扭转

8.3.1　扭转的概念

在大小相等、方向相反、作用面与轴线垂直的力偶作用下，构件各横截面绕其轴线发生相对转动，这种变形称为扭转变形。扭转的受力特点是构件两端作用着大小相等，方向相反，且作用面垂直于杆件轴线的力偶。扭转的变形特点是构件的任意两个横截面发生绕轴线的相对转动。以扭转变形为主的构件在工程力学中称为轴。

在工程实际中，有很多承受扭转的构件。如图 8－21 所示，汽车方向盘带动的操纵杆，其上端受到方向盘传来的力偶 M 的作用，下端受到来自转向器的阻力偶 M 的作用。轴的各横截面都绕其轴线发生相对转动，操纵杆为扭转变形，主传动轴也是扭转变形。

如图 8－22 所示的带传动轴，也是承受扭转变形。此外，钥匙、钻头及丝锥等，工作时都主要产生扭转变形。机械中的轴类零件大多是具有圆形或圆环形截面的直轴。本节主要介绍等截面圆轴扭转的内力及应力，重点研究等截面圆轴扭转的强度条件。

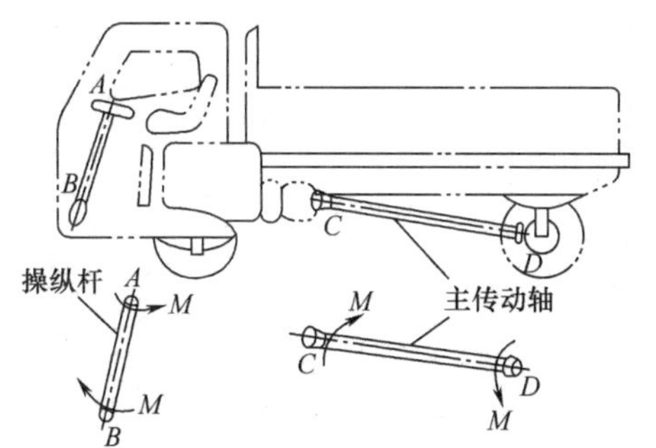

图 8－21　汽车传动轴的扭转

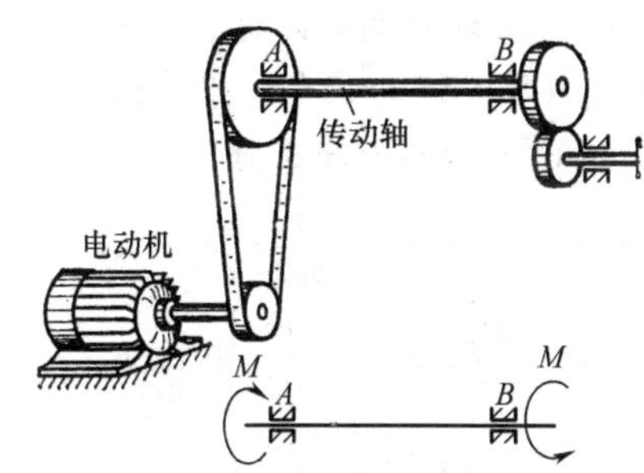

图 8－22　机械传动轴的扭转

8.3.2　扭矩及扭矩图

（1）扭矩

作用于轴上的外力偶矩 M_e，按照功率、转速与力矩三者的关系式可以计算外力偶矩的数值，若轴的转速 n（r/min）和所传递的功率 P（kW），则外力偶矩 M_e 为

$$M_e = 9549 \times \frac{P}{n}(\mathrm{N \cdot m}) \tag{8-10}$$

应当注意：在确定外力偶矩 M_e 的转向时，凡输入功率的转矩为主动力矩，M_e 的方向与轴的转向一致；凡输出功率的转矩为阻力矩，M_e 的转向与轴的转向相反。

由内外力平衡关系可知，扭转轴横截面的内力只有在横截面内的内力偶矩，称为扭矩，常用 T 表示。

求扭矩的方法仍然采用截面法。同轴力类似，扭矩也可以用外力矩直接表示。由内外力矩平衡可得：任一截面的扭矩等于该截面一侧所有外力偶矩的代数和。

$$T = \sum M_{i-侧} \tag{8-11}$$

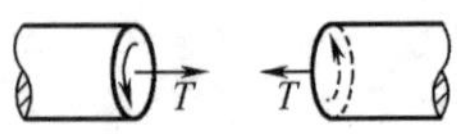

图 8－23　扭矩的正号规定

扭矩的转向可用正负号表示，按右手螺旋法则把 T 表示为矢量，用右手四指表示扭矩的转向，则拇指的指向为 T 矢量方向，当矢量方向与截面外法线方向一致时，T 为正，如图 8－23 所示；反之为负。

应用式（8－11）时，根据扭矩的正负，外力偶矩也有正负号，可用右手螺旋法则：以右手四指表示外力偶矩转向，拇指指向离开该截面（欲求扭矩的截面）时取正值，指向该截面时取负值。

（2）扭矩图

表示扭矩沿轴线变化情况的图线，称为扭矩图。通常用横坐标表示截面位置，纵横坐标表示扭矩的代数值。当轴上同时有几个外力偶矩作用时，一般而言，各段截面上的扭矩是不同的，必须由截面法分段求出。

例 8－2：如图 8－24（a）所示传动轴，转速 $n=500\text{r/min}$，轮 B 为主动轮，输入功 $P_B=10\text{kW}$，轮 A 与轮 C 均为从动轮，输出功率分别为 $P_A=4\text{kW}$ 与 $P_C=6\text{kW}$。试计算轴的扭矩，并画扭矩图。

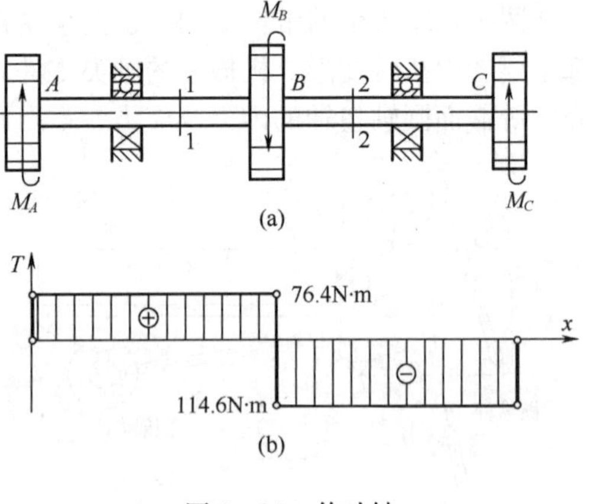

图 8－24　传动轴

解：（1）外力偶矩计算

由式（8－11）可知，作用在轮 A、轮 B 与轮 C 上的外力偶矩分别为

$$M_A=9549\times\frac{P_A}{n}=9549\times\frac{4}{500}=76.4\ (\text{N}\cdot\text{m})$$

$$M_B=9549\times\frac{P_B}{n}=9549\times\frac{10}{500}=191\ (\text{N}\cdot\text{m})$$

$$M_C=9549\times\frac{P_C}{n}=9549\times\frac{6}{500}=114.6\ (\text{N}\cdot\text{m})$$

（2）扭矩计算

设 AB 与 BC 段的扭矩均为正，并分别用 T_1 和 T_2 表示，则由式（8－11），

$$T_1=\sum M_{1\text{—侧}}=M_A=76.4\ (\text{N}\cdot\text{m})$$

$$T_2=\sum M_{2\text{—侧}}=-M_C=-114.6\ (\text{N}\cdot\text{m})$$

（3）画扭矩图

根据上述计算结果，作扭矩图，如图 8－24（b）所示，扭矩的最大绝对值为 $|T_{max}|=|T_2|=114.6\ (\text{N}\cdot\text{m})$，发生在 BC 段上。

8.3.3　圆轴扭转时的应力

如图 8－25 所示，求扭转圆轴横截面上各点处的应力需要从研究变形入手，并利用应力和应变间的关系以及静力条件，进行综合分析，从而导出圆轴扭转应力的计算公式。

当 ρ 达到最大值（半径 R）时，剪应力为最大值 τ_{max}

$$\tau_{max}=\frac{T}{I_p}R=\frac{T}{W_n} \tag{8-12}$$

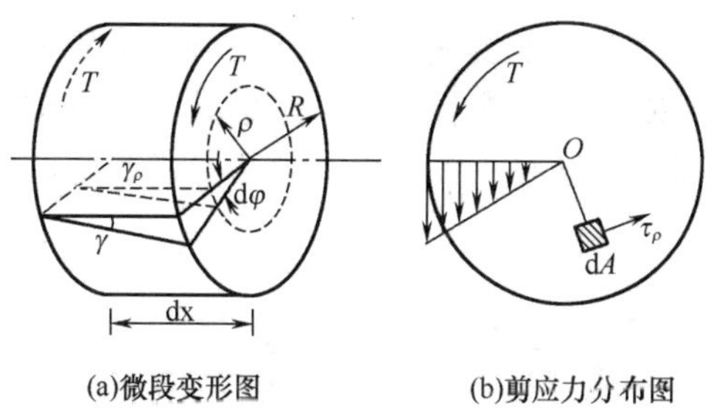

(a)微段变形图　　(b)剪应力分布图

图 8－25　扭转变形及应力

式中　I_ρ ——截面对形心的极惯性矩，mm^4，仅与横截面尺寸有关的几何量；

W_n ——轴的抗扭截面模量，mm^3，仅与横截面尺寸有关的几何量。

直径为 D 的实心圆轴：　$I_p = \frac{\pi D^4}{32}, W_n = \frac{\pi D^3}{16}$；

内外径分别为 d 和 D 的空心圆轴：$I_p = \frac{\pi D^4}{32}(1 - \alpha^4)$，$W_n = \frac{\pi D^3}{16}(1 - \alpha^4)$

其中　$\alpha = \frac{d}{D}$

8.3.4　圆轴扭转的强度条件

为保证受扭转圆轴安全可靠地工作，应使轴的最大剪应力不超过材料的许用剪应力 $[\tau]$。

即

$$\tau_{max} = \left(\frac{T}{W_n}\right)_{max} \leqslant [\tau] \qquad (8-13)$$

$[\tau] = (0.5 \sim 0.6)[\sigma]$；对于脆性材料 $[\tau] = (0.8 \sim 1.0)[\sigma]$。

同样，根据圆截面轴扭转的强度条件，可以进行强度校核、截面尺寸、承受载荷三方面的计算。

例 8－3：若例 8－2 中轴的直径 d＝40mm；试校核该轴的强度。

解：由强度校核公式（8－13）得

$$\tau_{max} = \frac{T_{max}}{W_n} = \frac{T}{W_n} = \frac{114.6}{\frac{\pi}{16} \times (40 \times 10^{-3})^3} = 9.12 \times 10^6 \text{ (Pa)} = 9.12 \text{ (MPa)}$$

$$\tau_{max} < [\tau]$$

由强度条件知强度足够，所以此阶梯形圆轴满足强度条件。

8.4　弯曲

8.4.1　弯曲的概念

当直杆受到与构件轴线相垂直的外力（横向力）作用，或在杆轴平面内受到外力偶作用时，构件的轴线由原来的直线变成一条曲线，这种变形称为弯曲。弯曲变形是实际工程中常见的一种变形。以弯曲变形为主的构件在工程力学中称为梁。

在工程实际中，有很多承受弯曲的构件。车床主轴在齿轮啮合力和车刀切削力的作用下发生弯曲变形，如图 8-26 所示。弯板机的辊轴沿其长度方向受到钢板的均布载荷，产生弯曲变形，如图 8-27 所示。机械中的转轴和轮齿等都产生弯曲变形。

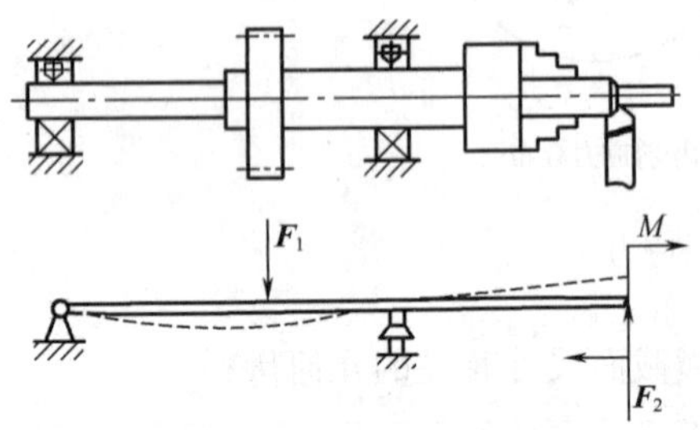

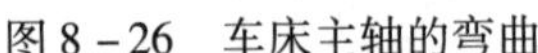

图 8-26　车床主轴的弯曲

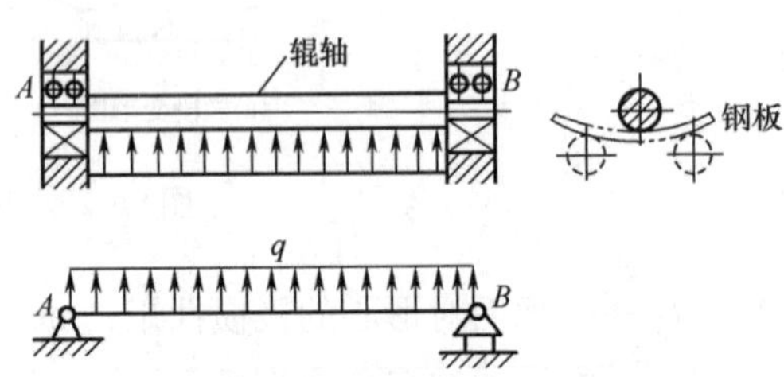

图 8-27　弯板机辊轴的弯曲

工程中的梁，一般都具有纵向对称平面。如图 8-28 所示，其横截面和纵向对称平面的交线称为对称轴。当外力作用或可以简化在此纵向对称平面内时，梁的轴线就在该平面内弯成一平面曲线，这种弯曲称为平面弯曲。本节介绍平面弯曲的内力、应力及弯曲正应力的强度条件。

梁可用直杆表示或用杆的轴线表示；梁的支座则按其约束情况简化为固定端、固定铰链支座或活动铰链支座，因此，工程中常见的静定梁有三种基本形式。

①简支梁：梁的一端为固定铰链支座，另一端为活动铰链支座，如图 8-29（a）所示。

②悬臂梁：梁的一端固定，另一端自由，如图 8-29（b）所示。

③外伸梁：简支梁一端或两端伸向铰链支座外，如图 8-29（c）所示。

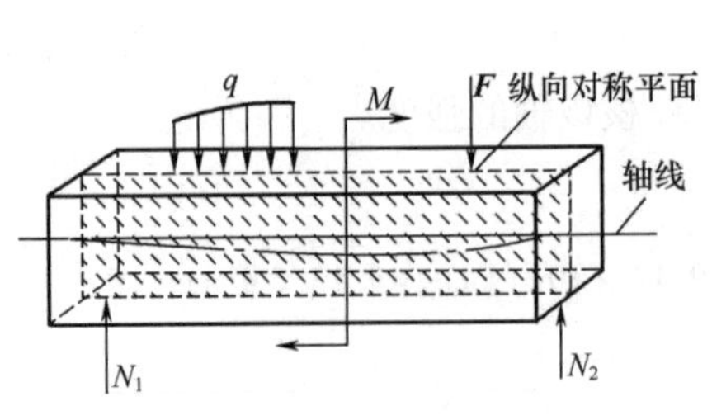

图 8-28　弯曲梁的纵向对称面

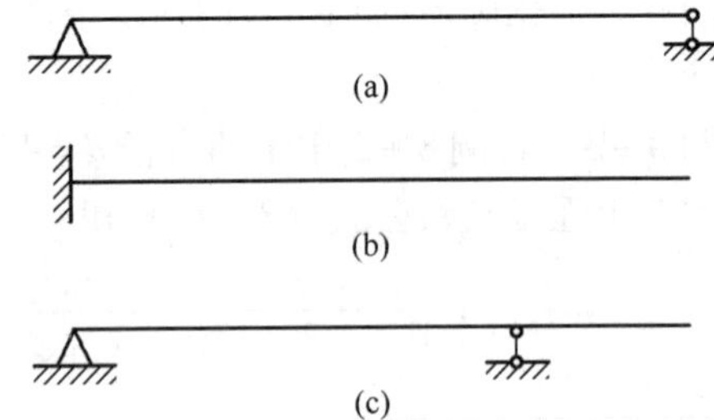

图 8-29　静定梁的基本形式

8.4.2　梁的内力——剪力及弯矩

由内外力平衡关系可知，梁弯曲时，横截面的内力有沿截面的内力称为剪力，和在纵向截面内的内力偶矩称为弯矩，分别用 $\boldsymbol{F}_s$ 和 M 表示。可用截面法求其大小，也可以直接用外力来表示。在数值上，截面 $m-m$ 的剪力 $\boldsymbol{F}_s$ 等于截面 $m-m$ 左侧（或右侧）所有外力在梁轴线的垂线（Y 轴）上投影的代数和；截面 $m-m$ 的弯矩 M 等于截面 $m-m$ 左侧（或右侧）所有外力对截面形心的力矩的代数和。即

$$F_s = \sum F_{i-侧} \tag{8-14}$$

截面左侧向上外力，或右侧向下外力，产生正的剪力，取正值；反之产生负的剪力，取负值。即左上右下的外力为正；反之为负。

$$M = \sum m_{i-侧} \tag{8-15}$$

向上的外力产生正的弯矩，对应的外力矩取正，向下的外力产生负的弯矩，对应的力矩取负，即上正下负。

与计算轴力一样，用正负表示剪力及弯矩的方向。剪力及弯矩的正、负号规定如下：在如图 8－30 所示的变形下的剪力及弯矩规定为正；反之为负。

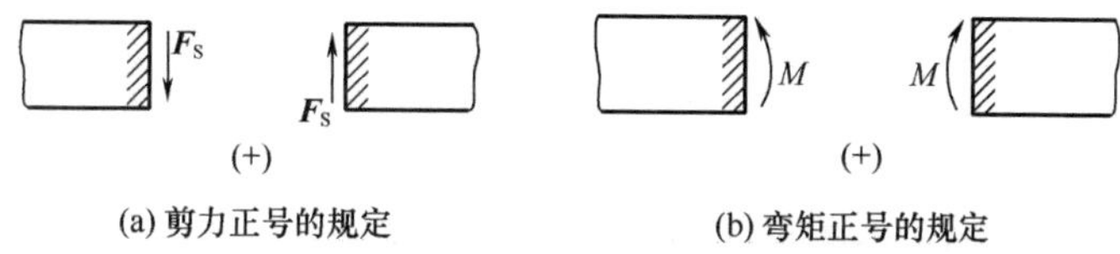

图 8－30　弯曲内力符号

8.4.3　内力方程及内力图

一般情况下，梁横截面上的剪力和弯矩随截面位置不同而变化。若以横坐标 x 表示横截面在梁轴线上的位置，则各横截面上的剪力和弯矩皆可表示成 x 的函数：

$$F_s = F_s(x), M = M(x) \tag{8-16}$$

上式函数表达式，称为梁的剪力方程和弯矩方程。

与绘制轴力图或扭矩图一样，也可以用图线直观地表示梁的各横截面上剪力 F_s 和弯矩 M，分别称为剪力图和弯矩图。画剪力图和弯矩图时，首先要建立 $F_s - x$ 和 $M - x$ 坐标，一般取梁的左端作为 x 坐标的原点，F_s 坐标和 M 坐标向上为正；然后根据载荷情况分段列出 $F_s(x)$ 和 $M(x)$ 方程；绘制方程的图像即为剪力图和弯矩图。

由截面法和平衡条件可知，在集中力、集中力偶和分布载荷的起止点处，剪力方程和弯矩方程可能发生变化，所以这些点均为剪力方程和弯矩方程的分段点，分段点截面也称控制截面。求出分段点处横截面上剪力和弯矩的数值（包括正负号），并将这些数值标在 $F_s - x$、$M - x$ 坐标中相应位置处；分段点之间的图形可根据剪力方程和弯矩方程绘出，最后注明 $|F_s|_{max}$ 和 $|M|_{max}$ 的数值。

以下通过例题说明弯矩图的画法。与剪力图类似，同学可自行考虑。

例 8－4：图 8－31（a）所示为简支梁，在 C 处受集中力 $\boldsymbol{F}$ 作用，试绘制梁的弯矩图。

解：(1) 求出梁的支座反力

$$F_{RA} = \frac{Fb}{l} \qquad F_{RB} = \frac{Fa}{l}$$

(2) 列内力方程　梁受集中力作用时载荷不连续。因此，必须以集中力的作用点 C 为分界点，将全

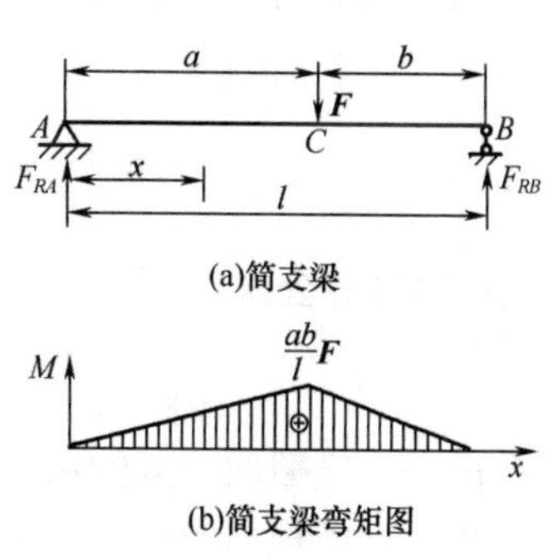

图 8－31　简支梁及其弯矩图

梁分成两段，写出各段的弯矩方程。

AC 段：取距原点 *A* 为 x 的任意横截面，由式（8－16）得弯矩方程为

$$M(x) = \sum M_{x一侧} = \frac{Fb}{l}x \quad (0 \leqslant x \leqslant a) \tag{1}$$

CB 段：取距左端 *A* 为 x 的任意横截面，由式（8－16）得截面的弯矩

$$M(x) = \sum M_{x一侧} = \frac{Fb}{l}x - F(x-a) = \frac{Fa}{l}(l-x) \quad (a \leqslant x \leqslant l) \tag{2}$$

（3）作弯矩图　由式（1）可知，在 *AC* 段内弯矩是 x 的一次函数，弯矩图为一斜直线，已知斜直线上两点即可确定这条直线。因 $x=0$ 处 $M=0$，$x=a$ 处 $M=\frac{Fab}{l}$，故连接这两点就得到 *AC* 段内的弯矩图。同理，由式（2）可做出 *CB* 段内的弯矩图（仍为斜直线）[图 8－31（b）]。由图可见，最大弯矩在 *C* 截面上，其值为 $M_{max}=\frac{Fab}{l}$。

8.4.4　弯曲时的正应力和强度计算

如图 8－32（a）所示的简支梁，其剪力图如图 8－32（b）所示，弯矩图如图 8－32（c）所示。此梁的 *AB* 段和 *DB* 段既有弯矩又有剪力，此段弯曲称为横力弯曲，而梁的 *CD* 段只有弯矩没有剪力，此段弯曲称为纯弯曲。横力弯曲段横截面一点的应力通常有正应力和剪应力，纯弯曲段横截面一点的应力只有正应力没有剪应力，工程中细长梁的强度主要由正应力强度决定，切应力的强度影响较小。给出正应力的计算及相应的强度条件。

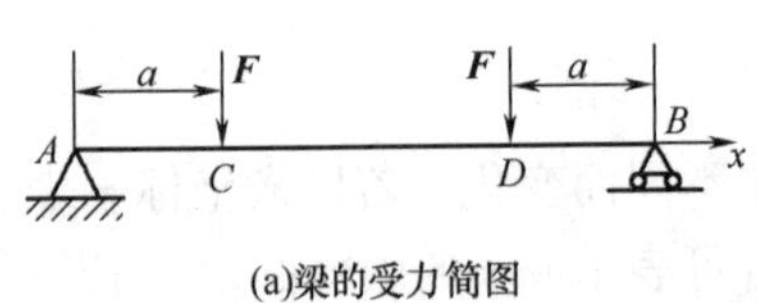

(a)梁的受力简图

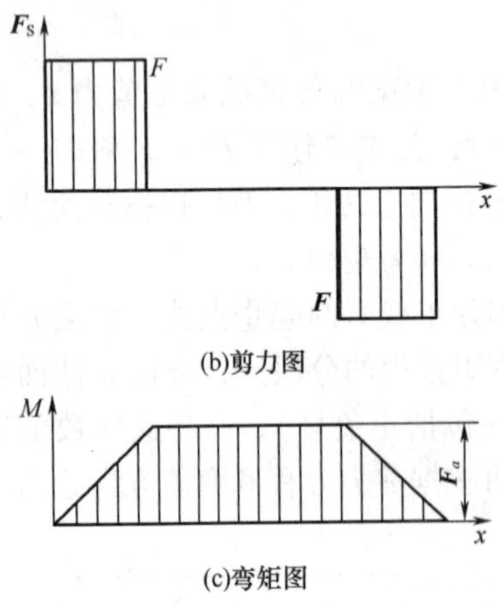

(b)剪力图

(c)弯矩图

图 8－32　纯弯曲与横力弯曲

（1）纯弯曲时的正应力

可将梁看成是由无数条纵向纤维组成，观察梁的弯曲变形现象可知，弯曲时，梁的一部分纤维受拉，另一部分受压，梁内某一层纤维既不伸长也不缩短，因而将这层既不受拉应力也不受压应力的纤维称为中性层。

中性轴、中性层与梁横截面的交线，如图8－33 所示。

根据变形现象可得：纯弯曲时，梁的横截面上只有正应力，正应力分布如图 8－34 所示。

正应力计算公式为

$$\sigma = \frac{My}{I_z} \tag{8-17}$$

式中　σ——横截面一点的正应力，MPa；

M——横截面的弯矩，N · mm；

y——横截面一点到中性轴距离，mm；

I_z ——截面对 z 轴的惯性矩，mm^4；$I_z = \int_A y^2 \mathrm{d}A$ 。

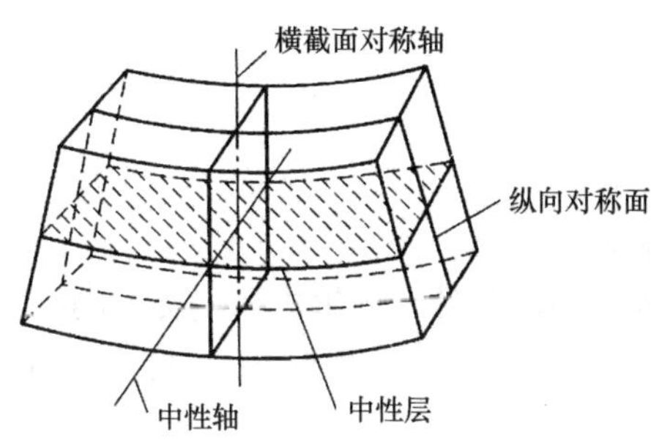

图 8－33　有纵向对称面的梁的中性层及中性轴

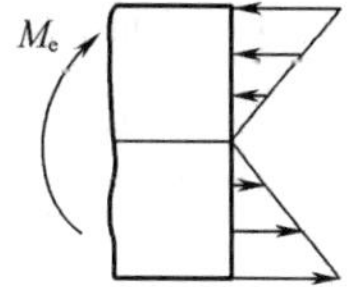

图 8－34　弯曲正应力

正应力 σ 的正负号与弯矩 M 及点的坐标 y 的正负号有关。实际计算中，可根据截面上弯矩 M 的方向，直接判断中性轴的哪一侧产生拉应力，哪一侧产生压应力，而不必计及 M 和的 y 正负。注意：截面对 z 轴的惯性矩只与截面图形的几何性质有关。

（2）最大正应力

设 y_{max} 为横截面上离中性轴最远点到中性轴的距离，则截面上的最大正应力为

$$\sigma_{max} = \frac{My_{max}}{I_Z} \tag{8-18}$$

如令

$$W_Z = \frac{I_Z}{y_{max}}$$

则截面上最大弯曲正应力可以表达为

$$\sigma_{max} = \frac{M}{W_Z} \tag{8-19}$$

式中，W_Z ——截面图形的抗弯截面模量，它只与截面图形的几何性质有关，mm^3。

（3）惯性矩及抗弯截面模量的计算

直径为 d 的圆截面的惯性矩为：

$$I_Z = \frac{\pi d^4}{64} \tag{8-20}$$

直径为 d 的抗弯截面模量分别为：

$$W_Z = \frac{\pi d^3}{32} \tag{8-21}$$

各种型钢的抗弯截面模量，可从相关工程手册的型钢表中查找。

（4）梁的正应力强度条件

对于等截面直梁，若材料的拉、压强度相等，则最大弯矩的所在面称为危险截面，危险截面上距中性轴最远的点称为危险点。为保证梁的安全，应使梁的最大正应力不大于许用应力。

此时强度条件为：

$$\sigma_{max} = \frac{M_{max}}{W_z} \leqslant [\sigma] \tag{8-22}$$

式中，$[\sigma]$ ——材料的许用应力。

根据强度条件可以解决三类计算问题，即强度校核，截面尺寸设计和承受的载荷计算。

思考题与习题

1. 什么是强度？杆件的基本变形有几种？
2. 什么是轴向拉伸时的内力？如何求解其大小？
3. 什么是应力？强度条件是什么？利用强度条件可以解决哪些类型的强度问题？
4. 试指出下列概念的区别：比例极限与弹性极限；屈服极限与强度极限、极限应力与许用应力。
5. 扭矩的正负如何表示？它和外力矩的关系如何？圆轴扭转时横截面有何种应力？应力如何分布？最大应力在哪里？最大应力的表达式如何？
6. 什么是弯矩？如何作弯矩图？
7. 求图（a）、（b）所示轴在截面 1－1、2－2、3－3 上的扭矩。

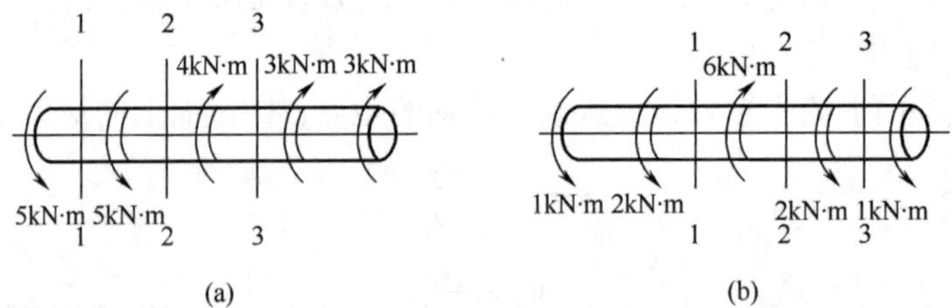

题 8－7 图

8. 如图所示，圆轴直径 $d=60\text{mm}$，受到外力偶矩 $M_A=15\text{kN}\cdot\text{m}$，$M_B=7\text{kN}\cdot\text{m}$ 和 $M_C=4\text{kN}\cdot\text{m}$ 的作用。（1）画出轴的扭矩图；（2）求轴的最大切应力。

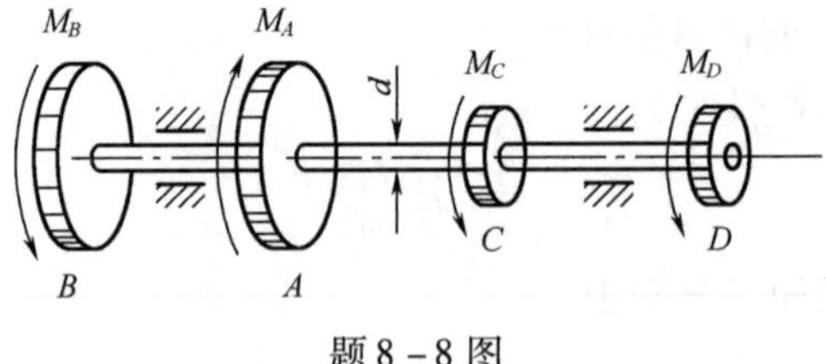

题 8－8 图

9. 画出图示各梁的弯矩图。

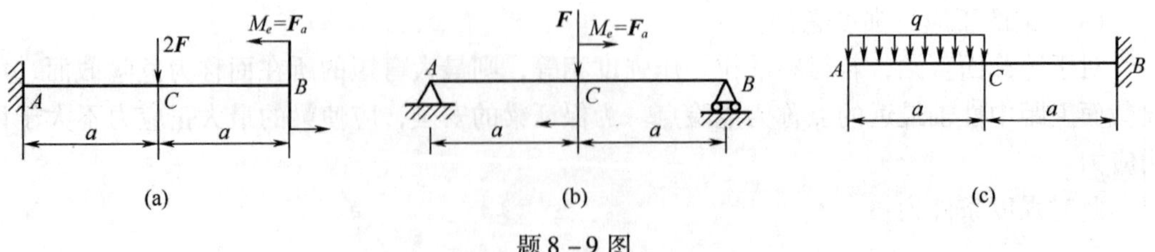

题 8－9 图

第 9 章　机械工程的常用材料及热处理

工程材料与近代工业技术的发展紧密相连，制造、信息、材料、生物已成为现代技术发展的四大支柱，而制造、信息的发展又离不开材料的发展。种类繁多的材料已成为人类社会和经济发展的重要物质基础。

9.1　常用的工程材料

工程材料有各种不同的分类方法。一般都将工程材料按化学成分分为金属材料、非金属材料、高分子材料和复合材料四大类。机械工程中常用的材料有：金属材料（钢铁、有色金属）、非金属材料两大类。其中大量使用的是金属材料。本节主要讨论金属材料。

金属材料是人们最为熟悉的、最重要的工程材料，在现代工农业生产中占有极其重要的地位。机械制造、交通运输、建筑、航天航空、国防与科学技术等各个领域都需要使用大量金属材料，而且人们在日常生活中也离不开金属材料。常用金属材料有以下几种：

9.1.1　钢

碳的质量分数低于 2.11% 的铁碳合金称作钢，它具有较高的强度、塑性和韧性，并可用热处理方法改善其力学性能和加工性能。可用锻造、辗轧、冲压、焊接、铸造等方法制造钢制零件的毛坯，应用十分广泛。

根据用途的不同，可分为用于制造各种机械零件和工程构件的结构钢，用于制造刀具、量具和模具等的工具钢和用于一些特殊场合的特殊钢（如不锈钢、耐热钢等）。而加工零件常用的结构钢依据化学成分的不同，又分为碳素钢和合金钢。碳素钢的性质主要取决于含碳量，含碳量越高，则强度越高，但塑性越低。为了改善钢的性能，特意加入了一些合金元素的钢，称为合金钢。此外，用浇注法所得到的碳钢或合金钢铸件毛坯又称为铸钢。铸钢的液态流动性比铸铁差，收缩率比铸铁件大，故铸钢件的圆角和不同壁厚的过渡部分均应比铸铁件大。根据含碳量的不同，碳素钢又分为以下三种：

（1）普通碳素结构钢

普通碳素结构钢牌号的表示方法：字母 Q ＋ 屈服点数值（MPa）＋ 质量等级。共分 195、215、235、255 和 275 五种。共有 A、B、C、D 四个级别，A 级最差。一般含碳量为 $w_c = 0.06\% \sim 0.38\%$，S、P 含量较高，不需热处理。Q195、Q215 钢的塑性和韧度好，制造薄板、冲压件和焊接件；Q235 钢的强度较高，制造钢板、钢筋、农业机械用钢和不重要的机械零件，拉杆、连杆和转轴；Q255、Q275 钢的强度高，质量好，制作建筑、桥梁工程上质量要求较高的焊接件。

（2）优质碳素结构钢

优质碳素结构钢由两位数字（常用：08 ~ 85）组成，表示碳的平均万分含量。当锰含量为 0.7% ~ 1.2% 时，在数字后加 Mn，如 45 表示 $w_C \leq 0.45\%$ 的优质碳素结构钢；65 Mn

表示 $w_c=0.65\%$，$w_{Mn}=0.7\%\sim1.2\%$ 的优质碳钢。$w_C=0.08\%\sim0.85\%$，S、P 含量较低，通常经热处理后使用，以发挥其性能潜力。10～25 钢具有较好的塑性、韧度、焊接性和冷成型性，主要用于各种冲压件和焊接件；30～55 钢的强度较高，有一定的塑性和韧度，经热处理后，用于齿轮、轴、螺栓等重要零件；65～85 钢具有较高的强度、硬度和弹性，塑性和韧性较低，常用于弹簧和耐磨零件。

(3) 合金结构钢

合金结构钢的表示方法是：数字＋ 元素符号 ＋ 数字。左边的数字表示碳的平均万分含量，元素符号所含合金元素的名称，右边数字元素表示平均百分含量：<1.5%不标记，如：20Cr 表示 $w_c=0.2\%$，$w_{Cr}<1.5\%$ 的合金结构钢；38CrMnAl 表示 $w_c=0.38\%$，w_{Cr}、w_{Mn}、w_{Al}的含量均 <1.5% 的合金结构钢；60Si2Mn 表示 $w_c=0.6\%$，$w_{Si}=1.5\%\sim2.49\%$，$w_{Mn}<1.5\%$ 的合金结构钢，$w_C=0.1\%\sim0.7\%$，加入了 Cr、Mn、Si、Ni、Ti、V 等合金元素，热处理后使用。20Cr、20MnTi、20Cr2Ni4 具有较高的韧度，经热处理后表面硬而耐磨，用于受冲击载荷的重要零件；40Cr、40CrMn、38CrMnAl 具有较高的综合力学性能，用于受力复杂的重要零件；55Si2Mn、60Si2Mn 具有高屈强比，高疲劳强度，高弹性极限和韧性，用于弹簧等零件。常用碳钢的牌号见表 9－1，常用合金钢的牌号见表 9－2。

表 9－1　　碳钢的牌号、应用及说明

名称	牌号举例	应用举例	说　明
碳素结构钢	Q215	承受载荷不大的金属结构件，如薄板、铆钉、垫圈、地脚螺栓及焊接件等金属结构件、钢板、钢筋、型钢、螺母、连杆、拉杆等	碳素钢的牌号由代表钢材屈服点的字母 Q、屈服点值、质量等级符号，脱氧方法四个部分组成。其中，质量等级共分四级，分别以 A、B、C、D 表示
	Q235	Q235C、D 可用作重要的焊接件	
优质碳素结构钢	15	强度低，塑性好，一般用于制造受力不大的冲压件，如螺栓、螺母、垫圈等。经过渗碳处理或碳氮共渗处理可用于制造表面要求耐磨、耐腐蚀的机械零件，如凸轮、滑块等	牌号的两位数字表示平均含碳量的万分数，45 钢即表示平均碳的质量分数为 0.45% 含锰量较高的钢，需加注化学元素符号“Mn”
	45	综合力学性能和可加工性均较好，用于强度要求较高的重要零件，如曲轴、传动轴、齿轮、连杆等	
碳素工具钢	T8 T8A	有足够的韧性和较高的硬度，用于制造能承受振动的工具，如钻中等硬度的岩石的钻头、简单凿子、冲头等	用“T”后附以平均含碳量的千分数表示，如 T7～T13，碳的平均质量分数为 0.7%～1.3%
铸造碳钢	ZG200—400	有良好的塑性、韧性和焊接性能，用于受力不大、要求韧性好的各种机械零件，如机座、变速箱壳等	“ZG”代表铸钢，其后面第一组数字为屈服强度（MPa）、第二组数字为抗拉强度（MPa）。ZG200—400 表示屈服强度 200MPa，抗拉强度为 400MPa 的铸造碳钢

表9-2　　常用合金钢的牌号、性能及用途

种　类	牌号举例	性能及用途
低合金高强度结构钢	Q295，Q345，Q390	强度较高，塑性良好，具有焊接性和耐蚀性，用于建造桥梁、车辆、船舶、锅炉、高压容器、电视塔等
渗碳钢	20CrMnTi，20Mn2V，20Mn2TiB	心部的强度较高，用于制造重要的或承受重载荷的大型渗碳零件
调质钢	40Cr，40Mn2，30CrMo，40CrMnSi	具有良好的综合力学性能（高的强度和足够的韧性），用于制造一些复杂的重要机器零件
青铜	ZCuSn5Pb5Zn5，ZCuSn10P1，ZCuAl10Fe3	有较高的抗蚀性、耐磨性，多用于制造轴瓦、蜗轮、轴套、船舶等耐磨零件
弹簧钢	65Mn. 60Si2Mn. 60Si2CrVA	淬透性较好，热处理后组织可得到强化，用于制造承受重载荷的弹簧
滚动轴承钢	GCl9，GCrl SSiMn，GC9MnMOV	用于制造滚动轴承的滚珠、套圈等

此外，滚动轴承钢是合金结构钢中的一类专门用钢。表示方法是：字母G+合金元素+数字，字母G表示滚动轴承用钢，合金元素表示所含主要合金元素的名称，数字只标出铬元素平均千分含量，其他不标记。如：GCr9表示 $w_{Cr}=0.9\%$ 的滚动轴承钢；如：GCr15SiMn表示 $w_{Cr}=1.5\%$ 的滚动轴承钢；$w_C=1\%\sim1.15\%$，加入了Mn、Si等合金元素，热处理后使用。

9.1.2　铸铁

碳的质量分数大于2.11%的铁碳合金称为铸铁，其抗拉强度、塑性和韧性均比钢差，不能锻造加工。铸铁具有适当的易熔性，良好的液态流动性，可铸成形状复杂的零件或作机架和机座。此外它的减振性、耐磨性、切削性均较好，且成本低廉，因此在机械制造中应用非常广泛。常用的铸铁有灰铸铁、球墨铸铁、可锻铸铁等，其中灰铸铁应用最多。灰铸铁内部组织较疏松，相当于内部布满孔洞和裂纹，应力集中较严重，因此抗拉性能远低于钢，但有良好的抗振性，耐磨性和可加工性，常用于制作机器的底座和外壳等，较脆，不适合制作受冲击载荷的零件。与灰铸铁相比，球墨铸铁具有较高的抗拉强度和弯曲疲劳极限，也具有相当良好的塑性和韧性，另外，球墨铸铁的刚性也比灰铸铁好，但球墨铸铁的消振能力比灰铸铁低很多。常用来制造承受较大载荷或力学性能要求较高的零件。

（1）白口铸铁

成分：$w_C=2.11\%\sim6.69\%$，碳以 Fe_3C（化合物）的形式存在，并含有Si、Mn、P、S等杂质，断面呈白色，性能硬而脆，不能切削加工，一般不用来制造机械零件，主要用作炼钢的原料。

（2）灰口铸铁

表示方法：字母HT + 数字。HT表示灰口铸铁，数字表示最低抗拉强度 σ_b（MPa）如：HT150表示最低抗拉强度为 σ_b = 150MPa的灰口铸铁，成分是 $w_C=2.8\%\sim4.0\%$，有一定含量的 Si、Mn 及杂质。在钢的基体上分布着片层状石墨（碳）组织，断面呈灰色。灰口铸铁的强度、塑性、韧性不如钢，软而脆；具有良好的耐磨性、减振性和切削性；石墨有自润滑作用。常用于床身、机架、底座、箱体、壳体、导轨、缸体、活塞环、带轮等零件。

（3）可锻铸铁

表示方法：字母 KTH（KTZ）+ 数字—数字，其中 KTH 表示“黑心”可锻铸铁，KTZ 表示“珠光体”可锻铸铁。第一位数字表示最低抗拉强度 σ_b（MPa），第二位数字表示最低伸长率 δ（%）。如：KTH300—06 表示最低抗拉强度为 $\sigma_b=300$MPa，$\delta=6\%$ 的黑心可锻铸铁；如：KTZ450—04 表示最低抗拉强度为 $\sigma_b=450$MPa，$\delta=4\%$ 的珠光体可锻铸铁；成分：$w_C=3.8\%\sim4.0\%$，有一定含量的 Si、Mn 及杂质。在白口铸铁基础上经“可锻化处理”（长时高温退火），在钢的基体上分布着团絮状石墨（碳）组织。黑心可锻铸铁塑性、韧性高、强度低。珠光体可锻铸铁的强度、硬度和耐磨性较高；团絮状石墨对基体割裂作用小，宜制造形状复杂，要求一定塑性、韧性，承受冲击和振动的薄壁铸件。如汽车、拖拉机零件、管道、阀门等。

（4）球墨铸铁

牌号字母 QT + 数字—数字，QT 表示球墨铸铁，第一位数字表示最低抗拉强度 σ_b（MPa），第二位数字表示最低伸长率 δ（%）。如：QT400—18 表示最低抗拉强度为 $\sigma_b=400$MPa，$\delta=18\%$ 的球墨铸铁，其成分是 $w_C=3.8\%\sim4.0\%$，有一定含量的 Si、Mn、Mg 及杂质。在浇注前加入球化剂，在钢的基体上产生球状石墨（碳）组织。球状石墨对基体的割裂作用小，综合力学性能较高，并具有良好的减振性和耐磨性，有些性能指标接近于钢。可代替部分钢和合金钢制造一些受力复杂、强度韧性和耐磨性要求较高的零件，如曲轴、凸轮轴、齿轮、蜗杆、阀门、机座、汽车后桥等。

常用铸铁的牌号、应用及说明见表 9－3。

表 9－3　常用铸铁的牌号、应用及说明

名　称	牌号举例	应用举例	说　明
灰铸铁	HT150	用于制造端盖、泵体、轴承座、阀壳、管子及管路附件、手轮，一般机床的底座、床身、滑座、工作台等	“HT”为灰铁两字汉语拼音的第一个字母，后面的一组数字表示试样的抗拉强度，如 HT200 表示灰铸铁的抗拉强度 200MPa
	HT200	承受较大载荷和较重要的零件，如气缸、齿轮、底座、飞轮、床身等	
球墨铸铁	QT400—16 QT450—10 QT600—7 QT800—2	广泛用于机械制造业中磨损和受冲击的零件，如曲轴（一般用 QT500—7）、齿轮（一般用 QT450—10）、气缸套、活塞环、摩擦片、中低压阀门、千斤顶座、轴承座	“QT”是球墨铸铁的代号，它后面的数字表示抗拉强度和断后伸长率，如 QT500—7 即表示球墨铸铁的抗拉强度为 500MPa，断后伸长率为 7%
可锻铸铁	KTH300—06 KTH330—08 KTZ450—06	用于受冲击、振动等的零件，如汽车零件、机床附件（如扳手）、各种管接头、低压阀门、农具等	“KTH、KTZ”分别是黑心和珠光体可锻铸铁的代号，它们后面的数字分别代表抗拉强度和断后伸长率

9.1.3 有色金属

有多种有色金属及其合金，主要应用在一些特殊场合。铜、铝及其合金是机械制造中应用较多的有色金属。铜合金除有良好的减摩、耐磨性外，还具有良好的导电、导热、耐蚀和延展性。常用的铜合金分为黄铜和青铜两类。黄铜具有良好的塑性和流动性；青铜具有较好的耐磨性和减摩性。青铜还分为锡青铜和无锡青铜两种，锡青铜的减摩性较无锡青铜好，但机械强度较差。要求减摩的零件可选用铜合金，并可通过铸造或压力加工的方法制造，可制造形状复杂的零件。质量轻、强度高的零件可选用铝合金，铝合金具有高的强度密度比，用它制造的零件可在同样的强度下获得较小的质量，缺点是：强度较低，价格高，常用来制造要求质量较轻的零部件。轴承合金又称巴氏合金，是锡、铅、锑、铜的合金，具有良好的减摩、耐磨性，是滑动轴承衬的专用材料。常用于铸造承受重载的耐磨件，如齿轮、蜗轮、轴套、船舶零件等。

9.2 材料的性能

金属材料的性能决定着材料的适用范围及应用的合理性。金属材料的性能主要分为五个方面，即：使用性能、工艺性能、机械性能、物理性能、化学性能。

（1）使用性能

材料在使用过程中所表现的性能。包括物理性能、化学性能和力学性能。

（2）工艺性能

金属对各种加工工艺方法所表现出来的适应性称为工艺性能，主要有以下四个方面：

①切削加工性能：反映用切削工具（例如车削、铣削、刨削、磨削等）对金属材料进行切削加工的难易程度。

②可锻性：反映金属材料在压力加工过程中成型的难易程度，例如将材料加热到一定温度时其塑性的高低（表现为塑性变形抗力的大小），允许热压力加工的温度范围大小，热胀冷缩特性以及与显微组织、机械性能有关的临界变形的界限、热变形时金属的流动性、导热性能等。

③可铸性：反映金属材料熔化浇铸成为铸件的难易程度，表现为熔化状态时的流动性、吸气性、氧化性、熔点，铸件显微组织的均匀性、致密性以及冷缩率等。

④可焊性：反映金属材料在局部快速加热，使结合部位迅速熔化或半熔化（需加压），从而使结合部位牢固地结合在一起而成为整体的难易程度，表现为熔点、熔化时的吸气性、氧化性、导热性、热胀冷缩特性、塑性以及与接缝部位和附近用材显微组织的相关性、对机械性能的影响等。

（3）金属材料的机械性能（也称为力学性能）

①机械（力学）性能：金属材料在外力作用下所表现出来的性能称为机械（力学）性能。

②载荷：金属材料在使用及加工中所受外力称为载荷。根据载荷作用性质的不同，可以分为静载荷、冲击载荷、疲劳载荷三种。

③机械性能指标：强度、塑性、硬度、韧性和疲劳强度等。

a. 强度：金属材料在静载荷作用下，抵抗塑性变形或断裂的能力称为强度。常用的强度指标有：抗拉强度（σ_b）和屈服点（σ_s）。抗拉强度和屈服点可以通过拉伸试验测定。

b. 塑性：金属材料在静载荷作用下，产生永久变形而不破坏的能力称为塑性。常用的塑性指标是伸长率（δ）和断面收缩率（ψ）。

c. 硬度：金属材料抵抗局部变形（特别是塑性变形）、压痕或划痕的能力称为硬度。

d. 韧性：金属材料抵抗冲击载荷作用而不破坏的能力称为韧性。指标为冲击韧性值 a_k（通过冲击实验测得）。

e. 疲劳强度：材料在低于 σ_s 的重复交变应力作用下发生断裂的现象称为疲劳。材料在规定次数应力循环后仍不发生断裂时的最大应力称为疲劳极限。用 σ_{-1} 表示。

（4）金属材料的物理性能

金属固有的属性，如密度、熔点、导热性、导电性、热膨胀性和磁性等。

①密度：$\rho = m/V$，单位 g/cm^3 或 t/m^3，式中 m 为质量，V 为体积。

②熔点：金属由固态转变成液态时的温度，对金属材料的熔炼、热加工有直接影响，并与材料的高温性能有很大关系。

③热膨胀性：随着温度变化，材料的体积也发生变化（膨胀或收缩）的现象称为热膨胀，多用线膨胀系数衡量，亦即温度变化 1℃时，材料长度的增减量与其 0℃时的长度之比。

④电学性能：主要考虑其电导率，在电磁无损检测中对其电阻率和涡流损耗等都有影响。

（5）金属材料的化学性能

金属在化学作用下所表现的性能。

①耐腐蚀性：金属材料在常温下抵抗氧化、水蒸气及其他化学介质腐蚀破坏作用的能力。

②抗氧化性：金属材料抵抗氧化作用的能力，称为抗氧化性。

③化学稳定性：金属材料的耐腐蚀性和抗氧化性的总称。

9.3 钢的热处理方法

钢的热处理是通过对钢件加热、保温和冷却的方法，改变其内部组织结构，以获得所需性能的一种加工工艺。在零件的加工制造过程中，热处理是不可缺少的中间工序或最终工序，是提高零件性能和质量、降低成本的一种重要方法和手段。一般来说，冷却速度越快，钢材变得越硬越脆，内部由于急剧冷却造成的内应力也越大。

热处理工艺多种多样。钢的热处理一般分为普通热处理和表面热处理。普通热处理按加热和冷却方式的不同又分为退火、正火、淬火和回火；表面热处理则分为表面淬火和化学热处理。

（1）正火和退火

正火和退火是应用最广泛的热处理工艺，是不可缺少的前期工序；对于一些性能要求不高的零件，也可作为最终热处理。

退火是将工件加热到适当温度，经过一段时间保温后缓慢冷却，来改善组织、提高加工性能的一种热处理工艺，目的是降低材料的硬度、提高其塑性、细化结晶组织结构，消除内应力，以及为淬火做准备。

正火和退火的工艺过程相似，主要区别在于冷却速度不同。正火是将工件放在空气中冷却的，其冷却速度较快，组织较细，强度和硬度较高。正火工艺的生产效率高、成本低。经正火处理的工件，具有较好的力学性能。故在零件热处理中，尽量采用正火代替退火。

（2）调质、淬火和回火

把工件加热到临界温度以上，保温一定时间，然后在水或油中迅速冷却的热处理工艺称为淬火。淬火后的材料，内部组织结构发生变化，硬度提高，耐磨性增大，同时增大了材料的脆性，降低了塑性和韧性，材料内部形成较大的淬火应力，会导致零件变形或出现裂纹。为获得所要求的强度、硬度、塑性和韧性的良好配合，并保证在使用过程中形状和尺寸的准确，通常淬火后的零件要进行回火处理。

按温度范围不同，可将回火分为低温回火（150 ~ 250℃）、中温回火（350 ~ 500℃）和高温回火（500 ~ 650℃）。低温回火可降低材料的淬火应力和脆性，并保持较高的硬度和耐磨性，常用于耐磨零件和刀具、模具的处理。中温回火可使材料具有较高的弹性极限和屈服极限，并具有一定的塑性和韧性，多用于各种弹簧的处理。淬火后高温回火的热处理方法称为调质处理。调质可以使钢的性能、材质得到很大程度的调整，其强度、塑性和韧性都较好，具有良好的综合机械性能。调质处理是中碳钢的淬火加高温回火的热处理工艺，广泛用于处理各种重要的结构零件，如在变载荷下工作的连杆、螺栓和齿轮等零件。为了消除精密量具或模具、零件在长期使用中尺寸、形状发生变化，常在低温回火后（低温回火温度 150 ~ 250℃）精加工前，把工件重新加热到 100 ~ 150℃，保持 5 ~ 20h，这种为稳定精密制件质量的处理，称为时效。对在低温或动载荷条件下的钢材构件进行时效处理，以消除残余应力，稳定钢材组织和尺寸，尤为重要。

（3）表面淬火和化学热处理

表面淬火是采用快速加热的方法使零件表面奥氏体化，然后快速冷却获得表层淬火组织的一种热处理工艺，常用于表面要求高硬度来提高耐磨性、而心部要求高韧性来提高抗冲击能力的零件。

化学热处理是将零件放在化学介质中加热和保温，使介质原子渗入零件表层中，改变表面的化学成分和组织，以达到改善表层性能的热处理方法。根据渗入元素的不同，分为渗碳、渗氮（氮化）、碳氮共渗等处理工艺。钢的渗碳、渗氮和碳氮共渗是机械制造业中最常用的化学热处理工艺。化学热处理既可提高零件表层的硬度、耐磨性、疲劳强度和耐腐蚀性能，又能够保证零件心部具有良好的韧性。

思考题与习题

1. 机械设计中常用的金属材料有哪些种类？各有何特点？适用于哪些零件？
2. 简述常用金属材料牌号的表示方法，各符号、数字的意义。
3. 材料的性能有哪些？什么是使用性能和工艺性能？
4. 使用性能包含哪些内容？什么是物理性能、化学性能和力学性能？

5. 金属材料的力学性能指标有哪些？
6. 工艺性能包含哪些内容？如何定义？
7. 材料的常用热处理方法有哪些？性能如何？
8. 正火和退火有何区别？什么是调质处理？什么是表面淬火？

第三篇　常用机构

在日常实际生产和生活中，人们大量地使用各种各样的机械和机器，可代替或减轻人类劳动，可转换能量或做有用功。通常可以把机器分为两大类：一类是原动机器，可实现能量转换，如内燃机、蒸汽机、电动机等，仅有有限的几种类型。另一类是工作机器，如各类机床、各类包装机械、农用机械、汽车、轮船、洗衣机等种类繁多。机械和机器是现代化建设和社会发展中十分重要和不可被替代的，大量地设计制造和广泛采用各种先进的机器和设备，可极大地促进国民经济的全面发展，加速我国的现代化建设，所以机械工业的生产水平是一个国家现代化建设水平的重要标志。虽然机器的种类繁多，且其构造、性能和用途也各不相同，但都是由有限的若干种基本机构，如连杆机构、凸轮机构、间歇机构、齿轮机构及其他一些常用机构所组成。

本篇主要讨论各种典型的基本机构，为分析、设计和研究机器与设备奠定一定的理论和应用基础。

第 10 章　平面机构组成与自由度

机构是由一些人造实物的组合体组成，且各组合体之间具有确定的相对运动。机构和机器的作用不同，机构是用来传递运动和动力的，在机器中起着改变运动形式、速度大小或方向以及传递力的作用。

如果组成机构的所有构件都在同一平面或相互平行的平面内运动，则该机构称为平面机构，反之则为空间机构。由于在生产和生活中，平面机构应用最多，所以本章讨论平面机构的结构分析。

10.1　机构的组成

机构是由若干构件所组成，将组成机构的独立运动单元称为构件，它作为一个整体参与运动。构件可以是一个零件，也可以是由几个零件组成的一个整体。零件是组成机械的基本制造单元。具体详见第四、五篇。

10.1.1　构件的类型及自由度

机构中的构件可以分为三类：

①固定件或机架：用来支撑活动构件的构件。

②原动件：运动规律已知的活动构件。其运动是由外界输入的，又称为输入构件或主动件。

③从动件：机构中随着原动件的运动而运动的其余活动构件。其中输出预期运动的从动件称为输出构件，其他从动件则起传递运动的作用。

一个机构只能有一个机架，可能是一个整体，也可能是多个零件的刚性组合；机构中的原动件一般与机架相连，可有一个或多个；从动件可以有若干个。

构件的自由度是指构件相对于参考系具有的独立运动参数的数目。一个做平面运动的无约束自由构件具有 3 个独立的运动参数，即可沿 x、y 轴方向移动，并可在平面坐标系中绕某一点转动。

10.1.2 运动副

（1）运动副的概念

机构中各个构件都会以一定方式组合在一起，就要限制其一定的运动，称为约束。

使两个构件直接接触并能产生一定相对运动的可动连接，称为运动副。由运动副的定义可以看出运动副的基本特征为：

①具有一定的接触表面，是构成运动副的基本元素；

②能产生一定的相对运动。

（2）运动副的分类

两个构件通过运动副连接以后，相对运动受到限制。约束就是对独立运动所加的限制，引入约束将减少自由度的个数，而约束的多少及约束的特点则取决于运动副的形式。

按照组成运动副两构件的相对运动是平面运动还是空间运动，可以把运动副分为平面运动副和空间运动副。本课程主要讨论平面运动副。构成平面运动副的两构件间的接触有点、线、面三种形式。根据接触形式的不同，平面运动副有两种类型。将构成面接触的运动副称为低副；构成点或线接触的运动副称为高副。

①平面低副：平面低副包括转动副和移动副两种。转动副是使两个构件的相对移动受到约束，而只有一个独立的相对转动自由度的运动副。如轴与轴承、铰链等，如图 10－1（a）、（b）所示。

移动副［图 10－1（c）］是使构件的一个相对移动和相对转动受到约束，而只有一个方向的独立相对移动自由度的运动副。如汽缸与活塞、滑块与导轨等。

②平面高副：组成平面高副的构件 1、2 沿公法线方向的移动受到约束，但可以沿接触点切线的方向独立运动，同时还可以绕某点独立转动。平面高副是具有两个自由度的平面运动副。如车轮与导轨、凸轮副、齿轮副等，如图 10－2 所示。

10.2 平面机构的运动简图

在实际的机械中，构件间的相对运动与构件和运动副的结构及形状无关，仅与运动副的类型、数目、相对位置有关。在对机构进行分析和综合时，为了使问题简化，可忽略机构中与运动无关的元素，用简单的符号和线条代表运动副和构件，并按一定的比例尺表示

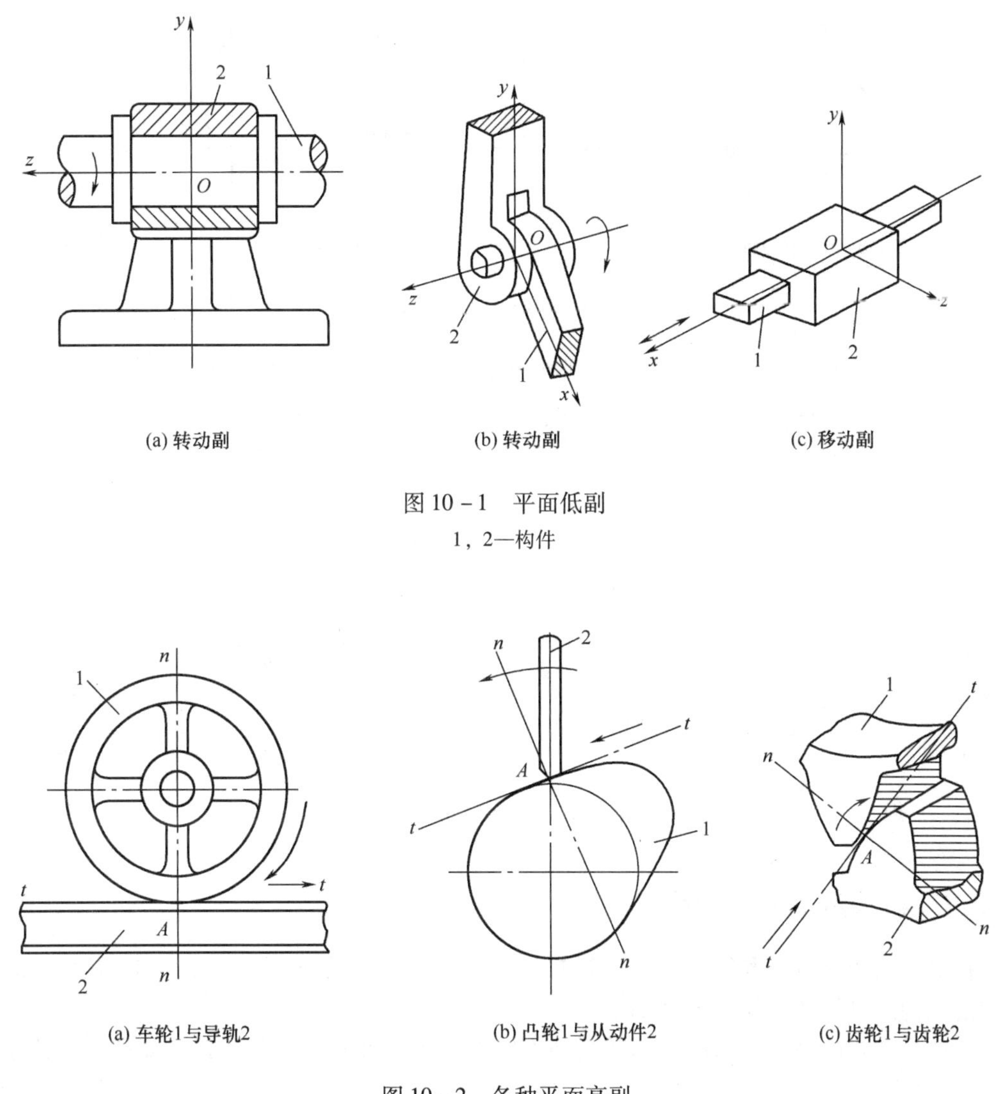

图 10－1　平面低副

1，2—构件

图 10－2　各种平面高副

1，2—构件

机构的相互位置尺寸，绘制出图形，称为机构运动简图。机构运动简图完全可以表达原机械具体的运动特征。

10.2.1　运动副及构件的表示法

构件常用直线或小方块来表示，画有斜线的表示机架，机架是固定不动的构件。转动副的表示方法如图 10－3（a）所示，图中圆圈表示转动副，其圆心代表相对转动轴线。两构件组成移动副的表示方法如图 10－3（b）所示，移动副的导路必须与相对移动方向一致。两构件组成平面高副时，如图 10－3（c）所示，需绘制出接触点的轮廓形状或按标准符号绘制。对于凸轮、滚子常画出全部轮廓，如图 10－2 所示，对齿轮要画出节圆。

构件的表示方法如图 10－4 所示。图 10－4（a）是一个构件有两个转动副的表示方

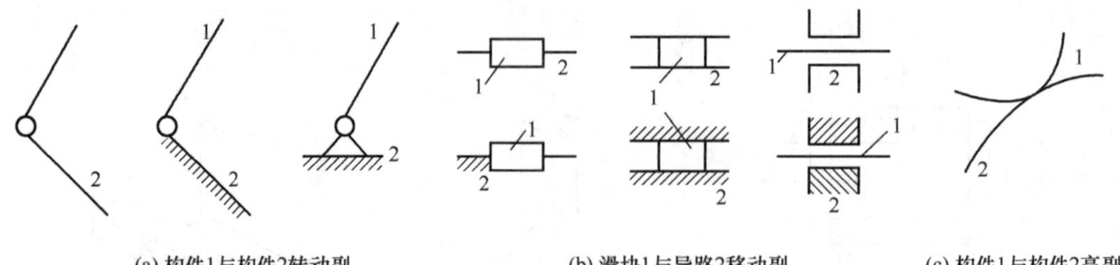

(a) 构件1与构件2转动副　(b) 滑块1与导路2移动副　(c) 构件1与构件2高副

图 10-3　运动副的表示方法

法，图 10-4（b）是一个移动副用转动副连接的表示方法；一个构件具有多个转动副时，则应在两线交界处涂黑，或在其内画上斜线，具体表示方法如图 10-4（c）所示；而三个转动副在同一直线的表示方法如图 10-4（d）所示。运动副及构件的其他具体规定画法可参照国家标准（GB/T 4460—1984）。

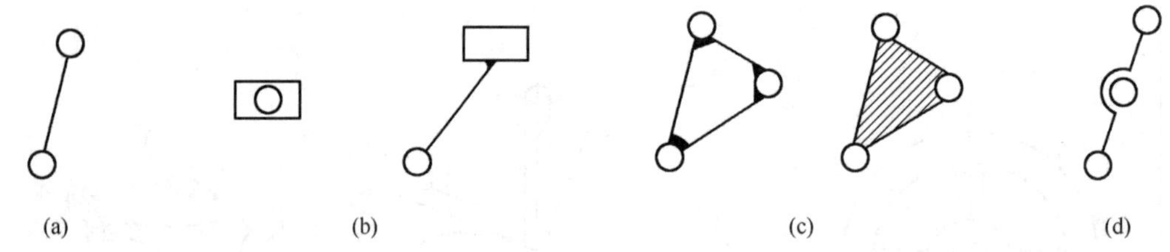
(a)　(b)　(c)　(d)

图 10-4　构件的表示方法

10.2.2　机构运动简图的绘制

在对机构进行分析和综合时或进行机构设计时，首先要正确地画出机构的运动简图，具体的机构运动简图的绘制步骤如下：

①首先应正确地分析机械结构及其动作原理，找出机架、主动件和从动件，并确定主动件的运动方向。

②沿着运动传递的路线，分析各构件间的相对运动性质，确定运动副的类型和数目。

③选择一个合理的视图平面。对于平面机构，为便于清楚地表达构件间的运动关系，应避免各构件重叠和交叉，而选择机构运动的一般位置和运动所在平面作为视图平面。

④根据图纸的尺寸及构件的实际长度选择适当的比例尺，测量出运动副间的相对位置，用规定的构件和运动副的符号和线条绘制出机构运动简图。

常用比例尺为：

$$\mu_L = \frac{\text{构件的实际比例尺}}{\text{构件的图样比例尺}}\ (\text{m/mm 或 mm/mm})$$

例 10-1：试绘制图 10-5 所示牛头刨床主体运动的示意图。

解：(1) 牛头刨床主体运动机构由齿轮 1 和 2、滑块 3、导杆 4、摇块 5、滑枕 6 及床身 7 组成。齿轮 1 为主动件，床身 7 为机架，其余的 5 个活动构件为从动件。

(2) 齿轮 1、2 组成齿轮副；小齿轮 1 与床身 7 组成转动副；大齿轮 2 与床身 7、滑块 3 分别组成转动副；导杆 4 与滑块 3、摇块 5 分别组成移动副；导杆 4 与滑枕 6 组成转动副；摇块 5 与床身 7 组成转动副；滑枕 6 与床身 7 组成移动副。即本机构共有 1 个齿轮副、5 个转动副和 3 个移动副。

（3）选择合适的瞬时运动位置，如图 10－5（b）所示，按规定符号画出齿轮副、转动副、移动副和机架，并标注构件号及表示主动件的箭头。

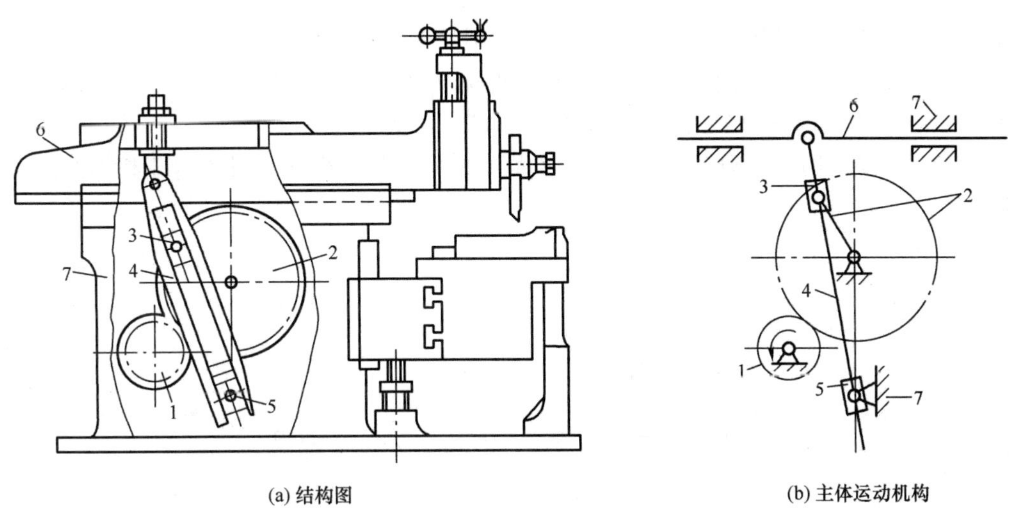

(a) 结构图　(b) 主体运动机构

图 10－5　牛头刨床及主体运动机构简图

1、2—齿轮　3—滑块　4—导杆　5—摇块　6—滑枕　7—床身

10.3　平面机构自由度

10.3.1　平面机构自由度的计算

平面机构自由度是指机构中各构件相对于机架所具有的独立运动的数目。

一个做平面运动的自由构件具有三个自由度，因此平面机构中每个活动构件在没用运动副连接之前都有三个自由度，每个低副引入两个约束，使构件失去两个自由度。每个高副引入一个约束，使构件失去一个自由度。

设一个平面机构共有 N 个构件，其中 1 个构件为机架固定不动，则活动构件的数目为 $n=N-1$，用 P_L 表示低副的个数和 P_H 表示高副个数，连接组成机构后，就引入了$(2P_L+P_H)$ 个约束。因此，活动构件的自由度总数减去运动副引入的约束总数就是该机构的自由度，用 F 表示。即平面机构的自由度计算公式为：

$$F = 3n - 2P_L - P_H \tag{10-1}$$

10.3.2　运动链成为机构的条件

如前面所述，机构是由构件组成的，它的各构件之间具有确定的相对运动。然而，任意拼凑的机构组合不一定能具有相对运动，即使能够运动，也不一定具有确定的相对运动。因此构件进行组合时需要满足一定的条件，才能具有确定的相对运动，这一点对于分析现有的机构或设计新机构都是非常重要的。

机构的自由度与主动件的数目相比，可分为下列几种情况：

①当构件组的自由度小于或等于零时，它不是机构，而是不能产生相对运动的静定或超静定刚性桁架，如图 10－6（a）、（b）所示。

②当构件组的自由度大于零、但小于主动件数目时，会发生运动干涉而破坏构件，如图 10－6（c）所示。若机构减少一个主动件，则具有确定运动。

③当构件组的自由度大于主动件数时，机构从动件的运动是不确定的，如图 10－6（d）所示。若该机构有两个主动件，就会具有确定运动。

所以，若要机构具有确定运动，其必须满足的条件是：$F>0$，且 F 等于机构的主动件数目。

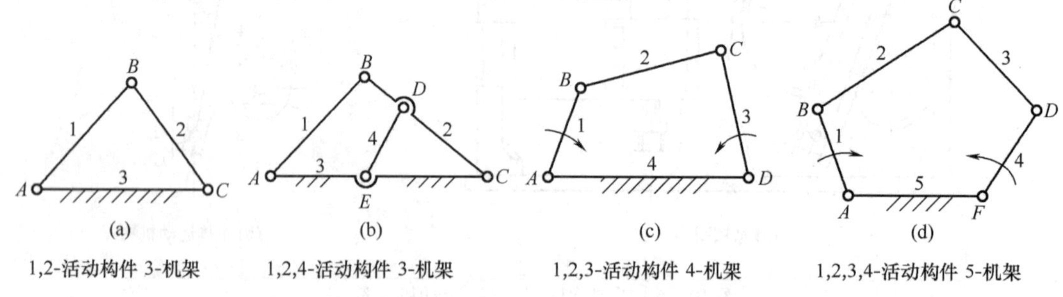

图 10－6　机构具有确定运动分析

10. 3. 3　计算机构自由度时应注意的事项

（1）复合铰链

两个以上的构件共用同一转动轴线所构成的转动副称为复合铰链，如图 10－7 所示。由 m 个构件组成的复合铰链，应当按（$m-1$）个转动副计算。在计算机构自由度时应将复合铰链考虑进去。

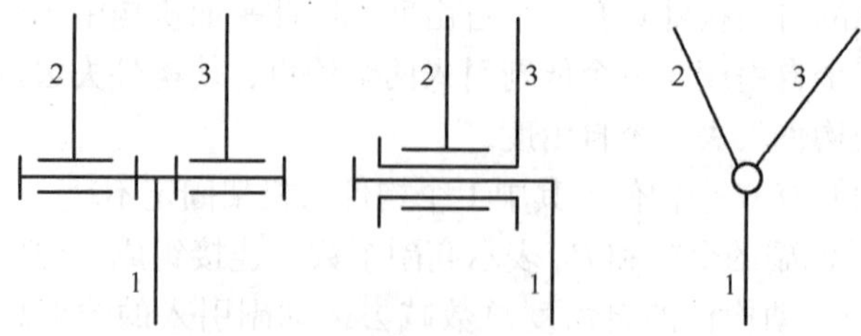

图 10－7　复合铰链

1～3—构件

（2）局部自由度

机构中出现的与输出无关的个别构件的独立运动自由度称为局部自由度。在如图 10－8（a）所示的凸轮机构中，滚子本身绕其轴心转动并不影响其他从动件的运动，但可以提高接触部分的摩擦和磨损性能，该转动的自由度即为局部自由度。计算时应先把滚子看成与从动件焊成一体，去除局部自由度后［如图 10－8（b）所示］，再计算整个机构的自由度。

（3）虚约束

机构中与其他运动副所起的限制作用重复，对机构运动不起新的限制作用的约束，称为虚约束。在计算机构自由度时应先除去虚约束。

虚约束主要在下列场合出现：

①运动轨迹相同。当不同构件上两点间的距离保持恒定时，若在两点间加上一个构件和两个转动副，就引入一个虚约束。如图 10－9 所示的平行四边形机构中，构件 3 上的 E 点与机架上 F 点的距离保持不变。因此，构件 5 引入虚约束，计算机构自由度时，将构件 5 和两个转动副视为虚约束除去不计。

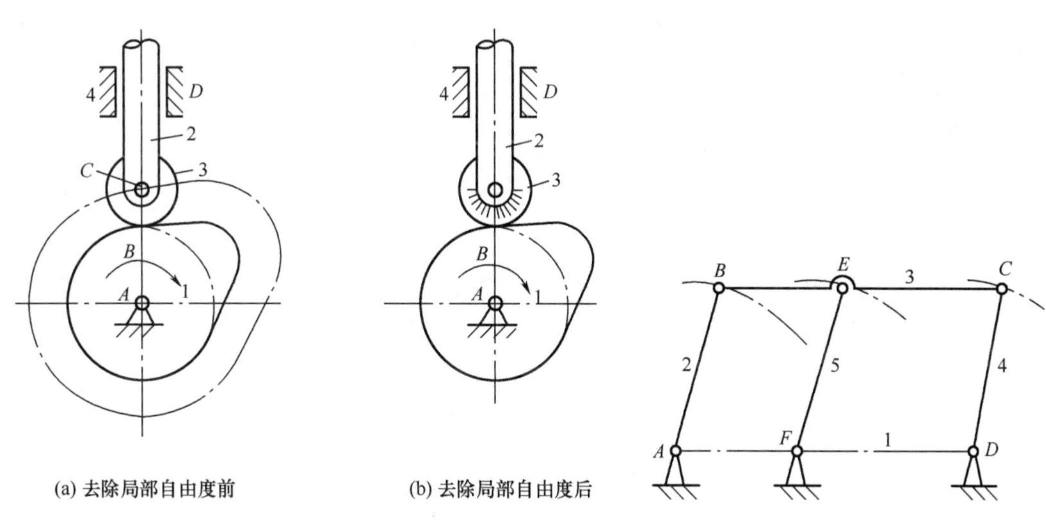

(a) 去除局部自由度前　(b) 去除局部自由度后

图 10－8　局部自由度

1—凸轮　2—从动件　3—滚子　4—机架

图 10－9　运动轨迹相同

1～5—构件

②移动副平行。两构件构成多个移动副且导路互相平行，这时只有一个移动副起约束作用，其余移动副为虚约束。如图 10－10 所示。

③转动副轴线重合。两构件组成多个转动副且其轴线相互重合，这时只有一个转动副起约束作用，其余转动副为虚约束。如图 10－11 所示。

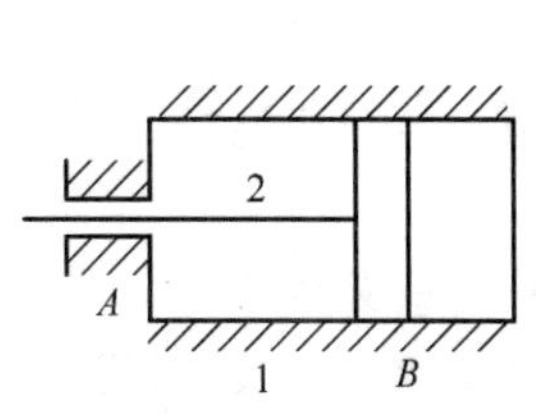

图 10－10　移动副平行

1—缸体　2—活塞

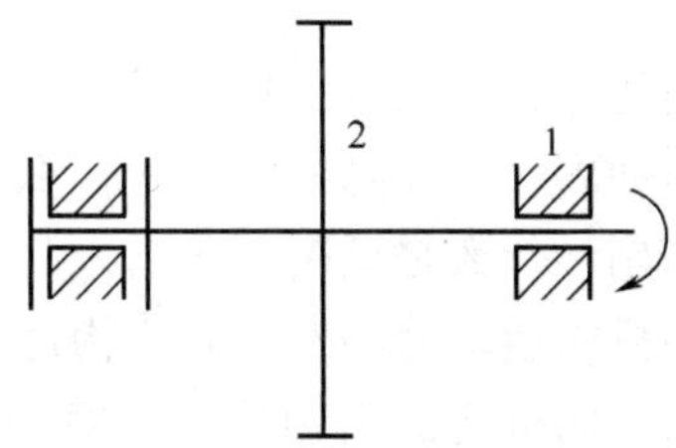

图 10－11　转动副轴线重合

1—轴承　2—传动件

虚约束虽不影响机构的运动，但却可以增加机构的刚性，改善受力状况，因而在结构设计中被广泛使用。但是，在结构中要实现虚约束必须保证足够的加工和装配精度，否则不满足其特定的几何条件，虚约束就会变成真实约束，从而使机构无法正常工作。

因此，在计算机构的自由度时，首先要正确分析并明确指出机构中存在的复合铰链、局部自由度和虚约束，并将局部自由度和虚约束除去不计，再利用式（10－1）来计算机构的自由度。最后还要检验计算所得到的自由度是否与机构中主动件的数目相等，从而确定其是否具有确定的运动。

例 10－2：计算例 10－1 所示的牛头刨床主体机构的自由度。

解：根据例 10－1 的分析所绘制的机构运动简图，如图 10－5（b）所示，两个导路平行的移动副，其中之一为虚约束，应去掉虚约束移动副；$n=6$，$P_L=8$，$P_H=1$，由式（10－1）得机构的自由度为：$F = 3n - 2P_L - P_H = 3\times6 - 2\times8 - 1 = 1$

该机构中有一个主动件，而机构的自由度等于 1，因此机构具有确定的运动。

例 10－3：计算如图 10－12 所示的机构自由度。

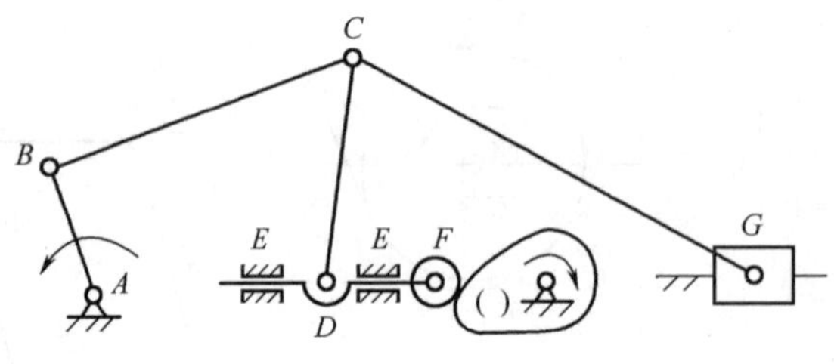

图 10－12　例 10－3 图

解：如图所示，机构中的滚子处有一个局部自由度，应将滚子与顶杆看成一体，去掉局部自由度；两个导路平行的移动副，其中之一为虚约束，应去掉虚约束移动副；三杆汇交 C 处是复合铰链，应注意复合铰链处转动副的个数，故得：$n=6$，$P_L=1$，$P_H=1$。

由式（10－1）得机构的自由度为：$F = 3n - 2P_L - P_H = 3\times7 - 2\times9 - 1 = 2$

该机构中有两个主动件，而机构的自由度又等于 2，因此机构具有确定的运动。

思考题与习题

1. 构件的类型分为哪几种？什么是原动件？什么是从动件？
2. 什么是运动副？运动副的作用是什么？运动副分为哪几类？
3. 什么是高副？什么是低副？各引入几个约束？
4. 如何绘制机构运动简图？绘制机构运动简图有何意义？
5. 如何计算平面机构的自由度？计算自由度应注意哪些问题？机构具有确定运动的条件是什么？
6. 计算如图所示机构的自由度，若有复合铰链，局部自由度和虚约束应具体指出并分析具有确定运动的条件。

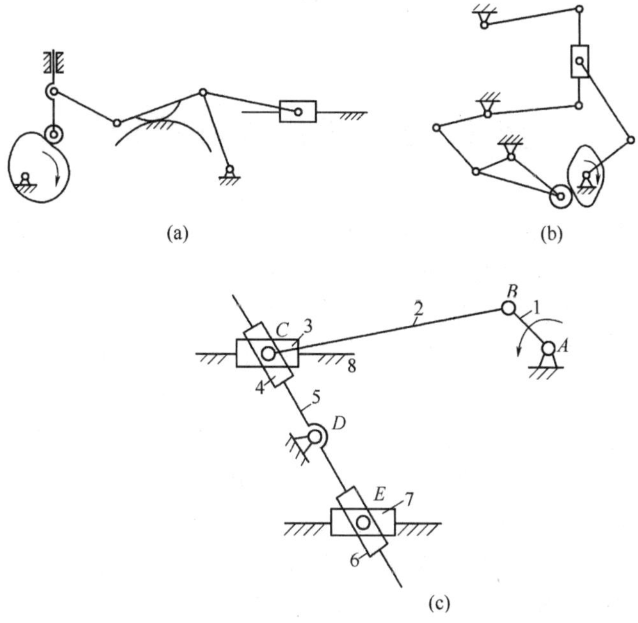

题 10－6 图

7. 在图示机构中 $AB /\!/ EF /\!/ CD$，且 $AB = EF = CD$，试计算机构的自由度，并分析机构具有确定的运动条件（如有复合铰链、虚约束、局部自由度须指出）。

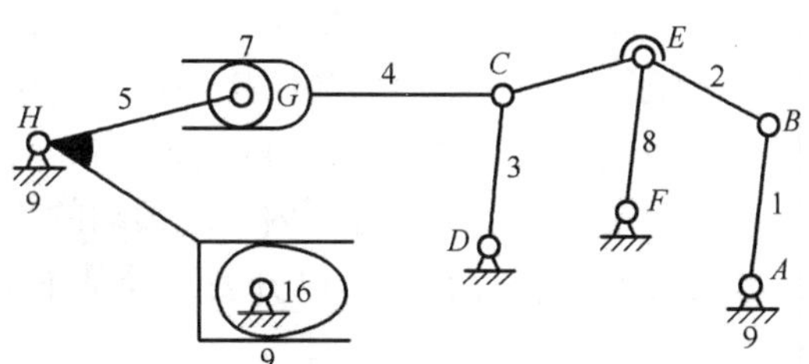

题 10－7 图

8. 试绘出下列平面机构的运动简图，并计算其自由度。

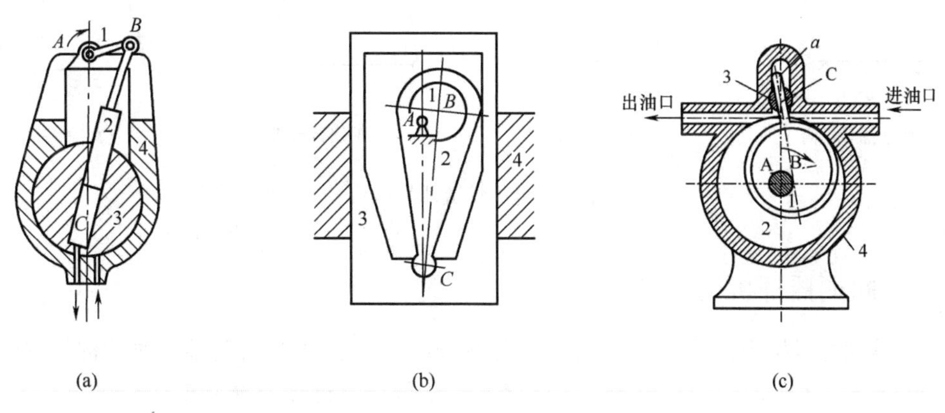

题 10－8 图

第11章　平面连杆机构

连杆机构也称为低副机构，是由若干刚性构件通过低副连接而成的机构，主要分为平面连杆机构和空间连杆机构两类。所有构件都在同一平面或相互平行的平面内运动的连杆机构，称为平面连杆机构；否则是空间连杆机构。

平面连杆机构广泛应用在各种机械和仪表中，它的主要作用是可以变换运动形式，实现所要求的运动规律或实现所要求的运动轨迹。其主要的特点是：构件之间的运动副都是低副，传递力时压强较小，结构简单，容易制造，可较方便地实现多种运动形式的转换，因此广泛应用在各种机械上。但低副之间会存在一定间隙，在机构中会产生累积误差，所以一般连杆机构不能实现精确的复杂运动，同时设计也较复杂。

平面连杆机构根据机构中构件的数目不同，可以分为平面四杆机构、平面五杆机构和平面多杆机构。平面四杆机构是应用十分广泛的一种机构，因此本章主要介绍平面连杆机构中最基本的平面四杆机构的类型、应用、工作原理、运动特点及设计等方面的相关知识。

11.1　平面四杆机构的基本形式及其应用

在平面四杆机构中，四个运动副都是转动副的机构称为铰链四杆机构，如图11－1所示。其中固定不动的构件称为机架，与机架相连的两构件称为连架杆，连接两连架杆的构件称为连杆。而两连架杆又有曲柄与摇杆之分，两连架杆中能做整周360°转动的连架杆，称为曲柄；不能做整周转动，而是在一定角度范围内往复摆动的连架杆，称为摇杆。因此铰链四杆机构依据两连架杆是否有曲柄存在，可以分为三种基本形式：即曲柄摇杆机构、双曲柄机构和双摇杆机构。

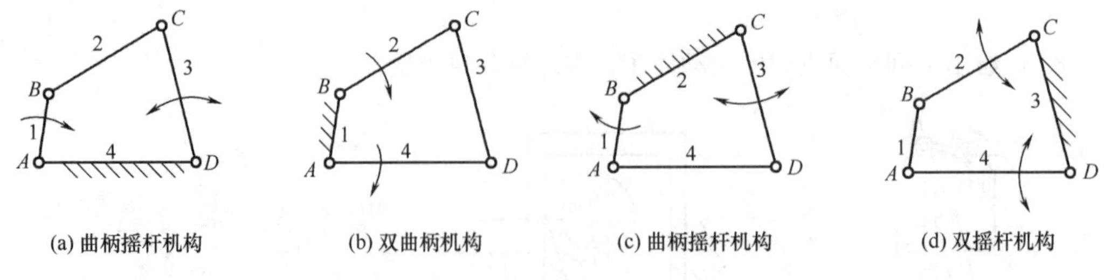

图11－1　铰链四杆机构

11.1.1　曲柄摇杆机构

在铰链四杆机构中，若其中一个连架杆为曲柄，另一个连架杆为摇杆时就称为曲柄摇杆机构，如图11－1（a）、（c）所示。在曲柄摇杆机构中，做整周转动的曲柄可以是主动件，带动从动摇杆往复摆动；也可以是做往复摆动的摇杆为主动件，带动从动曲柄做整周转动。

如图 11－2 所示破碎机的机构就是将曲柄的匀速回转运动，通过连杆转换成摇杆即破碎机的动颚板往复摆动；而图 11－3 所示的缝纫机踏板机构是将摇杆即缝纫机踏板的往复摆动通过连杆转换为曲柄即飞轮的连续整周运动。这些都是曲柄摇杆机构在工程实际中的具体应用。

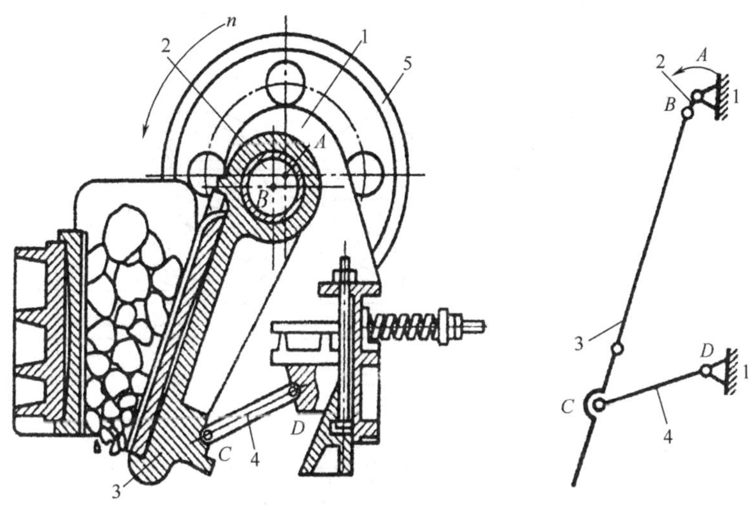

图 11－2　破碎机结构及机构简图

1—机架　2—曲柄　3—连杆（动颚板）　4—摇杆　5—传动大带轮

11.1.2　双曲柄机构

在图 11－1（b）所示的铰链四杆机构中，如两连架杆均为曲柄时称为双曲柄机构。双曲柄机构又可分为普通双曲柄机构、平行双曲柄机构和反向双曲柄机构三种类型。

（1）普通双曲柄机构的特点

主动曲柄做匀速转动时，而从动曲柄却做变速转动。如图 11－4 所示的惯性筛分机构，是将主动曲柄 1 的等速转动转换为从动曲柄 3 的变速转动，再通过杆 5 拉动筛子 6 往复移动，并产生变化的加速度，由于其惯性作用，使得物料被筛分。

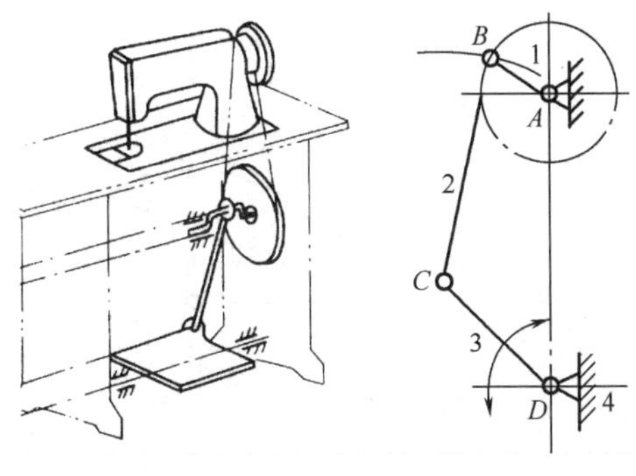

图 11－3　缝纫机踏板机构

1—曲柄（飞轮）　2—连杆　3—踏板　4—机架

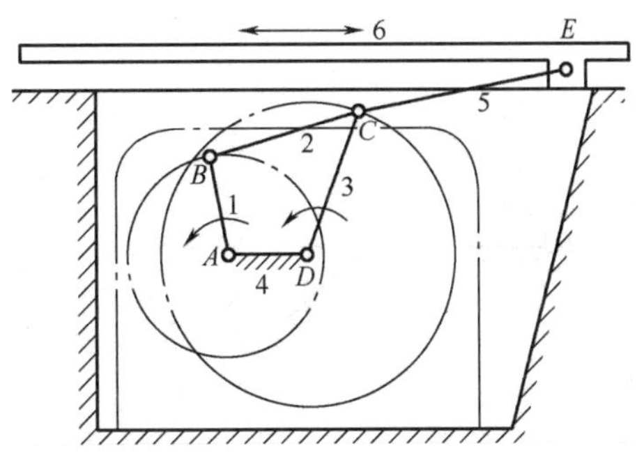

图 11－4　惯性筛分机构

1—主动曲柄　2—连杆　3—从动曲柄

4—机架　5—从动杆　6—往复运动的筛子

（2）平行双曲柄机构的特点

两曲柄平行且长度相等的铰链四杆机构，两曲柄做等角速度的转动且方向一致，这时连杆是平动。如图 11－5 所示的机车车轮的联动机构，是将主动曲柄的等速转动转换为从动曲柄的相同角速度的同向转动，同时利用第三个平行曲柄来消除机构运动的不确定状态。

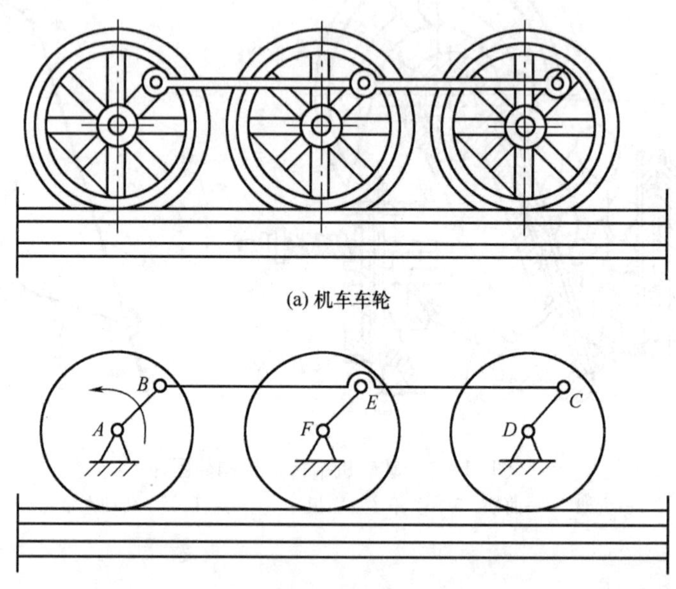

(a) 机车车轮

(b) 平行双曲柄机构

图 11－5　机车车轮的联动机构

（3）反向双曲柄机构的特点

两曲柄不平行但曲柄长度相等的铰链四杆机构，两曲柄的转向相反，如图 11－6（a）所示。图 11－6（b）所示是汽车的开门机构，就是将主动曲柄的等速转动转换为从动曲柄的反向转动。

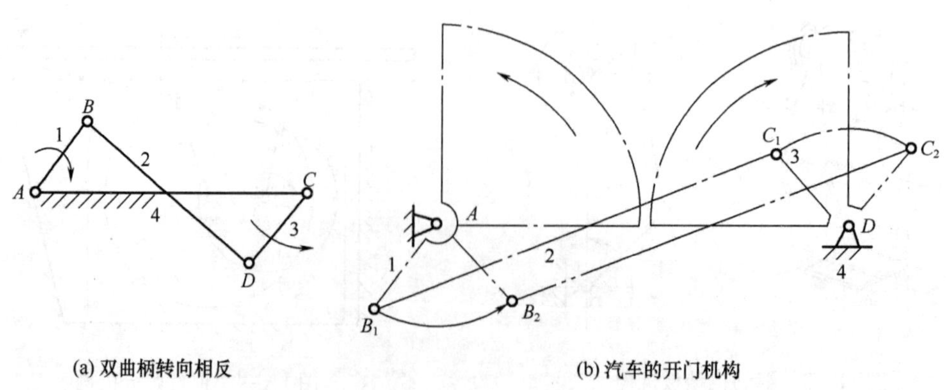

(a) 双曲柄转向相反

(b) 汽车的开门机构

图 11－6　反向双曲柄机构

1—主动曲柄　2—连杆　3—从动曲柄　4—机架

11.1.3　双摇杆机构

在图 11－1（d）所示铰链四杆机构中，若两连架杆均为摇杆时称为双摇杆机构。如图 11－7 所示的鹤式起重机，当摇杆 AB 摆动时，另一摇杆 CD 随之摆动，而连杆 BC 上的 E 点和悬挂在 E 点处的重物则作近似的水平直线移动，从而避免重物移动时因不必要的升降而消耗能量，因而常应用在港口码头。如图 11－8 所示的飞机起落架机构，当飞机着陆前，摇杆 AB 摆动至与连杆 BC 处于同一直线（图中实线位置，该位置称为机构的死点位置，详见后述），可顶住摇杆 CD 下方的着陆轮在接触地面时所产生的较大冲击力；当飞机起飞离开跑道以后，摇杆 AB 顺时针向上摆动，通过连杆 BC 带动摇杆 CD 逆时针摆动至水平位置（图中双点画线位置），收缩在飞机机腹的下方，可有利于安全飞行。以上两例均是双摇杆机构在实际中的具体应用。

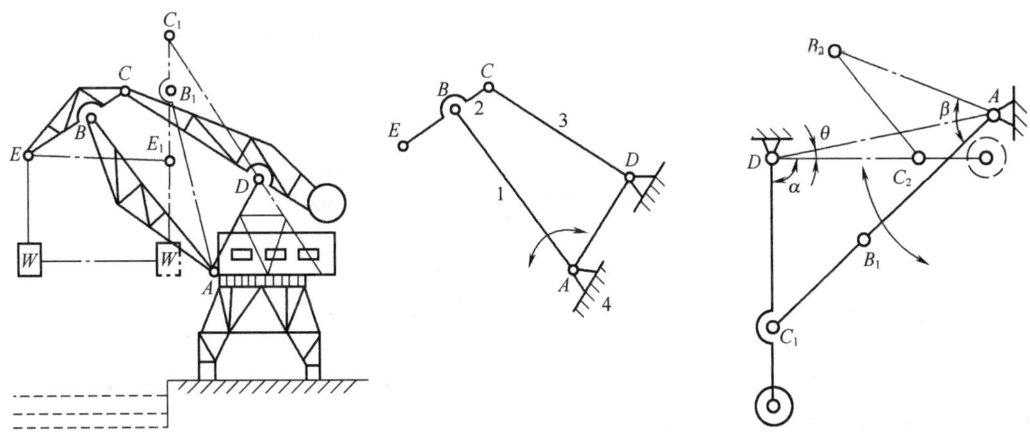

图 11－7　鹤式起重机

图 11－8　飞机起落架机构

如果双摇杆机构中的两摇杆长度相等，则称为等腰梯形机构。等腰梯形机构应用的具体实例是如图 11－9 所示的汽车车轮转向机构。连杆机构也普遍应用在印刷机械、包装机械和印后加工设备中，但应用更多的是凸轮连杆机构和齿轮连杆机构等组合机构。如图11－10 所示为压纸吹嘴机构运动简图，主要由凸轮 1、摆杆 2、压纸吹嘴 8 及微动开关等组成。压纸吹嘴的摆动则是由轴上的凸轮 1，通过摆杆 2、连杆 3、摆杆 4 及机件 5 的配合来实现的。

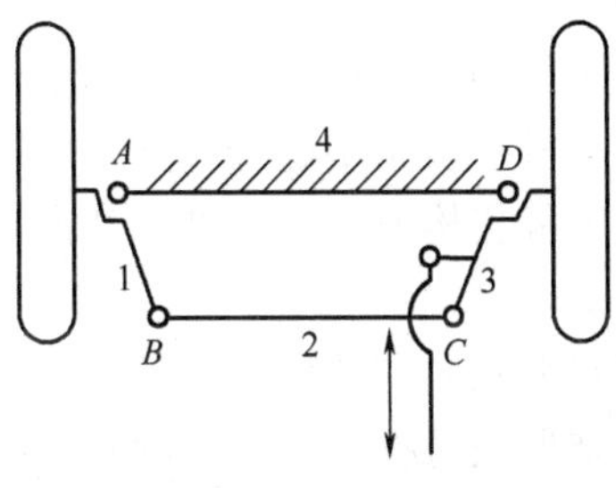

图 11－9　车轮的转向机构

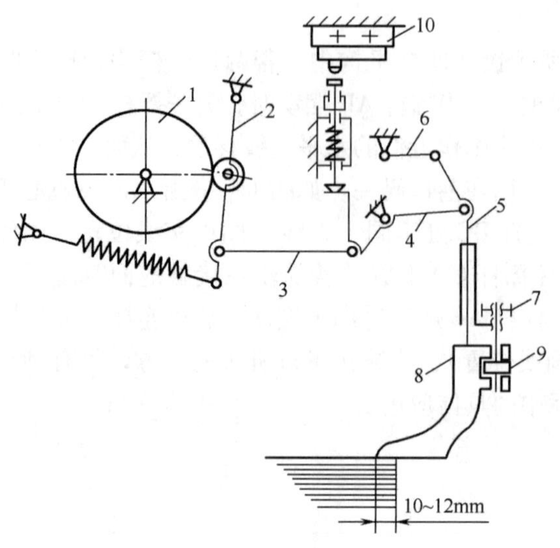

图 11－10　压纸吹嘴机构运动简图

1—凸轮　2，4，6—摆杆　3—连杆　5—机件

7—调节螺钉　8—压纸吹嘴　9—调节螺母　10—微动开关

11.2　铰链四杆机构类型的判定及演化形式

11.2.1　铰链四杆机构类型的判定

铰链四杆机构具有三种基本形式，基本形式的确定由机构中是否存在曲柄来决定。

机构中是否存在曲柄，主要依赖组成机构的四个构件的尺寸关系，以及要取哪个构件作机架来决定。根据机构的运动关系可得出连架杆成为曲柄应满足以下条件，即曲柄存在的条件为：

①最短杆与最长杆的长度之和小于或等于其余两杆的长度之和，称为杆长之和条件。

②连架杆和机架中必有一杆是最短杆，称为最短杆条件。

铰链四杆机构究竟属于哪种基本形式，除与杆长之和条件有关外，还与选取哪一构件作机架有关。

当满足杆长之和条件时：

①若选取最短杆为机架，则两连架杆均为曲柄，该机构为双曲柄机构。

②若选取与最短杆相邻的杆件为机架，则最短杆为曲柄，而另一连架杆为摇杆，该机构为曲柄摇杆机构。

③若选取最短杆对边为机架，则不存在曲柄，两连架杆均为摇杆，该机构为双摇杆机构。

而当不满足杆长之和条件时，即不满足曲柄存在的条件，机构中没有曲柄。因此不论取哪一个构件为机架，得到的机构均是双摇杆机构。

11.2.2　铰链四杆机构的演化形式

（1）曲柄滑块机构

如图 11－11 所示，曲柄滑块机构是由曲柄摇杆机构演变而来的（当摇杆为无限长时），其中与机架 4 构成移动副的块状构件 3 称为滑块，当曲柄 1 连续转动时，滑块 3 将沿着导路做往复直线移动。因此将这种具有一个移动副和三个转动副的机构称为曲柄滑块机构。

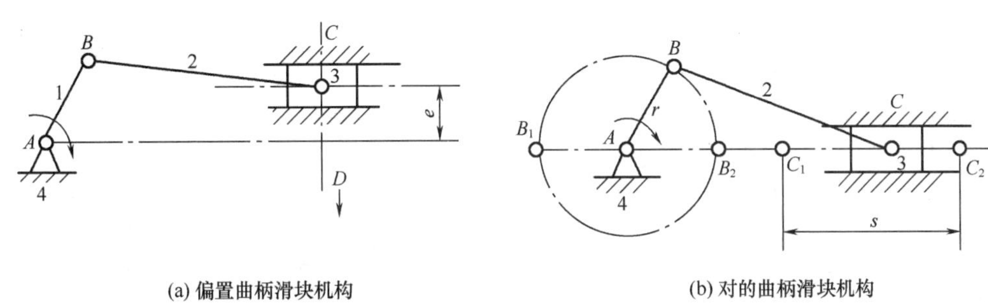

(a) 偏置曲柄滑块机构　　(b) 对的曲柄滑块机构

图 11－11　曲柄滑块机

1—曲柄　2—连杆　3—滑块　4—机架

曲柄滑块机构有偏置曲柄滑块机构和对心曲柄滑块机构两种基本类型。曲柄回转中心 A 到滑块导路中心线的距离 e 称为偏距，当 $e \neq 0$ 时称为偏置曲柄滑块机构，如图 11－11（a）所示；当 $e=0$ 时称为对心曲柄滑块机构，如图 11－11（b）所示。在对心曲柄滑块机构中，在曲柄回转一周的过程中，曲柄与连杆两次共线，且与导路的中心线重合，曲柄滑块机构中滑块的工作行程等于两倍的曲柄长度。由于对心曲柄滑块机构具有工作行程较大，受力状况好等优点，因此在工程实际中应用得更多。

曲柄滑块机构与曲柄摇杆机构相似，曲柄和滑块均可为主动件。当曲柄为主动件时，可以将连续的回转运动转换为滑块的往复直线运动，其主要应用在插床、冲床、剪床等机器中；当滑块为主动件时，可以将往复直线移动转换为曲柄的连续回转运动，如在活塞式内燃机、空气压缩机等机器中的应用。在印后加工设备及包装机械中，大量应用滑块机构。如图 11－12 所示是切书机中的压书机构的机构简图，其中压书器的升降由Ⅳ轴上的压书凸轮 C_5 控制，当夹书送书机构将书叠送到裁切工位后，在拉簧 9 的作用下，拉杆 6 带动压书器 1 下降，压住书叠 13。

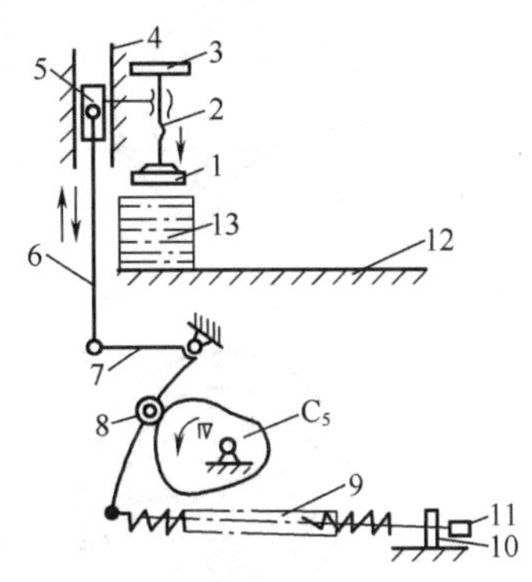

图 11－12　压书机构简图

1—压书器　2—螺杆　3—手轮

4—滑道　5—滑块　6—拉杆　7—摆杆

8—小滚子　9—弹簧　10—机架

11—手柄　12—工作台板　13—书叠

（2）曲柄滑块机构取不同构件为机架时，可得不同的机构

图 11－13（a）所示的曲柄滑块机构若取不

同构件作机架，可以分别获得转动导杆机构［图 11－13（b）］、摆动导杆机构［图 11－13（c）］、摇块机构和定块机构［图 11－13（d）］。导杆机构多用于牛头刨床（见第 10 章图 10－5 所示的机构）和回转式油泵等多种机械中；摇块机构主要用于摆动式油缸和液压泵中；如图 11－14 所示是定块机构在抽水机中的应用。

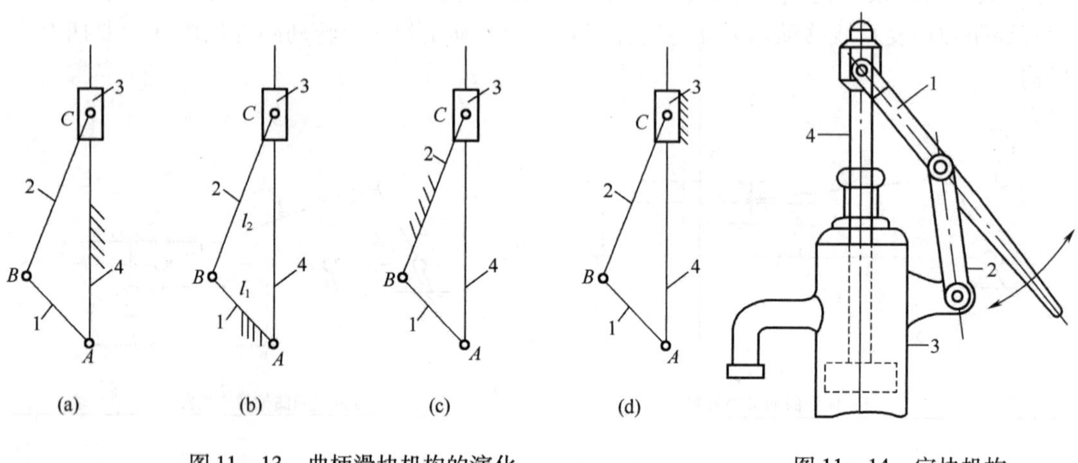

图 11－13　曲柄滑块机构的演化

图 11－14　定块机构

（3）偏心轮机构

如图 11－15（a）所示的机构，1 为圆盘，几何中心为 B，运动时圆盘绕偏心 A 转动，因此称为偏心轮。AB 间的距离 e 称为偏心距。根据运动关系可画出机构简图如图 11－15（b）所示，曲柄的长度即是偏心距 e 的大小。

同样，如图 11－15（c）所示的机构可表示成图 11－15（d）所示的机构简图。

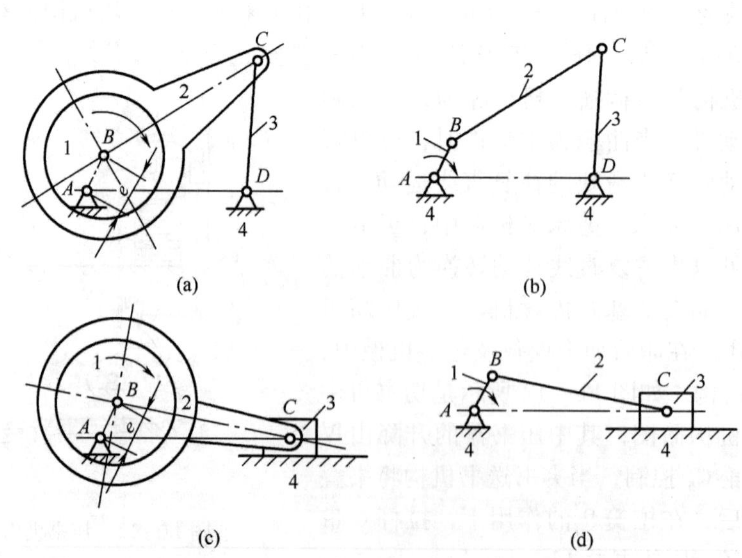

图 11－15　偏心轮机构的演化

1—圆盘　2—连杆　3—摇杆（滑块）　4—机架

当曲柄长度很短时，为便于构件间的连接，简化结构，通常可将曲柄做成偏心轮，这样可增大轴颈的尺寸，使轴的强度提高。偏心轮机构广泛应用在要求传力较大的剪床、冲床、颚式破碎机等机械中。

11.3　铰链四杆机构的基本特性

在理解铰链四杆机构的基本形式及杆长条件的基础上，进一步掌握平面铰链四杆机构的基本特性是正确选择、合理使用和设计平面机构的基础。

11.3.1　急回特性与行程速比系数

如图 11－16 所示的曲柄摇杆机构。设曲柄 AB 为原动件，曲柄 AB 在转动一周的过程中有两次是与连杆拉直或重叠共线，而此时摇杆 CD 是位于摇杆的两个极限位置 C_1D 和 C_2D ，将摇杆在两极限位置时所夹的角度称为最大摆角 ψ 。摇杆在两个极限位置时，曲柄与连杆两次共线位置所夹的锐角 θ ，称为极位夹角。当曲柄以等角速度 ω 顺时针转过角 φ_1 时，摇杆由位置 C_1D 摆动到 C_2D ，称为工作行程，摆角为 ψ ，所需时间为 t_1 ；摇杆 CD 摆动的角速度为 ω_1 ；当曲柄继续转过角 φ_2 时，摇杆由位置 C_2D 摆回 C_1D ，称为返回行程或空行程，摆角仍为 ψ ，所需的时间为 t_2 ，摇杆摆动的平均角速度为 ω_2 。由图示可知，$\varphi_1 = 180° + \theta$, $\varphi_2 = 180° - \theta$ 。

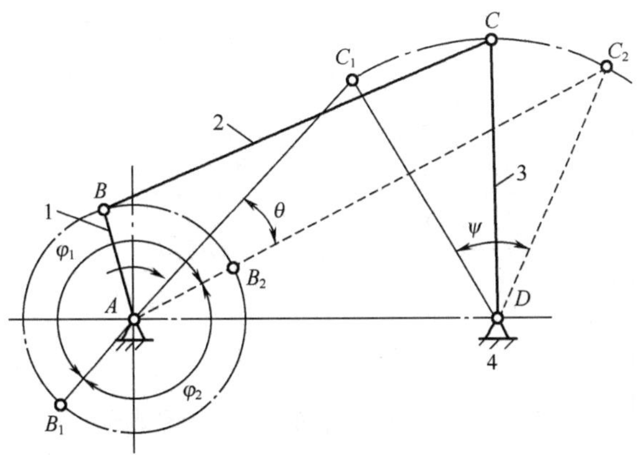

图 11－16　曲柄摇杆机构的急回特性

1—曲柄　2—连杆　3—摇杆　4—固定件

由于 $\varphi_1 > \varphi_2$ ，所以曲柄以等角速度 ω 转过 φ_1 和 φ_2 时，所需的时间是不等的，即 $t_1 > t_2$ 。而摇杆的平均角速度为 $\omega_1 = \psi/t_1$, $\omega_2 = \psi/t_2$ ，显然 $\omega_1 < \omega_2$ ，由此可见，当曲柄以等速转动时，摇杆往复摆动的速度是不同的。把这种摇杆返回行程的平均角速度大于工作行程的平均角速度的性质称为曲柄摇杆机构的急回特性。机构急回特性的程度可用行程速比系数 K 来表示，即

$$K = \frac{\omega_2}{\omega_1} = \frac{t_1}{t_2} = \frac{\varphi_1}{\varphi_2} = \frac{180° + \theta}{180° - \theta} \tag{11-1}$$

若已知 K 即可求出极位夹角 θ 为

$$\theta = 180° \times \frac{K-1}{K+1} \tag{11-2}$$

由上式可知，机构的急回程度取决于极位夹角 θ 的大小。θ 角越大，K 值也越大，机构的急回特性也越明显。当 $\theta = 0°$ 时，$K = 1$，则机构无急回特性。

对心曲柄滑块机构无急回特性，偏置曲柄滑块机构和摆动导杆机构均具有急回特性。

11.3.2 压力角与传动角

在实际生产中，不仅要求机构满足运动方面的要求，而且还要求它具有良好的动力性能，就是要求传力轻便、效率较高。那么，其动力性能与哪些因素有关呢?

(1) 压力角 α

如图 11－17 所示的曲柄摇杆机构中，若忽略惯性力、重力和摩擦力的影响，就可以把连杆看成二力杆件。这时，主动件曲柄经过连杆作用在从动件摇杆上的作用力方向是沿着连杆 BC 方向。从动件上 C 点所受的作用力方向与 C 点速度方向之间所夹的锐角 α，称为压力角。可将作用力分解为：

$$\begin{cases} F_t = F\cos\alpha \\ F_n = F\sin\alpha \end{cases}$$

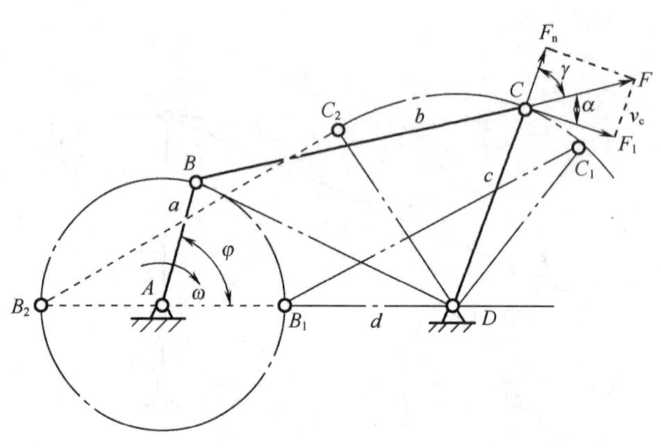

图 11－17　连杆机构的压力角和传动角

F_t 是使从动件转动的有效分力，F_n 则引起摩擦力，是要消耗能量克服的有害力。因此 α 越小，有效分力 F_t 越大，有害力 F_n 越小，机构就越省力，效率也越高。因此，压力角 α 是衡量机构传力性能的重要参数。

(2) 传动角 γ

传动角 γ 是压力角 α 的余角，即连杆与从动摇杆之间所夹的锐角。由于传动角 γ 的大小度量较方便，所以实际工程中常用传动角 γ 来衡量机构的传力性能。传动角 γ 越大，传力性能越好。

很明显，压力角和传动角的大小是随连杆机构的位置改变而改变的，为了保证机构具有良好的传力性能，一般要求机构在一个工作循环中的最大压力角为 $\alpha_{max} = 50° \sim 40°$ 或最小传动角 $\gamma_{min} = 40° \sim 50°$，传递功率大时，$\alpha_{max}$ 取小值或 γ_{min} 取大值。

（3）常用机构出现最小传动角的位置

①曲柄摇杆机构的最小传动角 γ_{min}：曲柄为主动件，摇杆为从动件时，曲柄与机架会出现两次共线，而机构的最小传动角 γ_{min} 就出现在两位置之一，如图 11－17 所示。

②曲柄滑块机构的最小传动角 γ_{min}：当曲柄为主动件，滑块为从动件时，机构的传动角 γ 是连杆与滑块导路垂线的夹角，最小传动角 γ_{min} 出现在曲柄垂直于滑块导路的位置。对偏置曲柄滑块机构，γ_{min} 出现在曲柄位于与偏距方向相反一侧的位置，如图 11－18 所示。

③摆动导杆机构的最小传动角 γ_{min}：以曲柄做主动件的摆动导杆机构，滑块对导杆的作用力始终垂直于导杆，所以传动角恒等于 90°，说明该机构具有最好的传力性能，如图 11－19 所示。

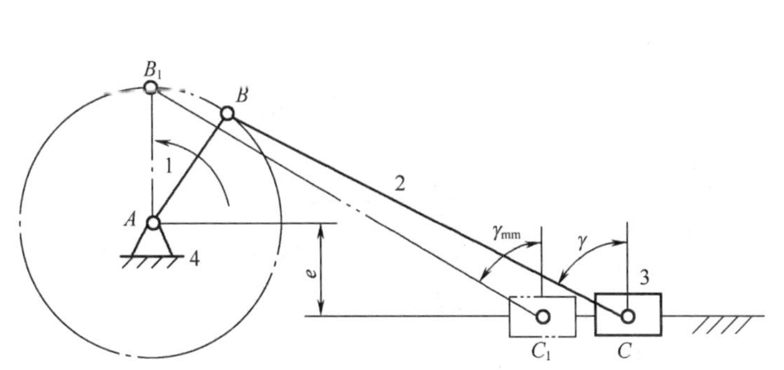

图 11－18　曲柄滑块机构的最小传动角
1—曲柄　2—连杆　3—滑块　4—固定件

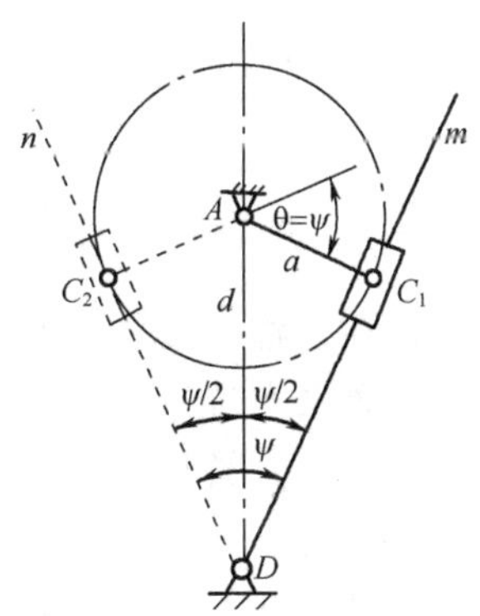

图 11－19　摆动导杆机构的最小传动角

11.3.3　死点位置

如图 11－20 所示的曲柄摇杆机构。如果其中的摇杆 CD 做主动件，曲柄为从动件，机构在一个工作循环中，在主动摇杆处于两极限位置时，而从动的曲柄两次与连杆共线，此时主动摇杆通过连杆作用在从动曲柄 AB 上的力将通过铰链中心 A，曲柄 AB 的力矩为零，故不能推动曲柄转动，机构的这两个位置称为死点位置。死点位置会使机构的从动件出现卡死或运动不确定的现象，此时，$\alpha=90°$，$\gamma=0°$。

同理，以滑块为主动件的曲柄滑块机构，以导杆为主动件的摆动导杆机构，在一个工作循环中，从动件与连杆都存在两共线位置，所以机构也有两个死点位置。如图 11－21 所示。

四杆机构中是否存在死点位置，决定于从动件是否与连杆共线。出现死点对传动机构来说是一种缺陷，这种缺陷可以利用回转机构的惯性或添加辅助机构来克服。如手扶拖拉机和缝纫机上的飞轮，如图 11－3 家用缝纫机的脚踏机构，就是利用皮带轮的惯性作用使机构能通过死点位置；也可以采用多组相同机构交错排列的方法（如图 11－5 所示的机车联动机构），使处于死点位置的时间是错开的，常见的还有多缸内燃机等。

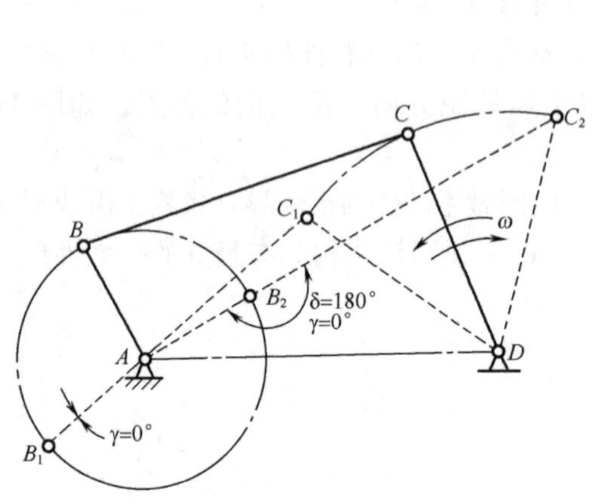

图 11－20　曲柄摇杆机构的死点位置

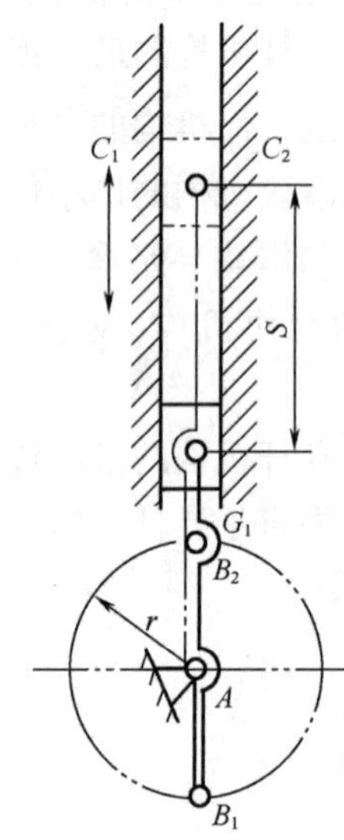

图 11－21　曲柄滑块机构的死点位置

但在工程实践中，有时也常常利用机构的死点位置来实现一定的工作要求，如图 11－22 所示的工件夹紧装置，当工件 5 需要被夹紧时，就是利用连杆 BC 与摇杆 CD 形成的死点位置，这时工件经杆 1、杆 2 传给杆 3 的力，通过杆 3 的传动中心 *D*。此力不能驱使杆 3 转动。故当撤去主动外力 *F* 后，在工作反力 F_n 的作用下，机构不会反转，工件依然被可靠地夹紧。

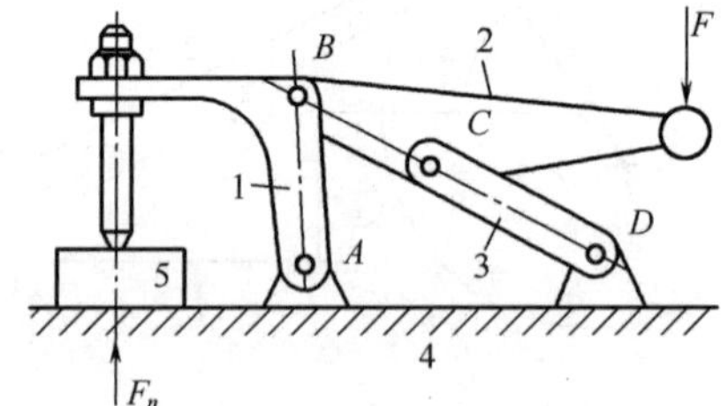

图 11－22　夹具机构

1—曲柄　2—连杆　3—摇杆　4—固定件　5—工件

11.4　平面连杆机构的设计简介

连杆机构设计的主要任务是根据给定的运动要求，选择机构的类型，并由此确定各构件的尺寸参数。

连杆机构的设计方法有三种：图解法、解析法和实验法。

图解法是最直接、最简单的一种方法。这里仅介绍图解法中已知行程速比系数 *K* 设计铰链四杆机构的方法。图解法中的其他设计方法、解析法和实验法，读者可以参考连杆机构设计方面的专门教材。

已知曲柄摇杆机构的摇杆长度 l_{CD} ，摇杆的摆角 ψ ，行程速比系数 *K* ，试设计该四杆机构。

具体设计方法及步骤如下：

①由已知的行程速比系数 *K* ，可先计算出极位夹角 θ 。

$$\theta = 180° \frac{K-1}{K+1}$$

②选定合适的比例尺 μ_L，作出摇杆的两个极限位置，如图 11-23 所示。任取一点 D，按选定的比例画出摇杆的两个极限位置 DC_1 和 DC_2，并保证摇杆的摆角等于 ψ。

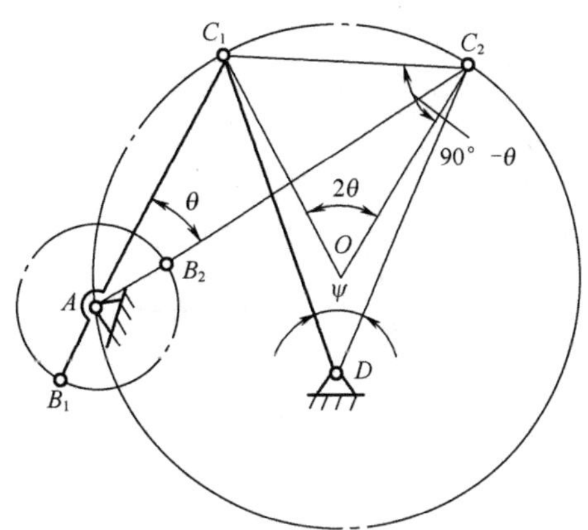

图 11-23　按给定的行程速比系数 K 设计铰链四杆机构

③作辅助圆，作角 $\angle C_1C_2O = \angle C_2C_1O = 90° - \theta$，直线 C_1O、C_2O 相交于点 O，以 O 点为圆心，以 C_1O 或 C_2O 为半径作辅助圆。圆心角 $\angle C_1OC_2 = 2\theta$。

④确定曲柄的转动中心点 A 在辅助圆上任取一点 A，即为曲柄的转动中心，并作直线 AC_1 和 AC_2，可得到曲柄与连杆的两个共线位置，$\angle C_1AC_2 = 1/2\angle C_1OC_2 = \theta$，所以满足行程速比系数是 K 的要求。

⑤确定曲柄、连杆与机架的长度　由于 $AC_1 = BC - AB$，$AC_2 = BC + AB$，

故曲柄的长度为　　$l_{AB} = \mu_L \dfrac{AC_2 - AC_1}{2}$

连杆的长度为　　$l_{BC} = \mu_L \dfrac{AC_2 + AC_1}{2}$

机架的长度为　　$l_{AD} = \mu_L AD$

AC_1、AC_2 和 AD 也可以直接在图中量得。由于曲柄的转动中心点 A 是在辅助圆上任取的，因此可以有很多解，如果给出一定的附加条件，就可以得到满足要求的唯一解。

那么，如果给定行程速比系数 K 和滑块的行程 H，应如何来设计曲柄滑块机构？读者可自行考虑。

思考题与习题

1. 简述连杆机构的特点和应用场合。
2. 什么是曲柄、连杆、摇杆？
3. 简述铰链四杆机构的三种类型，应用特点。
4. 什么是极位夹角和急回运动？急回运动的大小如何衡量？举例说明其应用。
5. 什么是压力角、传动角？其大小对机构性能有何影响？最小传动角应如何确定？
6. 什么是死点？说明其存在的条件、特点及应用。
7. 曲柄存在的条件和杆长条件是什么？
8. 铰链四杆机构的演化类型有哪些？
9. 根据给定尺寸，判断如图所示的铰链四杆机构是曲柄摇杆机构、双曲柄机构还是双摇杆机构？
10. 选择与填空

（1）曲柄摇杆机构当摇杆为主动件时，则机构的传动角是指（　　）。

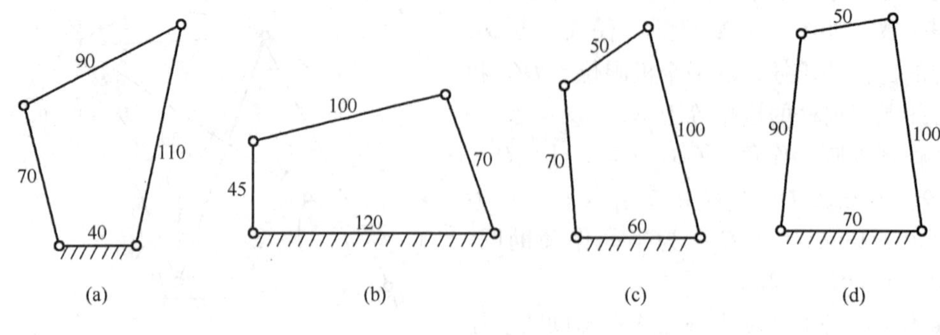

题 11－9 图

A. 连杆与曲柄所夹锐角　　　　　B. 连杆与曲柄所夹锐角的余角

C. 连杆与摇杆所夹锐角　　　　　D. 连杆与摇杆所夹锐角的余角

(2) 已知对心曲柄滑块机构的曲柄长 $L_{AB}=20\text{mm}$，问该机构滑块的行程 H 为(　　)。

A. $20\text{mm}<H<40\text{mm}$　　　B. $H=40\text{mm}$　　　C. $H=20\text{mm}$

(3) 为使机构能顺利通过死点，常采用在高速轴上安装（　　）来增大惯性。

A. 齿轮　　　　B. 飞轮　　　　C. 凸轮

(4) 设计连杆机构时，为了具有良好的传动条件，应使（　　）。

A. 传动角大一些，压力角小一些　　B. 传动角和压力角都小一些

C. 传动角和压力角都大一些

(5) 压力角的大小可作为连杆机构是否具有良好（　　）性能的标志，实际应用中常以压力角的（　　）角来判断，称其为（　　）角。其值越大，说明机构的（　　）性能越好，机构在运转过程中，其值是（　　）的。

(6) 在曲柄摇杆机构中，曲柄为原动件时，当（　　）与（　　）两次共线位置时出现最小传动角。

11. 有一铰链四杆机构，已知 $AB=30\text{mm}$，$BC=70\text{mm}$，$CD=50\text{mm}$，$AD=60\text{mm}$，其中 AD 为机架，试分析：

(1) 该机构是铰链四杆机构基本型式中的（　　）机构；

(2) 当各构件长度不变时，以（　　）为机架时，可得到双曲柄机构；

(3) 若极位夹角 $\theta=20°$，机构（　　）急回特性，此时，行程速比系数 $K=$(　　)；

(4) 该已知机构中，当以（　　）构件为主动件时，会出现（　　）个死点位置；

(5) 若其余已知条件不变时，只是 AB 长度增加到 35mm，则 CD 杆的摆角将(　　)；

(6) 若其余已知条件不变时，只是 BC 长度变为 85mm，则该机构为（　　）。

12. 图示铰链四杆机构 $AB=300\text{mm}$，$BC=500\text{mm}$，$CD=450\text{mm}$，$DA=600\text{mm}$，试问：当分别以杆 AB、BC、CD、DA 构件为机架时，将得到何种机构？若以杆 BC 为机架，试用图解法确定机构的最小传动角、极位夹角、行

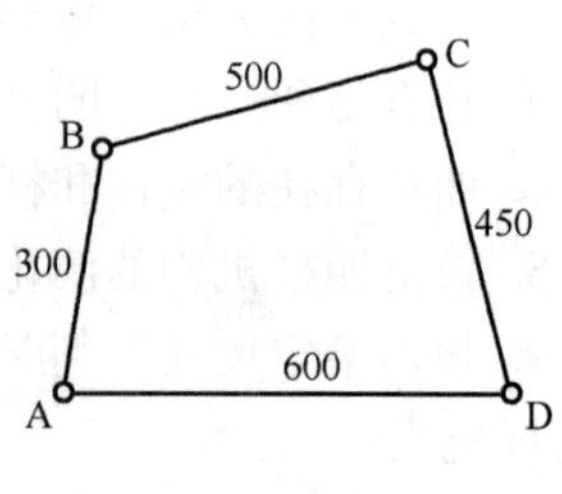

题 11－12 图

程速比系数，并确定死点的位置。

13. 已知铰链四杆机构机架长度 $l_{AD}=30\text{mm}$，其他两个连架杆长度分别为 $l_{AB}=20\text{mm}$，$l_{CD}=40\text{mm}$；问：

（1）其连杆 BC 的长度须满足什么条件才能使该四杆机构为曲柄摇杆机构；

（2）按上述各杆长度并选 $l_{BC}=35\text{mm}$，用适当比例尺画出该机构可能出现最小传动角的位置，并在图上标出 γ_{min}。

14. 试设计一曲柄摇杆机构，已知机构的摇杆 DC 长度为 150mm，摇杆的两极限位置的夹角为 45°，行程速比系数 $K=1.2$，机架长度取 90mm。（用图解法求解）

第 12 章　凸轮机构

12.1　凸轮机构的应用及分类

凸轮机构是一种结构简单且容易实现各种复杂运动规律的高副机构，广泛应用于各种机械，特别是自动机械、自动控制装置和装配生产线中。凸轮与从动件通过高副接触，使从动件获得连续或不连续的任意预期运动，将主动件的连续等速运动变为从动件的往复变速运动或间歇运动。凸轮机构是机械中一种常用机构。

12.1.1　凸轮机构的组成与应用

凸轮机构是由具有曲线轮廓或凹槽的构件，通过高副接触带动从动件实现预期运动规律的一种高副机构。凸轮机构是由凸轮、从动件和机架这三个基本构件所组成的。在自动化机械中，广泛应用着各种凸轮机构，它的作用主要是将凸轮（主动件）的连续转动转化为从动件的往复移动或摆动。例如：

①图 12－1 所示的为内燃机配气凸轮机构。盘形凸轮 1 以等角速度回转，驱动从动件气门推杆 2 按预期的运动规律启闭阀门，实现内燃机的配气功能。

②图 12－2 所示的为一自动车床的进刀机构。当带有凹槽的圆柱凸轮 1 转动时，通过槽中的滚子 3，驱使推杆 2 做往复摆动，通过扇形齿轮和齿条的啮合使刀架进刀或退刀。进刀和退刀的运动规律取决于凹槽曲线的形状。

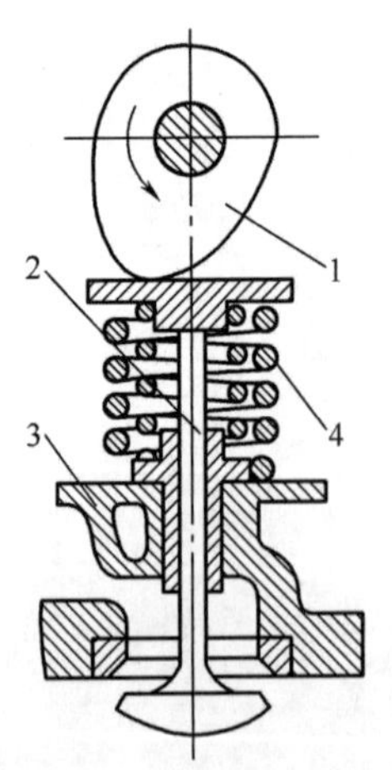

图 12－1　内燃机配气机构

1—盘形凸轮　2—气门推杆　3—机架　4—弹簧

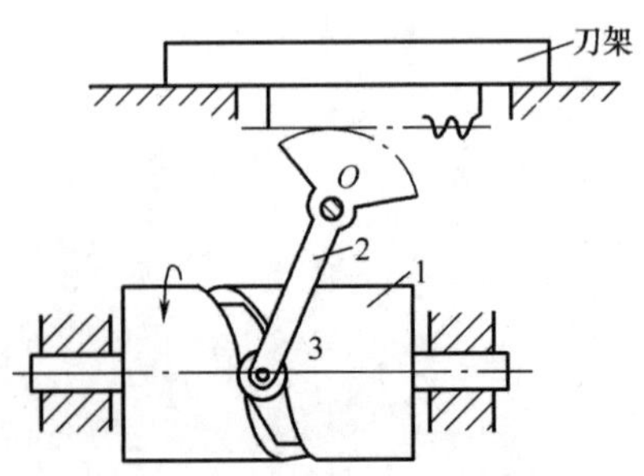

图 12－2　自动车床的进刀机构

1—圆柱凸轮　2—推杆　3—滚子

可以看出：凸轮和从动件之间形成高副，通常凸轮做匀速转动。当凸轮做匀速转动时，从动件的运动规律［指位移、速度、加速度与凸轮转角（或时间）之间的函数关系］取决于凸轮的轮廓曲线形状。反之，按机器执行件的工作要求给定从动件的运动规律以后，合理地设计出凸轮的曲线轮廓，是凸轮设计的重要内容。

12.1.2　凸轮机构的特点和分类

凸轮机构的特点是结构简单、紧凑，设计容易且能实现任意复杂的运动规律。但因凸轮与从动件之间是点、线接触，易于磨损，故只用于受力不大的场合。

凸轮机构的种类很多，通常可以从以下几个方面进行分类：凸轮的形状、从动件的端部形式、维持从动件与凸轮的高副接触的锁合方式及从动件的运动形式。

（1）按凸轮的形状分类

按凸轮的形状不同可分为盘形凸轮结构、移动凸轮结构和圆柱凸轮结构。

①盘形凸轮机构：在这种凸轮机构中，凸轮是一个绕定轴转动且具有变曲率半径的盘形构件，如图 12－1、图 12－3（a）所示。当凸轮定轴回转时，从动件在垂直于凸轮轴线的平面内运动。

②移动凸轮机构：当盘形凸轮的回转中心趋于无穷远时，就演化为移动凸轮，如图 12－3（b）所示。在移动凸轮机构中，凸轮一般做往复直线运动，可作为直线移动转换为直线移动的运动变换与实现的方式。如：大型超市的循环电梯台阶的自动上升和下降、印刷机中收纸牙排咬牙的开闭均是通过移动凸轮进行控制的。

③圆柱凸轮机构：在这种凸轮机构中，圆柱凸轮可以看成是将移动凸轮卷在圆柱体上而得到的凸轮，如图 12－2、图 12－3（c）、图 12－3（d）所示。由于凸轮和从动件的运动平面不平行，因而这是一种空间凸轮机构，可作为连续转动到往复直线移动的运动变换与实现的方式。

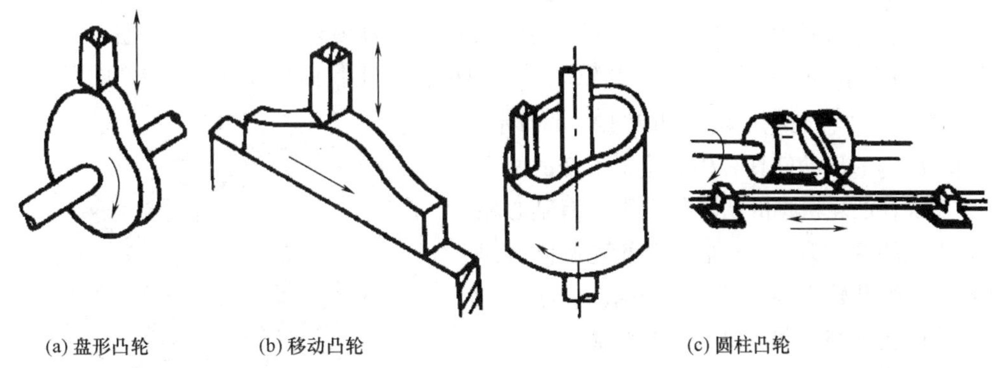

(a) 盘形凸轮　(b) 移动凸轮　(c) 圆柱凸轮

图 12－3　凸轮形状种类

（2）按从动件的端部形式分类

按照从动件端部形式的不同可以分为尖顶从动件、滚子从动件和平底从动件凸轮机构。

①尖顶从动件凸轮机构：如图 12－4（a）所示，这种凸轮机构的从动件结构简单，对于复杂的凸轮轮廓也能精确实现所需的运动规律。由于以尖顶和凸轮相接触很容易磨损，因此，这种凸轮机构适用于受力不大、低速以及要求传动灵敏的场合，如精密仪表的记录仪等。

②滚子从动件凸轮机构：如图 12－2、图 12－4（b）所示，为了克服尖顶从动件凸轮机构的缺点，在尖顶处安装滚子，将滑动摩擦变为滚动摩擦使其耐磨损，从而可以承受较大的载荷，这是应用最广泛的一种凸轮机构。

③平底从动件凸轮机构：如图 12－1、图 12－4（c）所示，这种凸轮机构的从动件与凸轮轮廓表面接触的端面为一平面，因而不能用于具有内凹轮廓的凸轮。这种凸轮机构的特点是受力比较平稳（不计摩擦时，凸轮对平底从动件的作用力垂直于平底），凸轮与平底之间容易形成楔形油膜，润滑较好。因此，适用于高速凸轮机构。

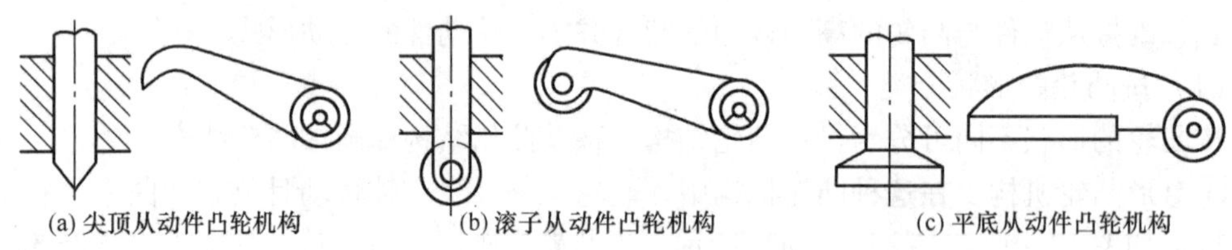

(a) 尖顶从动件凸轮机构　(b) 滚子从动件凸轮机构　(c) 平底从动件凸轮机构

图 12－4　凸轮从动件种类

（3）按维持高副接触的锁合方式分类

在凸轮机构的工作过程中，必须保证凸轮与从动件一直保持接触。常把保持凸轮与从动件接触的方式称为封闭方式或锁合方式，主要分为力封闭和形封闭两种。

①力封闭的凸轮机构：这种凸轮机构利用从动件的重力或其他外力（常为弹簧力）来保持凸轮和从动件始终接触，如图 12－1 所示。

②形封闭的凸轮机构：形封闭的凸轮机构依靠几何形状使从动件与凸轮始终保持接触。常有以下几种形式：

a. 沟槽凸轮机构　如图 12－2 中的圆柱凸轮、表 12－1 中的沟槽凸轮所示，利用圆柱或圆盘上的沟槽保证从动件的滚子与凸轮始终接触。这种锁合方式最简单，且从动件的运动规律不受限制。其缺点是增大了凸轮的尺寸和重量，且不能采用平底从动件的形式。

b. 等宽、等径凸轮机构　如表 12－1 所示，等宽凸轮机构的从动件具有相对位置不变的两个平底，而等径凸轮机构的从动件上则装有轴心相对位置不变的两个滚子，它们与凸轮轮廓同时保持接触。这种凸轮机构的尺寸比沟槽凸轮小，但从动件可以实现的运动规律受到了限制。

c. 共轭凸轮机构　表 12－1 中所示的共轭凸轮机构由安装在同一根轴上的两个凸轮控制一个从动件，一个凸轮控制从动件逆时针摆动，另一个凸轮则驱动从动件顺时针摆回。共轭凸轮机构可用于高精度传动，如现代印刷机中的下摆式前规机构、下摆式递纸机构（图 12－5）等均采用共轭凸轮驱动。其缺点是结构比较复杂，制造和安装精度要求较高。

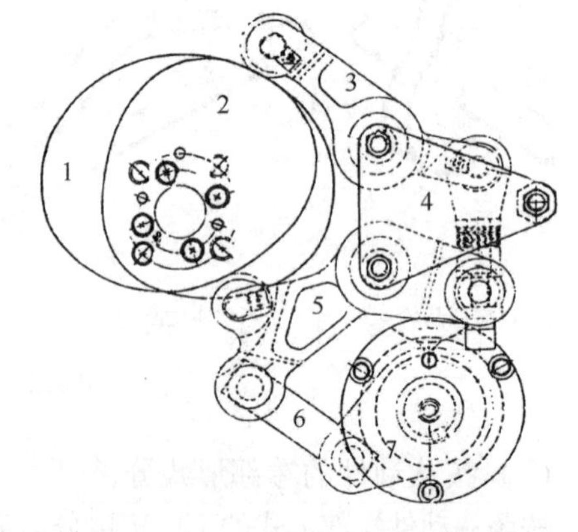

图 12－5　下摆式递纸机构

1—主凸轮　2—副凸轮　3—主动摆臂　4—固定墙板　5—主动摆臂　6—连杆　7—递纸牙摆臂

表 12－1　　形封闭凸轮机构

沟槽凸轮	等宽凸轮	等径凸轮	共轭凸轮

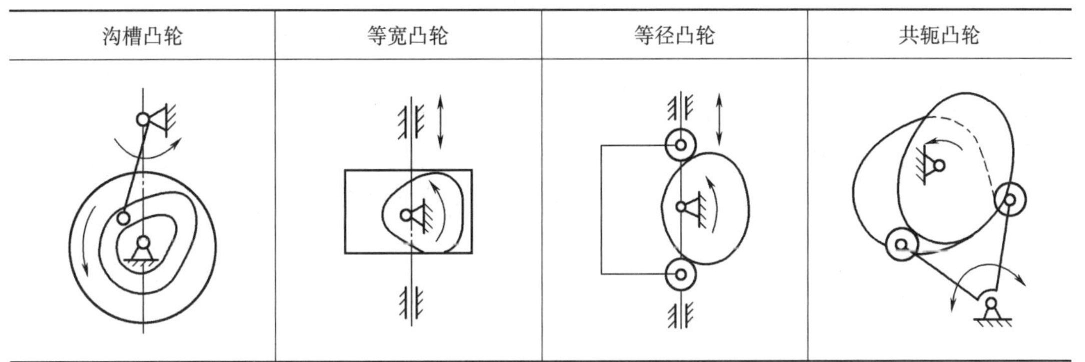

（4）按从动件的运动形式分类

从动件做往复直线运动，称为直动从动件凸轮机构，如图 12－6、图 12－7 所示。从动件做往复摆动，则称为摆动从动件凸轮机构，如图 12－2 所示。在直动从动件盘形凸轮机构中，若从动件往复运动的轨迹线通过凸轮的回转中心，称为对心直动从动件盘形凸轮机构，如图 12－6 所示。反之，则称为偏置直动从动件盘形凸轮机构，如图 12－7 所示，偏置的距离称为偏距，用 e 来表示。

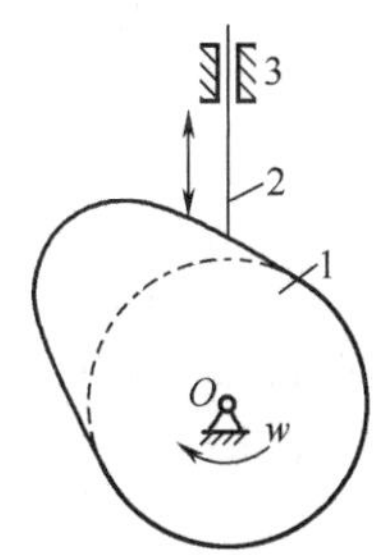

图 12－6　对心直动从动件盘形凸轮机构
1—盘形凸轮　2—对心直动从动件　3—机架

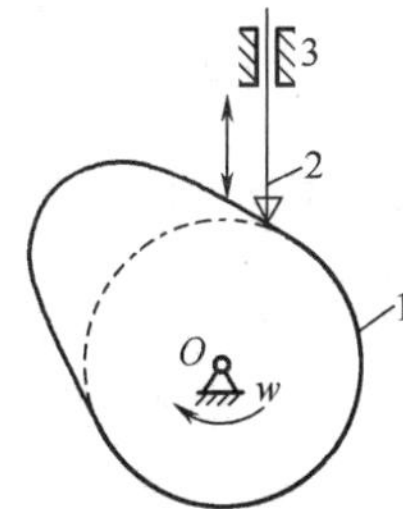

图 12－7　偏置直动从动件盘形凸轮机构
1—盘形凸轮　2—偏置直动从动件　3—机架

12.2　从动件的运动规律

12.2.1　平面凸轮机构的基本尺寸和运动参数

图 12－8（a）所示为一偏置直动尖顶从动件盘形凸轮机构，从动件移动轨迹线至凸轮回转中心的偏距为 e，以凸轮轮廓的最小向径 r_0 为半径所作的圆称为基圆，r_0 为基圆半径，凸轮以等角速度 ω 逆时针转动。在图示位置，尖顶与点 A 接触，点 A 是基圆与开始上升的轮廓曲线的交点，此时从动件的尖顶距离凸轮轴心最近，随着凸轮转动，向径增大，从动件按一定运动规律被推向远处，到向径最大的点 B 与尖顶接触时，从动件被推到最远处，这一过程称为推程；与之对应的转角（$\angle BOB'$）称为推程运动角 Φ，从动件移动的距离 AB' 称为行程，用 h 表示。当凸轮转至圆弧 BC 段与尖顶接触时，从动件在最远处停

止不动，对应的转角称为远休止角 Φ_s。凸轮继续转动，尖顶与向径逐渐变小的 CD 段轮廓接触，从动件返回，这一过程称为回程，与之对应的凸轮转角称为回程运动角 Φ'。当圆弧 DA 段与尖顶接触时，从动件在最近处停止不动，对应的转角称为近休止角 Φ_s'。凸轮继续回转时，从动件重复上述的升—停—降—停的运动循环。

从动件的位移 s 与凸轮转角 φ 的关系可以用从动件的位移线图来表示，如图 12－8（b）所示。由于凸轮一般均做等速旋转，横坐标可以代表转角或时间 t。

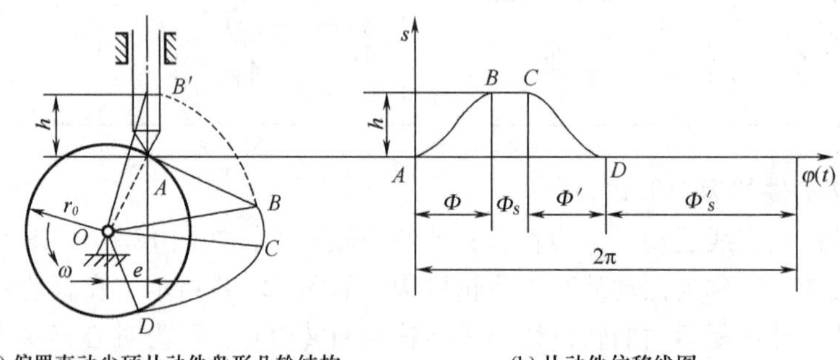

(a) 偏置直动尖顶从动件盘形凸轮结构　　(b) 从动件位移线图

图 12－8　凸轮机构的基本运动过程

由上述的分析可知，从动件的运动规律取决于凸轮的轮廓形状，因此在设计凸轮的轮廓曲线时，通常要已知从动件的运动规律。

12.2.2　从动件的运动规律

从动件的运动规律指从动件的位移、速度、加速度与凸轮转角（或时间）之间的函数关系，它是设计凸轮的重要依据。常用的运动规律种类很多，这里介绍几种最基本的运动规律。

（1）多项式运动规律

多项式运动规律的一般形式为：

$$s = c_0 + c_1\varphi + c_2\varphi^2 + c_3\varphi^3 + \cdots + c_n\varphi^n \tag{12-1}$$

式中　φ——凸轮转角；

s——从动件位移；

$c_0、c_1、c_2、c_3\cdots c_n$——待定系数；

n——多项式的次数。

①等速运动规律（$n = 1$）

$$\begin{cases} s = c_0 + c_1\varphi \\ v = \dfrac{\mathrm{d}s}{\mathrm{d}t} = c_1\dfrac{\mathrm{d}\varphi}{\mathrm{d}t} = c_1\omega \\ a = 0 \end{cases} \tag{12-2}$$

以推程为例，$\varphi \in [0,\Phi]$，当 $\varphi = 0$ 时，$s = 0$；$\varphi = \Phi$ 时，$s = h$。

将上述边界条件代入式（12－2），整理可得从动件在推程的运动方程：

$$s = \frac{h}{\Phi}\varphi,\ v = \frac{h}{\Phi}\omega,\ a = 0 \tag{12-3}$$

图 12－9 所示为从动件按等速运动规律运动时的位移、速度、加速度相对于凸轮转角的变化线图。从加速度线上可以看出，在从动件运动的始末两点，理论上加速度值由零突变为无穷大，导致从动件受的惯性力也由零变为无穷大，将造成巨大的冲击，这种冲击称为刚性冲击，只能用于低速轻载场合。

②等加速等减速运动规律（$n=2$）

$$\begin{cases} s = c_0 + c_1\varphi + c_2\varphi^2 \\ v = c_1\omega + 2c_2\varphi\omega \\ a = 2c_2\omega^2 \end{cases} \tag{12-4}$$

等加速等减速运动规律是指从动件在一个运动行程中，前半段做等加速运动，后半段做大小相同的等减速运动。仍然以推程为例，代入相应的边界条件可以求出其运动方程，如表 12－2 所示。从动件按等加速等减速运动规律运动时的位移、速度及加速度曲线如图 12－10 所示，从加速度曲线可以看出，在 O、A、B 三点仍存在加速度的有限突变，其惯性力亦有突变，但因为该突变有限，所引起的冲击亦是有限的，称为柔性冲击，可用于中速轻载场合。

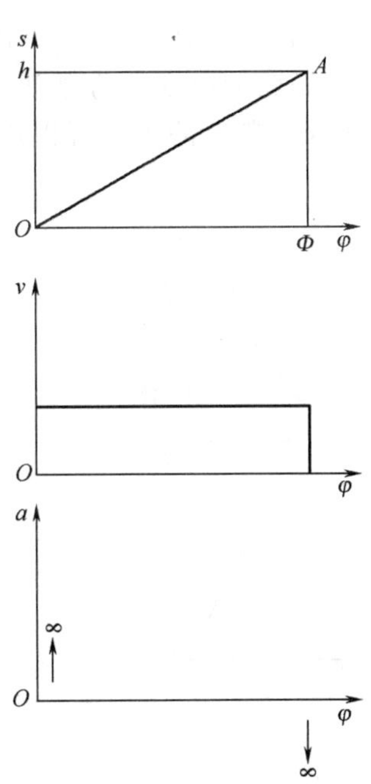

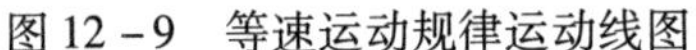

图 12－9　等速运动规律运动线图

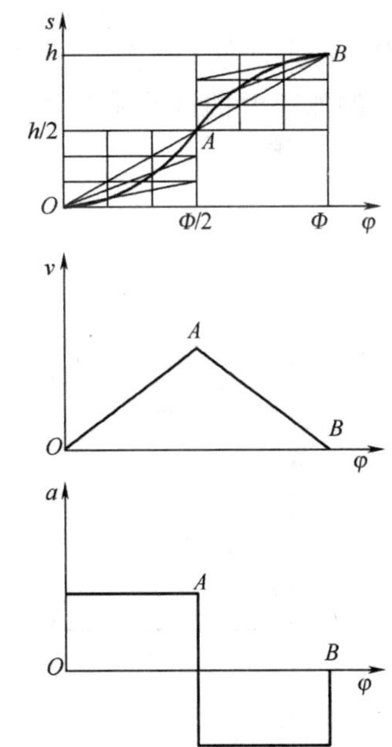

图 12－10　等加速等减速运动规律运动线图

表 12－2　　**等加速等减速运动规律**

推程前半段，$\varphi \in [0,\Phi/2]$		推程后半段，$\varphi \in [\Phi/2,\Phi]$	
边界条件	运动方程式	边界条件	运动方程式
$\varphi=0$ $s=0,\ v=0$； $\varphi=\Phi/2$ $s=h/2$	$s=\dfrac{2h}{\Phi^2}\varphi^2$ $v=\dfrac{4h\omega}{\Phi^2}\varphi$ $a=\dfrac{4h\omega^2}{\Phi^2}$	$\varphi=\Phi/2$ $s=h/2$ $v=2h\omega/\Phi$； $\varphi=\Phi$ $s=h,\ v=0$	$s=h-\dfrac{2h}{\Phi^2}(\Phi-\phi)^2$ $v=\dfrac{4h\omega}{\Phi^2}(\Phi-\varphi)$ $a=-\dfrac{4h\omega^2}{\Phi^2}$

（2）三角函数运动规律

三角函数运动规律是指从动件的加速度按正弦曲线或余弦曲线规律变化。图 12－11 为三角函数曲线的示意图，仍以推程为例，表 12－3 列出了对应的运动方程式。

表 12－3　　三角函数运动规律

余弦加速度，$\varphi \in [0,\Phi]$	正弦加速度，$\varphi \in [0,\Phi]$
运动方程式	运动方程式
$s=\dfrac{h}{2}-\dfrac{h}{2}\cos\left(\dfrac{\pi}{\Phi}\varphi\right)$ $v=\dfrac{\pi h\omega}{2\Phi}\sin\left(\dfrac{\pi}{\Phi}\varphi\right)$ $a=\dfrac{\pi^2 h\omega^2}{2\Phi^2}\cos\left(\dfrac{\pi}{\Phi}\varphi\right)$	$s=\dfrac{h\varphi}{\Phi}-\dfrac{h}{2\pi}\sin\left(\dfrac{2\pi}{\Phi}\varphi\right)$ $v=\dfrac{h\omega}{\Phi}-\dfrac{h\omega}{\Phi}\cos\left(\dfrac{2\pi}{\Phi}\varphi\right)$ $a=\dfrac{2\pi h\omega^2}{\Phi^2}\sin\left(\dfrac{2\pi}{\Phi}\varphi\right)$

余弦加速度运动规律（又称为简谐运动规律）的加速度在其行程的起点和终点有突变，这会引起柔性冲击。但若将其应用在无休止角的升—降—升的凸轮机构，在连续的运动中则不会发生冲击现象。从图 12－11（b）可以看出，正弦加速度运动规律（又称为摆线运动规律）的加速度曲线没有突变，因此在运动中不会产生冲击，可以应用于高速场合。

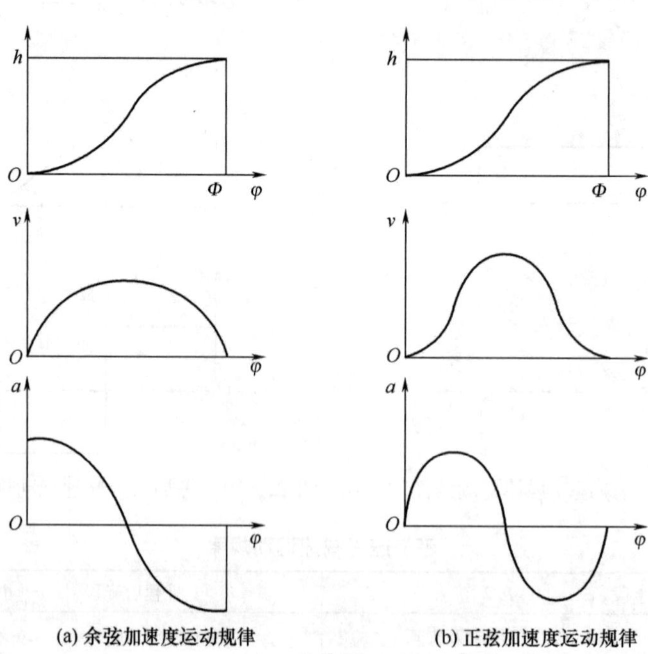

图 12－11　三角函数运动规律

12.2.3　从动件运动规律的选择

在选择从动件的运动规律时，应根据机器工作时的运动要求来确定。例如印刷机中控制递纸牙递纸的凸轮机构，要求递纸牙咬纸并带其加速后必须在等速条件下与传纸滚筒咬牙进行纸张交接，故相应区段的从动件运动规律应选择等速运动规律。为了消除刚性冲击，可以在行程始末拼接其他运动规律曲线。对于无一定运动要求，只需从动件有一定位移量的凸轮机构，如夹紧送料等凸轮机构，可只考虑加工方便，采用圆弧、直线等组成的凸轮轮廓。对于高速机构，必须减小其惯性力、改善动力性能，可选择摆线运动规律或其他改进型的运动规律。

12.3　图解法设计凸轮轮廓

根据工作要求合理地选择从动件的运动规律之后，可以按照结构所允许的空间和具体要求，初步确定凸轮的基圆半径 r_0，然后应用图解法绘制凸轮的轮廓。

12.3.1　尖顶直动从动件盘形凸轮

图 12－12（a）所示为偏距 $e = 0$ 的对心尖顶直动从动件盘形凸轮机构。已知从动件位移线图［图 12－12（b）］、凸轮的基圆半径 r_0 以及凸轮以等角速度 ω 顺时针方向回转，要求绘制出此凸轮的轮廓。

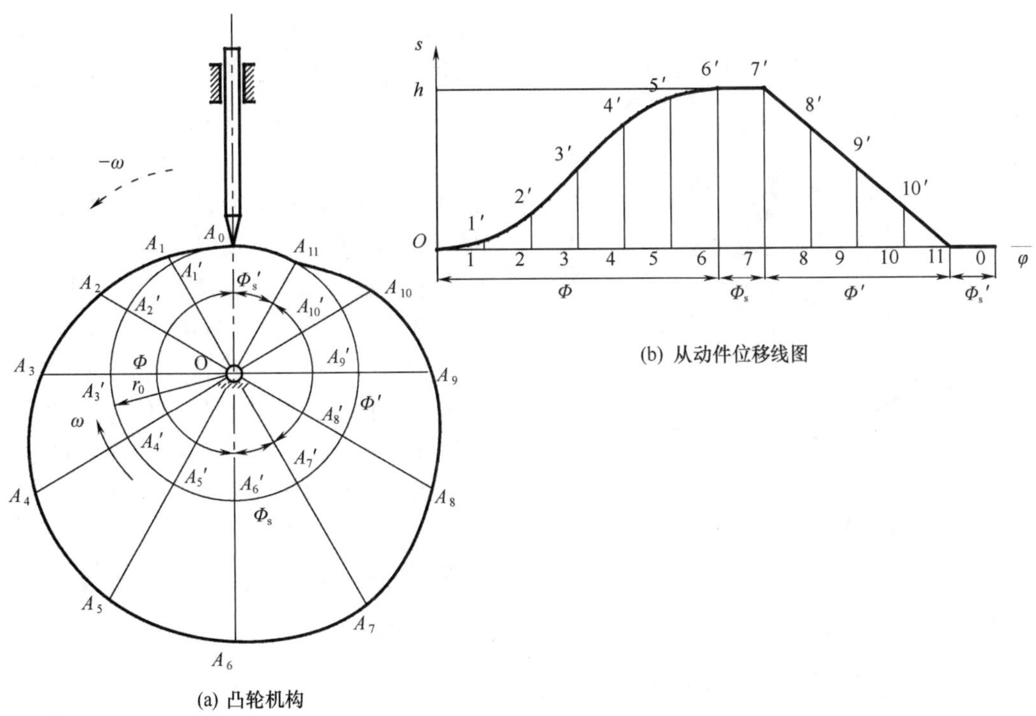

(a) 凸轮机构

(b) 从动件位移线图

图 12－12　对心尖顶直动盘形凸轮机构

凸轮机构工作时凸轮是运动的，而绘制凸轮轮廓时却需要凸轮与图纸相对静止。为此，在设计中采用“反转法”。

反转法的原理是给整个凸轮机构加上一个绕凸轮轴心 O 的与凸轮角速度等值反向的公共角速度“$-\omega$”，根据相对运动原理，这时凸轮与从动件间的相对运动保持不变，但凸轮相对纸面将静止不动，而从动件一方面随机架和导路一起以“$-\omega$”绕 O 点转动，另一方面又以原有运动规律相对于机架导路做往复直线运动。由于尖顶始终与凸轮轮廓曲线相接触，所以反转后其尖顶描出的轨迹就是凸轮轮廓曲线。根据“反转法”原理，可以作图如下：

①选择与绘制位移线图中凸轮行程 h 相同的长度比例尺，以 r_0 为半径作基圆。此基圆与导路的交点 A_0 便是从动件尖顶的起始位置。

②自 OA_0 沿 $-\omega$ 方向取角度 Φ、Φ_s、Φ'、Φ_s'，并将它们各分成与位移线图 12－12（b）对应的若干等分，得基圆上的相应分点 A_1'、A_2'、A_3'、… 点。连接 OA_1'、OA_2'、OA_3'、…，它们便是反转后从动件导路的各个位置。

③量取各个位移量，即取 $A_1A_1'=11'$、$A_2A_2'=22'$、$A_3A_3'=33'$…，得反转后尖顶的一系列位置 A_1、A_2、A_3 …。

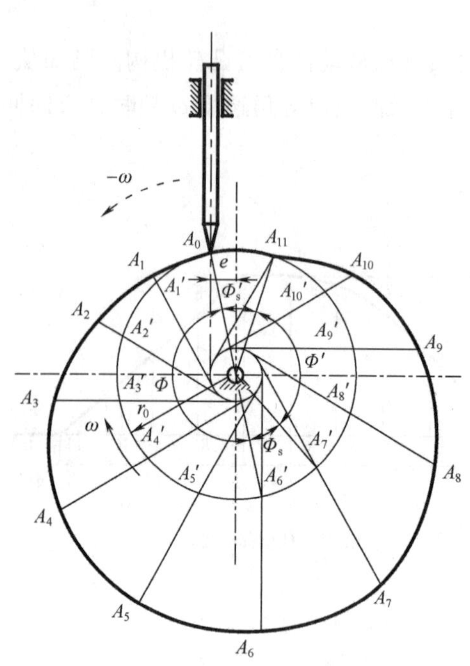

图 12－13　偏置尖顶直动盘形凸轮机构

④将 A_0、A_1、A_2、A_3 …连成一条光滑的曲线，便得到所要求的凸轮轮廓。

若偏距 $e\neq0$ 则为偏置尖顶直动从动件盘形凸轮机构，如图 12－13 所示。从动件在反转运动中，其往复移动的轨迹线始终与凸轮轴心 O 保持偏距 e。因此，在设计这种凸轮轮廓时，首先以 O 为圆心及偏距 e 为半径作偏距圆切于从动件的导路，其次，以 r_0 为半径作基圆，基圆与从动件导路的交点 A_0 即为从动件的起始位置。自 OA_0 沿 $-\omega$ 方向取角度 Φ、Φ_s、Φ'、Φ_s'，并将它们各分成与位移线图 12－12（b）对应的若干等分，得基圆上的相应分点 A_1'、A_2'、A_3'…点。过这些点作偏距圆的切线，它们便是反转后从动件导路的一系列位置。从动件的对应位移应在这些切线上量取，即取 $A_1A_1'=11'$、$A_2A_2'=22'$、$A_3A_3'=33'$…，最后将 A_0、A_1、A_2、A_3…连成一条光滑的曲线，便得到所要求的凸轮轮廓。

12.3.2　滚子直动从动件盘形凸轮

若将图 12－12、图 12－13 中的尖顶改为滚子，它们的凸轮轮廓可按如下方法绘制：首先，把滚子中心看作尖顶从动件的尖顶，按上述方法求出一条轮廓曲线 β_0，如图

12－14所示，再以β_0上各点为中心，以滚子半径为半径作一系列圆；最后作这些圆的包络线β，便是使用滚子从动件时凸轮的实际廓线，β_0称为该凸轮的理论廓线。由上述作图过程可知，滚子从动件凸轮的基圆半径应该在理论廓线上度量。

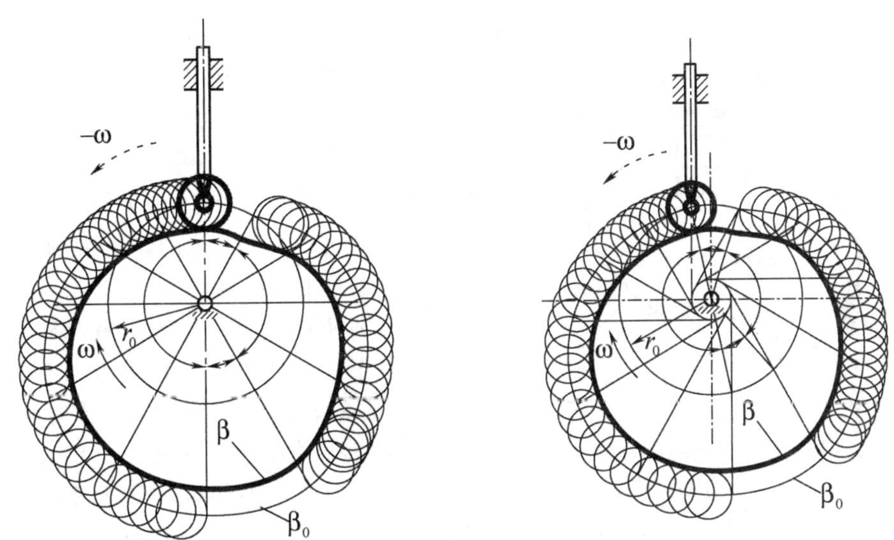

图 12－14　滚子直动从动件盘形凸轮机构

图解法可以简便地设计出凸轮轮廓，但作图误差较大，只适用于从动件运动规律要求不太严格的地方。对于精度要求高的高速凸轮，必须采用解析法通过计算机编程来进行精确设计，如印刷机中各关键机构所使用的凸轮。

12.4　凸轮机构的压力角及基本尺寸确定

设计凸轮机构时，不仅要满足从动件的运动规律，还要求结构紧凑、传力性能良好，这些要求的实现与凸轮机构的压力角、基圆半径和滚子半径等有关。

12.4.1　凸轮机构的压力角

凸轮机构的压力角是指推杆沿凸轮廓线接触点的法线方向与推杆速度方向之间所夹的锐角，常用α表示。凸轮压力角α是反映机构传力特性的一个重要参数。

图 12－15 所示为对心直动尖顶从动件盘形凸轮机构在推程的某一位置的受力情况，F_Q为从动件所受的载荷（包括工作阻力、重力、弹簧力和惯性力等），若不计凸轮与从动件之间的摩擦，则凸轮对从动件的作用力F_n可以分解为两个分力：即沿从动件运动方向的有用分力F_1和使从动件压紧导路的有害分力F_2。三者之间满足如下关系

$$\begin{cases} F_1 = F_n\cos\alpha \\ F_2 = F_n\sin\alpha \end{cases} \tag{12-5}$$

显然，有用分力F_1随着压力角α的增大而减小，有害分力F_2随着α的增大而增大。当压力角α大到一定程度时，由有害分力F_2所引起的摩擦力将大于有用分力F_1。这时，

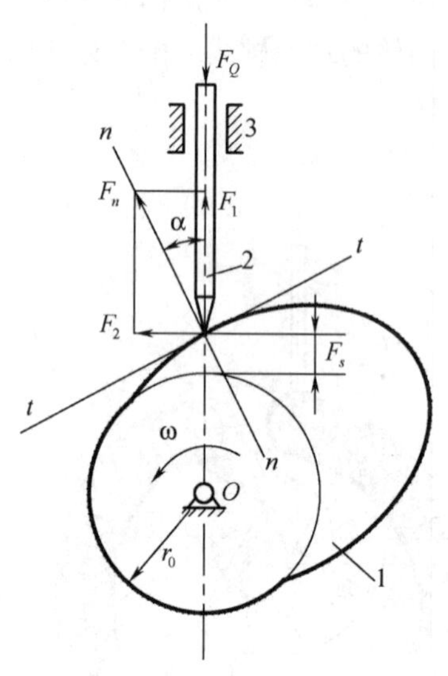

图 12－15　凸轮机构的压力角
1—盘形凸轮　2—对心直动从动件　3—机架

无论凸轮加给从动件的作用力 F_n 有多大，从动件都不能运动，这种现象称为自锁。在设计凸轮机构时，自锁现象是绝对不允许出现的。

由此可见，驱动从动件的有用分力一定时，压力角越大，则有害分力越大，机构的效率越低。压力角的大小是衡量凸轮机构传力性能好坏的一个重要指标，为提高传动效率、改善受力情况，凸轮机构的压力角 α 越小越好。但是，压力角 α 与基圆半径 r_0 成反比，α 越小则 r_0 越大，凸轮尺寸随之变大。因此，为了保证凸轮机构的结构紧凑，凸轮机构的压力角也不宜过小。

值得特别注意的是：对于偏置凸轮机构，其压力角的大小还与从动件的偏置方向有关。当导路和瞬心在凸轮轴心 O 的同侧时，压力角会减小；反之，当导路和瞬心在凸轮轴心 O 的异侧时，压力角会增大。因此，为使推程压力角减小，通常取导路和瞬心在凸轮轴心的同侧。这样能使偏置凸轮机构的推程压力角减小，但同时却使回程压力角增大，所以偏距就不能取得太大。

凸轮廓线上不同点处的压力角是不同的。为保证凸轮机构能正常运转，设计时应使最大压力角不超过许用压力角［α］，即 $\alpha_{max} \leqslant [\alpha]$，对于直动从动件凸轮机构，建议取许用压力角 $[\alpha]=30°$；对于摆动从动件凸轮机构，建议取许用压力角 $[\alpha]=45°$。

12.4.2　基圆半径的确定

由于基圆半径 r_0 与凸轮机构压力角 α 的大小有关，所以，在确定基圆半径时必须保证凸轮机构的最大压力角 $\alpha_{max} \leqslant [\alpha]$。在实际设计时，通常是由结构条件初步确定基圆半径 r_0，并进行凸轮轮廓设计和压力角检验直至满足 $\alpha_{max} \leqslant [\alpha]$ 为止。

工程实际中，还可以利用经验来确定基圆半径 r_0。当凸轮与轴一体加工时，可取凸轮基圆半径 r_0 略大于轴的半径；当凸轮与轴分开制造时，r_0 由下面的经验公式确定：

$$r_0=(1.6\sim2)r \tag{12-6}$$

式中　r——安装凸轮处轴的半径，mm。

12.4.3　滚子半径的确定

对于滚子从动件盘形凸轮机构，滚子尺寸的选择要满足强度要求和运动特性。从强度要求考虑，取滚子半径 $r_T \leqslant (0.1\sim0.5)r_0$。从运动特性考虑，不能发生运动失真现象。从滚子从动件盘形凸轮机构的图解法设计可知：凸轮的实际廓线是滚子的包络线。因此，凸轮的实际廓线的形状与滚子半径的大小有关。

如图 12－16 所示，理论廓线外凸部分的最小曲率半径用 ρ_{min} 表示，滚子半径用 r_T 表示，则相应位置实际廓线的曲率半径 $\rho'=\rho_{min}-r_T$。当 $\rho_{min}>r_T$ 时，如图 12－16（a）所示，实际廓线为一平滑曲线。当 $\rho_{min}=r_T$ 时，如图 12－16（b）所示，这时 $\rho'=0$，凸轮的实际廓线上产生了尖点，这种尖点极易磨损，从而造成运动失真。当 $\rho_{\min} < r_T$ 时，如图 12－16（c）所示，这时，$\rho' < 0$，实际轮廓曲线发生自交，而相交部分的轮廓曲线将在实际加工时被切掉，从而导致这一部分的运动规律无法实现，造成运动失真。

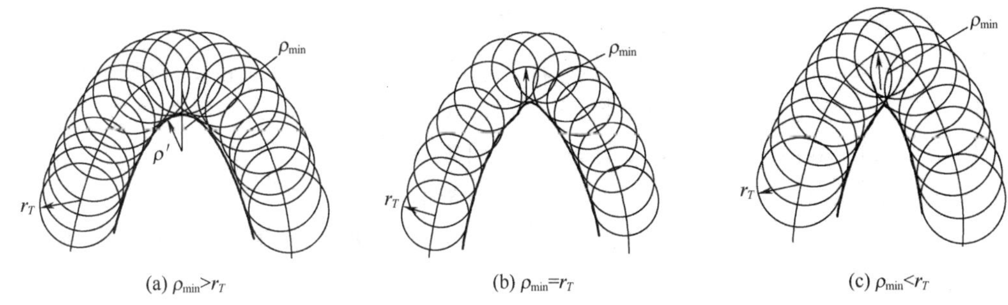

图 12－16　滚子半径的确定

因此，为了避免发生运动失真，滚子半径 r_T 必须小于理论廓线外凸部分的最小曲率半径 $\rho_{\min}$（理论廓线内凹部分对滚子的选择没有影响），一般推荐为：$r_T < 0.8\rho_{\min}$。如果按上述条件选择的滚子半径太小而不能保证强度和安装要求，则应把凸轮的基圆尺寸加大，重新设计凸轮廓线。

思考题与习题

1. 简述凸轮机构的应用场合、分类及特点。

2. 简述凸轮机构工作的基本阶段。

3. 简述凸轮机构的滚子半径、压力角、基圆半径之间的关系。

4. 设计直动推杆盘形凸轮机构时，在推杆运动规律不变的条件下，需减小推程的最大压力角，可采用哪两种措施？

5. 什么是凸轮机构的压力角？它在哪一个轮廓上度量？压力角变化对凸轮机构的工作有什么影响？与凸轮尺寸有什么关系？

6. 从动杆的运动速度规律有几种？各有什么特点？

7. 凸轮机构的从动件有几种？各适合什么工作条件？

8. 选择与填空

（1）与其他机构相比，凸轮机构最大的优点是（　　）。

A. 可实现各种预期的运动规律　　B. 便于润滑

C. 制造方便，易获得较高的精度　　D. 从动件的行程可较大

（2）下述几种运动规律中，（　　）既不会产生柔性冲击也不会产生刚性冲击，可用于高速场合。

A. 等速运动规律　　B. 摆线运动规律（正弦加速度运动规律）

C. 等加速等减速运动规律　　D. 简谐运动规律（余弦加速度运动规律）

（3）凸轮机构主要由（　　），（　　）和机架三个基本构件所组成。

（4）凸轮压力角的大小与基圆半径的关系是（　　）。

A. 基圆半径越小，压力角偏小　　　　B. 基圆半径越大，压力角偏小

（5）压力角是指凸轮轮廓曲线上某点的（　　）。

A. 切线与从动杆速度方向之间的夹角

B. 速度方向与从动杆速度方向之间的夹角

C. 法线方向与从动杆速度方向之间的夹角

（6）为保证滚子从动杆凸轮机构从动杆的运动规律不“失真”，滚子半径应（　　）。

A. 小于凸轮理论轮廓曲线外凸部分的最小曲率半径

B. 小于凸轮实际轮廓曲线外凸部分的最小曲率半径

C. 大于凸轮理论轮廓曲线外凸部分的最小曲率半径

（7）对心直动尖顶推杆盘形凸轮机构的推程压力角超过许用值时，可采用（　　）措施来解决。

A. 增大基圆半径　　　　B. 改用滚子推杆

C. 改变凸轮转向　　　　D. 改为偏置直动尖顶推杆

（8）滚子推杆盘形凸轮的基圆半径是从（　　）到（　　）的最短距离。

（9）平底垂直于导路的直动推杆盘形凸轮机构中，其压力角等于（　　）。

（10）在凸轮机构推杆的四种常用运动规律中，（　　）有刚性冲击；（　　）、（　　）运动规律有柔性冲击；（　　）运动规律无冲击。

9. 图示为一偏置直动从动件盘形凸轮机构，已知 AB 段为凸轮的推程廓线，试在图上标注其推程运动角 Φ。

10. 图示对心直动尖顶推杆盘形凸轮机构中，凸轮为一偏心圆，O 为凸轮的几何中心，O_1 为凸轮的回转中心。直线 AC 与 BD 垂直，且 $O_1C = OA/2 = 30$mm，试计算：

（1）该凸轮机构中 B、D 两点的压力角；

（2）该凸轮机构推杆的行程 h。

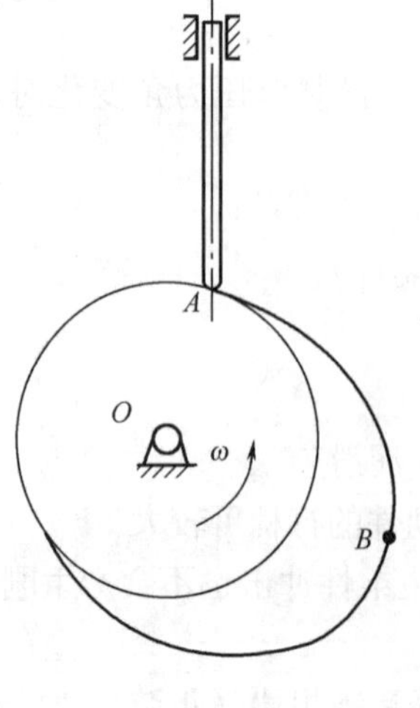

题 12－9 图

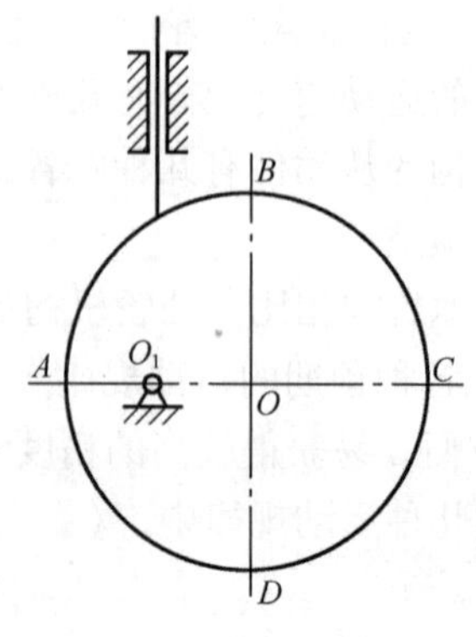

题 12－10 图

第 13 章　间歇机构

间歇运动机构是自动化生产线中常用的机构形式。在许多自动机械和生产线中，经常需要将主动件的等速连续转动变为从动件的周期性停歇间隔单向运动（或称步进运动）或者是时停时动的间歇运动，实现这种间歇运动的机构称为间歇运动机构。如自动机床中的刀架转位和进给，成品输送及自动化生产线中的运输机构等的运动都是间歇性的。

间歇运动机构很多，本章主要讨论在生产中应用广泛的几种间歇运动机构：棘轮机构、槽轮机构和不完全齿轮机构。

13.1　棘轮机构

13.1.1　棘轮机构的组成和特点

（1）棘轮机构的组成

如图 13 -1 所示，棘轮机构通常由棘轮、棘爪和机架组成。摆杆 1 连续左右往复摆动，当摆杆左摆时，棘爪 4 插入棘轮 3 的齿内推动棘轮转过一定角度。当摆杆右摆时，棘爪 4 滑过棘轮 3，而棘轮静止不动，如此往复循环，制动爪 5 的作用是防止棘轮反转。当主动件连续地往复摆动时，棘轮做单向的间歇运动。

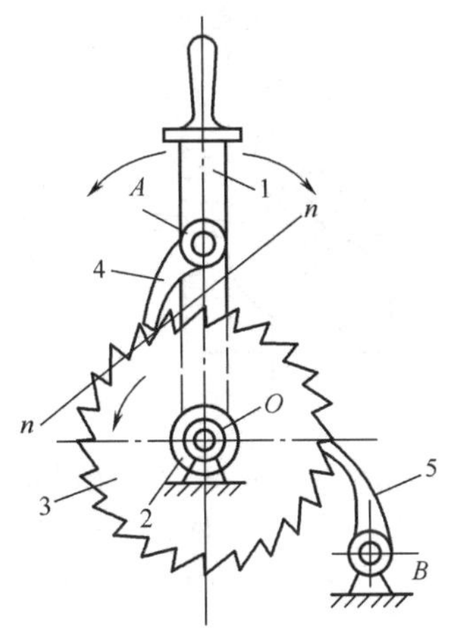

图 13 -1　棘轮机构

1—摆杆　2—机架　3—棘轮　4—棘爪　5—制动爪

（2）棘轮机构的使用特点

①棘轮机构结构简单，容易制造，运动可靠，常可用于防止转动件反转的附加保险机构。这类保险机构广泛用于卷扬机、提升机以及运输机中。

②棘轮的转角和动停时间比可调，容易实现有级调节，常用于机构工况经常改变的场合。

③由于棘轮是在主动件上的棘爪的突然撞击下启动，在接触瞬间，理论上是刚性冲击，故有冲击、噪声，轮齿容易磨损，高速时更加严重。所以，棘轮机构一般只能适用于低速、轻载的间歇运动场合。

13.1.2 几种常见的棘轮机构

按照结构特点：常用的棘轮机构分为齿式棘轮机构和摩擦式棘轮机构。

（1）齿式棘轮机构

按照运动形式可分为两类：

①单动式棘轮机构：在图 13－1 中，当主动件 1 逆时针方向摆动时，主动件 1 上的棘爪 4 插入齿槽内，使棘轮随主动件转过一定的角度；当主动件 1 顺时针方向摆动时，棘爪 4 则在棘轮齿背上滑过。为了阻止棘轮回转，机构中一般要加入制动棘爪 5，当棘轮欲顺时针回转时，由于棘爪 5 的存在，所以棘轮静止不动。当主动件连续地往复摆动时，棘轮只能做单向的间歇运动。

②双向式棘轮机构：如图 13－2 所示的两种不同结构的棘轮机构，其棘爪 1 有两个对称的爪端，棘轮 2 的轮齿做成矩形；在图示实线位置，棘爪 1 推动棘轮 2 做逆时针方向的间歇转动；若将棘爪 1 翻转到图示点划线位置，则可推动棘轮 2 做顺时针方向的间歇转动。这种机构可以实现两个方向的间歇转动。如图 13－3 是棘轮机构在牛头刨床中的应用。

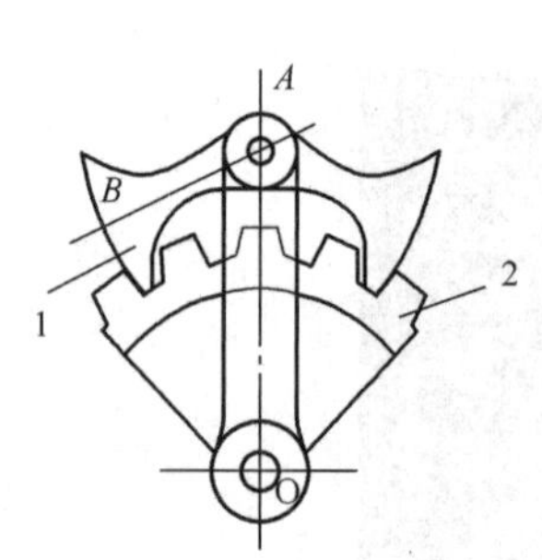

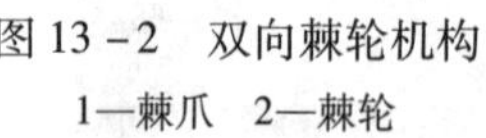

图 13－2　双向棘轮机构

1—棘爪　2—棘轮

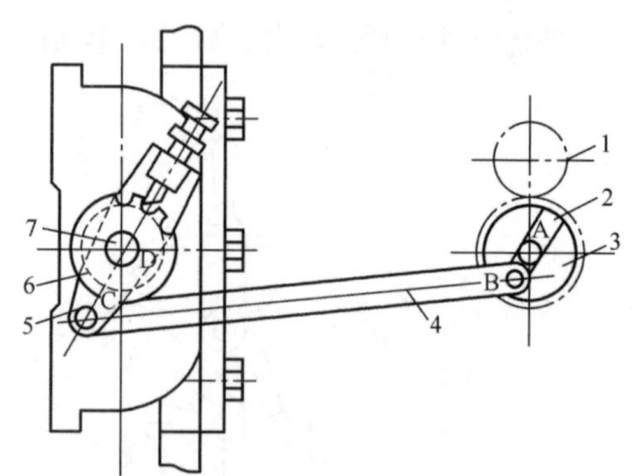

图 13－3　牛头刨床的进给机构

1，3—齿轮　2—曲柄　4—连杆

5—摇杆　6—棘轮　7—丝杆

（2）摩擦式棘轮机构

如图 13－4 所示为摩擦式棘轮机构。其外套筒 1、内套筒 3 之间装有受压缩弹簧作用的滚子 2，当外套筒顺时针转动时，滚子楔紧，内套筒转动；当外套筒逆时针转动时，滚子松开，内套筒固定不动。这种间歇机构，由于摩擦传动时会出现打滑现象，所以不适合从动件转角要求精确的场合。

棘轮机构除了常用于实现间歇运动外，还能实现超越运动，如图 13－5 所示为自行车后轮轴上的棘轮机构。当脚蹬踏板时，经链轮 1 和链条 2 带动内圈具有棘齿的链轮 3 顺时针转动，再通过棘爪 4 的作用，使后轮轴 5 顺时针转动，从而驱使自行车前进。当自行车前进时，如果踏板不动，后轮轴 5 便会超越链轮 3 而转动，让棘爪 4 在棘轮齿背上划过，从而实现不蹬踏板的自由滑行。

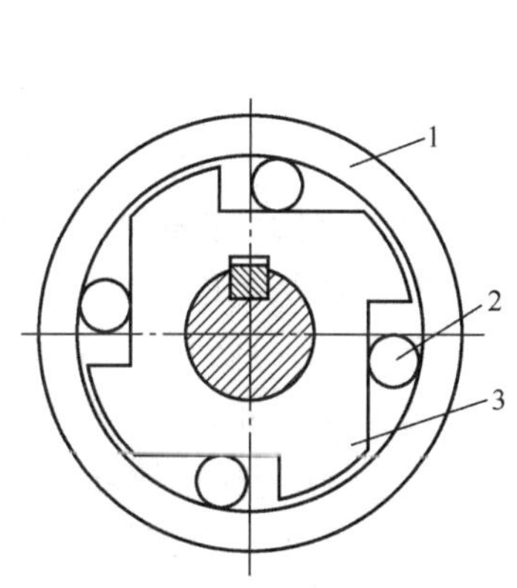

图 13－4　摩擦式棘轮
1—外套筒　2—滚子　3—内套筒

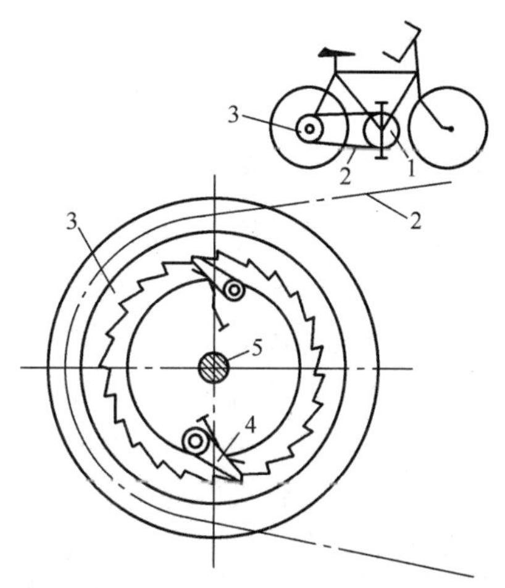

图 13－5　棘轮机构实现超越运动
1—链轮　2—链条　3—内棘齿　4—棘爪　5—轴

棘轮机构还可用作制动器，图 13－6 所示为起重、牵引设备中的棘轮制动器。其中棘轮 1 和卷筒 4 固定在一起，当动力装置驱动卷筒和棘轮一起逆时针转动时，重物就被提升，此时棘爪 2 在棘轮的齿背上滑过。在提升重物的过程中，由于设备故障或意外停电而造成动力源被切断时，棘爪 2 将插入棘轮齿槽中，制止其顺时针转动，从而可防止重物失去控制从空中加速坠落而造成事故。

需要注意的是：棘轮机构的棘爪 1 能够顺利滑入齿槽而不滑脱是需要满足一定条件的，该条件是：棘爪轴心位置角 β 应大于摩擦角 ϕ，即棘轮 2 对棘爪 1 的总反力 R_{21} 与轴心连线 O_1O_2 的交点 K 应在 O 和 O_2 之间。如图 13－7 所示。

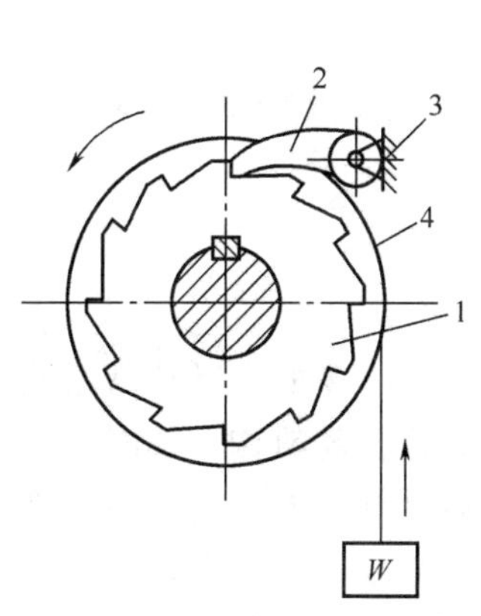

图 13－6　起重设备中的棘轮制动
1—棘轮　2—棘爪　3—机架　4—卷筒

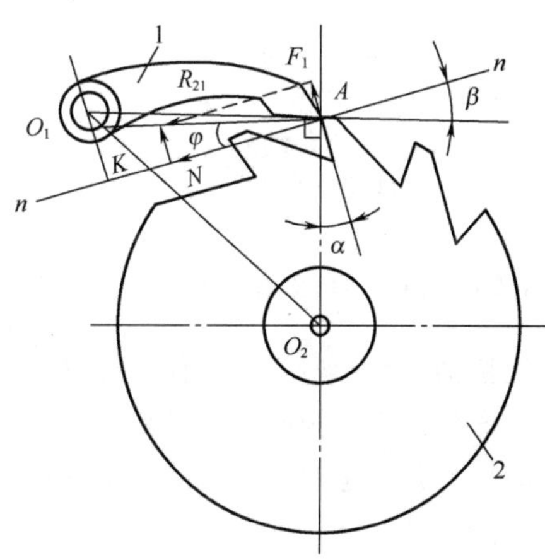

图 13－7　棘轮机构的工作条件
1—棘爪　2—棘轮

棘轮齿面与径向线所夹的 α 角称为齿面倾斜角；棘爪轴心 O_1 与轮齿顶点 A 的连线 O_1A 与过 A 的齿面法线 nn 的夹角 β 称为棘爪轴心位置角。

13.2 槽轮机构

13.2.1 槽轮机构的组成和特点

槽轮机构又称马尔他机构，如图 13－8 所示。它是由槽轮 2、带有圆柱销的拨盘 1 和机架组成。当拨盘 1 做匀速转动时，驱使槽轮 2 做间歇运动。当圆柱销进入槽轮槽时，拨盘上的圆柱销将带动槽轮转动。拨盘转过一定角度后，圆柱销将从槽中退出。为了保证圆柱销下一次能正确地进入槽内，必须采用锁止弧将槽轮锁住不动，直到下一个圆柱销进入槽后才放开，这时槽轮又可随拨盘一起转动，即进入下一个运动循环。

与棘轮机构相比，槽轮机构的特点是能确保转角准确，工作平稳性较好，结构简单，工作可靠，机械效率较高。但槽轮机构动程不可调节、转角不可太小，拨盘和槽轮的主从动关系不能互换、起停时有冲击，转速增加或槽轮的槽数减少时，都会使冲击加剧，故不适用于高速。槽轮机构的结构要比棘轮机构复杂，加工精度要求较高，因此制造成本上升。通常，槽轮机构的槽数 $z=4\sim8$，槽数 $z\geq9$ 的槽轮机构比较少见。如图 13－9 所示的电影放映机的卷片机构就是应用槽轮机构的实例。

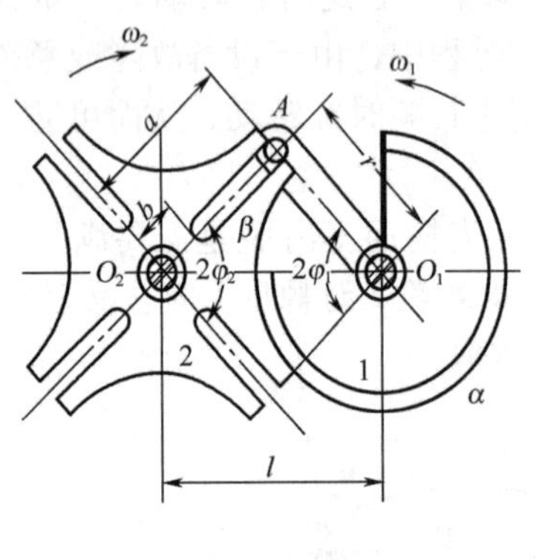

图 13－8　槽轮机构

1—拨盘　2—槽轮

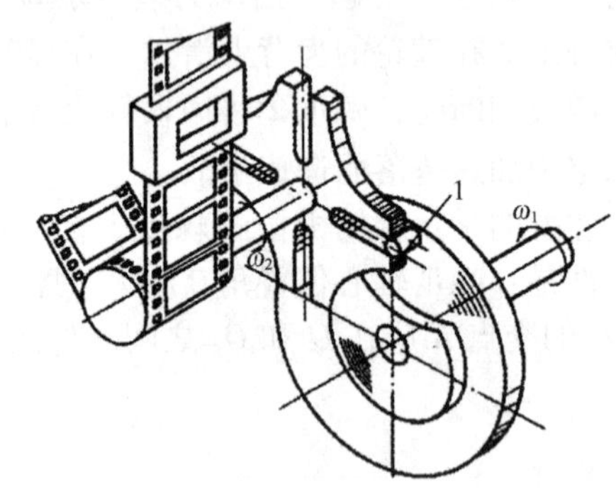

图 13－9　电影放映机的卷片机构

1—拨销

13.2.2 几种常见的槽轮机构

平面槽轮机构有两种型式。一种是外槽轮机构，如图 13－8 所示，其槽轮上径向槽的开口是自圆心向外，主动构件与槽轮转向相反；另一种是内槽轮机构，如图 13－10 所示，其槽轮上径向槽的开口是向着圆心的，主动构件与槽轮的转向相同，这两种槽轮机构都用于传递平行轴的运动。

平面槽轮机构中外槽轮机构应用比较广泛，其加工相对简单。比如电影放映机、C1325 单轴六角自动车床转塔刀架转位机构中，都是使用拨盘和槽轮所组成的外槽轮机构。

如图 13 - 11 所示为球面槽轮机构，它是用于传递两垂直相交轴的间歇运动机构，从动槽轮 2 呈半球形，主动构件 1 的轴线与销 3 的轴线都通过球心 O，当主动构件 1 连续转动时，球面槽轮 2 得到间歇转动。

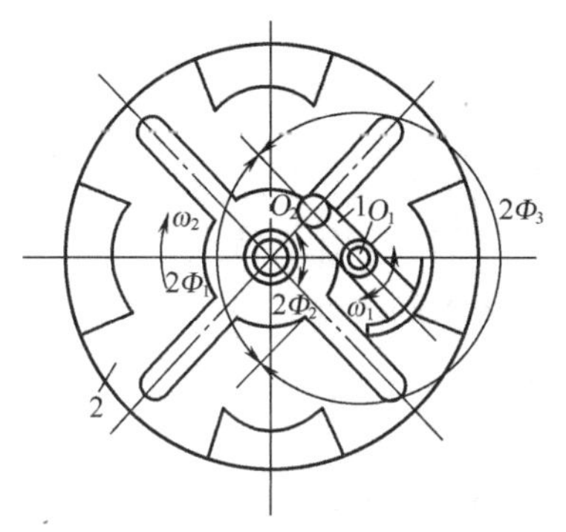

图 13 - 10　内槽轮摩擦式槽轮机构
1—拨盘　2—内槽轮

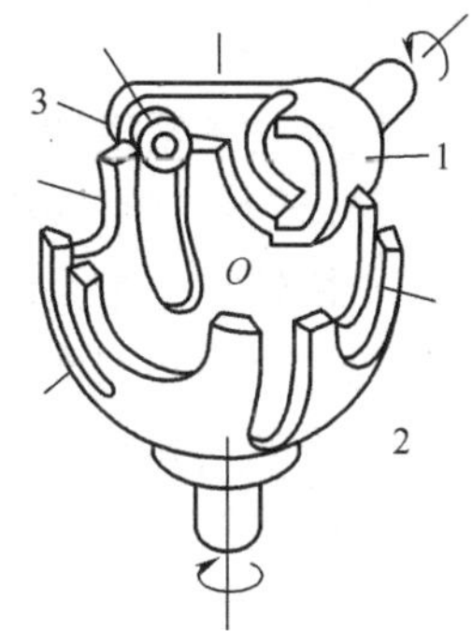

图 13 - 11　球面槽轮机构
1—主动构件　2—从动槽轮　3—销

13.3　不完全齿轮机构

不完全齿轮机构是由渐开线齿轮机构演变而成的一种间歇运动机构。一般不完全齿轮机构常用于多工位自动机和半自动机工作台的间歇转位及某些间歇进给机构中。与一般齿轮机构相比，不同之处在于轮齿不是布满整个圆周。从动轮停歇时，主动轮上的锁止弧与从动轮上的锁止弧互相配合锁住，以保证从动轮停歇在预定位置上。如图 13 - 12 所示，在主动轮 1 上只制出一个或若干个轮齿，其余部分为外凸锁止弧，从动轮 2 上有与主动轮齿相啮合的齿间和内凹锁止弧相间布置。当主动轮 1 的有齿部分作用时，从动轮就转动；主动轮的外凸锁止弧作用时，从动轮停止不动。因此当主动轮连续转动时，从动轮获得时转时停的间歇运动。

如图 13 - 12（a）所示的不完全齿轮机构中，主动轮 1 上只有一个齿，从动轮 2 上有 8 个齿间，故主动轮每转 1 周，从动轮仅转 1/8 周。如图 13 - 12（b）所示的不完全齿轮机构中，主动轮 1 上有 4 个轮齿，从动轮 2 的圆周上有 4 个运动段和 4 个停歇段，而每个运动段有 4 个齿间与主动轮齿相吻合，主动轮转 1 周，从动轮转 1/4 周。

与其他间歇运动机构相比，不完全齿轮机构的特点是制造方便，从动轮的运动时间和静止时间的比例不受机构结构的限制，从动轮每转一周的停歇时间、运动时

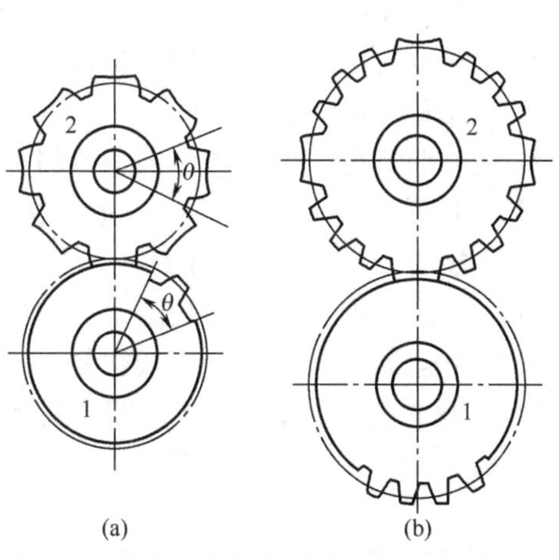

图 13 - 12　不完全齿轮机构
1—主动轮　2—从动轮

间及每次转动的角度变化范围都较大，设计较灵活；工作可靠，能传递较大的载荷；但加工工艺复杂，从动轮在运动开始和结束时角速度有突变，会产生较大的冲击，不适合用于高速传动中。故一般用于低速、轻载场合，且主、从动轮是不能互换的。

思考题与习题

1. 简述棘轮机构与槽轮机构的工作原理。

2. 什么是间歇运动？有哪些机构能实现间歇运动？

3. 棘轮机构与槽轮机构都是间歇运动机构，它们各有什么特点？

4. 单向运动棘轮机构和双向式棘轮机构有什么不同之处？

5. 棘轮的静止可靠性和防止反转是如何保证的？

6. 棘轮机构有哪些类型？特性如何？

7. 除棘轮机构、槽轮机构外，还有哪些间歇运动机构？

8. 选择与填空

（1）棘轮机构中止回棘爪的作用是（　　）。

（2）棘轮机构的主动件作（　　）运动，从动件作（　　）性的时停、时动的间歇运动。

（3）棘爪和棘轮开始接触的一瞬间，（　　）会发生，所以棘轮机构传动的（　　）性较差。

（4）槽轮机构能把主动轴的等速连续（　　），转换成从动轴的周期性的（　　）运动。

（5）所谓间歇运动机构，就是在主动件做（　　）运动时，从动件能够产生周期性的（　　）、（　　）运动的机构。

（6）在起重设备中，可以使用棘轮机构（　　）鼓轮反转。

（7）在单向间歇运动机构中，棘轮机构常用于（　　）的场合。

A. 低速轻载　　B. 高速轻载　　C. 低速重载　　D. 高速重载

（8）当要求从动件的转角须经常改变时，下面的间歇运动机构中（　　）合适。

A. 不完全齿轮机构　　B. 槽轮机构　　C. 棘轮机构

（9）槽轮转角的大小是（　　）。

A. 能够调节的　　B. 不能调节的

（10）间歇运动机构（　　）把间歇运动转换成连续运动。

A. 不能　　B. 能　　C. 偶尔能　　D. 偶尔不能

（11）棘轮机构的主动件是做（　　）运动的。

A. 往复运动　　B. 直线往复　　C. 等速旋转　　D. 变速旋转

（12）槽轮机构主动件的锁止圆弧是（　　）锁止弧。

A. 凸形　　B. 凹形　　C. 圆形　　D. 楔形

第四篇　传动机构及其传动件

机械传动的常用方式主要有齿轮传动、蜗杆传动、带传动和链传动等四种。传动装置是由这四种基本传动所组成的，它的作用是把原动机的运动和动力传递给工作机，是大多数机器中不可缺少的重要组成部分。衡量机械传动的一个重要参数是传动比，传动比是主动轮的角速度 w_1 与从动轮的角速度 w_2 的比值。本篇主要介绍这四种传动机构的工作原理、主要参数等理论和各种传动件的应用、结构和设计等方面的基础知识，并介绍轮系的相关理论。

第 14 章　齿轮传动

14.1　齿轮传动的特点、应用和分类

本章主要介绍直齿圆柱齿轮的结构、几何尺寸、工作原理、啮合条件及设计原理，并简要介绍斜齿轮、锥齿轮的基本知识。

14.1.1　齿轮传动的特点

齿轮传动是现代机械传动中最重要的、应用最为广泛的一种传动。齿轮传动的主要优点是：

①传动比恒定、传动效率高。

②工作可靠、寿命较长。

③可实现平行轴、任意角相交轴、任意角交错轴之间的传动。

④适用的功率和速度范围广。

缺点是：

①制造加工和安装精度要求较高，制造成本也较高。

②不适宜于远距离两轴之间的传动，精度低时会产生振动，噪声大。

14.1.2　齿轮传动的类型

齿轮传动的分类方法很多，可从不同的角度分类，具体如图 14－1、表 14－1 所示。

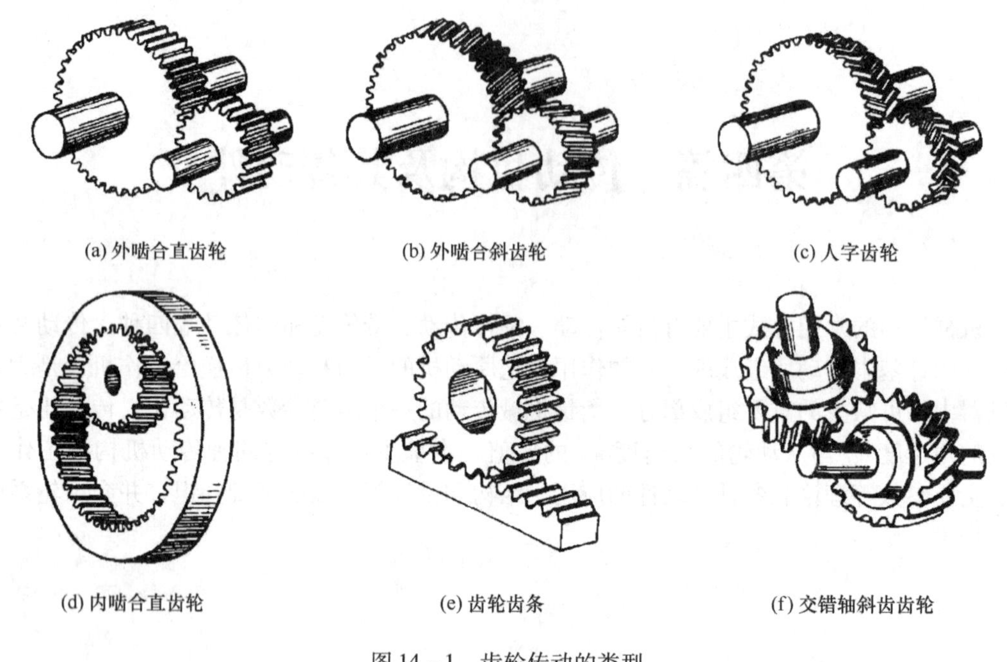

(a) 外啮合直齿轮　(b) 外啮合斜齿轮　(c) 人字齿轮

(d) 内啮合直齿轮　(e) 齿轮齿条　(f) 交错轴斜齿齿轮

图 14－1　齿轮传动的类型

表 14－1　齿轮传动的各种分类形式

分类方法	传动形式
按轴的布置方式分类	平行轴传动，相交轴传动，交错轴传动
按齿轮齿向分类	直齿，斜齿，人字齿，曲齿
按工作条件分类	闭式传动，开式传动，半开式传动
按齿廓曲线分类	渐开线齿廓，摆线齿廓，圆弧齿廓
按齿面硬度分类	软齿面（HBS≤350），硬齿面（HBS＞350）

14.2　齿廓啮合基本定律

齿轮传动是依靠主动轮的轮齿依次推动从动轮的轮齿来进行工作的。对齿轮传动的基本要求之一是其瞬时传动比必须保持不变，否则，当主动轮以等角速度回转时，从动轮的角速度为变速，从而产生惯性力。这种惯性力将影响轮齿的强度、寿命和工作精度。齿廓啮合基本定律就是研究要满足瞬时传动比保持不变，齿廓形状应符合的基本条件。

如图 14－2 所示为一对相互啮合的齿轮，齿轮 1 以角速度 ω_1 转动并以齿廓 C_1 推动齿轮 2 的齿廓 C_2 以角速度 ω_2 转动。为保证两齿廓既不分离又不相互嵌入地连续转动，沿齿廓接触点 K 的公法线 NN 方向上，齿廓间不能有相对运动，即两齿廓接触点公法线方向上的分速度要相等，两轮齿廓上 K 点的速度分别为：

$$\begin{cases} v_{K_1} = \omega_1 \overline{O_1K} \\ v_{K_2} = \omega_2 \overline{O_2K} \end{cases} \tag{14-1}$$

且 v_{K_1} 和 v_{K_2} 在法线 NN 上的分速度应相等，否则两齿廓将会压坏或分离。即

$$v_{K_1}\cos\alpha_{K_1} = v_{K_2}\cos\alpha_{K_2} \tag{14-2}$$

由式（14-1）、式（14-2）得

$$\omega_1 \overline{O_1P} = \omega_2 \overline{O_2P}$$

由此得瞬时传动比 i_{12} 为：

$$i_{12} = \frac{\omega_1}{\omega_2} = \frac{\overline{O_2P}}{\overline{O_1P}} \tag{14-3}$$

因此，为使齿轮保持恒定的传动比，必须使 P 点为连心线上的固定点。或者说，欲使齿轮保持定角速比，不论齿廓在任何位置接触，过接触点所作的齿廓公法线都必须与两轮的连心线交于一定点。这就是齿廓啮合的基本定律。

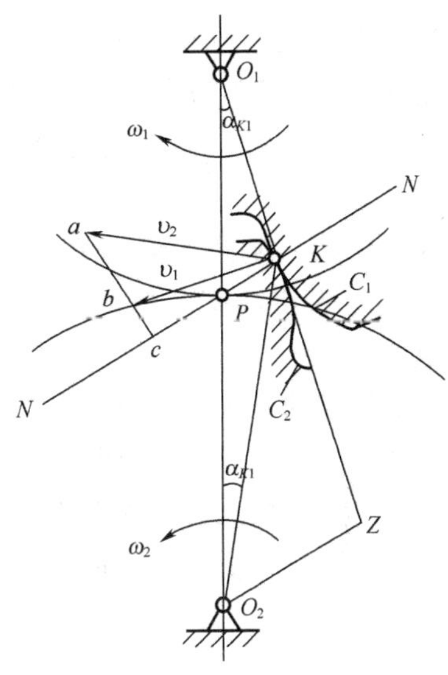

图 14-2　齿廓啮合基本定律

要使两轮瞬时传动比（角速度比）恒定，则应使 O_2P/O_1P 为常数。由于两轮的轮心 O_1、O_2 为定点，即 O_1O_2 为定长，若满足上述要求，必须使 P 为一定点，该定点 P 称为节点。分别以 O_1、O_2 为圆心，O_1P、O_2P 为半径的两个圆，称为齿轮的节圆。两节圆在节点 P 处的线速度相等（$v_{p_1} = v_{p_2}$），故两齿轮啮合传动可视为两节圆作相切的无滑动的纯滚动。

凡满足齿廓啮合基本定律而互相啮合的一对齿廓，称为共轭齿廓。符合齿廓啮合基本定律的齿廓曲线有无穷多，传动齿轮的齿廓曲线除要求满足定角速比外，还必须考虑制造、安装和强度等要求。在机械中，常用的齿廓有渐开线齿廓、摆线齿廓和圆弧齿廓，其中以渐开线齿廓应用最广。本章仅讨论渐开线齿轮传动。

注意：节圆是一对齿轮啮合后才存在的，所以单个齿轮没有节点，也不存在节圆。

14.3　渐开线及渐开线齿廓

14.3.1　渐开线的形成及渐开线的性质

（1）渐开线的形成

如图 14-3 所示，直线 BK 沿半径为 r_b 的圆做纯滚动时，直线上任一点 K 的轨迹称为该圆的渐开线，该圆称为渐开线的基圆。

r_b 为基圆半径；BK 为渐开线发生线；θ_k 为渐开线上 K 点的展角。

（2）渐开线的性质

①发生线沿基圆滚过的线段长度等于基圆上被滚过的相应弧长，如图 14-3 所示。由于发生线 BK 在基圆上做纯滚动，故

$$\overline{KB} = \overset{\frown}{AB}$$

②渐开线上任意一点法线必然与基圆相切。也就是基圆的切线必为渐开线上某点的法

线（图 14－3）。

当发生线在基圆上做纯滚动时，B 是与基圆的切点，渐开线上 K 点的轨迹可认为是以 B 点为圆心，BK 为半径所作的圆弧，B 点为渐开线上 K 点的曲率中心，BK 为其曲率半径和 K 点的法线，而发生线始终相切于基圆，所以渐开线上任意一点法线必然与基圆相切。

③发生线与基圆的切点 B 即为渐开线上 K 点的曲率中心，线段 BK 为 K 点的曲率半径。随着 K 点离基圆越远，相应的曲率半径越大；而 K 点离基圆越近，相应的曲率半径越小。

④渐开线的形状取决于基圆大小。如图 14－4 所示，基圆半径越小，渐开线越弯曲；基圆半径越大，渐开线越趋平直。当基圆半径趋于无穷大时，渐开线便成为直线。所以渐开线齿条（直径为无穷大的齿轮）具有直线齿廓。

⑤渐开线是从基圆开始向外逐渐展开的，故基圆内无渐开线。

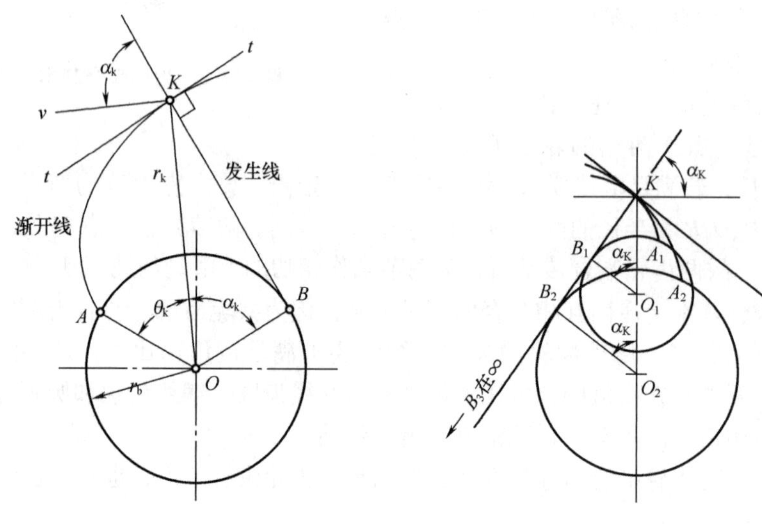

图 14－3　渐开线的形成　　　　图 14－4　渐开线的性质

14.3.2　渐开线齿轮符合齿廓啮合基本定律

以渐开线为齿廓曲线的齿轮称为渐开线齿轮。

图 14－5 所示为基圆半径分别为 r_{b_1} 和 r_{b_2} 的一对渐开线齿廓在 K 点接触啮合。过 K 点作两廓线的公法线 $\overline{N_1N_2}$，根据渐开线的特性可知，此公法线必同时与两基圆相切，$\overline{N_1N_2}$ 即是两轮基圆的一条内公切线。由于两基圆为定圆，在其同一方向的内公切线只有一条，故 $\overline{N_1N_2}$ 为一定线，它与连心线的交点 P 必为一定点，此点即为节点，过节点所做的圆称为节圆，因此两个以渐开线作为齿廓曲线的齿轮其传动比为一常数，即

$$i = \frac{\omega_1}{\omega_2} = \frac{\overline{O_2P}}{\overline{O_1P}} = \frac{\overline{O_2N_2}}{\overline{O_1N_1}} = \frac{r_{b_2}}{r_{b_1}} = \text{常数} \tag{14-4}$$

这说明渐开线齿廓啮合满足定传动比传动。

14.3.3　渐开线齿廓具有的基本特性

（1）渐开线齿廓的压力角

渐开线齿廓上某点的法线与该点的速度方向所夹的锐角 α_k 称为该点的压力角。由图14－3 可知：

$$\cos \alpha_k = \frac{OB}{OK} = \frac{r_b}{r_k} \tag{14-5}$$

上式表明渐开线齿廓上各点的压力角是随位置的变化而变化的，向径 r_k 越大，其压力角越大，在基圆上压力角等于零。

（2）渐开线齿轮传动的啮合线及啮合角

一对齿轮啮合传动时，齿廓啮合点（接触点）的轨迹称为啮合线。对于渐开线齿轮，无论在哪一点接触，接触齿廓的公法线总是两基圆的内公切线 N_1N_2（图 14－5）。齿轮啮合时，齿廓接触点又都在公法线上，因此，内公切线 N_1N_2 即为渐开线齿廓的啮合线。

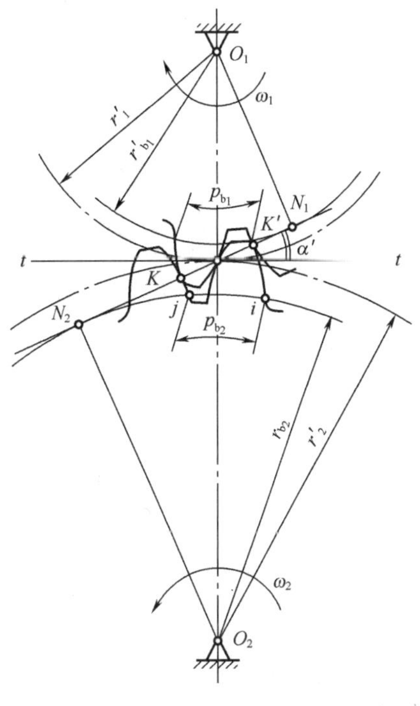

图 14－5　一对相啮合的渐开线齿廓

过节点 P 作两节圆的公切线 tt，它与啮合线 N_1N_2 间的夹角称为啮合角。啮合角等于齿廓在节圆上的压力角 α'，由于渐开线齿廓的啮合线是一条定直线 N_1N_2，故啮合角的大小始终保持不变。啮合角不变表示齿廓间压力方向不变；若齿轮传递的力矩恒定，则轮齿之间、轴与轴承之间压力的大小和方向均不变，这也是渐开线齿轮传动的一大优点。

（3）渐开线齿轮的可分离性

当一对渐开线齿轮制成之后，其基圆半径是确定的，不能改变的，而两渐开线齿轮啮合满足传动比是常数，传动比取决于两轮基圆半径的反比。因此即使两轮的中心距稍有改变，其角速比仍保持原值不变，对传动比无影响，这种性质称为渐开线齿轮传动的可分离性。这是渐开线齿轮传动的另一重要优点，这一优点给齿轮的制造、安装带来了极大方便。

两渐开线标准齿轮啮合时，如果分度圆和节圆重合、压力角和啮合角相等，则称两齿轮是标准安装。

14.4　渐开线标准直齿圆柱齿轮各部分名称和几何尺寸计算

14.4.1　齿轮各部分名称及符号

图 14－6 所示为直齿圆柱齿轮的一部分。为了使齿轮在两个方向都能传动，轮齿两侧齿廓由形状相同、方向相反的渐开线曲面组成。因此只从其端面形状来讨论齿轮的各部分名称及尺寸计算。常见齿轮的各部分名称及符号如下：

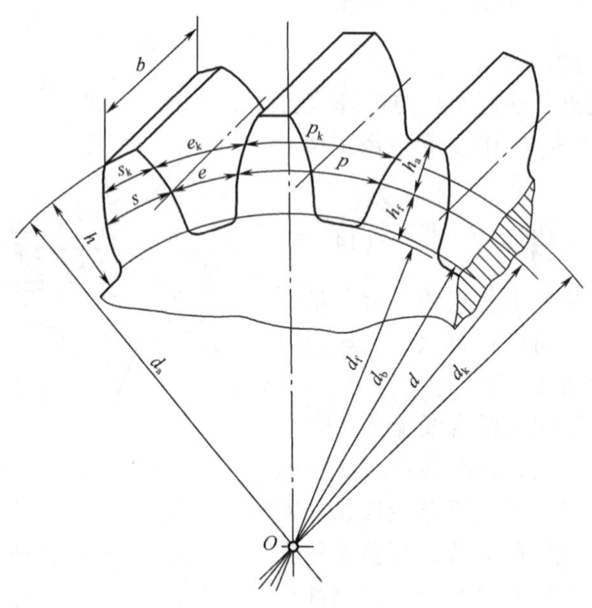

图 14－6　齿轮各部分名称

①齿顶圆：齿顶端部所确定的圆称为齿顶圆，其直径用 d_a 表示。

②齿根圆：齿槽底部所确定的圆称为齿根圆，其直径用 d_f 表示。

③齿槽：相邻两齿之间的空间称为齿槽。齿槽两侧齿廓之间的弧长称为该圆上的齿槽宽，用 e_k 表示。

④齿厚：在任意直径 d_k 的圆周上，轮齿两侧齿廓之间的弧长称为该圆上的齿厚，用 s_k 表示。

⑤齿距：相邻两齿同侧齿廓之间的弧长称为该圆上的齿距，用 p_k 表示。

⑥分度圆：标准齿轮上齿厚和齿槽宽相等的圆称为齿轮的分度圆，用 d 表示其直径。分度圆上的齿厚以 s 表示；齿槽宽用 e 表示；齿距用 p 表示。分度圆压力角通常称为齿轮的压力角，用 α 表示。

⑦齿顶与齿根：在轮齿上介于齿顶圆和分度圆之间的部分称为齿顶，其径向高度称为齿顶高，用 h_a 表示。介于齿根圆和分度圆之间的部分称为齿根，其径向高度称为齿根高，用 h_f 表示。齿顶圆与齿根圆之间轮齿的径向高度称为全齿高，用 h 表示，故 $h = h_a + h_f$

⑧顶隙：顶隙是指一对齿轮啮合时，一个齿轮的齿顶圆到另一个齿轮的齿根圆的径向距离。顶隙有利于润滑油的流动。

⑨齿距（或称周节）：相邻两个轮齿同侧齿廓之间在某一个圆上对应点的圆周弧长。不同圆周上的齿距不同，在半径为 r_k 的圆上，齿距用 p_k 表示，显然有 $p_k = s_k + e_k$；在半径为 r 的分度圆上，齿距用 p 表示，同样 $p = s + e$。若为标准齿轮，则有 $s = e = p/2$。

⑩法向齿距：相邻两个轮齿同侧齿廓之间在法线方向上的距离，用 p_n 表示。由渐开线特性可知：$p_n = p_b$（基圆齿距）。

14.4.2　渐开线标准直齿圆柱齿轮的基本参数及几何尺寸计算

（1）渐开线标准直齿圆柱齿轮的基本参数

①齿数：在齿轮的圆周上所具有的轮齿的数目，用 z 表示。

②模数：为便于设计、制造及互换使用，齿轮应予标准化。因此，选择具有代表性的基本参数作为设计、制造的基准，同时规定出其他尺寸参数与基本参数的关系，便可实现标准化的目的。设齿轮的齿数为 z，为计算分度圆直径 d，则有 $\pi d = pz$，$d = pz/\pi$，由上式看出，当 z 一定时，齿距 p 的大小即能说明齿轮的大小。

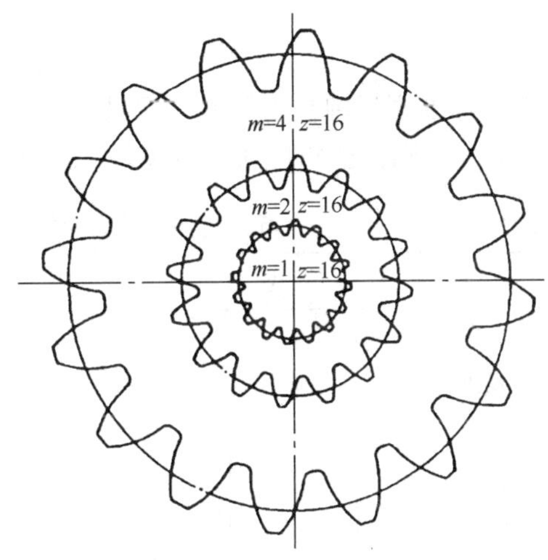

图 14－7　渐开线齿轮模数对尺寸的影响

由 $\pi d = pz$ 来计算 d 或 p 都会涉及无理数，这给齿轮的设计、加工和测量等带来困难。因此，规定比值 $m = p/\pi$ 等于整数或简单的有理数，这个比值称为模数，以 m 表示，单位为 mm，作为齿轮设计、制造的基本参数。为了便于齿轮的互换使用和简化刀具，齿轮的模数进行标准化，其标准值见表 14－2。模数是齿轮几何尺寸计算的重要参数，模数对尺寸的影响，如图 14－7 所示。

表 14－2　　标准模数系列（摘自 GB/T 1357—2008）　　单位：mm

第一系列	0.1，0.12，0.15，0.2，0.25，0.3，0.4，0.5，0.6，0.8，1，1.25，1.5，2，2.5，3，4，5，6，8，10，12，16，20，25，32，40，50
第二系列	0.35，0.7，0.9，1.75，2.25，2.75，(3.25)，3.5，(3.75)，4.5，5.5，(6.5)，7，9，(11)，14，18，22，28，(30)，36，45

注：①本表适用于直齿及斜齿圆柱齿轮，对斜齿圆柱齿轮是指法面模数。
②优先采用第一系列，括号内的模数尽可能不用。

③压力角：分度圆压力角通常称为齿轮的压力角，用 α 表示。分度圆压力角已标准化，常用的分度圆压力角为20°、15°等，我国规定标准齿轮压力角 $\alpha = 20°$。

由于齿轮分度圆上的模数和压力角均规定为标准值，因此，齿轮的分度圆可定义为：齿轮上具有标准模数和标准压力角的圆。齿轮分度圆直径 d 则可表示为：

$$d = \frac{p}{\pi}z = mz \tag{14-6}$$

④齿顶高系数：为用模数表示齿顶高所引入的系数称为齿顶高系数 h_a^*，其标准值为：$h_a^* = 1$。

⑤顶隙系数：为用模数表示顶隙尺寸所引入的系数称为顶隙系数 c^*，其标准值为：$c^* = 0.25$。

由此可以看出，只要z、m、α、h_a^*、c^*这五个参数一经确定，齿轮的几何尺寸，包括轮齿的渐开线形状也就确定，因此将以上五个参数称为渐开线标准齿轮的基本参数。以模数m为基准的标准化制，称为模数制。

若一齿轮的模数、分度圆压力角、齿顶高系数、齿根高系数均为标准值，且其分度圆上齿厚与齿槽宽相等，这样的齿轮称为标准齿轮。因此，对于标准齿轮有

$$s = e = \frac{p}{2} = \frac{\pi m}{2} \tag{14-7}$$

（2）标准直齿圆柱齿轮的几何尺寸计算

标准直齿圆柱齿轮传动参数和几何尺寸计算公式列于表14－3。

表14－3　　标准直齿圆柱齿轮传动参数和几何尺寸计算公式

名　称	代　号	公式与说明
齿数	z	根据工作要求确定
模数	m	由轮齿的承载能力确定，并按表14－2取标准值
压力角	α	$\alpha = 20°$
分度圆直径	d	$d_1 = mz_1$；$d_2 = mz_2$
齿顶高	h_a	$h_a = h_a^* m$
齿根高	h_f	$h_f = (h_a^* + c^*)m$
齿全高	h	$h = h_a + h_f$
齿顶圆直径	d_a	$d_{a_1} = d_1 + 2h_a = m(z_1 + 2h_a^*)$ $d_{a_2} = m(z_2 + 2h_a^*)$
齿根圆直径	d_f	$d_{f_1} = d_1 - 2h_f = m(z_1 - 2h_a^* - 2c^*)$ $d_{f_2} = m(z_2 - 2h_a^* - 2c^*)$
分度圆齿距	p	$p = \pi m$
分度圆齿厚	s	$s = \frac{1}{2}\pi m$
分度圆齿槽宽	e	$e = \frac{1}{2}\pi m$
基圆直径	d_b	$d_{b_1} = d_1 \cos_\alpha = mz_1 \cos\alpha$ $d_{b_2} = mz_2 \cos\alpha$

注意：齿轮的分度圆和节圆的区别。

14.5　渐开线直齿圆柱齿轮的啮合传动

14.5.1　渐开线齿轮的正确啮合条件

齿轮传动时，每一对齿仅啮合一段时间便要分离，而由后一对齿接替。一对渐开线齿轮要正确啮合，必须满足一定的条件。由啮合过程可知，一对渐开线齿轮要在任何位置啮合时，它们的啮合点都应在啮合线$\overline{N_1N_2}$上。如图14－8所示，前一对轮齿在啮合线上的K点相啮合时，后一对轮齿必须正确地在啮合线上的K'点进入啮合。而KK'为齿轮1和齿轮2的法向齿距，即$p_{n_1} = p_{n_2}$。由渐开线性质决定法向齿距p_n与基圆齿距p_b相等，因此

$p_{b_1}=p_{b_2}$，而 $p_{b_1}=p_1\cos\alpha=\pi m_1\cos\alpha_1$，$p_{b_2}=p_2\cos\alpha_2=\pi m_2\cos\alpha_2$，

代入上式中则有：$m_1\cos\alpha_1=m_2\cos\alpha_2$

式中，$m_1,m_2,\alpha_1,\alpha_2$ 分别为两齿轮的模数和压力角。由于模数和压力角均已标准化，所以满足上述，应使：

$$\begin{cases}m_1=m_2=m\\ \alpha_1=\alpha_2=\alpha\end{cases}\qquad(14-8)$$

因此，一对渐开线直齿圆柱齿轮正确啮合的条件为：两齿轮的模数和压力角分别相等。此时，一对齿轮的传动比又可表示为

$$i=\frac{\omega_1}{\omega_2}=\frac{n_1}{n_2}=\frac{d_2}{d_1}=\frac{z_2}{z_2}\qquad(14-9)$$

对齿轮传动时，齿轮节圆上的齿槽宽与另一齿轮节圆上的齿厚之差称为齿侧间隙。在齿轮加工时，刀具轮齿与工件轮齿之间是没有齿侧间隙的；在齿轮传动中，为了消除反向传动空程和减少撞击，也要求齿侧间隙等于零。

由前述已知，标准齿轮分度圆的齿厚和齿槽宽相等，一对正确啮合的渐开线齿轮的模数相等，即 $s_1=e_1=s_2=e_2=\dfrac{\pi m}{2}$

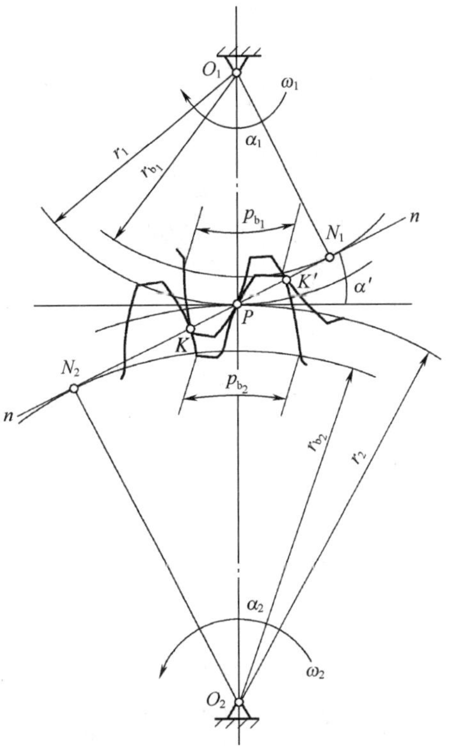

图 14－8　渐开线齿轮的正确啮合

因此，当分度圆和节圆重合时，便可满足无侧隙啮合条件。安装时使分度圆与节圆重合的一对标准齿轮的中心距称为标准中心距，用 a 表示。标准中心距是齿轮传动的重要尺寸，它是两轮分度圆半径之和。

$$a=\frac{d_1+d_2}{2}=\frac{m(z_1+z_2)}{2}\qquad(14-10)$$

显然，由图 14－8 可知：此时的啮合角就等于分度圆上的压力角。应当指出，分度圆和压力角是单个齿轮本身所具有的，而节圆和啮合角是一对齿轮相互啮合时才出现。标准齿轮传动只有在分度圆与节圆重合时，压力角和啮合角才相等。在标准中心距的情况下，两齿轮的分度圆分别与各自的节圆重合，轮齿的齿侧间隙为零，一齿轮的齿顶圆与另一齿轮的齿根圆之间的间隙——顶隙，刚好为标准顶隙，即 $c=c^*m=0.25m=h_f-h_a$。

14.5.2　连续传动条件

如图 14－9 所示，由齿轮啮合的过程可知，一对轮齿啮合到一定的位置后将会终止，要使齿轮连续传动，就必须在前一对轮齿尚未脱离啮合时，后一对轮齿能及时进入啮合。因此，必须使 $\overline{B_1B_2}\geqslant p_b$，即要求实际啮合线段 $\overline{B_1B_2}$ 大于或等于齿轮的基圆 p_b。如果 $\overline{B_1B_2}<p_b$，当前一对轮齿在点 B_1 脱离啮合时，后一对轮齿尚未进入啮合，使得传动中断，从而引起轮齿间的冲击，影响传动的平稳性。

所以，齿轮连续传动的条件是实际啮合线大于或至少等于齿轮的基圆齿距 p_b。通常

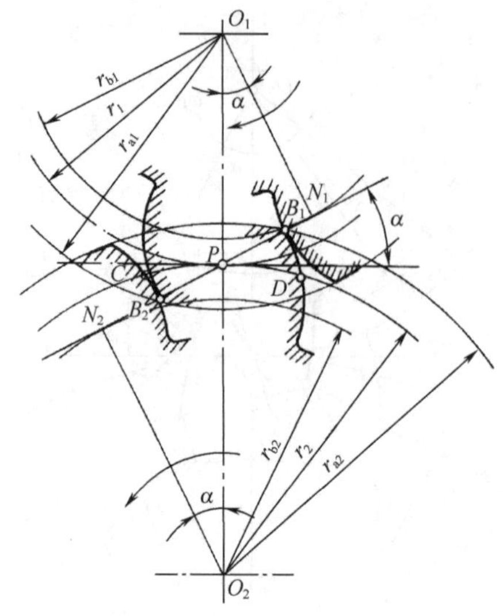

图 14－9　渐开线齿轮的连续传动

将实际啮合线长度与基圆齿距之比称为齿轮的重合度，用 ε 表示，故齿轮连续传动的条件为

$$\varepsilon = \frac{\overline{B_1B_2}}{p_b} \geqslant 1 \tag{14-11}$$

理论上当 $\varepsilon=1$ 时，就能保证一对齿轮连续传动，但考虑实际应用中齿轮的制造、安装误差和啮合传动中轮齿的变形，实际上应使 $\varepsilon>1$。一般机械制造中，常使 $\varepsilon=1.1\sim1.4$。重合度越大，表示同时啮合的齿对数越多。对于标准齿轮传动，其重合度都大于1，故通常不必进行验算。为确保齿轮传动的连续，ε 应大于或至少等于许用值 $[\varepsilon]$。

例 14－1：已知：一对外啮合的标准直齿圆柱齿轮 $a=200\text{mm}$，$z_1=24$，$z_2=48$，$\alpha=20°$，$h_a^*=1$，$c^*=0.25$，试求：两轮模数 m、分度圆直径 d 和齿全高 h。

解：由中心距公式 $a=\dfrac{d_1+d_2}{2}=\dfrac{m(z_1+z_2)}{2}$ 可求出齿轮模数

$m=\dfrac{2a}{z_1+z_2}=\dfrac{400}{72}=\dfrac{50}{9}$（mm），查表 14－2 可取标准模数为：$m=6\text{mm}$

分度圆直径为

$$d_1=mz_1=6\times24=144\ (\text{mm})$$

$$d_2=mz_2=6\times48=288\ (\text{mm})$$

齿轮的齿全高为 $h=h_a+h_f=1\times6+1.25\times6=13.5$（mm）。

例 14－2：已知一对 $\alpha=20°$ 的正常齿标准直齿圆柱齿轮传动，齿数 $z_1=20$，$z_2=80$，测量得齿顶圆直径 $d_{a1}=66\text{mm}$，$d_{a2}=246\text{mm}$，两轮的中心距 $a=150\text{mm}$。由于该对齿轮磨损严重，需重新配制一对，试确定该对齿轮的模数。

解：由公式可知，齿顶圆直径与模数的关系是

$$m=\frac{d_{a1}}{2h_a^*+z_1}=\frac{66}{2\times1+20}=3\ (\text{mm})$$

$$m=\frac{d_{a2}}{2h_a^*+z_2}=\frac{246}{2\times1+80}=3\ (\text{mm})$$

查表 14－2 取标准模数，$m=3\text{mm}$。

验算中心距 a：$a=\dfrac{m(z_1+z_2)}{2}=3\times\dfrac{20+80}{2}(\text{mm})=150(\text{mm})$

计算结果表明，该对齿轮为 $m=3\text{mm}$，$\alpha=20°$ 的标准齿轮。

14.6　渐开线齿轮的加工方法及轮齿根切的概念

14.6.1　渐开线齿轮的加工方法

轮齿加工的基本要求是齿形准确和分齿均匀。轮齿的加工方法很多，最常用的是切削

加工法，此外还有铸造法、热轧法等。轮齿的切削加工方法按其原理可分为成形法和范成法两类。

（1）成形法

成形法是用与齿轮齿槽形状相同的圆盘铣刀或指状铣刀在铣床上进行加工，如图 14－10 所示。加工时铣刀绕本身的轴线旋转，同时轮坯转过 $2\pi/z$，再铣第二个齿槽。其余依此类推。这种加工方法简单，不需要专用机床，但精度差，是逐个齿切削，切削不连续，故生产率低，仅适用于修配、单件生产及精度要求不高的齿轮加工。盘状铣刀加工齿轮的情况，如图 14－10（a）所示，铣刀绕自身轴线转动为切削运动，同时轮坯沿自身轴线方向移动为送给运动；指状铣刀加工齿轮的情况，如图 14－10（b）所示，其加工过程与盘状铣刀切齿相同。对于不便采用盘状铣刀加工的大模数齿轮（$m>20$mm）和人字斜齿轮等均宜采用指状铣刀加工。

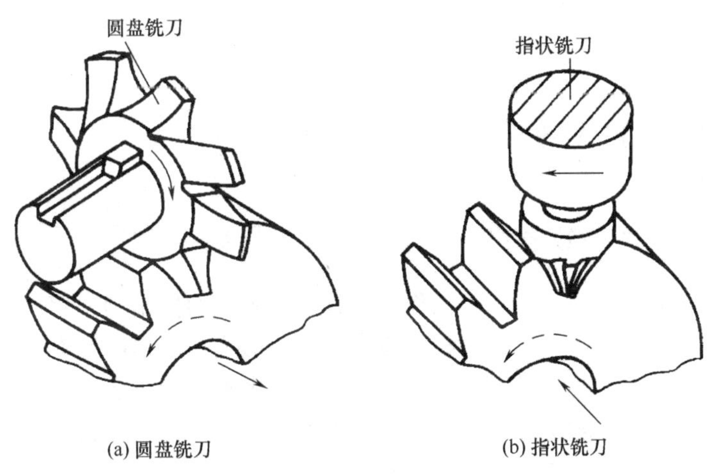

(a) 圆盘铣刀　(b) 指状铣刀

图 14－10　成形法切制齿轮

（2）范成法

范成法是利用一对齿轮（或齿轮与齿条）互相啮合时其共轭齿廓互为包络线的原理来切齿的。加工时刀具与齿坯的运动就像一对互相啮合的齿轮，最后刀具将齿坯切出渐开线齿廓，如图 14－11 所示。范成法种类很多，有插齿、滚齿、剃齿、磨齿等，其中最常用

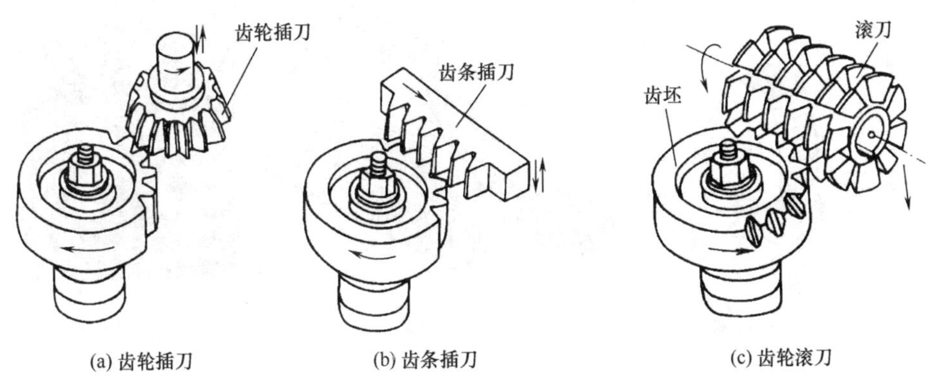

(a) 齿轮插刀　(b) 齿条插刀　(c) 齿轮滚刀

图 14－11　范成法切制齿轮

的是插齿和滚齿，剃齿和磨齿用于精度和粗糙度要求较高的场合。范成法切制齿轮常用的刀具有三种：齿轮插刀、齿条插刀和齿轮滚刀。用范成法加工齿轮时，只要刀具与被切齿轮的模数和压力角相同，不论被加工齿轮的齿数是多少，都可以用同一把刀具来加工，这给生产带来了很大的方便，因此范成法得到了广泛的应用。

14.6.2 根切现象

用范成法加工齿数较少的齿轮时，常会将轮齿根部的渐开线齿廓切去一部分，如图 14－12 所示。这种现象称为根切。根切将使轮齿的抗弯强度降低，重合度减小，传动的平稳性下降，故应设法避免。

对于标准齿轮，可通过限制最少齿数的方法来避免根切。正常齿制标准直齿圆柱齿轮不发生根切的最少齿数 $z_{min}=17$。

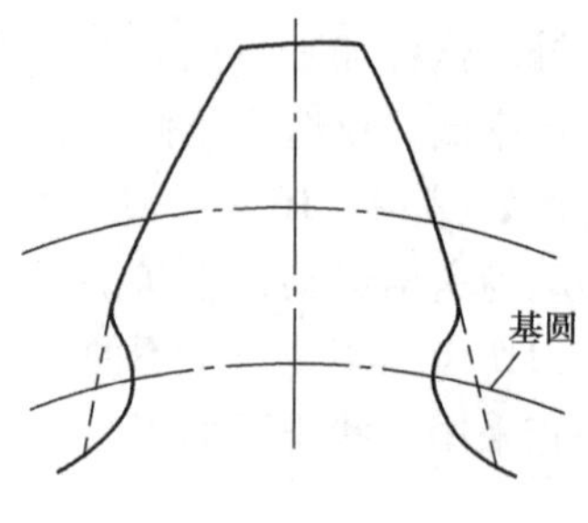

图 14－12 根切现象

14.7 齿轮常见的失效形式与设计准则

14.7.1 齿轮传动的失效形式

机械零件由于某种原因不能正常工作时，称为失效。即使是同一零件，在不同的工作条件下，其失效形式可能是不同的。机械零件的失效形式与很多因素有关，具体由零件的工作条件、材质、受载状态及其所产生的应力性质等多种因素决定。

齿轮传动的失效主要发生在轮齿，常见的失效形式有：轮齿折断（疲劳折断、过载折断）和齿面损坏（点蚀、磨损、胶合、塑性变形）。

（1）轮齿折断

轮齿折断是指齿轮的一个或多个齿的整体或局部折断，如图 14－13 所示。轮齿受力后的力学模型为悬臂梁，轮齿根部弯曲应力最大，且齿根过渡圆角引起应力集中，因此，折断一般发生在轮齿根部。轮齿的折断有两种情况，一种是因短时严重过载或受到冲击载

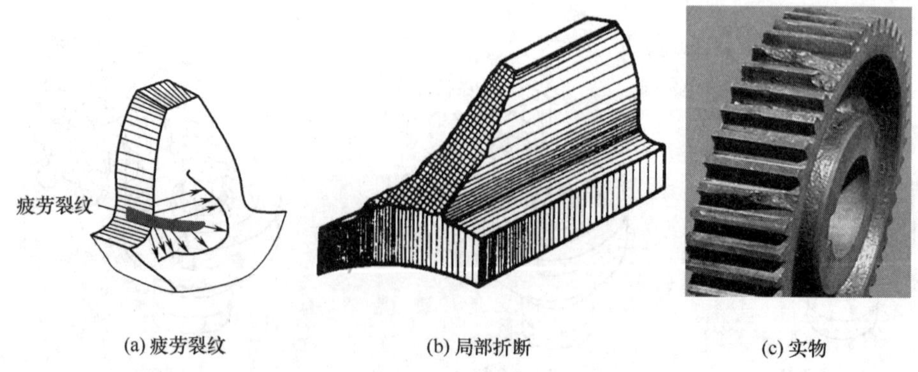

(a) 疲劳裂纹　(b) 局部折断　(c) 实物

图 14－13 轮齿折断

荷时突然折断，称为过载折断；另一种是由于循环变化的弯曲应力的反复作用而引起的疲劳折断。特别是用脆性材料（如铸铁及整体淬火钢）制成的齿轮，易发生过载折断。

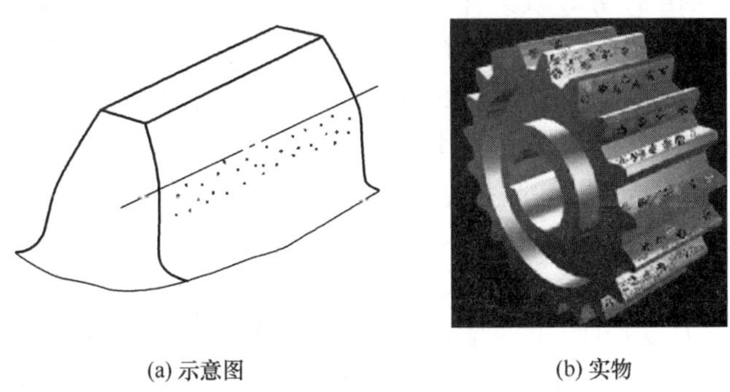

(a) 示意图　　(b) 实物

图 14－14　齿面点蚀

（2）齿面疲劳点蚀

在润滑良好的闭式齿轮传动中，当齿轮工作了一定时间后，在轮齿工作表面上会产生一些细小的凹坑，称为点蚀，如图 14－14 所示。点蚀的产生主要是由于轮齿啮合时，齿面的接触应力按脉动循环变化，在这种脉动循环变化接触应力的多次重复作用下，由于疲劳，在轮齿表面层会产生疲劳裂纹，裂纹的扩展使金属微粒剥落下来而形成麻点状凹坑，通常疲劳点蚀首先发生在节线附近的齿根表面处。点蚀使齿面有效承载面积减小，点蚀的扩展将会严重损坏齿廓表面，引起冲击和噪声，造成传动的不平稳。齿面抗点蚀能力主要与齿面硬度有关，齿面硬度越高，抗点蚀能力越强。点蚀是闭式软齿面（HBS≤350）齿轮传动的主要失效形式。

而对于开式齿轮传动，由于齿面磨损速度较快，即使轮齿表层产生疲劳裂纹，但还未扩展到金属剥落时，表面层就已被磨掉，因而一般看不到点蚀现象。

（3）齿面磨损

互相啮合的两齿廓表面间有相对滑动，在载荷作用下会引起齿面的磨损。尤其在开式传动中，由于灰尘、砂粒等硬颗粒容易进入齿面间而发生磨损，如图 14－15 所示。齿面严重磨损后，轮齿将失去正确的齿形，会导致严重噪声和振动，且齿厚减薄后容易发生轮齿折断，最终传动失效。采用闭式传动，减小齿面粗糙度值和保持良好的润滑可以减少齿面磨损。

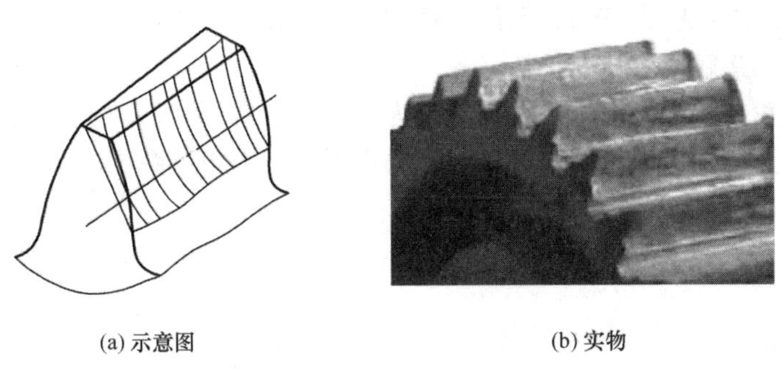

(a) 示意图　　(b) 实物

图 14－15　齿面磨粒磨损

(4) 齿面胶合

齿面胶合是高速重载传动齿轮的主要失效形式。在高速重载传动中，由于齿面啮合区的压力很大，润滑油膜因温度升高容易破裂，造成齿面金属直接接触，其接触区产生瞬时高温，致使两轮齿表面焊粘在一起，当两齿面相对运动时，较软的齿面金属被撕下，在轮齿工作表面形成与滑动方向一致的沟痕，如图 14-16 所示，这种现象称为齿面胶合。齿面一旦出现胶合，不仅温度升高，而且齿轮的振动和噪声加大，导致齿轮失效。

(5) 齿面塑性变形

齿面塑性变形是起动和过载频繁的软齿面齿轮传动中较易产生的一种失效形式。当齿面较软、载荷和摩擦力很大时，齿面表层的金属可能沿摩擦力方向产生塑性流动，从而使齿面正确轮廓曲线被损坏，这种现象称为齿面塑性变形。由于主动轮齿面上的摩擦力背离节线，则在节线附近形成凹槽；从动轮齿面上的摩擦力指向节线，则在节线附近形成凸棱，如图 14-17 所示。

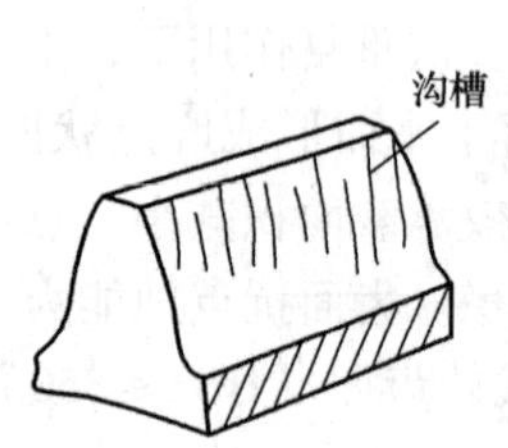

图 14-16　齿面胶合

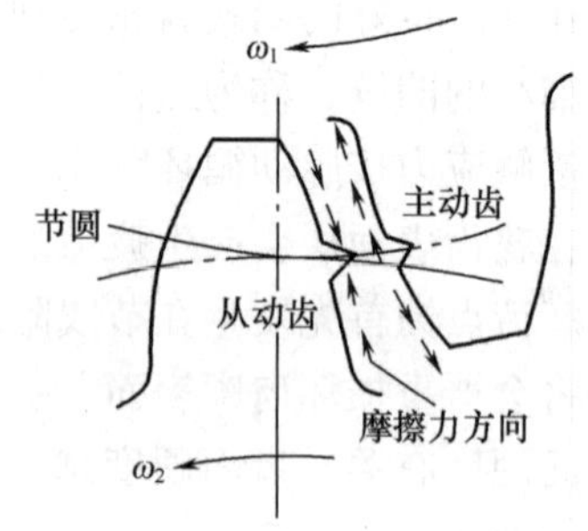

图 14-17　齿面塑性变形

14.7.2　设计准则

由于齿面磨损、塑性变形等，尚未形成相应的设计准则，所以，齿轮传动设计，通常只按齿根弯曲疲劳强度和齿面接触疲劳强度进行计算。

对于闭式齿轮传动：①软齿面（HBS≤350）齿轮主要失效形式是齿面点蚀，故可按齿面接触疲劳强度进行设计计算，按齿根弯曲疲劳强度校核。②硬齿面（HBS>350）或铸铁齿轮，由于抗点蚀能力较高，轮齿折断的可能性较大，故可按齿根弯曲疲劳强度进行设计计算，按齿面接触疲劳强度校核。

对于开式齿轮传动中的齿轮，齿面磨损为其主要失效形式，故通常按照齿根弯曲疲劳强度进行设计计算，确定齿轮的模数，考虑磨损因素，再将模数增大 10%～20%，而无需校核接触强度。

14.8　齿轮的常用材料及热处理

14.8.1　齿轮的常用材料

（1）锻钢

锻钢因具有强度高、韧性好、便于制造、便于热处理等优点，大多数齿轮都用锻钢制造。齿轮常用材料及许用应力见表 14－4。

表 14－4　　齿轮常用材料、热处理、极限应力、许用应力

材　料	热处理	硬　度	σ_{Hlim} / MPa	$[\sigma]_H$/ MPa	σ_{Flim} / MPa	$[\sigma]_F$/ MPa
灰铸铁	——	HBS140～280	265～390	240～350	35～70	25～50
球墨铸铁	——	HBS140～300	330～560	300～500	130～180	90～125
铸钢	正火	HBS110～210	245～330	220～300	90～130	60～90
碳钢	正火	HBS110～210	300～400	270～360	120～160	85～110
铸钢	调质	HBS130～210	280～360	250～320	110～135	75～95
碳钢	调质	HBS130～210	375～445	340～400	135～165	95～115
合金铸钢	调质	HBS200～360	360～580	320～520	150～200	105～140
合金钢	调质	HBS200～360	450～665	400～600	190～250	130～175
调质钢	表面淬火	HRC48～58	970～1100	870～990	230～280	160～200
渗碳钢	表面淬火	HRC56～63	1300	1170	310	220

注：①表中的应力与硬度间呈线性关系；

②对于长期双向工作的齿轮，表中的许用弯曲应力应乘以 0.7；

③表中的极限应力为齿轮材料和热处理按一般检验（ML）时的极限应力值（取下限），如按常规检验（MQ）或严格检验（ME）时表中值应相应增加，具体可查国家标准。

①软齿面齿轮：软齿面齿轮的齿面硬度 HBS≤350，常用中碳钢和中碳合金钢，如 45、40Cr、35SiMn 等材料，进行调质或正火处理。这种齿轮适用于强度、精度要求不高的场合，轮坯经过热处理后进行插齿或滚齿加工，生产便利、成本较低。在确定大、小齿轮硬度时应注意使小齿轮的齿面硬度比大齿轮的齿面硬度高 30～50，这是因为小齿轮受载荷次数比大齿轮多，且小齿轮齿根较薄，为使两齿轮的轮齿接近等强度，小齿轮的齿面要比大齿轮的齿面硬一些。

②硬齿面齿轮：硬齿面齿轮的齿面硬度 HBS＞350，常用的材料为中碳钢或中碳合金钢，经表面淬火处理。

（2）铸钢

当齿轮的尺寸较大（＞400～600mm）而不便于锻造时，可用铸造方法制成铸钢齿坯，再进行正火处理以细化晶粒。

（3）铸铁

低速、轻载场合的齿轮可以制成铸铁齿坯。当尺寸＞500mm 时可制成齿圈，或制成轮辐式齿轮。

14.8.2 齿轮常用的热处理方法

(1) 表面淬火

表面淬火一般用于中碳钢和中碳合金钢。表面淬火处理后齿面硬度可达 HRC52 ~ 56，耐磨性好，齿面接触强度高。表面淬火的方法有高频淬火和火焰淬火等。

(2) 渗碳淬火

渗碳淬火用于处理低碳钢和低碳合金钢，渗碳淬火后齿面硬度可达 HRC56 ~ 62，齿面接触强度高，耐磨性好，而轮齿心部仍保持有较高的韧性，常用于受冲击载荷的重要齿轮传动。

(3) 调质

调质处理一般用于处理中碳钢和中碳合金钢。调质处理后齿面硬度可达 HBS 220 ~ 260。

(4) 正火

正火能消除内应力、细化晶粒，改善力学性能和切削性能。中碳钢正火处理可用于机械强度要求不高的齿轮传动中。

经热处理后齿面硬度 HBS≤350 的齿轮称为软齿面齿轮，多用于中、低速机械。

齿面硬度 HBS > 350 的齿轮称为硬齿面齿轮，其最终热处理在轮齿精切后进行。因热处理后轮齿会产生变形，故对于精度要求高的齿轮，需进行磨齿。当大小齿轮都是硬齿面时，小齿轮的硬度应略高，也可和大齿轮相等。

近年，由于齿轮材质和齿轮加工工艺技术的迅速发展，越来越多地选用硬齿面齿轮。

14.9 渐开线直齿圆柱齿轮的强度计算及主要参数选择

14.9.1 轮齿的受力分析

为了计算轮齿的强度以及设计轴和轴承装置等，需确定作用在轮齿上的力。在分析过程中，为简化计算，忽略摩擦力的影响。这时，法向力 $\boldsymbol{F}_n$ 沿啮合线作用于节点处（将分布力简化为集中力），$\boldsymbol{F}_n$ 与过节点 P 的圆周切向成角度 α，将法向力 $\boldsymbol{F}_n$ 可分解为圆周力 $\boldsymbol{F}_t$ 和径向力 $\boldsymbol{F}_r$，力的大小和方向，如图 14 - 18 所示。

$$
\begin{aligned}
&\text{圆周力} && \boldsymbol{F}_t = \frac{2T_1}{d_1} \quad (\mathrm{N}) \\
&\text{径向力} && \boldsymbol{F}_r = \boldsymbol{F}_t \tan\alpha \quad (\mathrm{N}) \\
&\text{法向力} && \boldsymbol{F}_n = \frac{\boldsymbol{F}_t}{\cos\alpha} \quad (\mathrm{N})
\end{aligned}
\tag{14-12}
$$

式中 T_1——小齿轮上的转矩，N · mm，$T_1 = 9.55 \times 10^6 \dfrac{P_1}{n_1}$；

P_1——小齿轮传递的功率，kW；

d_1——小齿轮的分度圆直径，mm；

α——分度圆压力角，(°)。

圆周力 $\boldsymbol{F}_t$ 的方向，在主动轮上是阻力，与圆周速度方向相反，在从动轮上是驱动力，与圆周速度方向相同。径向力 $\boldsymbol{F}_r$ 的方向对两轮都是由作用点指向轮心。

14.9.2　齿面接触疲劳强度计算

为避免齿面发生点蚀，应限制齿面的接触应力。齿面接触应力的计算是以两圆柱体接触时的最大接触应力为基础进行的。如图 14－19 所示的两圆柱体，在载荷作用下接触区产生的最大接触应力可根据弹性力学的赫兹公式推导得出：

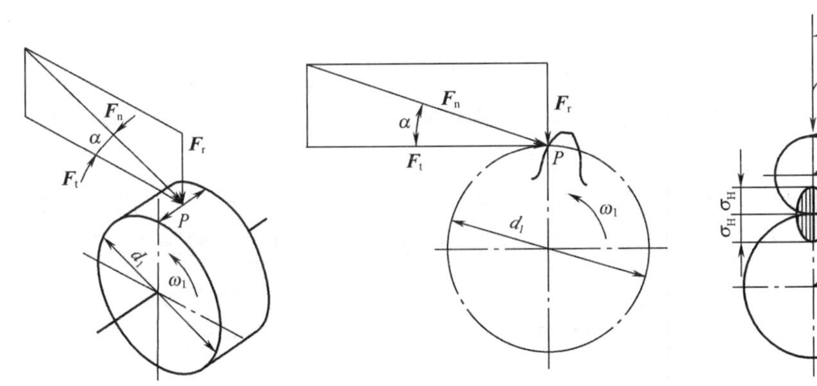

图 14－18　直齿圆柱齿轮传动的作用力　　　图 14－19　两圆柱体接触时的接触应力

$$\sigma_H = \sqrt{\frac{F_n}{\pi b} \cdot \frac{\dfrac{1}{\rho_1} \pm \dfrac{1}{\rho_2}}{\dfrac{1-\mu_1^2}{E_1} + \dfrac{1-\mu_2^2}{E_2}}} \tag{14-13}$$

式中　F_n——作用在圆柱体上的载荷；

b——接触长度；

ρ_1、ρ_2——两圆柱体接触处的曲率半径，式中“+”号用于外接触，“－”号用于内接触；

μ_1、μ_2——两圆柱体材料的泊松比；

E_1、E_2——两圆柱体材料的弹性模量。

实践证明，点蚀通常首先发生在齿根部分靠近节线处，故取节点处的接触应力为计算依据。由图 14－9 可知，节点处的齿廓曲率半径分别为：

$$\rho_1 = N_1C = \frac{d_1}{2}\sin\alpha,\ \rho_2 = N_2C = \frac{d_2}{2}\sin\alpha$$

在式（14－13）中，引入载荷系数 K，令 $u = \dfrac{z_2}{z_1}$，$F_n = \dfrac{F_t}{\cos\alpha} = \dfrac{2T_1}{d_1\cos\alpha}$

u 是大齿轮齿数与小齿轮齿数的比值。

对于一对钢制齿轮，$E_1 = E_2 = 2.06 \times 10^5$ MPa，$\mu_1 = \mu_2 = 0.3$，标准齿轮压力角 $\alpha = 20°$，将法向载荷等代入公式（14－13）中，可得齿面接触疲劳强度的校核公式

$$\sigma_H = 3.53Z_E\sqrt{\frac{KT_1}{bd_1^2}\cdot\frac{i\pm1}{i}} = 670\sqrt{\frac{KT_1}{bd_1^2}\cdot\frac{i\pm1}{i}} \leqslant [\sigma_H] \quad (14-14)$$

式中 Z_E——弹性系数，是用来考虑两轮材料不同对接触应力的影响系数，其值见表14－5。

令 $b=\psi_d d_1$，代入式（14－14），可得设计公式

$$d_1 \geqslant \sqrt{\left(\frac{3.53Z_E}{[\sigma_H]}\right)^2\cdot\frac{KT_1}{\psi_d}\cdot\frac{i\pm1}{i}} = \sqrt{\left(\frac{670}{[\sigma_H]}\right)^2\cdot\frac{KT_1}{\psi_d}\cdot\frac{i\pm1}{i}} \quad (14-15)$$

式中 T_1——小齿轮的转矩，N·mm；

b——齿轮的宽度，mm；

$[\sigma_H]$——许用接触应力，MPa，见表14－4。

K——载荷系数。

由于齿轮、轴、支承等存在制造、安装误差，以及受载时产生变形等，使载荷沿齿宽不是均匀分布，造成载荷局部集中。轴和轴承的刚度越小、齿宽 b 越宽，载荷集中越严重。

此外，由于各种原动机和工作机的特性不同（例如机械的起动和制动、工作机构速度的突然变化和过载等），导致在齿轮传动中还将引起附加动载荷。因此在齿轮强度计算时，引入载荷系数 K，其值由表14－5查取。

当配对齿轮材料改变时，式中弹性系数或系数670应改变，替换值由表14－6查取。

表14－5　　载荷系数 K

原动机	工作机特性		
	工作平稳	中等冲击	较大冲击
电动机、透平机	1～1.2	1.2～1.5	1.5～1.8
多缸内燃机	1.2～1.5	1.5～1.8	1.8～2.1
单缸内燃机	1.6～1.8	1.8～2.0	2.1～2.4

注：斜齿圆柱齿轮、圆周速度低、精度高、齿宽系数小时取小值；直齿圆柱齿轮、圆周速度高、精度低、齿宽系数大时取大值。齿轮在两轴承之间对称布置时取小值，不对称布置及悬臂布置时取较大值。

表14－6　　弹性系数或系数670的替换值

材料组合	钢与钢	钢与铸钢	钢与球墨铸铁	铸钢与铸钢	球墨铸铁与球墨铸铁	钢与灰铸铁	球墨铸铁与灰铸铁	灰铸铁与灰铸铁
Z_E	189.8	188.9	181.4	188	173.9	162	156.6	143.7
替换值	670	667	640	664	614	572	550	507

14.9.3　齿根弯曲疲劳强度计算

为了防止轮齿因弯曲疲劳而出现疲劳折断，要求轮齿的最大弯曲应力不超过弯曲疲劳极限应力。在啮合过程中，载荷作用点是不断变化的，计算较为复杂。为简化轮齿弯曲应力的计算，假定全部载荷由一对轮齿承受并作用于齿顶处，此时齿根所受的弯曲力矩最

大。计算时，将轮齿看作宽度为 b 的悬臂梁。在齿根危险截面产生的弯曲应力最大；危险截面的位置用 30°切线法确定。即作与轮齿对称线成 30°角的两直线，且使其分别与齿根过渡曲线相切，连接两切点的截面即为齿根危险截面，如图 14－20 所示。

由图 14－20 可知，轮齿上的法向力 $\boldsymbol{F}_n$ 可分解为切向分力 $\boldsymbol{F}_n\cos\alpha_F$ 和径向分力 $\boldsymbol{F}_n\sin\alpha_F$，切向分力使齿根产生弯曲应力和剪应力，径向分力产生压应力。由于切应力与压应力比弯曲应力小得多，且齿根疲劳裂纹首先发生在拉伸一侧，故齿根弯曲疲劳强度按危险截面拉伸一侧的弯曲应力计算，其齿根弯曲应力为

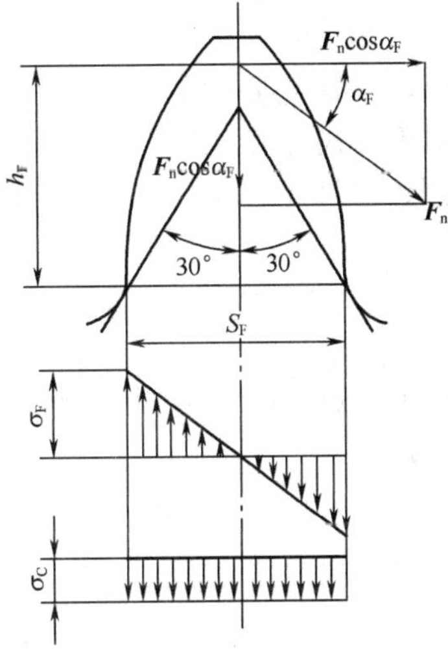

图 14－20　轮齿弯曲应力

$$\sigma_F = \frac{M}{W} = \frac{6\boldsymbol{F}_n h_F \cos\alpha_F}{b s_F^2}$$

式中　h_F——弯曲力臂，mm；

b——齿宽，mm；

S_F——危险截面齿厚，mm；

α_F——齿顶载荷作用角，(°)。

轮齿弯曲疲劳强度的校核公式为

$$\sigma_F = \frac{2KT_1Y_{F_1}}{bd_1m} = \frac{2KT_1Y_F}{bz_1m^2} \leqslant [\sigma_F] \quad (14-16)$$

式中　Y_F——齿形系数，只与齿形中的尺寸比例有关，而与模数无关，见表 14－7。

表 14－7　　正常齿制标准外啮合齿轮的齿形系数 Y_F

Z (Z_V)	12	14	16	17	18	19	20	21	22	24	25	26	28
Y_F	3.47	3.21	3.04	2.97	2.90	2.84	2.79	2.75	2.72	2.67	2.64	2.60	2.56
Z (Z_V)	30	32	35	37	40	45	50	60	80	90	100	150	200
Y_F	2.53	2.48	2.46	2.43	2.40	2.36	2.32	2.28	2.22	2.20	2.18	2.14	2.12

将 $b=\psi_d d_1$ 代入式（14－16）中，可得轮齿弯曲疲劳强度的设计公式

$$m \geqslant \sqrt[3]{\frac{2KT}{\psi_d z_1^2} \cdot \frac{Y_F}{[\sigma_F]}} \quad (14-17)$$

式中　z_1——小齿轮的齿数；

$[\sigma_F]$——材料的许用弯曲应力，MPa，见表 14－4；

公式中的 $\frac{Y_F}{[\sigma_F]}$ 应代入 $\frac{Y_{F1}}{[\sigma_{F1}]}$ 和 $\frac{Y_{F2}}{[\sigma_{F2}]}$ 中的较大者，计算的模数应按表 14－2 圆整为标准值。

由于大、小齿轮的齿数不等，故它们的齿形系数、弯曲应力和许用弯曲应力也不相等。所以当用式（14－17）计算模数时，这样取可使大、小齿轮的弯曲强度均得到满足。

14.9.4 齿轮的主要参数选择

（1）模数 m 和齿数 z 的选择

对于传递动力的齿轮，其模数应大于1.5mm，以防止意外断齿。在满足弯曲强度的条件下，应尽量增加齿数使传动的重合度增大，以改善传动平稳性和载荷分配；在中心距 a 一定时，齿数增加则模数减小，齿顶高和齿根高都随之减小，能节约材料和减少金属切削量。对于闭式传动，当齿面硬度不太高时，轮齿的弯曲强度通常是足够的，故齿数可取多些，例如常取 $z_1=24\sim40$。当齿面硬度很高时，轮齿的弯曲强度常感不足，故齿数不宜过多。

（2）齿宽系数 ψ_d 的选择

增大齿宽系数，可减小齿轮传动装置的径向尺寸，降低齿轮的圆周速度。但齿宽系数过大则需提高结构刚度，否则将会出现载荷分布严重不均。齿宽系数小，齿宽小；齿宽系数大，齿宽大。齿宽系数 ψ_d 按表14－8查取。为了便于安装和补偿轴向尺寸的变动，在齿轮减速器中，一般将小齿轮的宽度 b_1 取得比大齿轮的宽度 b_2 大5～10mm，但在强度计算时，仍按大齿轮的宽度计算。

表14－8　齿宽系数 ψ_d 的选择

齿轮相对于轴承的位置	大、小齿轮齿面硬度一个或两个为软齿面	大、小齿轮全部为硬齿面
两轴承之间对称布置	0.8～1.4	0.4～0.9
两轴承之间非对称布置	0.6～1.2	0.3～0.6
悬臂布置	0.3～0.4	0.2～0.3

14.10 斜齿圆柱齿轮传动

标准斜齿圆柱齿轮传动和直齿圆柱齿轮传动不同，它们最根本的区别是齿形的变化。

14.10.1 斜齿轮齿廓曲面的形成及啮合特点

直齿圆柱齿轮的轮齿方向与轴线平行，由于齿轮是有一定宽度的，当发生线在基圆上做纯滚动时，发生线上任一点的轨迹为该圆的渐开线。如图14－21所示，直齿圆柱齿轮啮合时，其接触线是与轴线平行的直线，因而一对齿廓沿齿宽同时进入啮合或退出啮合，容易引起冲击和噪声，传动平稳性差，不适宜用于高速齿轮传动。

斜齿圆柱齿轮的轮齿方向不与轴线平行，斜齿圆柱齿轮的齿廓曲面的形成，如图14－22所示。当发生面沿基圆柱做纯滚动时，发生面上任意一条与基圆柱母线成一倾斜角 β_b 的直线所展开的渐开线螺旋面，即为斜齿圆柱齿轮的齿廓曲面。β_b 称为基圆柱上的螺旋角。

一对平行轴斜齿圆柱齿轮啮合时，斜齿轮的齿廓是逐渐进入、脱离啮合的，斜齿轮齿廓接触线的长度由零逐渐增加，又逐渐缩短，直至脱离啮合，即斜齿轮进入和脱离接触都是逐渐进行的，故传动平稳，噪声小。此外，由于斜齿轮的轮齿是倾斜的，同时啮合的轮

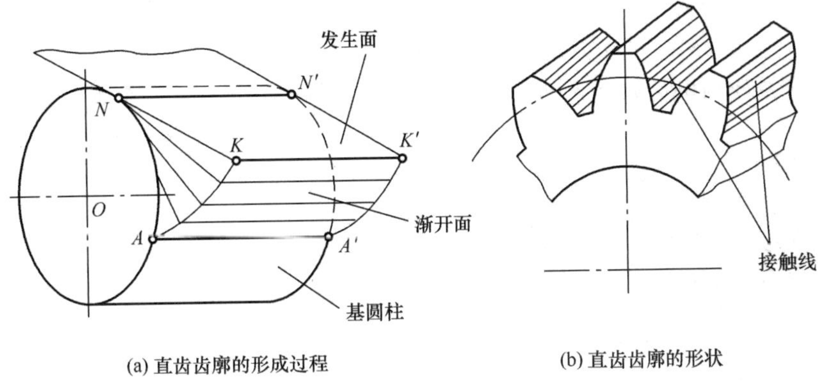

(a) 直齿齿廓的形成过程　　(b) 直齿齿廓的形状

图 14－21　直齿齿廓的形成

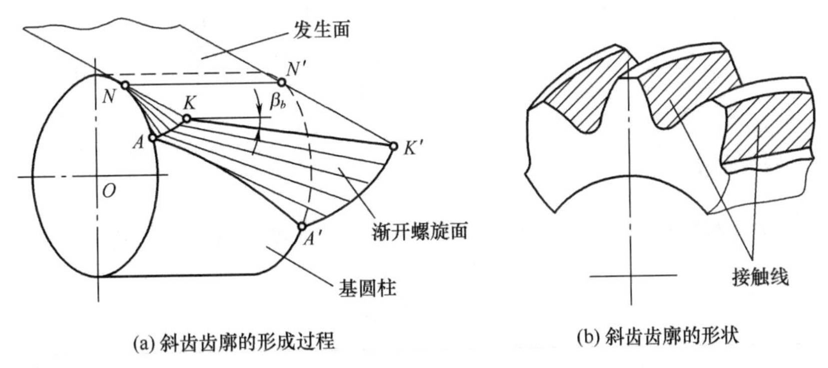

(a) 斜齿齿廓的形成过程　　(b) 斜齿齿廓的形状

图 14－22　斜齿齿廓的形成

齿对数比直齿轮多，故重合度比直齿轮大。因此斜齿轮传动工作较平稳、承载能力强、噪声和冲击较小，适用于高速、大功率的齿轮传动。

14.10.2　斜齿圆柱齿轮的基本参数及几何尺寸计算

垂直于斜齿轮轴线的平面称为端面，与分度圆柱螺旋线垂直的平面称为法面，在进行斜齿圆柱齿轮几何尺寸计算时，应当注意端面参数与法面参数之间的关系。斜齿轮的端面是标准的渐开线，但从斜齿轮的加工和受力角度看，斜齿轮的法面参数应为标准值。

图 14－23 为斜齿轮分度圆柱面展开图，螺旋线展开成一直线，该直线与轴线的夹角 β 称为斜齿轮在分度圆柱上的螺旋角，简称斜齿轮的螺旋角，则法面齿距 p_n 与端面齿距 p_t 的关系为

$$p_n = p_t \cos\beta \tag{14-18}$$

由于 $p_n = \pi m_n$，$p_t = \pi m_t$，故斜齿轮法面模数与端面模数的关系为

$$m_n = m_t \cos\beta \tag{14-19}$$

通常用分度圆上的螺旋角 β 进行几何尺寸的计算。螺旋角 β 越大，轮齿就越倾斜，传

动的平稳性也越好，但轴向力也越大。通常在设计时取 8°~20°。斜齿轮法面压力角和端面压力角之间的关系为

$$\tan\alpha_n = \tan\alpha_t\cos\beta \tag{14-20}$$

斜齿轮按其轮齿的螺旋线方向分为右旋和左旋两种，如图 14－24 所示。

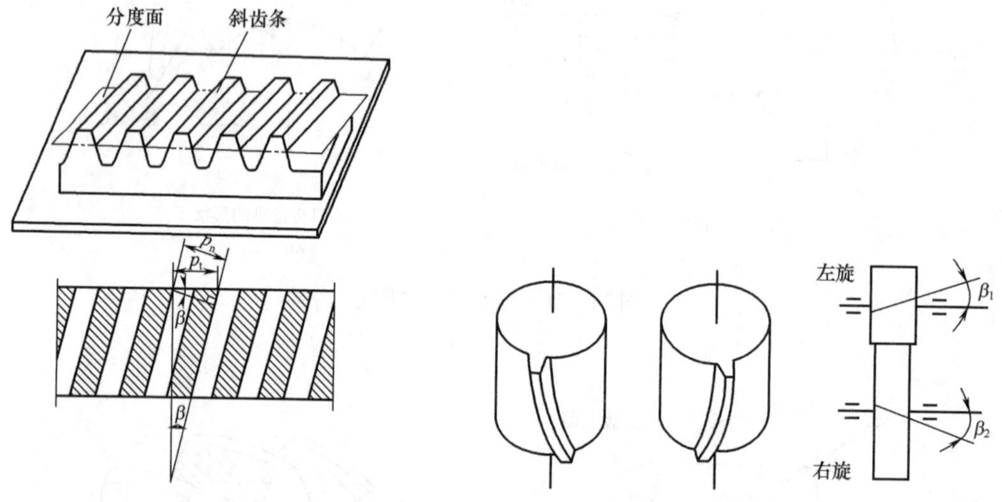

图 14－23　斜齿轮分度圆柱面展开图

图 14－24　螺旋线方向

斜齿轮的齿高无论从法向或从端面来看，都是相同的，顶隙也是相同的，即

$$\begin{cases} h_{at}^* = h_{an}^*\cos\beta \\ c_t^* = c_n^*\cos\beta \end{cases} \tag{14-21}$$

式中，h_{at}^*、c_t^* 和 h_{an}^*、c_n^* 分别是端面和法向的齿顶高系数和顶隙系数，其中法向参数为标准值，即 $h_{an}^* = 1, c_n^* = 0.25$。

斜齿圆柱齿轮在端面内的啮合相当于直齿轮的啮合。一对斜齿圆柱齿轮的正确啮合条件是两轮的法面压力角相等，法面模数相等，两轮螺旋角大小相等而方向相反，外啮合时旋向相反（“－”号），内啮合时旋向相同（“＋”号）。

标准斜齿轮的几何尺寸计算公式如表 14－9 所示。

表 14－9　标准斜齿圆柱齿轮传动的参数和几何尺寸计算

名　称	代　号	计　算　公　式
端面模数	m_t	$m_t = \frac{m_n}{\cos\beta}$，$m_n$ 为标准值
螺旋角	β	$\beta = 8° \sim 20°$
端面压力角	α_t	$\alpha_t = \arctan\frac{\tan\alpha_n}{\cos\beta}$，$\alpha_n$ 为标准值
分度圆直径	d_1，d_2	$d_1 = m_t z_1 = \frac{m_n z_1}{\cos\beta}$，$d_2 = m_t z_2 = \frac{m_n z_2}{\cos\beta}$

续表

名　称	代　号	计　算　公　式
齿顶高	h_a	$h_a = m_n$
齿根高	h_f	$h_f = 1.25m_n$
全齿高	h	$h = h_a + h_f = 2.25m_n$
顶隙	c	$c = h_f - h_a = 0.25m_n$
齿顶圆直径	d_{a_1}，d_{a_2}	$d_{a_1} = d_1 + 2h_a \qquad d_{a_2} = d_2 + 2h_a$
齿根圆直径	d_{f_1}，d_{f_2}	$d_{f_1} = d_1 - 2h_f \qquad d_{f_2} = d_2 - 2h_f$
中心距	a	$a = \frac{d_1 + d_2}{2} = \frac{m_t}{2}(z_1 + z_2) = \frac{m_n(z_1 + z_2)}{2\cos\beta}$

值得注意的是：对于标准斜齿轮不发生根切的最少齿数应为：

$$z_{\min} = \frac{2h_{an}^{*}\cos\beta}{\sin^{2}\alpha_{t}} \tag{14-22}$$

斜齿轮不发生根切的最少齿数要比直齿轮少，因此结构尺寸更加紧凑。

14.10.3　斜齿圆柱齿轮的受力分析

图 14－25 为斜齿圆柱齿轮传动的受力情况。作用在轮齿上的法向力 $\boldsymbol{F}_n$ 可分解为三个互相垂直的分力圆周力 $\boldsymbol{F}_t$、径向力 $\boldsymbol{F}_r$ 和轴向力 $\boldsymbol{F}_a$，其大小分别为

$$\left.\begin{aligned} \boldsymbol{F}_t &= \frac{2T_1}{d_1} \quad (\mathrm{N}) \\ \boldsymbol{F}_r &= \frac{\boldsymbol{F}_t\tan\alpha_n}{\cos\beta} \quad (\mathrm{N}) \\ \boldsymbol{F}_a &= \boldsymbol{F}_t\tan\beta \quad (\mathrm{N}) \end{aligned}\right. \tag{14-23}$$

式中　β——分度圆螺旋角；

α_n——法向压力角。

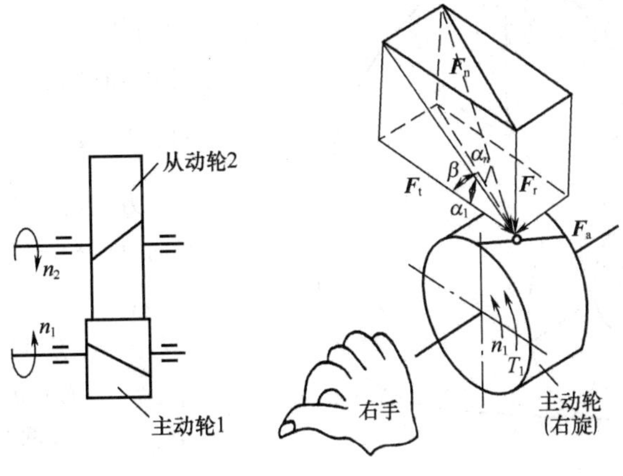

图 14－25　斜齿轮受力分析

圆周力 $\boldsymbol{F}_t$ 和径向力 $\boldsymbol{F}_r$ 的方向与直齿圆柱齿轮相同；轴向力 $\boldsymbol{F}_a$ 的方向取决于轮齿螺旋线的方向和齿轮的转动方向。确定主动轮的轴向力方向可利用左、右手定则，例如对于主动右旋齿轮，以右手四指弯曲方向表示它的旋转方向，则大拇指的指向表示它所受轴向力的方向。从动轮上所受各力的方向与主动轮相反，但大小相等。

斜齿轮传动设计可参阅机械设计手册。

14.11　圆锥齿轮传动

14.11.1　锥齿轮传动的特点和正确啮合

锥齿轮传动常用于传递两相交轴间的运动和动力。根据轮齿方向和分度圆母线方向的相互关系，可分为直齿、斜齿和曲线齿锥齿轮传动。本节仅介绍常用的轴交角为90°的直齿锥齿轮传动的基本知识。锥齿轮加工较为困难，不易获得高的精度，因此在传动中会产生较大的振动和噪声，所以直齿锥齿轮传动仅适合于 $v \leqslant 5\text{m/s}$ 的传动。

直齿锥齿轮的标准模数为大端模数，几何尺寸按大端计算。由于锥齿轮沿齿宽方向截面大小不等，引起载荷沿齿宽方向分布不均，其受力和强度计算都相当复杂。为了便于尺寸计算和测量，标准规定取大端参数为标准值，具体数值可参考相关设计手册。

直齿锥齿轮的正确啮合条件为：两锥齿轮的大端模数和压力角分别相等、等于标准值，且锥顶重合。

14.11.2　直齿圆锥齿轮传动的受力分析

由于直齿锥齿轮大、小端的齿形不同，轮齿的强度也不同。大端轮齿的强度高，小端轮齿的强度低，一般以齿宽中点处的当量直齿圆柱齿轮作为计算基础。通常近似地将法向力简化为作用于齿宽中点节线处的集中载荷，即作用在分度圆锥平均直径 d_{m_1} 处。如图14－26所示，作用在主动锥齿轮齿面上的法向力 $\boldsymbol{F}_n$，可以分解为三个互相垂直分力：圆周力 $\boldsymbol{F}_t$、径向力 $\boldsymbol{F}_r$ 和轴向力 $\boldsymbol{F}_a$。

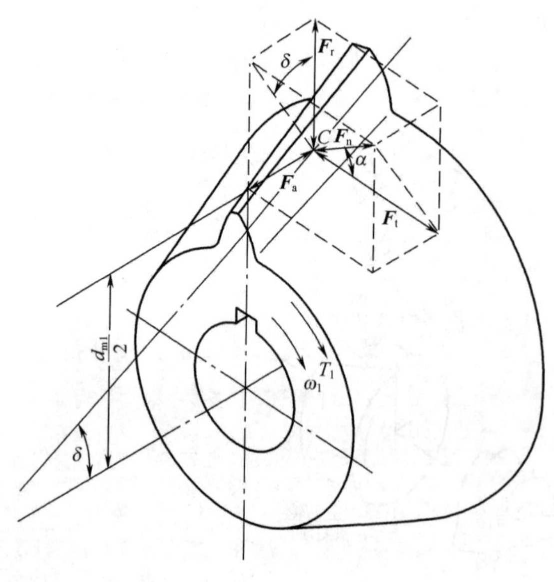

图14－26　直齿圆锥齿轮传动的受力分析

由图可知这三个分力的关系为

$$
\begin{aligned}
&\text{圆周力}\quad \boldsymbol{F}_t = \frac{2T_1}{d_{m1}} \quad (\text{N})\\
&\text{径向力}\quad \boldsymbol{F}_r = \boldsymbol{F}_t \tan\alpha\cos\delta \quad (\text{N})\\
&\text{轴向力}\quad F_a = F_t \tan\alpha\sin\delta \quad (\text{N})
\end{aligned}
\tag{14-24}
$$

式中　T_1——主动齿轮传递的转矩，N·m；

d_{m_1}——根据分度圆直径 d_1、锥距 R 和齿宽 b 确定，mm。

圆周力 $\boldsymbol{F}_t$ 和径向力 $\boldsymbol{F}_r$ 的方向判断与

直齿圆柱齿轮相同。轴向力 $\boldsymbol{F}_a$ 的方向对两个齿轮都是背着锥顶，沿轴线指向轮齿的大端。

直齿圆锥齿轮传动设计可参阅机械设计手册。

14.12　齿轮的结构设计

齿轮的结构设计主要包括选择适用的结构形式，依据经验公式确定齿轮的轮毂、轮辐、轮缘等各部分的尺寸及绘制齿轮的零件工作图等。

（1）齿轮轴

当圆柱齿轮的齿根圆至键槽底部的距离 $x \leqslant (2 \sim 2.5)m_n$，或当圆锥齿轮小端的齿根圆至键槽底部的距离 $x \leqslant 1.6m$ 时，应将齿轮与轴制成一体，称为齿轮轴，如图 14－27 所示。

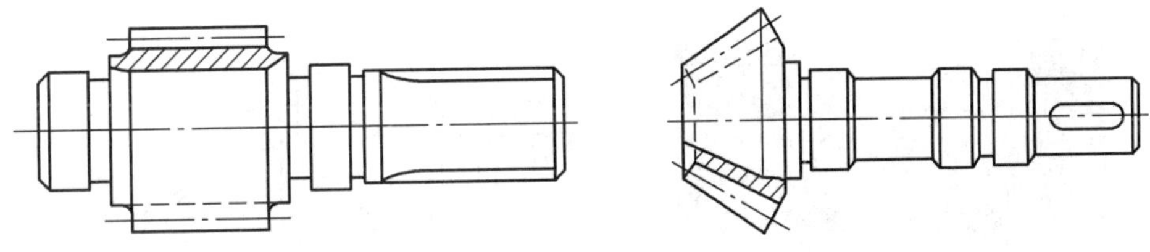

图 14－27　齿轮轴

（2）实心式齿轮

当齿轮的齿顶圆直径 $d_a \leqslant 200$mm 时，可采用实体式结构，这种结构型式的齿轮常用锻钢制造，如图 14－28 所示。

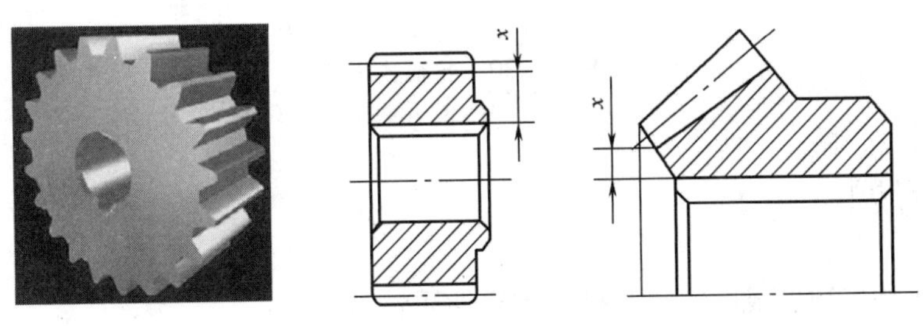

图 14－28　实心式齿轮

（3）腹板式齿轮

当齿轮的齿顶圆 $d_a = 200 \sim 500$mm 时，可采用腹板式结构，如图 14－29 所示。这种结构的齿轮一般多用锻钢制造，其各部分尺寸由公式确定。具体可查阅机械设计手册。

（4）轮辐式齿轮

当齿轮的齿顶直径 $d_a > 500$mm 时，可采用轮辐式结构，如图 14－30 所示。这种结构的齿轮常采用铸钢或铸铁制造，其各部分尺寸按公式确定。

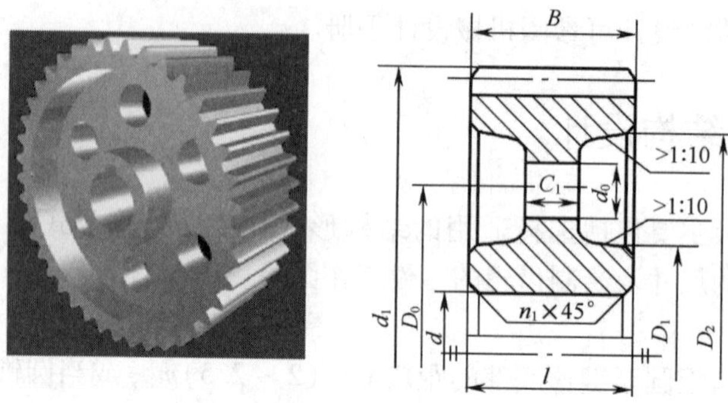

图 14－29 腹板式齿轮

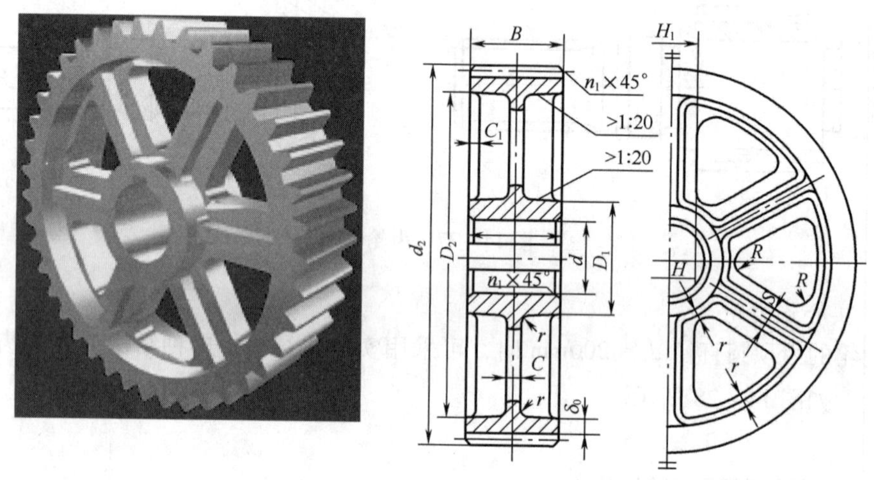

图 14－30 轮辐式齿轮

思考题与习题

1. 渐开线是怎样形成的？它有哪些重要性质？

2. 节圆和分度圆有何区别？压力角和啮合角有何区别？在什么条件下节圆与分度圆重合以及啮合角与分度圆压力角相等？

3. 什么是渐开线齿轮传动的可分离性？如令一对标准齿轮的中心距略大于标准中心距，能不能传动？有什么不良影响？

4. 渐开线齿轮正确啮合的条件是什么？满足正确啮合条件的一对齿轮是否一定能连续传动？

5. 试述一对斜齿圆柱齿轮的正确啮合条件。与直齿轮比较，斜齿轮传动有哪些优缺点？

6. 什么叫标准齿轮？什么叫标准安装？什么叫标准中心距？

7. 渐开线齿轮的齿廓形状与什么因素有关？一对互相啮合的渐开线齿轮，若其齿数不同，齿轮渐开线形状有什么不同？若模数不同，但分度圆及压力角相同，齿廓的渐开线形状是否相同？若模数、齿数不变，而改变压力角，则齿廓渐开线的形状是否相同？

8. 渐开线齿轮的几何尺寸中共有几个圆？哪些圆可直接测量？哪些圆不能直接测量？

9. 齿轮传动的主要失效形式有哪些？开式、闭式齿轮传动的失效形式有什么不同？设计准则通常是按哪些失效形式制定的？

10. 一对钢制（45 钢调质，硬度为 HBS280）标准齿轮和一对铸铁齿轮（HT300，硬度为 HBS230），两对齿轮的尺寸、参数及传递载荷相同。试问哪对齿轮所受的接触应力大？哪对齿轮的接触疲劳强度高？为什么？

11. 为什么设计齿轮时所选齿宽系数 ψ_d 既不能太大，又不能太小？

12. 在二级圆柱齿轮传动中，如其中一级为斜齿圆柱齿轮传动，另一级为直齿锥齿轮传动。试问斜齿轮传动应布置在高速级还是低速级？为什么？

13. 有一标准直齿圆柱齿轮传动，齿轮 1 和齿轮 2 的齿数分别为 z_1 和 z_2，且 $z_1 < z_2$。若两齿轮的许用接触应力相同，问两齿轮的接触强度是否相等？

14. 选择与填空

（1）一对标准渐开线圆柱齿轮要正确啮合时，它们的（　　）必须相等。

A. 直径　　B. 模数　　C. 齿宽　　D. 齿数

（2）高速重载齿轮传动，当润滑不良时，最可能出现的失效形式是（　　）。

A. 齿面胶合　　B. 齿面疲劳点蚀　　C. 齿面磨损　　D. 轮齿疲劳折断

（3）渐开线标准齿轮是指 m、α、$\hbar_a^*$、C^* 均为标准值，且分度圆齿厚（　　）齿槽宽的齿轮。

A. 小于　　B. 大于　　C. 等于　　D. 小于且等于

（4）斜齿圆柱齿轮的标准模数和标准压力角在（　　）上。

A. 端面　　B. 轴面　　C. 主平面　　D. 法面

（5）一对标准渐开线齿轮啮合传动，若两轮中心距稍有变化，则（　　）。

A. 两轮的角速度将变大一些　　B. 两轮的角速度将变小一些

C. 两轮的角速度将不变

（6）一对圆柱齿轮传动，小齿轮分度圆直径 $d_1 = 50\text{mm}$、齿宽 $b_1 = 55\text{mm}$，大齿轮分度圆直径 $d_2 = 90\text{mm}$、齿宽 $b_2 = 50\text{mm}$，则齿宽系数 $\psi_d =$（　　）。

A. 1.1　　B. 5/9　　C. 1　　D. 1.3

（7）渐开线直齿圆柱齿轮的基本参数有五个，即（　　）、（　　）、（　　）、齿顶高系数和径向间隙系数。

（8）渐开线上各点的压力角（　　），离基圆越远，压力角（　　），基圆上的压力角等于（　　）。

（9）如果分度圆上的压力角等于（　　），模数取的是（　　）值，齿厚和齿间宽度（　　）的齿轮，就称为标准齿轮。

（10）标准斜齿轮的正确啮合条件是：两齿轮的（　　）模数和（　　）都相等，轮齿的（　　）角相等而旋向（　　）。

（11）圆锥齿轮的正确啮合条件是：两齿轮的（　　）模数和（　　）要相等。

15. 已知一对外啮合正常齿制标准直齿圆柱齿轮 $m = 3\text{mm}$，$z_1 = 19$，$z_2 = 41$，试计算这对齿轮的分度圆直径、齿顶高、顶隙、中心距、齿顶圆直径、齿根圆直径、基圆直径、齿距、齿厚。

16. 已知一对标准安装的外啮合渐开线标准直齿圆柱齿轮的中心距 $a=360$mm，传动比 $i_{12}=3$，两轮模数 $m=10$mm，且均为正常齿制。试求：两轮齿数，分度圆直径、齿顶圆直径和齿根圆直径、齿厚和齿槽宽。

17. 图示为二级斜齿圆柱齿轮减速器。试确定：(1) 为使轴Ⅱ所受的轴向力最小，齿轮 3 应选取的螺旋线方向，并在图（b）上标出齿轮 2 和齿轮 3 的螺旋线方向；(2) 在图（b）上标出齿轮 2、3 所受各分力的方向。

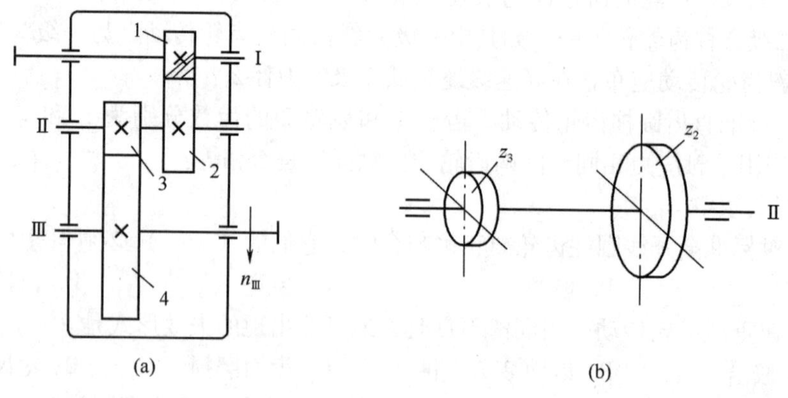

题 14－17 图

第 15 章　蜗杆传动

15.1　蜗杆传动的特点和类型

蜗杆传动机构主要由蜗杆和蜗轮组成（图 15－1），蜗杆传动用于传递空间交错成 90°的两轴之间的运动和动力，通常蜗杆为主动件。与齿轮传动比较，蜗杆传动具有传动比大、结构紧凑、运转平稳、噪声较小，并具有自锁性能等优点。但蜗杆传动效率低，发热量大，齿面易磨损，成本较高，因此广泛应用于各种机器和仪器中，常用作减速；仅有少数机械，如离心机，内燃机增压器等，蜗轮为主动件，作为增速装置。蜗杆蜗轮传动除用于传递运动和动力外，还常用作一些印刷机械、印后加工等机械的调节装置。

图 15－1　蜗杆传动

蜗杆有右旋和左旋之分，分别称为右旋蜗杆和左旋蜗杆。蜗杆上只有一条螺旋线的称为单头蜗杆，即蜗杆转一周，蜗轮转过一个齿，若蜗杆上有两条螺旋线，则称为双头蜗杆。蜗杆头数用 z_1 表示，蜗轮齿数用 z_2 表示。

蜗杆传动的类型（图 15－2），按蜗杆形式分为：圆柱蜗杆（常用）、环面蜗杆、锥蜗杆三种。圆柱蜗杆制造简单，是机械中应用最多的。根据蜗杆螺旋面的形状，普通圆柱蜗杆可分为阿基米德蜗杆、渐开线蜗杆、延伸渐开线蜗杆及法面直廓蜗杆四种。阿基米德蜗杆容易加工制造，应用广泛，本章主要讨论这种蜗杆传动。

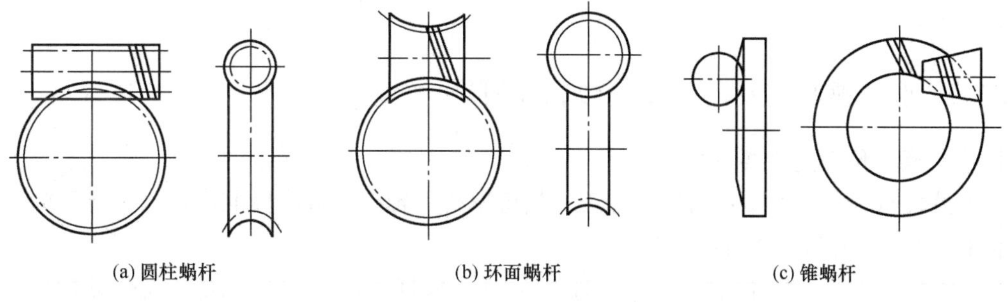

(a) 圆柱蜗杆　(b) 环面蜗杆　(c) 锥蜗杆

图 15－2　蜗杆传动的类型

15.2 圆柱蜗杆传动的主要参数和几何尺寸

15.2.1 蜗杆传动的正确啮合条件

如图 15 -3 所示，通过蜗杆轴线并与蜗轮轴线垂直的平面，称为中间平面。在中间平面内阿基米德蜗杆具有渐开线齿条的齿廓，其两侧边的夹角为 $2\alpha_{x_1}=40°$，与蜗杆啮合的蜗轮齿廓可认为是渐开线，压力角等于 20°。中间平面内的参数，对于蜗杆来说是轴面；对于蜗轮则是端面。所以在中间平面内蜗轮与蜗杆的啮合传动相当于渐开线齿条与齿轮的啮合传动，可得蜗杆传动的正确啮合条件是：在中间平面内，蜗杆的轴向模数与蜗轮的端面模数相等；蜗杆的轴向压力角与蜗轮的端面压力角相等；两轴线交错角为 90°时，蜗杆分度圆柱上的导程角 γ 应等于蜗轮分度圆柱上的螺旋角 β，且两者的旋向相同。即

$$\left.\begin{aligned} m_{x_1} &= m_{t_2} = m \\ \alpha_{x_1} &= \alpha_{t_2} = \alpha \\ \gamma &= \beta \end{aligned}\right\} \tag{15-1}$$

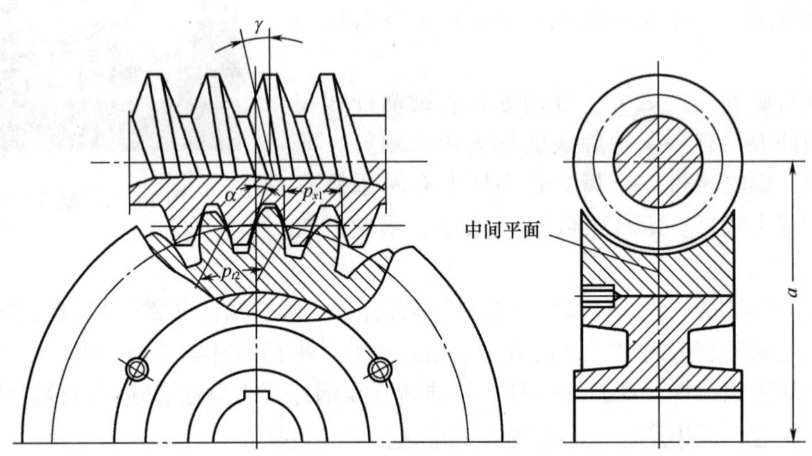

图 15 -3　普通圆柱蜗杆传动

15.2.2 圆柱蜗杆传动的主要参数和几何尺寸

（1）蜗杆传动的主要参数

①模数 m 和压力角 α：为便于加工，规定蜗杆的轴向模数为标准模数，标准模数系列见表 15 -1。压力角标准值为 20°。

②蜗杆头数 z_1、蜗轮齿数 z_2 和传动比 i：选择蜗杆头数 z_1时，主要考虑传动比、效率及加工等因素。较少的蜗杆头数（如单头蜗杆）可以实现较大的传动比，但传动效率较低；蜗杆头数越多，传动效率越高，但蜗杆头数过多时不易加工。通常蜗杆头数取为 1、2、4、6。

表 15－1　　圆柱蜗杆的基本尺寸和参数

m/mm	d_1/mm	z_1	q	m^2d_1/mm^3	m/mm	d_1/mm	z_1	q	m^2d_1/mm^3
1	18	1	18.000	18	6.3	50	1，2，4	7.936	1984
						63	1，2，4，6	10.000	2500
1.25	20	1	16.000	31		80	1，2，4	12.698	3175
	22.4	1	17.900	35		112	1	17.798	4445
					8	63	1，2，4	7.875	4032
1.6	20	1，2，4	12.500	51.2		80	1，2，4，6	10.000	5120
	28	1	17.500	72		100	1，2，4	12.500	6400
						140	1	17.500	8960
2	18	1，2，4	9.000	72	10	71	1，2，4	7.100	7100
	22.4	1，2，4	11.2	89.2		90	1，2，4，6	9.000	9000
	28	1，2，4	14.00	112		112	1	11.200	11200
	35.5	1	17.750	142		160	1	16.000	16000
2.5	20	1，2，4	8.000	125	12.5	90	1，2，4	7.200	14062
	25	1，2，4，6	10.000	156		112	1，2，4	8.960	17500
	31.5	1，2，4	12.6000	197		140	1，2，4	11.200	21875
	45	1	18.000	281		200	1	16.000	31250
3.15	25	1，2，4	7.937	248	16	112	1，2，4	7.000	28672
	31.5	1，2，4，6	10.000	313		140	1，2，4	8.750	35840
	40	1，2，4	12.500	396		180	1，2，4	11.250	46080
	56	1	17.778	556		250	1	15.625	64000
4	31.5	1，2，4	7.875	504	20	140	1，2，4	7.000	56000
	40	1，2，4，6	10.000	640		160	1，2，4	8.000	64000
	50	1，2，4	12.500	800		224	1，2，4	11.200	89600
	71	1	17.750	1136		315	1	15.750	126000
5	40	1，2，4	8.000	1000	25	180	1，2，4	7.200	11250
	50	1，2，4，6	10.000	1250		200	1，2，4	8.000	125000
	63	1，2，4	12.600	1575		280	1，2，4	11.200	175000
	90	1	18.000	2250		400	1	16.000	250000

注：本表取材于 GB/T 10085—1988，本表所得的 d_1 数值为国际规定的优先使用值。

若要得到大的传动比且要求自锁时，可取 $z_1=1$；当传递功率较大时，为提高传动效率，可采用多头蜗杆，一般取 $z_1=2$ 或 4。

蜗轮齿数主要取决于传动比，即 $z_2=iz_1$。z_2不宜太小（如 $z_2<28$），否则将使传动平稳性变差。z_2也不宜太大，否则在模数一定时，蜗轮直径增大，将使相啮合的蜗杆支承间距加大，蜗杆的弯曲刚度会降低。

对于蜗杆为主动件的蜗杆传动，其传动比为：

$$i=\frac{n_1}{n_2}=\frac{z_2}{z_1}=\frac{d_2}{d_1\tan\gamma} \tag{15-2}$$

式中 n_1——蜗杆的转速，r/min；

n_2——蜗轮的转速，r/min；

z_1、z_2——蜗杆头数和蜗轮齿数。

③蜗杆导程角 γ：将蜗杆分度圆上的螺旋线展开，如图 15－4 所示，则蜗杆的导程角 γ 为

$$\tan\gamma=\frac{z_1p_{x_1}}{\pi d_1}=\frac{z_1\pi m}{\pi d_1}=\frac{z_1m}{d_1}=\frac{z_1}{q} \tag{15-3}$$

蜗杆直径 d_1 越小，导程角 γ 越大，则传动效率越高，但加工困难；蜗杆导程角小时，传动效率低，当 $\gamma<\rho_v$ 时（ρ_v 为当量摩擦角，$\rho_v=\arctan f_v$），蜗杆传动具有自锁性能。

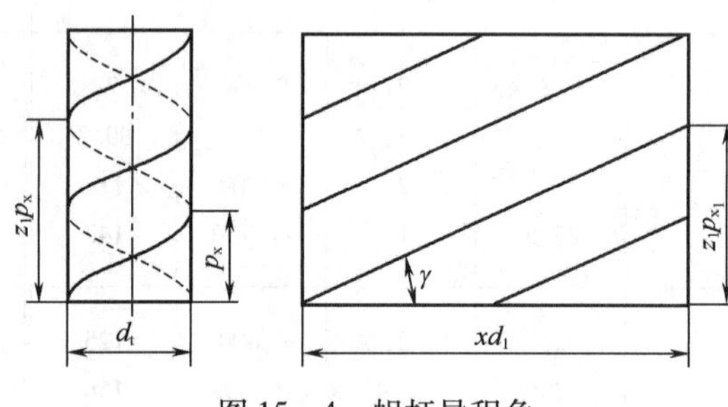

图 15－4　蜗杆导程角

④蜗杆分度圆直径 d_1、蜗杆直径系数 q：由于蜗轮是用与蜗杆尺寸相同的蜗轮滚刀配对加工而成的，为了限制滚刀的数目，国家标准对每一标准模数规定了若干数目的标准蜗杆分度圆直径 d_1。直径 d_1 与模数 m 的比值称为蜗杆的直径系数 q。

$$q=\frac{d_1}{m}=\frac{z_1}{\tan\gamma} \tag{15-4}$$

⑤中心距 a：标准蜗杆传动的中心距为：

$$a=\frac{1}{2}(d_1+d_2)=\frac{m}{2}(q+z_2) \tag{15-5}$$

（2）蜗杆传动的几何尺寸

设计蜗杆传动时，一般是先根据传动的功用和传动比的要求，选择蜗杆头数 z_1 和蜗轮齿数 z_2，然后再根据强度条件计算模数 m 和蜗杆分度圆直径 d_1。上述主要参数确定后，按表 15－2 计算蜗杆、蜗轮的几何尺寸。

表 15－2　　普通圆柱蜗杆传动的几何尺寸计算公式

名称	计算公式	
	蜗杆	蜗轮
分度圆直径 d	$d_1=mq$	$d_2=mz_2$
齿顶高 h_a	$h_a=m$	$h_a=m$
齿根高 h_f	$h_f=1.2m$	$h_f=1.2m$
顶圆直径	$d_{a_1}=m(q+2)$	$d_{a_1}=m(z_2+2)$
根圆直径	$d_{f_1}=m(q-2.4)$	$d_{f_2}=m(z_2-2.4)$
径向间隙	$c=0.2m$	
中心距 a	$a=0.5m(q+z_2)$	
蜗杆轴向齿距，蜗轮端面齿距	$p_{a_1}=p_{t_2}=\pi m$	

15.3　蜗杆传动的失效形式和材料

15.3.1　齿面间滑动速度

如图 15-5 所示，蜗杆蜗轮齿面间相对滑动速度 v_s 方向沿轮齿齿向。其大小为：

$$v_s = \frac{v_1}{\cos\gamma} = \frac{\pi d_1 n_1}{60 \times 1000\cos\gamma}(\mathrm{m/s}) > v_1 \qquad (15-6)$$

较大的 v_s 会引起齿面磨损和胶合，如润滑条件良好（形成油膜条件）较大的 v_s 则有助于形成润滑油膜，减少摩擦、磨损，提高传动效率。

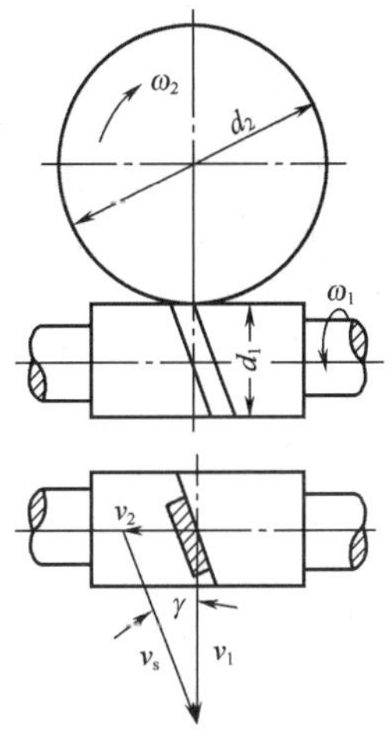

图 15-5　蜗杆传动和滑动速度

15.3.2　蜗杆传动的失效形式和设计准则

在蜗杆传动中，由于材料和结构上的原因，蜗杆螺旋部分的强度总是高于蜗轮轮齿强度，所以失效常发生在蜗轮轮齿上。由于蜗杆传动中的相对速度较大，效率低，发热量大，所以蜗杆传动的主要失效形式是蜗轮齿面胶合、点蚀及磨损。

目前对于胶合和磨损，还没有完善的计算方法，故只能参照圆柱齿轮进行齿面及齿根强度的计算，而在选择许用应力时，适当考虑胶合与磨损失效的影响。对闭式蜗杆传动，通常是先按齿面接触疲劳强度设计，再按齿根弯曲强度进行校核；对于开式蜗杆传动，则通常只需按齿根弯曲疲劳强度进行设计计算。此外，闭式蜗杆传动轮齿间有较大的滑动，发热大，散热困难，可能引起润滑失效而导致齿面胶合，故对闭式蜗杆传动还要进行热平衡计算。

15.3.3　蜗杆和蜗轮材料

蜗杆一般采用碳钢或合金钢制造。对于高速重载常用 15Cr、20Cr、12CrNiA、18CrMnTi 经齿面渗碳淬火处理，硬度达 HRC58~63；或者采用 40、45 钢或 40Cr，经表面淬火处理，硬度达 HRC45~55；一般不太重要的蜗杆，可采用 40 或 45 钢，经调质处理，硬度达 HBS220~300。

蜗轮材料不同于齿轮和蜗杆的材料，蜗轮一般采用青铜或铸铁制造。对于 $v_s \geq 6\mathrm{m/s}$ 的重要传动，可采用减摩性好，抗胶合性好，价贵，强度稍低的铸造锡青铜（ZCuSn10P1，ZCuSn5P65Zn5）；对于 $v_s \leq 6\mathrm{m/s}$，可采用减摩性、抗胶合性稍差，但强度高，价廉的铸造铝铁青铜（ZCuAl10Fe3）；对于 $v_s \leq 2\mathrm{m/s}$，可采用灰口铸铁（HT150、HT200）、球墨铸铁等。

15.4 蜗杆传动的受力分析、效率和散热方法

15.4.1 蜗杆传动的受力分析

蜗杆传动的受力分析与斜齿圆柱齿轮相似，为简化计算忽略摩擦力的影响，齿面间相互作用的法向力 $\boldsymbol{F}_n$ 可分解为三个相互垂直的分力：圆周力 $\boldsymbol{F}_t$、径向力 $\boldsymbol{F}_r$ 和轴向力 $\boldsymbol{F}_a$，如图 15－6 所示。但由于蜗杆传动的摩擦磨损严重，功率损失较多，所以在计算受力时，效率是不容忽视的。

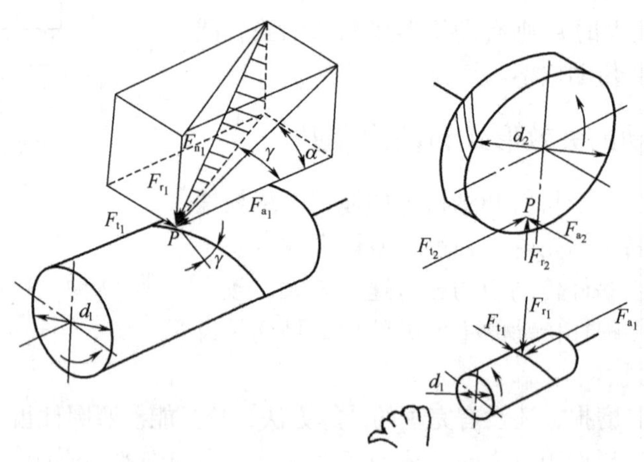

图 15－6　蜗杆传动的受力分析

由于蜗杆轴与蜗轮轴交错成 90°角，所以蜗杆圆周力 $\boldsymbol{F}_{t_1}$ 等于蜗轮轴向力 $\boldsymbol{F}_{a_2}$，蜗杆轴向力 $\boldsymbol{F}_{a_1}$ 等于蜗轮圆周力 $\boldsymbol{F}_{t_2}$，蜗杆径向力 $\boldsymbol{F}_{r_1}$ 等于蜗轮径向力 $\boldsymbol{F}_{r_2}$。蜗杆，蜗轮所受各分力大小和相互关系如下：

$$\boldsymbol{F}_{t_1} = -\boldsymbol{F}_{a_2} = \frac{2T_1}{d_1}$$

$$\boldsymbol{F}_{t_2} = -\boldsymbol{F}_{a_1} = \frac{2T_2}{d_2}$$

$$\boldsymbol{F}_{r_1} = -\boldsymbol{F}_{r_2} = \boldsymbol{F}_{t_2}\tan\alpha \tag{15-7}$$

式中　T_1、T_2——作用于蜗杆和蜗轮上的转矩，N·m，$T_2 = T_1 \cdot i \cdot \eta$，

η——蜗杆传动效率；

d_1、d_2——蜗杆和蜗轮的节圆直径，m。

蜗杆、蜗轮上各分力方向的判定方法如下：圆周力方向对主动蜗杆，与其运动方向相反；对从动蜗轮，与其运动方向相同；径向力各自指向轮心；而蜗杆轴向力的方向则与蜗杆转向和螺旋线旋向有关。用主动轮的左（右）手定则来判定比较方便：右旋蜗杆用右手，左旋蜗杆用左手，四指顺着蜗杆转动方向，拇指伸直所指方向即为蜗杆轴向力 $\boldsymbol{F}_{a_1}$ 的方向。蜗杆轴向力 $\boldsymbol{F}_{a_1}$ 的反方向即蜗轮的圆周力 $\boldsymbol{F}_{t_2}$ 的方向。

例 15－1：如图 15－7 所示蜗轮传动中，已知蜗杆的转向，试判断蜗轮的转向及蜗杆

与蜗轮的螺旋角方向，并以箭头表示（图解如图 15－8 所示）。

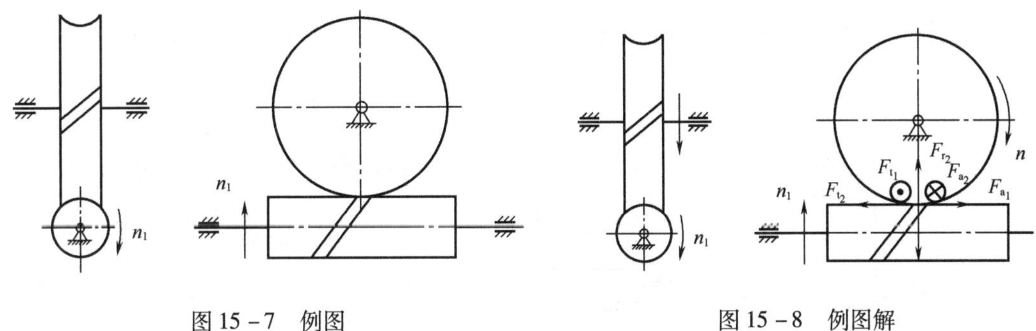

图 15－7　例图　　　　图 15－8　例图解

15.4.2　蜗杆传动的效率、润滑和散热方法

（1）蜗杆传动的效率

闭式蜗杆传动一般有三方面的功率损失：啮合摩擦损失、轴承摩擦损失和搅油损失。因此，蜗杆传动的效率

$$\eta = (0.95 \sim 0.97)\frac{\tan\gamma}{\tan(\gamma + \rho_v)} \tag{15-8}$$

式中　γ——蜗杆导程角；

ρ_v——当量摩擦角，可查设计手册。

η 值与蜗杆导程角 γ 密切相关，η 值随 γ 的增加而增大。提高蜗杆转速也可提高效率，故在多级传动中，常将蜗杆传动布置在高速级。设计时，蜗杆传动的效率可估取为：

闭式传动：$z_1 = 1$　　$\eta = 0.65 \sim 0.75$

$z_1 = 2$　　$\eta = 0.75 \sim 0.82$

$z_1 = 4$，6　$\eta = 0.82 \sim 0.92$

自锁时　　$\eta < 0.5$

开式传动：$z_1 = 1$，2　　$\eta = 0.60 \sim 0.70$

（2）蜗杆传动的润滑

蜗杆传动一般用油润滑。润滑方式有油浴润滑和喷油润滑两种。一般 $v_s < 10$m/s 的中、低速蜗杆传动，大多采用油浴润滑；$v_s > 10$m/s 的高速蜗杆传动，采用喷油润滑，这时仍应使蜗杆或蜗轮少量浸油。

蜗杆传动要求润滑油具有较高的黏度、良好的油性，且含有抗压和减摩、耐磨性好的添加剂，对于一般蜗杆传动，可采用极压齿轮油；对于大功率重要蜗杆传动，应采用专用蜗轮蜗杆油。

（3）散热方法

由于蜗杆传动效率较低，工作时发热量大，若散热不良，将使减速器内部温升过高，润滑油变稀，润滑性能下降，导致齿面胶合。所以，对闭式连续运转的蜗杆传动要进行热平衡计算。相关的计算可参看相应的设计手册和参考书。

如果通过计算，油的温升过高，可采取如下散热措施：

①箱体上设散热片，以增加散热面积。

②蜗杆轴端加装风扇，如图 15－9（a）所示。

③在箱内设置冷却水管，利用循环水冷却，可带走部分热量，如图 15－9（b）所示。

④采用压力喷油循环润滑，既可润滑又可达到冷却的作用，如图 15－9（c）所示。

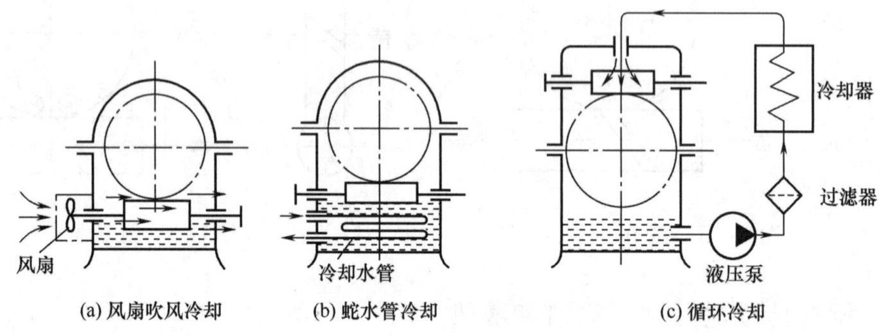

图 15－9　冷却方法

15.5　蜗杆、蜗轮的结构

15.5.1　蜗杆结构

蜗杆绝大多数和轴制成一体，称为蜗杆轴，除螺旋部分的结构尺寸取决于蜗杆的几何尺寸外，其余的结构尺寸可参考轴的结构尺寸而定。蜗杆既可以铣削加工，也可以车削加工，图 15－10（a）为铣制蜗杆，在轴上直接铣出螺旋部分，刚性较好。图 15－10（b）为车制蜗杆，刚性稍差。

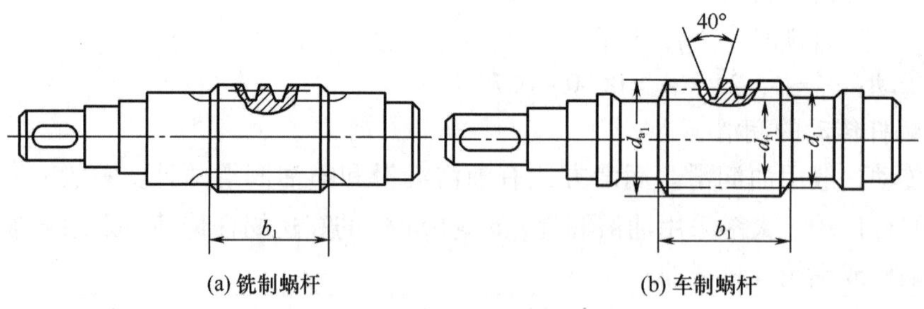

图 15－10　蜗杆结构

15.5.2　蜗轮结构

蜗轮的结构有整体式和组合式两类。铸铁蜗轮或直径小于 100mm 的青铜蜗轮制成整体式，如图 15－11（a）所示。为了节省有色金属、降低材料成本，对于尺寸较大的青铜蜗轮一般制成组合式结构，齿圈用青铜，而轮芯用价格较低的铸铁或钢制造。齿圈与轮芯的连接方式有以下三种：

①压配式：齿圈和轮芯用过盈配合连接，配合面处制有定位凸肩。为使连接更可靠，

可加装 4 ~6 个螺钉，拧紧后切去螺钉头部。由于青铜较软，为避免将孔钻偏，应将螺孔中心线向较硬的轮芯偏移 2 ~3mm。这种结构多用于尺寸不大或工作温度变化较小的场合，如图 15 －11（b）所示。

②螺栓连接式：蜗轮齿圈和轮芯常用铰制孔用螺栓连接，定位面采用过盈配合，螺栓与孔采用过渡配合。齿圈和轮芯的螺栓孔要一起铰制。螺栓数目由剪切强度确定。这种连接方式装拆方便，常用于尺寸较大或磨损后需要更换齿圈的蜗轮，如图 15 －11（c）所示。

③组合浇注式：在轮芯上预制出榫槽，浇注上青铜轮缘并切齿。该结构适于大批生产，如图 15 －11（d）所示。

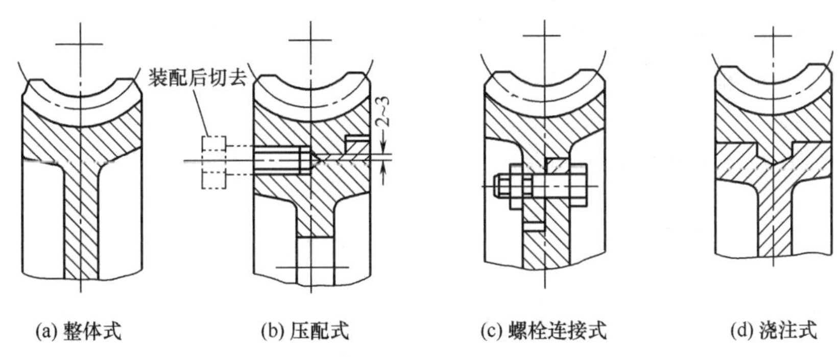

图 15 －11　蜗轮的结构

思考题与习题

1. 蜗杆传动有哪些基本特点?
2. 蜗杆传动以哪一个平面内的参数和尺寸为标准？这样做有什么好处?
3. 阿基米德蜗杆与蜗轮正确啮合条件是什么?
4. 蜗杆传动的传动比是否等于蜗轮与蜗杆的节圆直径之比?
5. 与齿轮传动相比，蜗杆传动的失效形式有何特点？为什么?
6. 蜗杆传动的设计计算中有哪些主要参数？如何选择这些参数？为何规定蜗杆分度圆直径 d_1为标准值?
7. 蜗轮常用什么材料?
8. 选择与填空

（1）与齿轮传动相比，（　　）不能作为蜗杆传动的优点。

A. 传动平稳、噪声小　　B. 传动比可以较大　　C. 可产生自锁　　D. 传动效率高

（2）蜗杆直径系数 q ＝（　　）。

A. $q = d_1/m$　　B. $q = md_1$　　C. $q = a/d_1$　　D. $q = a/m$

（3）蜗杆直径 d_1的标准化，是为了（　　）。

A. 有利于测量　　B. 有利于蜗杆加工

C. 有利于实现自锁　　D. 有利于蜗轮滚刀的标准化

（4）阿基米德蜗杆和蜗轮在中间平面相当于（　　）与（　　）相啮合。因此蜗杆的（　　）模数应与蜗轮的（　　）模数相等。

（5）蜗杆的标准模数是（　　）模数，其分度圆直径 d_1 =（　　）；蜗轮的标准模数是（　　）模数，其分度圆直径 d_2 =（　　）。

（6）有一普通圆柱蜗杆传动，已知蜗杆头数 $z_1=2$，蜗杆直径系数 $q=8$，蜗轮齿数 $z_2=37$，模数 $m=8\text{mm}$，则蜗杆分度圆直径 d_1 =（　　）mm；蜗轮分度圆直径 d_2 =（　　）mm；传动中心距 a =（　　）mm；传动比 i =（　　）；蜗轮分度圆上螺旋角 β_2 =（　　）。

9. 有一标准蜗杆传动，已知模数 $m=6.3\text{mm}$，传动比 $i=25$，蜗杆分度圆直径 $d_1=63\text{mm}$，头数 $z_1=2$，试计算蜗杆传动的主要几何尺寸及蜗轮的螺旋角 β。

10. 图示为蜗杆传动和圆锥齿轮传动的组合。已知输出轴上的锥齿轮 z_4 的转向 n。

（1）欲使中间轴上的轴向力能部分抵消，试确定蜗杆传动的螺旋线方向和蜗杆的转向。

（2）在图中标出各轮轴向力的方向。

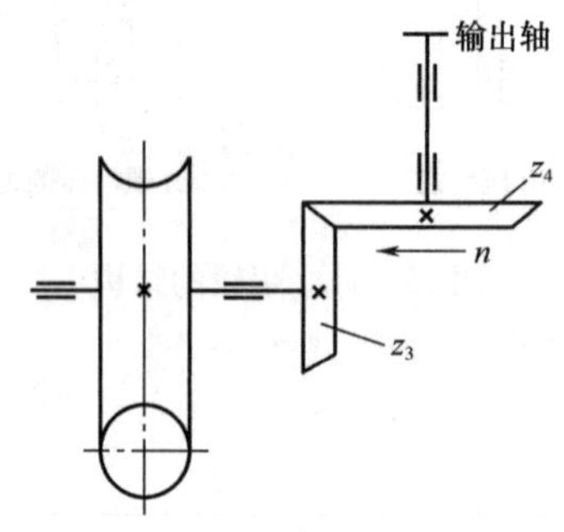

题 15－10 图

11. 已知 $z_1=2$，$z_2=41$，$m=8\text{mm}$，$d_1=80\text{mm}$，$P=7.5\text{kW}$，$n_1=14400\text{r/min}$，$\mu_v=0.08$。

求：（1）蜗杆分度圆的导程角；（2）蜗杆是否自锁？（3）蜗杆传动的效率 η；（4）蜗轮所受轴向力、径向力和圆周力的大小、方向。

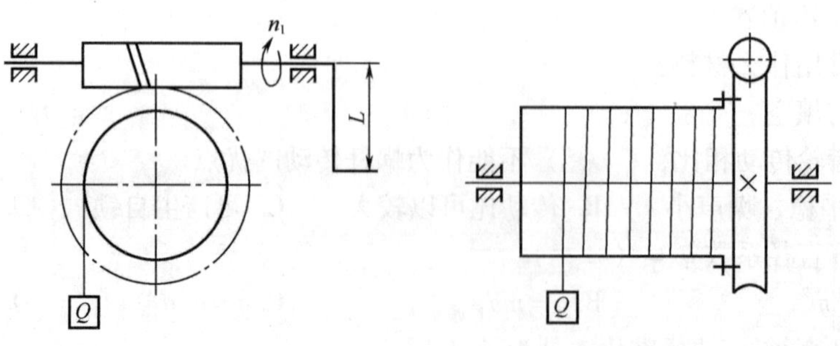

题 15－11 图

第 16 章　轮系及减速器

由一对齿轮组成的传动系统通常不能满足现代机械的多种不同要求，实际应用中，通常是要将若干个齿轮组合在一起来实现运动和动力的传递。这种由一系列相互啮合的齿轮所组成的传动系统称为轮系。一对齿轮的啮合传动是最简单的轮系，轮系可由齿轮传动和蜗杆蜗轮传动组成，在实际工程中的应用非常广泛。

本章主要讨论轮系的应用和轮系传动比的计算，并对减速器作简要介绍。

16.1　轮系的分类及应用

16.1.1　轮系的分类

轮系通常按两种方法分类：一是根据轮系运转时各齿轮的轴线在空间的相对位置是否都固定，可将轮系分为定轴轮系和周转轮系两大类，是主要的分类方法；二是根据组成轮系的各齿轮轴线是否都互相平行，可将轮系分为平面轮系和空间轮系两种。

（1）定轴轮系

轮系运转时，各齿轮的轴线位置均固定不动的轮系称为定轴轮系，如图 16－1 所示。

（2）周转轮系

轮系运转时，至少有一个齿轮的轴线位置不固定的轮系称为周转轮系，如图 16－2 所示。

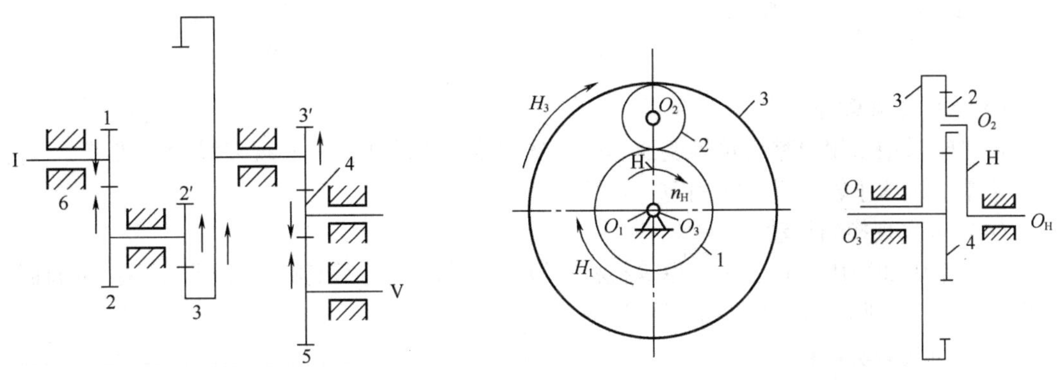

图 16－1　定轴轮系

1、2、3、4、5、6—齿轮

图 16－2　周转轮系

1、2、3、4—齿轮　H—行星架（系杆）

组成轮系的各齿轮轴线都是互相平行的，且在同一平面内，则称为平面轮系，如图 16－1 所示；组成轮系的各齿轮的轴线不是互相平行的，则称为空间轮系，如图 16－3 所示。

16.1.2 轮系的应用

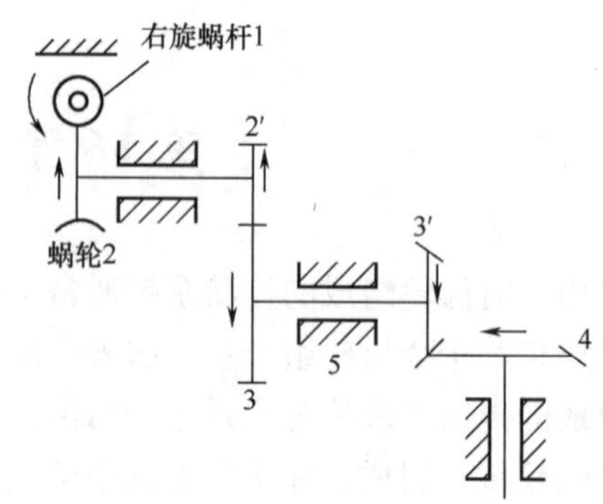

图 16-3 空间定轴轮系
1—蜗杆 2—蜗轮 3，4—齿轮 5—机架

轮系非常广泛地应用在各种机械中。其主要作用有如下几种。

（1）可获得很大的传动比

仅用一对齿轮传动，受结构的限制，传动比不能过大（一般 $i=3\sim5$，$i_{max}\leqslant8$）。当两轴间需要较大的传动比时，应采用轮系传动（如图 16-4 中实线所示）。特别是采用周转轮系，能在结构紧凑的情况下得到很大的传动比。

（2）可作较远距离的传动

当两轴中心距较大时，如用一对齿轮传动，则两齿轮的尺寸必然很大，不仅浪费材料，而且传动机构庞大，如采用轮系作传动系统，则可使其结构紧凑，并能进行远距离传动，如图 16-5 所示。

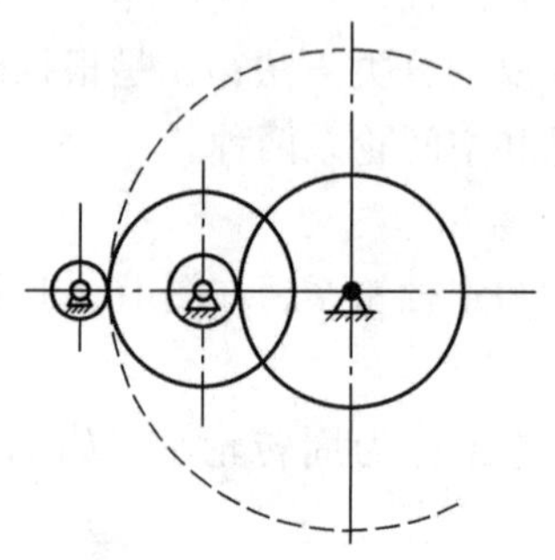
图 16-4 获得大的传动比

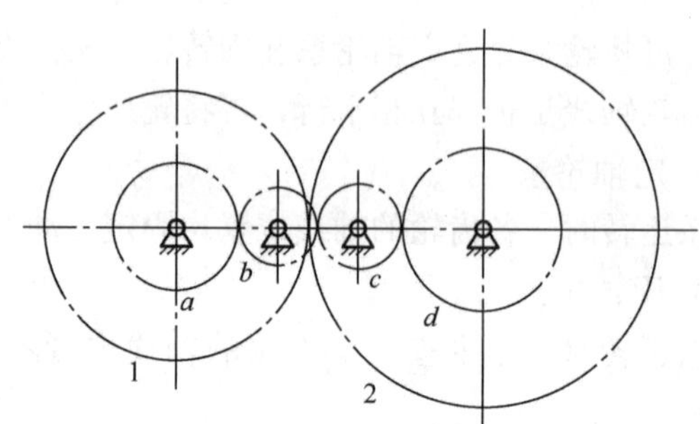

图 16-5 可作远距离的传动
1、2—主从啮合齿轮

（3）可实现变速传动

可在轮系中采用滑移齿轮等变速机构，从而改变传动比，可实现多级变速要求。如汽车变速箱、机床主轴箱等，如图 16-6 所示。

（4）可实现换向传动

在轮系中如采用惰轮、三星轮等机构可以在主动轴转向不变的条件下，改变从动轴的转向。图 16-7 所示为车床上走刀丝杠的三星轮换向机构。

（5）可实现分路传动

利用轮系可使一个主动轴带动若干个从动轴同时转动，将运动从不同的传动路线传递给执行机构，实现机构的分路传动。

例如，图 16-8 所示滚齿机工作台传动系统。滚齿加工要求滚刀与齿坯之间作展成运动，主动轴 I 通过锥齿轮 1 经齿轮 2 将运动传给滚刀，同时主动轴又通过直齿轮 3，经齿轮 4、5、6、7、8 传至蜗轮 9，带动齿坯转动，从而满足滚刀与齿坯之间的传动比要求。在航空发动机、机械式钟表等机构中都是利用轮系来实现分路传动的。

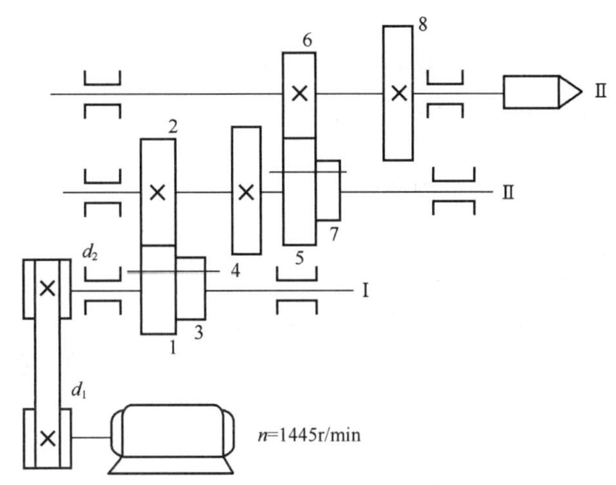

图 16－6　机床主轴箱

1、3、5、7—二联滑移齿轮　2、4、6、8—齿轮

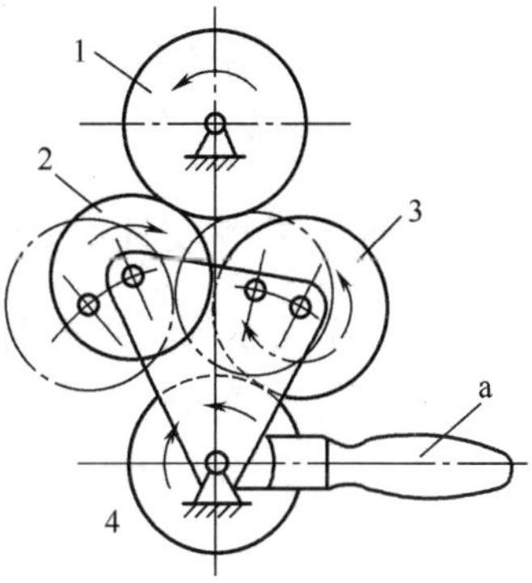

图 16－7　三星轮换向机构

1—主动齿轮　2、3、4—换向齿轮　a—手柄

（6）可实现运动的合成或分解

采用周转轮系可以将两个独立的回转运动合成为一个回转运动，也可以将一个回转运动分解为两个独立的回转运动。

如图 16－9 所示的汽车后桥差速器则为实现分解运动的轮系。发动机通过传动轴驱动齿轮 5，在汽车转弯时利用差动轮系将输入的一个运动以不同的速度分别传递给左右两个车轮，以维持车轮与地面间的纯滚动，避免车轮与地面间的滑动摩擦导致车轮过度磨损。

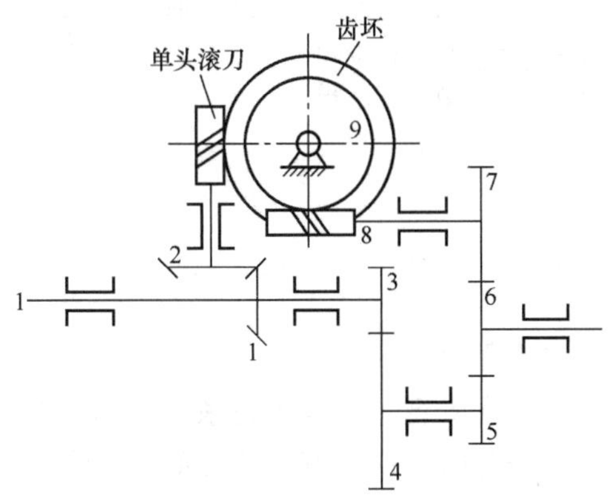

图 16－8　实现分路传动

1～7—齿轮　8—蜗杆　9—蜗轮

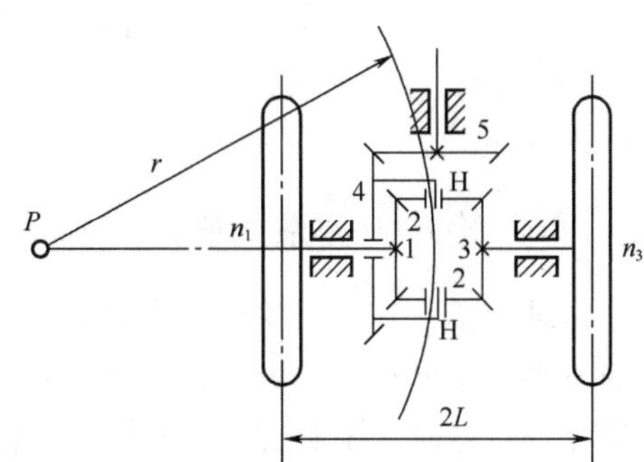

图 16－9　汽车后桥差速器

1，2，3—后桥差速器锥齿轮

4—从动轴锥齿轮　5—主动轴锥齿轮

16.2　定轴轮系传动比的计算

在轮系中，首末两轮的角速度（或转速）之比称为轮系的传动比。即：

$$i = \frac{\omega_{首}}{\omega_{末}} = \frac{n_{首}}{n_{末}}$$

在前面的章节中已经介绍了一对齿轮传动比的计算公式，那么轮系的传动比应与哪些因素有关呢？轮系的传动比计算应该包含两方面的内容：一是传动比大小的计算；二是要确定首轮与末轮之间的转向关系。

下面将讨论定轴轮系传动比计算中这两个方面的问题。

16.2.1 定轴轮系传动比数值的计算

现以图16－1所示的轮系为例，推导出定轴轮系传动比的计算公式。

设齿轮1为首轮，齿轮5为末轮，z_1、z_2、$z_{2'}$、z_3、$z_{3'}$、z_4及z_5分别为各齿轮的齿数，n_1、n_2、$n_{2'}$、n_3、$n_{3'}$、n_4及n_5分别为各齿轮的转速。该轮系的传动比可由各对齿轮的传动比求出：

$$i_{12} = \frac{n_1}{n_2} = -\frac{z_2}{z_1} \qquad i_{2'3} = \frac{n_{2'}}{n_3} = \frac{z_3}{z_{2'}} \qquad i_{3'4} = \frac{n_{3'}}{n_4} = -\frac{z_4}{z_{3'}} \qquad i_{45} = \frac{n_4}{n_5} = -\frac{z_5}{z_4}$$

通过分析会发现：将上面的四个式子连乘起来的结果就是首末两轮的转速之比，即为定轴轮系的传动比。

$$i_{12} i_{2'3} i_{3'4} i_{45} = \frac{n_1 n_{2'} n_{3'} n_4}{n_2 n_3 n_4 n_5} = \left(-\frac{z_2}{z_1}\right)\left(\frac{z_3}{z_{2'}}\right)\left(-\frac{z_4}{z_{3'}}\right)\left(-\frac{z_5}{z_4}\right)$$

而式中 $n_2 = n_{2'} \qquad n_3 = n_{3'}$

所以 $i_{15} = \frac{n_1}{n_5} = \left(-\frac{z_2}{z_1}\right)\left(\frac{z_3}{z_{2'}}\right)\left(-\frac{z_4}{z_{3'}}\right)\left(-\frac{z_5}{z_4}\right) = (-1)^3 \frac{z_2 z_3 z_4 z_5}{z_1 z_{2'} z_{3'} z_4}$

上式表明，定轴轮系的传动比等于组成轮系的各对齿轮传动比的连乘积，其大小等于各对啮合齿轮中从动齿轮齿数的连乘积与各对啮合齿轮中主动齿轮齿数的连乘积之比。即

$$i_{1k} = \frac{n_1}{n_k} = \frac{\text{轮系中各对啮合齿轮中从动轮齿数的连乘积}}{\text{轮系中各对啮合齿轮中主动轮齿数的连乘积}} \tag{16-1}$$

式中 l——首轮；

k——末轮。

16.2.2 首末轮转向关系的确定

对于定轴轮系，其转向关系的确定分为下面几个方面考虑：

①对于平面定轴轮系，传动比的正负可用$(-1)^m$来确定，m表示轮系中外啮合的对数：传动比为负号时，说明首、末两轮转向相反；为正号时则说明首、末两轮转向相同。

②对于空间定轴轮系，如果首末两轮的轴线是平行的，则可以在传动比前直接加上正号或负号来表示转向关系；但不能用$(-1)^m$来确定正负。

③对于首末两轮的轴线不是平行的空间轮系可采用箭头法来确定。对于这类空间轮系，可以直接在轮系传动图中标注箭头来表示齿轮转动方向。标注同向箭头的齿轮转动方向相同，标注反向箭头的齿轮转动方向相反，规定箭头指向为齿轮可见侧的圆周速度方向（图16－1）。

空间轮系传动比的大小可用公式（16－1）来计算，但其首末两轮的转动方向可用上面的箭头法画出，如图16－3所示。

需要说明的是：对于任何类型的定轴轮系首末两轮的转动方向的判定均可以采用箭头法来确定，这种方法简单可靠。

同时，我们注意到：在图 16－1 所示的轮系中齿轮 4 同时与齿轮 3′和齿轮 5 啮合，其齿数可在计算公式中消去，即齿轮 4 齿数的多少并不影响轮系传动比的大小，而只起到改变转向的作用，这样的齿轮被称作惰轮。

例 16－1：在图 16－1 所示的轮系中，已知各齿轮的齿数为：$z_1=22$，$z_2=25$，$z_{2'}=20$，$z_3=132$，$z_{3'}=20$，$z_5=28$，$n_1=1450\text{r/min}$。试求齿轮 5 的转速 n_5 的大小及其转动方向。

解：图示的轮系是平面定轴轮系。

由于齿轮 1、2′、3′、4 为主动齿轮，齿轮 2、3、4、5 为从动齿轮，外啮合的次数为 3，代入传动比公式（16－1）计算可得传动比为：

$$i_{15}=(-1)^3\frac{z_2z_3z_4z_5}{z_1z_{2'}z_{3'}z_4}=-\frac{25\times132\times28}{22\times20\times20}=-10.5$$

$$n_5=\frac{n_1}{i_{15}}=-\frac{1450}{10.5}=-138.1\ (\text{r/min})$$

计算结果是负数，说明齿轮 5 的转动方向与齿轮 1 的转动方向是相反的，也可以在图上用箭头表示。

例 16－2：在图 16－10 所示的轮系中，已知：蜗杆为单头且右旋，转速 $n_1=1440\text{r/min}$，转动方向如图示，其余各轮齿数为：$z_2=40$，$z_{2'}=20$，$z_3=30$，$z_{3'}=18$，$z_4=54$，试回答下列问题：（1）说明轮系属于何种类型；（2）计算齿轮 4 的转速 n_4；（3）在图中标出齿轮 4 的转动方向。

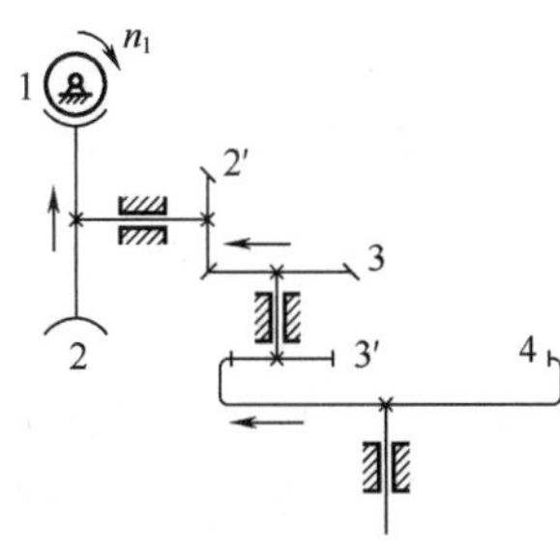

图 16－10　例 16－2 图

解：（1）图示的轮系是空间定轴轮系。轮系传动比的大小可用式（16－1）计算得出，传动比的方向可用画箭头的方法在图中标示出。

（2）由于齿轮 1、2′、3′为主动轮，蜗轮 2、锥齿轮 3、内齿轮 4 为从动轮，代入式（16－1）计算可得传动比为：

$$i=\frac{n_1}{n_4}=\frac{z_2z_3z_4}{z_1z_{2'}z_{3'}}=\frac{40\times30\times54}{1\times20\times18}=180$$

$$n_4=\frac{n_1}{i_{14}}=\frac{1440}{180}=8\ (\text{r/min})$$

（3）根据蜗杆 1 的方向可判定蜗轮 2、齿轮 2′的方向向上，锥齿轮 3、齿轮 3′和内齿轮 4 的方向为向左，所以齿轮 4 的转动方向 n_4 向左。

16.3　周转轮系

16.3.1　周转轮系的组成

周转轮系是由行星轮、中心轮和行星架（或系杆）三种基本构件所组成的轮系。

如图 16－11 所示的周转轮系，齿轮 1、3 和构件 H 均绕固定的互相重合的几何轴线转动，齿轮 2 空套在构件 H 上，与齿轮 1、3 相啮合。齿轮 2 一方面绕其自身轴线 O_2 转动（自转），同时又随构件 H 绕轴线 O_1 转动（公转），就像行星的运动一样，故称为行星轮；齿轮 1、3 的轴线固定不动称为中心轮（或太阳轮）；构件 H 用来支撑行星轮，称为行星架（或系杆）。

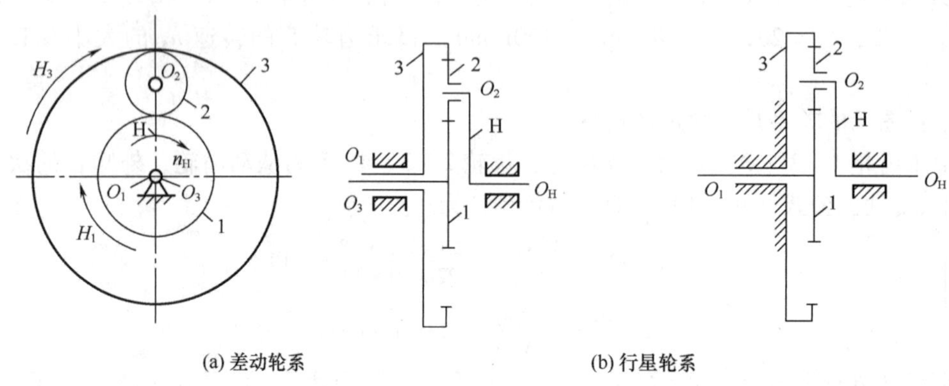

图 16－11 周转轮系

1，3—中心轮 2—行星轮 H—行星架（系杆）

16.3.2 周转轮系的分类

周转轮系根据其自由度的数目不同，可分为差动轮系和行星轮系两大类。

（1）差动轮系

如图 16－11（a）所示的轮系为差动轮系。轮系的自由度为 2，其特点是有两个活动的中心轮。为了确定差动轮系的运动，需要给定轮系两个独立的运动规律。

（2）行星轮系

如图 16－11（b）所示的轮系为行星轮系。轮系的自由度为 1，其特点是两个中心轮中有一个是固定的中心轮。为了确定行星轮系的运动，只需要给定轮系一个独立的运动规律。

周转轮系也有平面周转轮系和空间周转轮系之分，上述轮系均为平面周转轮系。

在实际机械传动中，通常应用的大多是混合轮系。即将定轴轮系与周转轮系或者几个周转轮系组合在一起的轮系，又称为复合轮系或组合轮系，图 16－12 是由定轴轮系与行星轮系构成的混合轮系，图 16－13 是由行星轮系与差动轮系构成的混合轮系。

16.3.3 周转轮系传动比的计算

由于周转轮系的运动是活动的中心轮除绕自身的固定轴线自转外，还绕行星架作公转的复杂运动，因此其轮系的计算不同于定轴轮系的传动比计算。但我们可以将其复杂的运动转化为一个可以计算的定轴轮系，称为周转轮系的转化机构。

反转法原理：保证各构件间的相对运动不变。具体方法是：给整个周转轮系加上一个与行星架 H 旋转方向相反、大小相等的转速 n_H，即将周转轮系转化成定轴轮系，转化后的定轴轮系传动比就可用式（16－1）计算，即可得周转轮系转化机构传动比的一般公式。

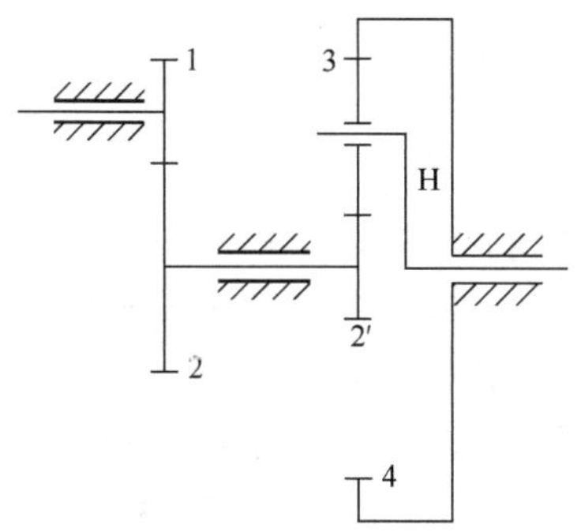

图 16－12 混合轮系

1、2—构成定轴轮系

2′、3、4、H—构成周转轮系

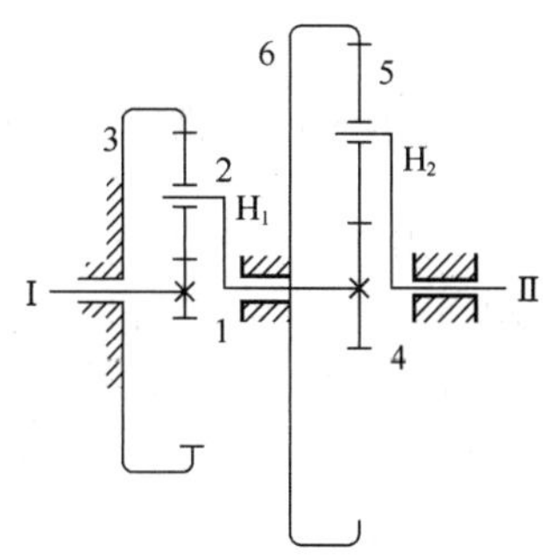

图 16－13 混合轮系

1、2、3、H_1—构成行星轮系

4、5、6、H_2—构成差动轮系

$$\omega_1-\omega_H=\omega_1^H \quad \omega_2-\omega_H=\omega_2^H$$

$$\omega_3-\omega_H=\omega_3^H \quad \omega_H-\omega_H=0$$

由于转化机构为定轴轮系，则其转化机构的传动比 i_{1n}^H 可表示为：

$$i_{1n}^H=\frac{n_1-n_H}{n_n-n_H}=\pm\frac{z_2\cdots z_n}{z_1\cdots z_{n-1}} \tag{16-2}$$

其中：周转轮系中两个中心轮分别为 1 和 n，行星架为 H。

公式中“＋”号表示转化机构中齿轮 1 和齿轮 3 转向相同；“－”号表示转化机构中齿轮 1 和齿轮 3 转向相反。转化过程如图 6－11 所示。

需要注意的是：在上式中，只要给定了 n_1、n_n 和 n_H 三者中的任意两个参数，就可以方便地求出周转轮系三个基本构件中任意两个构件之间的传动比。

例 16－3：在如图 16－14 所示的周转轮系中，已知各齿轮的齿数分别为：$z_1=15$，$z_2=25$，$z_{2'}=20$，$z_3=60$。若齿轮 1 的转速 $n_1=200\text{r/min}$，齿轮 3 的转速 $n_3=50\text{r/min}$，其转向相反，求行星架 H 的转速 n_H 的大小和方向。

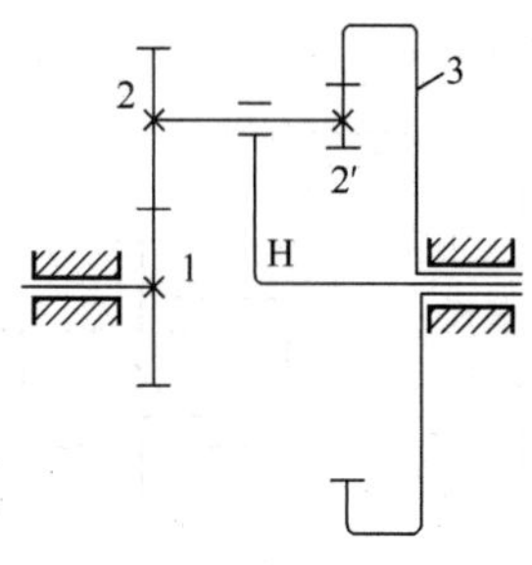

图 16－14 例 16－3 图

解：图示为一差动轮系，其中齿轮 2 是行星轮，H 是支撑行星轮的行星架，齿轮 1、3 是中心轮，则差动轮系的传动比为：

$$i_{13}^H=\frac{n_1-n_H}{n_3-n_H}=-\frac{z_2z_3}{z_1z_{2'}}=-5$$

$$n_H=\frac{n_1+5n_3}{6}=\frac{200+5(-50)}{6}=\frac{50}{6}=-8.33(\text{r/min})$$

对于工程实际中大量使用的混合轮系，在求解传动比时，必须正确地将混合轮系分解为若干基本轮系，分别列出其传动比的计算公式，然后找出各基本轮系间的相互关系，最后联立求解即可。混合轮系传动比具体计算方法：①区分轮系：将轮系中的定轴轮系和周转轮系分开；②分别应用定轴轮系和基本周转轮系的传动比计算公式列出各轮系的传动比关系式；③将所列的关系式联立求解，从中解出混合轮系输入构件与输出构件的传动比。

16.4 减速器简介

16.4.1 减速器的类型、特点和应用

减速器是一种由封闭在刚性壳体内的齿轮传动、蜗杆传动或齿轮与蜗杆传动所组成的独立部件，常用在原动机与工作机之间作为减速的传动装置，用以降低转速并相应地增大转矩。在少数场合下也用作增速的传动装置，这时就称为增速器。

减速器由于结构紧凑，传动效率较高，传递运动准确可靠，可以进行标准化、系列化设计和成批生产，制造质量可靠，成本低，使用维护方便，因此在现代机器中应用非常广泛。

减速器的种类繁多，按照传动类型可分为齿轮减速器、蜗杆减速器和行星减速器以及它们互相组合起来的减速器；按照传动的级数可分为单级、二级和多级减速器；按照齿轮形状可分为圆柱齿轮减速器、圆锥齿轮减速器和圆锥－圆柱齿轮减速器；按照传动的布置形式又可分为展开式、分流式和同轴式减速器。表 16－1 仅列出了几种常用的简单减速器的形式、特点及应用，更多更详细的内容可参看机械设计手册的减速器部分。

表 16－1 中几类减速器已有标准系列产品，使用时只需结合所需传动功率、转速、传动比、工作条件和机器的总体布置等具体要求，从产品目录或有关手册中选择即可。只有在选不到合适的产品时，才自行设计制造。

应该指出：在选择减速器的类型时，首先必须根据传动装置总体配置的要求，结合减速器的效率、外廓尺寸或质量及运转费用等指标进行综合分析比较，以期获得最合理的结果。

表 16－1　　常用简单减速器的特点及应用

名称	方 案 简 图	传动比		特点及应用
		一般	最大值	
一级圆柱齿轮减速器	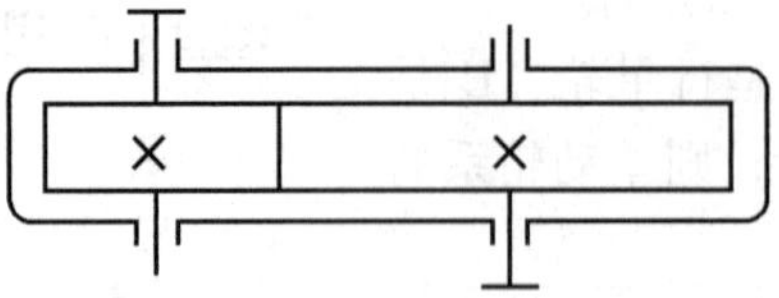	≤5	8	齿轮可为直齿、斜齿或人字齿。直齿用于速度较低或载荷较轻的传动；斜齿或人字齿用于速度较高或载荷较重的传动
二级展开式圆柱齿轮减速器	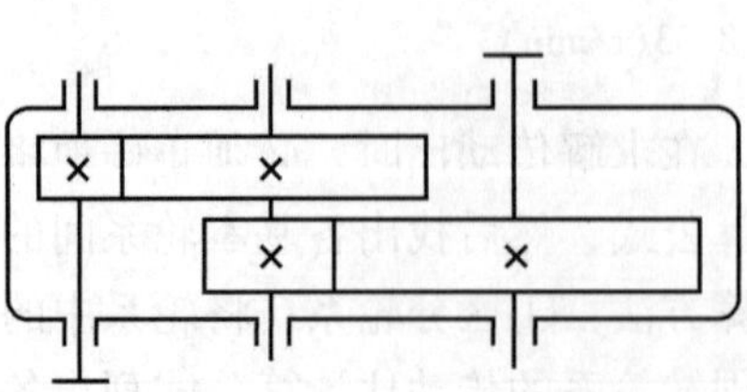	8～40	60	齿轮相对轴承的位置不对称，轴应具有较大的刚度。用于载荷较平稳的场合，轮齿可制成直齿、斜齿或人字齿

续表

名称	方案简图	传动比		特点及应用
		一般	最大值	
二级同轴式圆柱齿轮减速器	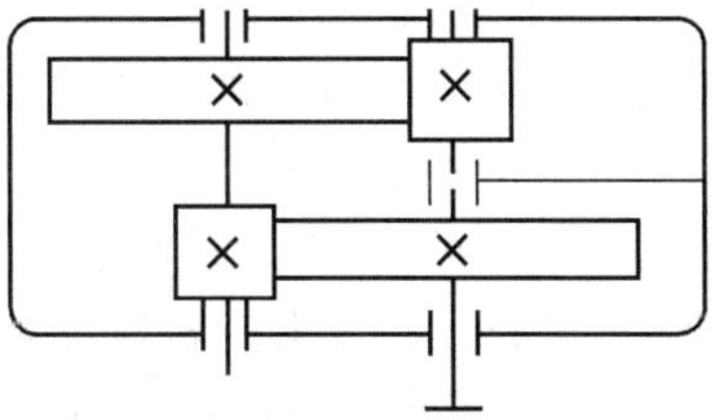	8～40	60	减速器的长度较短，但轴向尺寸和重量较大，两对齿轮浸入油池的深度可大致相等。中间轴承润滑较难，轴的刚性较差
一级锥齿轮减速器	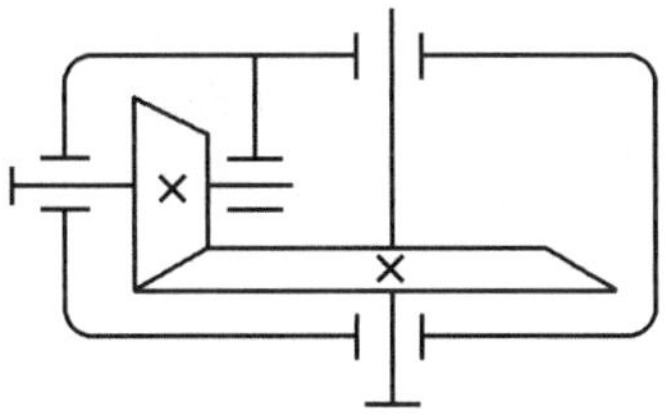	≤3	5	用于输入轴和输出轴两轴线相交的传动，可是立式或卧式。轮齿可制成直齿、斜齿或曲齿
二级圆锥－圆柱齿轮减速器	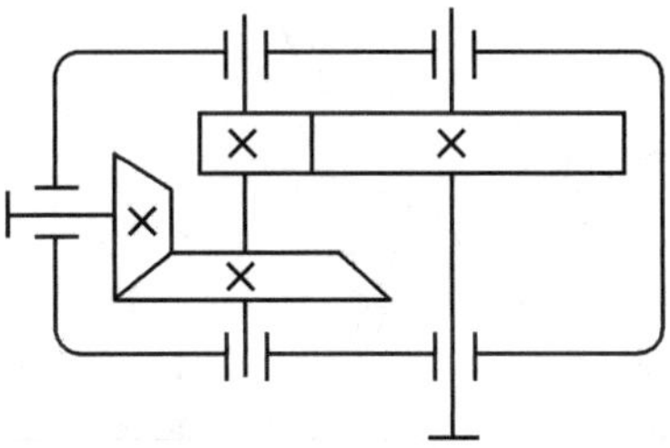	8～15	直齿 22 斜齿 40	锥齿轮应布置在高速级，使其尺寸不致过大造成加工困难，锥齿轮可制成直齿、斜齿或曲齿，圆柱齿轮可制成直齿或斜齿
蜗杆减速器	蜗杆下置式 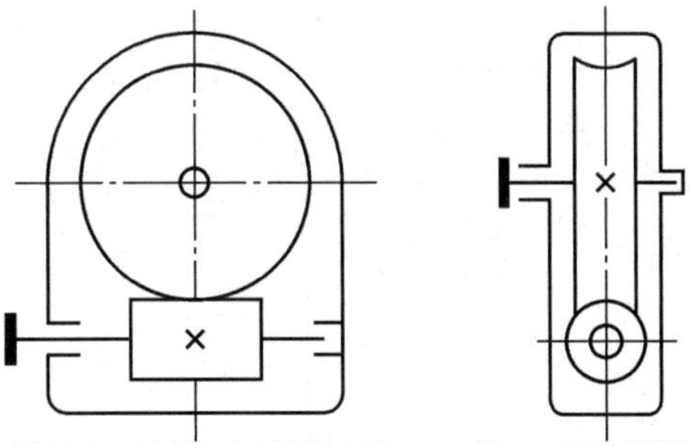 蜗杆上置式 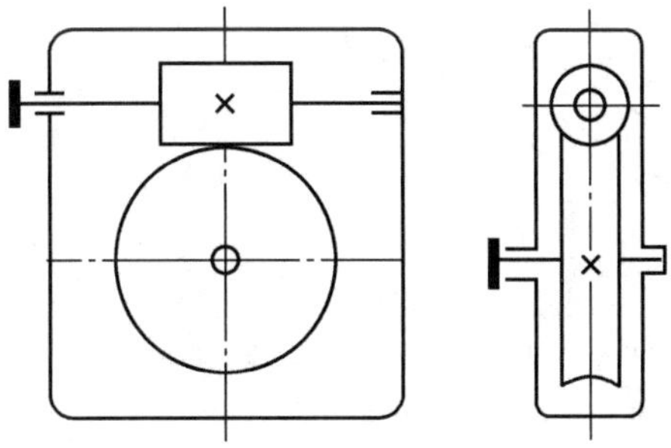	10～40	80	蜗杆下置式： 蜗杆与蜗轮啮合处的冷却和润滑都较好，同时蜗杆轴承的润滑较方便，但当蜗杆圆周速度过大时，搅油损失大。通常用于蜗杆圆周速度 $v \leq (4～5)$ m/s 时 蜗杆上置式： 蜗杆轴承润滑困难，适用于蜗杆圆周速度可以大一些的场合；通常 $v > (4～5)$ m/s

16.4.2 减速器附件的名称和作用

减速器除传动件、轴及轴承外，还有箱体及其附件。

通常减速器可制成剖分式结构和整体式结构两种。剖分式结构便于装配，主要由箱盖和箱座组成，通常用 HT150 或 HT200 灰铸铁铸造而成。单件生产时也可用钢板焊接而成，也有箱座仍用铸件，而箱盖则用焊接件。铸造的减速箱刚性好，易得到美观的外形，适宜成批生产，特别是用灰铸铁制造的减速箱还易切削，但铸造的减速箱较重。减速器的箱体可做成直壁或曲壁等型式。前者结构简单，但重量较大，后者结构较复杂，但重量较轻。卧式减速器箱座、箱盖的分箱面多沿轴的中面，可制成水平的及倾斜的。水平的分箱面易于加工，箱体面斜的分箱面不利于加工，但对多级传动，则又便于各级传动的浸油润滑。如图 16-15 所示为铸造的一级减速器的结构。为了检查传动件啮合情况、注油、排油、指示油面、通气、加工及装配时的定位、拆卸和吊运，需要在减速器上安置下面几种主要附件，其名称及作用如下：

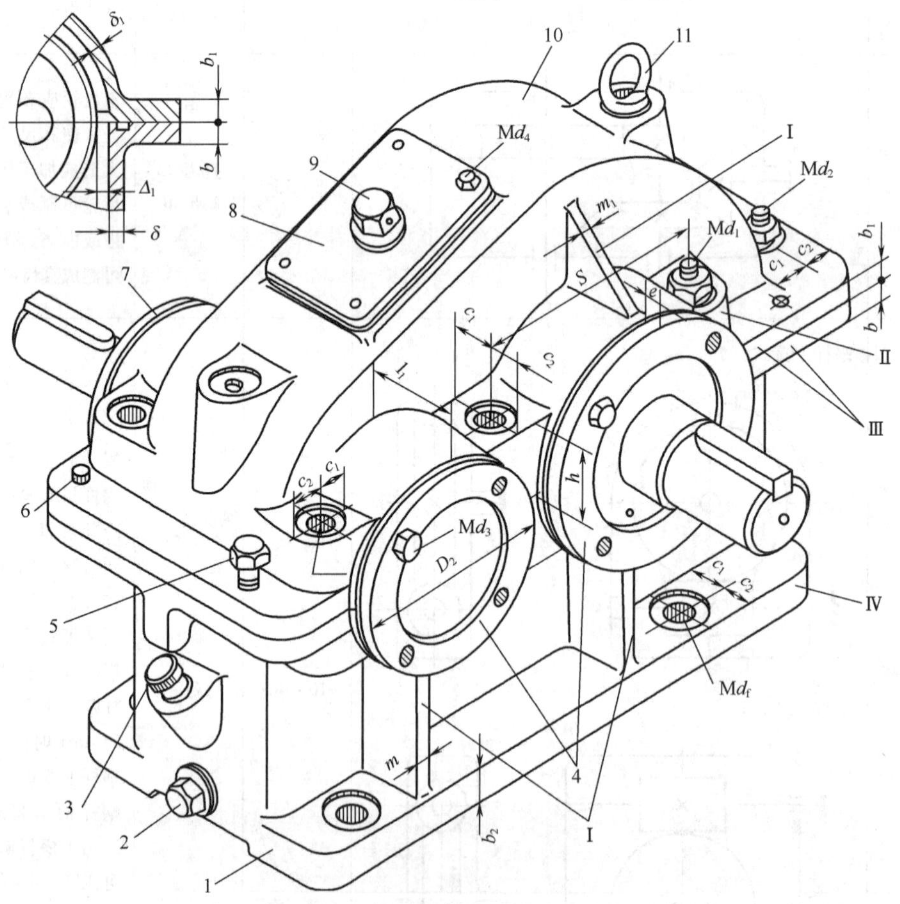

图 16-15　一级减速器的结构

Ⅰ—起支承作用的加强肋　Ⅱ—轴承旁凸台　Ⅲ—上盖、底座上凸缘　Ⅳ—底座下凸缘

1—箱体　2—放油螺塞　3—油标　4—轴承盖　5—起盖螺钉　6—定位销

7—调整垫片　8—视孔盖　9—通气器　10—箱盖　11—环首螺钉

①放油螺塞：一般在箱体的侧面，油池的最低位置处均设计有放油螺塞，工作时要用螺塞堵住。换油时打开螺塞，排出污油，其位置应略低于底面，以便于放油充分。放油螺塞与凸台之间应加封油圈密封。

②油标：为使箱体内保持适当的油量，需在箱体上安装油标或油尺，以便观察油位。油标所在的位置要便于油标孔的加工。油标或油尺安置的位置不能太低，以防止油溢出。油尺座孔的倾斜角度要便于孔的加工及油尺的装拆。

③通气器：为使箱体内受热膨胀的空气能自由排出，以避免箱内压力过高从而导致油从密封处向外渗漏，要在箱盖的顶部或视孔盖上安装通气器。

④起盖螺钉：通常在箱盖的凸缘上安装 1 ~2 个起盖螺钉。拆卸时，可先拆下箱盖与箱座的连接螺栓及轴承盖的螺钉，然后拧动起盖螺钉，将箱盖顶起，使其与箱座分离，便于搬运。

⑤定位销：在轴承座孔的加工、减速器的装配中，通常在箱盖与箱座的连接凸缘上加工出定位销孔，以保证在箱盖与箱座的装配过程中，能正确定位。应在箱体连接凸缘上距离较远处安置两个定位销，并尽量在不对称位置，以使其定位精确。

⑥窥视孔和视孔盖：为了观察和检查齿轮的啮合情况，通常在箱盖上设有窥视孔和视孔盖；同时在该处注入清洁的润滑油，保证齿轮润滑。设计时尺寸应足够大，以便于检查操作。视孔盖可用铸铁、钢板或有机玻璃制成，盖在窥视孔上，中间应加密封垫。也可在孔口处装设过滤网用来过滤注入油中的杂质。

⑦环首螺钉、吊钩和吊环：在减速器的重量达到一定值时，一般要在箱盖上安装环首螺钉或铸出吊环，便于起吊箱盖；在箱座上铸出吊钩，便于起吊箱座或减速器。

⑧轴承端盖：轴承端盖的结构有凸缘式与嵌入式两种。其作用是固定轴承并承受轴向载荷、密封和调整轴承游隙等作用。凸缘式轴承端盖不必打开箱盖，就可较方便地调整轴系位置、轴承游隙或向轴承内填充润滑脂，且密封效果好；而嵌入式轴承端盖结构简单，但密封效果较差，嵌入式轴承端盖需打开箱盖，才能利用垫片来调整轴向间隙，调整较麻烦。

思考题与习题

1. 什么是定轴轮系？如何计算定轴轮系的传动比？定轴轮系末端的转向怎样判别？

2. 什么是周转轮系？它由哪些基本构件所组成？行星轮系与差动轮系有何区别？

3. 什么是惰轮？它在轮系中有什么作用？

4. 试述轮系的主要作用。

5. 定轴轮系、周转轮系和混合轮系的传动比如何计算？

6. 减速器的作用是什么？试述常用减速器的特点及应用。减速器的主要附件有哪些？作用是什么？

7. 在图示传动装置中，已知各轮齿数为 $z_1=18$，$z_2=36$，$z_{2'}=20$，$z_3=40$，$z_{3'}$为单头右旋蜗杆，4 为蜗轮，$z_4=40$，运动从 1 轮输入，$n_1=1000r/\text{min}$，方向如图所示。试求蜗轮 4 的转速 n_4，并指出其转动方向。

8. 图示为一电动卷扬机的传动简图。已知蜗杆 1 为单头右旋蜗杆，蜗轮 2 的齿数 $z_2=$

42，其余各轮齿数为：$z_{2'}=18$，$z_3=78$，$z_{3'}=18$，$z_4=55$；卷筒 5 与齿轮 4 固联，其直径 $D_5=400\text{mm}$，电动机转速 $n_1=1450\text{r/min}$。试求：

（1）卷筒 5 的转速 n_5 的大小和重物的移动速度 v；

（2）提升重物时，电动机应该以什么方向旋转？

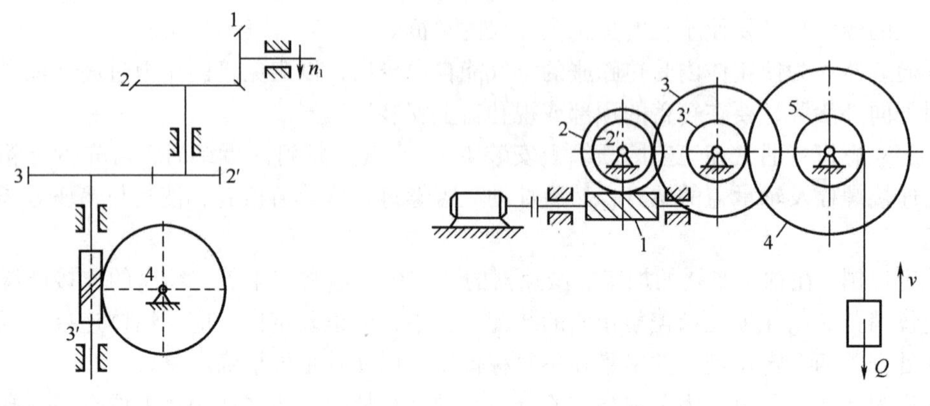

题 16－7 图　　　　题 16－8 图

9. 在图示的手摇提升装置中，已知各轮齿数为 $z_1=20$，$z_2=50$，$z_3=15$，$z_4=30$，$z_6=40$，$z_7=18$，$z_8=52$，蜗杆 $z_5=1$ 为右旋，试求传动比 i_{18} 并确定提升重物时的转向。

10. 图示周转轮系，已知 $z_1=20$，$z_2=24$，$z_{2'}=30$，$z_3=40$，又 $n_1=200\text{r/min}$，$n_3=-100\text{r/min}$。试求行星架 H 的转速 n_H。

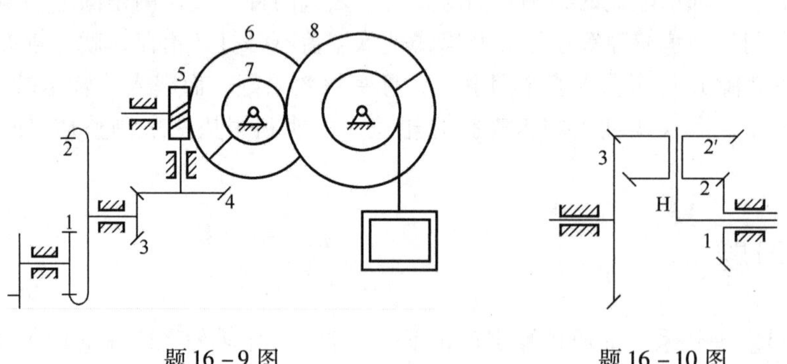

题 16－9 图　　　　题 16－10 图

第 17 章　带传动和链传动

带传动和链传动是机械中广泛应用的传动方式，都是依靠挠性元件（带或链）来传递运动和动力的传动机构，适用于两轴中心距较大的场合，结构简单，易于制造。本章重点介绍带传动的结构、工作原理和设计方法等，并简要介绍链传动。

17.1　带传动概述

17.1.1　带传动的类型

根据工作原理的不同，带传动可分为摩擦型带传动和啮合型带传动。摩擦型带传动通常由主动轮、从动轮和张紧在两轮上的挠性传动带组成（图 17－1）。带紧套在两个带轮上，借助带与带轮接触面间的压力所产生的摩擦力来传递运动和动力。

啮合型带传动由主动同步带轮，从动同步带轮和套在两轮上的环形同步带组成（图 17－2），带的工作面制成齿形，与有齿的带轮相啮合实现传动。

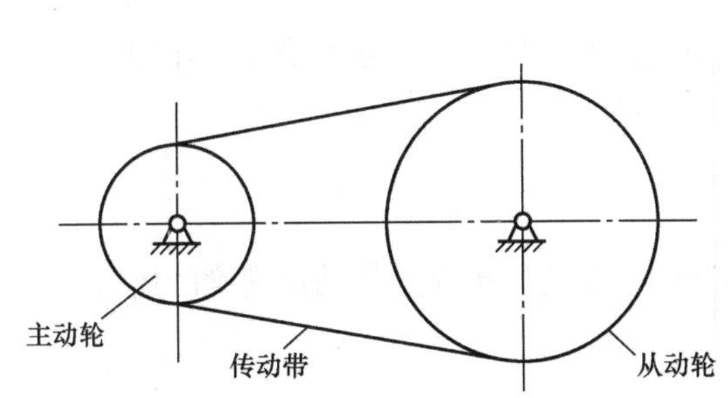

图 17－1　摩擦型带传动

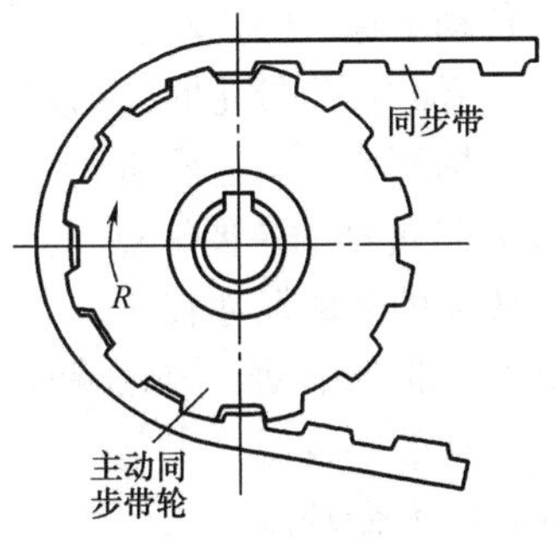

图 17－2　啮合型带传动

按带的截面形状，摩擦带传动又可分为平带、V 带、圆带和多楔带等，如图 17－3 所示。平带传动结构简单，制造成本低，具有较好的柔性和较小的离心力，因而常用于高速带传动。V 带传动靠带的两侧面与轮槽接触，能产生较大的摩擦力，因此结构紧凑，应用广泛。圆带传动传递的功率较小，常用于轻载、小型机械。多楔带传动兼有平带和 V 带的优点，带与带轮间摩擦力大，多用于传递功率较大且要求结构紧凑的场合。

同步带传动是啮合型带传动，带与带轮间无相对滑动，能保证准确的传动比，但对制造安装精度要求较高，因此通常用于传动比准确的中、小功率传动。

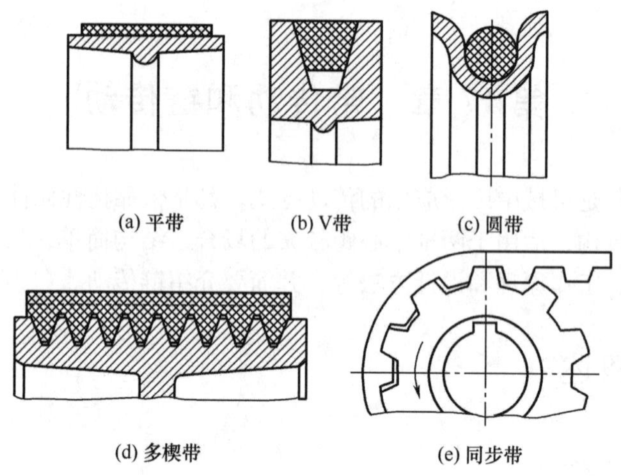

图 17－3　带传动的类型

17.1.2　带传动的特点及应用

（1）与齿轮传动比较，带传动的优点

①适用于中心距较大的传动。

②带具有弹性，可缓冲和吸振。

③传动平稳，噪声小。

④过载时带与带轮间会出现打滑，可防止其他零件损坏，起安全保护作用。

⑤结构简单，制造容易，维护方便，成本低。

（2）带传动的主要缺点

①传动的外廓尺寸较大。

②由于带的滑动，因此瞬时传动比不准确，不能用于要求传动比精确的场合。

③传动效率较低。

④带的寿命较短。

（3）带传动的应用

带传动多用于原动机与工作机之间的传动，一般传递的功率 $P \leqslant 100\mathrm{kW}$；带速 $v = 5 \sim 25$ m/s；传动效率 $\eta = 0.90 \sim 0.95$；传动比 $i \leqslant 7$。需要指出，带传动中由于摩擦会产生电火花，故不能用于有爆炸危险的场合。

17.1.3　V 带和带轮的结构

（1）V 带类型与结构

V 带有多种类型：普通 V 带、窄 V 带、宽 V 带、联组 V 带、齿形 V 带、大楔角 V 带等，其中，普通 V 带应用最广。

普通 V 带呈无接头环形，其结构由顶胶、抗拉体、底胶和包布四部分组成，如图17－4 所示。

抗拉体可分为帘布芯结构和绳芯结构两种。帘布芯结构，制造方便，应用广泛；绳芯结构柔性好，抗弯强度高，适用于转速较高，载荷不大和要求结构紧凑的场合。

与普通 V 带相比，窄 V 带的相对高度（带的高度除以节宽）大，且采用合成纤维绳作抗拉体，因而在节宽相同时，窄 V 带传递的功率大，结构更紧凑。

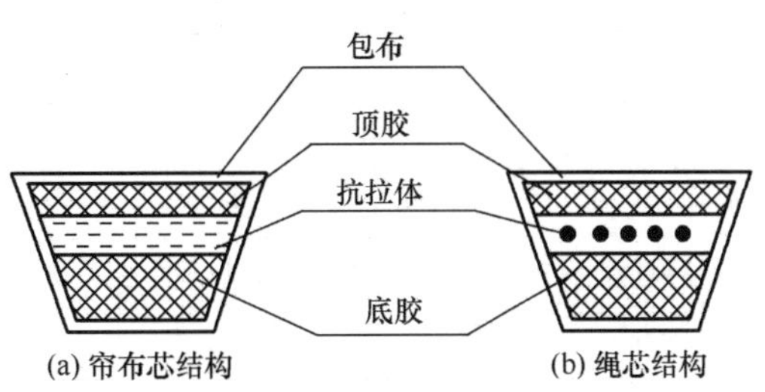

图 17－4　V 带类型与结构

普通 V 带、窄 V 带都已标准化（表 17－1），按截面尺寸由小到大，普通 V 带有 Y、Z、A、B、C、D、E 七种，窄 V 带有 SPZ、SPA、SPB、SPC 四种。V 带受弯曲时，带中保持长度不变的中性层称为节面，节面宽度称为节宽 b_p，节面长度称为带的基准长度 L_d（表 17－2）。

表 17－1　　V 带的截面尺寸　　单位：mm

带型	Y	Z/SPZ	A/SPA	B/SPB	C/SPC	D	E
节宽 b_p	5.3	8.5	11.0	14.0	19.0	27.0	32.0
顶宽 b	6	10	13	17	22	32	38
高度 h	4	6/8	8/10	10.5/14	13.5/18	19	23.5
楔角 φ	40°						
截面面积 A/mm^2	18	47/57	81/94	138/167	230/278	476	692
单位长度质量/(kg/m)	0.02	0.06/0.07	0.10/0.12	0.17/0.20	0.30/0.37	0.62	0.90

表 17－2　　V 带的基准长度系列 L_d 及长度系数 K_L

基准长度 L_d/mm	K_L						
	普通 V 带						
	Y	Z	A	B	C	D	E
400	0.96	0.87					
450	1.00	0.89					
500	1.02	0.91					
560		0.94					
630		0.96	0.81				
710		0.99	0.82				
800		1.00	0.85				
900		1.03	0.87	0.81			
1000		1.06	0.89	0.84			
1120		1.08	0.91	0.86			
1250		1.11	0.93	0.88			

续表

基准长度 L_d/mm	K_L						
	普通V带						
	Y	Z	A	B	C	D	E
1400		1.14	0.96	0.90			
1600		1.16	0.99	0.93	0.84		
1800		1.18	1.01	0.95	0.85		
2000			1.03	0.98	0.88		
2240			1.06	1.00	0.91		
2500			1.09	1.03	0.93		
2800			1.11	1.05	0.95	0.83	
3150			1.13	1.07	0.97	0.86	
3550			1.17	1.10	0.98	0.89	
4000			1.19	1.13	1.02	0.91	
4500				1.15	1.04	0.93	0.90
5000				1.18	1.07	0.96	0.92

(2) V带轮

带轮常用灰铸铁HT150或HT200制造，转速较高的情况也可用钢制带轮，小功率情况也采用铝合金或工程塑料。

V带轮由轮缘、轮辐、轮毂三部分组成。安装带的部分为轮缘，与轴配合的部分为轮毂，连接轮缘和轮毂的部分称轮幅。其结构型式由带轮直径决定，有实心式（图17-5），腹板式（图17-6）或孔板式（图17-7）、轮辐式（图17-8）。V带轮结构尺寸可查相关设计手册。

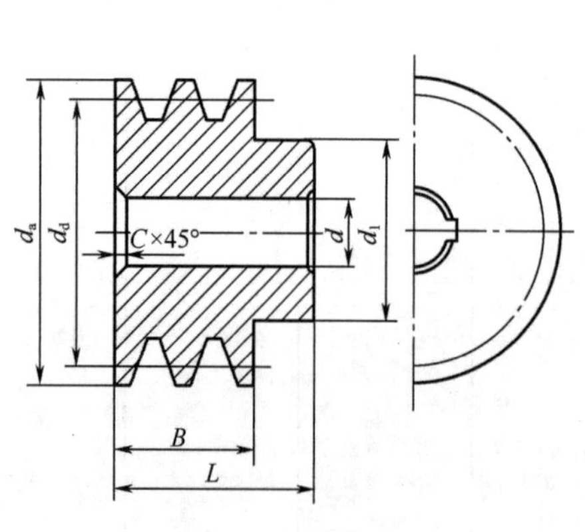

图17-5　实心式V带轮

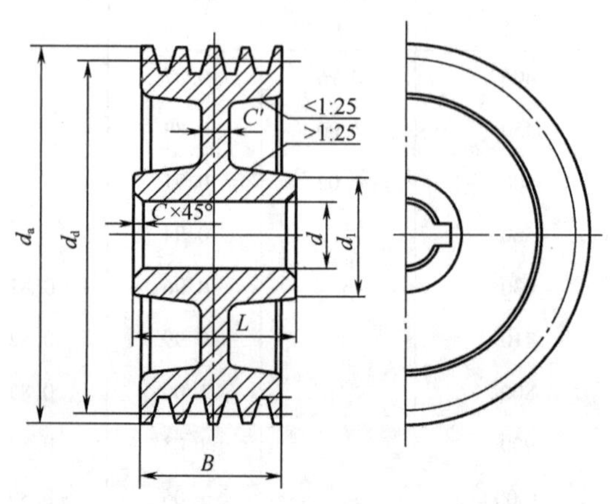

图17-6　腹板式V带轮

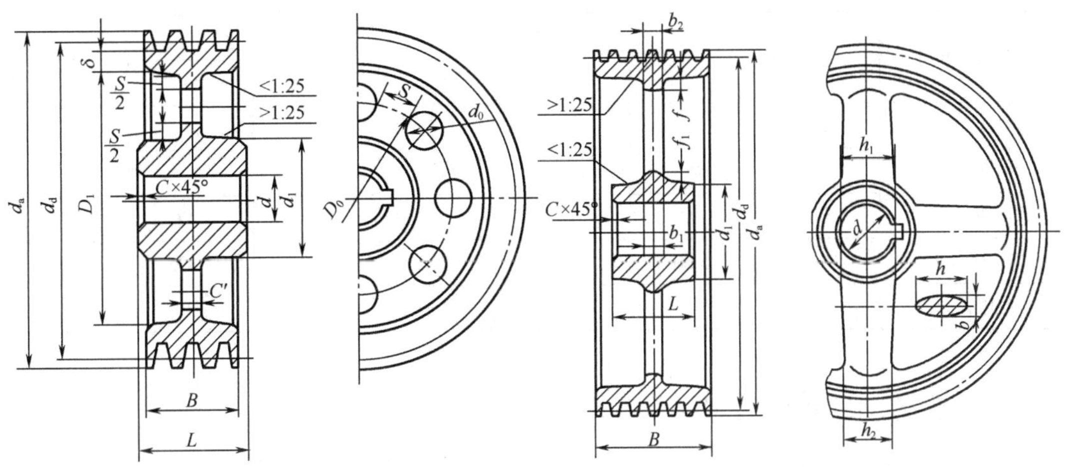

图 17－7　孔板式 V 带轮　　　　图 17－8　轮辐式 V 带轮

各种型号 V 带楔角 α 均为 40°，带绕上带轮弯曲时，其楔角会变小。为保证带的侧面与轮槽能具有良好的接触，应使带轮的轮槽角 φ 小于 V 带的截面楔角 α，因此轮槽角应分别为 32°、34°、36°和 38°。表 17－3 为 V 带轮轮槽尺寸，轮槽的基准宽度 b_d 通常与 V 带节面宽度 b_p 重合，即 $b_p = b_d$。轮槽基准宽度所在的圆称为基准圆，其直径称为带轮的基准直径 d_d。

表 17－3　　　　**V 带带轮轮槽尺寸**

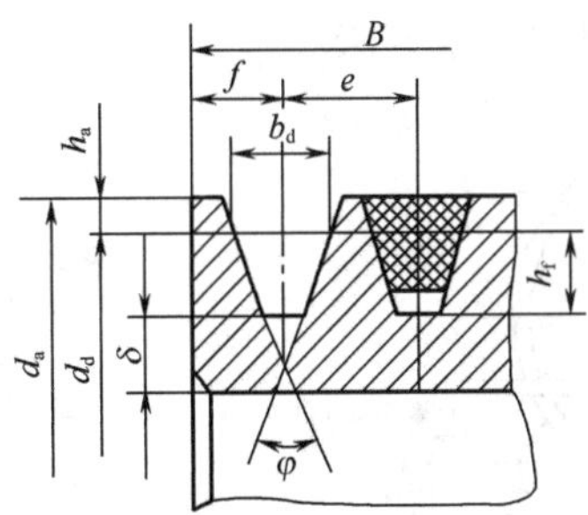

槽型截面尺寸	型　号						
	Y	Z	A	B	C	D	E
h_{fmin}	4.7	7.0	8.7	10.8	14.3	19.9	23.4
h_{amin}	1.6	2.0	2.75	3.5	4.8	8.1	9.6
e	8 ±0.3	12 ±0.3	15 ±0.3	19 ±0.4	25.5 ±0.5	37 ±0.6	44.5 ±0.7
f	7 ±1	8 ±1	10^{+2}_{-1}	12.5^{+2}_{-1}	17^{+2}_{-1}	23^{+3}_{-1}	29^{+4}_{-1}
b_d	5.3	8.5	11	14	19	27	32
δ_{min}	5	5.5	6	7.5	10	12	15
B	$B=(z-1)e+2f$，z 为 V 带根数						

续表

槽型截面尺寸			型号						
			Y	Z	A	B	C	D	E
φ	32°	d_d	≤60						
	34°			≤80	≤118	≤190	≤315		
	36°		>60					≤475	≤600
	38°			>80	>118	>190	>315	>475	>600
极限偏差			±1°				±30′		

17.1.4 带传动的张紧装置及维护

（1）带传动的张紧

V带在长期张紧状态下工作，会出现塑性变形而松弛，使初拉力 F_0减小，传动能力下降。因此，必须将带重新张紧，以保证带传动正常的工作。

带传动常用的张紧方法是调节中心距。常见的张紧装置有以下两类。

①定期张紧装置：图 17－9（a）、（b）是采用滑轨和调节螺钉或采用摆动架和调节螺栓改变中心距的张紧方法。前者适用于水平或倾斜不大的布置，后者适用于垂直或接近垂直的布置。若中心距不能调节时，可采用具有张紧轮的装置［图 17－9（c）］，它靠平衡锤将张紧轮压在带上，以保持带的张紧。

②自动张紧装置：图 17－9（d）是采用重力和带轮上的制动力矩，使带轮随浮动架绕固定轴摆动而改变中心距的自动张紧方法。

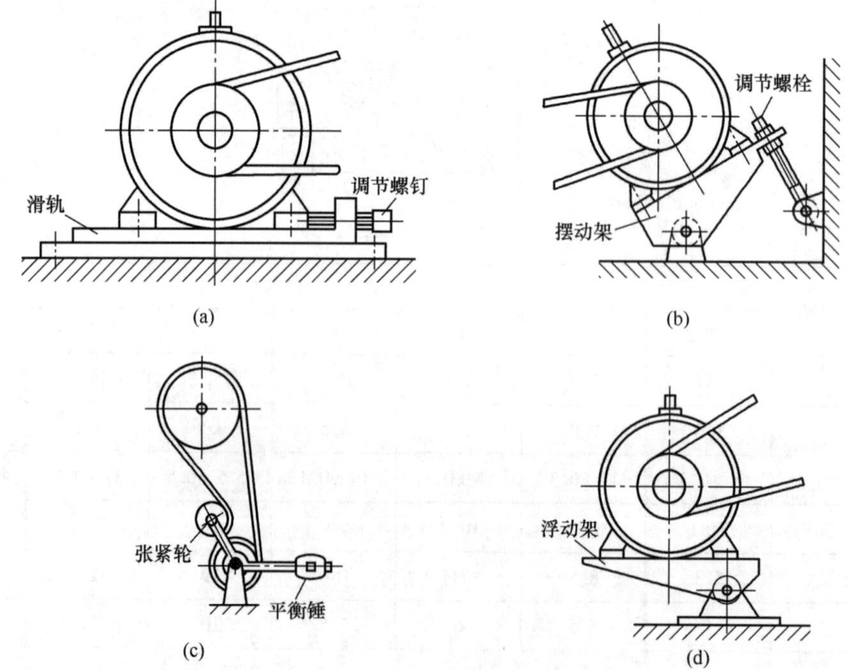

图 17－9 带传动的张紧装置

（2）带传动的维护

为了延长带的寿命，保证带传动的正常运转，必须正确使用和维护。使用时应注意：

①安装带时，两轮的轴线应保证平行、两轮槽对中，并缩小中心距后套上 V 带，再予以调整，不应硬撬，以免损坏胶带，降低其使用寿命。

②严防 V 带与油、酸、碱等介质接触，以免变质，也不宜在阳光下曝晒。

③带根数较多的传动，若坏了少数几根需进行更换时，应全部更换，不要只更换坏带而使新旧带一起使用；这样会造成载荷分配不匀，反而加速新带的损坏。

④为了保证安全生产，带传动须安装防护罩。

17.2　带传动的工作原理

17.2.1　带传动的受力分析

带传动安装时，带必须张紧在带轮上，使带产生初始拉力。当带传动静止时，带上各处所受拉力相等，该拉力称为初拉力，用 $\boldsymbol{F}_0$ 表示，如图 17－10（a）。工作时，带与带轮接触面间产生摩擦力使带两边的拉力发生变化，如图 17－10（b）所示。主动轮与带间的摩擦力 $\boldsymbol{F}_f$ 与带的运动方向相同，因而带绕上主动轮之前的一边被拉紧，拉力由 $\boldsymbol{F}_0$ 增加到 $\boldsymbol{F}_1$，该边称为紧边；从动轮与带间的摩擦 $\boldsymbol{F}_f$ 和带的运动方向相反，带绕上从动轮之前的一边被放松，拉力由 $\boldsymbol{F}_0$ 减少到 $\boldsymbol{F}_2$，该边称为松边。紧边与松边的拉力差 $\boldsymbol{F}_1-\boldsymbol{F}_2$ 就是带传动中传递动力的有效拉力 $\boldsymbol{F}_e$。同时，有效拉力 $\boldsymbol{F}_e$ 应等于带和带轮接触面上各点摩擦力的总和 $\sum \boldsymbol{F}_f$，即

$$\boldsymbol{F}_e = \sum \boldsymbol{F}_f = \boldsymbol{F}_1 - \boldsymbol{F}_2 \tag{17-1}$$

传动带在工作时总长度是不变的，因此带紧边拉力的增加量应等于松边拉力的减少量，即

$$\boldsymbol{F}_1 - \boldsymbol{F}_0 = \boldsymbol{F}_0 - \boldsymbol{F}_2 \tag{17-2}$$

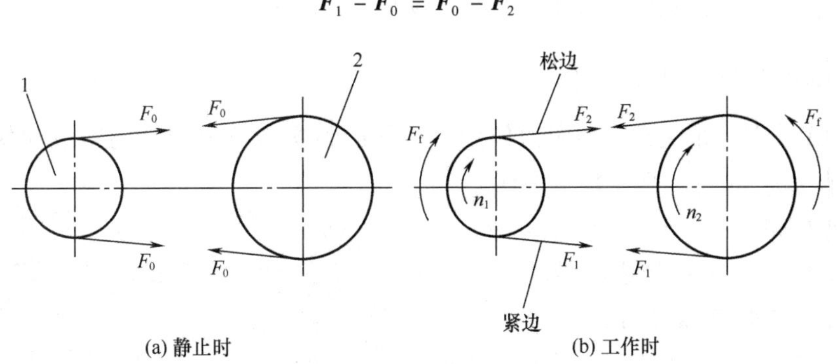

图 17－10　带传动受力分析

1—主动带轮　2—从动带轮

带所能传动的功率为

$$P = \boldsymbol{F}_e v/1000 \tag{17-3}$$

式中　P——带传递的功率，kW；

F_e——有效拉力，N；

v——带的速度，m/s。

由式（17-1）和式（17-2），可得

$$\left.\begin{aligned} F_1 &= F_0 + F_e/2 \\ F_2 &= F_0 - F_e/2 \end{aligned}\right\} \tag{17-4}$$

当带与带轮间总摩擦力 $\sum F_f$ 达到极限值时，这时带传动的有效拉力达到最大值，F_1 与 F_2 的关系可用柔韧体的欧拉公式表示为

$$F_1 = F_2 e^{f\alpha} \tag{17-5}$$

式中 e——自然对数的底（e=2.718…），

f——摩擦因数（对于V带，用当量摩擦因数 f_V 代替 f，$f_V = f/\sin\frac{\varphi}{2}$）；

φ——V带轮槽角，见表17-3；

α——带在带轮上的包角，rad。

将式（17-4）代入式（17-5），可得最大有效拉力

$$F_{ec} = 2F_0\frac{e^{f\alpha}-1}{e^{f\alpha}+1} = F_1\left(1-\frac{1}{e^{f\alpha}}\right) \tag{17-6}$$

由式（17-6）可知，带传动的最大有效拉力随初拉力、包角及摩擦因数增大而增加。初拉力过小，带的传动承载能力下降；初拉力过大，虽可提高传动承载能力，但使带磨损加剧而降低使用寿命。因而需要确定最佳的初拉力，以保证正常工作时带不发生打滑且具有足够的寿命。为保证带传动所需的有效力 F_e，必须对包角加以限制，一般包角值不小于120°。

当有效拉力 F_e 达到或超过带与小带轮之间摩擦力总和的极限值时，带将在带轮的整个接触弧上发生相对滑动，这种现象称为打滑。打滑时带的磨损加剧，从动轮转速急剧降低，甚至停止运动，致使传动失效。打滑是由带传动功率过大引起的，是一种失效形式，应该避免。同时也可以利用打滑作为一种过载保护装置。

17.2.2 带传动应力分析

带传动工作时，带受到三种应力作用：由紧边和松边拉力产生的紧边和松边拉应力 σ_1、σ_2（单位为MPa）；带在带轮上作圆周运动产生离心力，使带各处截面上均受到离心应力 σ_c；带绕在带轮上弯曲，使带中产生弯曲应力 σ_b。带轮直径越小，带越厚，带的弯曲应力 σ_b 越大。为防止带受弯曲应力过大，对各种型号的V带都规定了带轮的最小基准直径 d_{dmin}，见表17-7。

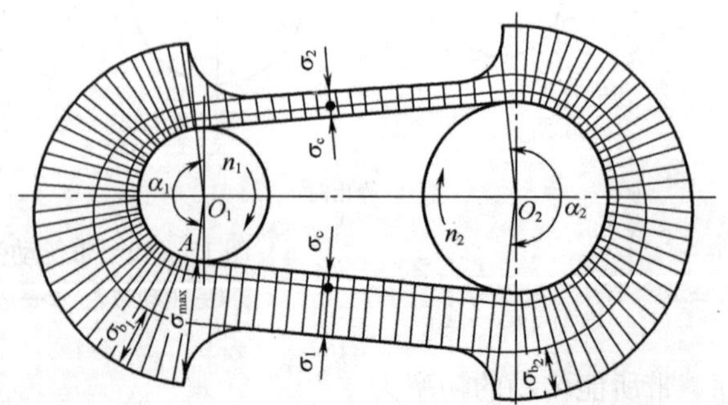

图17-11 带工作时的应力分布情况

带工作时，带所受应力沿带长的分布情况如图17-11所示。带的最大

应力发生在带的紧边进入小带轮处（图中 A 点），其值为

$$\sigma_{max} = \sigma_1 + \sigma_c + \sigma_{b1} \tag{17-7}$$

17.2.3　带的弹性滑动

带是弹性体，受力会产生弹性变形。带传动工作时带在各处所受的拉力不同，因而带产生的弹性变形是变化的。带绕在主动轮上运动过程中，带所受的拉力由 $\boldsymbol{F}_1$ 逐渐减小到 $\boldsymbol{F}_2$，带逐渐缩短，带与带轮间发生向后收缩滑动，使带的速度低于主动轮的圆周速度。当带绕在从动轮上运动过程中，带所受的拉力由 $\boldsymbol{F}_2$ 逐步增加到 $\boldsymbol{F}_1$，带逐渐拉长，带在带轮上出现向前伸长滑动，使带的速度高于从动轮的圆周速度。这种由于两边带的弹性变形不等而引起的带与带轮间的相对滑动，称为带传动的弹性滑动。弹性滑动是带传动固有的物理现象，不可避免，它使带传动的传动比不准确。从动轮圆周速度相对降低率称为滑动率 ε。对于 V 带传动，$\varepsilon = 0.01 \sim 0.02$。在一般的带传动计算中可不考虑滑动率 ε。

带传动的弹性滑动与带的紧、松边拉力差有关。带的型号一定时，带传递的功率越大，传动所需的有效拉力 $\boldsymbol{F}_e$ 也越大，弹性滑动现象也越显著。

17.3　V 带传动的设计

17.3.1　带传动的主要失效形式和设计准则

（1）主要失效形式

①打滑：带传动中当带所传递的圆周力 $\boldsymbol{F}$ 超过了带与带轮接触面之间产生的摩擦力总和时，就会发生过载打滑，使传动失效。

②疲劳破坏：传动带在变应力的反复作用下，发生裂纹、脱层、松散、直至断裂。

（2）设计准则

保证带传动不发生打滑的前提下，使带具有一定的疲劳强度和寿命。

17.3.2　单根 V 带能传递的功率

要保证带传动不打滑，必须使

$$\boldsymbol{F}_e \leqslant \boldsymbol{F}_{flim} \tag{17-8}$$

带具有一定的疲劳强度，应满足的强度条件为

$$\sigma_{max} = \sigma_1 + \sigma_{b_1} + \sigma_c \leqslant [\sigma] \tag{17-9}$$

$$即\ \sigma_1 \leqslant [\sigma] - \sigma_{b_1} - \sigma_c$$

由式（17－3）、式（17－6）、式（17－7）和式（17－9）可以得单根 V 带所能传递的功率为

$$P_0 = \frac{\boldsymbol{F}_e v}{1000} = ([\sigma] - \sigma_{b_1} - \sigma_c)\left(1 - \frac{1}{e^{f_V \alpha}}\right)\frac{Av}{1000} \tag{17-10}$$

带的许用应力 [σ] 与带的速度、带的基准长度及传动比有关，可由实验确定。表17－4为单根普通V带在特定情况下的额定功率 P_0 值。

表17－4　单根普通V带的额定功率 P_0（包角 $\alpha=180°$、特定带长、工作平稳）　单位：kW

带型	小带轮直径 d_{d1}/mm	小带轮转速 n_1/（r/min）										
		200	400	800	950	1200	1450	1600	2000	2400	2800	3200
Z	50	0.04	0.06	0.10	0.14	0.14	0.16	0.17	0.20	0.22	0.26	0.28
	56	0.04	0.06	0.12	0.14	0.17	0.19	0.20	0.25	0.30	0.33	0.35
	63	0.05	0.08	0.15	0.18	0.22	0.25	0.27	0.32	0.37	0.41	0.45
	71	0.06	0.09	0.20	0.23	0.27	0.30	0.33	0.39	0.46	0.50	0.54
	80	0.10	0.14	0.22	0.26	0.30	0.35	0.39	0.44	0.50	0.56	0.61
	90	0.10	0.14	0.24	0.28	0.33	0.36	0.40	0.48	0.54	0.60	0.64
A	75	0.16	0.27	0.45	0.51	0.60	0.68	0.73	0.84	0.92	1.00	1.04
	90	0.22	0.39	0.68	0.77	0.93	1.07	1.15	1.34	1.50	1.64	1.75
	100	0.26	0.47	0.83	0.95	1.14	1.32	1.42	1.66	1.87	2.05	2.19
	112	0.31	0.56	1.00	1.15	1.39	1.61	1.74	2.04	2.30	2.51	2.68
	125	0.37	0.67	1.19	1.37	1.66	1.92	2.07	2.44	2.74	2.98	3.15
	140	0.43	0.78	1.41	1.62	1.96	2.28	2.45	2.87	3.22	3.48	3.65
	160	0.51	0.94	1.69	1.95	2.36	2.73	2.94	3.42	3.80	4.06	4.19
B	125	0.48	0.84	1.44	1.64	1.93	2.19	2.33	2.64	2.85	2.96	2.94
	140	0.59	1.05	1.82	2.08	2.47	2.82	3.00	3.42	3.70	3.85	3.83
	160	0.74	1.32	2.32	2.66	3.17	3.62	3.86	4.40	4.75	4.89	4.8
	180	0.88	1.59	2.81	3.22	3.85	4.39	4.68	5.30	5.67	5.76	5.52
	200	1.02	1.85	3.30	3.77	4.50	5.13	5.46	6.13	6.47	6.43	5.95
	224	1.19	2.17	3.86	4.42	5.26	5.97	6.33	7.02	7.25	6.95	6.05
C	200	1.92	3.30	4.07	4.58	5.29	5.84	6.07	6.34	6.02	5.01	3.23
	224	2.37	4.12	5.12	5.78	6.71	7.45	7.75	8.06	7.57	6.08	3.57
	250	2.85	5.00	6.23	7.04	8.21	9.08	9.38	9.62	8.75	6.56	2.93
	280	3.40	6.00	7.52	8.49	9.81	10.72	11.06	11.04	9.50	6.13	—
	315	4.04	7.14	8.92	10.05	11.53	12.46	12.72	12.14	9.43	4.16	—

考虑 $i\neq1$，额定功率 P_0 会产生增量 ΔP_0，ΔP_0 值可根据传动比 i 从表17－5中查得。

表 17 -5　　单根普通 V 带的额定功率的增量 ΔP_0　　单位：kW

带型	传动比 i	小带轮转速 n_1/（r/min）										
		200	400	730	800	980	1200	1460	1600	2000	2400	2800
Z	1.02～1.04	—	0.00	0.00	0.00	0.00	0.00	0.01	0.01	0.01	0.01	0.01
	1.05～1.08	—	0.00	0.00	0.00	0.00	0.01	0.01	0.01	0.01	0.02	0.02
	1.09～1.12	—	0.00	0.00	0.00	0.01	0.01	0.01	0.01	0.02	0.02	0.02
	1.13～1.18	—	0.00	0.00	0.01	0.01	0.01	0.01	0.01	0.02	0.02	0.03
	1.19～1.24	—	0.00	0.01	0.01	0.01	0.01	0.02	0.02	0.02	0.03	0.03
	1.25～1.34	—	0.00	0.01	0.01	0.01	0.02	0.02	0.02	0.02	0.03	0.03
	1.35～1.51	—	0.00	0.01	0.01	0.02	0.02	0.02	0.02	0.03	0.03	0.04
	1.52～1.99	—	0.01	0.01	0.02	0.02	0.02	0.02	0.03	0.03	0.04	0.04
	≥2.0	0.00	0.01	0.02	0.02	0.02	0.03	0.03	0.03	0.04	0.04	0.04
A	1.02～1.04	0.00	0.01	0.01	0.01	0.01	0.02	0.02	0.02	0.03	0.03	0.04
	1.05～1.08	0.01	0.01	0.02	0.02	0.03	0.03	0.04	0.04	0.06	0.07	0.08
	1.09～1.12	0.01	0.02	0.03	0.03	0.04	0.05	0.06	0.06	0.08	0.10	0.11
	1.13～1.18	0.01	0.02	0.04	0.04	0.05	0.07	0.08	0.09	0.11	0.13	0.15
	1.19～1.24	0.01	0.03	0.05	0.05	0.06	0.08	0.09	0.11	0.13	0.16	0.19
	1.25～1.34	0.02	0.03	0.06	0.06	0.07	0.10	0.11	0.13	0.16	0.19	0.23
	1.35～1.51	0.02	0.04	0.07	0.08	0.08	0.11	0.13	0.15	0.19	0.23	0.26
	1.52～1.99	0.02	0.04	0.08	0.09	0.10	0.13	0.15	0.17	0.22	0.26	0.30
	≥2.0	0.03	0.05	0.09	0.10	0.11	0.15	0.17	0.19	0.24	0.29	0.34
B	1.02～1.04	0.01	0.01	0.02	0.03	0.03	0.04	0.05	0.06	0.07	0.08	0.10
	1.05～1.08	0.01	0.03	0.05	0.06	0.07	0.08	0.10	0.11	0.14	0.17	0.20
	1.09～1.12	0.02	0.04	0.07	0.08	0.10	0.13	0.15	0.17	0.21	0.25	0.29
	1.13～1.18	0.03	0.06	0.10	0.11	0.13	0.17	0.20	0.23	0.28	0.34	0.39
	1.19～1.24	0.04	0.07	0.12	0.14	0.17	0.21	0.25	0.28	0.35	0.42	0.49
	1.25～1.34	0.04	0.08	0.15	0.17	0.20	0.25	0.31	0.34	0.42	0.51	0.59
	1.35～1.51	0.05	0.10	0.17	0.20	0.23	0.30	0.36	0.39	0.49	0.59	0.69
	1.52～1.99	0.06	0.11	0.20	0.23	0.26	0.34	0.40	0.45	0.56	0.68	0.79
	≥2.0	0.06	0.13	0.22	0.25	0.30	0.38	0.46	0.51	0.63	0.76	0.89
C	1.02～1.04	0.02	0.04	0.07	0.08	0.09	0.12	0.14	0.16	0.20	0.23	0.27
	1.05～1.08	0.04	0.08	0.14	0.16	0.19	0.24	0.28	0.31	0.39	0.47	0.55
	1.09～1.12	0.06	0.12	0.21	0.23	0.27	0.35	0.42	0.47	0.59	0.70	0.82
	1.13～1.18	0.08	0.16	0.27	0.31	0.37	0.47	0.58	0.63	0.78	0.94	1.10
	1.19～1.24	0.10	0.20	0.34	0.39	0.47	0.59	0.71	0.78	0.98	1.18	1.37
	1.25～1.34	0.12	0.23	0.41	0.47	0.56	0.70	0.85	0.94	1.17	1.41	1.64
	1.35～1.51	0.14	0.27	0.48	0.55	0.65	0.82	0.99	1.10	1.37	1.65	1.92
	1.52～1.99	0.16	0.31	0.55	0.63	0.74	0.94	1.14	1.25	1.57	1.88	2.19
	≥2.0	0.18	0.35	0.62	0.71	0.83	1.06	1.27	1.41	1.76	2.12	2.47

17.3.3 V 带传动的设计及参数选择

V 带传动设计主要是确定 V 带的型号、长度及根数，大小带轮直径及传动的中心距，带轮的结构和尺寸。

（1）确定计算功率 P_c

$$P_c = K_A P \tag{17-11}$$

式中 P——传递的功率，kW；

K_A——工况系数，见表 17-6。

表 17-6 工况系数 K_A

工作机载荷性质		K_A					
		软起动			负载起动		
		每天工作时间/h					
		<10	10~16	>16	<10	10~16	>16
载荷变动微小	液体搅拌机，通风机和鼓风机（≤7.5kW），离心式水泵和压缩机，轻型输送机	1.0	1.1	1.2	1.1	1.2	1.3
载荷变动小	带式输送机（不均匀载荷），通风机（>7.5kW），旋转式水泵和压缩机，发电机，金属切削机床，印刷机，旋转筛，锯木机和木工机械	1.1	1.2	1.3	1.2	1.3	1.4
载荷变动较大	制砖机，斗式提升机，往复式水泵和压缩机，起重机，磨粉机，冲剪机，橡胶机械，振动筛，纺织机械，重载输送机	1.2	1.3	1.4	1.4	1.5	1.6
载荷变动很大	破碎机（旋转式、颚式等），磨碎机（球磨、棒磨、管磨）	1.3	1.4	1.5	1.5	1.6	1.8

注：①软起动——电动机（交流起动、三角形起动、直流并励），四缸以上的内燃机，装有离心式离合器，液力联轴器的动力机；

②负载起动——电动机（联机交流起动、直流复励或串励），四缸以下的内燃机。

（2）选取带的型号

根据计算功率 P_c 和小带轮转速 n_1，由图 17-12 选取带的型号。若坐标点（P_c、n）位于图中两种型号分界线附近，要按两种型号分别计算，比较两种方案的设计结果，择优取用。

（3）确定小、大带轮基准直径 d_{d_1}、d_{d_2}

小带轮基准直径小，带传动紧凑，但弯曲应力大，带的疲劳强度下降，因此要限制小带轮的基准直径，见表 17-7。在设计时，选取的小带轮基准直径要大于或等于最小基准直径，即 $d_{d_1} \geqslant d_{dmin}$。

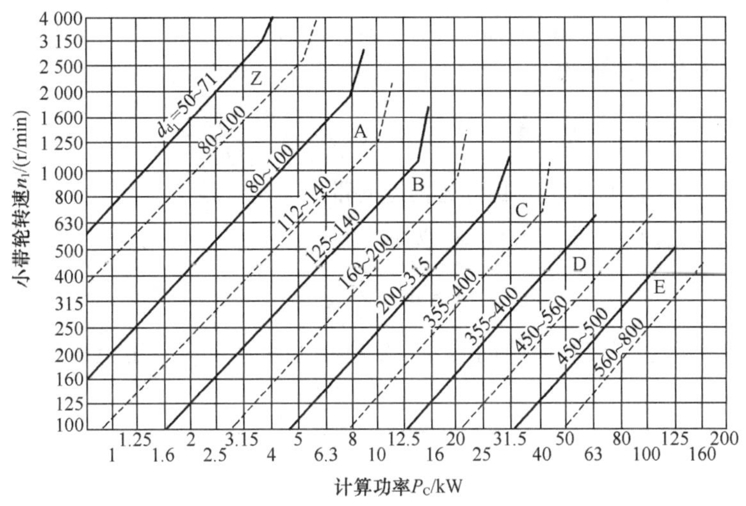

图 17 - 12　普通 V 带选型图

大带轮基准直径 d_{d_2} 先由下式初算

$$d_{d_2} = id_{d_1} = \frac{n_1}{n_2}d_{d_1} \tag{17-12}$$

d_{d_1}、d_{d_2} 要按表 17 - 8 带轮的基准直径系列圆整。

表 17 - 7　V 带轮的最小基准直径　单位：mm

型号	Y	Z	A	B	C	D	E
d_{dmin}	20	50	75	125	200	355	500

表 17 - 8　V 带轮的基准直径系列　单位：mm

20	22.4	25	28	31.5	35.5	40	45	50	56	63	71	75	80
85	90	95	100	106	112	118	125	132	140	150	160	170	180
200	212	224	236	250	265	280	315	355	375	400	425	450	475
500	530	560	710	800	900	1000	1120	1250	1600	2000	2500		

(4) 验算带速 v

带速太高，则带所受离心力大，带与带轮间的正压力减小，使带的传动能力下降；带速太低，则会使有效拉力 $\boldsymbol{F}_e$ 过大，带的根数将增多。一般 $v=5\sim25$m/s 为宜，当 $v=10\sim20$m/s 时为最佳。带速的计算公式为

$$v = \frac{\pi d_{d_1} n_1}{60 \times 1000} \tag{17-13}$$

(5) 计算中心距 a、带长 L 和包角 α

中心距 a 影响传动尺寸和带在单位时间内的绕转次数。中心距过大，易引起带的抖动；中心距过小，转速相同情况下，单位时间内带的绕转次数增加，带的疲劳寿命和传动

能力下降。所以可在式（17－14）限定的范围内初定中心距 a_0

$$0.55\ (d_{d_1}+d_{d_2})\ \leqslant a_0 \leqslant 2\ (d_{d_1}+d_{d_2}) \qquad (17-14)$$

带的计算基准长度计算式为

$$L_{d_0}=2a_0+\frac{\pi}{2}\ (d_{d_1}+d_{d_2})\ +\frac{(d_{d_2}-d_{d_1})^2}{4a_0} \qquad (17-15)$$

计算出 L_{d_0} 后，查表 17－2 选取与之相近的带的基准长度 L_d。

实际中心距 a 可由式（17－16）近似计算

$$a \approx a_0+\frac{L_d-L_{d_0}}{2} \qquad (17-16)$$

考虑到补偿张紧、安装和调整的需要，实际中心距允许有一定范围的变动。

$$\left.\begin{aligned} a_{min} &= a-0.015L_d \\ a_{max} &= a+0.03L_d \end{aligned}\right\} \qquad (17-17)$$

（6）小轮包角 α_1

小轮包角 α_1 可按式（17－18）计算

$$\alpha_1 = 180° - \frac{d_{d_2}-d_{d_1}}{a} \times 57.3° \qquad (17-18)$$

一般要求 $\alpha_1 \geqslant 120°$（极限值为 90°）。

（7）确定带的根数 z

$$z \geqslant \frac{P_c}{(P_0+\Delta P_0)K_\alpha K_L} \qquad (17-19)$$

式中　K_α——包角系数，查表 17－9；

　　　K_L——长度系数，查表 17－2。

表 17－9　　带轮包角系数 K_α

α_1/（°）	180	175	170	165	155	150	145	140	135	130	125	120
K_α	1	0.99	0.98	0.96	0.95	0.93	0.91	0.89	0.88	0.86	0.84	0.82

根据计算值向大的方向取整得带的根数 z。带的根数过多，易造成承载不均，一般 $z \leqslant 10$。

（8）确定初拉力 $\boldsymbol{F}_0$

要有效发挥带的传动能力，同时又要保证带的寿命，因此确定单根 V 带的初拉力为

$$\boldsymbol{F}_0 = 500 \times \frac{(2.5-K_\alpha)P_c}{K_\alpha z v}+qv^2 \qquad (17-20)$$

式中　q——带的单位长度质量，kg/m，见表 17－1。

（9）计算压轴力 $\boldsymbol{F}_Q$

在设计轴和轴承时，需要计算带对轴的压力 $\boldsymbol{F}_Q$。如图 17－13，$\boldsymbol{F}_Q$ 可近似地按带的两边初拉力 $\boldsymbol{F}_0$ 的合力求得。即

$$\boldsymbol{F}_Q \approx 2z\boldsymbol{F}_0 \sin\frac{\alpha_1}{2} \qquad (17-21)$$

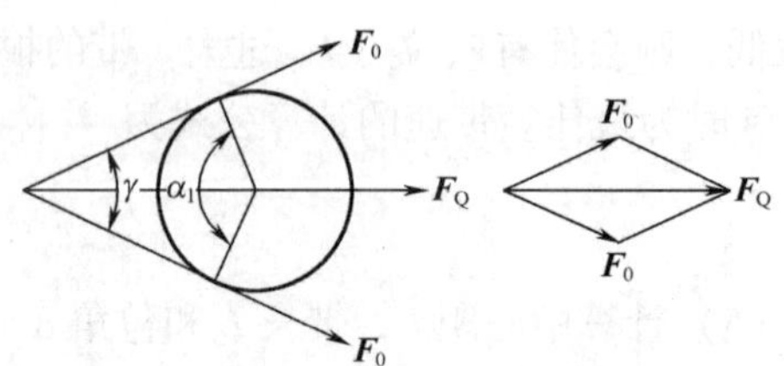

图 17－13　带传动作用在轴上的压力

17.4　链传动概述

链传动靠链轮轮齿与链节的啮合来传递运动和动力，由主动链轮 1、链条 2、从动链轮 3 所组成，如图 17－14 所示。

17.4.1　链传动的类型

按用途，链可分为传动链、起重链和输送链。传动链主要传递运动和动力，工作速度中等（<20m/s）。起重链用在低速下提升重物。输送链用于较低速度下输送物料。

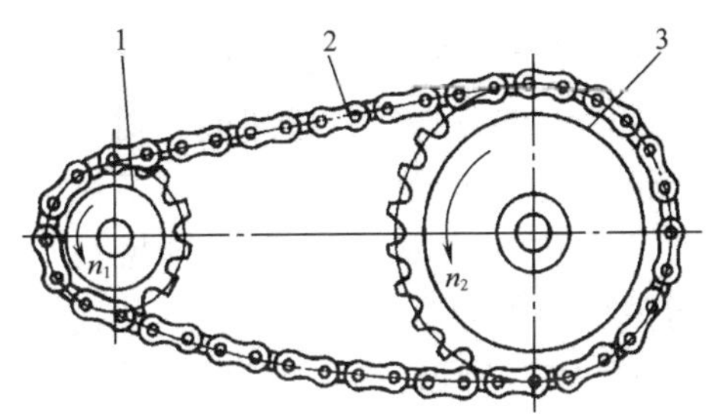

图 17－14　链传动

1—主动链轮　2—链条　3—从动链轮

传动链可分为滚子链和齿形链，如图 17－15 所示。齿形链也称无声链，由许多以铰链连接的齿形链板构成，工作平稳、噪声很小，承受冲击载荷能力强，但结构比较复杂，成本较高。滚子链应用最广，本节只讨论滚子链传动。

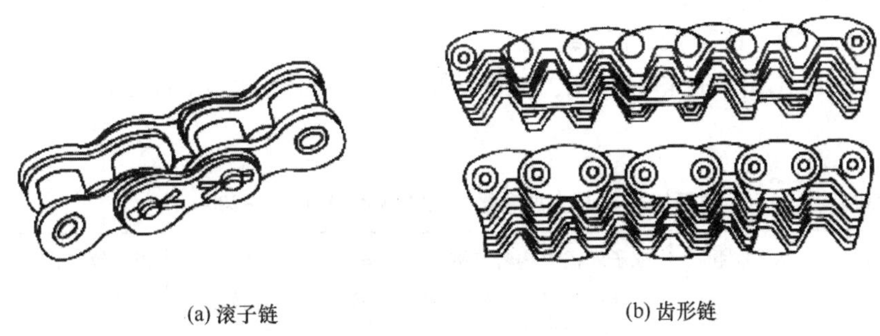

(a) 滚子链　　(b) 齿形链

图 17－15　传动链类型

17.4.2　链传动的特点及应用

与带传动相比，链传动是通过链轮与链条的啮合传动，没有弹性滑动和打滑，能保证准确的平均传动比；传动效率较高，张紧力较小，对轴的压力较小；承载能力强，传递功率大；能适应恶劣环境。与齿轮传动相比，链传动的制造与安装精度要求较低，成本低廉，易于实现较大中心距的传动。

链传动的主要缺点有：瞬时传动比不恒定；有冲击和噪声，传动平稳性差；只能用于平行轴间传动；不宜用于载荷不稳定尤其是急速反向的传动中。

链传动广泛用于要求平均传动比准确，中心距较大的传动，在恶劣的工作条件下也能正常工作。通常，链传动传动比 $i \leqslant 8$，传递的功率 $P \leqslant 100$kW，链速 $v \leqslant 15$m/s，传动效率 $\eta = 0.95 \sim 0.98$。

17.4.3 滚子链

滚子链的结构如图17－16，由外链板1、内链板2、销轴3、套筒4和滚子5组成。内链板紧压在套筒两端，销轴与外链板铆牢，这样内外链节就构成一个铰链。套筒与内链板、销轴与外链板均为过盈配合；滚子与套筒、套筒与销轴均为间隙配合，因此内链板与外链板间能相对转动。当链条啮入和啮出时，内外链节做相对转动；同时，滚子沿链轮轮齿滚动，可减少链条与轮齿的磨损。内外链板均制成“8”字形，以减轻重量并保持链板各横截面的强度大致相等。

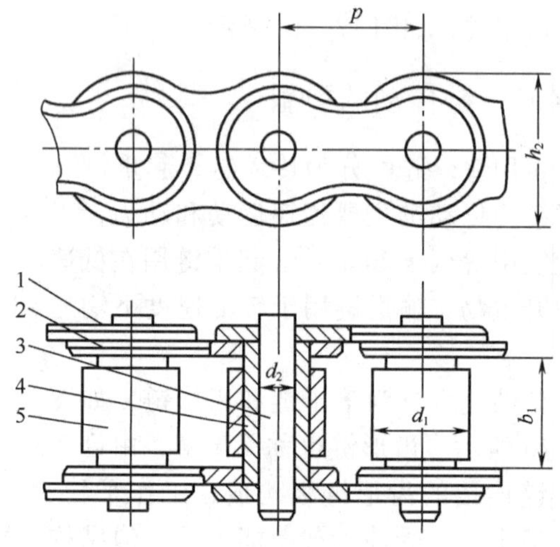

图17－16 滚子链的结构

1—外链板 2—内链板 3—销轴 4—套筒 5—滚子

滚子链是标准件，分A、B两个系列，A系列用于设计，B系列仅用于维修。滚子链的基本参数见表17－10。节距p是滚子链的主要参数，链号数乘以25.4/16即为节距值。滚子链的标记方法为：链号—排数×链节数 标准编号。例如16A—2×124GB/T 1243—2006，为按标准制造的A系列、节距25.4mm、两排、124节的滚子链。

表17－10 滚子链规格和主要参数（摘自GB/T 1243—2006）

链号	节距 p	排距 p_t	滚子外径 d_1	内链节链宽 b_1	销轴直径 d_2	内链板高度 h_2	极限拉伸载荷（单排）F_{lim}^{*}	每米质量（单排）q
	mm						kN	kg/m
08A	12.70	14.38	7.95	7.85	3.98	12.07	13.8	0.60
10A	15.875	18.11	10.16	9.40	5.09	15.09	21.8	1.00
12A	19.05	22.78	11.91	12.57	5.96	18.08	31.1	1.50
16A	25.40	29.29	15.88	15.75	7.94	24.13	55.6	2.60
20A	31.75	35.76	19.05	18.90	9.54	30.18	86.7	3.80
24A	38.10	45.44	22.23	25.22	11.11	36.20	124.6	5.60
28A	44.45	48.87	25.40	25.22	12.74	42.24	169.0	7.50
32A	50.80	58.55	28.58	31.55	14.29	48.26	222.4	10.10
40A	63.50	71.55	39.68	37.85	19.85	60.33	347.0	16.10
48A	76.20	87.83	47.63	47.35	23.81	72.39	500.4	22.60

* 过渡链节取F_{lim}的80%。

当链节数为偶数时，链条两端正好是内链板与外链板，对于节距较大的链节，接头处可用开口销［图 17－17（a）］，对于节距较小的链节，接头处可用弹簧卡片［图 17－17（b）］。当链节数为奇数时，需采用过渡链节［图 17－17（c）］。设计时应尽量采用偶数链节，以避免采用过渡链节造成的强度不足。当传递功率较大时，还可采用多排链，通常是双排链或三排链。

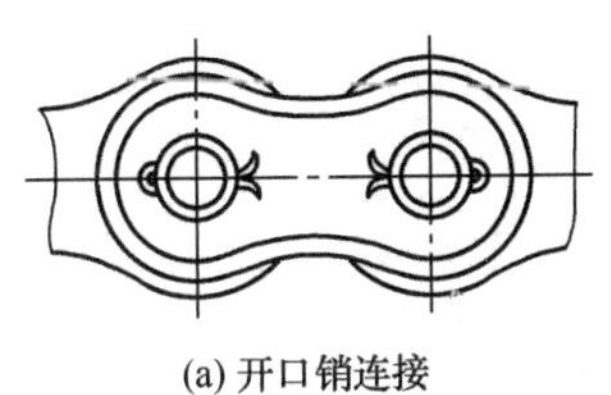
(a) 开口销连接

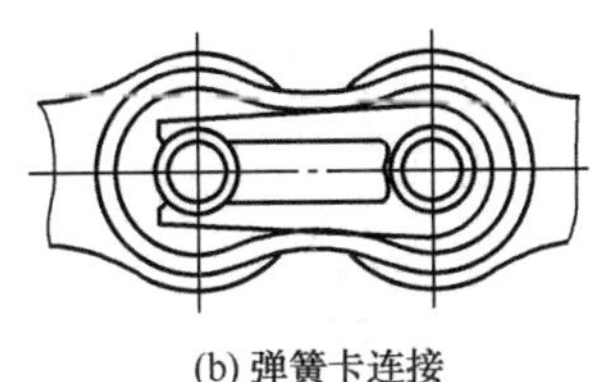
(b) 弹簧卡连接

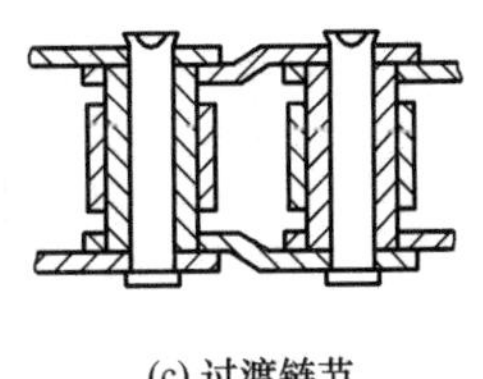
(c) 过渡链节

图 17－17　滚子链的接头形式

17.4.4　滚子链链轮

（1）链轮结构

链轮结构如图 17－18 所示，直径较小的链轮选用实心式，中等直径链轮选用孔板式，直径较大时可采用组合结构。

（2）链轮材料

链轮材料应具有足够的强度和耐磨性。由于小链轮的应力循环次数比大链轮多，所受的冲击较大，故小链轮的材料性能要求较高。常用的链轮常采用碳素钢（如 Q235、Q275、45、ZG310—570）、灰铸铁（如 HT200）及合金钢等制造，并经热处理，以提高其强度和耐磨性。

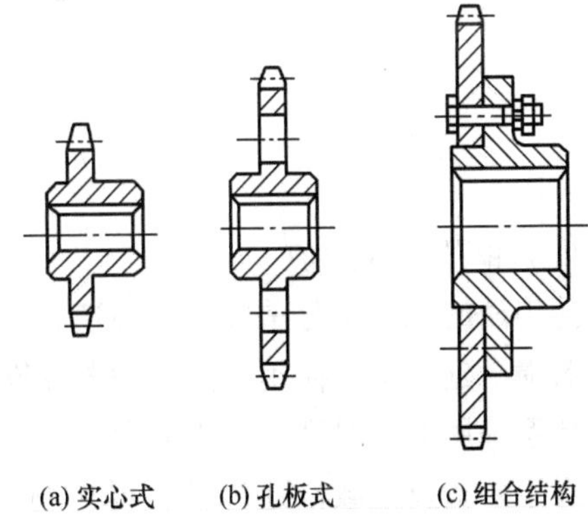
(a) 实心式　　(b) 孔板式　　(c) 组合结构

图 17－18　链轮结构

17.4.5 链传动的布置、张紧和维护

（1）链传动的布置

链传动一般应布置在垂直平面内，尽可能避免布置在水平或倾斜平面内。如确有需要，则应考虑加托板或张紧轮等装置，并尽量减小中心距。

两轮轴线在同一水平面时，若中心距 $a=(30\sim50)p$，紧边在上在下都可以，但在上好些；若中心距 $a>60p$，则应松边在下，防止垂度过大，发生松边与紧边相碰的现象；若两轮轴线不在同一平面，应松边在下，否则松边垂度增大后，链条易与链轮卡死；两轮轴线在同一垂直面内，要设张紧轮或上、下两轮偏置，使两轮的轴线不在同一垂直面内。

（2）链传动的张紧

链传动张紧的目的是调节链条的松边垂度，增大包角和补偿链条磨损后的伸长，使链条与链轮啮合良好，减轻冲击和振动。

常用的张紧方法是：①通过中心距控制张紧程度；②拆除链节，最好去掉 2 个链节，避免采用过渡链节；③采用张紧装置，张紧轮一般是紧压在松边靠近小链轮处，张紧轮可以是链轮或滚轮，直径应与小链轮直径相近。张紧轮有靠弹簧力和重力实现的自动张紧［图 17 - 19（a）］及采用螺钉调节的定期调整［图 17 - 19（b）］两种，另外还可用压板和托板张紧［图 17 - 19（c）］。

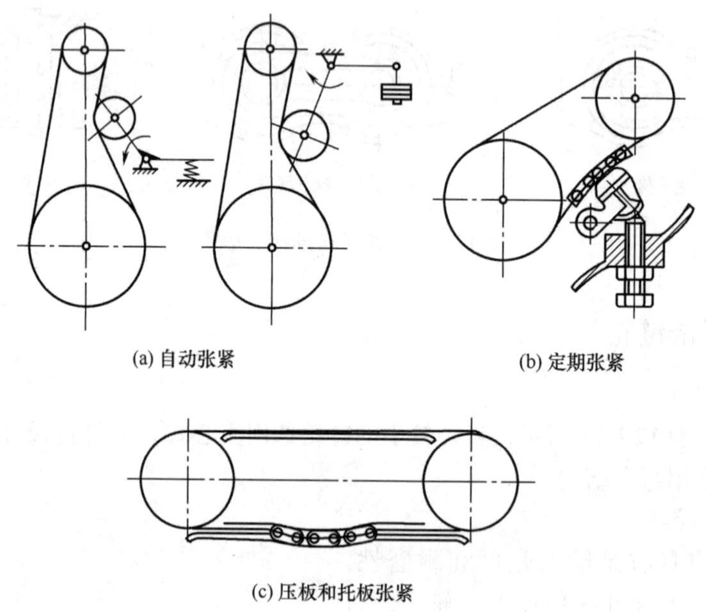

(a) 自动张紧

(b) 定期张紧

(c) 压板和托板张紧

图 17 - 19　链传动的张紧装置

（3）链传动的维护

链传动的润滑十分重要，对高速、重载的链传动更为重要。良好的润滑可缓和冲击，减轻磨损，延长链条使用寿命。润滑油推荐采用牌号为 L—AN32、L—AN46、L—AN68 等全损耗系统用油。温度低时取前者。

对于开式及重载低速传动，可在润滑油中加入 M_oS_2、WS_2 等添加剂。对用润滑油不便的场合，允许涂抹润滑脂，但应定期清洗与涂抹。

思考题与习题

1. 带传动、链传动的特点是什么？

2. 带传动过程中受到哪些力的作用？有哪几种应力？大小如何？何时发生最大应力？

3. 带传动的弹性滑动是什么原因引起的？它对传动的影响如何？带传动的打滑经常在什么情况下发生？

4. 带传动的失效形式是什么？设计准则是什么？

5. 带传动的设计中为什么限制小带轮的包角和小带轮直径？为什么要限制其最小中心距？

6. 在相同的条件下，为什么 V 带比平带的传动能力大？

7. 带轮的结构有几种？各适用于什么场合？用什么材料加工？

8. V 带的型号有几种？型号如何影响带传动的工作能力？

9. 为什么 V 带的楔角是 40°，而带轮的楔角是小于 40°？

10. 为什么带传动和链传动中要考虑张紧？张紧的方式有哪几种？

11. 简述滚子链的组成、标准代号的表示方法。链传动的主要影响参数有哪些？

12. 某二级传动，选用电动机—滚子链传动—V 带传动—传送带的方案，该方案是否合理？为什么？

13. 选择与填空

（1）为了保证带的传动能力，应验算小带轮的包角 α_1，并使 α_1（　　）。

A. <120°　　B. ≥120°　　C. <150°　　D. >150°

（2）带传动采用张紧轮的目的是（　　）。

A. 减轻带的弹性滑动　　B. 提高带的寿命

C. 改变带的运动方向　　D. 调节带的初拉力

（3）带传动的中心距过大将会引起（　　）不良后果。

A. 带会产生抖动　　B. 带易磨损　　C. 带易疲劳断裂

（4）链传动中，链节数取偶数，链轮齿数取奇数，最好互为质数，其原因是（　　）。

A. 链条与链轮轮齿磨损均匀　　B. 工作平稳

C. 避免采用过渡链节　　D. 具有抗冲击力

（5）带传动按传动原理分（　　）传动和（　　）传动。

（6）带传动中，带上受的三种应力是（　　）应力，（　　）应力和（　　）应力。最大应力发生在（　　）。

（7）一般带传动的主要失效形式是（　　）和（　　）。

（8）在设计 V 带传动时，V 带的型号是根据（　　）和（　　）选取的。

（9）带的张紧方式主要有（　　）和（　　）。

14. 单根带传递最大功率 $P=4.7\text{kW}$，小带轮的 $d_1=200\text{mm}$，$n_1=180\text{r/min}$，$\alpha_1=135°$，$f_V=0.25$。求紧边拉力 $\boldsymbol{F}_1$ 和有效拉力 $\boldsymbol{F}_e$（带与轮间的摩擦力已达到最大摩擦力）。

15. 已知 V 带传递的实际功率 $P=7\text{kW}$，带速 $v=10\text{m/s}$，紧边拉力是松边拉力的 2 倍。试求圆周力 $\boldsymbol{F}_e$ 和紧边拉力 $\boldsymbol{F}_1$ 的值。

第五篇 常用机械零部件

机械工程中常用的机械零部件有轴、联轴器和离合器、轴承和连接件等，其中轴、轴承、联轴器、离合器以及轴上的回转零件等组合在一起成为有机的整体，称为轴系部件，是机器的核心。同时，在机器中，由于制造、装配、维修及运输的需要，常常把结构复杂、尺寸庞大或容易损坏的构件设计、加工成若干简单的零件，然后把它们连接起来，这些零件称为连接件，是机器中不可或缺的部分。

轴承有滚动轴承和滑动轴承两类。滚动轴承、联轴器和离合器、连接件是标准件，轴和滑动轴承是非标准件。在本篇中将主要介绍各种常用零部件的应用、工作原理、设计和选用原则等方面的知识，为今后的工程应用奠定基础。

第 18 章 轴和联轴器

工程机械中重要的常用轴系零部件有轴、联轴器和离合器，它们是机器中不可缺少的零部件。轴的作用主要是支撑旋转零件并传递运动和动力，如齿轮、带轮及联轴器等。联轴器和离合器是标准件，它们的功用主要是实现轴与轴之间的接合与分离。联轴器用来将两轴连接在一起，机器运转时两轴不能分离，只有机器停车并将连接拆开后，两轴才能分离。而离合器是机器运转过程中，可使两轴随时接合或分离的装置。离合器的主要功能是用来操纵机器传动系统的断续，以便进行变速及换向等操作。

本章主要讨论轴的分类、材料、结构设计等相关知识，并介绍几种常用联轴器的类型、结构、特点、使用场合和选用方法。

18.1 轴的分类与材料

18.1.1 轴的分类

轴的分类方法有多种，在机械设计中，主要从轴所承受载荷的情况和轴线的形状两方面分类。

根据承受载荷的不同，可将轴分为转轴、心轴和传动轴三种。既承受弯矩又承受转矩的轴，称为转轴，如图 18 - 1 所示的减速箱中的转轴。只承受弯矩而不承受转矩或承受的转矩很小可以忽略不计的轴，称为心轴。根据心轴本身是否固定，还可将心轴分为固定心轴（图 18－2）和转动心轴（图 18－3）。传动轴主要承受转矩，不承受弯矩或承受很小的弯矩可以忽略不计，如汽车的传动轴就是通过两个万向联轴器将发动机转轴和汽车后桥相连，传递转矩的，如图 18－4 所示。

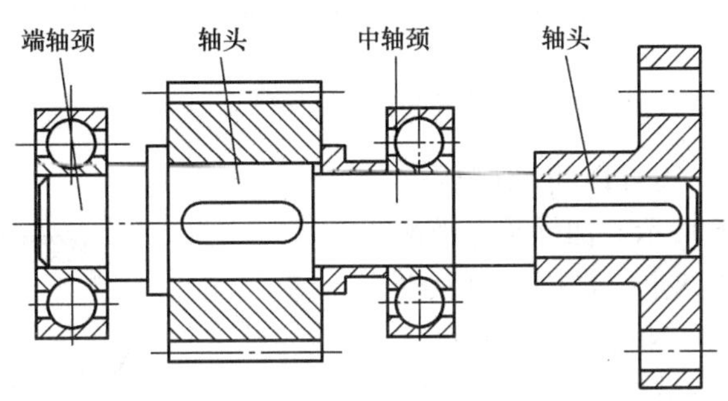

图 18－1　减速箱的转轴

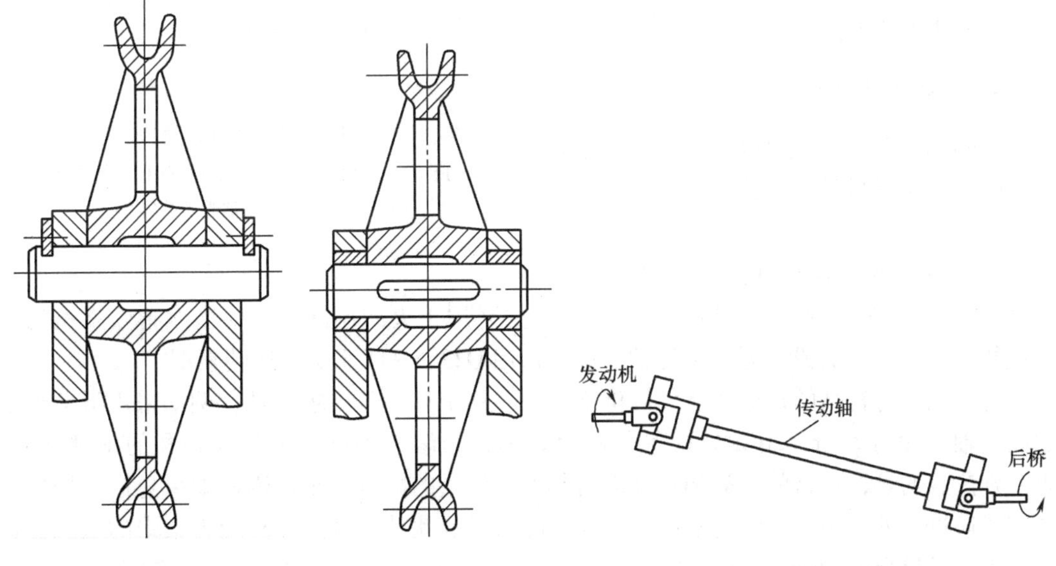

图 18－2　固定心轴　　图 18－3　转动心轴　　图 18－4　汽车的传动轴

按轴线形状的不同可将轴分为直轴（图 18－1 至图 18－4）、曲轴（图 18－5）和挠性轴（图 18－7）。直轴又分为光轴、阶梯轴和空心轴三种。光轴便于加工，轴上的应力集中源少，但轴上的零件定位和固定难度大；而阶梯轴是常见的轴的类型，在阶梯轴上零件的定位和固定方便，但应力集中源较多，加工工艺较复杂；此外，当需要减轻轴的重量或

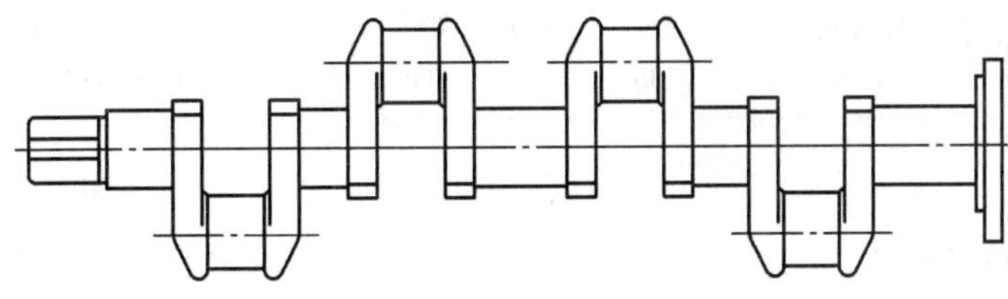

图 18－5　曲轴

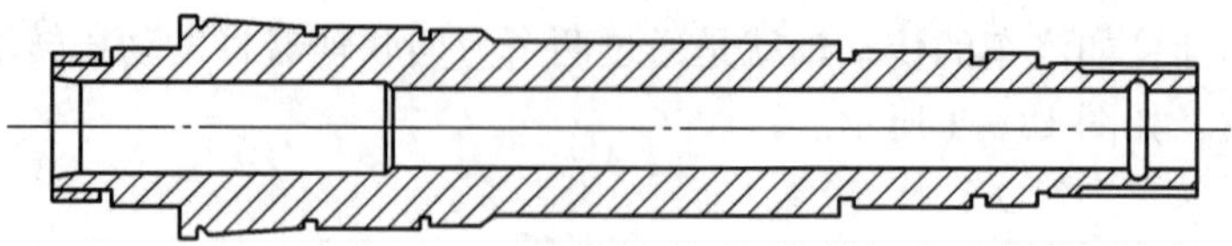

图 18-6　空心轴

满足一些特殊要求时，还可以将轴制成空心的形式，如图 18-6 所示。曲轴是专用零件，其轴线不在同一直线上，常用于内燃机等往复式机械中。挠性钢丝轴（图 18-7）常用于振捣器和医疗器械中，它通常是由几层紧贴在一起的钢丝层构成的，可方便地把转矩和运动传递到任何位置。在机械传动中应用最多的是直轴。

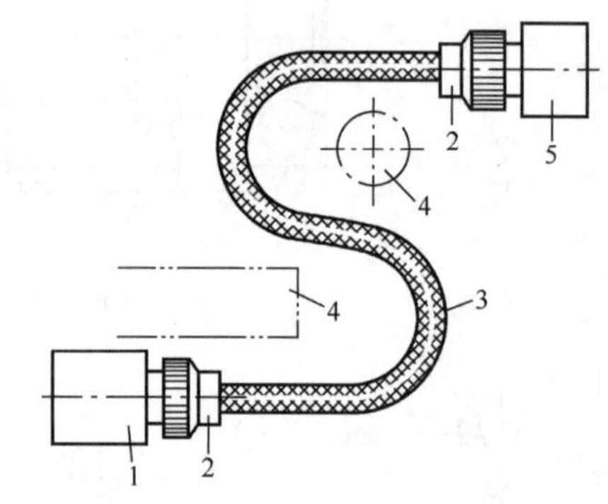

图 18-7　挠性轴

1—动力装置　2—接头　3—加有外层保护套的挠性轴

4—其他设备　5—被驱动装置

18.1.2　轴的材料

在轴的设计中，首先要选择合适的材料。轴的常用材料是碳素钢和合金钢。

碳素钢有 35、45、50 等优质中碳钢。它们具有较好的综合机械性能，因此应用较多，尤其是 45 号钢，应用最为广泛。通常要采用正火或调质处理，来改善碳素钢的机械性能。对不重要的或受力较小的轴，也可选用 Q235、Q275 等普通碳素钢。

合金钢具有较高的机械性能，但价格贵，多用于有特殊要求的轴。例如采用滑动轴承的高速轴，常用 20Cr、20CrMnTi 等低碳合金钢，经渗碳淬火后可提高轴颈的耐磨性能。要特别注意的是，钢材的种类和热处理对其弹性模量的影响很小，因此如果想通过采用合金钢或通过热处理来提高轴的刚度，并无实际效果。此外，合金钢对应力集中的敏感性较高，因此设计合金钢轴时，应从结构上避免或减小应力集中，减小其表面粗糙度。

轴的毛坯一般用圆钢或锻件。有时也可采用铸钢或球墨铸铁制造结构形状复杂的轴，例如，用球墨铸铁制造曲轴、凸轮轴，具有成本低、吸振性能好、对应力集中的敏感性较低、强度较高等优点。表 18-1 列出轴的常用材料及其主要机械性能。

表 18-1　轴的常用材料及其主要机械性能

材料牌号	热处理方法	毛坯直径 d/mm	硬度 HBS	抗拉强度极限 σ_b/MPa	屈服强度极限 σ_s/MPa	弯曲强度极限 σ_{-1}/MPa	应用说明
Q235A				440	240	200	用于不重要或载荷不大的轴
Q275			190	520	280	220	用于不重要的轴
35	正火		143～187	520	270	250	用于一般的轴

续表

材料牌号	热处理方法	毛坯直径 d/mm	硬度 HBS	抗拉强度极限 σ_b/MPa	屈服强度极限 σ_s/MPa	弯曲强度极限 σ_{-1}/MPa	应用说明
45	正火	≤100	170～217	600	300	275	用于较重要的轴，应用十分广泛
45	调质	≤200	217～255	650	360	300	
40Cr	调质	≤100	241～286	750	550	350	用于载荷较大，而无很大冲击的轴
35SiMn 45SiMn	调质	≤100	229～286	800	520	400	性能接近于 40Cr，用于中、小型轴
40MnB	调质	≤200	241～286	750	500	335	性能接近于 40Cr，用于重要的轴
35CrMo	调质	≤100	207～269	750	550	390	用于重载荷的轴
20Cr	渗碳 淬火 回火	≤60	表面硬度 HRC 56～52	650	400	280	用于要求强度、韧性及耐磨性均较好的轴
QT600－3		—	190～270	600	370	215	结构外形复杂的轴
QT800－2		—	245～335	800	480	290	结构外形复杂的轴

18.2　轴的结构设计

轴的设计，主要包括两方面内容：一是轴的结构设计，二是轴的强度计算。设计时应根据工作要求并考虑制造工艺等因素，选择合适的材料，进行初步的结构设计，然后进行强度计算，最终确定轴的合理结构形状和尺寸。

轴的结构设计主要目的是：要使轴具有合理的形状和尺寸。设计时要满足以下基本要求：①制造安装要求，轴应便于加工，轴上零件要方便装拆；②零件定位要求，轴和轴上零件有准确的工作位置，各零件要牢固而可靠地相对固定；③结构工艺性要求，使加工方便和节省材料；④强度要求，尽量减少应力集中等。

下面结合图 18－8 所示的单级齿轮减速器的高速轴，逐项讨论这些要求。

18.2.1　装配工艺要求，轴上零件要方便装拆

轴通常被做成阶梯轴，即中间大并向两端逐渐递减，可顺利装拆轴上的零件。如图 18－8 所示，可依次将齿轮、套筒、左端滚动轴承、轴承端盖和带轮从轴的左端依次装拆，另一滚动轴承从右端装拆。轴端部和各段轴的端部加工出倒角，便于轴上零件的导入与装配。

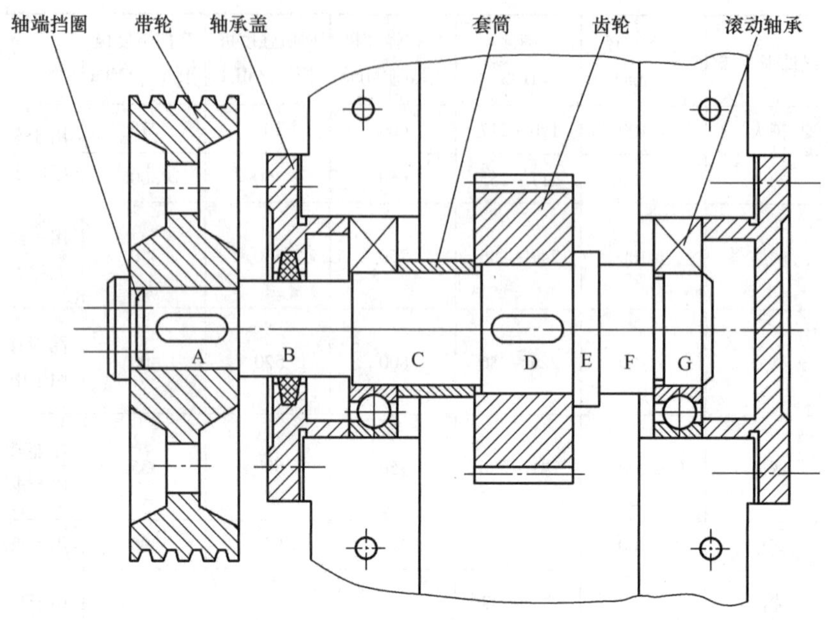

图 18－8　单级齿轮减速器的高速轴

18.2.2　零件的定位与固定的要求

轴和轴上零件都要有准确的工作位置，并要固定可靠。零件的定位与固定有轴向和周向定位与固定两方面的问题。

（1）轴上零件的轴向定位和固定

轴上零件的轴向定位和固定主要方法有：

①轴肩或轴环：阶梯轴上截面变化处叫轴肩或轴环，轴肩和轴环的区别是宽度不同。利用轴肩和轴环都可起到轴向定位的作用，其结构简单、可靠，并能承受较大轴向力。零件的端面与轴肩或轴环平面接触良好，则应使零件孔口处的圆角半径或倒角 C 大于轴上圆角半径 r。在图 18－8 中，A、B 间的轴肩使带轮定位；轴环 E 使齿轮在轴上定位；F、G 间的轴肩使右端滚动轴承定位。

②套筒：有些零件常采用套筒定位，在图 18－8 中的左端滚动轴承采用套筒 C 定位。套筒定位结构简单、可靠，承受较大的轴向载荷，但不适合高转速情况，多用于轴上两零件相距不大的场合，同时套筒本身也要考虑定位。

③圆螺母和双圆螺母：当不能采用套筒或套筒太长时，可采用圆螺母和双圆螺母固定，如图 18－9、图 18－10 所示。这种方法定位可靠，并可承受较大轴向载荷，但轴上的螺纹和退刀槽对轴的强度削弱较大。用圆螺母定位时，要考虑其防松问题，通常可加止动垫片配合，主要用于轴端零件的固定。

④圆锥面：在轴端部也可用圆锥面定位，如图 18－11 所示。圆锥面定位的轴和轮毂之间无径向间隙、装拆方便，能承受冲击，但锥面加工难度较大。

⑤弹性挡圈和挡板：图 18－12 中的弹性挡圈结构简单、紧凑，但承受的轴向载荷较

小。挡板定位通常用于轴端，可承受较大的轴向载荷，如图 18 – 13 所示。

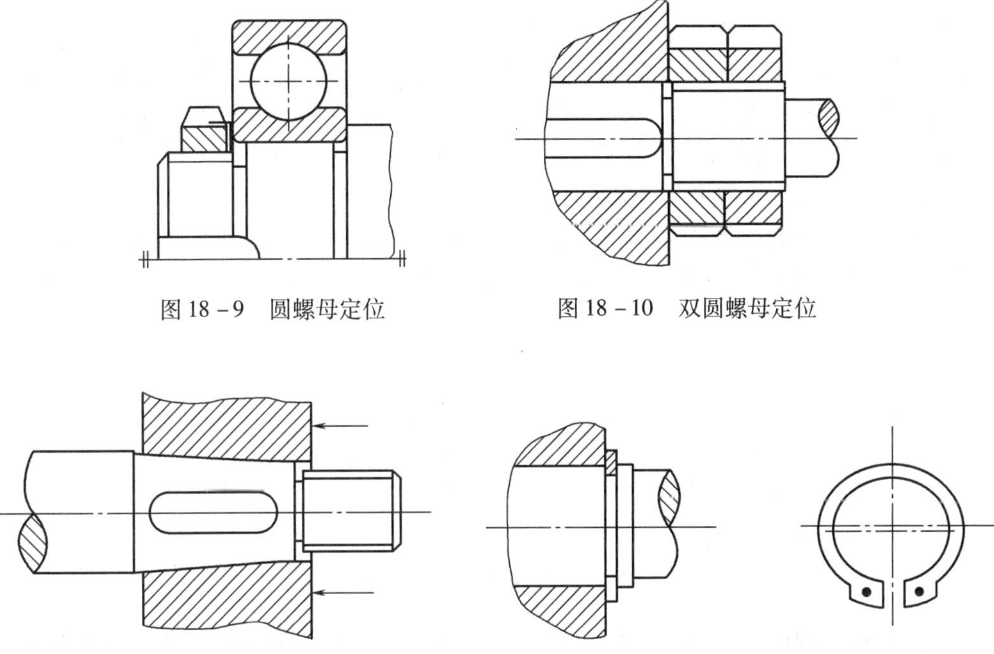

图 18 – 9　圆螺母定位

图 18 – 10　双圆螺母定位

图 18 – 11　圆锥面定位

图 18 – 12　挡圈和弹性挡圈定位

⑥紧定螺钉：如图 18 – 14 所示的紧定螺钉定位，结构简单，常用于光轴等承受轴向载荷小或不承受轴向载荷的场合。

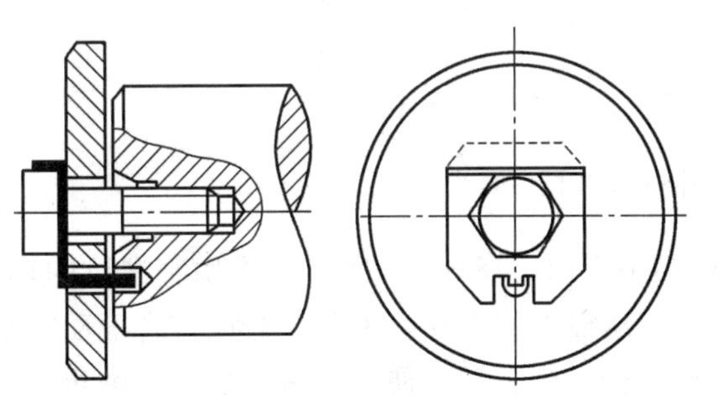

图 18 – 13　挡板定位

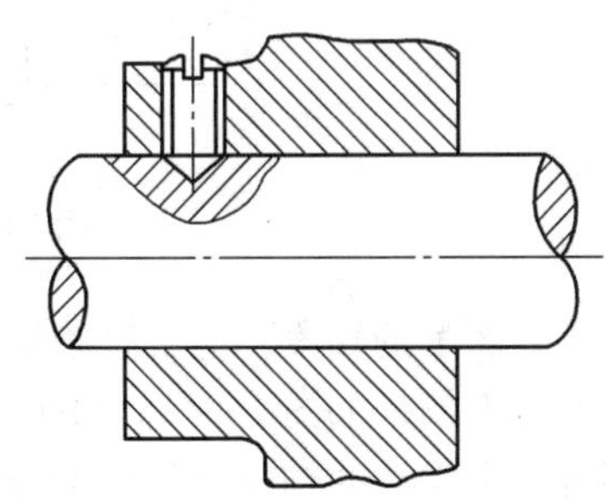

图 18 – 14　紧定螺钉定位

⑦圆锥销：也可用作轴向定位，它同时还起周向定位的作用，结构简单，但对轴的强度削弱严重，用于承受载荷不大且同时需要周向定位和固定的场合，如图 18 – 15 所示。

（2）轴上零件的周向定位和固定

若使轴上零件能随轴转动并传递运动和转矩，就要求零件在周向固定。轴上零件的周向固定，通常采用键、花键等连接方式。此外，用紧定螺钉和圆锥销作轴向固定的同时也可起到周向固定的作用。具体方法可参考第 20 章。

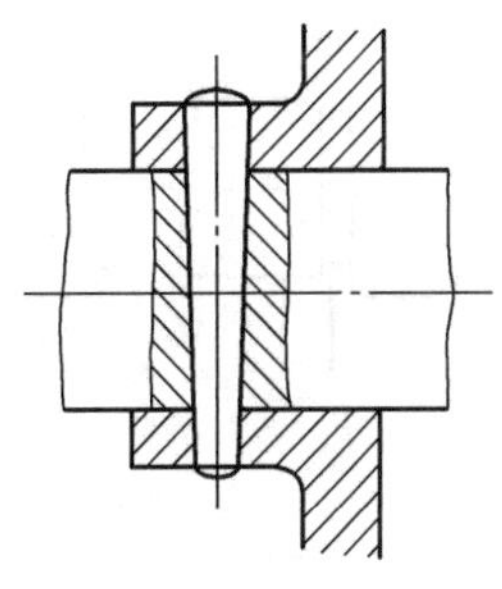

图 18 – 15　圆锥销定位

18.2.3 轴的结构工艺性要求

在满足使用要求的情况下，为便于加工，轴的形状和尺寸要尽量简单。

轴的结构形状，要从强度、定位、加工和材料等多方面考虑。从加工角度，直径不变的光轴加工最方便，但其轴上零件的装拆和定位困难。而阶梯轴便于加工和轴上零件的定位和装拆，故常设计成阶梯轴。为了能选用合适的圆钢和减少切削加工量，阶梯轴各段轴的直径不宜相差太大，一般取 5～10mm。

为了保证轴上零件紧靠定位面（轴肩），轴肩的圆角半径 r 必须小于相配零件的倒角 C_1 或圆角半径 R，轴肩高度必须大于 C_1 或 R，如图 18－16 所示。

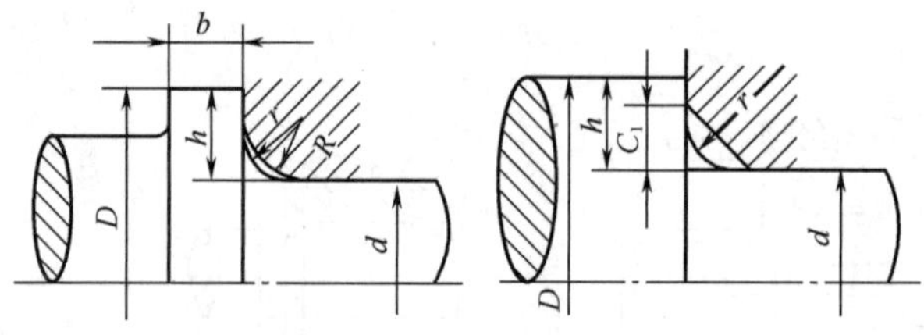

图 18－16　轴肩的圆角半径

在采用套筒、螺母、轴端挡圈作轴向固定时，为保证套筒、螺母或轴端挡圈能紧靠零件端面，应把装零件的轴段长度做得比零件轮毂短 2～3mm。轴上各键槽应开在轴的同一母线上，若开有键槽的轴段直径相差不大时，尽可能采用相同宽度的键槽，如图 18－17 所示。

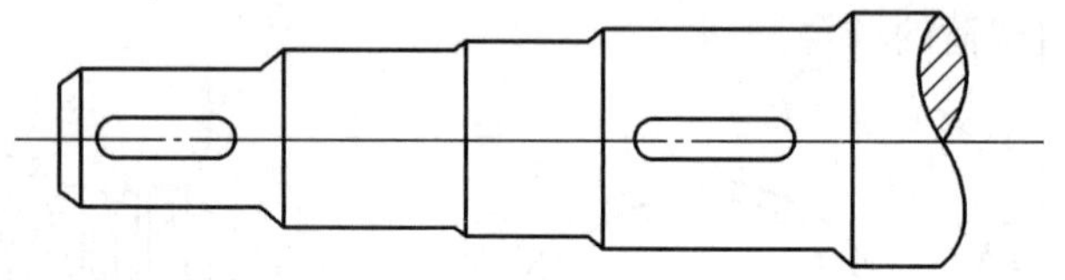

图 18－17　键槽加工在同一直线上

需要磨削的轴段，应留有砂轮越程槽，如图 18－18（a）所示；需切制螺纹的轴段，应留有退刀槽，如图 18－18（b）所示。与滚动轴承相配合的轴颈直径应符合滚动轴承内径标准；有螺纹的轴段直径应符合螺纹标准直径。为装配方便，轴端应加工出倒角，如图 18－18（c）所示；过盈配合零件装入端常加工出导向锥面，如图 18－18（d）所示。

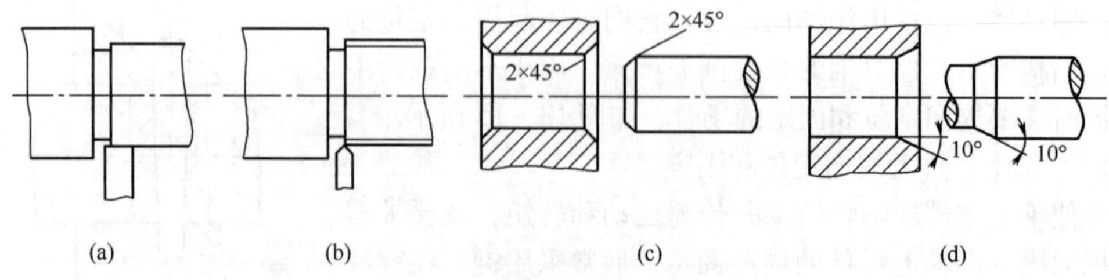

图 18－18　轴的结构工艺性要求

轴是非标准零件，不同的使用要求，设计出轴的结构是不同的，在设计时要符合加工工艺性要求。

18.2.4　减小应力集中及改善受力状况要求

在零件截面发生变化处会产生应力集中现象，削弱材料的强度。因此，结构设计时，要尽量减小应力集中。在阶梯轴的截面尺寸变化处应采用圆角过渡，且圆角半径不宜过小。

此外，结构设计时，还要采用改善受力状况、改变轴上零件位置等措施，提高轴的强度。如在图 18－19 所示的起重机卷筒的两种不同方案中，图（a）的结构是大齿轮和卷筒联成一体，转矩经大齿轮直接传给卷筒，卷筒轴只受弯矩而不传递转矩；而图（b）的结构是大齿轮和卷筒不联成一体，卷筒轴除承受弯矩外，还承受转矩。由于承受的载荷不同，在起重相同重量的重物时，图（a）所示结构的轴径较小，方案较好。当动力由两轮输出时，若将输入轮布置在两输出轮中间，可减小轴上转矩，如图 18－20（a）所示，最大转矩 T_1 较小；而在图 18－20（b）所示的布置中，轴的最大转矩较大，为 T_1+T_2。

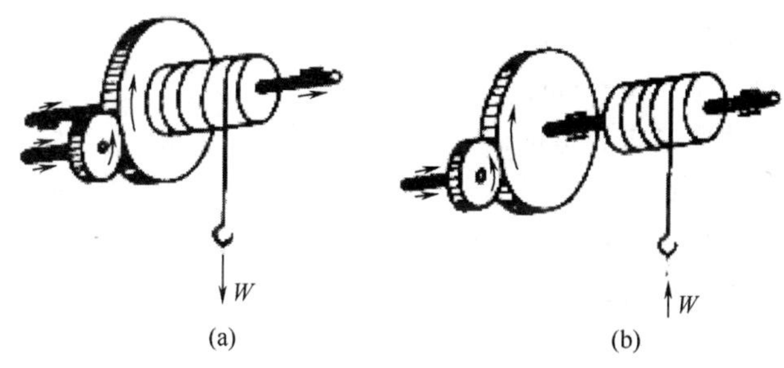

图 18－19　起重机卷筒的两种方案

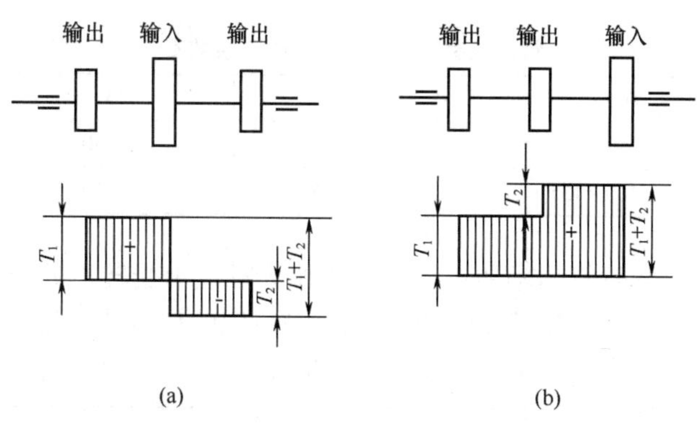

图 18－20　改善受力状况

18.3　轴的强度设计

轴的计算一般包括轴的强度计算和刚度计算，对于高速运转的轴，还应校核轴的振动稳定性。轴的强度计算应根据轴的承载及应力情况采用相应的计算方法。

轴的强度计算常用方法有三种：剪切强度计算方法、弯扭合成强度计算方法和安全系数法。

对于既受弯矩又受转矩的转轴，首先应确定作用在轴上的弯矩和转矩，然后应用力学中的公式进行计算。但在很多情况下，只给出轴传递的扭矩，而两支点的跨距及作用在轴上的载荷等均未知，故弯矩的大小不能确定。所以，在轴的强度计算中，一般是当弯矩未知时，应先按转矩进行初步计算，再进行结构设计，确定出轴的尺寸；然后再按当量弯矩进行计算。这里仅介绍剪切强度计算方法，其他设计方法读者可参考有关轴的设计资料。

剪切强度计算方法适用于只传递转矩的传动轴的计算，也可用于轴的初步计算。对圆截面轴，其强度计算应满足以下条件：

$$\tau = \frac{T}{W_n} = \frac{9.55 \times 10^6 \frac{P}{n}}{0.2d^3} \leqslant [\tau] \tag{18-1}$$

由上式可推导出轴的直径设计公式

$$d \geqslant \sqrt[3]{\frac{9.55 \times 10^6 \times P}{0.2[\tau]n}} = C\sqrt[3]{\frac{P}{n}} \tag{18-2}$$

式中 τ——切应力，MPa；

T——轴所受的转矩，N·mm；

W_n——轴的抗扭截面系数，mm^3；

n——轴的转速，r/min；

P——轴所传递的功率，kW；

d——轴的计算直径，mm；

$[\tau]$——许用切应力，MPa；

C——材料系数。

式中，C 是根据轴材料的许用切应力而确定的系数，具体数值可查表 18－2。

表 18－2　常用轴材料的 $[\tau]$ 和材料系数 C

轴的材料	Q235，20	35	45	40Cr，35SiMn
$[\tau]$ /MPa	12～20	20～30	30～40	40～52
C	160～135	135～118	118～107	107～98

根据式（18－2）可计算出轴的直径，一般作为轴上承受转矩处的最小直径。由这个直径尺寸，并结合结构设计应满足的基本要求，进行轴的初步结构设计。当轴上开有键槽时，会对轴的强度有所削弱，故应加以补偿。通常，开一个键槽时，轴径应增大 3%～5%，有两个键槽时，轴径应增大 7%～10%，然后再将结果圆整为标准数值。

18.4 联轴器

18.4.1 联轴器的功能和类型

联轴器主要用于轴和轴之间的连接，以实现不同轴之间的运动和动力的传递。若要使两轴分离，必须通过停车拆卸才能实现。

联轴器所连接的两轴，由于制造及安装误差、承载后的变形以及温度变化的影响等，会引起两轴相对位置的变化，往往不能保证严格的对中，图 18－21 分别表示两轴间存在的轴向位移、径向位移、角位移和综合位移。

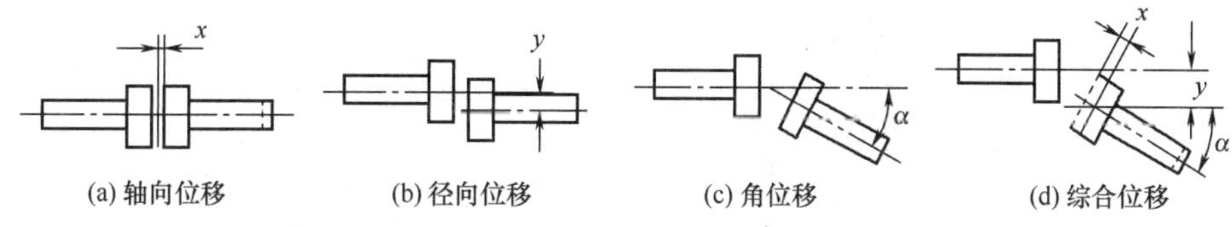

图 18－21　两轴间的相对位移

联轴器的类型很多，根据其内部是否含有弹性元件、对各种相对位移有无补偿能力，即能否在发生相对位移的条件下保持连接功能以及联轴器的用途等，可以分为刚性联轴器、挠性联轴器和安全联轴器。联轴器的主要类型、特点及其作用，详见表 18－3。

表 18－3　联轴器的类型及应用

类　型	在传动系统中的作用	备　注
刚性联轴器	只能传递运动和转矩，不具备其他功能	包括凸缘联轴器、套筒联轴器及夹壳联轴器
挠性联轴器	无弹性元件的挠性联轴器，不仅能传递运动和转矩，而且具有不同程度的轴向、径向及角向相对位移的补偿功能	包括齿式联轴器、万向联轴器、链条联轴器、滑块联轴器等
	有弹性元件的挠性联轴器，能传递运动和转矩，具有不同程度的轴向、径向及角向补偿功能，还具有不同程度的减振、缓冲作用，改善传递系统的工作性能	包括各种非金属弹性元件挠性联轴器和金属弹性元件挠性联轴器。各种弹性联轴器的结构不同，差异较大，在传动系统中的作用也不尽相同
安全联轴器	传递运动和转矩，具有过载安全保护功能，挠性安全联轴器还具有不同程度的补偿功能	包括销钉式、摩擦式、磁粉式、离心式、液压式等安全联轴器

18.4.2　常用联轴器

（1）刚性联轴器

这类联轴器有套筒式、夹壳式和凸缘式等，这里只介绍凸缘联轴器。凸缘联轴器是把两个带有凸缘的半联轴器用键分别与两轴连接，然后用螺栓把两个半联轴器连成一体，以传递运动和转矩。凸缘联轴器的结构型式有以下两种：

①对中榫凸缘联轴器：如图 18－22（a）所示，用普通孔螺栓连接两个半联轴器，靠接合面的摩擦力来传递转矩。一个半联轴器的凸肩与另一个半联轴器上的凹槽相配合而

对中。

②普通凸缘联轴器：如图 18－22（b）所示，用铰制孔螺栓来连接两个半联轴器，靠螺栓杆承受挤压与剪切来传递转矩。

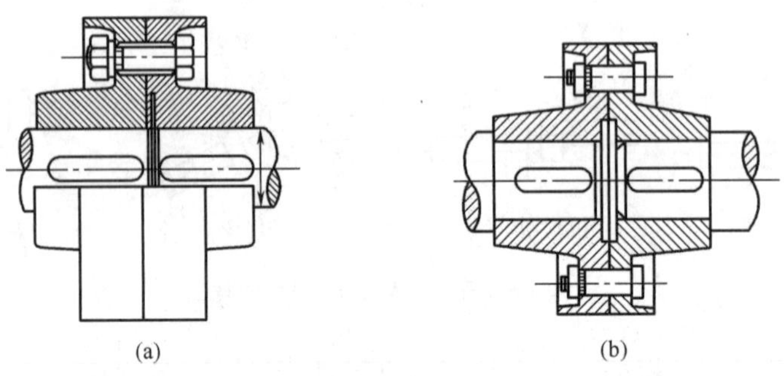

图 18－22　凸缘联轴器

凸缘联轴器结构简单、成本低，可以传递较大的转矩，因此常用在转速低、无冲击、轴的刚度高、对两轴的对中性要求较高的场合。但当两轴间有位移或偏斜存在时，会产生附加载荷，使工作状况恶化。通常凸缘联轴器可用灰铸铁或碳钢制造，重载时或圆周速度大于 30m/s 时应使用铸钢或锻钢。

（2）挠性联轴器

①无弹性元件的挠性联轴器：无弹性元件挠性联轴器利用自身具有相对可动的元件或间隙而允许两轴存在一定的相对位移，适用于调整和运转时很难达到两轴完全对中的场合。但不能缓冲减振。十字滑块联轴器、齿式联轴器和万向联轴器是常用的类型。其中万向联轴器包括单万向联轴器和双万向联轴器。

十字滑块联轴器由两个半联轴器 1、3 和一个中间圆盘 2 组成。中间圆盘两端的凸牙相互垂直，并分别与两半联轴器的凹槽相嵌合，凸牙的中心线通过圆盘中心，如图 18－23 所示。由于中间圆盘两端的凸牙能够在半联轴器的凹槽中移动，故可以实现两轴间的位移补偿。为了减少滑动引起的摩擦，凹槽和凸牙的工作面要加润滑剂。十字滑块联轴器常用 45 钢制造，要求较低时也可以采用 Q275。

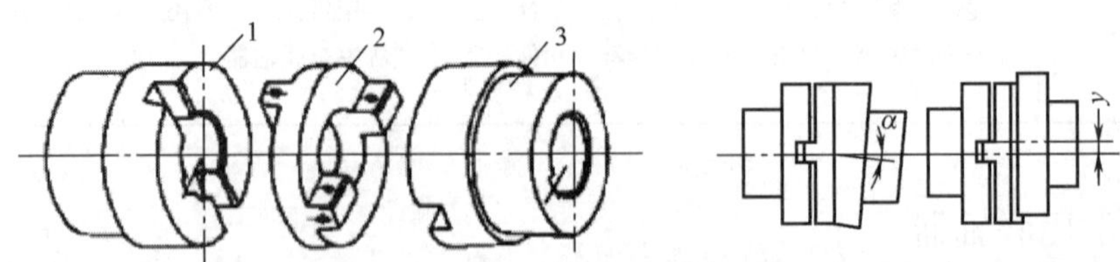

图 18－23　十字滑块联轴器

1、3—两个半联轴器　2—中间圆盘

单万向联轴器由两个分别固定在主、从动轴上的叉形接头 1、2 和一个十字头 3 组成。叉形接头和十字头是铰接的，因此允许被连接两轴轴线夹角 α 很大，如图 18－24 所示。若两轴线不重合，即使主动轴等速转动，从动轴仍将做周期性变速转动。

双万向联轴器可避免这一缺点，如图 18 －25 所示，但在使用时必须使主动轴与中间轴的夹角和从动轴与中间轴的夹角相等，并使中间轴两端的叉形接头位于同一平面内，这样主动轴和从动轴的角速度将相等，否则从动轴仍将做周期性的变速转动。双万向联轴器能可靠地传递转矩和运动，结构紧凑，效率高，可用于相交轴之间的连接，或两轴间有较大角位移的场合。

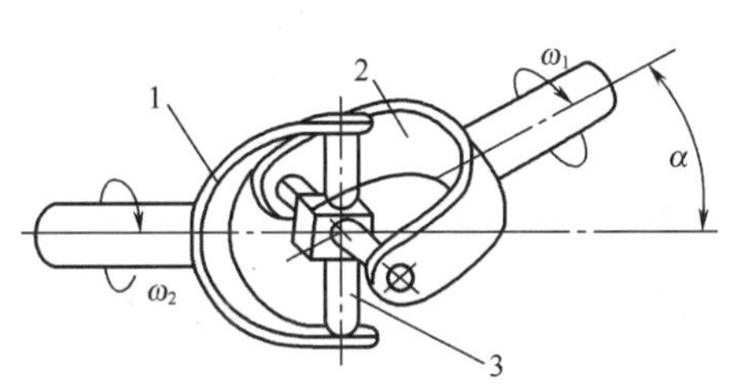

图 18 －24　单万向联轴器

1、2—主、从动轴叉形接头　3—十字头

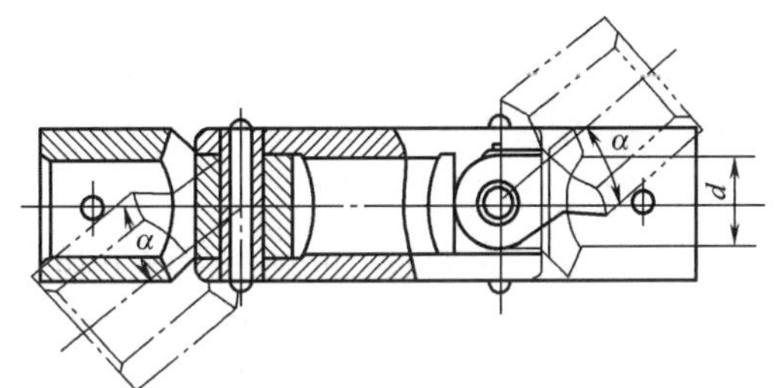

图 18 －25　双万向联轴器

②弹性元件挠性联轴器：这类联轴器因装有弹性元件，不仅可以补偿两轴之间的相对位移，还具有缓冲减振能力。制造弹性元件的材料有非金属和金属两种。非金属有橡胶、塑料等，其特点为质量小、价格便宜，有良好的弹性滞后性能，因而减振能力强。金属材料制成的弹性元件强度高、尺寸小而且寿命长。常用的有弹性套柱销联轴器和弹性柱销联轴器。

弹性套柱销联轴器结构与凸缘联轴器相似，只是用带有橡胶弹性套 1 的柱销 2 代替了连接螺栓，如图 18 －26 所示。柱销材料一般为 45 钢，半联轴器用铸铁或铸钢，它与轴的配合可以采用圆柱或圆锥配合孔。弹性套柱销联轴器制造容易，装拆方便，成本较低，但弹性套易磨损，寿命较短。它适用于连接载荷平稳、需要正反转或启动频繁的传递中小转矩的轴。

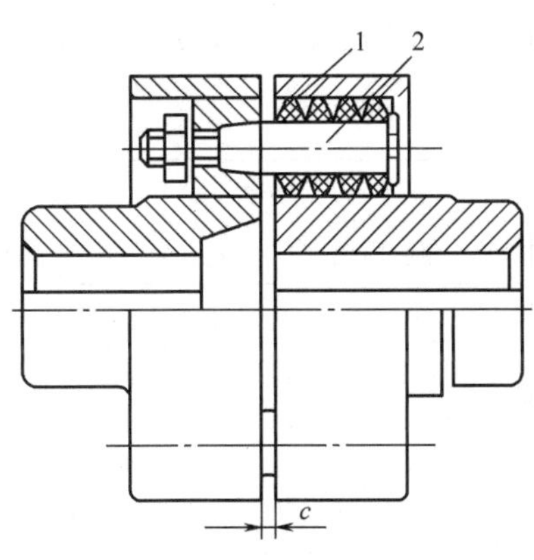

图 18 －26　弹性套柱销联轴器

1—橡胶弹性套　2—柱销

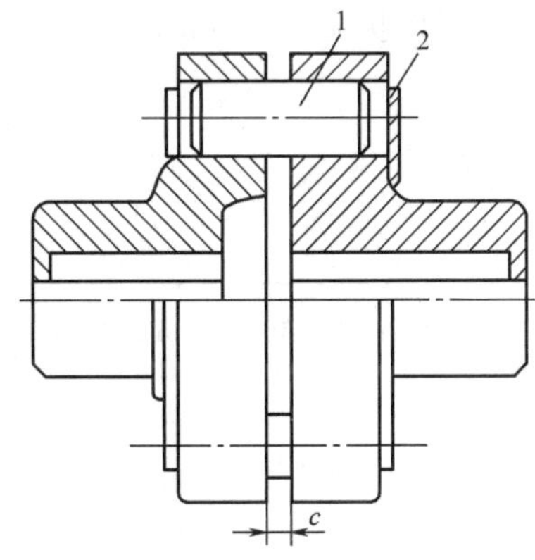

图 18 －27　弹性柱销联轴器

1—弹性柱销　2—挡圈

弹性柱销联轴器可以看成由弹性套柱销联轴器简化而成，即采用弹性柱销 1 代替弹性套和金属柱销。为了防止柱销滑出，在柱销两端配置挡圈 2，如图 18 －27 所示。柱销一般多用尼龙或酚醛布棒等弹性材料制造。弹性柱销联轴器虽然与弹性套柱销联轴器十分相似，但其载荷传递能力更大，结构更为简单，使用寿命及缓冲减振能力更强，允许被连接两轴间有一定的轴向位移以及少量的径向位移和角位移，适用于轴向窜动较大、正反转变化较多和启动频繁的场合。由于尼龙柱销对温度较敏感，故使用温度限制在 -20～70℃。

18.4.3 联轴器的选择

常用的联轴器大多已标准化或规格化，通常情况下只需要正确选择联轴器的类型、确定联轴器的型号及尺寸。

（1）联轴器类型选择

选择联轴器类型时，应该考虑以下几个方面：

①所需传递转矩的大小和性质，对缓冲、减振功能的要求以及是否可能发生共振等。

②由制造和装配误差、轴受载和热膨胀变形以及部件之间的相对运动等引起两轴轴线的相对位移程度。

③许用的外形尺寸和安装方法，为了便于装配、调整和维修所必需的操作空间。对于大型的联轴器，应能在轴不需要作轴向移动的条件下实现拆装。

此外，还应考虑工作环境、使用寿命以及润滑、密封和经济性等条件，再参考各类联轴器特性，选择一种合适的联轴器类型。

（2）联轴器型号、尺寸的确定

对于已标准化和系列化的联轴器，选定合适的类型后，可按转矩、轴直径和转速等确定联轴器的型号和结构尺寸。

联轴器的计算转矩

$$T_c = K_A T \tag{18-3}$$

式中 T——联轴器的名义转矩，N·m；

T_c——联轴器的计算转矩，N·m；

K_A——工作状况系数，其值的选择参见表 18-4（此系数也适用于离合器的选择）。

表 18-4　工作状况系数 K_A

原动机	工作机			
	电动机、汽轮机	单缸内燃机	双缸内燃机	四缸内燃机
转矩变化很小的机械：如发电机、小型通风机、小型离心泵	1.3	2.2	1.8	1.5
转矩变化较小的机械：如透平压缩机、木工机械、运输机	1.5	2.4	2.0	1.7
转矩变化中等的机械：如搅拌机、增压机、有飞轮的压缩机	1.7	2.6	2.2	1.9
转矩变化和冲击载荷中等的机械：如织布机、水泥搅拌机、拖拉机	1.9	2.8	2.4	2.1

续表

原动机	工作机			
	电动机、汽轮机	单缸内燃机	双缸内燃机	四缸内燃机
转矩变化和冲击载荷较大的机械：如挖掘机碎石机、造纸机械	2.3	3.2	2.8	2.5
转矩变化和冲击载荷大的机械：如压延机、起重机、重型轧钢机	3.1	4.0	3.6	3.3

根据计算转矩、轴直径和转速等，可以从机械设计手册中选取联轴器的型号和结构尺寸。

多数情况下，每一型号的联轴器适用的轴径均有一个范围。标准中已给出轴径的最大与最小值，或者给出适用直径的尺寸系列，被连接的两轴的直径应在此范围之内。一般情况下，被连接的两轴的直径是不同的，两个轴端的形状也可能不同。

思考题与习题

1. 根据轴的承载情况，可将轴分为几种？如何定义的？各有何特点？
2. 试分析自行车的前轴、中轴、后轴的受载情况，说明它们各属于哪类轴。
3. 轴的材料有哪些？最常用的材料是什么？
4. 轴的结构设计应满足的基本条件是什么？如何考虑？
5. 轴上零件的轴向及周向固定有哪些方法？各有何特点？各应用于什么场合？
6. 选择与填空

(1) 轴可分为转轴、心轴、传动轴，其中转轴是指（　　）的轴。

A. 工作中要转动　　B. 同时受弯矩、扭矩作用

C. 只受扭矩作用　　D. 只受弯矩作用

(2) 采用合金钢和热处理的办法来提高轴的（　　），并无实效。

A. 表面硬度　B. 强度　C. 工艺性　D. 刚度

(3) 在轴的初步估算中，轴的直径是按（　　）来初步确定的。

A. 弯曲强度　B. 扭转强度　C. 轴段的长度　D. 轴段上的零件的孔径

(4) 将转轴的结构设计成阶梯形的主要目的是（　　）。

A. 便于加工　B. 便于轴上零件固定和装拆　C. 提高轴的刚度

(5) 轴环的用途是（　　）。

A. 提高轴的强度　B. 提高轴的刚度　C. 使轴上零件获得轴向定位

(6) 结构简便，定位可靠，能承受较大轴向力的常用轴向固定方法是（　）。

A. 轴肩或轴环　B. 圆螺母　C. 轴端挡圈　D. 轴套

(7) 根据轴的承载性质不同可将轴分为（　　）、（　　）、（　　）三类。

(8) 轴上零件的定位和固定要考虑（　　）和（　　）两个方向。

(9) 对轴上零件的周向固定，大多数是采用（　　）、（　　）配合的固定方式。

7. 试分析如图所示卷扬机中各轴所承受的载荷状况，并判定各轴的类型（轴的自重、轴承中的摩擦均不计）。

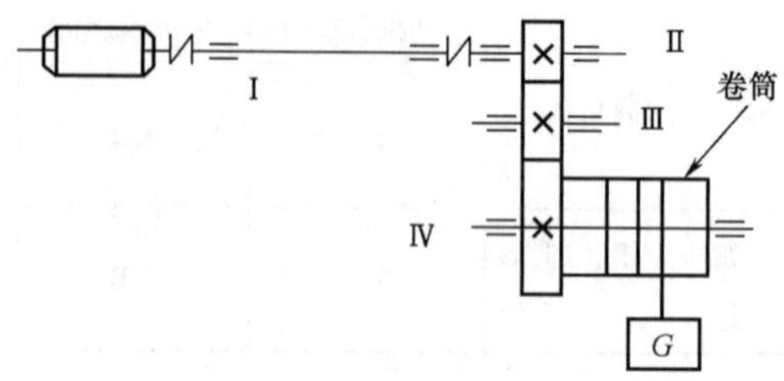

题 18－7 图

8. 有一台水泵，由电动机驱动，传递的功率 $P=4.5\text{kW}$，轴的转速 $n=960\text{r/min}$，设计时，轴材料采用 45 号钢，试按强度要求计算出轴所需的最小直径。

9. 在图示轴的结构图中存在多处错误，请指出错误点，说明出错原因，并加以改正。

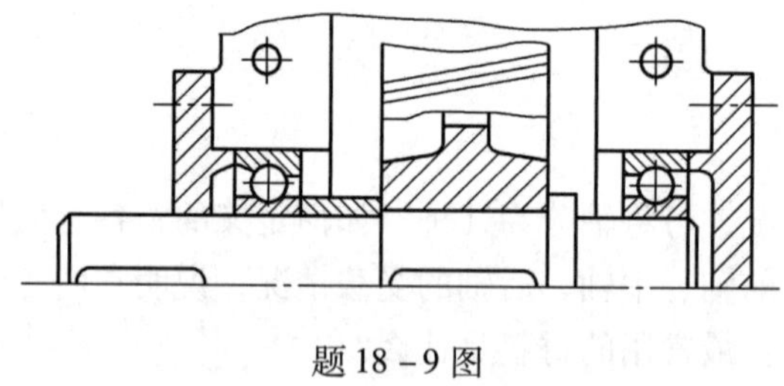

题 18－9 图

10. 指出如图所示轴系的结构错误和不合理之处（按序号标出，并简要说明原因）。

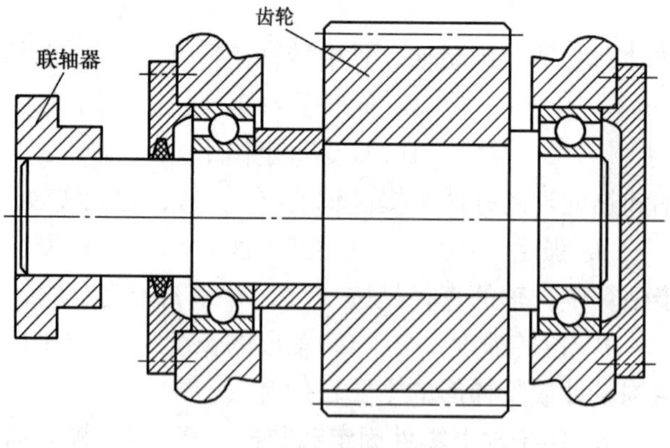

题 18－10 图

11. 联轴器和离合器的功用有何相同点和不同点？

12. 刚性联轴器和挠性联轴器有什么区别？各适用于什么场合？

第 19 章　轴　　承

轴承的作用是支承机器中的轴及轴上零件，保持其位置和旋转精度，并减少轴与支承之间的摩擦及磨损。根据轴承工作时的摩擦性质不同，可分为滚动轴承和滑动轴承两大类。本章主要介绍滚动轴承，并简要介绍滑动轴承。

19.1　滚动轴承概述

滚动轴承是广泛应用的轴系零部件之一，它主要依靠元件间的滚动接触来支承回转零件。大多数常用的滚动轴承已经标准化，专业工厂生产和制造各种规格的常用轴承。与滑动轴承相比，滚动轴承具有旋转精度高、启动力矩小、是标准件、选用方便等特点。学习滚动轴承应掌握：①了解常用滚动轴承的应用特点，并能正确选择轴承类型和尺寸；②进行轴承的组合设计，包括轴承的安装、调整、配合、润滑、密封等有关结构设计。

19.1.1　滚动轴承的基本结构和材料

滚动轴承一般是由内圈、外圈、滚动体和保持架所组成，如图 19－1 所示。内圈和轴颈装配，外圈和轴承座孔装配。通常内圈随轴颈转动，外圈装在机座或零件的轴承孔内固定不动，但也可以用于外圈回转而内圈不动，或是内、外圈同时回转的场合。内外圈都制有滚道，当内外圈相对旋转时，滚动体将沿滚道滚动。保持架的作用是把滚动体沿滚道均匀地隔开，避免滚动体间相互接触产生磨损。常用滚动体的基本类型有球和滚子两类，滚子又分为圆柱滚子、圆锥滚子、球面滚子和滚针等，如图 19－2 所示。

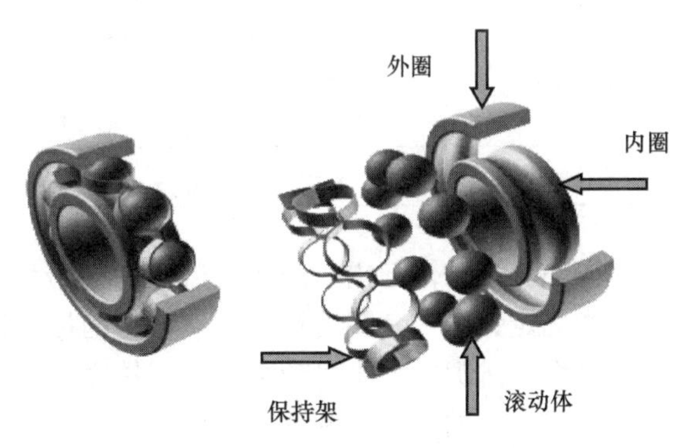

图 19－1　滚动轴承的基本结构

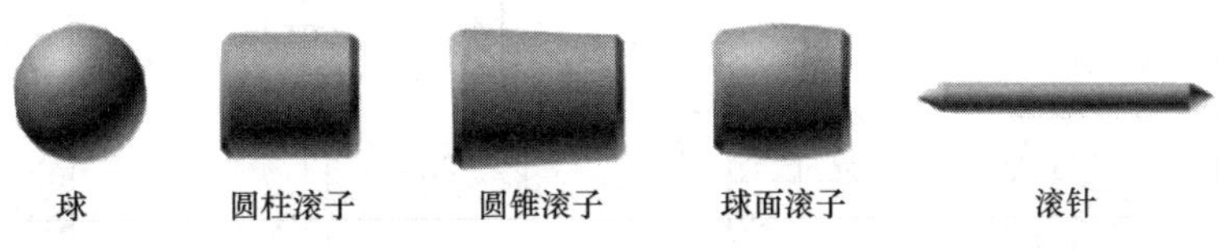

图 19－2　滚动体的基本类型

滚动轴承的内圈、外圈、滚动体一般用强度高、耐磨性能好的轴承钢 GCr15 制造，热处理后的硬度可达 HRC 61 ~65，工作表面须经磨削和抛光。一般轴承的元件需经过回火处理，因此当轴承工作温度低于120℃时，轴承元件的硬度不会下降。轴承保持架多用低碳钢板冲压而成，也有用铜合金或塑料等软质材料制造的。

19.1.2 滚动轴承的特点

滚动轴承优点包括：摩擦阻力小，功率损耗小，效率高，起动灵活；润滑简便，互换性好，安装拆卸方便，便于维修；结构紧凑，重量轻，轴向尺寸小；精度高，转速高，使用寿命长；适用于批量生产。因此，各种机械中广泛使用滚动轴承。滚动轴承的主要缺点是径向尺寸较大，抗冲击能力较差，高速时出现噪声。由于滚动轴承已经标准化并批量生产，所以，主要任务是熟悉标准、正确选用。

19.2 滚动轴承的类型、代号和选择

19.2.1 滚动轴承的基本概念和类型

（1）滚动轴承的基本概念

①接触角：接触角是滚动轴承的一个主要参数，轴承的受力分析和承载能力等与接触角有关。如图19－3所示，滚动轴承中滚动体与外圈接触处的法线和垂直于轴承轴心线的平面间的夹角 α，称为接触角。α 越大，轴承承受轴向载荷的能力越大。表19－1列出各类轴承的公称接触角。

表19－1　各类轴承的公称接触角

轴承类型	径向轴承		推力轴承	
	径向接触	向心角接触	推力角接触	轴向接触
公称接触角 α	$\alpha=0°$	$0°<\alpha\leqslant45°$	$45°<\alpha<90°$	$\alpha=90°$

②游隙：滚动体与内、外圈滚道之间的最大间隙称为轴承的游隙。如图19－4所示，将一套圈固定，另一套圈沿径向的最大移动量，称为径向游隙，沿轴向的最大移动量，称为轴向游隙。游隙的大小对轴承的运转精度、寿命、噪声、温升等有很大影响，使用时应按要求进行游隙的选择或调整。

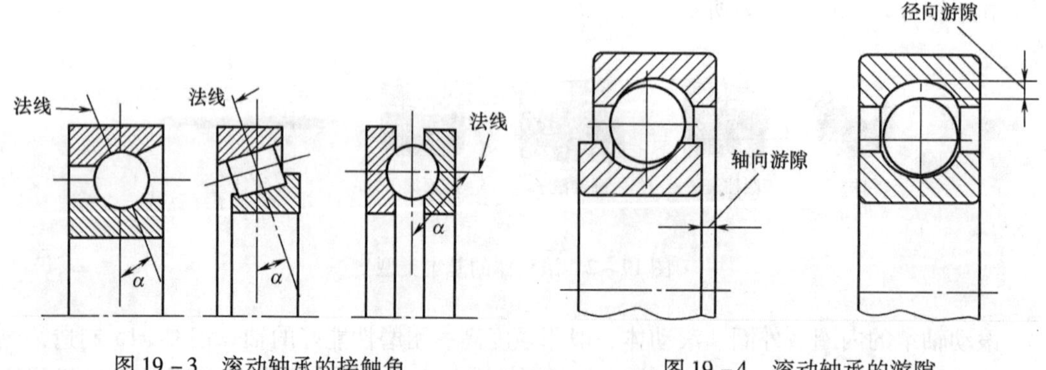

图19－3　滚动轴承的接触角　　　图19－4　滚动轴承的游隙

③偏位角：如图 19－5 所示，轴承由于安装误差或轴的变形等都会引起内外圈中心线发生相对倾斜，其倾斜角称为偏位角，用 θ 表示。各类轴承的许用偏位角见表 19－2。能自动适应偏位角的轴承，称为调心轴承。

④极限转速：滚动轴承在一定载荷和润滑条件下，允许的最高转速称为极限转速，用 n 表示。其具体数值可参见有关设计手册。如果轴承极限转速不能满足要求，可采取提高轴承精度、适当加大间隙、改善润滑和冷却条件、选用青铜保持架等措施。

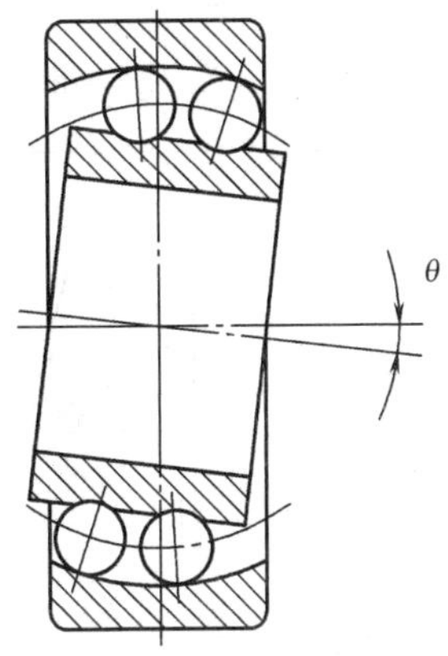

图 19－5　滚动轴承的角偏差

（2）滚动轴承的基本类型

按照滚动体的形状不同，滚动轴承分为球轴承和滚子轴承；按照工作时能否调心，分为调心轴承和非调心轴承；滚动轴承按其承受载荷的方向或公称接触角的不同，可分为：

①径向轴承：主要用于承受径向载荷，其公称接触角为 0～45°；

②推力轴承：主要用于承受轴向载荷，其公称接触角 $45° < \alpha < 90°$（表 19－1）。

由于接触角的存在，角接触轴承可同时承受径向载荷和轴向载荷。公称接触角小的，如角接触向心轴承，主要用于承受径向载荷；公称接触角大的，如角接触推力轴承，主要用于承受轴向载荷。径向接触向心球轴承的公称接触角为零（表 19－1），但由于滚动体与滚道间留有微量间隙，受轴向载荷时轴承内外圈间将产生轴向相对位移，实际上形成一个不大的接触角，所以它也能承受一定的轴向载荷。

按照滚动体的列数，分为单列、双列及多列滚动轴承。常用的各类滚动轴承的性能及特点见表 19－2。

表 19－2　　滚动轴承的主要类型和特性

轴承名称类型及代号	结构简图	基本额定动载荷比①	极限转速比②	允许偏位角	主要特性及应用
调心球轴承 10000		0.6～0.9	中	2°～3°	主要承受径向载荷，也能承受少量的轴向载荷。因为外圈滚道表面是以轴线中点为球心的球面，故能自动调心
调心滚子轴承 20000		1.8～4	低	1°～2.5°	主要承受径向载荷，也可承受一些不大的轴向载荷，承载能力大，能自动调心

续表

轴承名称类型及代号	结构简图	基本额定动载荷比[1]	极限转速比[2]	允许偏位角	主要特性及应用
圆锥滚子轴承 30000		1.1~2.5	中	2′	能承受较大的径向载荷和单向的轴向载荷，极限转速较低。 内外圈可分离，轴承游隙可在安装时调整。通常成对使用，对称安装。适用于转速不太高，轴的刚性较好的场合
推力球轴承 51000		1	低	不允许	接触角 $\alpha=0°$，只能承受单向轴向载荷，而且载荷作用线必须与轴线相重合。高速时钢球离心力大，磨损、发热严重，极限转速低。高速时，由于离心力大，寿命较低。所以只用于轴向载荷大，转速不高的场合
双向推力球轴承 52000		1	低	不允许	能承受双向轴向载荷。其余与推力球轴承相同
深沟球轴承 60000		1	高	8′~16′	主要承受径向载荷，也可同时承受少量双向轴向载荷，工作时内外圈轴线允许偏斜。摩擦阻力小，极限转速高，价格便宜，应用最广泛。但承受冲击载荷能力较差，适用于高速场合。在高速时可代替推力球轴承
角接触球轴承 70000		1.0~1.4	较高	2′~10′	能同时承受径向载荷与单向的轴向载荷，公称接触角 α 有 15°、25°、40°三种，α 越大，轴向承载能力也越大。一般成对使用，可以分装于两个支点或同装于一个支点上，极限转速较高。适用于转速较高，同时承受径向和轴向载荷场合

续表

轴承名称类型及代号	结构简图	基本额定动载荷比①	极限转速比②	允许偏位角	主要特性及应用
圆柱滚子轴承 N0000		1.5~3	较高	2′~4′	外圈（或内圈）可以分离，只能承受径向载荷。由于是线接触轴承，所以能承受较大的径向载荷。对轴的偏斜敏感，允许偏斜较小，用于刚性较大的轴上，并要求支承座孔很好地对中
滚针轴承 NA0000		—	低	不允许	外圈（或内圈）可以分离，径向承载能力较大，一般无保持架，摩擦因数大，不允许有偏斜。不能承受轴向载荷，常用于径向尺寸受限制而径向载荷又较大的装置中

注：①基本额定动载荷比：是指同一尺寸系列（直径及宽度）各种类型和结构形式的轴承的基本额定动载荷与6类深沟球轴承的（推力轴承则与单向推力球轴承）基本额定动载荷之比。

②极限转速比：是指同一尺寸系列0级公差的各类轴承脂润滑时的极限转速与6类深沟球轴承脂润滑时的极限转速之比。高、中、低的含义为：高为6类深沟球轴承极限转速的90%~100%；中为6类深沟球轴承极限转速的60%~90%；低为6类深沟球轴承极限转速的60%以下。

19.2.2 滚动轴承的代号

滚动轴承的类型很多，而各类轴承又有不同的结构、尺寸、精度和技术要求等。为了便于组织生产和选用，国家标准 GB/T 272—2006 规定了滚动轴承代号的表示方法，用字母和数字表示轴承代号，一般刻印在轴承套圈的端面上。

滚动轴承的代号由前置代号、基本代号和后置代号组成。轴承代号的构成见表19-3。

表19-3　滚动轴承代号的构成

前置代号	基本代号				后置代号
字母	类型代号	尺寸系列代号		内径代号	字母（或数字）
	数字或字母	宽度系列代号	直径系列代号	两位数字	
		一位数字	一位数字		

（1）基本代号

基本代号是轴承代号的基础，表明轴承的类型、结构和尺寸。基本代号由轴承类型代号、尺寸系列代号和内径代号组成。

①类型代号：类型代号用基本代号右起第五位数字或字母表示，圆柱滚子轴承和滚针轴承等类型代号为字母。代号及意义见表19-2。

②尺寸系列代号：尺寸系列代号由轴承的宽度系列代号和直径系列代号组成。

轴承的直径系列是指内径相同的同类轴承在外径和宽度方面的变化，用基本代号右起第三位数字表示。国家标准规定，直径系列代号用1、2、3、4、5表示，对应于内径相同的轴承，外径和宽度尺寸依次递增的系列。图19－6所示为深沟球轴承的不同直径系列代号的对比。

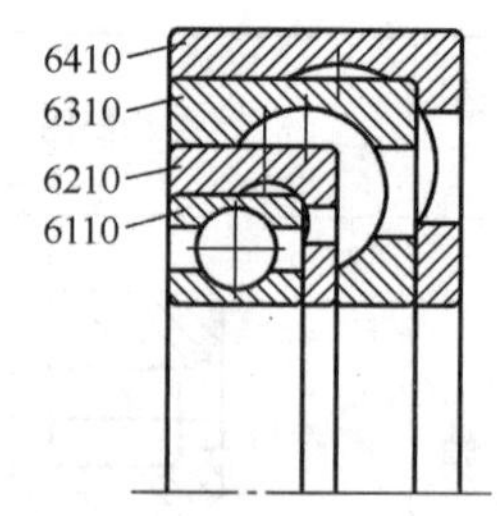

图19－6　深沟球轴承直径系列对比

轴承的宽度系列是指内径和直径系列相同的同类轴承在宽度方面的变化，用基本代号右起第四位数字表示。宽度系列代号用8、0、1、2、3、4、5、6表示，宽度尺寸依次递增。对推力轴承是指高度尺寸系列，代号用7、9、1、2表示，高度尺寸依次递增。在GB/T 272—2006中规定的有些型号中，宽度系列代号可以被省略。

③内径代号：轴承内径用基本代号右起第一、二位数字表示。对内径为$d=20\sim495$mm的轴承内径一般为5的倍数，内径代号乘以5所得的值就是轴承的内径尺寸，如04表示$d=20$mm；12表示$d=60$mm等。对于内径为10、12、15、17mm的轴承，内径代号依次为00、01、02、03。对于内径小于10mm和大于500mm轴承，内径表示方法另有规定，可参看滚动轴承标准GB/T 272—2006。

（2）前置代号

轴承的前置代号用于表示轴承的分部件，用字母表示。如用L表示可分离轴承的可分离套圈；K表示轴承的滚动体与保持架组件等。

（3）后置代号

轴承的后置代号是由字母和数字等组成，用来表示轴承的结构、公差及材料的特殊要求等。后置代号的内容很多，下面仅介绍几种常用的代号。

①内部结构代号：表示同一类型轴承具有不同的内部结构，用字母表示，排列在基本代号后面。如：接触角为15°、25°和40°的角接触球轴承分别用C、AC和B表示内部结构的不同。

②公差等级代号：轴承的公差等级分为6个级别，依次由高级到低级，其代号分别为/P2、/P4、/P5、/P6、/P6X和/P0。公差等级中，6X级仅适用于圆锥滚子轴承；0级为普通级，通常代号可省略。

③游隙组别代号：常用的轴承径向游隙系列分为6个组别，径向游隙依次由小到大。0组游隙是常用的游隙组别，在轴承代号中不标出，其余的游隙组别在轴承代号中分别用/C1、/C2、/C3、/C4、/C5表示。

实际应用中滚动轴承类型很多，相应的轴承代号比较复杂。以上介绍的是滚动轴承代号中最基本、最常用的部分，滚动轴承代号的详细内容可参阅滚动轴承标准GB/T 272—2006。

代号举例：

6310——表示内径为50mm，深沟球轴承，尺寸系列为03，正常结构，0级公差，0组游隙。

7216B/P5——表示内径为80mm，角接触球轴承，尺寸系列为02，接触角$\alpha=40°$，5级公差，0组游隙。

19.2.3 滚动轴承类型的选择

选用滚动轴承时，首先是选择轴承的类型。选择轴承类型应考虑的因素很多，如轴承所受载荷的大小、方向及性质；转速与工作环境；调心性能要求；经济性及其他特殊要求等。一般可遵循以下几个原则选择轴承的类型。

（1）载荷条件

掌握各种轴承的受力特点，是正确选择和使用轴承的前提条件。轴承承受载荷的大小、方向和性质是选择轴承类型的主要依据。如载荷小而又平稳时，可选球轴承；载荷大又有冲击时，宜选滚子轴承；如轴承仅受径向载荷时，选径向接触球轴承或圆柱滚子轴承；只受轴向载荷时，宜选推力轴承。轴承同时受径向和轴向载荷时，选用角接触轴承，轴向载荷越大，应选择接触角越大的轴承，必要时也可选用径向轴承和推力轴承的组合结构。

（2）轴承的转速

若轴承的尺寸和精度相同，则球轴承的极限转速比滚子轴承高，所以当转速较高且旋转精度要求较高时，应选用球轴承。推力轴承的极限转速低。当工作转速较高，而轴向载荷不大时，可采用角接触球轴承或深沟球轴承。对高转速的轴承，为使滚动体施加于外圈滚道的离心力减小，适合选用外径和滚动体直径较小的轴承。若工作转速超过轴承的极限转速，通常可通过提高轴承的公差等级、适当加大其径向游隙等方法来满足工作条件的要求。

（3）调心性能

轴承内、外圈轴线间的偏位角应控制在规定的极限值之内，见表 19－2，否则将会增加轴承的附加载荷，使寿命降低。对于刚度较差或安装精度较低的轴系，轴承内、外圈轴线间的偏位角较大，适合选用调心类轴承，如调心球轴承（1 类）、调心滚子轴承（2 类）等。

（4）经济性

在满足使用要求的情况下应尽量选用价格低廉的轴承。一般情况下球轴承的价格要低于滚子轴承的价格。轴承的精度等级越高，其价格也越高。在同尺寸和同精度的轴承中深沟球轴承的价格最低。如无特殊要求，应尽量选用普通级精度轴承，只有对旋转精度有较高要求时，才选用较高精度等级的轴承。

除此之外，还可能有其他各种各样的要求，因此在设计时要全面具体分析比较，从而选出最适合的轴承类型。

19.3 滚动轴承的选择计算

19.3.1 滚动轴承的失效形式

如图 19－7 所示，当外圈不动内圈转动时，滚动体既自转又绕轴承的轴线公转，滚动体和内外圈不断地接触，且接触点位置不断发生变化，滚道与滚动体接触表面上某点的接触应力也随着作周期性的变化，滚动体与转动套圈受周期性变化的脉动循环接触应力作用，固定套圈上 A 点受最大的稳定脉动循环接触应力作用。因此，滚动轴承的失效形式主

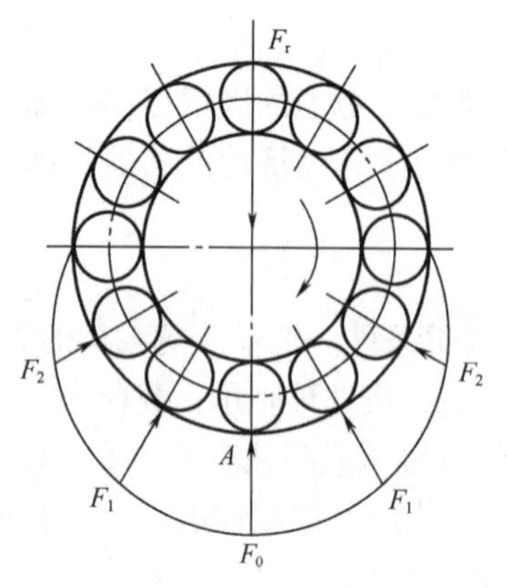

图 19－7　滚动轴承的载荷分析

要有以下三种：

（1）疲劳点蚀

安装润滑和维护良好情况下工作的轴承，当应力值或应力循环次数超过一定数值后，首先在表面下一定深度处产生疲劳裂纹，继而扩展到接触表面，会形成接触疲劳点蚀。点蚀使轴承在运转中产生振动和噪声，回转精度降低且工作温度升高，使轴承丧失正常的工作能力。通常，疲劳点蚀是滚动轴承的最主要失效形式和轴承寿命计算的依据。

（2）塑性变形

对于转速很低或作间歇摆动的轴承，在过大的静载荷或冲击载荷的作用下，使轴承元件接触处局部产生塑性变形，滚道表面形成变形凹坑，从而使轴承在运转中产生剧烈振动和噪声，运转精度下降，无法正常工作。

（3）磨损

磨损是润滑不良和密封不好，或多尘条件下工作的轴承的主要失效形式，导致轴承游隙加大，运动精度降低，振动和噪声加剧。

19.3.2　滚动轴承的寿命计算

滚动轴承中的任一滚动体或内、外圈滚道上出现疲劳点蚀以前所经历的总转数，或在一定转速下所经历的工作小时数，称为轴承的寿命。寿命还可以用在恒定转速下的运转小时数来表示。

（1）滚动轴承的基本额定寿命

一批轴承工作时寿命是不同的、离散的。滚动轴承的基本额定寿命是指一批相同的轴承，在相同的运转条件下，其中90%的轴承不产生疲劳点蚀时所能达到的总转数 L_{10}（单位 10^6r），或在一定转速 n 下运转的总时间 L_h（单位 h）。

（2）基本额定动载荷

基本额定动载荷是指基本额定寿命恰为 $L=10^6$r 时，轴承所能承受的最大载荷量，用字母 C 表示。基本额定动载荷越大，其承载能力也越大。对向心轴承，指的是纯径向载荷，称为径向基本额定动载荷，用 C_r 表示；对推力轴承，指的是纯轴向载荷，称为轴向基本额定动载荷，用 C_a 表示。不同型号的轴承具有不同的基本额定动载荷，它表征不同型号轴承承载能力的大小。

（3）当量动载荷的计算

滚动轴承的基本额定动载荷是在一定的试验条件下确定的。对向心轴承是指纯径向载荷；对推力轴承是指纯轴向载荷。如果作用在轴上的实际载荷既有径向载荷又有轴向载荷，则必须将实际载荷转换成与试验条件相同的载荷后，才能与基本额定动载荷进行比较。换算后的载荷是一种假想的载荷，故称为当量动载荷。在该载荷的作用下，轴承的寿命与实际载荷作用下轴承的寿命相同。当量动载荷用符号 P 表示，计算公式为

$$P=f_p(X\boldsymbol{F}_r+Y\boldsymbol{F}_a) \tag{19-1}$$

式中　$\boldsymbol{F}_r$——轴承所受的径向载荷，N；

$\boldsymbol{F}_a$——轴承所受的轴向载荷，N；

X、Y——径向载荷系数和轴向载荷系数，见表 19－4。

考虑到很多机械在工作中有冲击、振动，使轴承寿命降低，因此引入载荷系数 f_p，对载荷 P 值进行修正，f_p 可查表 19－5。

表 19－4　　径向载荷系数 X 和轴向载荷系数 Y

轴承类型		$\boldsymbol{F}_a/C_0$	e	$\boldsymbol{F}_a/\boldsymbol{F}_r>e$		$\boldsymbol{F}_a/\boldsymbol{F}_r\leqslant e$	
				X	Y	X	Y
深沟球轴承		0.014	0.19	0.56	2.30	1	0
		0.028	0.22		1.99		
		0.056	0.26		1.71		
		0.084	0.28		1.55		
		0.11	0.30		1.45		
		0.17	0.34		1.31		
		0.28	0.38		1.15		
		0.42	0.42		1.04		
		0.56	0.44		1.00		
角接触球轴承	$\alpha=15°$	0.015	0.38	0.44	1.47	1	0
		0.029	0.40		1.40		
		0.058	0.43		1.30		
		0.087	0.46		1.23		
		0.12	0.47		1.19		
		0.17	0.50		1.12		
		0.29	0.55		1.02		
		0.44	0.56		1.00		
		0.58	0.56		1.00		
	$\alpha=25°$	—	0.68	0.41	0.87	1	0
	$\alpha=40°$	—	1.14	0.35	0.57	1	0
圆锥滚子轴承		—	$1.5\tan\alpha$	0.40	$0.4\mathrm{ctan}\alpha$	1	0

注：①表中均为单列轴承的系数值，双列轴承查《滚动轴承产品样本》。

②C_0 为轴承的基本额定静载荷；α 为接触角。

③e 是判别轴向载荷 $\boldsymbol{F}_a$ 对当量动载荷 P 影响程度的参数。查表时，可按 $\boldsymbol{F}_a/C_0$ 查得 e 值，再根据 $\boldsymbol{F}_a/\boldsymbol{F}_r>e$ 或 $\boldsymbol{F}_a/\boldsymbol{F}_r\leqslant e$ 来确定 X、Y 值。

表 19－5　　载荷系数 f_p

载荷性质	无冲击或轻微冲击	中等冲击	强烈冲击
载荷系数 f_p	1.0～1.2	1.2～1.8	1.8～3.0

（4）滚动轴承的寿命计算

大量试验表明，滚动轴承的基本额定寿命 L_{10} 与基本额定动载荷 C、当量动载荷 P 间

的关系为

$$L_{10} = \left(\frac{C}{P}\right)(10^6 r) \qquad (19-2)$$

式中：ε——轴承的寿命指数，对于球轴承 $\varepsilon = 3$，对于滚子轴承 $\varepsilon = 10/3$。

实际计算中，通常习惯用 L_h 来表示轴承寿命。此时，轴承寿命计算的表达式为

$$L_h = \frac{10^6}{60n}\left(\frac{C}{P}\right)^{\varepsilon} \qquad (19-3)$$

式中　L_h——轴承的基本额定寿命，h；

n——轴承转速，r/min。

轴承在温度高于100°C工作时，轴承表面软化而降低其承载能力，轴承的基本额定动载荷 C 有所降低，相应计算可查阅相关设计手册。上式计算所得寿命应大于或等于轴承的预期使用寿命，常用机械设备推荐轴承的预期寿命 L_h 见表19-6。

表19-6　滚动轴承预期使用寿命的荐用值

机器类型	预期寿命 L_h/h
不经常使用的仪器或设备，如闸门开闭装置等	300～3000
短期或间断使用的机械，中断使用不致引起严重后果，如手动机械等	3000～8000
间断使用的机械，中断使用后果严重，如发动机辅助设备，流水作业线自动传动装置、升降机、车间吊车、不经常使用的机床等	8000～12000
每日8h工作的机械（利用率不高），如一般的齿轮传动、某些固定电动机等	12000～20000
每日8h工作的机械（利用率较高）如金属切削机床、连续使用的起重机、木材加工机械等	20000～30000
24h连续工作的机械，如矿山升降机、泵、电动机等	40000～60000
24h连续工作的机械，中断使用后果严重，如纤维生产或造纸设备、发电站主电机、矿井水泵、船舶螺旋桨等	100000～200000

19.3.3　角接触轴承的轴向载荷计算

（1）内部轴向力

角接触轴承和圆锥滚子轴承的特点是在滚动体和滚道接触处存在着接触角 α。当承受径向载荷 $\boldsymbol{F}_r$ 时，会产生一个内部轴向力，用 S 表示，如图19-8所示。滚动轴承所产生的内部轴向力总和用 S 表示。

内部轴向力等于轴承中承受载荷的各滚动体产生的轴向力之和，其大小可按表19-7求得，方向沿轴线由轴承外圈的宽边指向窄边。

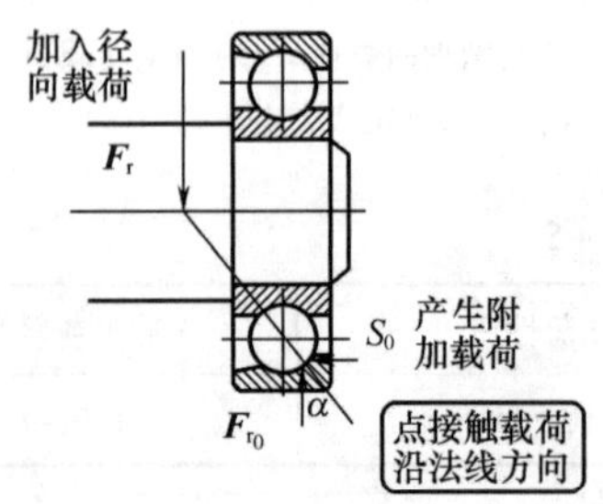

图19-8　径向载荷产生的轴向分力

表 19－7　　角接触轴承的内部轴向力 S

圆锥滚子轴承	角接触球轴承		
	70000C（$\alpha=15°$）	70000AC（$\alpha=25°$）	70000B（$\alpha=40°$）
$F_r/(2Y)$	eF_r	$0.68F_r$	$1.14F_r$

注：表中 e 值查表 19－4 确定。

（2）角接触轴承轴向力的计算

为使角接触轴承能正常工作，一般这种轴承都要成对使用，并将两个轴承对称安装。常见有两种安装方式：图 19－9 所示为外圈窄边相对安装，称为正装或“面对面”安装，载荷作用中心靠近，轴的跨距较小；图 19－10 所示为两外圈宽边相对安装，称为反装或“背靠背”安装，载荷作用中心远离，轴的跨距较大。

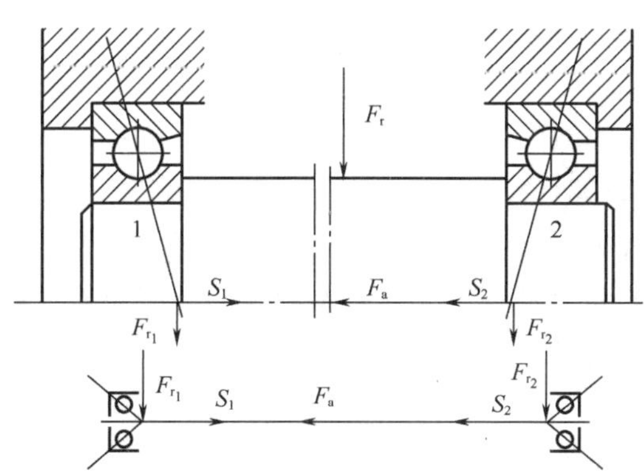

图 19－9　外圈窄边相对安装

1、2—正装滚动轴承　F_a—轴上所受轴向载荷

F_r—径向载荷　S—轴承所受内部轴向力

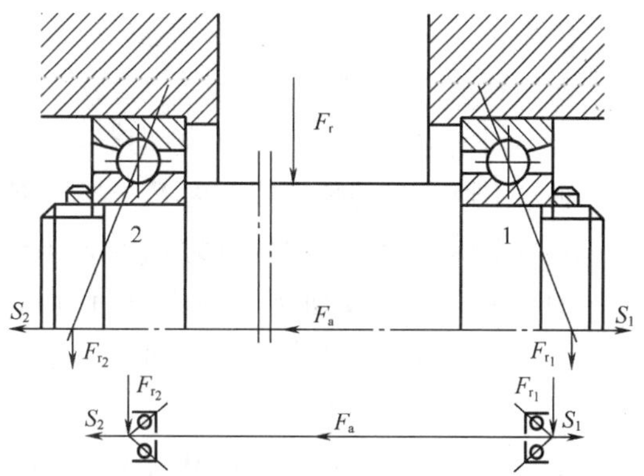

图 19－10　外圈宽边相对安装

1、2—反装滚动轴承　F_a—轴上所受轴向载荷

F_r—径向载荷　S—轴承所受内部轴向力

成对安装角接触轴承的轴向载荷为受径向载荷 F_r 产生的内部轴向力 S 和外加轴向载荷 F_a 的共同作用。

在两种安装形式中，“压紧”端轴承所受的轴向载荷等于除其本身内部轴向力以外的其余轴向力的代数和；“放松”端轴承所受的轴向载荷就等于其本身的内部轴向力。应当注意，应用这种方法计算轴承所受的轴向载荷时，关键是根据轴承的安装方式和受力情况，正确地判断出轴承的“压紧”端与“放松”端。对正装，轴上所受的合力指向端的轴承即为“压紧”端；对反装，轴上所受的合力指向端的轴承即为“放松”端。

例 19－1：试求 N207 轴承允许的最大径向载荷。已知工作转速 $n=200\text{r/min}$，工作温度 $t<1000℃$，载荷平稳，寿命 $L_h=10000\text{h}$。

解：对向心轴承，由式（19－3）可得载荷为：

$$P=\left(\frac{10^6}{60nL_h}\right)^{1/\varepsilon}C$$

由机械设计手册查得圆柱滚子轴承 N207 的径向额定动载荷 $C=27200\text{N}$；因载荷平稳，

由表 19－5 查得 $f_p=1$，对滚子轴承取 $\varepsilon=10/3$。将以上有关数据代入上式，得

$$P=27200\left(\frac{10^6}{60\times200\times10^4}\right)^{3/10}=6469\ (\mathrm{N})$$

故在规定的条件下，N207 轴承可承受的载荷为 6469N。

例 19－2：已知：轴承径向载荷 $\boldsymbol{F}_{r_1}$、$\boldsymbol{F}_{r_2}$，轴上所受的轴向外载荷 $\boldsymbol{F}_a$ 方向如图 19－9 所示，大小分别为：$\boldsymbol{F}_{r_1}=4000\mathrm{N}$、$\boldsymbol{F}_{r_2}=2000\mathrm{N}$，$\boldsymbol{F}_a=2000\mathrm{N}$。轴承内部轴向力 $S=0.4\boldsymbol{F}_r$。试求如图 19－9 所示情况下，轴承的轴向力 $\boldsymbol{F}_{a_1}$、$\boldsymbol{F}_{a_2}$。

解：（1）计算轴承 1、2 所受的内部轴向力

图 19－9 所示的结构是正装

$S_1=0.4\boldsymbol{F}_{r_1}=0.4\times4000=1600$（N），方向向右

$S_2=0.4\boldsymbol{F}_{r_2}=0.4\times2000=800$（N），方向向左

（2）判断“压紧”和“放松”端

因为 $S_2+\boldsymbol{F}_a=800+2000=2800$（N）$>S_1=1600$（N）

所以轴承 1“压紧”，轴承 2“放松”

（3）计算轴承 1、2 所受的轴向载荷

轴承 1 所承受的轴向载荷为 $\boldsymbol{F}_{a_1}=S_2+\boldsymbol{F}_a=2800$（N）

轴承 2 所承受的轴向载荷为 $\boldsymbol{F}_{a_2}=S_2=800$（N）

例 19－3：某滚动轴承的预期寿命为 L_h，当量动载荷为 P，基本额定动载荷为 C。若转速不变，当量动载荷由 P 增大到 $2P$，其寿命有何变化？而当量动载荷不变，而转速由 n 增大到 $2n$，寿命应如何变化？

解：由寿命计算公式 $L_h=\dfrac{10^6}{60n}\left(\dfrac{C}{P}\right)^{\varepsilon}$ 可知：

（1）当载荷由 P 增大到 $2P$ 时，寿命为 $L_{hp}=\dfrac{10^6}{60n}\left(\dfrac{C}{2P}\right)^{\varepsilon}$，故 $L_{hp}=\left(\dfrac{1}{2}\right)^3L_h=\dfrac{1}{8}L_h$

（2）当转速由 n 增大到 $2n$ 时，寿命为 $L_{hp}=\dfrac{10^6}{60\times2n}\left(\dfrac{C}{P}\right)^{\varepsilon}$，故 $L_{hn}=\left(\dfrac{1}{2}\right)L_h$

因此，当量动载荷 P 若增大 1 倍，轴承寿命则降低 7 倍；若转速 n 增大 1 倍，则轴承寿命仅降低 1 倍。

19.4 滚动轴承的组合设计

滚动轴承安装在机器设备上，它与支承的轴和轴承座（机体）等零件之间的整体关系，就称为轴承部件的组合。为了保证滚动轴承正常工作，除了合理地选择轴承类型、尺寸外，还必须正确地进行轴承的组合设计。在设计轴承的组合结构时，要考虑轴承的安装、调整、配合、拆卸、紧固、润滑和密封等多方面的内容。

19.4.1 滚动轴承的固定

滚动轴承轴系固定的目的是防止轴在工作时发生轴向窜动，保证轴上零件有确定的工作位置。最常用的轴承固定方式有两种。

（1）两端单向固定

两端固定结构型式，其缺陷是显而易见的。由于两支点均被轴承盖固定，当轴受热伸长时，势必会使轴承受到附加载荷作用，影响轴承的使用寿命。因此，两端固定型式仅适合于工作温升不高且轴较短的场合（跨距 $L \leqslant 400$mm），还应在轴承外圈与轴承盖之间留出轴向间隙 C，以补偿轴的受热伸长。对于图 19－11（a）所示的深沟球轴承，可取 $C=0.2 \sim 0.4$mm，由于间隙较小，图上可不画出。对于图 19－11（b）所示的角接触轴承，热补偿间隙靠轴承内部的游隙保证。如图 19－11（a）所示，在轴的两个支点上，用轴肩顶住轴承内圈，轴承盖顶住轴承的外圈，使一个支点能限制轴的单向轴向移动，两个支点就限制了轴的双向移动。图 19－11（a）下半部为采用角接触球轴承支承的结构。

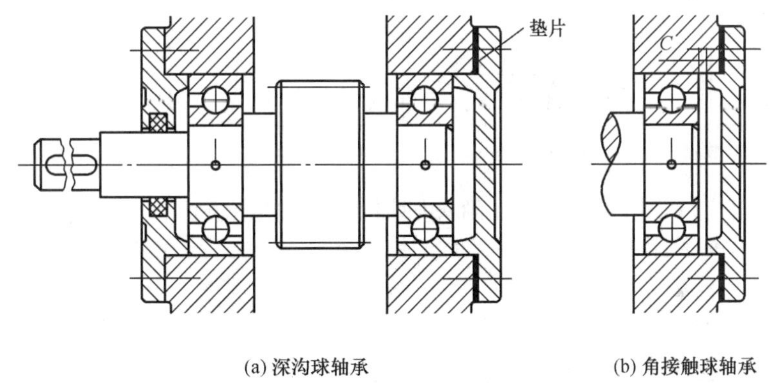

(a) 深沟球轴承　　(b) 角接触球轴承

图 19－11　两端单向固定的轴系

（2）一端双向固定、一端游动

当轴较长（跨距 $L>400$mm）且工作温升较高时，轴的热膨胀量大，预留间隙的方法已不足以补偿轴的伸长量。此时应设置一个游动支点，采取一端固定一端游动的支承型式。如图 19－12（a）所示，左端轴承内、外圈都双向固定，来承受双向的轴向载荷，称

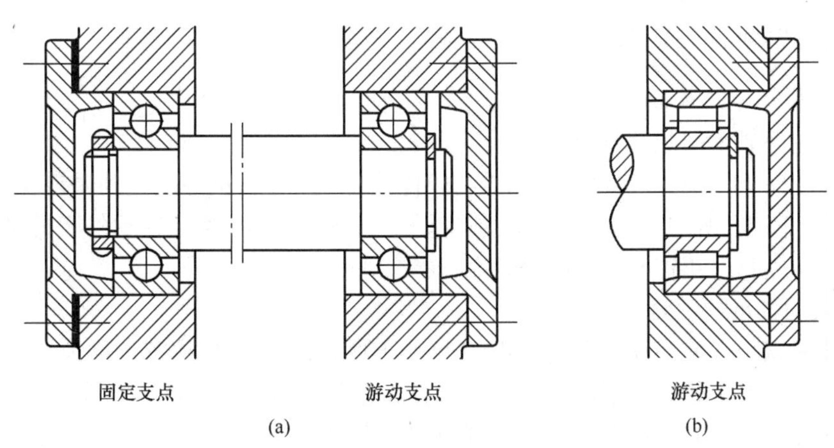

(a)　　(b)

图 19－12　一端双向固定、一端游动的轴系

为固定端。右端为游动端，选用深沟球轴承时内圈作游动端，外圈自由，且在轴承外圈与端盖之间留有适当的间隙，使轴承随轴颈作轴向游动，满足轴的伸长和缩短的需要。如图19-12（b）所示，游动端选用圆柱滚子轴承时，该轴承的内、外圈要双向固定。这种结构适用于长轴且工作温度变化较大的场合。

一般轴承在轴上用轴肩或套筒定位，轴承内圈的轴向固定应根据轴向载荷的大小选用图19-13所示的轴用弹性挡圈、轴端挡圈、圆螺母、紧定衬套等结构。外圈则采用图19-14所示的轴承座孔的孔用弹性挡圈与凸肩、止动环和轴承盖等形式固定。

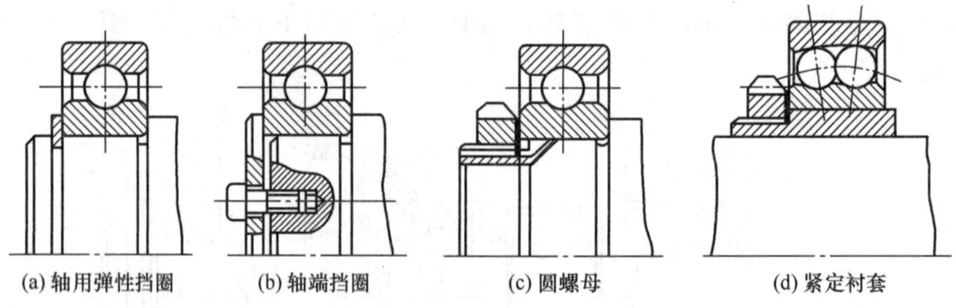

图19-13　轴承内圈常用的轴向紧固方法

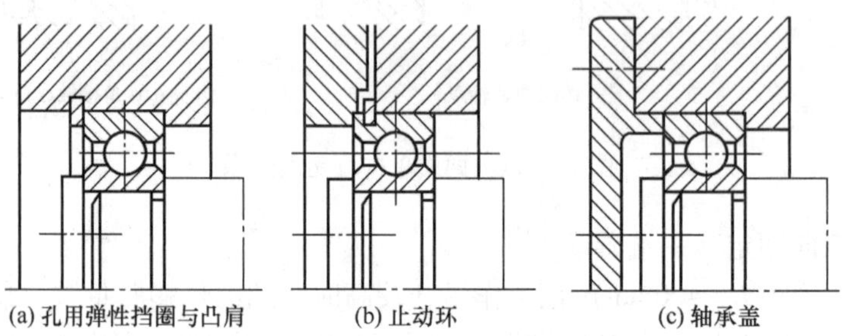

图19-14　轴承外圈常用的轴向紧固方法

19.4.2　轴承组合的调整

（1）轴承间隙的调整

常用的调整轴承间隙的方法有：

①如图19-11所示，通过改变端盖与箱体接合面间垫片的厚度达到调整间隙的目的。

②如图19-15所示，利用端盖上的调节螺钉改变可调压盖及轴承外圈的轴向位置来实现调整，调整后并用螺母锁紧防松。

（2）滚动轴承的预紧

轴承安装以后，使滚动体和套圈滚道间处于适合的预压紧状态，称为滚动轴承的预紧。预紧可提高其工作的刚度和旋转精度。成对并列使用的圆锥滚子轴承、角接触球轴承及对旋转精度和刚度有较高要求的轴系通常都采用预紧方法。如图19-16所示，常用的预紧方法有在套圈间加垫片并加预紧力、磨窄套圈并加预紧力。

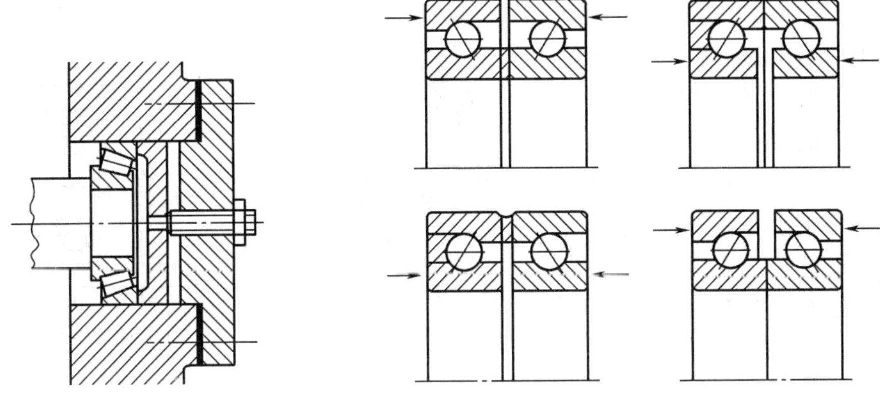

图19-15 利用压盖调整轴承的间隙　　图19-16 轴承的预紧

(3) 轴承组合位置的调整

轴承组合位置调整的目的，是使轴上的零件如轮毂零件等具有准确的轴向工作位置。图19-17为圆锥齿轮轴承的组合结构，套杯与机座之间的垫片1用来调整轴系的轴向位置，而垫片2则用来调整轴承间隙。

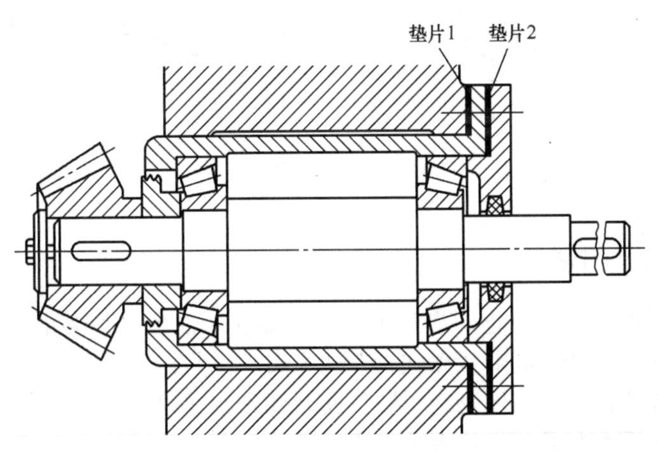

图19-17 轴承组合位置

19.4.3 滚动轴承的安装与拆卸

设计轴承的组合结构时，应考虑有利于轴承的装拆，以便在装拆时不损坏轴承和其他零部件。装拆时，要求滚动体不受力，装拆力要对称或均匀地作用在套圈的端面上。

(1) 轴承的安装

①冷压法：用专用压套压装轴承，如图19-18 (a) 所示，装配时，先加专用压套，再用压力机压入或用手锤轻轻打入。

②热装法：将轴承放入油池或加热炉中加热至80~100℃，然后套装在轴上。

(2) 轴承的拆卸

应使用专门的拆卸工具拆卸轴承，如图19-18 (b) 所示。

设计时要使轴上定位轴肩的高度小于轴承内圈的高度，以便于轴承的拆卸。同理，轴承外圈在套筒内也应留出适当的高度及拆卸空间，或采取其他便于拆卸的结构。如图 19－19 所示为结构设计错误的示例，图 19－19（a）表示轴肩 h 过高，无法用拆卸工具拆卸轴承；图 19－19（b）表示衬套孔直径 d_0 过小，无法拆卸轴承外圈。轴承的拆卸工具如图19－20 所示。

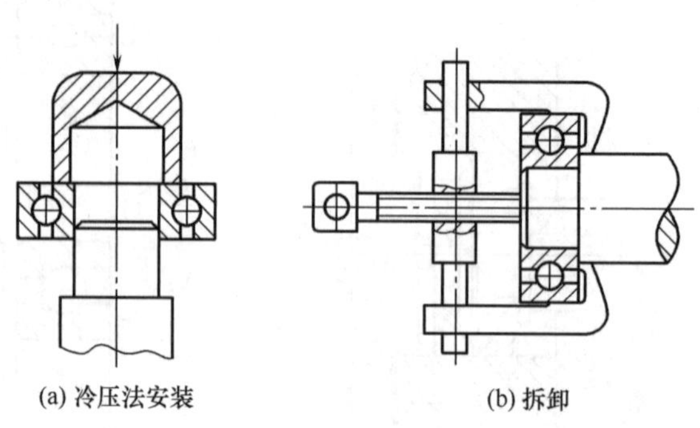
(a) 冷压法安装　(b) 拆卸

图 19－18　轴承的安装与拆卸

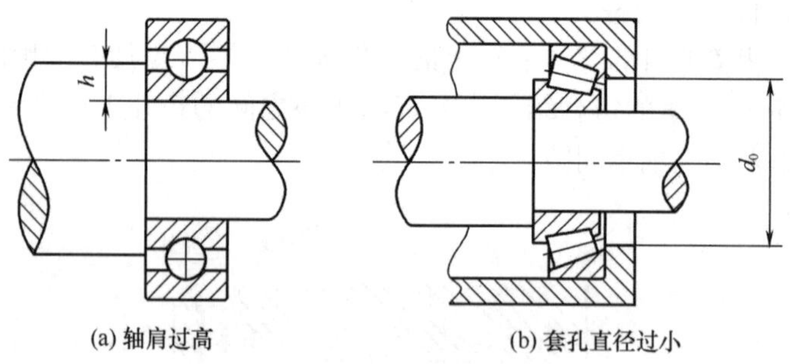

(a) 轴肩过高　(b) 套孔直径过小

图 19－19　结构错误示例

19. 4. 4　滚动轴承的密封

滚动轴承密封的目的是防止外界灰尘、水分等进入轴承，并阻止轴承内润滑剂流失。密封方法可分为接触式密封和非接触式密封两大类。

接触式密封常用的有毛毡圈密封、唇形密封圈密封等。图 19－21（a）为采用毛毡圈密封的结构。毛毡圈密封是将工业毛毡制成的环片，嵌入轴承端盖上的梯形槽内，与轴摩擦接触，其结构简单、价格低廉，常用于工作温度不高的脂润滑场合，但毡圈易于磨损。图 19－21（b）为采用唇形密封圈密封的结构。唇形密封圈是标准件，有多种不同的结构和尺寸，密封效果好，广泛用于油润滑和脂润滑场合，但在高速时易于发热。

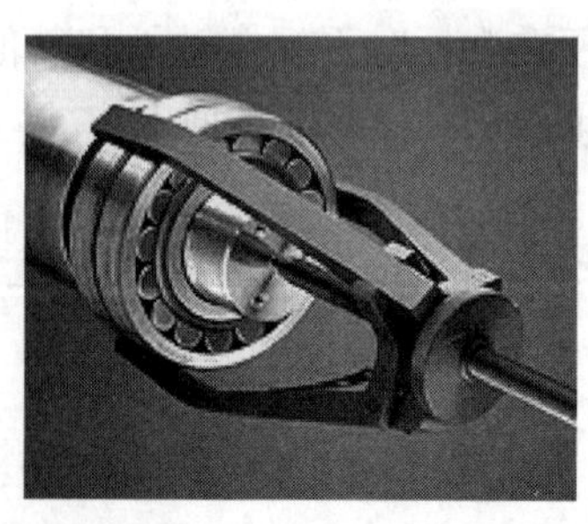
图 19－20　轴承的拆卸工具

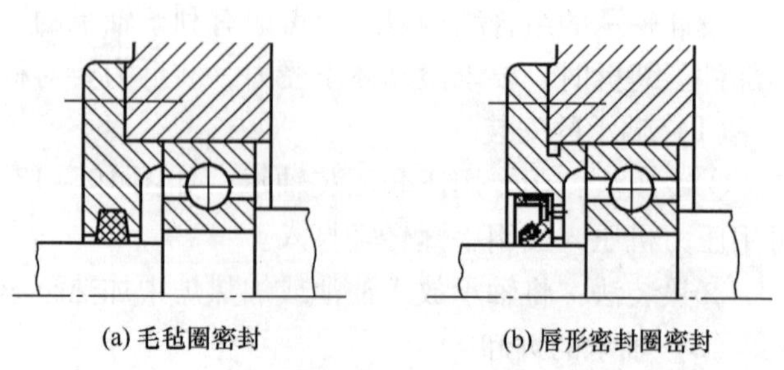
(a) 毛毡圈密封　(b) 唇形密封圈密封

图 19－21　接触式密封

高速时多采用与轴无直接接触的非接触式密封，以减少摩擦功耗和发热。非接触式密封常用的有油沟式密封、曲路式密封等结构。图 19－22（a）为采用油沟密封的结构，在油沟内填充润滑脂密封，其结构简单，适于轴颈速度 $v \leq 5 \sim 6\text{m/s}$。图 19－22（b）为采用曲路式密封的结构，适于高速场合。

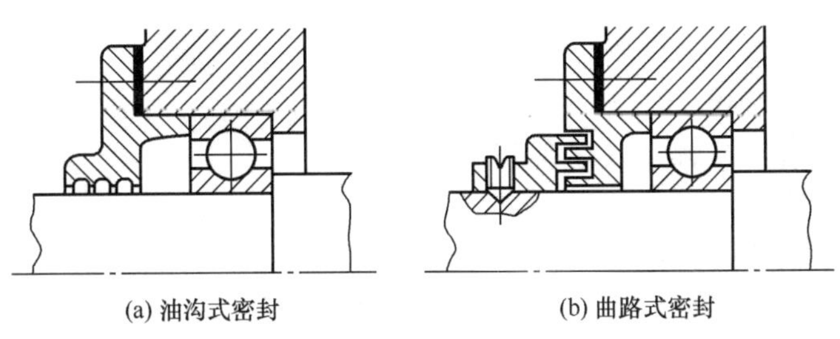

(a) 油沟式密封　(b) 曲路式密封

图 19－22　非接触式密封

19.4.5　滚动轴承的配合

轴承的配合是指内圈与轴的配合及外圈与座孔的配合，轴承的周向固定是通过配合来保证的。由于滚动轴承是标准件，所以与其他零件配合时，轴承内孔为基准孔，外圈是基准轴，其配合代号不用标注。实际上轴承的孔径和外径都具有公差带较小的负偏差，与一般圆柱体基准孔和基准轴的偏差方向、数值都不相同，所以轴承内孔与轴的配合比一般圆柱体的同类配合要紧得多。

轴承配合种类的选择应根据转速的高低、载荷的大小、温度的变化等因素来决定。配合过松，会使旋转精度降低，振动加大；配合过紧，可能因为内、外圈过大的弹性变形而影响轴承的正常工作，也会使轴承装拆困难。一般来说，转速高、载荷大、温度变化大的轴承应选紧一些的配合，经常拆卸的轴承应选较松的配合，转动套圈配合应紧一些，游动支点的外圈配合应松一些。与轴承内圈配合的回转轴常采用 n6、m6、k5、k6、j5、js6；与不转动的外圈相配合的轴承座孔常采用 J6、J7、H7、G7 等配合。

滚动轴承的润滑方式等内容可参阅相关资料。

19.5　滑动轴承简介

相对滚动轴承来说，在高速、高精度、重载、结构上要求剖分等场合，比如精密磨床、内燃机、铁路列车、大型轮船和卫星通信地面站等方面，滑动轴承就显示出其优异性能，得到较多应用。

19.5.1　滑动轴承的分类及应用

（1）滑动轴承的摩擦状态

按相对运动表面的润滑情况，滑动轴承工作时存在以下三种摩擦状态。

①边界摩擦：滑动轴承工作表面之间有润滑油存在，由于润滑油对金属表面的吸附作用，会在金属表面形成油膜，称为边界油膜，如图 19－23（a）所示。边界油膜非常薄，

不能将两金属表面完全隔开，所以相互运动时，两金属表面凸起的部分将相互搓削，这种摩擦状态称为边界摩擦状态。

②液体摩擦：滑动轴承的工作表面间有充足的润滑油，在一定条件下，两摩擦表面间形成足够厚度的压力油膜，将两金属表面完全隔开，如图 19 – 23（b）所示。由于两金属表面不直接接触，只存在液体分子之间的摩擦，所以摩擦因数很小，是一种最理想的摩擦状态。这种摩擦状态称为液体摩擦状态。

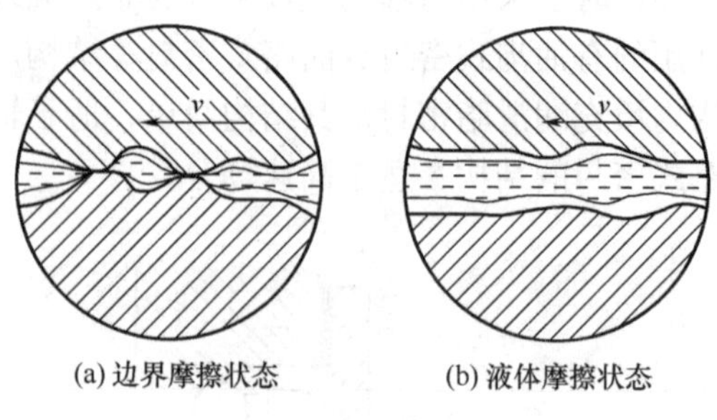

图 19 – 23　滑动轴承的摩擦状态

③混合摩擦：当滑动轴承的工作表面间的摩擦状态处于边界摩擦和液体摩擦之间时，称为混合摩擦状态。

（2）滑动轴承的类型

滑动轴承除了按照所承受载荷方向的不同分为向心（径向）轴承和推力轴承外，还可以根据工作表面的摩擦状态不同分为液体摩擦滑动轴承（液体摩擦状态）和非液体摩擦滑动轴承（边界摩擦状态和混合摩擦状态）两类。对于液体摩擦滑动轴承，又可以根据轴承工作时工作表面间润滑油膜形成方式的不同分为液体动压轴承和液体静压轴承。

液体摩擦滑动轴承的摩擦阻力小，但制造装配和维护要求较高，成本贵，多用于高速和旋转精度较高的场合；非液体摩擦滑动轴承，结构简单，制造、维护方便，容易实现润滑，一般在转速、载荷不大和精度要求不高的场合使用。

（3）滑动轴承的应用

滑动轴承具有结构简单、工作平稳、吸振性好、承载能力强等优点。滑动轴承的缺点在于维护复杂、对润滑条件要求高、非液体摩擦状态损耗较大。因此，滑动轴承的主要应用场合包括工作转速特别高的轴承，如磨床主轴；承受极大的冲击和振动载荷的轴承，如轧钢机轧辊；要求特别精密的轴承，如印刷机辊筒；装配工艺要求轴承剖分的场合，如曲轴的轴承；要求径向尺寸小的轴承。

19.5.2　向心滑动轴承的典型结构形式

滑动轴承一般由轴瓦与轴承座构成。滑动轴承根据它所承受载荷的方向，可分为向心滑动轴承（主要承受径向载荷）和推力滑动轴承（主要承受轴向载荷）。

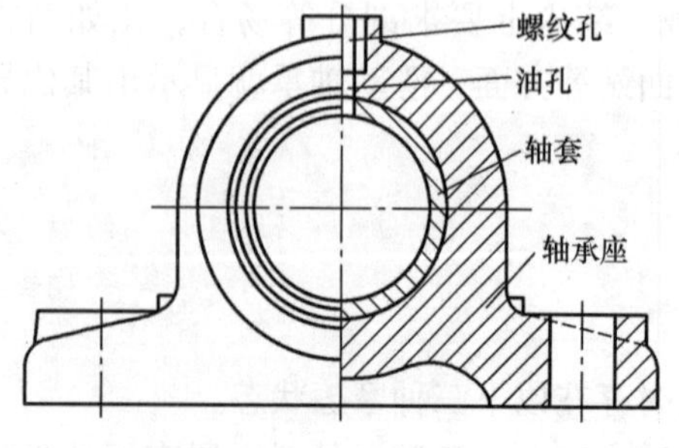

图 19 – 24　整体式向心滑动轴承

（1）向心滑动轴承

向心滑动轴承的结构形式主要有整体式、剖分式和调心式三种。

①整体式向心滑动轴承：图 19 – 24 是一种常见的整体式向心滑动轴承，用螺栓与机架连接。轴承座孔内压入用减摩材料制成的轴瓦（或称轴套），在轴承座顶部可以安装

油杯，轴套上有进油孔，内表面开轴向油沟以分配润滑油。

整体式滑动轴承的最大优点是构造简单，但轴承工作表面磨损过大时无法调整轴承间隙；轴颈只能从端部装入，这对粗重的轴或具有中间轴颈的轴安装不便，甚至无法安装。所以一般用于低速、轻载、间歇工作且不重要的简单机械中。为克服以上缺点，可采用剖分式滑动轴承。

②剖分式向心滑动轴承：剖分式向心滑动轴承如图 19－25 所示，由轴承座、轴承盖、剖分式轴瓦（分为上、下瓦）及连接螺栓等组成。轴承的剖分面应与载荷方向近于垂直，多数轴承剖分面是水平的，也有斜的。轴承盖与轴承座的剖分面常作成阶梯形，以便定位和防止工作时错动。它的轴瓦磨损后的轴承间隙可用减少剖分面处的金属垫片或刮配轴瓦金属的办法来调整。当轴承所受径向载荷方向超出剖分面垂直线 35°范围之外时，需采用倾斜式剖分面，如图 19－26 所示。

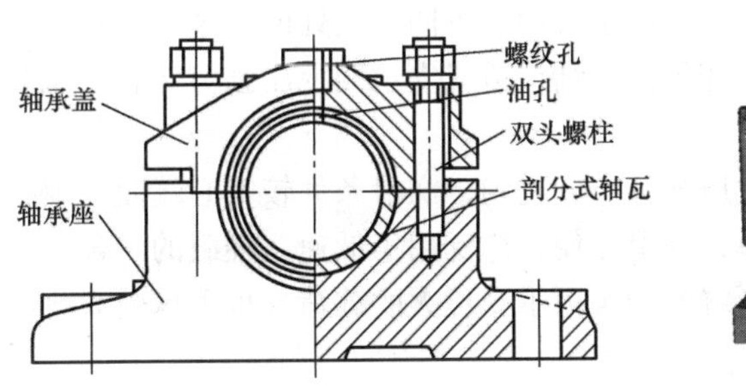

图 19－25 剖分式向心滑动轴承

剖分式滑动轴承装拆方便，轴瓦与轴的间隙可以调整，应用较广泛。

③调心式向心滑动轴承：为了避免轴与轴承两端局部接触和局部磨损的情况，通常限制滑动轴承的宽径比 B/d（轴承宽度 B 与直径 d 的比值），当 $B/d>1.5$ 时，应采用调心式轴承，如图 19－27 所示。这种结构可以利用轴瓦与轴承座之间的球面接触，使轴瓦能在一定范围内摆动，以适应轴因为受力后产生的弯曲变形。

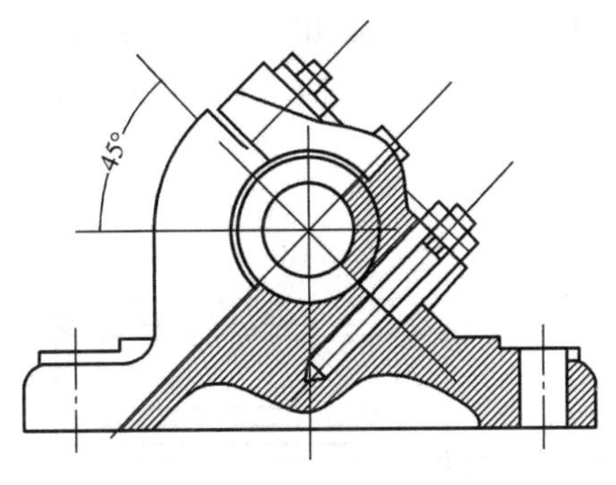

图 19－26 倾斜式剖分向心滑动轴承

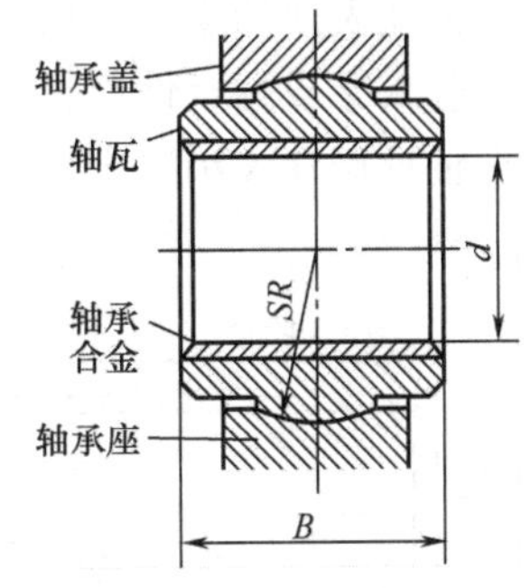

图 19－27 调心式向心滑动轴承

（2）推力滑动轴承

推力滑动轴承只能承受轴向载荷，与径向轴承联合使用可用于同时承受径向和轴向载荷的工作场合。推力滑动轴承由支承座和止推轴颈组成，根据推力轴颈支承面的形状不同，分为实心、空心、环形和多环形四种，如图19－28所示。

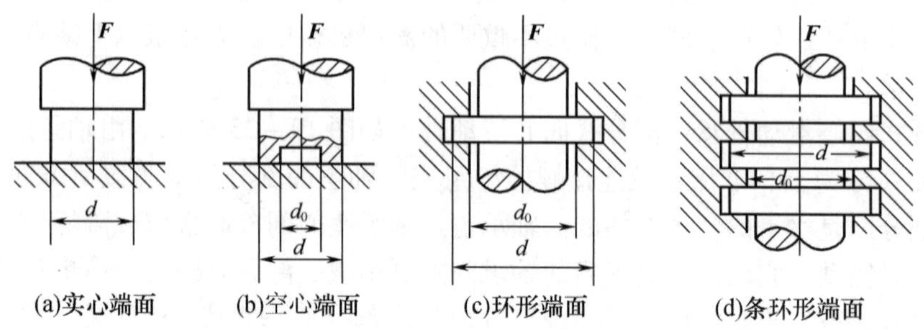

图19－28　推力滑动轴承轴颈支承面形状

①实心端面轴颈：当轴旋转时，由于端面上不同半径处的线速度不相等，因而使端面中心的磨损很小，而边缘的磨损却很大，结果造成支承面上压强分布很不均匀，对润滑很不利，使用较少。

②空心端面轴颈：支承面上压强分布较均匀，润滑条件较实心端面轴颈有所改善。

③环形端面轴颈：结构简单，润滑方便，广泛用于低速、轻载的场合。

④多环形端面轴颈：较环形端面轴颈可承受更大的载荷，也可承受双向轴向载荷。

19.5.3　轴瓦结构和轴承材料

（1）轴瓦结构

轴瓦是滑动轴承中与轴径直接接触的零件，其工作表面既是承载表面，又是摩擦表面，因而从摩擦、磨损、导热和润滑等方面对轴瓦的结构和材料提出了较高的要求。

常用的轴瓦有整体式（图19－29）和剖分式（图19－30）两种结构，分别用于整体式轴承和剖分式轴承。整体式轴瓦按材料及制法不同，分为整体轴套（图13－31）和单层、双层或多层材料的卷制轴套（图13－32）。非金属整体式轴瓦既可以是整体非金属轴套，也可以是在钢套上镶衬非金属材料。

为了改善轴瓦表面的摩擦性质、节约贵重金属材料或者由于结构上的需要，常在轴瓦内表面浇注一层减摩或耐磨性能好的薄层材料，称为轴承衬。轴承衬的厚度从0.5～6mm不等，可根据轴承尺寸大小选定。

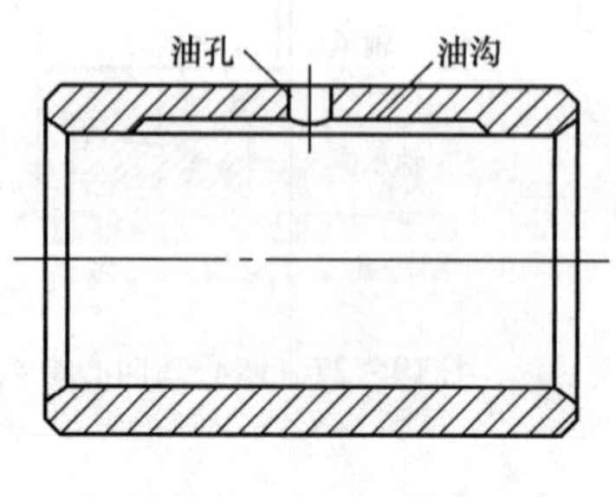

图19－29　整体式轴瓦

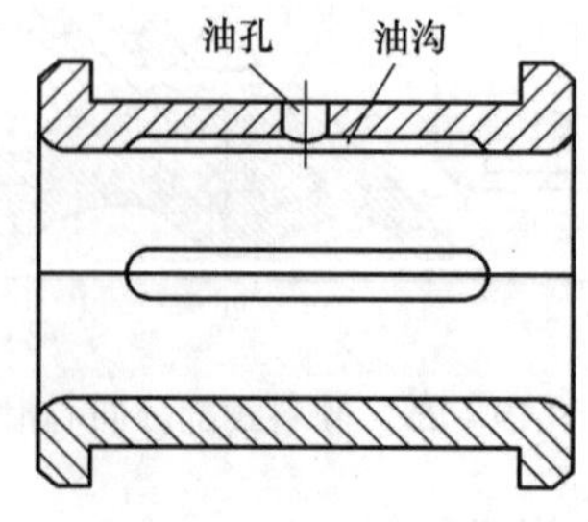

图19－30　剖分式轴瓦

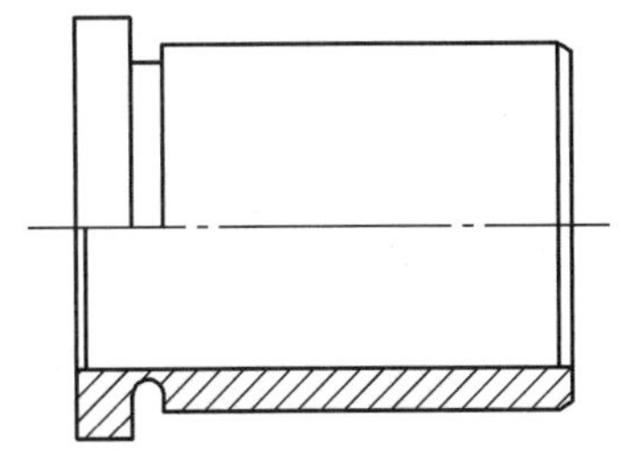

图 19－31　整体轴套

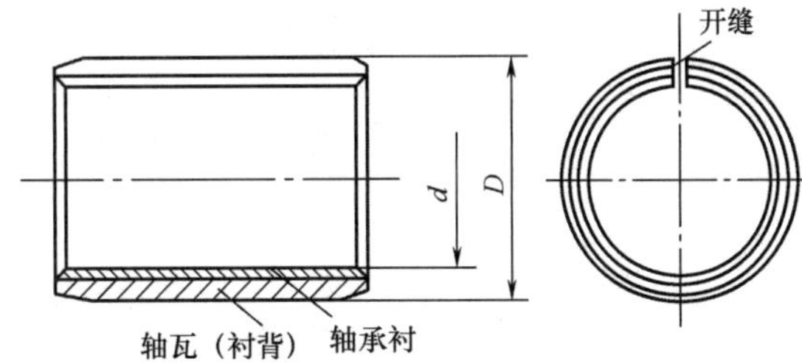

图 19－32　卷制轴套

（2）滑动轴承材料

滑动轴承材料是指与轴颈直接接触的轴瓦或轴承衬的材料。滑动轴承工作时，主要的失效形式是轴瓦表面的磨损和胶合，但随着条件变化也会产生其他失效形式，如疲劳破坏、塑性变形、表面划伤、腐蚀生锈等。

轴承材料分三大类：①金属材料，如轴承合金、铜合金、铝基合金和铸铁等；②多孔质金属材料；③非金属材料，如工程塑料、石墨等。

常用的轴瓦或轴承衬的材料及其性能见表 19－8。

19.5.4　非液体摩擦滑动轴承的计算

非液体摩擦滑动轴承可用润滑油，也可用润滑脂润滑。非液体摩擦状态是处于干摩擦、边界摩擦和非液体摩擦的一种混合摩擦状态，维持边界油膜不遭破裂，是非液体摩擦滑动轴承的设计依据。由于边界油膜的强度和破裂温度受多种因素影响而十分复杂，还没有准确的计算方法。因此目前采用的计算方法是间接的、条件性的。实践证明，若能限制压强 $p\leqslant[p]$，压强与轴颈线速度的乘积 $pv\leqslant[pv]$，那么轴承是能够很好地工作的。

（1）径向轴承

①轴承的压强 p：限制轴承压强 p，以保证润滑油不被过大的压力所挤出，因而轴瓦不致产生过度的磨损。即

$$p=\frac{\boldsymbol{F}}{Bd}\leqslant[p]\ (\text{MPa}) \tag{19-4}$$

式中　$\boldsymbol{F}$——轴承径向载荷，N；

B——轴瓦宽度，mm；

d——轴颈直径，mm；

$[p]$——轴瓦材料的许用压强，MPa（表 19－8）。

②轴承的 pv 值：pv 值简略地表征轴承的发热因素，它与摩擦功率损耗成正比。pv 值越高，轴承温升越高，容易引起边界油膜的破裂。pv 值的验算式为

$$pv=\frac{\boldsymbol{F}}{Bd}\times\frac{\pi dn}{60\times1000}=\frac{\boldsymbol{F}n}{19100B}\leqslant[pv]\ (\text{MPa}\cdot\text{m/s}) \tag{19-5}$$

式中　n——轴的转速，r/min；

$[pv]$——轴瓦材料的许用值，MPa · m/s（表 19－8）。

表 19－8　**常用轴承材料性能表**

轴承材料		最大许用值			最高工作温度	轴颈硬度	性能比较				备注
		[p]	[v]	[pv]			抗咬粘性	嵌入性	耐蚀性	疲劳强度	
		MPa	m/s	MPa · m/s	℃	HBS					
锡锑轴承合金	ZSnSb11Cu6 ZSnSb8Cu4	平稳载荷			150	150	1	1	1	5	用于高速、重载下工作的重要轴承，变载荷下易于疲劳，价格高
		25	80	20							
		冲击载荷									
		20	60	15							
铅锑轴承合金	ZPbSb16Sn16Cu2	15	12	10	150	150	1	1	3	5	用于中速、中等载荷的轴承，不易受显著冲击。可作为锡锑轴承合金的代替品
	ZPbSb15Sn5Cu3Cd2	5	8	5							
锡青铜	ZCuSn10P1 （10－1 锡青铜）	15	10	15	280	300～400	3	5	1	1	用于中速、重载及受变载荷的轴承
	ZCuSn5Pb5Zn5 （5－5－5 锡青铜）	8	3	15							用于中速、中载的轴承
铅青铜	ZCuPb30 （30 铅青铜）	25	12	30	280	300	3	4	4	2	用于高速、重载轴承，能承受变载荷冲击
铝青铜	ZCuAl10Fe3 （10－3 铝青铜）	15	4	12	280	300	5	5	5	2	最宜用于润滑充分的低速重载轴承
耐磨铸铁	HT300	0.1～6	3～0.75	0.3～4.5	150	<150	4	5	1	1	宜用于低速、轻载的不重要轴承，价廉
灰铸铁	HT150～HT250	1～4	2～0.5	—	—	—	4	5	1	1	

注：①[pv]为不完全液体润滑下的许用值。②性能比较：1～5 依次由好到差。

（2）止推轴承

$$p = \frac{F}{\frac{\pi}{4}(d_2^2 - d_1^2)} \leqslant [p]\ (\mathrm{MPa}) \tag{19-6}$$

$$pv_m \leqslant [p]\ (\mathrm{MPa \cdot m/s}) \tag{19-7}$$

式中，止推环的平均速度 $v_m = \frac{\pi d_m n}{60 \times 1000}$，平均直径 $d_m = \frac{d_1 + d_2}{2}$。

止推轴承的许用压强为：未淬火钢对铸铁［p］=2.0～2.5MPa；对青铜［p］=4～6MPa；对巴氏合金［p］=5～6MPa。淬火钢对青铜［p］=7.5～8MPa；对巴氏合金［p］=8～9MPa；对淬火钢［p］=12～15MPa。［pv］=1～2.5 MPa·m/s。

19.5.5　动压油膜形成的条件

液体摩擦是滑动轴承中的理想摩擦状态，根据摩擦面油膜的形成原理，可把液体摩擦滑动轴承分为动压轴承和静压轴承。本节仅介绍动压油膜形成的条件，这是动压滑动轴承工作的原理。

两个做相对运动物体的摩擦表面，可借助于相对速度而产生的黏性流体膜将两摩擦表面完全隔开，由流体膜产生的压力来平衡外载荷称为液体的动力润滑。

可以通过图19－33所示来说明动压油膜形成的基本过程。图19－33（a）表示轴处于静止状态，轴颈恰好位于轴承孔最下方的位置，两表面形成楔形间隙；图19－33（b）表示当轴刚开始运转时，由于油是具有黏性的，会被带进楔形间隙。随着转速的增大、轴颈表面的圆周速度会随之增大、而带入楔形间隙内的油量也逐渐加多，由于油具有一定的黏度和不可压缩性，从而在楔形间隙内产生一定的压力，形成一个压力区［图19－33（c）］。随着压力的持续增高，楔形间隙中的压力会逐渐加大，当压力增大到足以能够克服外部载荷 **F** 时，就会使轴浮起，这时轴承处于流体动力润滑状态，油膜所产生的压力与外载荷 **F** 平衡（图19－33d）。

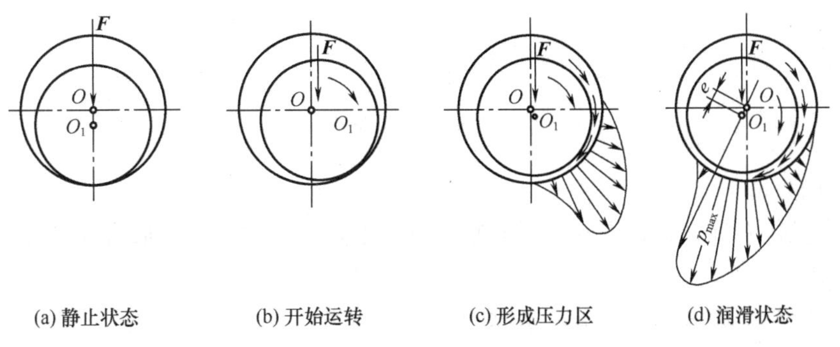

图19－33　动压油膜的形成过程

液体动压轴承内的摩擦阻力仅为液体的内部摩擦阻力，所以其摩擦因数达到最小值。根据上面的分析，可以清楚地理解要形成液体动压油膜需要满足以下几个条件：

①轴颈和轴瓦工作表面之间必须形成一个收敛的楔形间隙。

②轴颈和轴瓦工作表面之间必须有一定的相对速度，且它们的运动方向必须使润滑油

从大口流向小口。

③润滑油要具有一定的黏度，且供应要充分。

思考题与习题

1. 滚动轴承分为哪几类？各有什么特点？适用于什么场合？

2. 滚动轴承的主要失效形式有哪些？什么是滚动轴承的基本额定寿命、额定动载荷和当量动载荷？

3. 选择滚动轴承时，应考虑哪些因素？

4. 滚动轴承的内、外圈如何实现轴向和周向固定？轴系的固定方式有几种？各有什么特点？适用于什么场合？

5. 装拆滚动轴承时，应注意哪些问题？

6. 指出下列轴承代号的含义：

6201　　6410　　7206C　　7308AC　　30312/P6x

7. 滑动轴承的摩擦状况有哪几种？它们有何本质差别？

8. 径向滑动轴承的主要结构形式有哪几种？各有何特点？

9. 常用轴瓦材料有哪些？适用于何处？为什么有的轴瓦上浇铸一层减磨金属作轴承衬使用？

10. 形成滑动轴承动压油膜润滑要具备什么条件？

11. 液体滑动轴承的摩擦副的不同状态如图所示。试判断这些状态中，哪些状态符合形成动压润滑条件，哪些状态不符合。并分别说明你所得出的结论的根据。

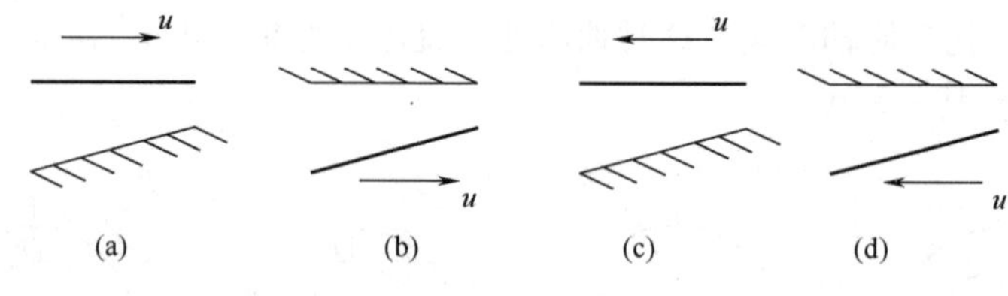

题 19－11 图

12. 选择与填空

（1）宽径比 B/d 是设计滑动轴承时首先确定的重要参数之一，通常取 B/d ＝（　　）。

A. 1～10　　B. 0.1～1　　C. 0.4～2　　D. 3～5

（2）巴氏合金通常用于作滑动轴承的（　　）。

A. 轴套　　B. 轴承衬　　C. 含油轴瓦　　D. 轴承座

（3）非液体摩擦滑动轴承的主要失效形式是（　　）。

A. 点蚀　　B. 胶合　　C. 磨损　　D. 塑性变形

（4）（　　）不是滑动轴承的特点。

A. 启动力矩小　　B. 对轴承材料要求高

C. 供油系统复杂　　D. 高、低速运转性能均好

（5）宽度系列为正常，直径系列为轻，内径为30mm的深沟球轴承，其代号是(　　)。

A. 6306　　B. 6206　　C. 6006　　D. 61206

（6）液体滑动轴承的动压油膜是在一个收敛间楔、充分供油和一定（　　）条件下形成的。

A. 相对速度　　B. 外载　　C. 外界油压　　D. 温度

（7）当轴不宜由轴向装入滑动轴承时，应采用（　　）式结构的滑动轴承。

（8）在径向滑动轴承的轴瓦上设计纵向油槽，当径向载荷相对轴承不转动时，应开在（　　）上；当径向载荷相对轴承不转动时，应开在（　　）上；以免降低轴承的承载能力。

13. 如图所示的图中序号指出了轴系结构的错误及不合理之处，试简要分析说明错误及不合理之处的原因。

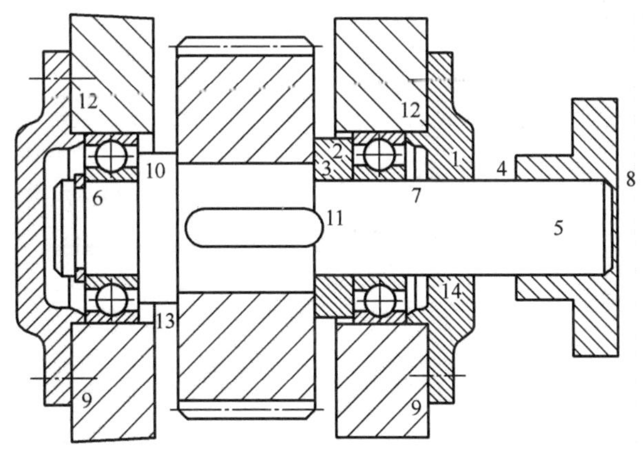

题19－13图

14. 试按滚动轴承寿命计算公式分析：

（1）转速一定的7207C轴承，其额定动载荷从C增为$2C$时，寿命是否增加一倍？

（2）转速一定的7207C轴承，当量动载荷从P增为$2P$时，寿命是否由L_h下降为$L_h/2$？

（3）当量动载荷一定的7207C轴承，当工作转速由n增为$2n$时，其寿命有何变化？

15. 如图所示为一对7209C轴承承受径向载荷$R_1=8000$N，$R_2=5000$N，试求当轴上作用的轴向载荷为$\boldsymbol{F}_A=2000$N时，轴承所受的轴向载荷$\boldsymbol{F}_{a_1}$与$\boldsymbol{F}_{a_2}$。

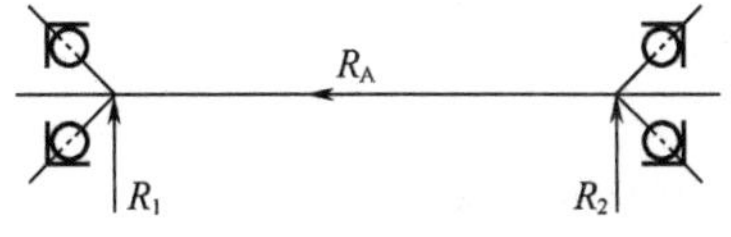

题19－15图

16. 图中一对圆锥滚子轴承，已知轴承1和轴承2的径向载荷分别为$R_1=584$N，$R_2=1776$N，轴上作用的轴向载荷$\boldsymbol{F}_A=146$N。轴承载荷有中等冲击，工作温度不大于100℃，试求轴承 1 和轴承 2 的当量动载荷 P。

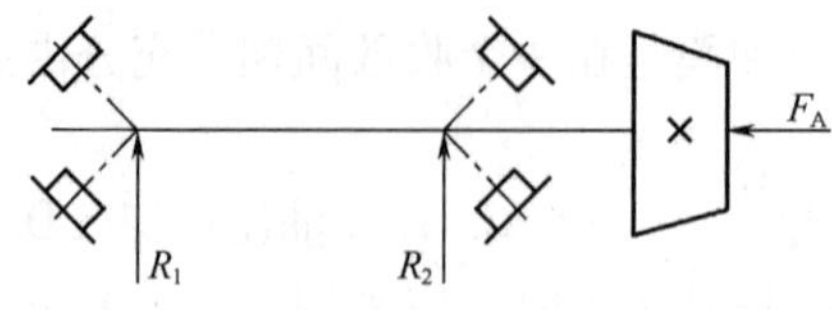

题 19－16 图

17. 根据工作条件，某机械传动装置中轴的两端各采用一深沟球轴承，轴颈直径 $d=35$mm，转速 $n=1460$r/min，每个轴承受径向载荷 $R=2500$N，常温下工作，负荷平稳，预期寿命 $L_h=8000$h，试选择轴承的型号。

18. 验算一非液体摩擦的滑动轴承，已知轴转速 $n=65$r/min，轴直径 $d=85$mm，轴承宽度 $B=85$mm，径向载荷 $R=70$kN，轴的材料为 45 号钢。

第 20 章　连　　接

由于使用、结构、制造、装配、运输等原因，都要求机器中的各零件要彼此相互连接。

通常连接可分为静连接和动连接两大类。静连接是指被连接件之间相互固定，不能作相互运动；而动连接是指能按一定运动形式作相对运动，构成运动副。本章所涉及的"连接"主要是指静连接。

连接的类型还可分为可拆连接和不可拆连接两类。可拆连接是指连接拆开时，不破坏连接中的零件，重新安装后，仍可继续使用；不可拆连接是指连接拆开时，要破坏连接中的零件，不能继续使用的连接。可拆连接主要有螺纹连接、轴毂连接（键、花键、销连接和弹性环）等连接形式。本章主要讨论可拆连接中的螺纹连接和轴毂连接中的键、花键、销连接部分。

20.1　螺纹的基本常识

螺纹连接是由螺纹和螺纹连接件来实现的连接。这类连接结构简单，装拆方便，工作可靠，因此在工程实际中得到广泛应用。

20.1.1　常用螺纹的类型和主要参数

螺纹的分类方法很多。按工作性质来分，螺纹可以分为连接螺纹和传导螺纹。按牙型来分，常用螺纹的类型主要有三角形螺纹（又称普通螺纹）、管螺纹、矩形螺纹、梯形螺纹和锯齿形螺纹，其牙型如图 20－1 所示。其中前两种主要用于连接，后三种主要用于传动。除矩形螺纹外，其他螺纹均已标准化。螺纹按螺旋线的绕行方向不同，还可分为右旋螺纹和左旋螺纹，通常用右旋螺纹，只有特殊需要时才用左旋螺纹。螺纹按螺旋线的数目不同，可分为单线螺纹、双线和多线螺纹，连接螺纹常用单线。多线螺纹加工难度大，一般不超过四线。螺纹还有内外螺纹之分，内外螺纹相互旋合构成螺旋副。

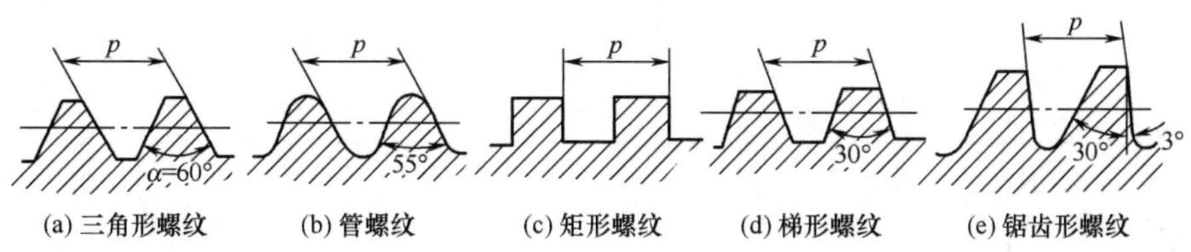

图 20－1　常用螺纹的牙型

螺纹的主要参数如图 20－2 所示（以外螺纹为例）。

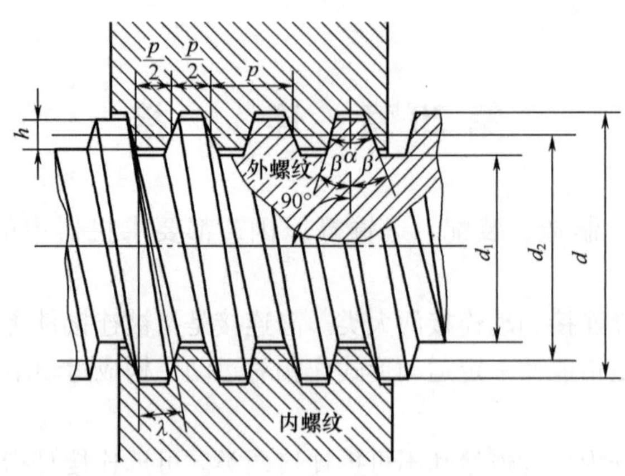

图 20－2　螺纹的主要参数

①大径 d：螺纹的最大直径，它是与外螺纹牙顶相重合的假想圆柱的直径，此直径是公称直径。通常用 M 表示螺纹。

②小径 d_1：螺纹的最小直径，它是与外螺纹牙底相重合的假想圆柱的直径，一般为外螺纹危险剖面的直径，强度计算中所用参数。

③中径 d_2：在轴向剖面内，牙厚与牙槽宽相等的假想圆柱的直径。

④螺距 p：在中径上，相邻两螺纹牙上对应点间的轴向距离。

⑤线数（头数）n：螺旋线的数目，一般 $n \leqslant 4$。

⑥导程 s：螺纹上任一点沿同一条螺旋线转一周所移动的轴向距离。单线螺纹 $s=p$；多线螺纹 $s=np$。

⑦升角 λ：在中径圆柱面上，螺旋线的切线与垂直于螺纹轴线平面间的夹角，$\tan\lambda = s/(\pi d_2)$。

⑧牙型角 α：在轴向剖面内，相邻螺纹牙两侧边之间的夹角。

⑨牙型斜角 β：在轴向剖面内，螺纹牙型侧边与轴线垂直平面间的夹角。

⑩工作高度 h：内、外螺纹旋合后的径向接触高度。

螺纹的主要参数和基本尺寸见表 20－1。

表 20－1　　**螺纹的主要参数和尺寸**　　单位：mm

公称直径	粗牙			细牙
（大径）	螺距 p	中径 D_2、d_2	小径 D_1、d_1	螺距 p
8	1.25	7.188	6.647	1，0.75
10	1.5	9.026	8.376	1.25，1，0.75
12	1.75	10.863	10.106	1.5，1.25
（14）	2	12.701	11.835	1.5，1
16	2	14.701	13.835	1.5，1

续表

公称直径（大径）	粗牙			细牙
	螺距 p	中径 D_2、d_2	小径 D_1、d_1	螺距 p
(18)	2.5	16.376	15.294	2, 1.5, 1
20	2.5	18.376	17.294	
(22)	2.5	20.376	19.294	
24	3	22.052	20.752	
(27)	3	25.052	23.752	
30	3.5	27.727	26.211	

标记方法：M16（粗牙普通螺纹，直径16，螺距2），M16×1.5（细牙普通螺纹，直径16，螺距1.5）

注：括号内的公称直径为第二系列。

20.1.2 几种常用螺纹的特点和应用

（1）三角形螺纹

如图20-1（a）所示的三角形螺纹也称作普通螺纹，牙型角 $\alpha=60°$，用作连接螺纹。同一直径可以有多种不同的螺距，其中螺距最大的一种是粗牙，其余的均为细牙。一般连接中多使用粗牙螺纹。细牙螺纹牙浅、升角小、自锁性能好，但牙的工作高度小，不耐磨、易滑扣，因此常用于细小或薄壁零件的连接，以及受冲击、振动和变载荷的连接中，也可作为微调机构的调整螺纹。

（2）管螺纹

如图20-1（b）所示的管螺纹是在管类零件的紧密螺纹连接中广泛使用的。常用的是英制细牙三角形螺纹，牙型角有55°和60°两种，它的牙顶有较大的圆角，内、外螺纹旋合后，牙型间没有径向间隙，公称直径近似为管子内径。管螺纹又分为非螺纹密封的管螺纹和用螺纹密封的管螺纹。前者本身不具备密封性，若连接有密封要求时，则需在密封面间采取密封措施；后者其螺纹分布在锥度1∶16的圆锥管壁上，则不需另加密封措施即可保证连接的密封性。

（3）矩形螺纹

如图20-1（c）所示的矩形螺纹牙型为正方形，牙型角 $\alpha=0°$，没有标准化。传动效率高，常用于传力螺旋或传导螺旋，但牙根强度弱，精加工难度大，对中精度低以及螺纹副磨损后的间隙补偿或修复困难，工程上已逐渐被梯形螺纹所取代。

（4）梯形螺纹

如图20-1（d）所示的牙型为等腰梯形，牙型角 $\alpha=30°$，已标准化。其传动效率略低于矩形螺纹，但牙根强度高、工艺性好，螺纹对中性好，应用较广，常用于传动，尤其用于机床丝杠中。

（5）锯齿形螺纹

如图20-1（e）所示的锯齿形螺纹，牙型角 $\alpha=33°$，工作面的牙型斜角为3°，非工作面的牙型斜角为30°。综合了矩形螺纹传动效率高和梯形螺纹牙根强度高的特点，且对中性能好。主要用作传力螺旋且只能单向受力，如千斤顶等的螺旋传动。

20.2 螺纹连接的主要类型、应用及常用螺纹连接件

20.2.1 螺纹连接的主要类型及应用

螺纹连接的主要类型有螺栓连接、双头螺柱连接、螺钉连接及紧定螺钉连接四种。

（1）螺栓连接

如图 20－3 所示的螺栓连接主要用于两被连接件厚度不太大，且两被连接件均可加工成通孔的场合。螺栓连接分普通螺栓（受拉螺栓）连接和铰制孔用螺栓（受剪螺栓）连接两种。采用普通螺栓连接［图 20－3（a）］时，被连接件的通孔与螺栓杆间有间隙，连接可传递任何形式的载荷，螺栓都是受拉，因此又称作受拉螺栓。由于这种连接结构简单，通孔加工精度低，成本低，装拆方便，故应用非常广泛。而用铰制孔螺栓连接［图 20－3（b）］时，螺杆外径与通孔内径具有同一基本尺寸，螺栓的光杆和被连接件的孔多采用基孔制过渡配合（H7/m6 或 H7/n6），这种连接的螺栓杆工作时受剪切和挤压作用，主要用来承受横向载荷，所以又称受剪螺栓。它主要用于载荷大、冲击严重、要求对中良好的场合。

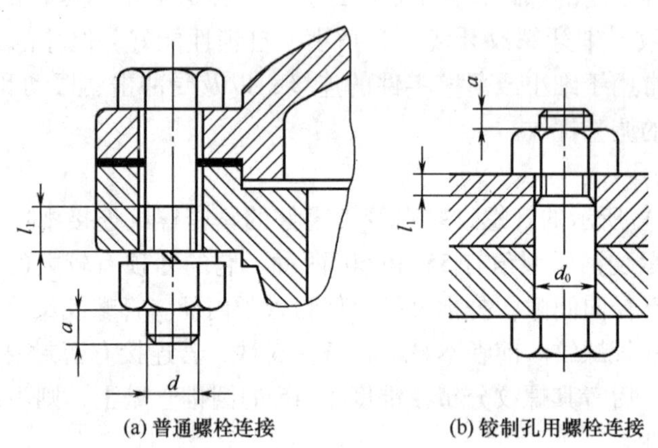

图 20－3 普通螺栓连接和铰制孔用螺栓连接

（2）双头螺柱连接

如图 20－4（a）所示的双头螺柱连接，主要应用在结构上不能采用螺栓连接的场合。当其中的被连接件之一较厚或材料较软，不宜加工成通孔并要求经常拆卸时，可选用双头螺柱连接。这种连接结构复杂，但拆装时不需将双头螺柱从被连接件中拧出，能有效地避免被连接件的磨损失效。

（3）螺钉连接

如图 20－4（b）所示的是螺钉连接。若被连接件之一较厚或材料较软，不便加工成通孔且不经常拆卸时，可以采用螺钉连接。这种连接不用螺母，螺杆不外露，多用于受力不大、不经常拆卸的场合，若经常拆卸会使螺纹孔磨损。

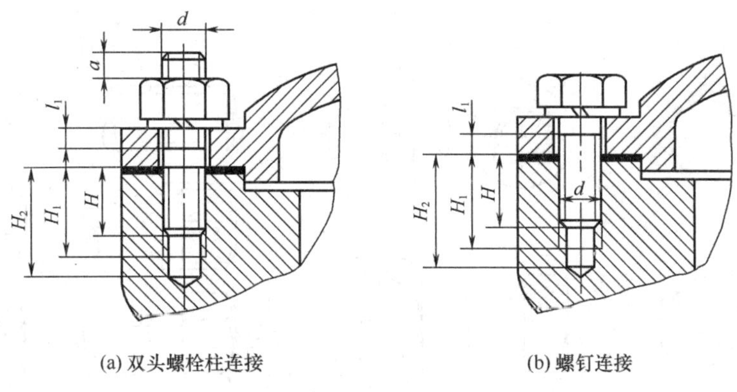

(a) 双头螺栓柱连接　　(b) 螺钉连接

图 20－4　双头螺柱连接和螺钉连接

（4）紧定螺钉连接

如图 20－5 所示的是紧定螺钉连接。将紧定螺钉旋入一个零件的螺纹孔中，并使其末端顶住另一零件的表面或嵌入相应的凹坑中。紧定螺钉连接主要可用于固定两个零件的相对位置，并传递不大的力或转矩。

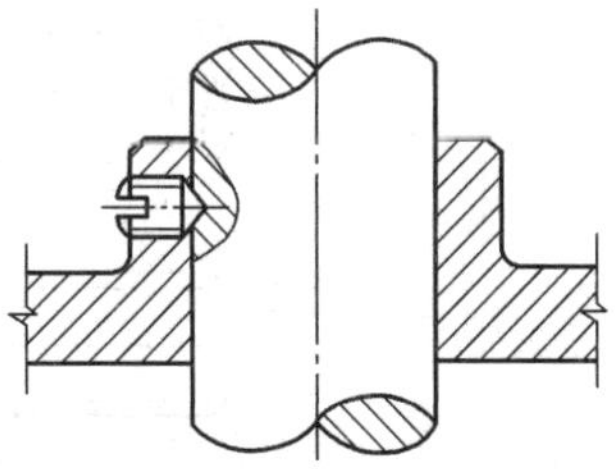

图 20－5　紧定螺钉

20.2.2　螺纹连接常用标准连接件

由于使用场合和要求各不相同，螺纹连接件的结构形式也有多种类型。常用的有螺栓、双头螺柱、螺钉、地脚螺栓、吊环螺栓、螺母、垫圈等，如图 20－3 至图 20－6 所示。而螺栓、螺钉的头部和尾部结构也会因使用场合不同而具有多样性，如图 20－7 所示。大多数螺纹连接件已标准化，设计时主要是根据实际要求，依据有关标准合理选用。具体标准及尺寸可查阅机械设计手册。

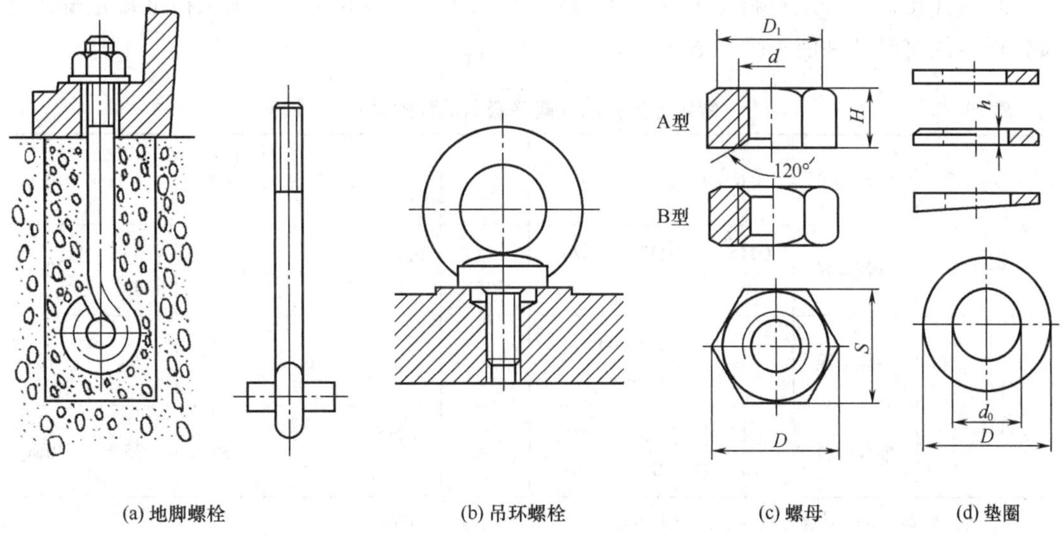

(a) 地脚螺栓　　(b) 吊环螺栓　　(c) 螺母　　(d) 垫圈

图 20－6　地脚螺栓、吊环螺栓、螺母、垫圈

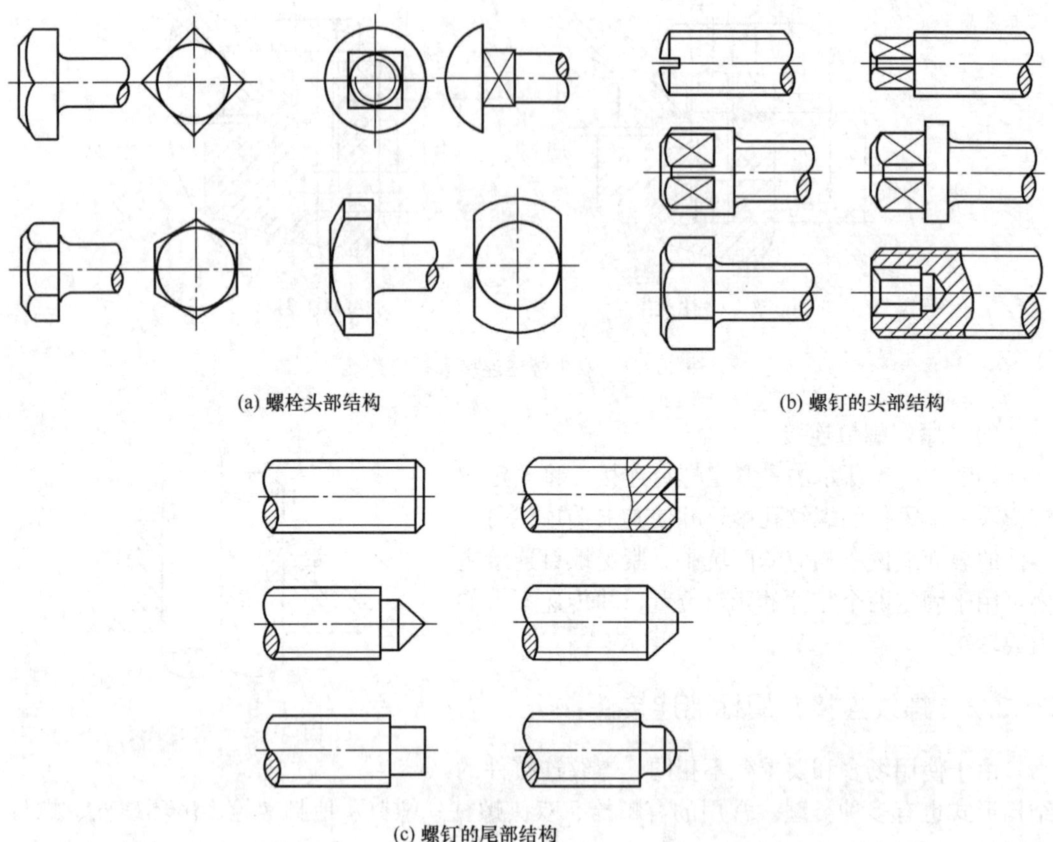

(a) 螺栓头部结构　　(b) 螺钉的头部结构

(c) 螺钉的尾部结构

图 20－7　常用的螺栓、螺钉的头部和尾部结构

螺纹连接件的常用材料有 Q215、Q235、10、35、45、40Cr 等。国家标准规定螺纹连接件的常用材料及性能等级见表 20－2。

表 20－2　　螺纹连接件的性能等级和推荐的材料

螺栓 双头螺柱 螺钉	性能等级	3.6	4.6	4.8	5.6	5.8	6.8	8.8	9.8	10.9
	推荐材料	Q215 10	Q235 15	Q235 15	25 35	Q235 15	45	35	35 45	40Cr
相配 螺母	性能等级	4（＞M16mm） 5（≤M16mm）			5	5	6	8、9	9	10
	推荐材料	Q215 10	Q215 10	Q215 10	Q215 10	Q215 10	Q235 15	35	35	40Cr

注：性能等级 4.8 表示强度极限近似为 400MPa，屈服极限近似为 320MPa。

20.3　螺纹连接的预紧和防松

20.3.1　螺纹连接的预紧

大多数螺纹连接在装配时都需要拧紧，使连接在承受工作载荷之前，各连接件就已预先受到力的作用，即为预紧，这个预加的作用力称为预紧力。预紧的目的就是要增强连接的紧密性、可靠性及防松能力。预紧力的大小可根据连接工作的需要确定。

装配时预紧力的大小要适中，通常是通过控制拧紧力矩的大小来实现的，如图 20－8 所示。在拧紧螺母时，拧紧力矩 TT 需要克服螺纹副的摩擦阻力矩 T_1 和螺母环形支承面上的摩擦阻力矩 T_2，即

$$T = T_1 + T_2$$

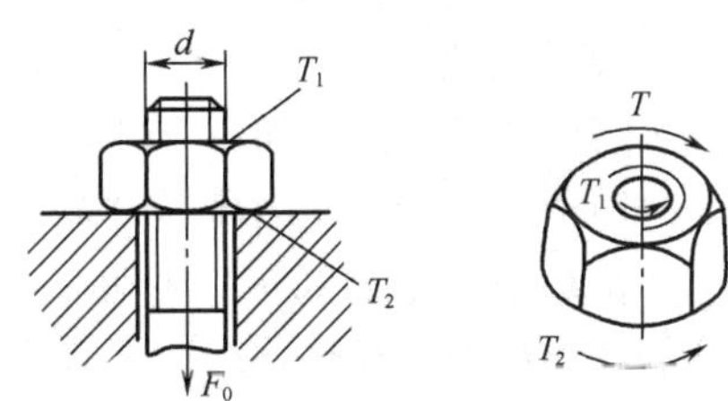

图 20－8　拧紧力矩

对于 M10 ~ M68 的粗牙普通钢制螺栓，拧紧时采用标准扳手，在无润滑的情况下，可得出拧紧力矩的近似计算式为：

$$T \approx 0.2\boldsymbol{F}_0 d \tag{20-1}$$

式中　$\boldsymbol{F}_0$——预紧力，N

d——螺栓直径，mm。

一般情况下，拧紧程度凭经验决定，但对于重要的螺纹连接，在装配时要严格控制预紧力的大小。

预紧力的控制方法有多种形式。对于一般的普通螺栓连接，预紧力凭装配经验控制；对于较重要的普通螺栓连接，可用测力矩扳手（图 20－9）或者定力矩扳手（图 20－10）来控制预紧力大小。对于预紧力控制有精确要求的螺栓连接，可采用测量螺栓伸长的变形量来控制预紧力的大小；而对于高强度螺栓连接，可以采用测量螺母转角的方法来控制预紧力大小。对于直径较小的螺栓连接，在装配拧紧时很容易过载拉断。因此对于重要的螺纹连接，一般尽量避免采用小于 M12 的螺栓。

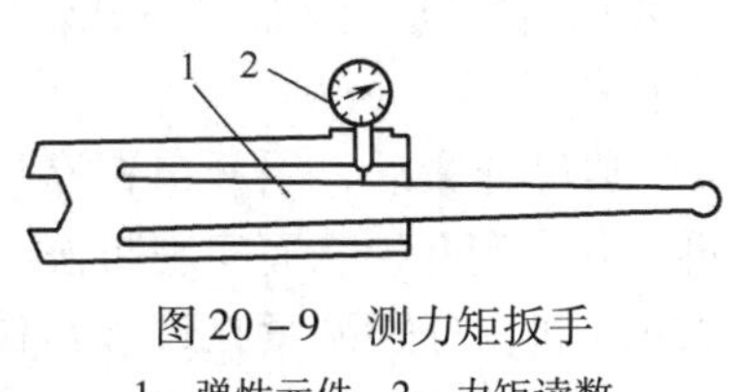

图 20－9　测力矩扳手
1—弹性元件　2—力矩读数

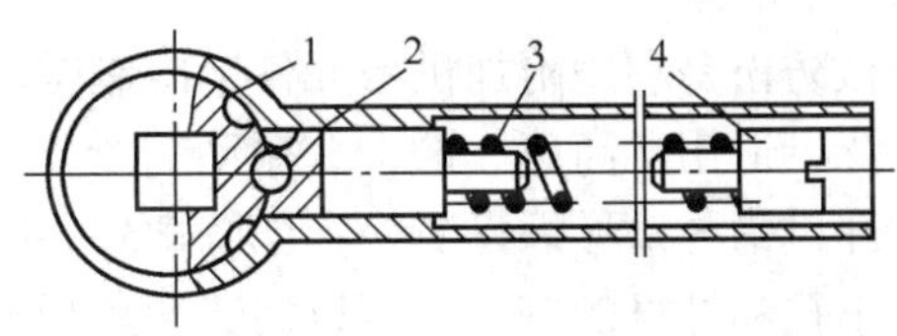

图 20－10　定力矩扳手
1—扳手卡盘　2—圆柱销　3—弹簧　4—螺钉

20.3.2　螺纹连接的防松

通常用于连接的螺纹副已具有自锁性能，且在装配时一般都要拧紧，所以螺纹连接在

静载荷和工作温度变化不大时是不会自动松脱的。但在变载荷、冲击载荷和振动载荷的作用下，或由于温度的变化使螺纹紧固件和被连接件的变形有差异时，螺纹连接就可能发生松脱现象，如果连接松动，会产生很大危害。因此在螺纹设计过程中，通常要考虑螺纹连接的防松问题，以确保螺纹连接的可靠性。

防松的根本问题是阻止螺纹副间的相对转动。防松的具体方法按其工作原理，可分为三种：摩擦防松（如弹簧垫圈、双螺母防松、尼龙圈锁紧螺母等)、机械防松（如槽形螺母和开口销配合、带翅垫片与圆螺母配合、止动垫片等）和破坏螺纹副防松（冲点、粘合等)。利用摩擦防松简单方便，机械防松方法可靠，二者可配合使用。破坏螺纹副防松主要用在很少拆卸或不拆卸的连接中。

（1）摩擦防松

摩擦防松是使螺纹副间总存在正压力，当螺母有松动趋势时，总有一定的摩擦力矩来阻止反向转动，这种正压力可通过螺纹副沿轴横向压紧而产生。具体方法与措施有：

①弹簧垫圈：如图 20－11 所示，弹簧垫圈是一个由 65Mn 制造且具有斜切口而两端上下错开的环形垫圈，经热处理后具有弹性，当拧紧螺母后，垫圈被压平，此时垫圈产生弹性反力，使螺纹间始终保持有一定的摩擦阻力，因此可防止螺母松动。垫圈的斜口尖角也可防止螺母松动。

②双螺母：如图 20－12 所示，当两对顶螺母拧紧后，旋合段内螺栓受拉而螺母受压，这一压力几乎不受外力的影响，从而使螺旋副保持一定的摩擦力，以防止螺纹连接松动。常用于低速、载荷平稳的连接中。

③尼龙圈锁紧螺母：如图 20－13 所示，螺母中嵌有尼龙绳，拧上后，尼龙圈内孔被胀大，箍紧螺栓。

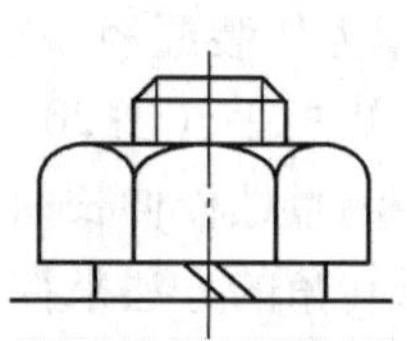

图 20－11　弹簧垫圈

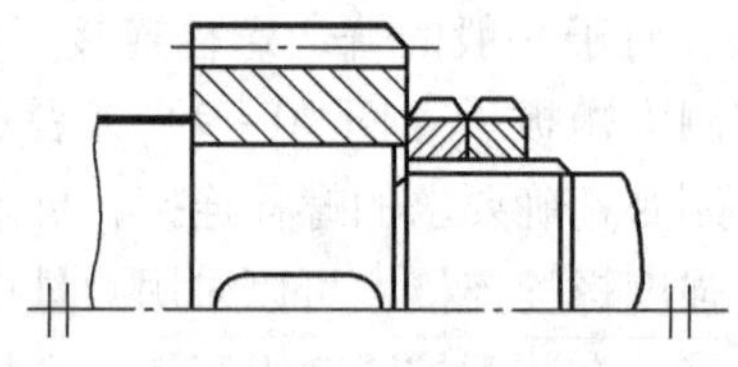

图 20－12　双螺母防松

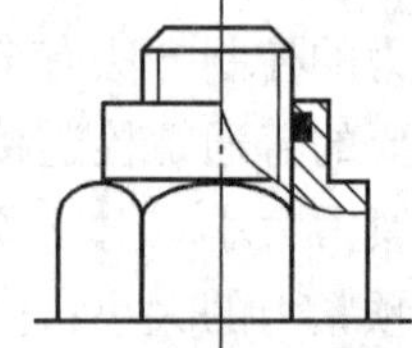

图 20－13　尼龙圈锁紧螺母防松

（2）机械防松

机械防松是利用附加机械元件来限制螺母与螺栓间的相对转动，因而防松可靠，应用十分广泛，适用于高速、冲击、振动的场合。具体方法有：

①开口销与槽形螺母防松：如图 20－14 所示，槽形螺母拧紧后，用开口销穿过螺栓尾部的小孔和螺母的槽，也可以用普通螺母拧紧后，再钻开口销孔，从而实现防松。

②止动垫片防松：如图 20－15 所示，把垫片的边缘翻起，分别贴紧在螺母与被连接零件的侧面（或是插入被连接零件的槽中）来实现防松。

③带翅垫片与圆螺母：如图 20－16 所示，将带翅垫片的内翅嵌入螺栓（或轴）的槽中，拧紧螺母后再将垫片的外翅之一折嵌于螺母对应槽中起防松作用。

（3）不可拆卸防松

如图 20－17 所示是不可拆卸防松。螺母拧紧后，利用冲头在螺栓末端与螺母的旋合缝处冲点，或把螺栓末端伸出部分铆死，或用点焊、金属胶接等方法，将螺旋副变为不可拆连接，从而保证具有足够的挤压强度和剪切强度。

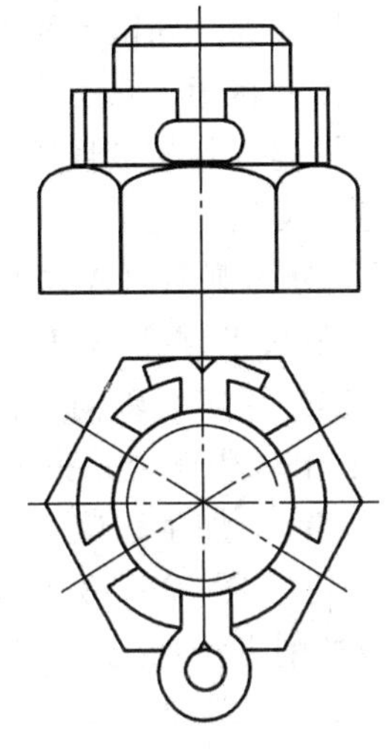
图 20－14　开口销与槽形螺母

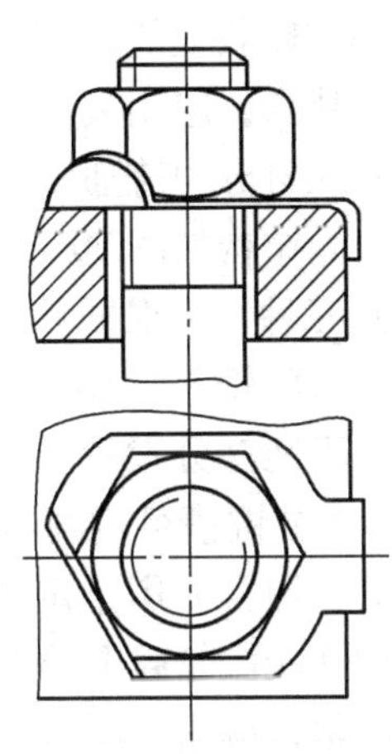
图 20－15　止动垫片防松

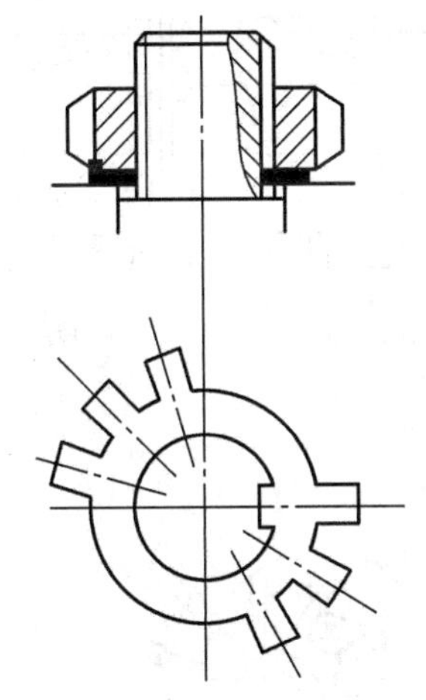
图 20－16　带翅垫片与圆螺母

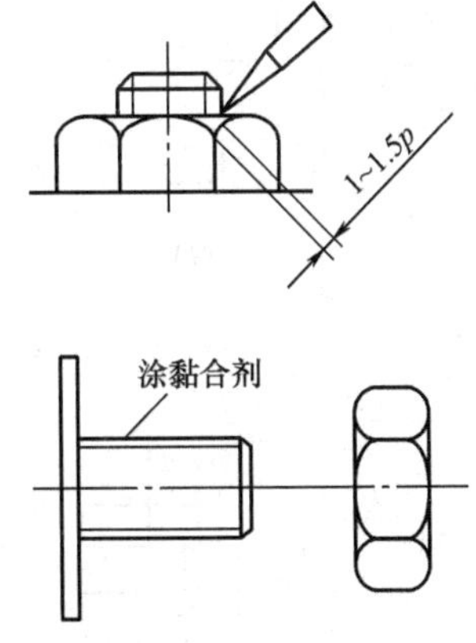

图 20－17　不可拆卸防松

20.4　轴毂连接

安装在轴上的传动零件，如齿轮、带轮等都要将它们的轮毂部分采用一定的方法与轴连接在一起，以传递运动和动力。这种轴与轮毂之间的连接统称为轴毂连接。常用的轴毂连接类型较多。在本节中仅介绍工程应用中最常见的键连接和销连接。

20.4.1　键连接

键连接是由键、轴和轮毂所组成的，主要用以实现轴和轮毂间的周向固定和传递转矩。键连接的主要类型有平键连接、半圆键连接、楔键连接和切向键连接。它们均已标准化。

（1）平键连接

平键的两侧面是工作面，键的上表面与轮毂上的键槽底部之间留有间隙，如图 20－18 所示。工作时靠键与轮毂上的键槽两侧面的相互挤压来传递转矩，具有定心性较好，结构简单，安装方便等特点，应用极其广泛。根据其用途，平键按其与被连接的轴及轮毂的相对运动方式不同，又可分为普通平键、导向平键和滑键等类型。

①普通平键：其结构如图 20－18 所示，按键端形状分为圆头（A 型）、方头（B 型）和单圆头（C 型）三种，可根据具体的使用场合选用。圆头平键［图 20－18（a）］所对应的轴上键槽可用指状铣刀［图 20－19（a）］加工，键易于实现轴向定位，且轮毂安装方便，但承载能力不能充分发挥，键槽的端部应力集中相对严重。方头平键［图 20－18（b）］所对应的轴上的键槽可用盘状铣刀［图 20－19（b）］加工，应力集中较小，但键在轴上的定位不好，通常需用紧定螺钉固定。单圆头平键［图 20－18（c）］常用作轴端部的轴与轮毂间的连接。轮毂上的键槽通常可用插削或拉削方法加工。普通平键主要用于轴与轮毂间的静连接，应用广泛。

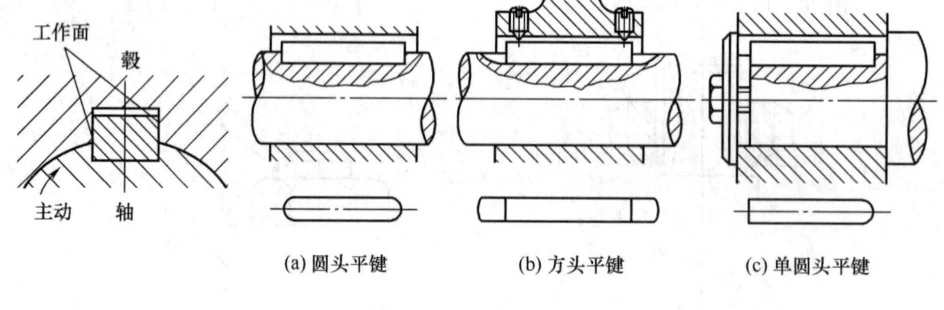

(a) 圆头平键　(b) 方头平键　(c) 单圆头平键

图 20－18　普通平键

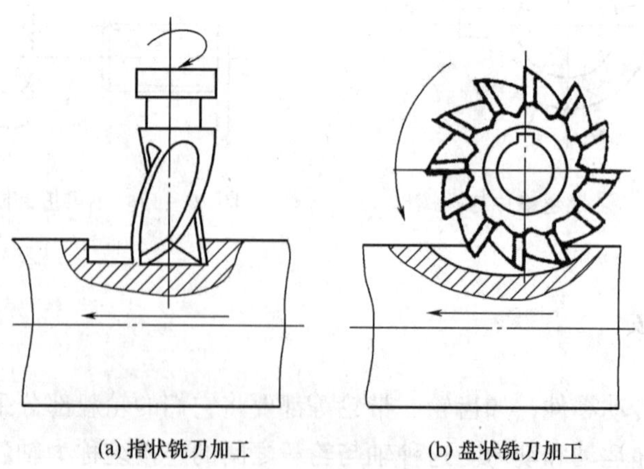

(a) 指状铣刀加工　(b) 盘状铣刀加工

图 20－19　平键的加工方法

②导向平键和滑键：当轮毂需沿轴向移动时，可用如图 20－20、图 20－21 所示的导向平键或滑键。导向平键较长，通常用螺钉固定于轴上的键槽内，且在键的中部要加工一

个起键螺孔，以便于键的拆卸，通常键长应大于轮毂长度与移动距离之和，工作时可与轮毂一起沿导向平键做轴向移动。当轮毂沿轴向移动的距离较大时，宜采用滑键，因为如用导向平键，将导致键长过长，增加了制造难度，滑键工作时与轮毂一起沿轴向移动，如图20－21所示，轴上键槽应有一端是开通的，这样可便于键的装拆。导向平键和滑键与轮毂的键槽配合较松，属于动连接；而普通平键与轮毂上键槽的配合属于静连接。

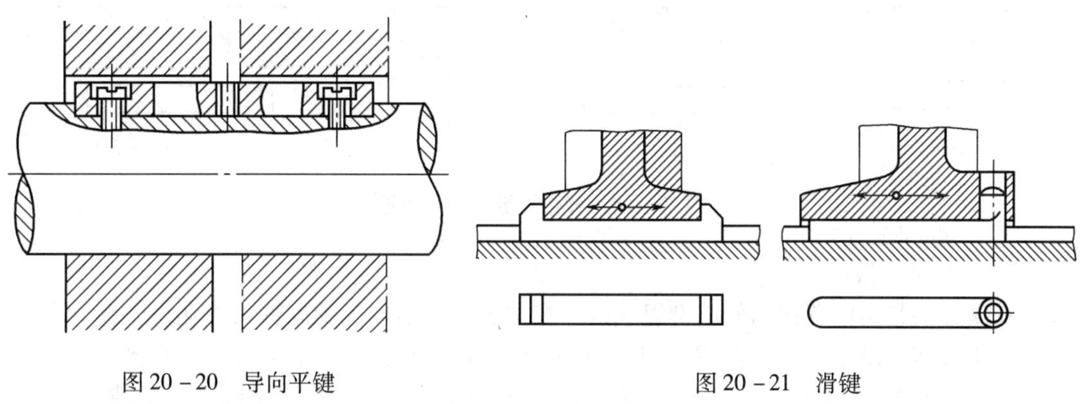

图20－20　导向平键　　　　图20－21　滑键

（2）半圆键连接

如图20－22所示的半圆键是半圆形的，用于轴与轮毂间的静连接，其两侧面是工作面，键能在轴上键槽中绕其中心摆动，以适应轮毂上键槽的斜度，安装方便。轴上键槽需用半圆键槽专用铣刀加工，但因键槽较深，应力集中大，故对轴的强度削弱较大，适用于轻载场合，多用于锥形轴或轴端的连接上，如图20－23所示。

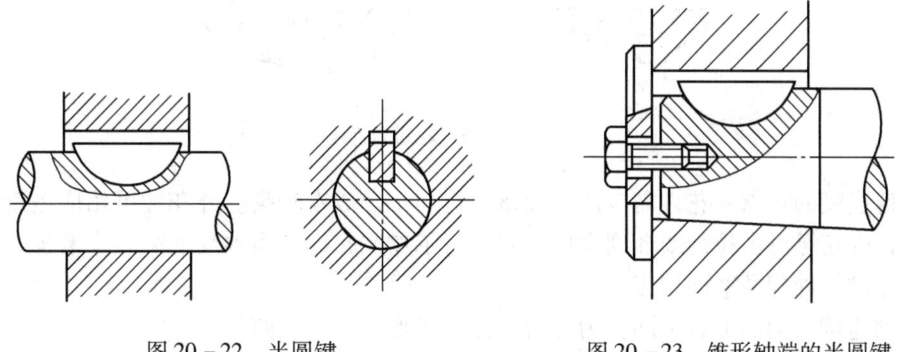

图20－22　半圆键　　　　图20－23　锥形轴端的半圆键

（3）楔键连接

楔键工作时，键的上、下表面是工作面，两侧面与轮毂侧面间留有间隙，可承受单方向的轴向载荷，如图20－24所示。键的上表面和轮毂上键槽底面各有1∶100的斜度，装配时需将键打入，使键的上下两工作面分别与轮毂和轴的键槽工作面压紧，靠其摩擦力和挤压传递转矩，并可做轴向固定。但由于楔紧而产生的装配偏心，使楔键的定心精度较低，故只适用于转速不高及旋转精度要求较低的农业机械和建筑机械中。

楔键分为普通楔键和钩头楔键［图20－24（c）］两种。钩头楔键拆卸比较方便，而普通楔键又分为圆头［图20－24（a）］和方头［图20－24（b）］两种。

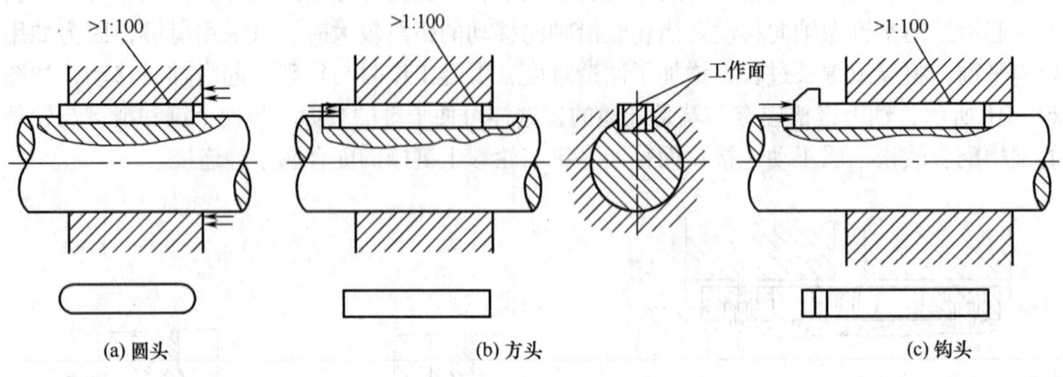

图 20－24　普通楔键和钩头楔键

(4) 花键连接

花键连接是由内花键和外花键组成的。在轴上加工出多个键齿称为外花键，在轮毂内孔上加工出多个键槽称为内花键，如图 20－25 所示。花键的工作面为键的两侧面，花键连接是靠键的侧面与轮毂槽上相应表面间的挤压传递运动和动力。花键连接承载能力高，定心和导向性能好，对轴的强度削弱小，适用于载荷较大和定心精度要求高的动连接或静连接。

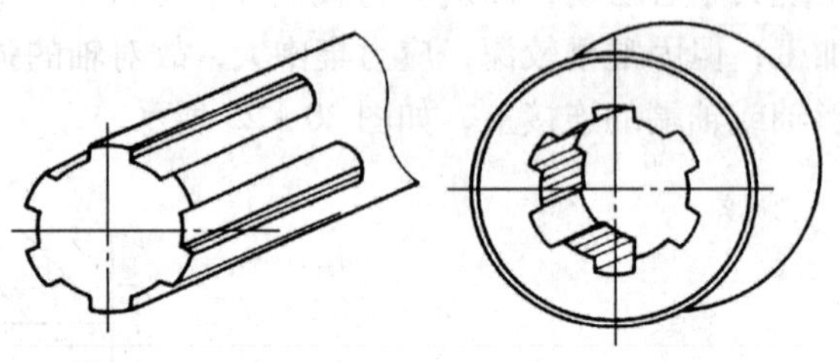

图 20－25　花键连接

花键连接的缺点是花键需专用的设备进行加工，成本较高。外花键可用成型铣刀或滚刀加工，内花键可由拉削或插削而成，有时为了增加花键表面的硬度来减少磨损，内外花键还要经过热处理及磨削加工。

花键连接按剖面形状不同分为矩形和渐开线形花键连接两种。

①矩形花键：矩形花键如图 20－26 所示。矩形花键是多齿工作，承载能力高，对中性好，导向性好，齿根较宽，应力集中较小。因此应用广泛，如飞机、汽车、拖拉机、机床制造业、农业机械及一般机械传动装置等。

②渐开线形花键：渐开线花键齿廓为渐开线，如图 20－27 所示。采用渐开线作为花键齿廓，可用加工齿轮的方法进行加工，故工艺性好。它的齿形压力角为 30°和 45°两种，前者用于重载和尺寸较大的连接，后者用于轻载和小直径的静连接，特别适用于薄壁零件的连接。与矩形花键相比，它具有自动定心、齿面接触好、强度高、寿命长等特点，因此，它有代替矩形花键的趋势。在航天、航空、造船、汽车等行业中，越来越多地应用渐开线形花键。

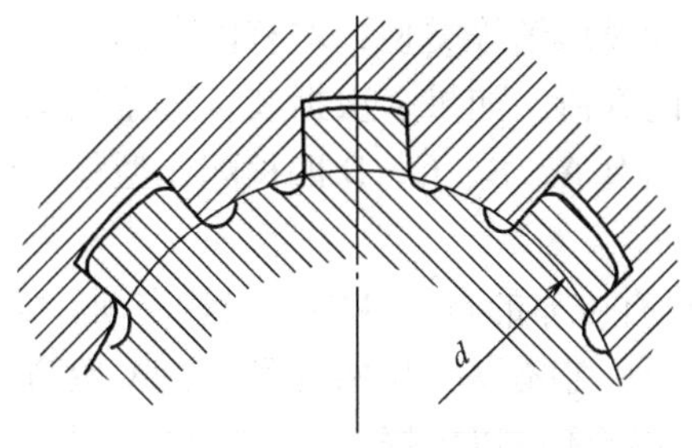

图 20－26　矩形花键连接

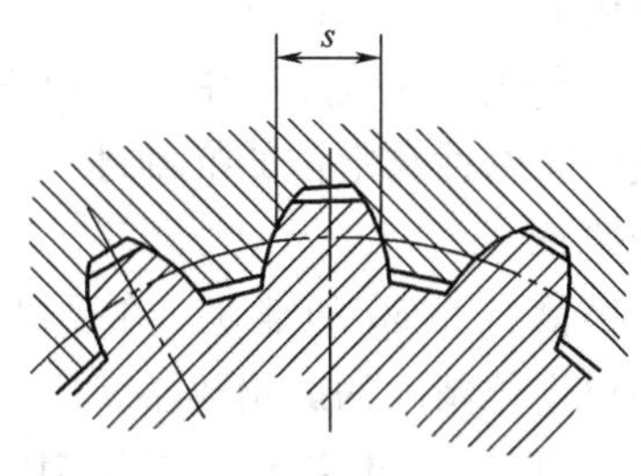

图 20－27　渐开线形花键连接

20.4.2　平键连接的尺寸选择

平键是标准零件，一般采用抗拉强度不低于 600MPa 的钢材制成，常用材料如 45 钢等。平键的主要尺寸是键的截面尺寸（键宽 b ×键高 h）及键长 L。键宽 b ×键高 h 的尺寸可根据轴径 d 由标准中查得。键的长度可按轮毂的长度确定，一般应略短于轮毂长度，并符合标准中规定的尺寸系列。普通平键的主要尺寸如表 20－3 所示。

表 20－3　　普通平键的主要尺寸（摘自 GB/T 1096—2003）　　单位：mm

轴的直径 d	6～8	>8～10	>10～12	>12～17	>17～22	>22～30	>30～38	>38～44
键宽 b ×键高 h	2×2	3×3	4×4	5×5	6×6	8×7	10×8	12×8
轴的直径 d	>44～50	>50～58	>58～65	>65～75	>75～85	>85～95	>95～110	>110～130
键宽 b ×键高 h	14×9	16×10	18×11	20×12	22×14	25×14	28×16	32×18
键的长度系列 L	6，8，10，12，14，16，18，20，22，25，28，32，36，40，45，50，56，63，70，80，90，100，110，125，140，180，200，220，250，280，320，360，400，450，500							

20.4.3　销连接

销连接是一种常用的连接。根据销连接的用途，销可以分为连接销、定位销、安全销等类型，如图 20－28 所示。连接销主要用于零件之间的连接，并且可以传递不大的载荷或转矩［图 20－28（a）］；定位销主要用于固定机器或部件上零件的相对位置，通常用圆锥销作定位销［图 20－28（b）、（c）］；安全销主要用作安全装置中的剪断元件，起过载保护作用［图 20－28（d）］。

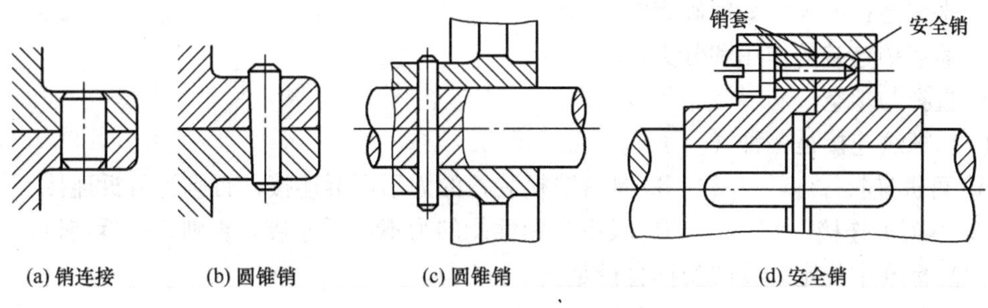

图 20－28　销连接的各种类型

按照销的形状，可以分为圆柱销、圆锥销和异形销等类型，均有国家标准。圆柱销利用微小过盈量固定在铰制孔中，可以承受不大的载荷。如果多次拆装，过盈量减小，将会降低连接的紧密性和定位的准确性。普通圆柱销有 A、B、C、D 四种配合型号，可满足不同的使用要求。

圆锥销具有 1∶50 的锥度，在受横向载荷时有可靠的自锁性能，安装方便，定位可靠，多次拆装对定位精度的影响较小，应用较为广泛。它有 A、B 两种型号，A 型精度高。圆锥销的小端直径 d 为标准值。圆锥销的上端和尾部还可以依据使用要求的不同，制造出不同的形状，如图 20－29 所示。

异形销是指特殊形状的销，可满足使用需要，常用的异形销是开口销，如图 20－30 所示。开口销是标准件，常用于连接的防松，具有结构简单、装拆方便等特点。

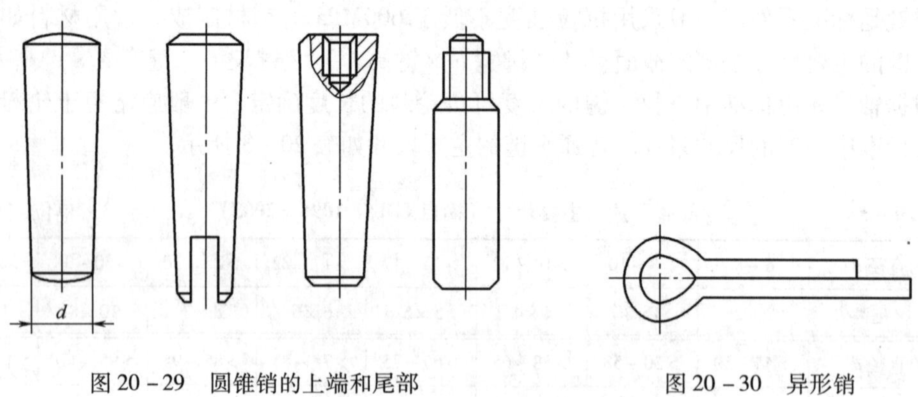

图 20－29　圆锥销的上端和尾部　　　图 20－30　异形销

销的材料一般用强度极限不低于 600 MPa 的碳素钢，如 35 钢、45 钢等。

思考题与习题

1. 常用螺纹按牙型分为哪几种？各有何特点？分别适用于什么场合？
2. 螺纹有哪些主要参数？螺距和导程有什么区别？如何判断螺纹的线数和旋向？
3. 螺纹连接有哪些基本类型？各有何特点？分别适用于什么场合？
4. 为什么螺纹连接常需要防松？螺纹连接防松的本质是什么？按防松原理，螺纹连接的防松方法可分为哪几类？试举例说明。
5. 简述键连接的类型和特点、适用场合、普通平键的特点和加工方法。
6. 平键连接的尺寸如何确定？
7. 简述销连接的作用和分类。
8. 选择与填空

（1）螺纹连接是一种（　　）。

A. 可拆连接　　　B. 具有防松装置的为不可拆连接，否则为可拆连接

C. 不可拆连接　　D. 具有自锁性能的为不可拆连接，否则为可拆连接

（2）标准中规定螺纹的公称直径是（　　）。

A. 大径　　B. 中径　　C. 小径

(3) 采用螺纹连接时，若被连接件总厚度较大，且材料较软，强度较低，需要经常装拆的情况下，一般宜采用（　　）。

A. 螺栓连接　　B. 双头螺柱连接　　C. 螺钉连接　　D. 紧定螺钉连接

(4) 螺纹连接预紧的目的是（　　）。

A. 增强连接的强度　B. 防止连接自行松脱　C. 保证连接的可靠性或密封性

(5) 普通平键是靠键的（　　）来传递扭矩。

A. 下表面　　B. 两侧面　　C. 上、下表面

(6) 键的剖面尺寸通常是根据（　　）按标准选择。

A. 传递转矩的大小　B. 传递功率的大小　C. 轮毂的长度　D. 轴的直径

(7) 螺纹连接的基本类型有（　　）、（　　）、（　　）和（　　）四种。

(8) 键连接的功用是（　　）轴和轴上零件，以实现彼此间的周向定位并传递（　　）和（　　）。

(9) 普通平键按其端部形状可分为 A、B、C 型三种，（　　）型键应用最广，（　　）型键则多用于轴端。

参考文献

1. 何铭新．机械制图．第6版［M］．北京：高等教育出版社，2010
2. 刘朝儒．机械制图［M］．北京：高等教育出版社，2002
3. 朱冬梅，胥北澜．画法几何及机械制图（5）［M］．北京：高等教育出版社，2000
4. 唐克中，朱同均．画法几何及工程制图（3）［M］．北京：高等教育出版社，2002
5. 赵增惠．工程制图（1）［M］．北京：中国石化出版社．2007
6. 单辉祖，谢传锋．工程力学［M］．北京：高等教育出版社，2004
7. 哈尔滨工业大学理论力学教研室编．理论力学．第6版［M］．北京：高等教育出版社，2002
8. 刘鸿文．材料力学．第4版［M］．北京：高等教育出版社，2004
9. 张晓桂，李艳．机械设计基础［M］．北京：中国轻工业出版社，2009
10. 杨可桢，程光蕴．机械设计基础．第5版［M］．北京：高等教育出版社，2006
11. 范思冲．机械基础．第2版［M］．北京：机械工业出版社，2006
12. 黄平，朱文坚．机械设计基础［M］．广州：华南理工大学出版社，2003
13. 刘永贤，蔡光起．机械工程导论［M］．北京：机械工业出版社，2011
14. 王大康，韩泽光．机械设计基础．第2版［M］．北京：机械工业出版社，2007
15. 戴振东，岳林．机械设计基础［M］．北京：国防工业出版社，2006
16. 范顺成主编，机械设计基础．第4版［M］．北京：机械工业出版社，2007
17. 陈国定．机械设计基础［M］．北京：机械工业出版社，2005
18. 邵刚．机械设计基础［M］．北京：电子工业出版社，2005
19. 朱家诚，王纯贤．机械设计基础［M］．合肥：合肥工业大学出版社，2003
20. 霍振生．机械技术应用基础［M］．北京：机械工业出版社，2005
21. 田鸣．机械技术基础［M］．北京：机械工业出版社，2005
22. 黄淑容．机械工程设计基础［M］．北京：机械工业出版社，2004
23. 朱龙英．机械设计基础［M］．北京：机械工业出版社，2001
24. 李军，黄志平．胶印机结构及调节［M］．北京：印刷工业出版社，2005